Nationalatlas Bundesrepublik Deutschland – Gesellschaft und Staat

D1652177

Nationalatlas Bundesrepublik Deutschland –
Unser Land in Karten, Texten und Bildern

Gesellschaft und Staat
Bevölkerung
Dörfer und Städte
Bildung und Kultur
Verkehr und Kommunikation
Freizeit und Tourismus

In dieser Sonderausgabe sind die zwischen 1999 und 2002 erschienenen ersten sechs Bände des *Nationalatlas Bundesrepublik Deutschland* zusammengefasst.

Der Band *Gesellschaft und Staat* wurde ermöglicht durch Projektförderung des Staatsministeriums für Wissenschaft und Kunst des Freistaates Sachsen.

Institut für Länderkunde, Leipzig (Hrsg.)

Nationalatlas Bundesrepublik Deutschland – Unser Land in Karten, Texten und Bildern

Gesellschaft und Staat

Mitherausgegeben von Günter Heinritz, Sabine Tzschaschel und Klaus Wolf

Spektrum
AKADEMISCHER VERLAG

Wichtiger Hinweis für den Benutzer
Der Verlag und der Autor haben alle Sorgfalt walten lassen, um vollständige und akkurate Informationen in diesem Buch zu publizieren. Der Verlag übernimmt weder Garantie noch die juristische Verantwortung oder irgendeine Haftung für die Nutzung dieser Informationen, für deren Wirtschaftlichkeit oder fehlerfreie Funktion für einen bestimmten Zweck. Der Verlag übernimmt keine Gewähr dafür, dass die beschriebenen Verfahren, Programme usw. frei von Schutzrechten Dritter sind. Der Verlag hat sich bemüht, sämtliche Rechteinhaber von Abbildungen zu ermitteln. Sollte dem Verlag gegenüber dennoch der Nachweis der Rechtsinhaberschaft geführt werden, wird das branchenübliche Honorar gezahlt.

Bibliografische Information der Deutschen Bibliothek
Die Deutsche Bibliothek verzeichnet diese Publikation in der Deutschen Nationalbibliografie; detaillierte bibliografische Daten sind im Internet über http://dnb.ddb.de abrufbar.

Nationalatlas Bundesrepublik Deutschland
Herausgeber: Leibniz-Institut für Länderkunde
Schongauerstraße 9
D-04329 Leipzig
Mitglied der Leibniz-Gemeinschaft

Gesellschaft und Staat
Mitherausgegeben von Günter Heinritz, Sabine Tzschaschel und Klaus Wolf

Alle Rechte vorbehalten
Sonderausgabe der sechs Bände *Gesellschaft und Staat* (1. Auflage 1999), *Bevölkerung* (2001), *Dörfer und Städte* (2002), *Bildung und Kultur* (2002), *Verkehr und Kommunikation* (2001), *Freizeit und Tourismus* (2000)
1. Auflage der Sonderausgabe 2004
© Elsevier GmbH, München
Spektrum Akademischer Verlag ist ein Imprint der Elsevier GmbH.

04 05 06 07 5 4 3 2 1 0

Das Werk einschließlich aller seiner Teile ist urheberrechtlich geschützt. Jede Verwertung außerhalb der engen Grenzen des Urheberrechtsgesetzes ist ohne Zustimmung des Verlages unzulässig und strafbar. Das gilt insbesondere für Vervielfältigungen, Übersetzungen, Mikroverfilmungen und die Einspeicherung und Verarbeitung in elektronischen Systemen.

Nationalatlas Bundesrepublik Deutschland
Projektleitung: Prof. Dr. S. Lentz, Dr. S. Tzschaschel
Lektorat: S. Tzschaschel
Redaktion: V. Bode, K. Großer, D. Hänsgen, C. Hanewinkel, S. Lentz, S. Tzschaschel
Kartenredaktion: S. Dutzmann, K. Großer, B. Hantzsch, W. Kraus
Umschlag- und Layoutgestaltung: WSP Design, Heidelberg
Satz und Gesamtgestaltung: J. Rohland
Druck und Verarbeitung: Appl Druck GmbH & Co. KG, Wemding

Umschlagfotos: PhotoDisc sowie Deutscher Bundestag (Plenarsaal, Reichstag)
Printed in Germany

ISBN 3-8274-1523-3

Aktuelle Informationen finden Sie im Internet unter www.elsevier.de

Geleitwort

Eine parlamentarische Demokratie lebt von dem „wohlinformierten Bürger". Politikerinnen und Politiker, Verbandslobbyisten und Vertreter von gesellschaftlichen Organisationen, Journalisten und Wissenschaftler, Mitglieder von Bürgerinitiativen und interessierte Bürger – sie alle sind auf verlässliche, schnelle Informationen angewiesen, um zu fundierten abgewogenen Urteilen zu kommen. Dazu gehören statistische Kenntnisse ebenso wie räumliches Wissen. Häufig ist dieses in vielen, oft regional orientierten Einzelpublikationen verstreut; Darstellungen, die eine Gesamtübersicht wichtiger Bereiche bieten, sind eher rar. Gern habe ich daher die Schirmherrschaft über ein solches Projekt des Instituts für Länderkunde in Leipzig übernommen. Mit diesem Band wird der erste Teil eines zwölfbändigen bundesdeutschen Nationalatlasses vorgelegt, der räumlich differenzierte Informationen über das gesamte Land für den Fachwissenschaftler ebenso wie für den interessierten Laien bietet. Nach fast zehn Jahren deutscher Einheit ist dieses ein längst überfälliger Schritt.

Als sich 1989 in Berlin und an anderen Orten nach dem Fall der Mauer und der Grenzsperren jubelnde Menschen aus beiden Teilen Deutschlands in den Armen lagen, war überall die Hoffnung zu spüren, dass nicht nur der „eiserne Vorhang" endgültig verschwinden sollte, sondern auch, dass nun „Ost" und „West" niemals mehr etwas anderes bedeuten sollten als zwei verschiedene Himmelsrichtungen. Es ist ein wichtiges Symbol, dass 1999 – 50 Jahre nach der Gründung der Bundesrepublik und 10 Jahre nach dem Mauerfall – der erste Nationalatlas von ganz Deutschland nach 1990 erscheint. Der Darstellung von „Gesellschaft und Staat" in diesem ersten Band werden weitere – beispielsweise zur sozialen und natürlichen Umwelt, zu Wirtschaft und Arbeitsleben, Siedlungen und Raumordnung oder zur bundesdeutschen Lebensqualität – folgen. Die versammelten Informationen werden mit dazu dienen, die Vorstellung eines gemeinsamen Raumbildes von Deutschland weiter auszuprägen. Auch das trägt dazu bei, sich für das Land als Ganzes verantwortlich zu fühlen.

Ob nun „Ossis" oder „Wessis", „Schwaben" oder „Ostfriesen", „Preußen" oder „Bayern" – die Gleichsetzung von geographischen Bezeichnungen mit klischeehaften Vorstellungen ist eine der häufigsten Verkürzungen, die die menschliche Wahrnehmung vornimmt. Sie dient der leichteren Einordnung und damit einer „Reduktion von Komplexität", die allerdings immer nur vorläufig sein kann. Wenn dieses nicht mehr bewusst bleibt, werden solche Raumbezeichnungen nur allzu leicht mit positiven oder negativen Vorurteilen verbunden. Sie haften den Bewohnern einer Region noch über Generationen an. Deshalb ist es mir ein Anliegen, dass solche pauschalen Vorstellungen durch Sachkenntnis und Fachwissen ersetzt werden. Ich bin sicher, dass wir anders kaum die angestrebte innere Einheit Deutschlands erreichen können.

Das bedeutet nicht, dass es innerhalb Deutschlands keine Unterschiede gibt. Wer die einzelnen Regionen besucht, weiß, wieviel eigenständige Traditionen unser Land zu bieten hat. Nicht nur die klimatischen und geographischen Bedingungen ändern sich von der Nord- und Ostsee bis zu den Alpen, sondern es gibt auch deutliche Unterschiede in der Wirtschaftskraft, dem Verkehr, dem Einkommen, der Bevölkerungsentwicklung und dem Kulturangebot. Welche gesellschaftlichen Differenzierungen bestehen innerhalb Deutschlands? Wo macht sich die Überalterung der Einwohner am stärksten bemerkbar? Wie ist unsere Umweltqualität tatsächlich beschaffen? Wo werden die meisten industriellen Direktinvestitionen getätigt? Wie ist die räumliche Struktur der Arbeitslosigkeit beschaffen? Sind die Bildungsmöglichkeiten überall gleich? Wo liegen die attraktivsten Urlaubsziele des Landes? Mittels Texten, Grafiken und Karten, die komplexe Prozesse auf einen Blick erkennen lassen, gibt dieser Band auf leicht verständliche und trotzdem differenzierte Weise Antworten auf diese Fragen. So zeigt er auch auf, inwieweit die ehemals zwei deutschen Staaten zu einem Staat zusammengewachsen sind – mit dem interessanten Ergebnis, dass es insgesamt in Deutschland keine reinen Gewinner- oder Verliererregionen gibt.

Ich freue mich, dass dieses Werk gerade in einem Forschungsinstitut der neuen Länder – dem Institut für Länderkunde, Leipzig – entsteht. Den beteiligten Wissenschaftlern, dem Freistaat Sachsen und dem Bundesministerium für Verkehr, Bau- und Wohnungswesen als Zuwendungsgebern und nicht zuletzt dem Verlag ist ausdrücklich für ihr Engagement zu danken. Ich bin sicher, dass dieses Buchprojekt zur umfangreicheren Information der Bürger, zur Verständigung in unserer parlamentarischen Demokratie und zum besseren Verständnis regionaler Gemeinsamkeiten und Unterschiede in unserem Land beiträgt.

Ich wünsche dem Vorhaben allen erdenklichen Erfolg!

Berlin, im September 1999

W. Thierse

Wolfgang Thierse
Präsident des Deutschen Bundestages

Abkürzungsverzeichnis

Zeichenerläuterung

- ❶ Verweis auf Abbildung/Karte
- ⏩ Verweis auf anderen Beitrag
- ➟ Hinweis auf Folgeseiten
- ➜ Verweis auf blauen Erläuterungsblock

Allgemeine Abkürzungen

Abb. – Abbildung
BIP – Bruttoinlandsprodukt
ca. – cirka, ungefähr
etc. – etcetera, und so weiter
EU – Europäische Union
Einw./Ew. – Einwohner
Hrsg. – Herausgeber
IfL – Institut für Länderkunde
J. – Jahr/e
Jh./Jhs. – Jahrhundert/s
km – Kilometer
k.A. – keine Angabe (bei Daten)
m – Meter
Max./max. – Maximum/maximal
Med./med. – Medizin/medizinisch
Min./min. – Minimum/minimal
Mio. – Millionen
Mrd. – Milliarden
N – Norden
n.Chr. – nach Christus
O – Osten
ÖPNV – Öffentlicher Personennahverkehr
Pol. – Politik
resp. – respektive
rd. – rund
s – Standardabweichung
S – Süden
s. – siehe
s.a. – siehe auch
sog. – sogenannte/r/s
Tsd. – Tausend
usw. – und so weiter
u.a. – und andere
u.U. – unter Umständen
v.a. – vor allem
vgl. – vergleiche
W – Westen
Wirt. – Wirtschaft
$\bar{x}$ – Mittelwert
z.B. – zum Beispiel

Abkürzungen in diesem Band

AMilGeo – Amt für Militärisches Geowesen, Euskirchen
ARL – Akademie für Raumforschung und Landesplanung, Hannover
BauROG – Bau- und des Raumordnungsgesetz
BBR – Bundesamt für Bauwesen und Raumordnung
BRD – Bundesrepublik Deutschland
CDU – Christlich Demokratische Union
CSU – Christlich-Soziale Union
DBD – Demokratische Bauernpartei Deutschlands
DDR – Deutsche Demokratische Republik
FDP – Freie Demokratische Partei
GG – Grundgesetz für die Bundesrepublik Deutschland
GRÜNE – Bündnis 90/die Grünen
GUS – Gemeinschaft Unabhängiger Staaten
KJHG – Kinder- und Jugendhilfegesetz
KSZE – Konferenz für Sicherheit und Zusammenarbeit in Europa
LDPD – Liberal-Demokratische Partei Deutschlands
MOE-Staaten – Mittel- und Osteuropäische Staaten
NATO – North Atlantic Treaty Organisation (Nordatlantischer Verteidigungspakt)
NDPD – National-Demokratische Partei Deutschlands
OECD – Organisation for Economic Cooperation and Development (Organisation für wirtschaftliche Zusammenarbeit)
PDS – Partei des Demokratischen Sozialismus
RGW – Rat für gegenseitige Wirtschaftshilfe (auch COMECON)
ROG – Raumordnungsgesetz
SED – Sozialistische Einheitspartei Deutschlands
SPD – Sozialdemokratische Partei Deutschlands
StBA – Statistisches Bundesamt
UN/UNO – United Nations Organisation (Vereinte Nationen)
VEB – Volkseigener Betrieb
WEU – Westeuropäische Union

Für Abkürzungen von geographischen Namen – Kreis- und Länderbezeichnungen, die in den Karten verwendet werden – siehe Verzeichnis im Anhang.

Inhaltsverzeichnis

Geleitwort *(Wolfgang Thierse)* 5
Vorwort des Herausgebers 9
Gesellschaft und Staat – eine Einführung *(Günter Heinritz, Sabine Tzschaschel und Klaus Wolf)* 10
Das Land im Überblick *(Klaus Wolf)* 14
Staats- und Verwaltungsaufbau der Bundesrepublik Deutschland *(Dietmar Scholich und Gerd Tönnies)* 18
Die Hauptstadtfrage *(Volker Bode)* 21
Wohin entwickelt sich die Gesellschaft der Bundesrepublik Deutschland? *(Wolfgang Glatzer und Wolfgang Zapf)* 22

Deutschland im Spiegel der Geschichte

Deutscher Bund und Kaiserreich *(Peter Steinbach)* 28
Weimarer Republik und NS-Staat *(Peter Steinbach)* 32
Deutschland nach 1945 *(Peter Steinbach)* 36
Die DDR von 1949-1989 *(Peter Steinbach)* 40
Die Bundesrepublik Deutschland seit 1949 *(Peter Steinbach)* 44
Die 12. Bundestagswahl 1990 *(Antje Hilbig und Wilhelm Steingrube)* 46
Die 14. Bundestagswahl 1998 *(Antje Hilbig und Wilhelm Steingrube)* 50
Wahlhochburgen in den alten Ländern 1976-1998 *(Antje Hilbig und Wilhelm Steingrube)* 52

Der deutsche Staat heute

Staatliche Einrichtungen von Bund und Ländern *(Dietmar Scholich und Gerd Tönnies)* 54
Der Staat als Unternehmen: öffentlicher Dienst und Gemeindefinanzen *(Kurt Geppert und Rolf-Dieter Postlep)* 56
Das Justizsystem in Deutschland *(Peter Gilles)* 58
Die Bundeswehr – Territorialgliederung und Standorte *(Autorengemeinschaft Amt für Militärisches Geowesen)* 60
Das Bildungssystem: Schulen und Hochschulen *(Manfred Nutz)* 62

Räumliche Gliederung und Raumplanung

Die Bundesraumordnung *(Axel Priebs)* 66
Planungsregionen und kommunale Verbände *(Axel Priebs)* 68
Städtenetze – ein neues Instrument der Raumordnung *(Peter Jurczek und Marion Wildenauer)* 70
Verkehrsprojekte fördern die deutsche Einheit *(Andreas Kagermeier)* 72
Struktur und Organisation der Tagespresse *(Volker Bode)* 74
Fremdenverkehr *(Paul Reuber)* 76

Deutschland – eine differenzierte Gesellschaft

Bevölkerung *(Paul Gans und Franz-Josef Kemper)* 78
Die Sozialstruktur Deutschlands – Entstrukturierung und Pluralisierung *(Wolfgang Glatzer)* 82
Frauen zwischen Beruf und Familie *(Verena Meier)* 86
Lebensbedingungen von Kindern in einer individualisierten Gesellschaft *(Karin Wiest)* 88
Deutschland – eine alternde Gesellschaft *(Christian Lambrecht und Sabine Tzschaschel)* 92
Ausländer – ein Teil der deutschen Gesellschaft *(Frank Swiaczny)* 94
Armut und soziale Sicherung *(Judith Miggelbrink)* 98
Kirchen und Glaubensgemeinschaften *(Reinhard Henkel)* 102
Freizeitland Deutschland *(Christian Langhagen-Rohrbach und Klaus Wolf)* 106
Politische Parteien in der Bundesrepublik Deutschland *(Dirk Ducar und Günter Heinritz)* 108

Wirtschaft und Arbeitswelt

Erwerbsarbeit – ein Kennzeichen moderner Gesellschaften *(Heinz Faßmann)* 112
Arbeitslosigkeit – eine gesellschaftliche Herausforderung *(Andreas Schulz und Alfons Schmid)* 114
Gewerkschaften – Organisationen der Arbeitswelt *(Andreas Schulz und Alfons Schmid)* 116
Die deutsche Energiewirtschaft *(Hans-Dieter Haas und Jochen Scharrer)* 118
Der Immobilienmarkt als Wirtschaftsfaktor *(Hans-Wolfgang Schaar)* 122
Regionale Differenzierung der Wirtschaftskraft *(Martin Heß und Jochen Scharrer)* 124
Ein Netzwerk der Wirtschaft für die Wirtschaft *(Irmgard Stippler)* 128

Internationale Verflechtungen

Institutionen der deutschen Außenpolitik *(Günter Heinritz und Karin Wiest)* 130
Grenzüberschreitende Kooperationsräume und EU-Fördergebiete *(Klaus Kremb)* 132
Struktur und Entwicklung der deutschen Außenwirtschaft *(Hans-Dieter Haas und Martin Heß)* 134
Deutschland – ein Reiseland? *(Christian Langhagen-Rohrbach, Peter Roth, Joachim Scholz und Klaus Wolf)* 138
Deutschlandbilder *(Matthias Middell)* 140

Anhang

Ein Nationalatlas für Deutschland *(Konzeptkommission)* 144
Verzeichnis geographischer Abkürzungen (Kreise und Länder) 147
Thematische Karten – ihre Gestaltung und Benutzung *(Konrad Großer und Birgit Hantzsch)* 148
Quellenverzeichnis – Autoren, kartographische Bearbeiter, Datenquellen, Literatur und Bildnachweis 152
Sachregister 162

Im Schuber finden Sie - für alle sechs Bände - Folienkarten zum Auflegen mit der administrativen Gliederung der Bundesrepublik Deutschland:

- *Kreisgrenzen und -namen in den Maßstäben 1:2,75 Mio. und 1:3,75 Mio.,*
- *Regierungsbezirke im Maßstab 1:5 Mio.,*
- *Länder im Maßstab 1:6 Mio.,*
- *Reisegebiete im Maßstab 1:2,75 Mio.,*
- *Raumordnungsregionen in den Maßstäben 1:5 Mio. und 1:6 Mio.*

Zudem gibt es eine herausnehmbare Legende für Stadtkarten (Band „Dörfer und Städte").

Vorwort des Herausgebers

Der vorliegende Band „Gesellschaft und Staat“ ist der erste Band des zwölfbändigen Nationalatlas Bundesrepublik Deutschland, der in den nächsten Jahren vom Institut für Länderkunde in Leipzig herausgegeben wird. Die Aufgabe, für das vereinte Deutschland erstmals einen Nationalatlas zu erarbeiten, wurde vom Institut sowie von zahlreichen Wissenschaftlern in ganz Deutschland mit Enthusiasmus und Tatkraft in Angriff genommen.

Ein Nationalatlas ist – neben z.B. Schul-, Straßen-, Planungs- oder Regionalatlanten – ein bestimmter Typ von Atlas. Er hat die natürlichen, wirtschaftlichen und sozialen Gegebenheiten eines Staatsgebiets zum Gegenstand und befasst sich mit seinen Strukturen und Potenzialen. Nahezu alle europäischen Staaten haben Nationalatlanten, die z.T. bereits in mehreren Auflagen vorliegen. Auch innerhalb des zusammenwachsenden Europa, in das viele Fragestellungen dieses Werkes eingebunden werden, ist eine derartige Zielsetzung somit eine legitime Aufgabe.

Die modernen Medien überhäufen die Menschen mit Daten, Fakten und Informationen aus allen Teilen des Landes und der Welt. Es ist nicht immer leicht, diese Informationen richtig einzuordnen und räumlich zuzuordnen. Karten und damit auch Atlanten sind das beste Mittel, um komplexe, räumlich differenzierte Sachverhalte zu veranschaulichen. Der Nationalatlas Bundesrepublik Deutschland realisiert dies durch eine enge Verbindung von Karten, Grafiken, Bildern und Texten. Seine einzelnen Beiträge sind als knappe wissenschaftliche Artikel zu verstehen, die grundlegende sowie aktuelle Themen aufgreifen und ein oft umfangreiches Forschungsthema auf einer oder zwei Doppelseiten zusammenfassen. Die Karten, die weit über den Text hinaus Inhalte und Zusammenhänge erschließen, sprechen ihre eigene Sprache.

Der Atlas liegt in gedruckter und in elektronischer Form vor (CD-ROM-Ausgabe). Wir hoffen, dass beide Ausgaben das Interesse an der räumlichen Sichtweise von Sachverhalten erhöhen, die Aufmerksamkeit für regionale Unterschiede in Deutschland schärfen und das Bewusstsein für die Aussagekraft von Karten steigern.

Der Wissenschaftsstandort Leipzig und das Institut für Länderkunde können auf eine lange Tradition in der Herstellung von Atlanten zurückblicken. Der in 15-jähriger Arbeit erstellte Atlas der DDR war im Vorgängerinstitut erarbeitet worden und bestand ausschließlich aus großformatigen, sehr komplexen Karten. Der vorliegende Atlas dagegen berücksichtigt die modernen Möglichkeiten und Anforderungen der Atlaskartographie, die durch Bild, Grafik und erläuternden Text erst richtig in Wert gesetzt wird. Im Anhang finden Sie weitere Informationen zur Entstehung dieses Nationalatlas und seiner Konzeption (▸▸ Beitrag Konzeptkommission).

Karten können als Abstraktion der Realität manchmal schwierig zu lesen sein. Im Anhang ergreifen deshalb auch diejenigen das Wort, die mit der kartographischen Bearbeitung dieses Atlaswerkes betraut sind (▸▸ Beitrag Großer/ Hantzsch). Sie geben eine kleine Einführung in die Kartengestaltung und eine Hinführung zum Verständnis von Farbe und Signatur. Je nach Interesse wird dort ein Einstieg in die Sprache der Kartographie oder auch nur die Möglichkeit zum Nachschlagen einiger Grundbegriffe geboten.

Konzept und kartographische Ausführung sind zwar ein wichtiger Bestandteil eines Großwerks, benötigen jedoch finanzielle und materielle Rahmenbedingungen für ihre Realisierung. Es soll an dieser Stelle deshalb ausdrücklich auf die vielen Personen und Institutionen hingewiesen werden, ohne deren Hilfe das Vorhaben nicht zu verwirklichen wäre.

Zuerst seien dabei die Gremien des Instituts für Länderkunde erwähnt sowie die darin vertretenen Zuwendungsgeber, und zwar der Bund durch das Bundesministerium für Verkehr, Bau- und Wohnungswesen sowie der Freistaat Sachsen durch das Sächsische Staatsministerium für Wissenschaft und Kunst. Ihre Unterstützung hat es erst möglich gemacht, das Projekt Nationalatlas im Forschungsprogramm des Instituts für Länderkunde zu verankern.

Erfreulich gestaltet sich auch die Zusammenarbeit zwischen dem Institut für Länderkunde und den anderen an der Atlasplanung beteiligten Gremien, den Trägerverbänden, den Beiratsmitgliedern, der kartographischen Beratergruppe und dem Verlag (▸▸ Beitrag Konzeptkommission).

Schließlich sind besonders die Projektförderer und Sponsoren zu nennen. Der Band „Gesellschaft und Staat“ konnte durch eine großzügige Projektfinanzierung des Sächsischen Staatsministeriums für Wissenschaft und Kunst realisiert werden. Dafür sei hier noch einmal ausdrücklich gedankt.

Den Koordinatoren und Autoren sowie den vielen wissenschaftlichen und nichtwissenschaftlichen Mitarbeitern, die im Hintergrund gewirkt, recherchiert und die grafischen Darstellungen ausgeführt haben, wird ein herzlicher Dank ausgesprochen.

Und nicht zuletzt ist den zahlreichen Institutionen zu danken, die Daten und Informationen bereitgestellt haben. Sie haben dem Institut für Länderkunde sowie auch den einzelnen Autoren die Erstellung von Karten und Beiträgen erst ermöglicht. Stellvertretend für sie alle sei besonders die immer freundliche und kooperative Mitarbeit der Statistischen Ämter des Bundes und der Länder sowie des Bundesamtes für Bauwesen und Raumordnung hervorgehoben.

Leipzig, im September 1999

Alois Mayr
(Projektleitung)
Sabine Tzschaschel
(Projektleitung und Gesamtredaktion)
Konrad Großer
(Kartenredaktion)
Christian Lambrecht
(elektronische Ausgabe)

Gesellschaft und Staat – eine Einführung

Günter Heinritz, Sabine Tzschaschel und Klaus Wolf

10. November 1989

Im Herbst 1999 erinnern wir uns daran, dass vor 50 Jahren die Bundesrepublik Deutschland gegründet wurde. Einen Monat später, im September 1949, gab die Regierung der Sowjetunion ihre Zustimmung zur Gründung der Deutschen Demokratischen Republik in der sowjetisch besetzten Zone (SBZ). Jahrzehntelang wurde die Existenz zweier deutscher Staaten als Übergangsstadium angesehen, auch nachdem 1972 der „Grundlagenvertrag“ eine gegenseitige Anerkennung der Souveränität besiegelte. 1989 ließ die friedliche Revolution der Bürger der DDR, die ein Jahr später in den Beitritt der Länder der DDR zur Bundesrepublik Deutschland mündete, diese 40 Jahre der deutschen Teilung zur Vergangenheit werden.

Inzwischen sind 10 Jahre seit der historischen Wende verstrichen – Zeit, einen Ausblick auf den neuen deutschen Staat zu wagen, der eine tragende Rolle im Prozess der Vereinigung Europas spielt und zu den ökonomisch mächtigsten Staaten der Welt gehört. Der Ausblick in Form eines Nationalatlas will physische, soziale und wirtschaftliche Grundlagen und Prozesse dieses Staates darstellen und den Blick auf die innere Differenzierung richten.

Der erste Band dieses Nationalatlas lenkt dabei die Aufmerksamkeit auf die Grundlagen des Staates und des politischen Systems sowie die tragenden Elemente seiner Gesellschaft.

Die Sicht des Geographen

Sehen Geographen, die Deutschland in den Blick nehmen, etwas anderes, als das, was gewöhnliche Sterbliche vor Augen haben, wenn von Deutschland die Rede ist? Diese Frage kann sich jeder, der den vorliegenden Nationalatlas zur Hand nimmt, leicht selbst beantworten, denn in ihm manifestiert sich etwas von der spezifischen Sichtweise der Geographie, die sich in zwei Punkten zusammenfassen lässt:

1. Die geographische Sicht überwindet die gedankliche Homogenisierung, die „Deutschland“ in der Alltagssprache zu einem Ganzen werden lässt, dessen Existenz zu hinterfragen unnötig, ja abwegig erscheint. Das Interesse der Geographie richtet sich dagegen auf Raumbildungsprozesse, die Deutschland geformt haben, und zwar nicht nur bezüglich seiner äußeren Grenzen, die alles andere als naturgegeben und unveränderlich sind, sondern auch in Bezug auf seinen Naturraum und seine gesellschaftlichen Strukturen, deren Umbau permanent im Gange ist. Gerade weil Geographen räumliche Strukturen als Querschnitte von räumlichen Prozessen verstehen, kommt auch der Zeitschiene für geographische Betrachtungen eine herausragende Rolle zu. Folglich ist es ein Hauptanliegen, die Raumbildungsprozesse, die Deutschland geformt haben und formen, aufzuzeigen und zu erklären. Die zeitliche Betrachtung kann sich dabei auf erdgeschichtliche oder historische Zeiträume beziehen. Hinsichtlich aktueller gesellschaftlicher Prozesse muß sie dagegen Perioden von wenigen Jahren erfassen.
2. Das Interesse der Geographen richtet sich auf räumliche Differenzierungen. Naturgegeben oder vom Menschen gemacht, liegen sie auf sehr unterschiedlichen Maßstabsebenen, sind lokaler, regionaler, nationaler oder internationaler Art, von zonaler oder globaler Dimension, und zwischen diesen ineinander geschachtelten Maßstabsebenen bestehen sehr komplexe Beziehungen, die zu analysieren ein Kernanliegen der Geographie ist.

Weil die Prozesse, die zu räumlichen Strukturen führen, von kulturellen, sozialen, ökonomischen und politischen Kräften angetrieben und gestaltet werden, bedarf es eines weiten Blickwinkels. Man wird diese Prozesse nur im interdisziplinären Zusammenwirken angemessen analysieren und verstehen können. Dies scheint um so wichtiger in einem Band, der die im Raum wirkenden gesellschaftlichen Prozesse sowie raumgestaltendes und –strukturierendes staatliches Handeln vorstellt und dabei in Bereiche vorstößt, die außerhalb der geographischen Kompetenz liegen. Die erforderliche interdisziplinäre Zusammenarbeit dokumentiert sich in diesem Band durch die Mitarbeit von Zeitgeschichtlern, Juristen, Sozialwissenschaftlern, Politologen, Volkswirten und Vertretern anderer raumwissenschaftlicher Disziplinen.

In sechs Themenblöcke gegliedert werden Geschichte, staatliche Organisationsformen, die räumliche Gliederung, die Mitglieder der Gesellschaft sowie Wirtschaft und Arbeitsleben dargestellt und durch einen Ausblick auf die internationale Vernetzung ergänzt. Aus der Vielzahl der möglichen Einzelthemen, die jedem dieser Bereiche zugeordnet werden können, wurden einige ausgewählt, die den Herausgebern als die jeweils wichtigsten und interessantesten erschienen. Die dargestellten Themen sollen zum Nachdenken anregen und zur Diskussion auffordern, sollen den Leser und Betrachter animieren, über sein Land und die alltäglichen Dinge einmal in räumlichen Dimensionen nachzudenken und Anstösse zu einem Verständnis des Anderen und der Anderen im eigenen Land geben.

Das Hauptanliegen ist dabei, Phänomene für ganz Deutschland zu visualisieren, mit denen der Einzelne oder auch Institutionen im Alltag meist nur auf lokaler Ebene in Kontakt kommt. Leitthemen sind:

- Die räumlich-territoriale Organisation des politischen Systems und seiner verschiedenen Instanzen und Ebenen,
- die räumliche Differenzierung von gesellschaftlich relevanten Phänomenen und ihre Veränderungen
- und schließlich in besonderem Maß der Prozess des Zusammenwachsens der ehemals zwei deutschen Staaten.

Deutschland im Spiegel der Geschichte

Ein Nationalatlas stellt den gegenwärtigen Zustand eines Landes in allen seinen Dimensionen dar. Er will aber kein historischer Atlas sein, der die Wurzeln des deutschen Staates und die vielfältigen Grenz- und Territorialveränderungen im Laufe der Geschichte vollständig mit historischen Karten dokumentiert.

Für eine Darstellung der heutigen Bundesrepublik Deutschland in Karte, Bild und Text haben wir die geschichtliche Dimension auf das Wesentliche beschränkt und versucht, die wichtigsten Prozesse aufzuzeigen, die seit dem 19. Jahrhundert das Werden des deutschen Staates beeinflusst haben.

Seit der Römerzeit sind in vielen Schritten die heute innerhalb der Grenzen Deutschlands liegenden Regionen zu Kulturlandschaften umgestaltet worden. Politisch sind diese Räume durch viele Phasen der Territorial- und Staatsbildung gegangen, zahllose Kriege haben das Bild des Grenzgefüges immer wieder verändert. Noch Ende des 18. Jahrhunderts zerfiel Mitteleuropa in eine Vielzahl mittlerer, kleiner und kleinster Territorien; erst durch die von Napoleon vorangetriebene, freilich das Ende des „Heiligen Römischen Reiches Deutscher Nation“ markierende Neuordnung (1803/06) wurde eine der wesentlichen Voraussetzungen für die Nationalstaatsbildung geschaffen. Wir setzen deshalb mit unserer Geschichtsdarstellung (▸▸ Beiträge Steinbach) im frühen 19. Jahrhundert und damit zu einer Zeit ein, in der sich unter dem Eindruck der napoleanischen Herrschaft die zunächst eher unpolitischen Freiheitsideen allmählich zu einem – in der Folgezeit dann immer problematischer werdenden – Nationsbegriff verdichteten.

Bewusst wurde bei dieser Darstellung den Prozessen im 20. Jahrhundert der größte Platz eingeräumt. Denn vom Anfang des Ersten Weltkrieges über die Machtergreifung der Nationalsozialisten bis hin zur Teilung in zwei deutsche Staaten haben sie die Entwicklungsbedingungen geschaffen, die heute zum Erbe des vereinten Deutschlands gehören und ohne die man dieses Land und seine Besonderheiten nicht verstehen kann.

Zu den wichtigsten Elementen des demokratischen Staates gehören die Wah-

2
Geographische Übersicht
N O R D S E E
O S T S E E
Deutsche Bucht
D Ä N E M A R K
N I E D E R - L A N D E
P O L E N
B E L G I E N
L U X.
F R A N K - R E I C H
S C H W E I Z
Ö S T E R R E I C H
T S C H E C H I E N
BERLIN
HAMBURG
MÜNCHEN
KÖLN
FRANKFURT/M.
STUTTGART
DORTMUND
ESSEN
DÜSSELDORF
DUISBURG
HANNOVER
Bremen
Dresden
Leipzig
Nürnberg
Magdeburg
Kiel
Rostock
Schwerin
Potsdam
Erfurt
Wiesbaden
Mainz
Saarbrücken
Städte nach der Einwohnerzahl (Auswahl)
MÜNCHEN über 1 000 000
DORTMUND 500 000 bis 1 000 000
Nürnberg 250 000 bis 500 000
Rostock 100 000 bis 250 000
Gütersloh 50 000 bis 100 000
Stendal unter 50 000
Siedlungsfläche von Städten mit über 100 000 Einw.
BERLIN Bundeshauptstadt
Magdeburg Landeshauptstadt
Verkehr
A4 Autobahn mit Nr.
Europastraße
Eisenbahn
Kanal
Internationaler Flughafen
Seehafen (1996: > 10 Mio. t Frachtgut)
Binnenhafen (1996: > 5 Mio. t Frachtgut)
Landhöhen (in m)
2 500 bis 3 000
2 000 bis 2 500
1 500 bis 2 000
1 000 bis 1 500
500 bis 1 000
200 bis 500
100 bis 200
0 bis 100
Depression
2713 Höhenangabe
HARZ Gebirge, Landschaft, Insel
Meerestiefen (in m)
0 bis 10
10 bis 20
20 bis 40
40 bis 60
60 bis 80
unter 80
Staatsgrenze (in Flüssen nicht dargestellt)
Staatsgrenze im Meer, umstritten
deutsch-niederländisches Grenzgebiet (gem. Ems-Dollart-Vertrag 1960)
0 25 50 75 100 km
Maßstab 1 : 2 750 000
© Leibniz-Institut für Länderkunde 2003

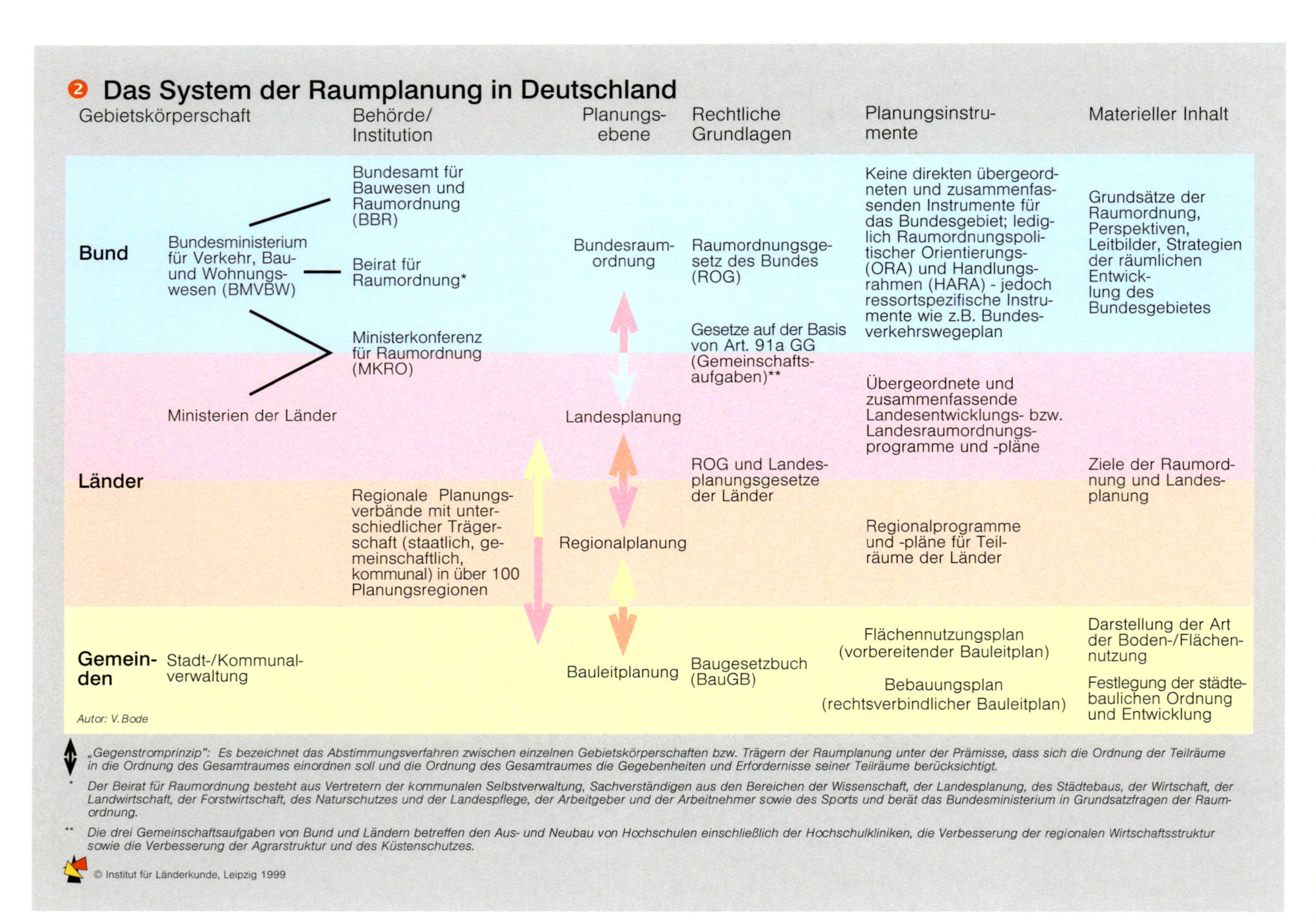

❷ Das System der Raumplanung in Deutschland

↕ „Gegenstromprinzip": Es bezeichnet das Abstimmungsverfahren zwischen einzelnen Gebietskörperschaften bzw. Trägern der Raumplanung unter der Prämisse, dass sich die Ordnung der Teilräume in die Ordnung des Gesamtraumes einordnen soll und die Ordnung des Gesamtraumes die Gegebenheiten und Erfordernisse seiner Teilräume berücksichtigt.

* Der Beirat für Raumordnung besteht aus Vertretern der kommunalen Selbstverwaltung, Sachverständigen aus den Bereichen der Wissenschaft, der Landesplanung, des Städtebaus, der Wirtschaft, der Landwirtschaft, der Forstwirtschaft, des Naturschutzes und der Landespflege, der Arbeitgeber und der Arbeitnehmer sowie des Sports und berät das Bundesministerium in Grundsatzfragen der Raumordnung.

** Die drei Gemeinschaftsaufgaben von Bund und Ländern betreffen den Aus- und Neubau von Hochschulen einschließlich der Hochschulkliniken, die Verbesserung der regionalen Wirtschaftsstruktur sowie die Verbesserung der Agrarstruktur und des Küstenschutzes.

© Institut für Länderkunde, Leipzig 1999

len. Über den demokratischen Vorgang der Wahl wird garantiert, dass die Bevölkerung aller Teilräume eines Landes im politischen System präsent ist. Die Wahlergebnisse in ihrer räumlichen Differenzierung bieten damit ein Spiegelbild von politischer Stimmung und Zeitgeist nicht nur eines Landes, sondern eben auch aller seiner in Wahlbezirke aufgegliederten Teile. Deshalb werden die geschichtsträchtige erste Wahl nach der Wiedervereinigung 1990 sowie die letzte Bundestagswahl von 1998, die ebenfalls schon zur Geschichte gehört, dargestellt. Ergänzend werden Wahlhochburgen hervorgehoben, Gebiete, die über Jahrzehnte die gleichen Parteien wählen und damit Beständigkeit im Wählerverhalten kennzeichnen (⏩ Beiträge Steingrube). In einem Maßstab, der ganz Deutschland berücksichtigt, können die einzelnen Landtagswahlen dagegen nicht dokumentiert werden; sie wären Themen für Regionalatlanten der Länder.

Der deutsche Staat heute

Es gibt gute Gründe dafür, wenn in der politologischen Terminologie heute weniger vom Staat sondern lieber vom politische System gesprochen wird. In diesem Sinn wird auch im Band Staat und Gesellschaft die räumlichen Organisation des politischen Systems der Bundesrepublik Deutschland thematisiert. In der Verteilung von Bundeseinrichtungen über das gesamte Staatsgebiet (⏩ Beitrag Scholich/Tönnies) drückt sich das Prinzip des föderalen Staates aus, alle Landesteile als gleichberechtigt zu behandeln: Die Verwaltung des Bundes und der Länder sowie Einrichtungen des Rechtssystems, der Bundeswehr und des Bildungssystems sind gleichermaßen im ganzen Land vertreten. Die Atlasbeiträge zeigen, dass fast jeder Landesteil in dieses Netz von staatlichen Einrichtungen einbezogen ist, sei es als Standort einer Hochschule, einer Einheit der Bundeswehr, eines Bundesamtes oder eines Gerichtes (⏩ Beiträge Gilles, AMilGeo, Nutz).

Für die Bevölkerung macht sich dieser Bereich staatlicher Tätigkeit in der großen Bedeutung des öffentlichen Dienstes bemerkbar. Ein nicht unerheblicher Teil aller Erwerbstätigen arbeitet im Dienst von Bund, Land, Kreis oder Kommune und leistet damit einen wichtigen Beitrag zur Stabilisierung des Gemeinwesens (⏩ Beitrag Geppert/Postlep).

Wie unterteilt man 357.000 Quadratkilometer?

Raumgliederungen sind immer zweckgebunden. Die Gebietskörperschaften des föderalen Staates – Länder, Kreise und Kommunen – bilden die Raumgliederung der staatlichen Verwaltung. Sie ist hierarchisch aufgebaut, und die Zuständigkeiten sind jeweils gesetzlich festgelegt. Länder und Kommunen bilden nach Artikel 30 bzw. Artikel 28 des Grundgesetzes eigenverantwortliche Einheiten im föderativen Staatswesen.

Die Bundesraumordnung setzt für die nationale Raumentwicklung gewisse Rahmenbedingungen ❷ und definiert Raumordnungsregionen. Darüber hinaus ist die Raumplanung jedoch im Wesentlichen Sache der Länder, die jeweils ihre Planungsregionen definieren. Aber es bilden sich auch freiwillige kommunale Zusammenschlüsse oder Vernetzungen, deren Träger sich auf diese Weise besser in der Lage sehen, ihre Aufgaben zu bewältigen (⏩ Beiträge Priebs, Jurczek/Wildenauer).

Die staatliche Aufgabe besteht nicht nur darin, das Landesterritorium zu verwalten und in übersichtliche Teilräume zu untergliedern, sondern auch darin, die Gleichwertigkeit der Lebensbedingungen in allen Landesteilen zu gewährleisten, wie es durch das Bundesraumordnungsgesetz ausdrücklich eingefordert wird. Diese Forderung gewann nach der Wiedervereinigung eine besondere Bedeutung. Ein erster Schritt war die Planung von verbindenden Verkehrswegen, die Ost und West wieder zusammenführen sollten. Die 17 Verkehrsprojekte deutscher Einheit werden deshalb hier noch einmal dargestellt (⏩ Beitrag Kagermeier). Vieles davon ist inzwischen bereits verwirklicht, Hunderttausende von Deutschen sind von Ost nach West und von West nach Ost umgezogen, noch mehr benutzen täglich die verbindenden Verkehrsstrassen. Darüber wie auch über die vielfältigen Aspekte des Verkehrs und der modernen Ausbauplanung gibt der Atlasband „Verkehr und Kommunikation" ausführlich Auskunft.

Neben der Verwaltungsgliederung existieren auch andere Formen der Regionalisierung, die durch das Handeln der Menschen im Alltag entstehen. Für diesen Prozess haben wir einige Beispiele ausgesucht: Durch den Zustrom von Urlaubern und die dadurch erhöhten Übernachtungszahlen lassen sich beispielsweise Fremdenverkehrsregionen abgrenzen (⏩ Beitrag Reuber). Und untersucht man die Muster beim Bezug von Tageszeitungen, so findet man Zeitungsregionen, die gleichzeitig auch als Meinungsbildungsregionen interpretiert werden können (⏩ Beitrag Bode).

Deutschland – eine vielfältige Gesellschaft

82 Millionen Deutsche und Menschen anderer Nationalitäten, die zwar Ausländer genannt werden, aber längst in Deutschland ihren Lebensmittelpunkt haben, formen die Gesellschaft unseres Landes. Das Sozialsystem der Bundesre-

publik Deutschland bildet den Rahmen für ihre Lebensumstände, die sich jedoch im Einzelnen sehr unterschiedlich darstellen.

Die Zugehörigkeit zu sogenannten Großgruppen bestimmt die Lebensbedingungen der Menschen, auch wenn sie sich dessen oft gar nicht bewusst sind. Eine differenzierte Betrachtung der Altersgruppen – besonders der ganz Jungen und der Alten – wie auch der Situation der Frauen oder der Ausländer in diesem Land beweist, dass die Lebensumstände nicht für alle gleich sind (▸▸ Beiträge Gans/Kemper, Wiest, Lambrecht/Tzschaschel, Meier, Swiaczny). Insgesamt lässt sich eine Pluralisierung der Lebensstile beobachten (▸▸ Beitrag Glatzer), die jedoch nicht für alle zu einer Verbesserung der Lebenssituation führt. Für einen ständig wachsenden Bevölkerungsteil wird es nötig, die gesellschaftlich vorgesehene soziale Sicherung – das sog. soziale Netz – in Anspruch zu nehmen, um zumindest ihr Existenzminimum zu sichern (▸▸ Beitrag Miggelbrink).

In freiwilligen Gruppierungen – Vereinen und Verbänden – spielt sich ein wichtiger Teil des sozialen Lebens und der Freizeit (▸▸ Beitrag Langhagen-Rohrbach/Wolf) ab. Die zahlenmäßig eindrucksvollsten Beispiele dafür sind die Kirchen und Glaubensgemeinschaften (▸▸ Beitrag Henkel) wie auch die Parteien (▸▸ Beitrag Ducar/Heinritz), die damit ebenfalls zu wichtigen Elementen des Gemeinwesens werden.

Wirtschaft und Arbeitswelt – die Säulen des Wohlstands

Zwei Atlasbände werden sich mit der Welt der Arbeit („Arbeit und Lebensstandard“) und mit dem gesamten Komplex der Wirtschaft („Unternehmen und Märkte“) beschäftigen. Aber eine Betrachtung von Gesellschaft und Staat wäre nicht komplett, ohne die wirtschaftlichen Aktivitäten darzustellen, die die materielle Grundlage des Gemeinwesens bilden. Dies betrifft nicht nur die Wirtschaftskraft (▸▸ Beitrag Heß/Scharrer) sowie verschiedene Wirtschaftsfaktoren, wie die Energiewirtschaft und den Immobilienmarkt (▸▸ Beiträge Haas/Scharrer und Schaar), sondern auch die Bereiche von Erwerbstätigkeit und Arbeitslosigkeit – ökonomische Größen von erheblicher gesellschaftspolitischer Prägnanz (▸▸ Beiträge Faßmann, Schulz/Schmid).

Deutschland ist keine Insel

Das Schlagwort der Globalisierung ist heutzutage in aller Munde. Es spielt auf die weltweite Vernetzung von Kommunikation und Wirtschaftsbeziehungen an und meint besonders den Sachverhalt der Durchdringung des Alltagslebens von Ereignissen, die weit entfernt vom Wohnort des Einzelnen stattfinden. Auf der anderen Seite hat jeder Einzelne nicht nur als Folge der preiswerten Flugverbindungen zu Reisezielen auf dem gesamten Globus, sondern auch durch die modernen Medien einen immer kürzer werdenden Weg in die weite Welt, ist durch Fernsehen und Internet in Sekundenschnelle mit jedem Punkt auf der Erde verbunden.

Die Betrachtung Deutschlands in einem Nationalatlas kann diese Vernetzungen nicht ignorieren. Daher wird auf „Verkehr und Kommunikation“ in einem eigenen Atlasband detailliert eingegangen werden, und ein weiterer Band ist allein der Stellung von „Deutschland in der Welt“ gewidmet. Aber auch der Band „Gesellschaft und Staat“ will dokumentieren, dass Deutschland keine Insel ist. Die Souveränität eines Staates liegt nicht zuletzt in seiner Anerkennung durch andere Staaten und seiner Einbindung in internationale Beziehungen (▸▸ Beitrag Heinritz/Wiest). Wie wäre die deutsche Wirtschaft ohne den Außenhandel zu verstehen? Wie die Freizeit der Deutschen ohne den Urlaub am Mittelmeer? Wie die deutschen Grenzregionen ohne den kleinen Grenzverkehr und die Nachbarn der Europäischen Union? Auf diese Aspekte gehen einige Beiträge im letzten Teil dieses Bandes ein (▸▸ Beiträge Haas/Heß, Langhagen-Rohrbach/Wolf u.a., Kremb).

Die Selbstdarstellung eines Landes relativiert sich dadurch, wie das Land und seine Bewohner in den Augen anderer erscheinen. Zum Abschluss beschäftigt sich deshalb ein Beitrag mit einem der vielen Deutschlandbilder, die es gibt, und zeigt uns anhand der im Ausland verwandten deutschen Sprachbücher, mit welchen Bildern Deutschland von außen identifiziert wird (▸▸ Beitrag Middell).◆

Das Land im Überblick

Klaus Wolf

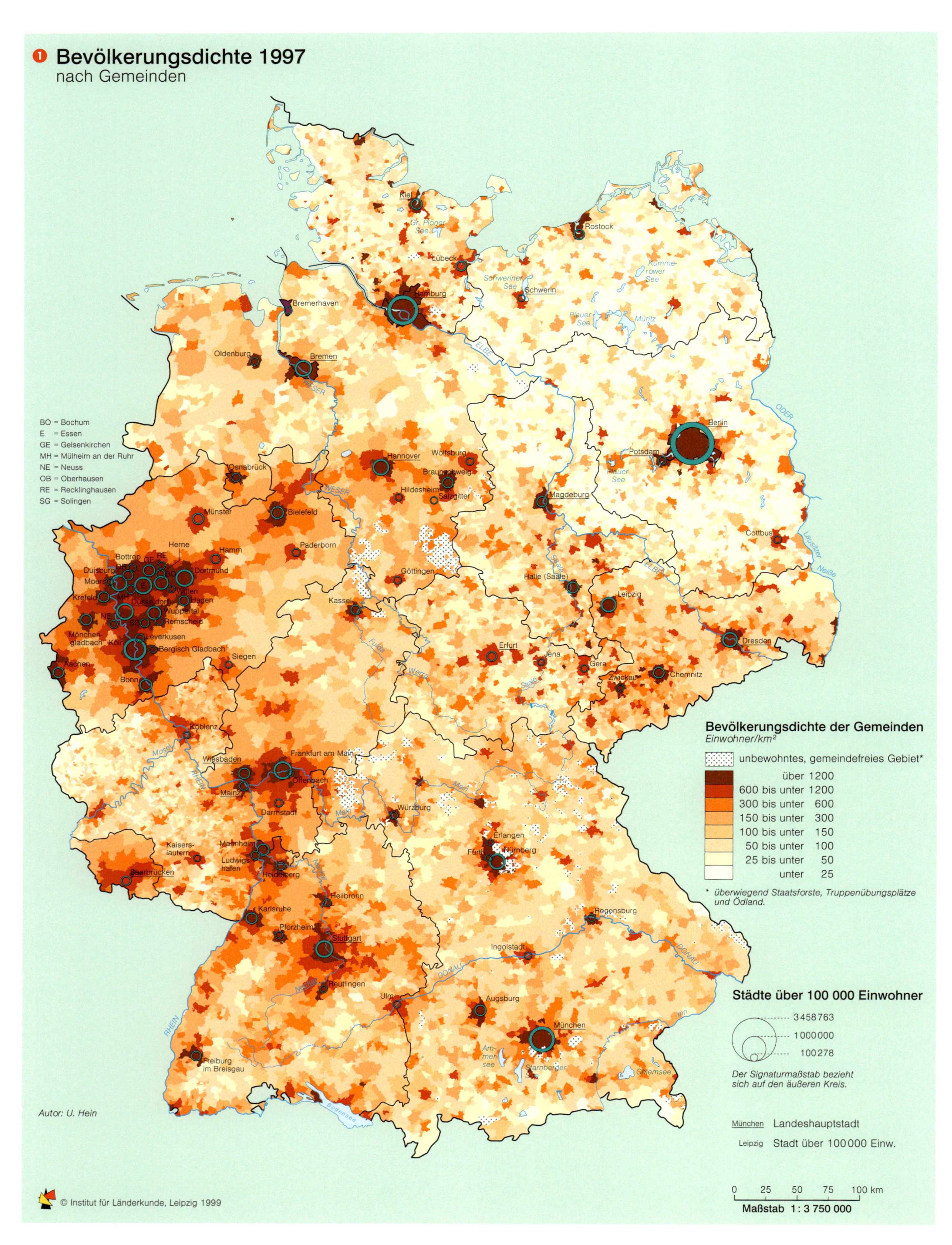

Bevölkerung und Siedlungsstruktur

Seit der Vereinigung der beiden deutschen Staaten ist Deutschland mit rund 82 Mio. Einwohnern (1999) nach Russland der bevölkerungsreichste Staat Europas.

Die Bevölkerungsdichte ❶ stellt sich durch den Fleckenteppich der 14.457 Gemeinden kleinräumig sehr differenziert dar. Großräumig wird sie einerseits von einem Nord-Süd- und andererseits von einem West-Ost-Gefälle geprägt. Die Gebiete größter Bevölkerungsdichte ziehen sich vom Nordwesten und von den Regionen an Rhein und Ruhr über das Rhein-Main-Gebiet, den Rhein-Neckar-Raum bis in den Raum Stuttgart, sie bilden Ausläufer im Norden in den Raum um Hannover und nach Hamburg, im Süden nach Südbaden bis zur Schweizer Grenze und in die Region München. In Ostmitteldeutschland und Ostdeutschland ist eine deutlich geringere Verdichtung zu beobachten. Nur in Berlin sowie im Süden der neuen Länder gibt es größere Verstädterungszonen um einzelne Zentren wie Leipzig oder Dresden. Neben noch stärker ausgeprägten ländlichen Räumen im östlichen Hessen, Thüringen, Franken, Nieder- und Oberbayern ist vor allem eine geringere Bevölkerungsdichte in den peripheren ländlichen Regionen Mecklenburg-Vorpommerns zu beobachten.

Das zentralörtlich gegliederte städtische Siedlungssystem gibt diese regionale Bevölkerungsverteilung eindrucksvoll wieder. Große Städtekonzentrationen im Westen und Südwesten der alten sowie im Süden der neuen Länder werden kontrastiert von wenig verstädterten Räumen im Norden und Osten Deutschlands.

Die Veränderungen der Bevölkerungsverteilung der letzten 10 Jahre, im Wesentlichen durch die Ost-West-Wanderung wie auch durch die stark abgesunkenen Geburtenzahlen in den neuen Ländern verursacht ❷, haben dieses Bild nicht grundsätzlich verändert.

Die naturräumlichen Grundlagen

Das Staatsgebiet Deutschlands umfasst seit dem 3. Oktober 1990 357.000 km². Es läßt sich in fünf große naturräumliche Einheiten gliedern:

Die Norddeutsche Tiefebene (das Norddeutsche Tiefland), die Mittelgebirgsschwellen, die Südwestdeutsche Schichtstufenlandschaft, das Süddeutsche Alpenvorland und die Bayerischen Alpen.

Der Norden wird von Marschen und Geestplatten geprägt. Im südlicher Richtung folgen die der Mittelgebirgsschwelle vorgelagerten fruchtbaren Börden. Für die Ostseeküste sind in Schleswig-Holstein die tief ins Land eingreifenden Förden charakteristisch. Mecklenburg-Vorpommerns Küste ist von Bodden, Ausgleichsküsten und dem Stettiner Haff gekennzeichnet. Das Wattenmeer der Nordsee gewinnt seinen Reiz besonders durch die Ost- und Nordfriesischen Inseln und die Halligen.

Die weitgehend aus paläozoischen Gesteinen aufgebaute Mittelgebirgsschwelle trennt Nord- von Süddeutschland. Das Tal des Mittelrheines und die hessisch-thüringischen Senken bildeten sich schon früh als Verkehrsleitlinien heraus. Das südwestdeutsche Schichtstufenland findet im Westen seine Begrenzung im Oberrheingraben und in den Höhen des kristallinen Schwarzwaldes. Das Süddeutsche Alpenvorland trägt mit seinen Seen, Mooren, Hügelländern und Schotterebenen deutliche Züge glazial und periglazial überformter Landschaften. Der schmale Streifen der Bayerischen Alpen, der den Abschluss Deutschlands an der südlichen Grenze zu Österreich bildet, ist nur der schmale nördliche Saum des mächtigen Mittel- und Südeuropa scheidenden west-östlich verlaufenden Gebirgs-Rippenbogens.

Neben dem Naturraum gehört auch das Klima zu den natürlichen Voraussetzungen der Landesentwicklung. Deutschlands Klima reicht von der gemäßigt kühlen Westwindzone des Atlantiks bis zum Kontinentalklima im Osten. Niederschläge gibt es zu allen Jahreszeiten, die durchschnittliche Wintertemperatur im Tiefland liegt bei +1,5° C und –6° C im Gebirge. Die Mittelwerte im Juli liegen bei +18° C im Tiefland und bei +20° C in den Tälern des Südens. Besonders begünstigt durch ein sehr mildes Klima ist der Oberrheingraben. ➟

An der Weser

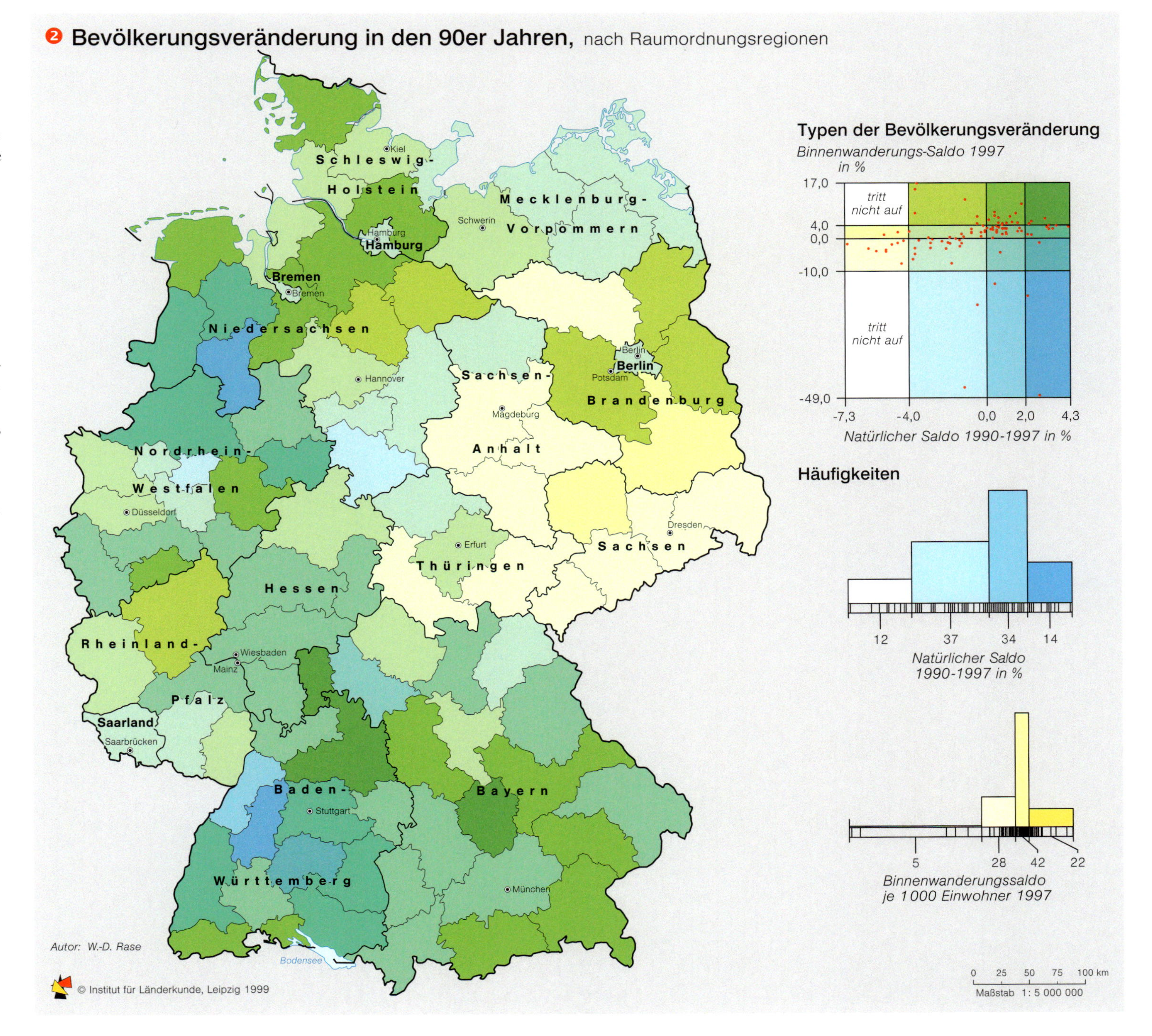

Neues Messegelände Leipzig

❸ Regionale Wirtschaftskraft 1994

F Frankfurt am Main
GE Gelsenkirchen
GER Germersheim
HG Hoch-Taunus-Kreis
KA Karlsruhe
LU Ludwigshafen am Rhein
MTK Main-Taunus-Kreis
M München (Stadt)
OF Offenbach (Stadt)
WHV Wilhelmshaven

Autor: K. Wolf

Bruttowertschöpfung* (Tsd. DM je Erwerbstätigen)

- 125 und mehr
- 100 bis < 125
- 75 bis < 100
- 50 bis < 75
- < 50

*Der Wert, welcher Waren und Dienstleistungen (Vorleistungen) durch weitere Bearbeitung hinzugefügt worden ist.

Klassenverteilung
Min. 40 265
Max. 171 745
Ø 81 827

Maßstab 1 : 5 000 000

© Institut für Länderkunde, Leipzig 1999

Die Wirtschaft

Die Wirtschaft Deutschlands zeichnet sich durch hohe Im- und Exportquoten, ein hohes Produktionsniveau und eine moderne Industrie aus. Die regionale Differenzierung der wirtschaftlichen Situation innerhalb Deutschlands lässt sich am ehesten durch den Indikator der Bruttowertschöpfung in DM pro Einwohner zusammenfassen. Es zeigt sich zweierlei: zum einen, dass über weite Teile Deutschlands die Bruttowertschöpfung pro Einwohner ähnlich ist, d.h. das gesamte Staatsgebiet eine ordentliche wirtschaftliche Leistungskraft aufweist; zum anderen, dass auch hier die Metropolen besonders im Westen und Süden des Staates durch höhere Wertschöpfung hervortreten, während der Osten noch stärker zurückbleibt. Dieses West-Ost-Gefälle wird noch ausgeprägter, wenn die Bruttowertschöpfung auf die Erwerbstätigen ❸ bezogen wird. Die Einkommensverhältnisse und das Kaufkraftniveau (▸▸ Beitrag Heß/Scharrer) können als gute Indikatoren für die Lebenshaltungssituation herangezogen werden. Es besteht auch hier nach wie vor, trotz beobachtbarer Verringerungen, ein deutliches West-Ost-Gefälle. Während im Westen Deutschlands das durchschnittliche Jahreseinkommen je Einwohner auf knapp 29.000 DM geschätzt wird, liegen die Werte in Ost- und Mitteldeutschland um rund ein Viertel niedriger. Vergleicht man die regionalen Einkommensdisparitäten allerdings mit den regional differenzierten Lebenshaltungskosten, so zeigt sich trotz des auch hier bestehenden west-östlichen Gefälles, dass sich in Ostdeutschland eine allmähliche Aufwertung der realen Kaufkraft durchsetzt.

Die ökonomischen und siedlungsstrukturellen Disparitäten der Bundesrepublik Deutschland schlagen sich auch in verkehrsräumlicher Hinsicht nieder, denn Regionen mit hoher Verkehrsbelastung im Westen der Bundesrepublik stehen Räume noch niedrigerer Belastung im Osten Deutschlands gegenüber.

Deutschland „im Herzen Europas", naturräumlich an allen Lebenshöhenstufen der gemäßigten Breiten teilhabend, wirtschaftlich und gesellschaftlich hoch entwickelt, damit auch mit allen zivilisatorischen Eigenschaften der zu hohen Siedlungs- und Verkehrsverdichtung, der Überalterung, der hohen Lebenshaltung behaftet, regional durch Disparitäten zwischen Nord und Süd, und stärker noch, zwischen West und Ost gekennzeichnet, sieht seine vordringliche raumordnungspolitische Aufgabe daher darin, einerseits Gebiete mit hohem oder sehr hohem Entwicklungsbedarf entsprechend zu fördern, andererseits schon stark entwickelte Räume in ihrer regionalen Entwicklung zu ordnen, um so zu verträglichen lebensräumlichen Strukturen in allen Teilgebieten der Bundesrepublik zu gelangen.

Die Kulturlandschaft

Um ein großes Territorium übersichtlich und begreifbar zu machen, haben Menschen seit jeher Raumnamen vergeben und schon damit räumliche Differenzierungen vorgenommen, seien sie auch so grob wie beispielsweise die römische Einteilung von Gallien diesseits und jenseits der Alpen.

Viele dieser Namen sind mit Kulturlandschaften verbunden, die über Jahrhunderte hinweg gewachsen sind und ihre typischen Bau- und Lebensformen im Bild der Fluren und Siedlungen eingegraben haben. Ihre Vielfalt ist typisch für das Erscheinungsbild Deutschlands, das sich mit seinen naturräumlichen Differenzierungen allen modernen vereinheitlichenden Trends zum Trotz bis heute weitgehend erhalten hat.◆

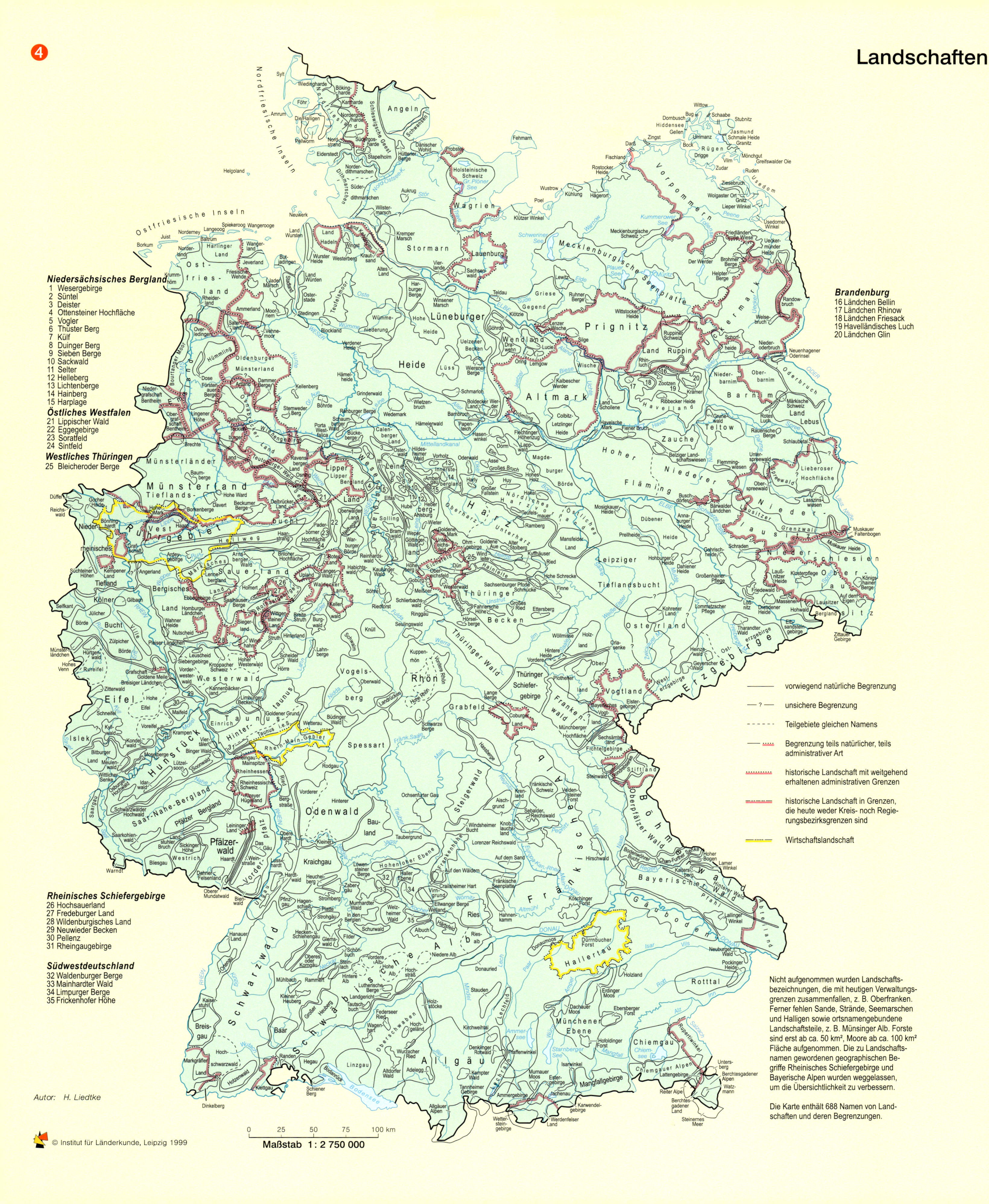

© Institut für Länderkunde, Leipzig 1999

Staats- und Verwaltungsaufbau der Bundesrepublik Deutschland

Dietmar Scholich und Gerd Tönnies

Das Reichstagsgebäude – Sitz des deutschen Bundestages in Berlin

Durch das Grundgesetz vom 23.5.1949 wird die Staatsordnung der Bundesrepublik Deutschland von vier Grundprinzipien bestimmt: das demokratische, das rechtsstaatliche, das sozialstaatliche und das bundesstaatliche bzw. das föderalistische Prinzip.

Die Staatsgewalt ist zwischen den Gliedstaaten (16 Länder) und dem Gesamtstaat (Bund) geteilt. Dieses Prinzip der vertikalen Gewaltenteilung, das im Gegensatz zur zentralistischen Staatsform steht, ist für das Verständnis des deutschen Staats- und Verfassungsaufbaus von wesentlicher Bedeutung. So kommen nicht nur dem Bund selbst, sondern auch den Ländern die Qualität von Staaten zu. Die Länder besitzen dabei keine volle Autonomie, sondern eine im Rahmen der Bundesverfassung auf bestimmte Bereiche beschränkte Hoheitsgewalt. Sie nehmen diese durch eigene Gesetzgebung, Vollziehung und Rechtsprechung wahr. Das Schwergewicht der Gesetzgebung liegt beim Bund. Die Länder sind vor allem für die Verwaltung zuständig.

Die Gliederung des Bundesgebietes in 16 selbständige Länder mit eigenen Verfassungsordnungen ist besonders für die räumliche Ordnung und Entwicklung in Deutschland von Bedeutung. Sie bringt regional-kulturelle Besonderheiten und Initiativen zur Geltung und fördert dezentrale Raumstrukturen. Es konnten sich eine Vielzahl konkurrierender wirtschaftlicher, kultureller und politischer Zentren herausbilden, die die Entwicklung ausgeglichener und sozial ausgewogener Siedlungsstrukturen ebenso begünstigen wie eine ökologisch nachhaltige Raumentwicklung. Einen Überblick über den Staats- und Verwaltungsaufbau vermittelt Abbildung ❷.

Seit 1949 galt Bonn als – zuerst nur provisorische – Hauptstadt der Bundesrepublik Deutschland; 1949 erklärte die DDR Ostberlin zu ihrer Hauptstadt. Durch eine Abstimmung am 20.6.1991 hat der Deutsche Bundestag den Umzug der Bundeshauptstadt von Bonn nach Berlin beschlossen, der im Sommer 1999 vollzogen wurde. Bonn bleibt nach diesem Beschluss „Bundesstadt" mit zahlreichen Ministerien und staatlichen Einrichtungen (▸▸ Beitrag Scholich/Tönnies).

Oberste Bundesorgane

Der Bundestag, der Bundesrat, der Bundespräsident und die Bundesregierung sind die höchsten Organe des Bundes. Zu den Funktionen der Bundesgewalt gehören ferner die Bundesgerichte (▸▸ Beitrag Gilles) sowie die Bundesverwaltung.

Das deutsche Volk wird bei der Ausübung der Staatshoheit durch den *Bundestag* ❹ repräsentiert. Der Bundestag ist die Volksvertretung der Bundesrepublik Deutschland. Er ist das höchste, in der Gesetzgebung entscheidende Bundesorgan, das bei wichtigen Gesetzen seine Zustimmung erteilen muss. Die alleinige Gesetzgebungskompetenz des Bundes umfasst Rechtsgebiete, die für die Länder einheitlich zu regeln sind. Den Ländern ist hier kein eigener Gestaltungsspielraum eingeräumt, z.B. bei auswärtigen Angelegenheiten, der Verteidigung, dem Grenzschutz, dem Währungs-, Geld- und Münzwesen sowie dem Luftverkehr. Die weiteren Gesetzgebungskompetenzen erstrecken sich auf die konkurrierende Gesetzgebung – die Länder können Gesetze erlassen, solange und soweit der Bund nicht die jeweiligen Rechtsgebiete gesetzlich regelt – und die Rahmengesetzgebung des Bundes. Bei letzterer hat sich der Bund auf allgemeine Rahmenvorschriften zu beschränken, die durch Gesetze der Länder aus- ➟

❶ Gemeinde und Kreise in den Ländern 1997

Ohne gemeindefreie Gebiete; bewohnte gemeindefreie Gebiete wurden als Gemeinden gezählt.

	Gemeinden	Kreise, kreisfr. Städte
Schleswig-Holstein	1 129	15
Niedersachsen	1 032	47
Nordrhein-Westfalen	396	54
Hessen	426	26
Rheinland-Pfalz	2 305	36
Baden-Württemberg	1 111	44
Bayern	2 056	96
Saarland	52	6
Brandenburg	1 696	18
Mecklenburg-Vorpommern	1 079	18
Sachsen	809	29
Sachsen-Anhalt	1 299	24
Thüringen	1 063	22
Hamburg	1	1
Bremen	2	2
Berlin	1	1
Summe	**14 457**	**439**

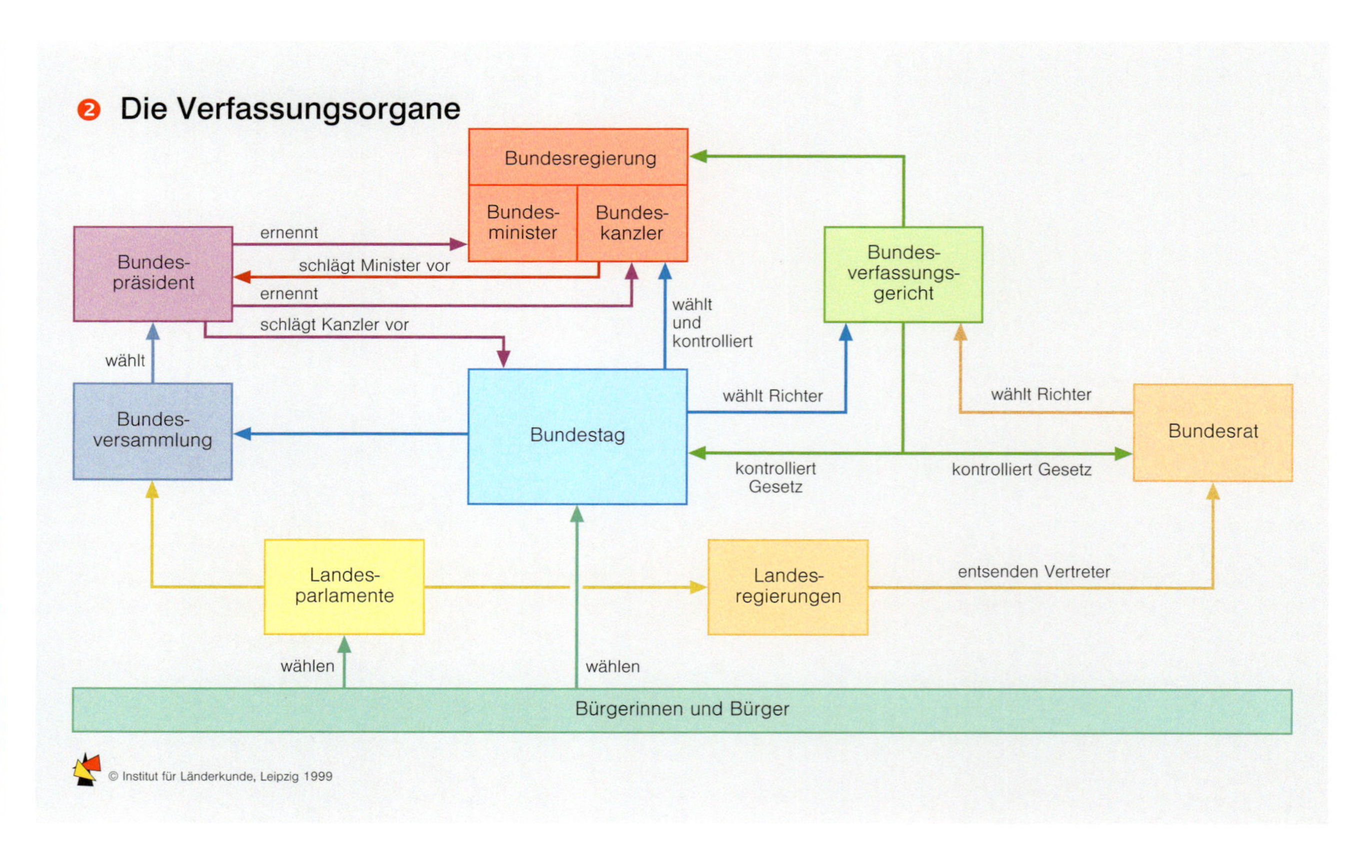

© Institut für Länderkunde, Leipzig 1999

zufüllen sind. Die 656 Abgeordneten des Bundestages werden in allgemeiner, unmittelbarer, freier, gleicher und geheimer Wahl auf vier Jahre gewählt.

Das föderalistische Prinzip erfordert ein Staatsorgan, das die Länderinteressen bei den politischen und gesetzgeberischen Entscheidungen des Bundes wahrnimmt sowie als Mittler und Verbindungsorgan zwischen Bund und Ländern wirkt. Der *Bundesrat* als Vertretung der Länder ist ein neutrales föderatives Element. Als Gegengewicht zum Bundestag gewährleistet er den Einfluss der Länder auf Entscheidungen des Bundes. Der Bundesrat wirkt mit bei der Gesetzgebung und Verwaltung des Bundes. Über die Hälfte aller Gesetze erfordern die Zustimmung des Bundesrates. Sie ist vor allem notwendig, wenn wesentliche Interessen der Länder betroffen sind, etwa wenn Gesetze in die Finanzen oder in die Verwaltungshoheit der Länder eingreifen. Dem Bundesrat gehören insgesamt 69 Mitglieder der Regierungen der Länder an ❻. Jedes Land hat wenigstens drei Stimmen, Länder mit über zwei Mio. Einwohnern haben vier, Länder mit über sechs Mio. Einwohnern haben fünf, und die mit über sieben Mio. Einwohnern haben sechs Stimmen.

Staatsoberhaupt der Bundesrepublik Deutschland ist der *Bundespräsident*, der sie völkerrechtlich gegenüber anderen Staaten vertritt. Die Außenpolitik selbst ist die Aufgabe der Bundesregierung. Aufgrund seiner neutralen Stellung kann der Bundespräsident zum politischen Interessenausgleich sowie zur ethisch-normativen und gesellschaftspolitischen Orientierung der Bürger/innen beitragen.

Die vollziehende Gewalt (Exekutive) übt die *Bundesregierung* (das Kabinett) aus. Die Bundesregierung lenkt als politisches Führungs- und Leitungsorgan die staatlichen und politischen Geschäfte, für die der Bund zuständig ist, insbesondere die Außen-, Verteidigungs- und Währungspolitik. Sie besteht aus dem Bundeskanzler sowie den Bundesminister/innen, die auf Vorschlag des Bundeskanzlers vom Bundespräsidenten ernannt und entlassen werden. Innerhalb des Kollegialorgans „Bundesregierung" nimmt der Bundeskanzler aufgrund seiner Richtlinienkompetenz eine herausragende Position ein. Im Rahmen der vom Bundeskanzler bestimmten Richtlinien der Regierungspolitik leiten die Bundesminister/innen den ihnen zugewiesenen Geschäftsbereich selbständig und in eigener Verantwortung. Die Bundesverwaltung ist ein komplexes System der Aufgabenteilung zwischen Bund und den Ländern, bei der Bundes- und Landesverwaltung im Grundsatz selbständig nebeneinander stehen. Sie wird von der Bundesregierung beaufsichtigt.◆

❹ Die Organisation des Deutschen Bundestages

Bundestagsverwaltung

Bundestagspräsident/in

Präsidium

Ältestenrat
Präsidium und
23 von den Fraktionen
benannte Mitglieder

Bundesrat

Vermittlungs-
ausschuss

Fraktionen
Mindeststärke:
5% der Mitglieder
des Bundestages

Abgeordnete
Plenum
Anzahl der Sitze: 656

Ständige
Ausschüsse

Untersuchungs-
ausschüsse

Sonder-
ausschüsse

Enquete-
Kommissionen

© Institut für Länderkunde, Leipzig 1999

❺ Die deutschen Länder 1997

Länder	Fläche in km²	Bevölkerung in Tsd.	Bevölkerungsdichte
Baden-Württemberg	35 751,76	10 374,50	290
Bayern	70 550,87	12 043,90	171
Berlin	890,85	3 458,80	3 883
Brandenburg	29 475,72	2 554,40	87
Bremen	404,23	677,80	1 677
Hamburg	755,20	1 708,00	2 262
Hessen	21 114,45	6 027,30	285
Mecklenburg-Vorpommern	23 170,24	1 817,20	78
Niedersachsen	47 612,24	7 815,20	164
Nordrhein-Westfalen	34 077,70	17 947,70	527
Rheinland-Pfalz	19 846,50	4 000,60	202
Saarland	2 570,15	1 084,20	422
Sachsen	18 412,71	4 545,70	247
Sachsen-Anhalt	20 447,46	2 723,60	133
Schleswig-Holstein	15 770,47	2 742,30	174
Thüringen	16 170,88	2 491,10	154
Deutschland	**357 021,43**	**82 012,20**	**230**

❻ Die 69 Stimmen der Bundesländer im Bundesrat

Die Hauptstadtfrage

Volker Bode

Die Hauptstädte der beiden deutschen Staaten

Der Parlamentarische Rat, dessen Mitglieder von den elf westdeutschen Landtagen am 1. September 1948 gewählt worden waren, verabschiedete am 8. Mai 1949 das Grundgesetz der Bundesrepublik Deutschland. Zwei Tage später wählte er in geheimer Abstimmung Bonn zur vorläufigen Bundeshauptstadt. Von den 62 gültigen Stimmen entfielen 33 auf Bonn und 29 auf Frankfurt a.M. Der am 14. August 1949 gewählte erste Deutsche Bundestag bestimmte auf dieser Grundlage am 3. November 1949 Bonn zum Sitz der Verfassungsorgane. Damit wurde Bonn Hauptstadt der Bundesrepublik Deutschland.

In der sowjetischen Besatzungszone konstituierte sich der 2. Deutsche Volksrat als Provisorische Volkskammer und setzte am 7. Oktober 1949 die Verfassung der Deutschen Demokratischen Republik in Kraft. Mit der Gründung der DDR erhielt Berlin (Ost) den Status der Hauptstadt, obwohl die Verfassung der DDR aufgrund des Viermächtestatus für Berlin nicht im Ostsektor galt. Nach dem Mauerbau wurde Ost-Berlin als Hauptstadt zum 15. Bezirk der DDR erklärt.

Einweihung des Planarsaals im Reichstagsgebäude in Berlin am 19.04.1999

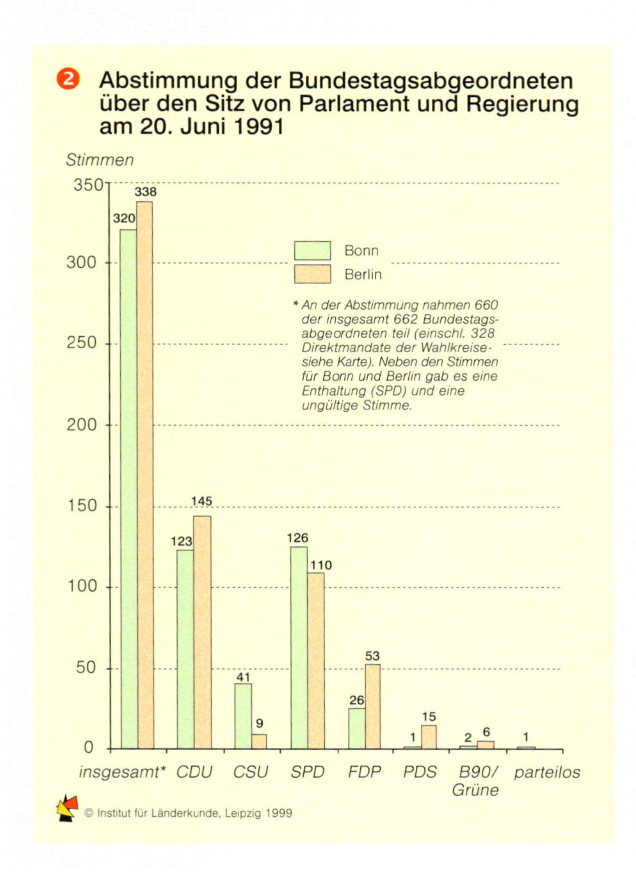

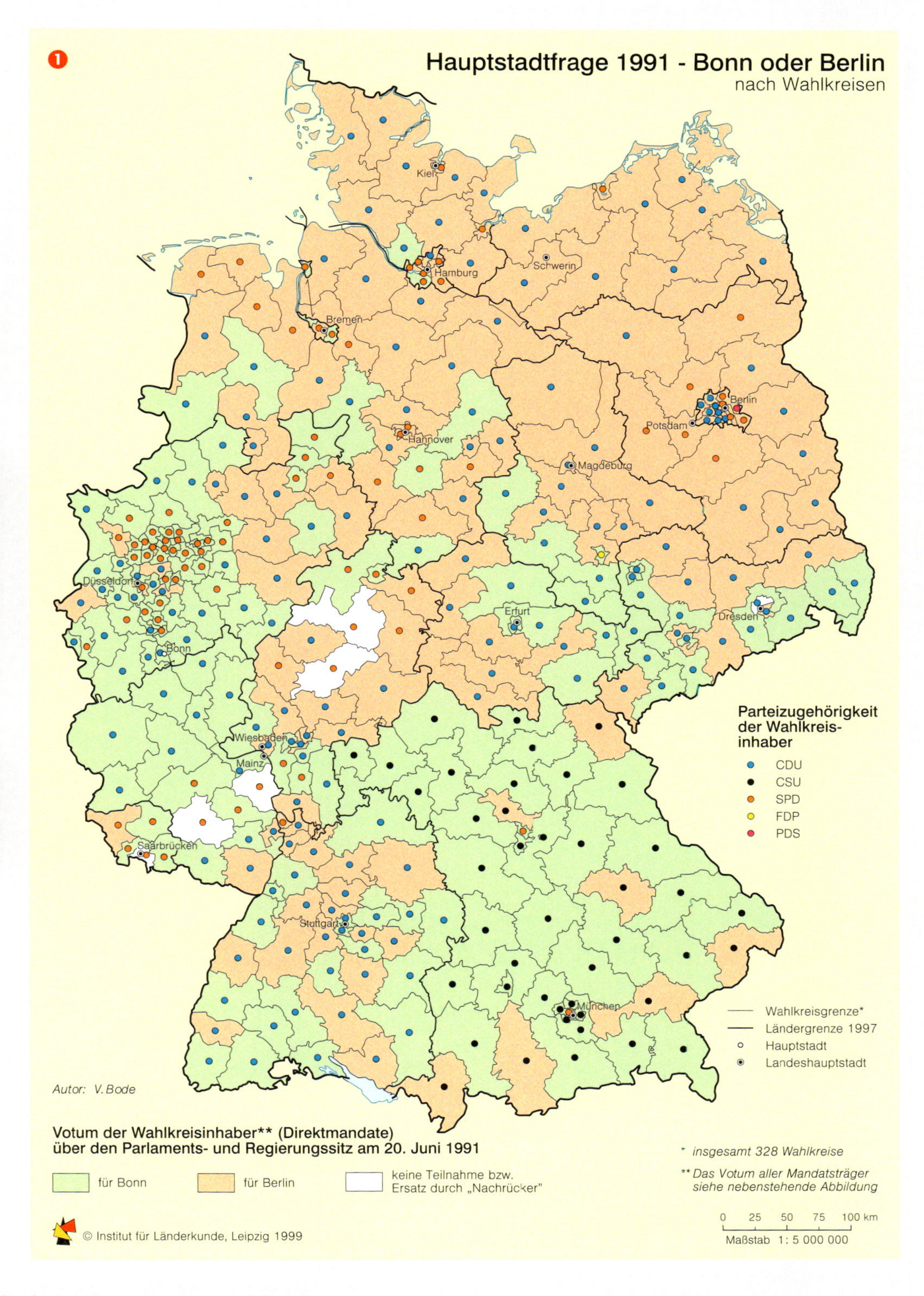

Die Hauptstadt des vereinten Deutschland

Nach der Vereinigung der beiden deutschen Staaten einigten sich im April 1991 die Repräsentanten der Verfassungsorgane und die Vorsitzenden der Bundestagsfraktionen auf ein Abstimmungsverfahren über den künftigen Parlaments- und Regierungssitz. Am 20. Juni 1991 stimmten die Abgeordneten des ersten gesamtdeutschen Bundestages über den Sitz von Parlament und Regierung ab. An der Abstimmung nahmen 660 der insgesamt 662 Bundestagsabgeordneten teil. Das Ergebnis fiel mit 338 Stimmen zu Gunsten von Berlin aus; 320 Stimmen entfielen auf Bonn, bei einer Enthaltung und einer ungültigen Stimme. Schon während der Debatte zeichnete sich ab, dass die Parteizugehörigkeit der Abgeordneten beim Abstimmungsverhalten keine Rolle spielte ❷. Vielmehr war die regionale Herkunft der Abgeordneten ausschlaggebend. Dies wird durch das Votum der direkt gewählten Wahlkreisinhaber deutlich ❶. So stimmten die Bundestagsabgeordneten im Norden und Osten mehrheitlich für Berlin, während die aus dem Süden und Westen überwiegend für den Verbleib in Bonn waren. Die Direktkandidaten der 328 Wahlkreise votierten mit 169:153 für Bonn. Die übrigen Abgeordneten, die über die Landeslisten ins Parlament gezogen waren, entschieden sich mit 185:151 für den Umzug nach Berlin. Acht Jahre nach dem Umzugsbeschluß fand im September 1999 in Berlin die erste reguläre Amtssitzung des Deutschen Bundestages im Plenarsaal des Reichstagsgebäudes statt.

Wohin entwickelt sich die Bundesrepublik Deutschland?

Wolfgang Glatzer und Wolfgang Zapf

Strukturvorgaben und Entwicklungstendenzen: Festlegungen für die Zukunft

Das Grundgesetz der Bundesrepublik Deutschland ist mit einem Alter von einem halben Jahrhundert länger als jede andere Verfassung in Deutschland gültig. Auf seiner Grundlage wurde ein Gesellschaftssystem etabliert, dessen Institutionen inzwischen mehrere Generationen von Menschen überdauert haben. Kern dieser Institutionen sind die repräsentative Demokratie und der soziale Rechtsstaat. Das Grundgesetz ließ Spielräume für die Gestaltung des sozialen, wirtschaftlichen und politischen Lebens, und es erfuhr nicht wenige Änderungen, die Anpassungen an gesellschaftliche Entwicklungen darstellten. Insgesamt freilich hat die Verfassung nachhaltig die gesellschaftliche Entwicklung vorstrukturiert.

Produktion des VW-Golf im Volkswagenwerk Wolfsburg

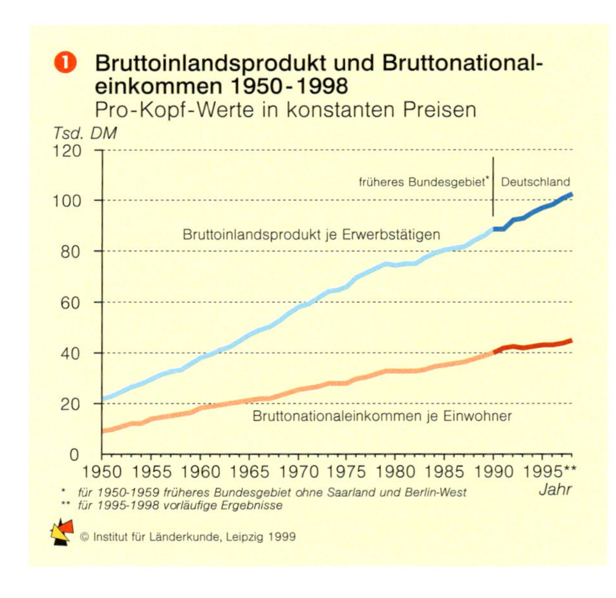

Die Strukturvorgaben galten für die Zeit nach 1949 – angesichts der Teilung Deutschlands in „Zwei Staaten deutscher Nation" – zunächst für „Westdeutschland", danach ab 1990 für das vereinigte Deutschland. Der Gesamteindruck der bisherigen Entwicklung kann mit den Begriffen Strukturerhaltung und Leistungssteigerungen wiedergegeben werden. Sich abzeichnenden Krisen und Problemen wurde von einer mehr oder weniger reformorientierten Gesellschaftspolitik immer wieder begegnet. Niemand hat allerdings für die Frage, wohin sich die Bundesrepublik entwickelt, eine sichere Antwort.

Zukunft bedeutet immer auch Ungewissheit, und oft genug finden sich Beispiele für überraschende Entwicklungen, die nicht vorhergesehen wurden. Dennoch sollte die Skepsis gegenüber Vorhersagen nicht übertrieben werden, weil unter der Vielzahl von Zukunftserwartungen, die in einer Bevölkerung existieren, auch immer viele zutreffende sind. Man denke nur an die Vereinigung Deutschlands, von der es in der Wissenschaftskritik heißt, dass sie nicht vorhergesehen wurde. Geht man in das Jahr 1972 zurück und betrachtet die damals durchgeführte Bevölkerungsumfrage darüber, was man in 25 Jahren erwartet, dann hat zwar eine Minderheit der erwachsenen Bundesbürger, aber immerhin ein Anteil von 13% ein vereinigtes Deutschland vorhergesagt. Gewünscht haben es damals weit mehr (78%), aber auch als realistische Erwartung vertrat es immerhin ein wesentlicher Teil der Bevölkerung (Hauser u. Glatzer 1999).

In diesem Beitrag wird eine (unspektakuläre) Vorhersage der Entwicklung Deutschlands auf der Grundlage vorhandener Entwicklungstendenzen vorgenommen, es wird also eine kontrollierbare, aber unvermeidlich spekulative Antwort auf die Frage gegeben, wohin sich die Bundesrepublik Deutschland entwickelt. Die Stabilität von Entwicklungstendenzen beruht immer auf einem gleichbleibenden Bedingungskomplex, und wenn es keine Anzeichen dafür gibt, dass dieser sich ändert, dann lassen sich auch die Entwicklungstendenzen in die Zukunft verlängern.

Das zugrundeliegende Gesellschaftskonzept betrachtet den gesellschaftlichen Wandel als ein Konglomerat von Entwicklungstendenzen, die sich wie Flüsse durch einen Erdteil ziehen und in ihrem Einflussbereich die Lebensverhältnisse prägen (Glatzer 1988). Diese können gradlinig auf ihr Ziel zustreben, aber auch ihre Richtung ändern und Schleifen einlegen. Wie bei den großen Strömen gibt es machtvolle Entwicklungstendenzen und daneben auch schwächere, die kurzlebig sind oder sogar versiegen. Manche Ströme haben mehr oder weniger bedeutende Nebenflüsse und sind über diese miteinander verbunden. Dementsprechend gibt es Tendenzen, die zusammenhängen und sich wechselseitig beeinflussen, sowie andere, die unabhängig voneinander existieren. Die Zahl interessanter Entwicklungstendenzen ist nahezu unbegrenzt, wenn man auch weniger bedeutsame einbezieht. So unterscheidet eine international vergleichende Analyse des sozialen Wandels 78 verschiedene Entwicklungstendenzen in modernen Gesellschaften (Glatzer u.a. 1994).

Eine Entwicklungstendenz erfasst selten eine ganze Gesellschaft gleichzeitig, sondern differenziert nach Bevölkerungsgruppen und Regionen. Vor allem die räumliche Disaggregation ist geeignet, Vielfalt und Ungleichzeitigkeit sozialer Prozesse, die insbesondere zwischen städtischen und ländlichen Regionen zu finden sind, aufzuzeigen. Entsprechende Untersuchungsthemen finden vermehrt Interesse, wie z.B. aus dem Lebensqualität-Atlas (Korczak 1995), dem Familien-Atlas (Bertram u.a.) sowie dem Politischen Atlas Deutschlands (Schäfers 1997) hervorgeht. Ihre Botschaft ist, dass hinter den einheitlichen gesamtgesellschaftlichen Deskriptionen immer eine Vielfalt regionaler und kommunaler Unterschiede steht.

Aufgrund der Entwicklungstendenzen in der Vergangenheit ist die Zukunft zu einem erheblichen Teil festgelegt, weil eine Rückkehr zu früheren Zuständen kaum möglich ist und manche zukünftigen Zustände leichter erreichbar sind als andere. Die Fortführung von Entwicklungstendenzen ist eine einfache, überzeugende und oft gebrauchte Methode der Vorhersage. Zentrale theoretische Voraussetzung ist die Stabilität der Bedingungskomplexe. Die innovativen Entwicklungen sind viel schwieriger vorhersagbar, obwohl auch sie – wie in der frühen Technikforschung gezeigt wurde – bestimmten Regeln folgen. In der Theorie wird von „Pfadabhängigkeit" gesprochen. Damit ist gemeint, dass gesellschaftliche Entwicklungen, solange sie einigermaßen befriedigende Ergebnisse erbringen, im Rahmen der sich nur langsam wandelnden Institutionen und der sehr stabilen kulturellen Tradition ihren Weg „weitergehen" und somit Innovationen und Reformen nur mit großer Anstrengung durchzusetzen sind.

Je länger die Zeitperspektive einer Vorhersage, desto größer ist die Möglichkeit von Abweichungen, desto unsicherer werden Vorhersagen. Bei unseren Vorhersagen ist an einen Zeithorizont von 20 bis 25 Jahren gedacht. Der vorliegende Text beansprucht nur, eine kleine Auswahl der für moderne Gesellschaften wichtigen Entwicklungstendenzen zu behandeln.

Sozioökonomische Entwicklungstendenzen

Das Wohlstandsniveau

Die historische Leistung des vergangenen 20. Jahrhunderts ist – neben der Durchsetzung demokratischer Verhältnisse – insbesondere die Herstellung von Massenwohlstand, der in der zweiten Hälfte des 20. Jahrhunderts erreicht wurde. Zum ersten Mal in der Geschichte Deutschlands wurde für die breite Bevölkerung die vorindustrielle Massenarmut überwunden und ein hohes allgemeines Wohlstandsniveau erreicht. Verbunden war dies mit dem Prozess der Industriali-

❷ Der „Human Development Index" (HDI) für ausgewählte Industrieländer 1997

Land	HDI	HDI-Rangplatz	BIP* (in Dollar)	BIP-Rangplatz
Kanada	0,932	1	22.480	9
Norwegen	0,927	2	24.450	4
Vereinigte Staaten	0,927	2	29.010	2
Japan	0,924	4	24.070	5
Großbritannien	0,918	10	20.730	14
Frankreich	0,918	10	22.030	11
Deutschland	0,906	14	21.260	12
Italien	0,900	19	20.290	16

* BIP je Einwohner

sierung, der in Deutschland, später als etwa in England und Frankreich, im ersten Drittel des 19. Jahrhunderts begann, bald einen rapiden Aufschwung nahm und in der Bundesrepublik relativ spät von der Dominanz des industriellen Sektors in die Dominanz des Dienstleistungssektors überging. Stärker als die Industrie ist heute die Dienstleistungsökonomie auf Expansionskurs, und aus der Industriegesellschaft ging die „postindustrielle" Gesellschaft hervor, die näher spezifiziert wird in den Bezeichnungen „Informationsgesellschaft" bzw. „Wissensgesellschaft".

Mit dem fortschreitenden Wirtschaftswachstum geriet das Wachstumsziel zugleich in die gesellschaftliche Kritik, weil mehr und mehr die negativen Begleiterscheinungen des Wachstums zutage traten. Neue Leitbilder wie Lebensqualität, Umweltqualität, nachhaltige Entwicklung sowie qualitatives Wachstum traten in den Vordergrund. Insbesondere mit dem Begriff des qualitativen Wachstums wurde jedoch postuliert, dass weiteres Wachstum angestrebt werden müsse, wenn die bisher eingetretenen und noch entstehenden Wachstumsschäden kompensiert werden sollen. Die großen Wachstumsraten der fünfziger Jahre sind heute Geschichte, und es ist viel schwieriger geworden, überhaupt positive Wachstumsraten aufrechtzuerhalten. Das Volkseinkommen je Einwohner hat dank großer Produktivitätsfortschritte heute eine hohes Niveau erreicht ❶.

In der Rangliste der wohlhabenden Gesellschaften nimmt die Bundesrepublik seit den 1960er Jahren einen Spitzenplatz ein. Gemessen am Bruttosozialprodukt je Einwohner, liegt Westdeutschland unter den ersten zehn Ländern. Das vereinte Deutschland fällt dann um einige Plätze zurück. Das gleiche gilt für ein neueres Maß, den Human Development Index, der Indikatoren der Gesundheit, der Bildung und der Wirtschaftsleistung kombiniert. Auch nach diesem Index liegt die Bundesrepublik in der Spitzengruppe, die ausschließlich von OECD-Ländern gebildet wird, ist aber hier ebenfalls mit der Vereinigung um einige Plätze zurückgefallen (Zapf u. Habich 1999, S. 309-311) ❷.

Für die Zukunft erwarten wir, dass das Bemühen um ein moderates Wirtschaftswachstum bei geringen Wachstumsschwankungen nicht nachlassen wird: Es dürfte ein leichtes Wachstum erreicht werden, wobei es aufgrund des inzwischen erreichten Umweltbewusstseins gelingen wird, dem Leitbild des qualitativen Wachstums mehr Beachtung zu schenken und im Umweltbereich liegende Produktionsmöglichkeiten stärker auszuschöpfen. Es zeichnet sich auch ab, dass die Entwicklung des „Humankapitals" – in der Wissensgesellschaft von zunehmender Bedeutung – wieder stärker gefördert wird. Die Unwägbarkeiten der nationalen Wirtschaftsentwicklung werden insbesondere auf der weltwirtschaftlichen Verflechtung beruhen.

Einkommensverteilung und Armut

Im internationalen Vergleich ist die Ungleichheit der Einkommensverteilung in Deutschland geringer als etwa in den USA, Großbritannien oder Frankreich. In der ehemaligen DDR war die Einkommensungleichheit sogar noch geringer; andere Quellen der Ungleichheit waren dagegen bedeutsamer. Mit der Einführung der Marktwirtschaft näherte sich die Einkommensungleichheit in Ostdeutschland der in Westdeutschland etwas an. Intern differenziert sich die Bundesrepublik Deutschland heute in Wohlstandsregionen mit einem Ost-West- und darüber hinaus einem Nord-Süd-Gefälle, wobei die großen Agglomerationen eine Sonderrolle einnehmen (▸▸ Beitrag Hess/Scharrer).

Erstaunen ruft immer wieder die Konstanz der Einkommensverteilung über längere Zeit hervor, die sich in Deutschland wie in anderen modernen Gesellschaften beobachten lässt. Die Rangfolge der großen sozialen Gruppen (angeführt von den Selbständigen über Pensionäre, Beamte, Angestellte, Rentner, Arbeiter, Landwirte) hat sich langfristig nicht verändert. Die Streuung der Einkommen (gemessen mit Quintilen oder Dezilen) schwankte zwar etwas, ist aber zwischen 1962 und 1995 nicht größer geworden ❸.

Wie kommt es vor diesem Hintergrund zu den Debatten über die steigende „Polarisierung" und die „Zweidrittelgesellschaft"? Eine Erklärung ist, dass es innerhalb dieses langen Zeitraumes Jahre gab, in denen sich die Ungleichheitsmaße in Richtung auf größere Ungleichheit verschlechterten und dass solche Schwankungen als Trendwende interpretiert wurden. Hinzu kamen über Jahrzehnte zunehmende Zahlen von Sozialhilfeempfängern und daran anschließend eine Diskussion um steigende Armut (▸▸ Beitrag Miggelbrink). Eine solche Tendenzaussage gilt nur, wenn man steigende Zahlen von Sozialhilfeempfängern als Zunahme von Armut interpretiert. Die offizielle Position betrachtet diese dagegen als erfolgreich bekämpfte Armut. Das eigentliche Armutsproblem wird in der verdeckten Armut gesehen, bei der eine aufgrund geringer Haushaltseinkommen zustehende Sozialhilfe nicht in Anspruch genommen wird ❹.

Das Maß der relativen Armut (Anteil der Haushalte mit weniger als der Hälfte des durchschnittlichen (Nettoäquivalenz-)Einkommens durchläuft zwischen 1962 und 1997 mehrere Phasen mit Ab- und Zunahmen, wobei der Beginn der sechziger Jahre stets die ungünstigste Situation bleibt. In der Armutsstruktur tritt eine Verschiebung von der „Altersarmut" (vornehmlich ältere Rentnerinnen) zur „Kinderarmut" (Familien mit mehreren Kindern) auf (▸▸ Beitrag Wiest).

Es gibt kaum Gründe anzunehmen, dass sich das westdeutsche Muster der Einkommensungleichheit mittelfristig verändern wird, vielmehr wird sich auch Ostdeutschland langsam daran anpassen. Es fällt im internationalen Vergleich durch seine relative Gleichheit auf, und bekanntlich ist die Gleichheitskultur der Deutschen stärker ausgeprägt als die liberal-kapitalistischer Länder. Insbesondere die neuen Entwicklungen in der Familienförderung (Urteil des Bundesverfassungsgerichts von 1999) werden dazu führen, dass die vorhandene Kinderarmut wieder absinkt. Die Stabilität der Einkommensverteilung wird allerdings nur erhalten bleiben, sofern der Sozialstaat anstehende Reformen zur Sicherung seiner Leistungsfähigkeit und der Wohlfahrt seiner Bürger vornimmt. Das herausragende Problem stellt dabei die Alterssicherung vor dem Hintergrund einer „alternden Gesellschaft" dar, in der die Einhaltung des „Generationenvertrags" schwieriger wird.

Erwerbsbeteiligung und Arbeitslosigkeit

Ein Recht auf Arbeit ist zwar in der Verfassung nicht festgeschrieben, aber die heutige hohe Arbeitslosigkeit gilt als eine der größten individuellen und kollektiven Belastungen. Zwar gab es ➟

❸ Einkommensverteilung in Deutschland

Alte Länder	1990	1991	1993	1995	1997
1. Quintil	9,4	9,3	9,0	8,8	9,5
2. Quintil	14,0	13,9	13,7	13,7	13,9
3. Quintil	17,8	18,0	17,8	17,6	17,9
4. Quintil	22,7	22,9	22,9	22,8	22,8
5. Quintil	36,1	36,0	36,6	37,1	35,9
Neue Länder	**1990**	**1991**	**1993**	**1995**	**1997**
1. Quintil	11,8	11,5	10,8	10,3	10,3
2. Quintil	16,0	16,1	15,6	15,5	15,4
3. Quintil	19,3	18,9	19,0	18,9	18,8
4. Quintil	23,0	22,4	22,6	22,9	22,8
5. Quintil	29,9	30,9	31,9	32,5	32,7

Die Einkommensquintile sagen aus, wieviel Prozent des nationalen Gesamteinkommens das jeweilige Fünftel der Bevölkerung auf sich vereint.
1. Quintil = die 20% der Haushalte mit dem geringsten Einkommen
...
5. Quintil = die 20% der Haushalte mit dem höchsten Einkommen

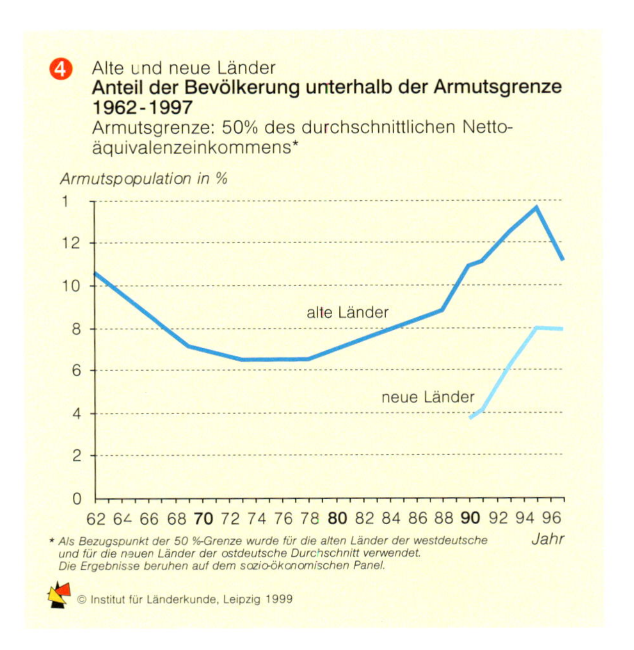

❹ Alte und neue Länder
Anteil der Bevölkerung unterhalb der Armutsgrenze 1962-1997
Armutsgrenze: 50% des durchschnittlichen Nettoäquivalenzeinkommens*

Vielfalt der Lebensformen – moderne Familie mit vier Söhnen

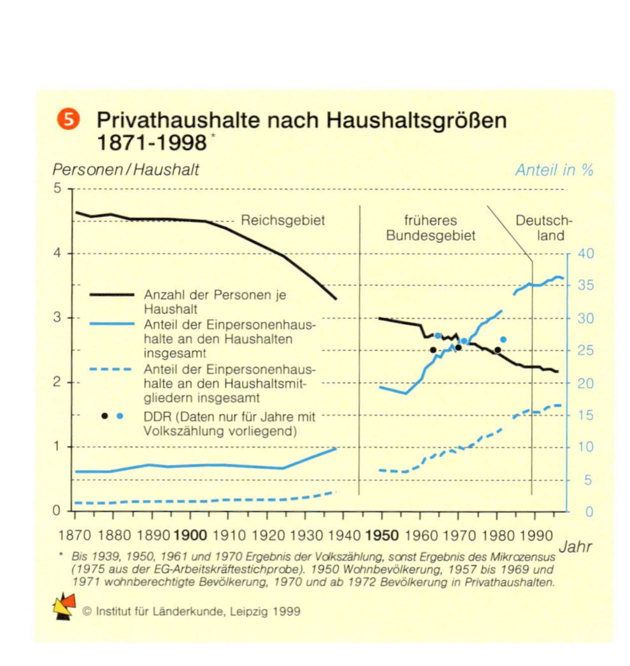

in den fünfziger Jahren ebenfalls hohe Arbeitslosenquoten, aber diese reduzierten sich im Zuge des Wiederaufbaus nachdrücklich und zeigten in den sechziger Jahren praktisch Vollbeschäftigung an. Danach aber, ab den siebziger Jahren, stieg die Arbeitslosigkeit erneut stufenweise an bis auf 11% bzw. etwa 3 Millionen Arbeitslose (1997) in Westdeutschland. In Ostdeutschland ist die Arbeitslosenquote fast doppelt so hoch wie in Westdeutschland, und dies markiert eine der wichtigsten Trennungslinien zwischen den alten und den neuen Bundesländern (▸▸ Beitrag Schulz/Schmid: Arbeitslosigkeit).

Die räumliche Verteilung der Arbeitslosigkeit ist ein prägnantes Beispiel für die ungleiche Betroffenheit von einem gesellschaftlichen Problem auf der Ebene von Kreisen und Städten. Die Ost-West-Differenz ist deutlich, die Nord-Süd-Differenz ist weniger deutlich ausgeprägt. Als ein besonderes Teilproblem gilt die Jugendarbeitslosigkeit, weil sie, falls ihre Bekämpfung nicht erfolgt, dazu führt, dass die Integration der jungen Generation in die Arbeits- und Erwerbsgesellschaft – mit lebenslangen Konsequenzen – nicht bzw. ungenügend gelingt.

Intern verändert sich die Arbeitswelt tiefgreifend, und das „Normalarbeitsverhältnis" (vierzig Jahre vollzeitbeschäftigt im selben Beruf) gilt für immer weniger Erwerbspersonen. Da der Wunsch nach Erwerbstätigkeit bei den Frauen steigt und bei den Männern unverändert hoch ist, wird das Beschäftigungsproblem nur durch eine Kombination von Maßnahmen zu mildern sein. Deshalb sind in der Arbeitswelt in der Zukunft erhebliche Veränderungen zu erwarten: unregelmäßigere Erwerbsverläufe, häufigere Berufswechsel und Weiterbildung, differenziertere Arbeitszeitregelungen, Lohndifferenzierung sowie Verkürzung der Lebensarbeitszeit.

Die Auslastung des Arbeitspotenzials ist offensichtlich zum größten gesellschaftlichen Zukunftsproblem geworden. Die Politik erklärt die Reduzierung der Arbeitslosigkeit zu ihrer vorrangigen Aufgabe, die Bürger sehen in ihr das größte gesellschaftliche Problem. Zwar werden die Bedingungen für eine Reduzierung der Arbeitslosigkeit aufgrund der demographischen Entwicklung in Deutschland günstiger, aber auf der anderen Seite trägt die Internationalisierung der Arbeitsmärkte auch künftig dazu bei, dass das inländische Arbeitskräftepotential weiter unter Konkurrenzdruck steht.

Soziodemographische Entwicklungstendenzen

Geburtenrückgang und (Über-)Alterung

Die deutsche Bevölkerung reproduziert sich nicht mehr vollständig, Bevölkerungsverluste wurden oft nur durch Zuwanderung aufgefangen. Rein rechnerisch beruht dies darauf, dass die Zahl der Gestorbenen höher liegt als die Zahl der Geborenen. Diese Konstellation ist die Spätphase eines langfristigen historischen Prozesses, der als „demographischer Übergang" bezeichnet wird. Er begann in der vorindustriellen Gesellschaft bei hohen Geburtenraten und ebenfalls hohen, aber darunter liegenden Sterberaten. Die Sterberaten fielen schneller als die Geburtenraten, und dies führte zu einem hohen Bevölkerungsüberschuss. So stieg die Einwohnerzahl in Westdeutschland von 20 Mio. Einwohnern bei der Reichsgründung 1871 im Verlauf von 100 Jahren – also bis 1971 – auf 60 Mio. Doch eine neue demographische Reproduktionsweise begann sich einzustellen, die Geburtenraten sanken – wenn auch mit Unterbrechungen – und sie fielen auf lange Sicht unter die Sterberaten, mit dem Ergebnis, dass die deutsche Bevölkerung insgesamt schrumpft (Höhn 1998) 6.

Eine alternde Gesellschaft sollte nicht von vornherein negativ beurteilt werden. Aber sie wird einen anderen Charakter haben als eine kinderreiche Gesellschaft. Nicht zuletzt in der Rentenversicherung und im Gesundheitswesen sind die Probleme offensichtlich. Bei den neuen Reproduktionsweisen handelt es sich um einen Prozess, der nur auf ganz lange Frist zu ändern wäre und eine mehr „familienverträgliche Gesellschaft" erfordern würde.

Pluralisierung der Lebensformen

Die grundlegenden Lebensformen, in denen die Menschen gemeinsam wohnen und wirtschaften, sind ebenfalls säkularen Veränderungen unterworfen: Die Vorherrschaft traditionaler großer Haushalte ist vorüber, und kleinere Haushaltsformen haben sich stark verbreitet. Heute ist der Einpersonenhaushalt die häufigste Haushaltsform; es hat also eine Singularisierung stattgefunden, obwohl nach wie vor die Mehrzahl der Menschen in Mehrpersonenhaushalten lebt (▸▸ Beitrag Glatzer) 5.

Weil sich eine Vielfalt konventioneller und unkonventioneller Haushalts- und Familienformen herausgebildet hat, spricht man von einer Pluralisierung der Haushaltsformen und Lebensstile. Vermutlich gab es die meisten Haushaltsformen vereinzelt in ähnlicher Form auch früher, aber die Verbreitung der unkonventionellen Formen war gering, und erst heute erreicht sie quantitativ eine beachtenswerte Größenordnung. Solche Differenzierungen finden sich bei nichtfamilialen wie bei familialen Haushaltsformen: Einpersonenhaushalte (einschließlich der Singles), alleinerziehende Mütter und Väter, nichteheliche Lebensgemeinschaften mit oder ohne Kinder, Wohngemeinschaften, gleichgeschlechtliche Partnerschaften, kinderlose Ehepaare, lokale Haushaltskonstellationen, multilokale Ehen und Familien, fragmentierte Elternschaften usw. Je genauer die Haushalts- und Familienforschung hinsieht, desto mehr Differenzierungen werden entdeckt (Schneider u.a. 1998).

Dass diese Entwicklung so weitergeht, erscheint fraglich. Es ist vielmehr zu erwarten, dass sich das vorhandene Charisma der unkonventionellen Haushaltsformen veralltäglicht, wenn viele Menschen damit praktische Erfahrungen sammeln. Hinzu kommt, dass auch die

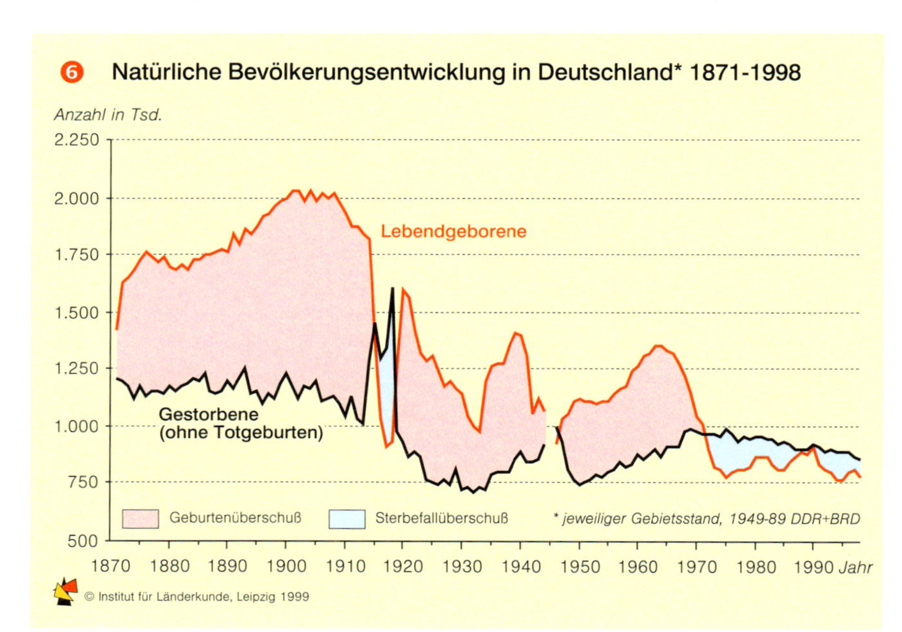

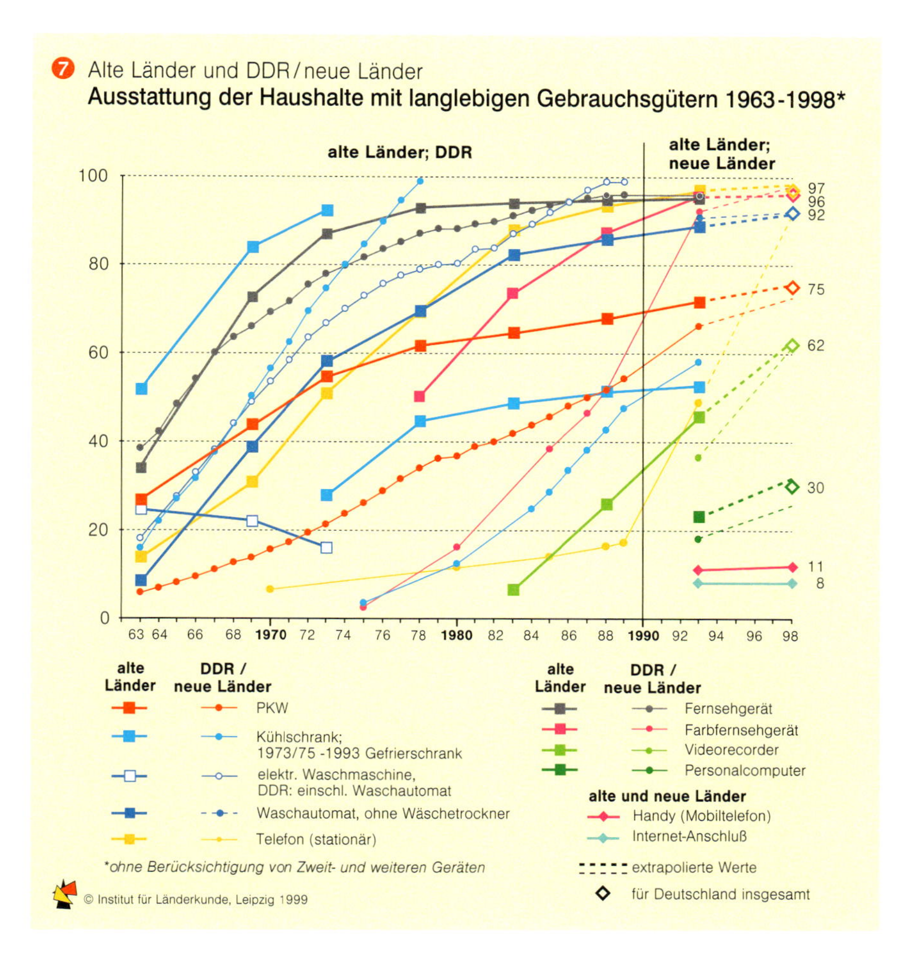

konventionellen Haushalts- und Familienformen begonnen haben, sich an neue Bedürfnisse anzupassen. Insbesondere die Beziehungen zwischen Eltern- und Kindergenerationen werden von vielen Menschen als in einem Maße sinnstiftend und bedeutsam erlebt, dass sie auch in der Zukunft ein Potenzial für die Lebensgestaltung darstellen werden (Lüscher 1993, S.41). Unsere Erwartung ist, dass sich ein neues Gleichgewicht zwischen den weit verbreiteten konventionellen und den neueren unkonventionellen Lebensformen einstellt; beide werden sich eher ergänzen, als dass sie substanzielle Alternativen darstellen.

Soziokulturelle Entwicklungstendenzen

Die Technisierung des Alltags

Die Technisierung des Alltags vollzieht sich schleichend und nachdrücklich: von ganz einfachen Geräten ausgehend über die Maschinisierung und Elektrifizierung zur Elektronifizierung und schließlich zur Computerisierung. Zwar begann die Technisierung der privaten Haushalte bereits Ende des 19. Jahrhunderts, aber noch am Beginn der Bundesrepublik befand sie sich auf einem sehr niedrigen Niveau. Es gab so gut wie keine Standardausstattung, die der Definition zufolge Geräte betrifft, die mindestens bei der Hälfte der Haushalte vorhanden sind. Erst in den siebziger Jahren erlebten die privaten Haushalte in Deutschland ihren großen Technisierungsschub 7.

Heute wird oft diagnostiziert, dass die Ausstattung der privaten Haushalte ihre Sättigungsgrenze erreicht habe. Aber es werden immer wieder neue Produkte entwickelt, die erfolgreich von den privaten Haushalten übernommen werden, wie zuletzt das „Handy" und der Personal Computer. Außerdem gehen viele Haushalte dazu über, Zweit- und Drittgeräte anzuschaffen, insbesondere bei Fernsehern und Autos. So erreicht die Technisierung immer höhere Niveaus.

Die Technisierung der privaten Haushalte tangiert vielfältige andere Bereiche, z.B. die sozialen Netzwerke, die geschlechtsspezifische Arbeitsteilung und vor allem die Produktionsfunktionen der privaten Haushalte. Auf der Grundlage ihrer Geräteausstattung wurden die privaten Haushalte wieder zu Produzenten zahlreicher Leistungen, die sie ohne diese Geräte gar nicht erbringen könnten, und dies setzt sich fort.

Die Haushaltstechnisierung ist aber auch von neuen Leitbildern betroffen. Über Jahrzehnte hinweg hat das „stand alone"-Gerät das Paradigma für die Haushaltstechnisierung dargestellt. Nun gibt es neue Leitbilder, die eine partielle bzw. vollständige Vernetzung der Haushaltsgeräte nach innen und darüber hinaus eine Vernetzung des Haushalts mit seiner Umwelt beinhalten. Diese werden den Stellenwert des Haushalts und seine Außenbeziehungen verändern.

Die wahrgenommene Lebensqualität

Wenn man die Wohlfahrt der Bevölkerung angemessen einschätzen will, muss man neben den objektiven Lebensbedingungen auch die subjektiv wahrgenommene Lebensqualität betrachten. Darunter sind die positiven Seiten des Wohlbefindens zu verstehen wie Glück und Lebenszufriedenheit, aber auch die negativen Seiten wie Angst, Sorgen und Probleme. Darüber hinaus sind die individuellen Zukunftserwartungen eine weitere Dimension des subjektiven Wohlbefindens. Theoretisch könnte man erwarten, dass mit verbesserten objektiven Lebensbedingungen auch das subjektive Wohlbefinden deutlich anwächst. Aber Zufriedenheit und Glück sind „relativ", d.h. sie werden vor allem durch Vergleichsprozesse und steigende Anspruchsniveaus bestimmt, und somit besteht zwischen objektiven Lebensbedingungen und subjektiver Lebensqualität nur ein lockerer Zusammenhang 8.

In Deutschland ist eine relativ hohe Stabilität von Lebenszufriedenheit und Glück zu beobachten. Zwar finden wir auf der Seite negativer Aspekte des Wohlbefindens etwas mehr Schwankungen, aber auch hier werden langfristig bestimmte Schwankungsbreiten nicht überschritten. Diese Stabilität gilt allerdings nur für den Bevölkerungsdurchschnitt, nicht für die einzelne Person, die durchaus starke Schwankungen im Wohlbefinden erfahren kann. Von größerer Empfindlichkeit sind hingegen die Zukunftserwartungen. Sie erfahren große Einbrüche vor allem in Zeiten internationaler Kriege und Krisen. Besonders optimistische Zukunftshoffnungen bestanden zur Zeit der Vereinigung in Ostdeutschland, die allerdings bald danach in eine Enttäuschungsphase gerieten.

Soziopolitische Entwicklungstendenzen

Umbau des Wohlfahrtsstaates

Deutschland war trotz seiner verspäteten Industrialisierung Pioniergesellschaft beim Aufbau eines Wohlfahrtsstaates. Die Bismarcksche Sozialgesetzgebung (Krankenversicherung, Unfallversicherung, Alterssicherung) legte die Grundlagen, in der Weimarer Republik wurden weitere Institutionen des Wohlfahrtsstaates eingeführt (Arbeitslosenversicherung, Achtstundentag, Tarifvertragsfreiheit), und in der Bundesrepublik Deutschland erfuhr der Wohlfahrtsstaat schließlich weitere Verbesserungen (57'er Rentenreform, Lohnfortzahlung, Arbeitsförderung, Kindergeld, Sozialhilfe, Wohngeld). Die wohlfahrtsstaatlichen Aktivitäten erreichten im internationalen Vergleich ein hohes Niveau, wenn auch das deutsche Modell (das dem zentraleuropäischen entspricht) nicht so weit ausgebaut wurde wie das nordeuropäische Modell 9.

Der Ausbau des Wohlfahrtsstaates, der immer auch gegen Interessen aus Wirtschaft und Gesellschaft durchgesetzt wurde, ist von deutlichen Erfolgen begleitet gewesen (Kaufmann 1997), die der Kritik weitgehend den Boden entzogen. Diese Kritik hat sich in den letzten Jahren allerdings verschärft, da die wohlfahrtsstaatlichen Leistungen durch steigende Belastungen in Form von Steuern und Sozialabgaben finanziert werden müssen. Der scheinbare Ausweg, die Finanzierung über Kreditaufnahme vorzunehmen, hat zum „Verschuldungsstaat" geführt, der die nachfolgenden Generationen ungerecht belastet. Mit großer Übereinstimmung wird davon ausgegangen, dass die bisherige

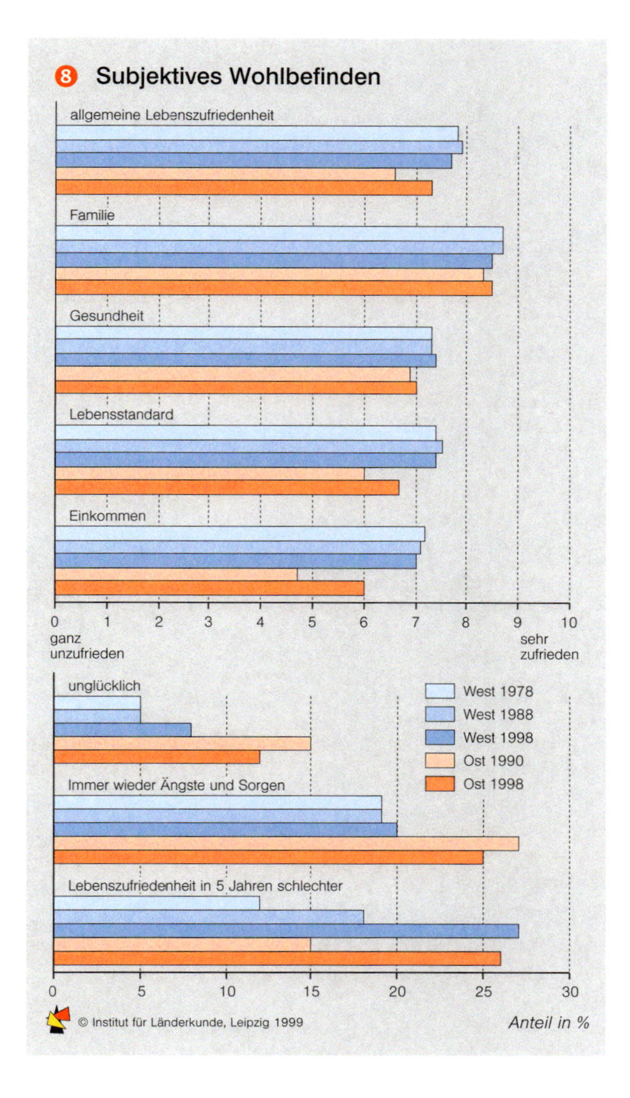

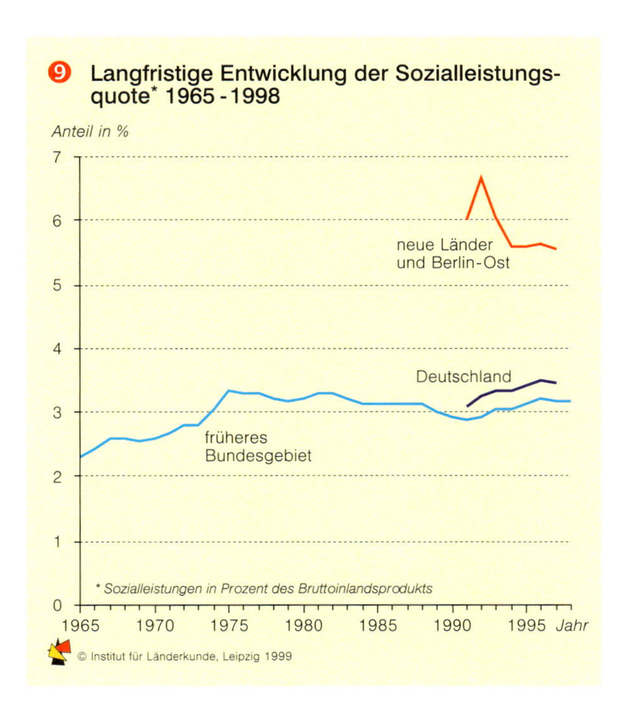

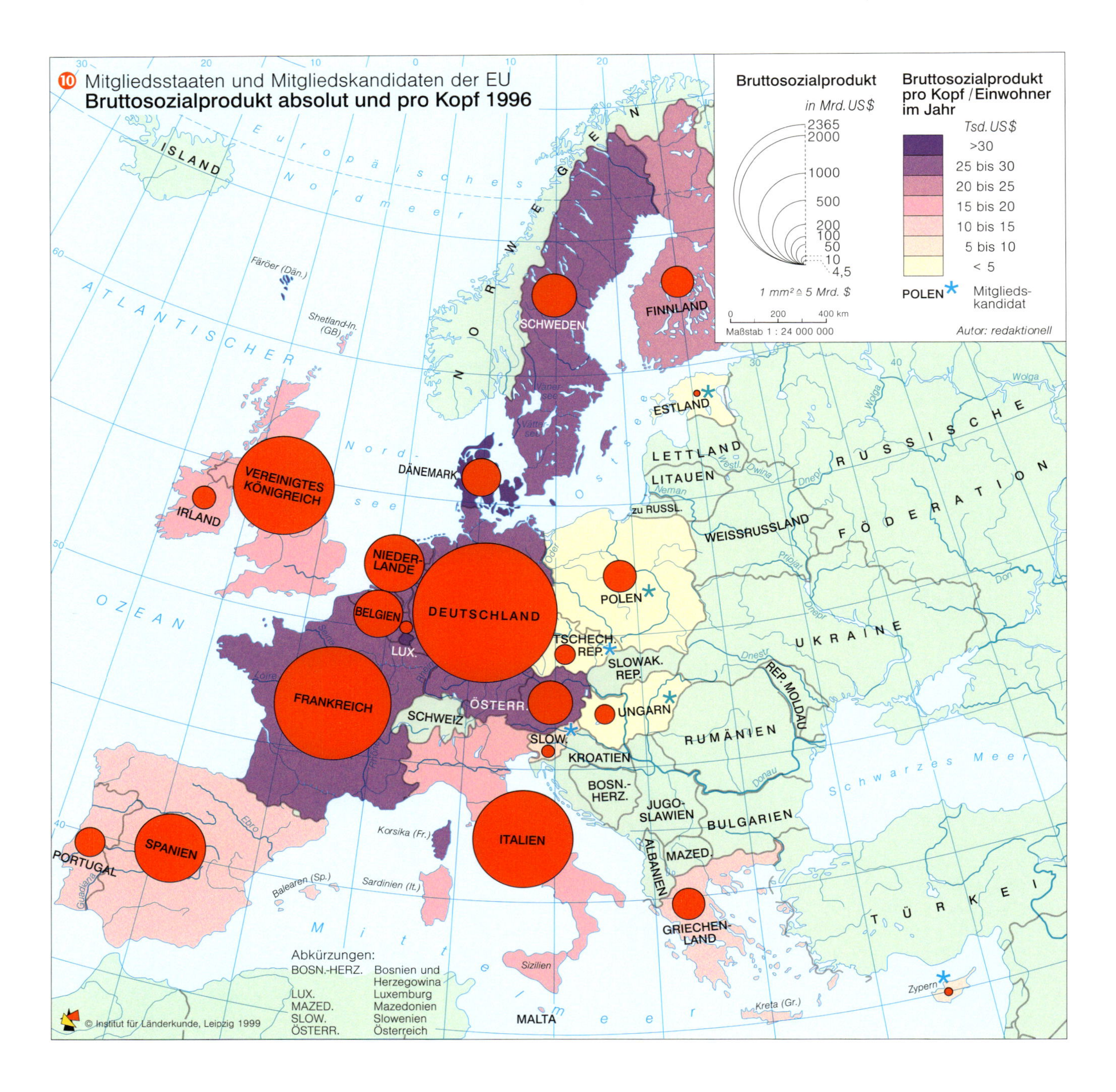

Entwicklungstendenz des Wohlfahrtsstaates nicht einfach weitergeführt werden kann. Allerdings wird viel eher der Umbau als der Abbau des Wohlfahrtsstaates gefordert.

Für den Umbau des Wohlfahrtsstaates wird auf Konzepte des Wohlfahrtspluralismus (Evers u. Olk 1996) und der Wohlfahrtsgesellschaft verwiesen. Dabei wird davon ausgegangen, dass die Wohlfahrtsproduktion von mehreren Instanzen – den Unternehmen, dem Staat, den intermediären Organisationen und den Privathaushalten – geleistet wird. Ein Schlüssel zur Leistungssteigerung wird vor allem in effizienter Zusammenarbeit der genannten Instanzen gesehen.

Europäisierung und Globalisierung

Als sich 1871 das Deutsche Reich konstituierte, handelte es sich um die „späte" Konstitution eines Nationalstaats. Bis in die Mitte des zwanzigsten Jahrhunderts kennzeichneten Kriege und Spannungen mit den Nachbarländern, insbesondere mit Frankreich, die gesellschaftliche Entwicklung, die vor allem in ökonomischer Hinsicht wie eine Fieberkurve von vielen Auf- und Abwärtsbewegungen gekennzeichnet war. Aufbauend auf die Konzepte einzelner Pioniere der 1920er und 1930er Jahre, setzte sich in der zweiten Jahrhunderthälfte in Zentraleuropa eine Entwicklungstendenz zur europäischen Integration durch, die unter den einst verfeindeten Nachbarn schließlich Frieden und Wohlstand ermöglichte. Dass europäische Behörden nach und nach geschaffen wurden, wie das Europäische Parlament, die Europäische Zentralbank usw., konnte nur geschehen, indem nationalstaatliche Souveränitätsrechte abgetreten wurden. Der Nationalstaat, der in Deutschland gerade 130 Jahre alt ist, wird sich darauf einstellen müssen, in manchen Bereichen an Bedeutung zu verlieren. Auf der Tagesordnung stehen sowohl die Intensivierung der Europäischen Union (z.B. die Einführung des Euro) wie auch deren Ostmitteleuropa-Erweiterung.

Die Tendenzen der Europäisierung stehen im breiteren Rahmen von Tendenzen der Globalisierung, die den weltweiten Wandel prägt. Globalisierung erstreckt sich auf ökonomische, demographische, kulturelle und politische Felder und beinhaltet eine Verstärkung des internationalen Zusammenhangs. Die Welt wird, wie es manche überzeichnen, zum „Global Village"; vor allem im wirtschaftlichen Bereich treten mächtige „Global Players" auf. Ein Machtverlust des Nationalstaates wird auch in diesem Rahmen diagnostiziert, und es steigen die Herausforderungen, in der neuen „postnationalen Konstellation" demokratische Legitimität zu erhalten (Habermas 1998).

Zentrales Problem der Globalisierung bleibt die ungleiche Verteilung des Wohlstands ⑩ ⑪. Die vielfach mit der Globalisierung in Verbindung gebrachte Vereinheitlichungstendenz ist eine zu kurzschlüssige Erwartung (Beck 1998). Vielmehr lassen sich gesellschaftliche Prozesse der gleichzeitigen Expansion von globalen und partikularen Trends beobachten. Z.B. führt der globale Trend der Zunahme weltweiter Migration zu unterschiedlichen Reaktionen der Staaten, die Immigranten aufnehmen. Globalisierung ist insgesamt ein Prozess, der in viele Bereiche der Gesellschaft Deutschlands hineinwirkt und die staatliche Handlungsfähigkeit vor neue Herausforderungen stellt.

Herausforderungen und Entwicklungschancen

Die Bundesrepublik Deutschland hat sich in den fünfzig Jahren ihrer Existenz als relativ stabile Gesellschaft erwiesen. Loyalität und Protest, Restauration und Reform waren meist nebeneinander vorhanden, aber mit unterschiedlicher Akzentsetzung je nach Zeitphase und Regierungskoalition. Aller Voraussicht nach wird diese nur in Grenzen variierende Mischung der Gesellschaftspolitik aus konservativen und innovativen Elementen erhalten bleiben, weil sie ihre Grundlage im Wählerverhalten und in der unterschiedlichen Machtverteilung auf kommunalen, regionalen, staatlichen und überstaatlichen Ebenen hat. Dementsprechend könnte man es wagen, die gesellschaftliche Entwicklung der letzten Jahre weitgehend fortzuschreiben, also vorherzusagen, dass auf absehbare Zeit alles ungefähr so weitergehen wird wie bisher. Dies würde allerdings einerseits bedeuten, die Risiken der Zukunft nicht ausreichend zur Kenntnis zu nehmen und andererseits den kontinuierlichen Wandel zu übersehen, der zunächst unbemerkt bleibt.

Die von uns betrachteten neun Entwicklungstendenzen enthalten meist unterschiedlich starke Veränderungspotenziale, die in der Zukunft ihre Auswirkungen haben werden. Zu unseren neun Tendenzen machen wir zugespitzt folgende Vorhersagen:

- Die Wohlstandsentwicklung wird weitergehen, aber gebremst im Vergleich zur Vergangenheit, und die Akzente werden sich auf qualitatives Wachstum und nicht zuletzt auf die Erhaltung des Bestehenden konzentrieren.
- Die Einkommensverteilung wird stets von gegensätzlichen Interessenstandpunkten und Wirkungskräften in Frage gestellt, aber sie hat sich als äußerst resistent gegenüber Veränderungen erwiesen, und dies wird vermutlich auch so bleiben.
- Die Arbeitslosigkeit wird mit einiger Wahrscheinlichkeit nicht weiter steigen, eher leicht sinken, aber für ihre nachhaltige Reduzierung liegt noch keine Problemlösung vor. Arbeitslosigkeit wird auf längere Sicht das dominierende Zukunftsproblem in Deutschland und anderen modernen Gesellschaften bleiben.
- Was die demographische Reproduktion der Bevölkerung betrifft, so scheint man sich damit abzufinden, dass diese auf mittlere Sicht nicht gelingt, obwohl sich daraus manch schwierige Konsequenzen für das Generationenverhältnis ergeben.
- In der Haushalts- und Familienentwicklung wird die Verkleinerungstendenz beibehalten werden, aber das Mischungsverhältnis von konventionellen und unkonventionellen Haushaltsformen wird sich eher stabilisieren.
- Die Technisierung des Alltags schreitet kontinuierlich voran und wird die technische Geräteausstattung der privaten Haushalte weiter erhöhen. Vorhandene Geräte breiten sich weiter aus, Mehrfachausstattungen nehmen zu, Innovationen treten hinzu, und die technische Vernetzung der Haushalte nach innen und außen wird Fortschritte machen.
- Für die wahrgenommene Lebensqualität gilt ebenfalls die Stabilitätsthese: Die Menschen werden insgesamt mit einer relativ gleichbleibenden Mischung aus Lebenszufriedenheit und Glück auf der einen Seite sowie Sorgen, Problemen und Ängsten auf der anderen Seite leben. Ihre Zukunftserwartungen werden wie bisher von starken Schwankungen betroffen sein.
- Der Wohlfahrtsstaat ist nach einer langen Ausbauphase in eine Phase des Umbaus eingetreten. Über die Einzelheiten dieses Umbaus wird es vielfältige und vehemente gesellschaftspolitische Auseinandersetzungen geben.
- Europäisierung und Globalisierung werden voranschreiten; aber sie beinhalten ebenso neue Entwicklungschancen, wie sie Risiken darstellen. Zudem erzeugen sie Gegenreaktionen im Sinn einer stärkeren Betonung regionaler und kultureller Besonderheiten.

In Ergänzung zu diesen Vorhersagen ist der Blick auf Vorhersagen hilfreich, die sich aus anderen Perspektiven ergeben. Aus der Vogelperspektive ändert sich nur wenig: Auf der Grundlage der Theorie sozialer Differenzierung, die in der Soziologie weitgehend geteilt wird, ist Deutschland eine moderne Gesellschaft, die folgende Merkmale aufweist: Sie ist funktional differenziert, es handelt sich um eine Wachstumsgesellschaft mit einer politischen Gesellschaftssteuerung, sie verfügt über dichte formale Organisations- und Interorganisationsnetze, und es handelt sich um eine individualisierte Gesellschaft mit einem hohen Stellenwert des Individuums (Schimank 1996). Wird der Akzent auf institutionellen Wandel gelegt, dann ist eine Schlussfolgerung die Beibehaltung der Grundinstitutionen: Konkurrenzdemokratie, Marktwirtschaft und Wohlstandsgesellschaft mit Massenkonsum und Wohlfahrtsstaat (Zapf 1995). Auch in diesem Ansatz wird angenommen, dass sich diese Institutionen als stabil erweisen.

Perspektiven, die näher am Individuum ansetzen, gehen auf die Individualisierungsthese und neue Muster der Lebensläufe ein. Der Blick auf die Zukunftserwartungen und Sozialbeziehungen der Individuen führt zu einer kritischen Bewertung von Individualisierungs-Thesen (Hondrich 1998). Zwar ist nicht zu bestreiten, dass sich traditionelle Bindungen der Individuen auflösen, aber die Betonung der Wahlfreiheit und Optionenvielfalt übersieht die Wirksamkeit unvermeidlicher sozialer Zwänge und das Gewicht kollektiver Bindungen. Aufgrund der horizontalen und vertikalen Mobilität, mit der sich die Individuen durch die Strukturen bewegen, variieren ihre Lebensläufe weit mehr, als es die Stabilität der Sozialstruktur erkennen läßt (Mayer 1998). Eine Zunahme der Mobilität im Lebenslauf und im globalen Raum ist voraussichtlich eine Entwicklungstendenz der Zukunft. Jede neue Generation zeichnet sich durch spezifische historische Charakteristika aus: Kriegsgeneration, Wiederaufbaugeneration, 68er-Generation, Wende-Generation sind bekannte Bezeichnungen. Bei schnellerem sozialen Wandel unterscheiden sich die Generationen stärker, und dafür wurde der Begriff der „Gleichzeitigkeit der Ungleichzeitigen" herangezogen (Weymann 1998, S. 160). Auch dies wird ein Merkmal der Zukunftsgesellschaft sein.

In gesellschaftspolitisch orientierten Vorhersagen hat der Begriff der „Reformgesellschaft" einen zentralen Stellenwert (Hauser u. Glatzer 1999). In der Bundesrepublik ist es immer wieder gelungen – wenn auch manchmal mit Verzögerungen – Reformen durchzuführen, schwierige Problemlagen zu bewältigen und Interessenkonstellationen auszugleichen. Im Ergebnis lässt sich die gesellschaftliche Entwicklung als Strukturerhaltung und Leistungssteigerung beschreiben – bei erheblicher Strukturflexibilität und variierenden Leistungspotenzialen. Eine Mehrheit der deutschen Bevölkerung spricht sich in den Eurobarometer-Umfragen für Reformen aus, wenn auch die Reformfreudigkeit der Deutschen niedriger als im EU-Durchschnitt liegt. Der Reformbedarf wird in Zukunft eher wachsen, aber die Lernfähigkeit, auf Probleme zu reagieren, und die Leistungsfähigkeit, Reformen durchzusetzen, dürfen optimistisch eingeschätzt werden. ◆

11 Verteilung des Welt-Bruttosozialproduktes (BSP) und der Weltbevölkerung 1997

	Anzahl der Länder	Anteil am Welt-BSP (%)	Anteil an der Weltbevölkerung (%)
Hochindustrialisierte Länder	**28**	**55,3**	**15,7**
darunter: Haupt-Industrieländer	7	44,3	11,7
Europäische Union	15	19,8	6,4
neu industrialisierte asiatische Länder	4	3,4	1,3
Entwicklungsländer	**128**	**39,9**	**77,3**
darunter: Afrika	51	3,3	11,5
China	1	11,6	21,2
Indien	1	4,6	16,7
Transformationsländer	**28**	**4,8**	**7,0**
darunter: Zentral- und Osteuropa	18	2,5	3,1
Russland	1	1,9	2,5
insgesamt	**184**	**100,0**	**100,0**

Deutscher Bund und Kaiserreich

Peter Steinbach

❶ Das napoleonische Deutschland 1812

❷ Verfassungen im Deutschen Bund

Reformen und Wiener Kongress

Die Auflösung und Umformung des seit dem Mittelalter bestehenden „Heiligen Römischen Reiches Deutscher Nation" begann mit dem Siegeszug Napoleons. Er hatte in Frankreich Verwaltungsreformen begonnen, die Vereinheitlichung des Rechtswesens eingeleitet und als durch ein Plebiszit legitimierter „Kaiser der Franzosen" die Erwartung geweckt, er werde als Staatsmann Europa verändern. Er wollte die von der glorreichen französischen Armee besiegten Länder in ein neues napoleonisches Staatensystem einfügen. Deutsche Staaten, darunter Preußen, hatten sich am 2. Koalitionskrieg gegen Frankreich beteiligt und waren daraufhin zur Abtretung ihrer linksrheinischen Gebiete gezwungen worden.

Preußen, Baden, Württemberg und Bayern wurden reichlich für ihre linksrheinischen Verluste entschädigt, und zwar mit Gebieten, die durch den Reichsdeputationshauptschluss und die Mediatisierung von 1803/06 ihre Selbständigkeit verloren hatten; das waren v.a. ehemalige Fürstbistümer, Reichsstädte und kleinere Territorien. Ein Ergebnis dieser Veränderungen war der säkularisierte und zentralisierte Staat. Vor allem Bayern nutzte die sich durch Napoleon bietenden Chancen zur Reform und fand einen eigenen Weg. Montgelas, der führende Minister, schuf eine straffe und einheitliche Verwaltung, veranlasste aber auch seinen König, eine Verfassung zu gewähren und die Kirche in den Staat einzugliedern.

Ganz anders verlief der preußische Weg der Reform. Zwar gab es auch hier weit zurückgehende Reformansätze. Der totale militärische Zusammenbruch im Frieden von Tilsit 1807 nahm Preußen alle Gebiete zwischen Rhein und Elbe und einige östliche Besitzungen, darunter Danzig. Preußen wurde zu einer von französischen Truppen besetzten Mittelmacht, die außerordentlich hohe Kontributionen aufzubringen hatte.

Die „preußischen Reformen" knüpften an Reformvorhaben des „aufgeklärten Absolutismus" an. Neue Wehrgesetze, die Verkündigung der Gewerbefreiheit, eine nachwirkende Bildungs- und Hochschulpolitik sowie die Einführung städtischer Selbstverwaltung und die Etablierung einer staatlichen Kreisverwaltung stärkten nicht nur die Bürokratie, sondern das ganze Land. In der deutschen Öffentlichkeit wurde Preußen so zur geistigen Vormacht, zur Verkörperung einer engen Verbindung zwischen Staatsverwaltung, Gesellschaft und Nation. Als sich die europäischen Mächte gegen Napoleon wandten und seine Niederlagen in Russland militärisch nutzten, indem sie ihn 1813 in der Völkerschlacht bei Leipzig unterwarfen, war Preußen auf der Seite der Sieger und ging moralisch gestärkt aus seiner Niederlage von 1807 hervor.

Napoleons Ende schuf die Voraussetzung für eine europäische Neuordnung. Sie wurde auf dem Wiener Kongress 1815 besiegelt und hielt fast ein Jahrhundert. Der Wiener Kongress hatte nicht nur große Bedeutung für die Rolle, welche die deutschen Staaten in der europäischen Politik spielten, sondern er bestätigte die unter Napoleon entstandene Umgestaltung des deutschen Vielstaatensystems. Die territorialen Bestimmungen des Westfälischen Friedens von 1648 wurden endgültig aufgehoben, und damit veränderte sich das Aussehen Deutschlands auf der europäischen Landkarte. Neben zwei deutschen Großmächten – Preußen und der österreichisch-ungarischen Doppelmonarchie – entstanden mittelgroße Staaten, darunter Baden und Württemberg im Südwesten, Bayern als ältester deutscher Staat, wie auch Sachsen. Die deutschen Staaten bildeten den Deutschen Bund und verteidigten mit dem Metternichschen System ein kunstvoll ausgeglichenes Stimmenverhältnis in der Frankfurter Bundesversammlung als politischem Zentrum. Die Herrscher hatten, geschockt durch Napoleons Siege, politischen Wandel und sogar eine „landständische Verfassung" versprochen, verfolgten aber nach 1815 vor allem restaurative Ziele.

Vom Deutschen Bund zum Deutschen Reich

Repräsentiert wurde Deutschland als Konglomorat vieler Einzelstaaten in der ersten Hälfte des 19. Jahrhunderts durch den Deutschen Bund. Dies war ein Staatenbund, den Landesherren 1815 gebildet hatten, ohne Oberhaupt und Volksvertretung. Sein Kennzeichen waren souveräne Staaten, die einen starken Regionalismus deutscher Politik zur Folge hatten. Der Deutsche Bund gründete sich nicht zuletzt auf dynastische Traditionen und die konfessionellen Gegensätze, die auf die Reformationszeit und die Gegenreformation zurückgingen. Ein wichtiger Impuls für die Einheit ging dagegen von der Steuer- und Handelspolitik und dem Zollverein aus.

In der Revolution von 1848 spitzten sich die soziale, die konstitutionelle und die politische Frage erstmals so zu, dass ein deutscher Einheitsstaat denkbar schien. Mit einer modernen Verfassung, die bereits einen Grundrechtskatalog und ein allgemeines und gleiches, geheimes und direktes Wahlrecht enthielt und die Bildung einer deutschen Zentralgewalt vorsah, wurde die Lösung der „deutschen Frage" durch eine politische Revo-

3 **Deutscher Bund**
Die Deutschen Staaten nach dem Wiener Kongreß 1815 - 1866

lution angestrebt. Weil es der Frankfurter Nationalversammlung nicht gelang, das monarchische Prinzip durch den Grundsatz der Volkssouveränität zu ersetzen, und die Vertreter der alten Gewalten die revolutionären Bestrebungen zurückdrängten, scheiterte die Revolution 1849. Die Anziehungskraft eines deutschen Nationalbewusstseins konnten die deutschen Landesherren aber nicht mindern – seit den Befreiungskriegen bestimmte die Frage der deutschen Einheit zunächst als Kulturnation, zunehmend als Wirtschafts- und Verkehrsnation, bald auch als politisch-staatlich verfasste Nation die öffentliche Debatte. Die deutsche Gesellschaft bekannte sich nur künstlerisch zur sprichwörtlichen Ruhe des Biedermeiers; politisch war ihr Kennzeichen eine ständige Bewegung. Proteste, Petitionen, auch Anschläge und Demonstrationen machten deutlich, dass Deutschland verfassungspolitisch im Umbruch war. Hinzu kamen soziale Konflikte als Begleitumstände einer sozialen Frage, die sich vor allem auf die Integration der Unterschichten als Pöbel, als Proletariat oder als Vierter Stand richtete.

In der sich anschließenden Reaktionszeit entstand ein selbstbewusstes und wirtschaftliches Bürgertum; überdies erwuchs in der Arbeiterschaft eine eigenständige politische Kraft. Entscheidend wurde aber der Versuch Preußens, die Führung bei der „Reichseinigung" zu übernehmen. Bismarck löste den preußischen Verfassungskonflikt, gewann die öffentliche Meinung durch die Gewährung des allgemeinen Wahlrechts und machte Preußen durch die Gebietsgewinne im deutsch-dänischen und preußisch-österreichischen Krieg zur deutschen Vormacht. Die der deutschen Einheit vorangehenden Kriege wurden Grund für die Behauptung, Blut und Eisen hätten die deutsche Einheit geschaffen. Der um die Thronfolge in Spanien ausbrechende deutsch-französische Krieg (1870/71) wurde mit der Proklamation der deutschen Einheit und der Gründung des Deutschen Reiches 1871 beendet.

Wie wichtig sind Revolutionen?

Ob Revolutionen unerlässlich sind, um Gesellschaften grundlegend zu verändern, ist eine nicht leicht zu beantwortende Frage der Geschichte. Deutschland zumindest gilt als Beispiel für eine Entwicklung, in der sich umstürzende Veränderungen ohne Revolution durchgesetzt haben. Vor allem im 19. Jahrhundert veränderte sich Deutschland grundlegend: Die Verstädterung als Folge der Industrialisierung und Binnen- ➡

wanderung, die Verabschiedung von Verfassungen und die Entstehung eines deutschen Nationalstaates geben der deutschen Geschichte im 19. Jahrhundert prägnante Konturen. Andererseits gilt die deutsche Geschichte wegen eines glückenden Föderalismus als bemerkenswert. So bleibt das Bild der deutschen Vergangenheit widersprüchlich. Die Entstehung der „kapitalistischen Gesellschaft" gilt den einen als Ausdruck des „bürgerlichen Zeitalters", anderen als „unvollendeter Nationalstaat" (Schieder) oder als „verspätete Nation" (Plessner).

Das Urteil über den Charakter der Epoche hängt immer von der Bedeutung ab, die man Revolutionen zuschreibt. Als gewaltsame Umwälzungen, die sich auf Massen stützen und auf den Sturz der politischen Führung zielen, zugleich die Struktur der Gesellschaft verändern und das historisch entstandene Privilegiensystem zerstören, die Verteilung des Privateigentums berühren und die Säkularisierung vorantreiben, gelten vor allem jene Revolutionen, welche die „moderne Gesellschaft" hervorbringen. Ihr Kennzeichen ist die Überwindung der ständischen Gesellschaftsstruktur durch Anerkennung von Leistung und die Eröffnung von Aufstiegschancen aufgrund von Bildung und beruflichen Qualifikationen, die Entstehung eines freien Marktes sowie die Zunahme der sozialen und räumlichen Mobilität, die das Bildungswachstum begünstigt.

Umstände deutscher Modernisierung: Urbanisierung und Politisierung

Ausdruck grundlegenden Wandels sind Verstädterung, große Industriebetriebe sowie der dramatische Bedeutungsverlust der Landwirtschaft. Die größten Veränderungen ereignen sich im produktiven Sektor, gravierende Verschiebungen im tertiären Bereich. Neue gesellschaftliche Gegensätze bilden sich heraus. Man sieht darin den Ausdruck der Klassengesellschaft. Neue Schichten entstehen, prägen die politischen Auseinandersetzungen und verändern das Wesen der Politik. Aus dem stummen Untertanen wird der Bürger, aus der Untertanengesellschaft die politische Beteiligungsgesellschaft. Ihr Kennzeichen war die zunehmende politische Aktivierung und Politisierung, die sich am Ende des Jahrhunderts in hoher Wahlbeteiligung ausdrückt. Auch die Staatsverwaltung änderte sich als Ergebnis direkter politischer Einflussnahme durch Wahlen. Die für die deutsche Geschichte charakteristische Trennung von Staat und Gesellschaft wird allmählich durch die Verschränkung von wirtschaftlichen, kulturellen, politischen und konfessionellen Lebensbereichen aufgehoben. Vermittelnde Institutionen werden Parteien, Verbände, Kammern, Vereine und die Presse. Sie spiegeln politische Vielfalt, werden aber auch zu wichtigen Trägern der staatlichen Willensbildung. Aus Regionen und Ländern wird allmählich ein einheitlicher Staat, das Deutsche Reich. Die Regierung versucht, die Gesellschaft zu beeinflussen

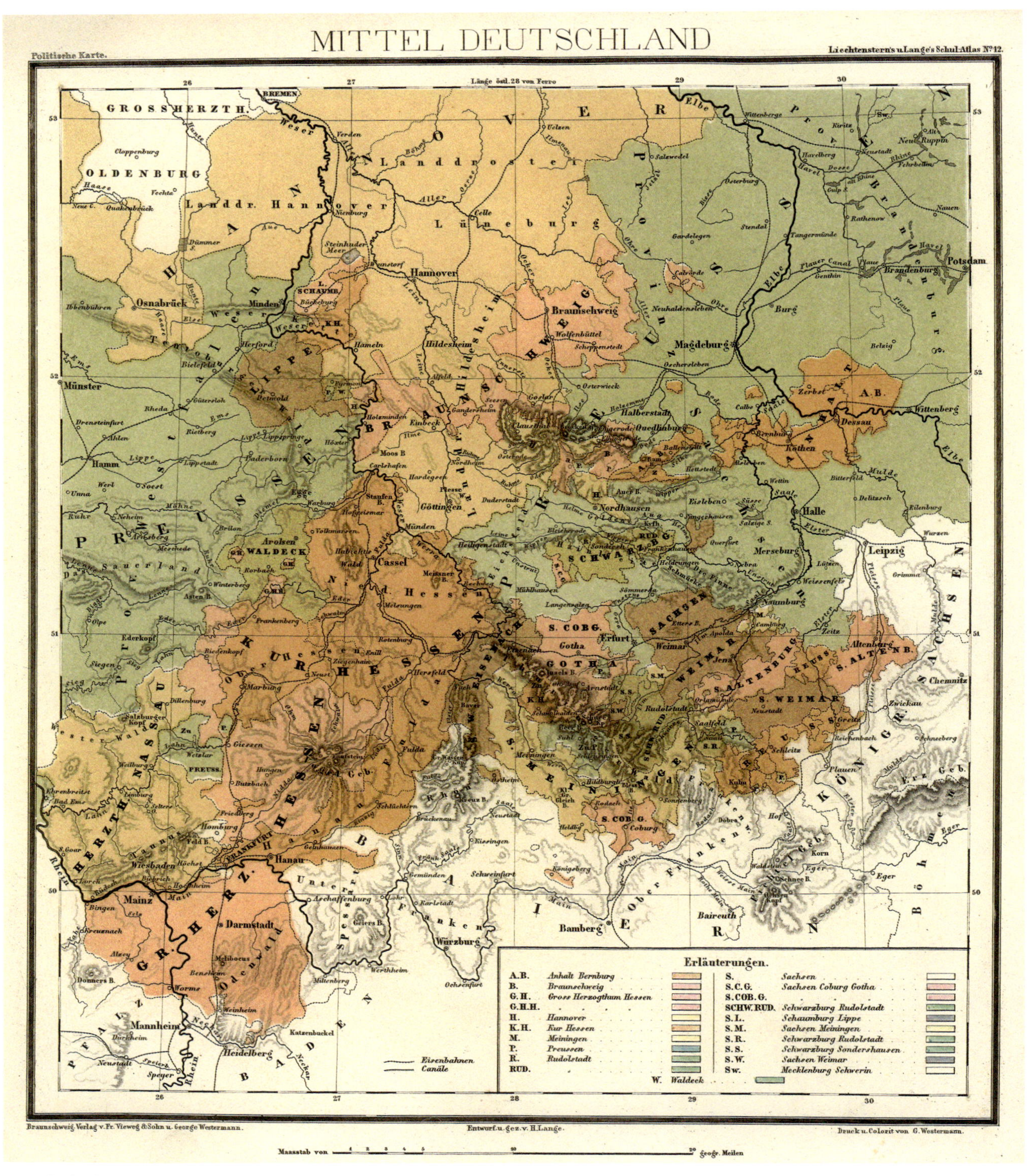

❹ **Schulatlas von 1857**

und zu formen. Die Verfolgung von Katholiken (Kulturkampf), die Schwächung des Liberalismus und die Verfolgung von Sozialdemokraten in der zweiten Hälfte des 19. Jahrhunderts unter Bismarck sind Ausdruck dieser Bestrebungen, diskreditieren aber letztlich den Staat.

Nationalgefühl in „Preußen-Deutschland"

Die Entstehung eines deutschen Nationalbewusstseins spiegelt vielfältige Faktoren und Erfahrungen. Zum einen ist die gemeinsame Ablehnung der Herrschaft Napoleons wichtig. Sie wird begleitet von der Ausbildung einer deutschen Nationalkultur, die in dem Werk von Goethe und Schiller, später auch Wagners gipfelt. Die Erfahrung der Befreiungszeit verstärkt das Zusammengehörigkeitsgefühl. Es erhielt in der Revolution von 1848 einen neuen Schub. Nach dem Scheitern dieser Revolution verlagert sich die Kraft zur Reichsbildung auf Preußen. Dem größten deutschen Einzelstaat schrieb man einen „deutschen Beruf" zu: Preußen wird zur politischen Vormacht, als deren Kennzeichen man das Militär sieht. Keimzelle des Deutschen Reiches wird allerdings der Norddeutsche Bund. Zum entscheidenden Anstoß für die Reichseinigung wird dann der deutsch-französische Krieg.

Revolution von oben

So scheint sich in der deutschen Geschichte ein ganz spezifischer Revolutionstyp zu verkörpern: „Die Revolution von oben". Wer Träger dieser nationalstaatlichen Revolutionierung war, blieb umstritten. Die Anhänger des Kaisergedankens sahen im Monarchen die stärkste Kraft und orientierten sich am „Caesarismus". Andere schrieben dem Kanzler diese Rolle zu; man spricht deshalb auch vom „plebiszitären Bonapartismus". Letztlich aber setzte sich der Reichstag als stärkste Kraft durch. Deshalb wird in der „Parlamentarisierung" des deutschen „Konstitutionalismus" und schließlich in dessen Demokratisierung ein Grundzug der Epoche gesehen. Diese Veränderungen verliefen nicht ohne Konflikte, die man geradezu als Ausdruck eines Kurses der „inneren Feindschafterklärungen" gedeutet hat, der sich gegen immer neue „innere Reichsfeinde" richtete: die auf die Parlamentarisierung drängenden liberalen „Fortschrittler", die katholischen „Ultramontanen" der Zentrumspartei, die „vaterlandslose" Sozialdemokratie und schließlich die Juden. Auf der einen Seite standen der Staat und seine Vertreter, auf der anderen Seite die Vielfalt gesellschaftlicher Kräfte, die durch

5 Deutschland zur Zeit des Kaiserreichs und der deutschen Einigungskriege 1864 - 1918

Konfrontationen und Koalitionen diszipliniert, gezähmt und integriert werden sollten. Durch die Demokratisierung fühlten sich manche Vertreter der staatlichen Gewalt herausgefordert und wollten durch einen Staatsstreich die Gefahren abwenden, die sie traumatisch an die Revolution von 1848 und die europäischen Revolutionen und Aufstände in anderen Staaten erinnerten. Deshalb verteidigten sie das Dreiklassenwahlrecht in den meisten deutschen Einzelstaaten und Gemeinden. Durch die Wahlrechtsauseinandersetzungen wurden wiederum die Politisierung und Polarisierung der deutschen Gesellschaft vorangetrieben.

Wachsende Interessengegensätze

Dennoch ist die innere Konsolidierung Deutschlands nach 1871 nicht zu bestreiten. Unsicherheit ging von der Außenpolitik aus. Bismarck hatte mit dem Sieg über Frankreich Elsaß-Lothringen zum deutschen „Reichsland“ gemacht und so den Grund für die Erneuerung der deutsch-französischen „Erbfeindschaft“ gelegt. Die Beteiligung Deutschlands an der Aufteilung der Welt und die Schaffung von Kolonien ließen das Misstrauen von Großbritannien wachsen. Bismarck setzte auf Österreich und das Osmanische Reich als Verbündete und verstärkte so den Gegensatz zum Russischen Reich, das wiederum die Nähe zu Frankreich und England suchte. Deutschland betrachtete Südosteuropa als sein Interessengebiet, deshalb konnte kein System gegenseitiger Sicherheit in Mitteleuropa entstehen. Europa „schlitterte“ 1914 nicht in den Krieg, sondern die europäischen Staaten erblickten in ihm eine Chance zur Verschiebung der Kräfte.

Bismarcks Rücktritt 1890 eröffnete dem jungen deutschen Kaiser Wilhelm II. die Möglichkeit, stärker auf die Wahrnehmung einer weltpolitischen Rolle des Deutschen Reiches zu dringen. Zunächst sicherte Deutschland seine Stellung in Europa, etwa indem es Helgoland gegen Sansibar eintauschte. Schon unter Bismarck hatte Deutschland Kolonien erworben. Allerdings war das Verlangen nach „einem Platz an der Sonne“ nicht gestillt worden; deshalb galt Deutschland auch in Nordafrika und Palästina als Unruhefaktor. Der deutsche Griff nach der Weltmacht sollte aber vor allem die europäische Stellung des Reiches verbessern. So berührten die deutschen Interessen die der anderen europäischen Großmächte beträchtlich. Besonders seit der Jahrhundertwende nahmen Kriegsgefahren zu. Deutschland modernisierte das Heer und baute eine Hochseeflotte auf. So fühlten sich Großbritannien und Frankreich bedroht. Der Weltkrieg beendete das „europäische Zeitalter“. ◆

Weimarer Republik und NS-Staat

Peter Steinbach

Zusammentritt der Nationalversammlung im Staatlichen Theater in Weimar am 6.2.1919

Das Ende der Ersten Weltkriegs

Bereits während des Krieges hatte sich gezeigt, dass das deutsche Kaiserreich auf eine neue Verfassungsgrundlage gestellt werden könnte. Besonders deutlich wurde dies 1917 mit dem Eintritt der Vereinigten Staaten in das Kriegsgeschehen. Mit der im Oktober 1917 ausbrechenden Russischen Revolution bedeutet das Jahr 1917 ein Epochenjahr des 20. Jahrhunderts. Der amerikanische Präsident Woodrow Wilson wollte Deutschland in eine Demokratie verwandeln und auf diese Weise berechenbar machen. Obwohl Deutschland dem revolutionär veränderten Russland in Brest-Litowsk einen harten Frieden diktieren konnte, war seit dem Sommer 1918 deutlich geworden, dass die deutsche Armee ihre Linien nicht mehr lange halten konnte. Die Oberste Heeresleitung lehnte allerdings die politische Verantwortung für den Friedensschluss ab. Die Verantwortung hatten Politiker aus den Parteien zu übernehmen, die lange als Ultramontane oder Reichsfeinde verunglimpft worden waren. Führende Militärs behaupteten später, das unbesiegte deutsche Heer sei von der Heimat durch einen Stoß in den Rücken entscheidend geschwächt worden (Dolchstoßlegende).

Im deutschen Reichstag hatte sich die Macht seit Kriegsbeginn von der Regierung zu den Abgeordneten verlagert. So hatten sich unter den Bedingungen des Krieges fast parlamentarische Verantwortlichkeiten herausgebildet. Vertreter der rechten SPD, der „Mehrheitssozialdemokratie", Abgeordnete des politischen Katholizismus und Liberale hatten im Sommer 1917 einen Verständigungsfrieden gefordert und sich gegen einen „Siegfrieden" ausgesprochen. Sie hatten einen parlamentarisch mächtigen Interfraktionellen Ausschuss gebildet, der die Reichsregierung unter Max von Baden trug. Die eingeleiteten „Oktoberreformen" entfalteten aber angesichts des drohenden Zusammenbruchs der Front keine Wirkung mehr. Der Waffenstillstand bedeutete die Abdankung des Kaisers und den Thronverzicht aller deutschen Landesherren. Am 9. November 1918 wurde die Republik ausgerufen.

Die Entstehung der Weimarer Republik

Nur selten entstehen stabile Staatswesen im Zuge einer militärischen Niederlage. Dies gilt auch für Deutschland nach dem Ende des Ersten Weltkriegs. Die erste deutsche Republik wurde aber nicht allein durch die Kapitulation der deutschen Regierung belastet. Sie wurde entscheidend von ihren Gegnern im Innern bekämpft. Die Sieger erklärten das Deutsche Reich für kriegsschuldig. Heer und Marine wurden weitgehend entwaffnet; die Armee schrumpfte auf 100.000 Mann. Reparationszahlungen sollten sich über Jahrzehnte erstrecken. So sollte Deutschland den Schaden begleichen, der seinen Gegnern entstanden war. Eine Folge der enormen Kreditaufnahme war die „Hyperinflation", die 1923 mit einer Währungsreform endete und sich zu einem politischen Trauma der Deutschen entwickelte, denn alle Sparvermögen wurden vernichtet. Nachträglich betrachtet, schien die Republik von vornherein zum Scheitern verurteilt gewesen zu sein – eine falsche Sicht, denn nach anfänglichen Schwierigkeiten steigerten sich die deutsche Politik und Kultur in einem unerwarteten Maße, so dass man später von den „goldenen zwanziger Jahren" sprechen konnte.

Entscheidender als die Konsolidierung der Republik war für das politische Selbstverständnis nach 1918 aber, dass die Mehrheit der Deutschen die Umstände ihrer Niederlage nicht anerkennen wollte. Sie protestierten innerlich gegen die einseitige Zuschreibung der deutschen „Kriegsschuld" und fühlten sich als Opfer der Siegermächte. Da gegen Kriegsende Streiks ausbrachen und die Revolution in bürgerkriegsähnliche Zustände mündete, glaubten vor allem Anhänger der politischen Rechten, Deutschland sei durch „Novemberverbrecher" auf der Linken gestürzt worden. Diese wiederum hielten die Vertreter der politischen Rechten für Kriegsgewinnler. So war mit dem Kaiserreich auch die politische Gemeinsamkeit der Deutschen zerfallen. Die Weimarer Republik gilt als Staat ohne politischen Konsens, als Gesellschaft mit einer tief fragmentierten politischen Kultur. Die Jahre der Weimarer Republik waren – bis auf eine kurze Stabilitätsphase (1924-1928) – eine Krisenzeit, aus der sich die nationalsozialistische Herrschaft entwickelte.

Fortschritte

Diese Verengung der Perspektiven lässt übersehen, dass die Weimarer Republik Prinzipien realisierte, die in die Zukunft wiesen: Achtstundentag, Frauenwahlrecht, Sozialstaatlichkeit, Anerkennung der Tarifpartnerschaft, des Pluralismus und der kulturellen Freiheit gelten ebenso als Leistung der Republik wie der Ausbau eines Bildungswesens, das – etwa durch Volkshochschulen – immer breitere Kreise ansprach. Viele Forderungen, die vor 1914 keine Resonanz gefunden hatten, wurden nun erfüllt.

Neue Regierung – Last überkommener Politik

Die Regierungsgeschäfte übernahm ein „Rat der Volksbeauftragten". Ihm gehörten jeweils drei Vertreter der beiden sozialdemokratischen Parteien an, die sich im Streit über die Haltung zur Bewilligung der Kriegskredite während des Krieges gebildet hatten. An die Spitze der provisorischen Reichsregierung trat Friedrich Ebert, der später zum ersten Reichspräsidenten gewählt wurde. Weil der Reichstag als nicht mehr legitimiert galt, musste sich die neue Regierung auf einen Vollzugsrat stützen. In ihm hatten Vertreter der Berliner Soldaten- und Arbeiterräte das Sagen. Dies verstärkte in den zentralen Räten anderer Länder Vorbehalte gegenüber der Berliner Regierung, denn der Vollzugsrat war ebenso wenig wie der Reichstag durch freie Wahlen legitimiert. Andererseits wäre es falsch, die politischen Möglichkeiten auf die Alternative von „Räteherrschaft" und „Parlamentarischer Demokratie" zu reduzieren. Denn die örtlichen und einzelstaatlichen Räte begriffen sich in der Regel als Ausdruck des Versuchs, in einer Umbruchsituation mit begrenzten Mitteln Sicherheit und Ordnung zu garantieren.

In vielen Teilen des Reiches kam es bald zu Wirren, Protesten und Auseinandersetzungen, die Formen des Bürgerkriegs annahmen. Das Bürgertum war verschreckt und fürchtete sich vor „russischen Verhältnissen". Auch Sozialdemokraten wussten, dass sich keine legitime Herrschaft auf Bajonetten errichten ließ. Deshalb strebten sie eine Nationalversammlung an, die aus freien Wahlen hervorgehen sollte. Widerspruch erhob die politische Linke, denn sie wollte die revolutionäre Situation nutzen, um sich die politische Macht zu sichern. Mitte Januar 1919 kam es zu gewaltsamen Auseinandersetzungen im Berliner Zeitungsviertel (Spartakus-Aufstand). „Rote" und „Weiße" terrorisierten sich auch in München gegenseitig. Nutznießer dieser Wirren waren die politischen Kräfte, die den Deutschen Ordnung versprachen.

Unter den neu entstandenen Parteien war auch die aus der Spartakus-Gruppe hervorgehende Kommunistische Partei. Am rechten Rand des politischen Spektrums formierten sich sektiererische politische Gruppen, denen niemand eine Zukunft zutraute. Hier fand sich auch eine Gruppe, die bald als „Hitlerbewegung" bekannt wurde. In den Mittelpunkt der deutschen Politik rückten die Fragen:

- Wer sollte die Macht in Berlin und in den Residenzstädten ausüben?
- Auf welche Weise waren Vertreter der alten Gewalten und Parteien an der Macht zu beteiligen?
- Sollte sofort eine neue Nationalversammlung gewählt werden, oder galt es, zunächst die Revolution abzuschließen?
- Wie ließ sich der Übergang von der Kriegs- zur Friedenswirtschaft bewerkstelligen?
- Wer organisierte die Versorgung der Bevölkerung mit Nahrungsmitteln und Heizstoff?
- Schließlich ging es um den Friedensschluss mit Deutschlands Gegnern und die Übernahme der Reparationen.

Freiheitliche Verfassung

Die Wahlen der Nationalversammlung vom Februar 1919 stärkten die „Weima-

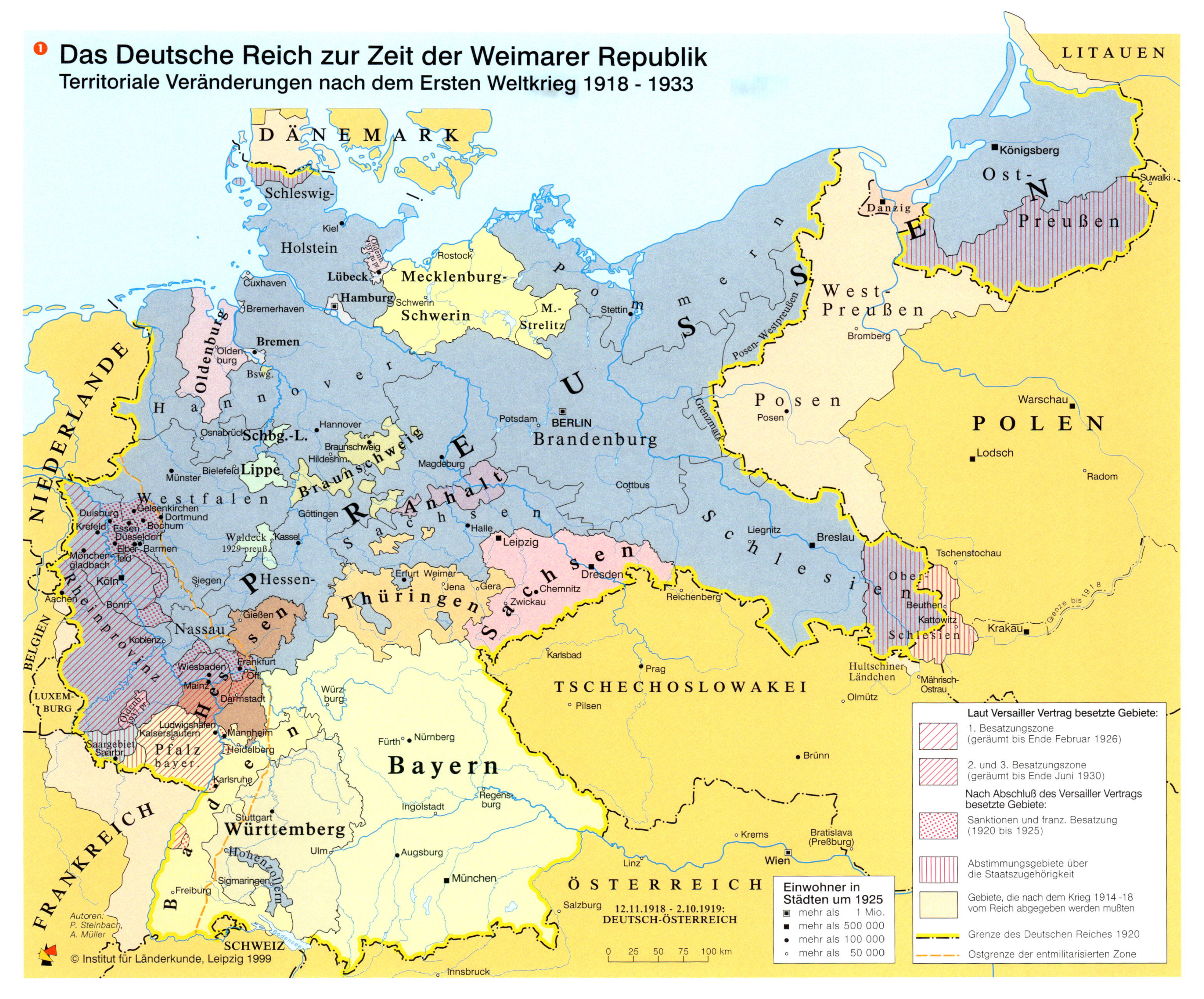

rer Koalition“ aus SPD, Demokraten und Anhängern der Zentrumspartei. Mehr als achtzig Prozent der Wahlberechtigten, unter ihnen erstmals Frauen, hatten sich an der Wahl beteiligt und zu mehr als drei Vierteln die Koalitionsparteien gewählt. Weil Berlin durch Unruhen als unsicher galt, trafen sich die Abgeordneten in Weimar, um die Verfassung zu beraten. Sie wählten auch die erste parlamentarische Regierung. Die deutschen Nationalfarben wurden „Schwarz-Rot-Gold“, die Republik sollte ein Bundesstaat sein, und die Volkssouveränität war die Grundlage aller Legitimität. Die Richtlinien der Politik bestimmte der Reichskanzler, dem der Reichstag allerdings das Vertrauen mit einfacher Mehrheit entziehen konnte.

Der Staat wurde durch den Reichspräsidenten repräsentiert, eine Art Ersatzkaiser, denn er wurde unmittelbar vom Volk in freier Wahl gewählt. Für den Fall des Staatsnotstandes konnte er Notverordnungen mit Gesetzeskraft erlassen und sogar die Grundrechte außer Kraft setzen. Dies alles hatte laut Verfassung aber der Wiederherstellung der staatlichen Ordnung zu dienen. Grundlegend für die Verfassungsentwicklung wurde der Grundrechtskatalog. Minderheitenschutz und soziale Gruppenrechte machten die Republik zu einer pluralistischen Demokratie, deren Abgeordnete nach dem Verhältniswahlrecht gewählt wurden.

Eines der schwierigsten Probleme, welches die Nationalversammlung lösen musste, war der Friedensschluss. In internationalen Verträgen hatten die Siegermächte die europäische Landkarte neu gezeichnet. Deutschland berührte vor allem die Abtretung von Landesteilen an Dänemark, Belgien, Frankreich, Polen, Litauen und die Tschechoslowakei. Das Saargebiet wurde dem Völkerbund unterstellt, Danzig wurde zur Freien Stadt. Ostpreußen wurde durch einen „Korridor“ abgetrennt, der Polen einen Zugang zur Ostsee eröffnete. Deutschland, das auch auf Kolonien verzichten musste, verlor mehr als ein Zehntel seines Staatsgebietes und 10 Prozent der Bevölkerung, die Hälfte der Eisenerzversorgung, ein Viertel der Steinkohleförderung und wichtige landwirtschaftliche Flächen. Hauptnutznießer der territorialen Verschiebungen waren Polen und Frankreich. Hinzu kamen außerordentliche Reparationsverpflichtungen, die erst im Zuge weiterer Verhandlungen fixiert werden sollten. 1921 legte man den Umfang auf 226 Mrd. Goldmark fest, die über einen Zeitraum von 42 Jahren zu zahlen waren. Hinzu sollte ein Achtel des Wertes der deutschen Ausfuhr kommen.

Frühe Krisen – gewonnene Stabilität

Trotz der innen- und außenpolitischen Belastungen wurden die Anfangskrisen der Republik bewältigt. Grenzkriege im Osten, innere Unruhen, ein Putschversuch auf der Rechten, Aufstandsversuche der Linken, Separatisten- ➞

2 Europa zur Zeit des Zweiten Weltkriegs
Der Verlauf der Fronten im Krieg 1939 - 1945

bewegungen und schließlich der bayerische Hitlerputsch, sogar die Besetzung des Ruhrgebietes durch französische Truppen führten nicht zur Erschütterung des Staates. Auch die Inflation und die Währungsreform wurden von den Deutschen hingenommen, obwohl sie große Sparvermögen vernichteten. Die deutsche Industrie stieß auf große Nachfrage und konnte sich neue Märkte erschließen. Die Gewerkschaften wurden durch Betriebsräte an den wichtigen Unternehmensentscheidungen beteiligt, konnten wichtige sozialpolitische Ziele erreichen und wurden zur Hilfe bei der Modernisierung der Fabriken und der Rationalisierung der Produktion.

Die Stabilitätsphase der Republik war durch große außenpolitische Erfolge geprägt. Bereits 1922 hatte die deutsche Regierung die Sowjetunion im Rapallo-Vertrag zum Verzicht auf weitere Reparationen bewegt, zugleich aber die Befürchtungen verstärkt, es könne zu einer deutsch-sowjetischen Allianz kommen. 1926 garantierten sich Frankreich und Deutschland in Locarno ihre Grenze. Gustav Stresemann, der deutsche Außenminister, und sein französischer Kollege Aristide Briand erhielten dafür den Friedensnobelpreis. Zu einer ähnlichen Grenzgarantie im Osten kam es nicht; vielmehr bekundete man hier weiterhin Revisionsabsichten. Deutschland trat dem Völkerbund bei und wurde allmählich in das internationale Sicherheitssystem integriert. Auch über die Begrenzung der Zahlungen wurden Verhandlungen aufgenommen. Der Young-Plan befristete die Reparationszahlungen auf den Zeitraum bis 1988 (!) und reduzierte den finanziellen Rahmen auf 112 Mrd. Reichsmark. 1930 zogen sich die alliierten Truppen aus dem Rheinland zurück, fünf Jahre früher als geplant. Der beachtliche wirtschaftliche Aufschwung unterstützte die außenpolitischen Erfolge.

Der Aufstieg der NSDAP

Seit Ende 1928 wurde deutlich, dass die Republik in eine große Krise hineintrieb. Dies war nicht allein die Folge der Weltwirtschaftskrise, die sich seit Herbst 1929 zuspitzte, sondern das Ergebnis vieler Fehlentwicklungen. Das deutsche Parteiensystem war tief gespalten, das Gefühl einer gemeinsamen Verantwortung der Parteiführer war schwach ausgebildet. Die Beziehungen der Bürger waren durch Gegensätze geprägt, die die politische Kultur zerstörten. Politisches Vertrauen wurde durch Misstrauen ersetzt. Kommunisten und Nationalsozialisten bekämpften einander und zugleich die Republik, die nur wenige Verteidiger fand.

Die Nationalsozialisten hatten seit 1930 bei Wahlen große politische Erfolge errungen. Ihr Führer Adolf Hitler wurde am 30. Januar 1933 von Hindenburg zum Reichskanzler berufen und mit der Regierungsbildung beauftragt. Durch Notverordnungen zerstörten sie die Verfassung. Grundrechte wurden abgeschafft, der Föderalismus aufgelöst. Dennoch errang Hitler bei Neuwahlen am 5. März 1933 nicht die Mehrheit, sondern blieb auf Unterstützung durch andere Parteien und die Ausschaltung der KPD angewiesen. Mit dem Ermächtigungsgesetz vom 24. März, das Hitler diktatorische Gewalt übertrug, verzichtete der Reichstag auf sein Gesetzgebungsrecht. Nur die SPD stimmte dagegen. Die Legalisierung der Rache begann. Hitler schaltete die Opposition aus, ordnete sich die Verwaltung unter, trieb Zehntausende in die Flucht und sperrte Hunderttausende in Konzentrationslager. Die Länder wurden abgeschafft und durch Gaue ersetzt. Aber Hitler wurde auch zugejubelt, und die Stabilität des Systems gründete nicht allein auf Terror, sondern auch auf der Denunziationsbereitschaft vieler Deutscher. Außenpolitische Erfolge faszinierten die Mehrheit der Bevölkerung und ließ sie übersehen, dass Hitlers Herrschaft auf Terror, Entrechtung und Verfolgung fußte.

Hitlers Programm

Kennzeichen von Hitlers Programm waren Antisemitismus, Antiliberalismus und Antimarxismus, der sich auch als Antibolschewismus gerierte. Die Juden wurden seit den ersten Tagen von Hitlers Herrschaft verfolgt. Mit den Nürnberger Gesetzen 1935 begann ihre systematische Entrechtung. Die Novemberpogrome 1938 forcierten die Ausgrenzung der Juden aus dem Wirtschaftsleben. Hunderttausende emigrierten. Für den Fall eines Krieges hatte Hitler die Vernichtung des europäischen Judentums angekündigt. In Osteuropa wurde das Judentum fast vollständig, in Westeuropa weitgehend ausgerottet. Vernichtungslager entstanden, die nur ein Ziel hatten: Menschen zu ermorden und Leichname zu vernichten. Hinter der Front wüteten 1941 und 1942 zudem Einsatzgruppen, die Hunderttausende erschossen. Der Angriff auf die Sowjetunion wurde von vielen Deutschen begrüßt, weil sie den Bolschewismus bekämpfen wollten. Weitsichtige Zeitgenossen ahnten, dass die überraschenden, überfallartigen Angriffe der Wehrmacht in der Niederlage enden mussten.

Ein neuer Weltkrieg

Der Zweite Weltkrieg, am 1. September 1939 mit dem Angriff auf Polen begonnen, wurde von deutscher Seite als Rassen- und Weltanschauungskrieg geführt. Er veränderte nicht nur die europäische Landkarte, sondern auch Deutschland. Bereits im Vorfeld hatte Hitler die Grenzen des Reiches ausgeweitet. Das Saarland „kehrte" 1935 „heim". 1938 ließ Hitler Österreich besetzen, wenig später gestanden ihm die großen Mächte das Sudetenland zu. Kurz darauf erhielt Deutschland von Litauen das Memelland zurück. Der Sieg über Polen führte 1939 zur Wiederherstellung der Grenzen von 1918 und zur Eingliederung weiterer Gebiete. Auch Eupen und Malmedy wurden ebenso wie Luxemburg dem Reich eingegliedert. In Europa entstand ein deutsches Besatzungsregime, das im Dienst rassenpolitischer Ziele stand. Das europäische Judentum und die zentraleuropäischen Sinti und Roma wurden fast völlig ausgerottet. Die deutsche Regierung wollte ein Ostimperium schaffen, auf Dauer die Herrschaft über Europa ausüben, neue Kolonien erobern und endgültig zur Weltmacht werden. Dies alles endete in einer militärischen Katastrophe, deren Beginn der deutsche Angriff auf Polen am 1. und die darauf er-

folgenden Kriegserklärungen Englands und Frankreichs am 3. September 1939 kennzeichneten.

Widerstand

Rasch wurde deutlich, dass Hitler Krieg und ein Krieg das Ende des Deutschen Reiches bedeuten würden. Widerspruch und Widerstand waren zwar unübersehbar, aber letztlich machtlos und unwirksam. Kommunisten wurden weitgehend bis 1937, kirchliche Regimegegner bis 1938 ausgeschaltet. Zu diesem Zeitpunkt formierte sich eine bürgerlich-militärische Opposition, die sich am 20. Juli 1944 sogar zum Anschlag auf Hitler durchringen konnte. Allerdings scheiterte der Umsturzversuch ebenso, wie bereits vorher das Attentat des Schreiners Johann Georg Elser im Münchener Bürgerbräu am 9.11.1939 gescheitert war. Die Alliierten hatten sich auf die bedingungslose Kapitulation der Wehrmacht als Kriegsziel geeinigt.

Am Ende des Krieges waren die deutschen Städte weitgehend zerstört. Befreite Konzentrationslager machten deutlich, wie verbrecherisch das NS-Regime gewesen war. Mit der bedingungslosen Kapitulation am 7. Mai 1945 hatte Deutschland aufgehört, als souveräner Staat zu existieren. Die Alliierten – England, Frankreich, die Sowjetunion und die Vereinigten Staaten von Amerika – versicherten, die Verantwortung für Deutschland als Ganzes wahrnehmen zu wollen.◆

Deutschland 1945-1949

Peter Steinbach

Epochenzäsur

Keine historische Zäsur hat die Deutschen unseres Jahrhunderts stärker beschäftigt als das Jahr 1945. Es bedeutet nicht nur eine weltgeschichtliche Zäsur, sondern für die meisten auch einen tiefen persönlichen Lebenseinschnitt. Es wurde unausweichlich zum Synonym für einen noch nach Jahrzehnten spürbaren und deshalb als absolut empfundenen Tiefpunkt deutscher Geschichte. Lebensgeschichte und Politik gingen eine unauflösliche Verbindung ein.

Diese Doppelung der Empfindungen prägt die Erinnerung. Sie muss die Vielfältigkeit der Schicksale, die Gleichzeitigkeit widersprüchlichster Stimmungen, Ängste und Hoffnungen zum Ausdruck bringen. Die Befreiung der Konzentrationslager und die Rettung der Häftlinge, die zu Todesmärschen gezwungen und so dem Tod preisgegeben wurden, steht neben der Erinnerung an Plünderung und Vergewaltigung, an Gefangenschaft und Verschleppung, an Internierung und Vertreibung. Welthistorisch bedeutet die Kapitulation Deutschlands die Befreiung von der nationalsozialistischen Herrschaft und damit von einer schrecklichen Zukunft, aber auch die Teilung des Landes und den Verlust der Ostgebiete. Nach einer Übergangsphase unter alliierter Herrschaft begann die Geschichte der deutschen Teilung.

Einschnitt in der europäischen Geschichte

Das Jahr 1945 war aber nicht nur eine Zäsur deutscher Zeitgeschichte, sondern zugleich ein tiefer Einschnitt für die Geschichte Europas, denn dieses Jahr markiert den unwiderruflichen Untergang einer Ordnung, die seit dem Mittelalter und der frühen Neuzeit tief in der europäischen Geschichte verwurzelt war: Ostmitteleuropa wurde seitdem nicht mehr als „Zwischeneuropa" empfunden, sondern als Teil des Ostblocks. Das Jahr 1945 wurde so zum Synonym für eine Tragödie, die mit der Geschichte der Nationalstaaten begonnen und durch den Nationalsozialismus ihren Kulminationspunkt erlebt hatte. Am Ende der Katastrophe für Deutschland, für Europa und für die Welt stand aber auch ein neuer Anfang, der sich in der Gründung der Vereinten Nationen 1945 verkörperte.

Ambivalenz der Gefühle

Wegen seiner Vielschichtigkeit muss das Jahr 1945 umstritten sein. In der Nachkriegszeit konnte nämlich die Beurteilung dessen, was auf den Zusammenbruch folgte, niemals eindeutig und schon gar nicht einhellig sein. Deshalb blieb für die einen eine „Niederlage", was für die anderen „Befreiung" war. Der eine dachte an Flucht, Vertreibung, Gefangenschaft und Teilung, der andere an die Rettung seines Lebens, an seine Freisetzung aus der Haft oder aus dem KZ, an die Befreiung von der nationalsozialistischen Willkür, von dem Terror der letzten Kriegswochen. Demgegenüber waren die entscheidenden politischen Zäsuren, der Neuaufbau der Demokratie in Deutschland, von nachrangiger Be-

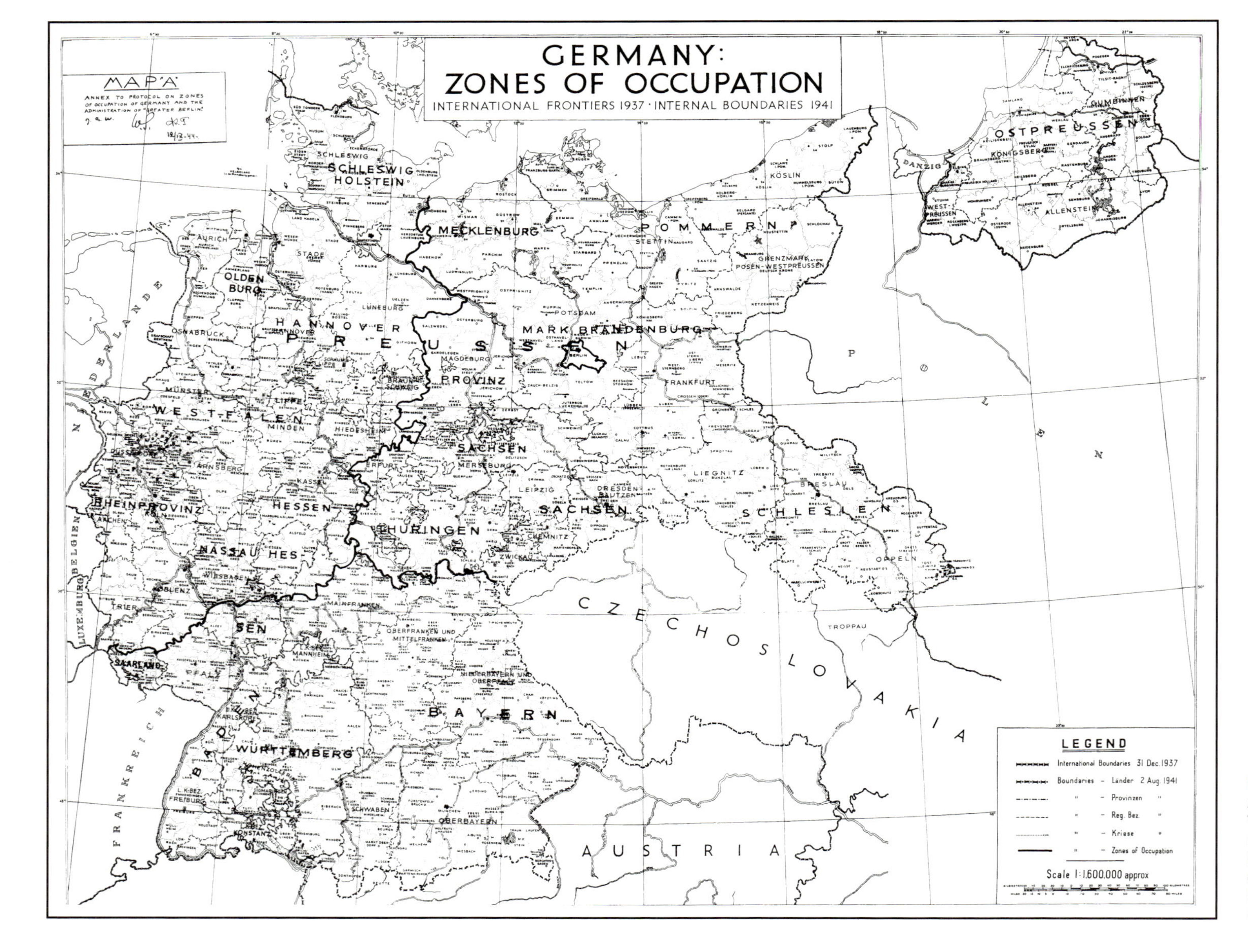

❶ Karte "A"
Anhang zum Protokoll zwischen den Vereinigten Staaten von Amerika, Großbritannien und der UdSSR vom 12. September 1944 über die Besatzungszonen in Deutschland und die Verwaltung Groß-Berlins (Londoner Protokoll). Die Zuweisung einer Besatzungszone an Frankreich wurde später beschlossen.

deutung. Während in den Westzonen bis 1948 die Grundlage für einen parlamentarischen Verfassungsstaat geschaffen worden war, unterstützte die sowjetische Militäradministration den Aufbau einer Parteidiktatur. Die Wunde der Teilung ging tief und vernarbte nur langsam. Die Deutschen konnten sie nur akzeptieren, weil sie die Teilung ihres Landes als Konsequenz eines Krieges deuteten, der von deutscher Seite entfesselt worden war und im Völkermord an den Juden kulminiert hatte.

Jahrzehnte blieb die Ambivalenz spürbar, die das Ende des Krieges bedeutete. Diese Ambivalenz hat ihren Grund in der Geschichte selbst, die sich niemals auf einen einzigen Strang historisch-politischer Erfahrungen oder auf eine einzige, allgemeine oder gar verbindliche Empfindung reduzieren läßt. Um die Schwierigkeit einer Entscheidung für eindeutige Bewertungen zu vermeiden, sprachen deshalb einige Zeitzeugen bald neutral von der „Kapitulation“ oder von der „Stunde Null“ der deutschen Nachkriegsgeschichte, andere betonten eher den Beginn einer „Restauration“, während Dritte immer wieder bekräftigten, das Jahr 1945 sei der Anfang einer Neuordnung, ein „Neubeginn“.

Kontroverse Geschichtsbilder

Seit der Gründung der DDR 1949 wurde immer wieder betont, im Westen sei die „kapitalistische“ Eigentumsordnung wiederhergestellt worden, die nach marxistisch-leninistischer Überzeugung die Gefahr einer Wiederholung der „faschistischen Unterdrückung“ mit sich bringe: „Kapitalismus führt zum Faschismus!“, so lautete eine gängige und verbreitete Parole des Systemkonflikts, die vor allem das Ziel hatte, den als Legitimationsideologie missbrauchten „Antifaschismus“ in das Bewusstsein einzubrennen. Antifaschismus sollte seinen Ausdruck in der Bodenreform, in der Enteignung von Industrien und in der Schwächung des Mittelstandes finden. Antifaschismus war niemals nur das Bekenntnis gegen den NS-Staat, sondern zugleich auch Ausdruck der Kritik am liberaldemokratischen Verfassungsstaat, den man als „bürgerlichen Klassenstaat“ bezeichnete, gleichsam als Spielart einer Herrschaftsform, die sowohl faschistisch wie liberal sein konnte. Diese Gleichsetzung gegensätzlicher Systeme konnte man auf westlicher Seite nicht akzeptieren; denn hier sah man im freiheitlichen Verfassungsstaat das geglückte Gegenbild zur nationalsozialistischen Diktatur. Seine Grundlage schien in der Übergangsphase zwischen Kapitulation und Gründung der beiden deutschen Staaten gelegt worden zu sein.

Stunde Null – Restauration – Neuordnung?

Heute ist diese Kontroverse entschieden. Die gegenseitige Abgrenzung gegensätzlicher Systeme steht nicht mehr im Vordergrund geschichtspolitischer Auseinandersetzung, sondern der Versuch, die deutsche Geschichte auf das Jahr 1945 zu beziehen. Dabei zeigt sich, dass jeder Streit, der um Begriffe geführt wird, Tiefenschichten des politischen Selbstverständnisses berührt, das nicht zuletzt auch durch das Nebeneinander von ost- und westdeutschen Erinnerungen an die „Stunde Null“ geprägt ist. War für die westdeutsche Seite die Betonung der staatlichen Kontinuität besonders wichtig, so verkörperte die DDR im Bewusstsein ihrer Bürger nicht selten den Versuch eines grundlegenden Neubeginns. Die Debatte über die angemessene Beschreibung des fundamentalen „Bruchs“ durchzieht alle geschichtspolitischen Auseinandersetzungen in der Zeit deutscher Teilung. Wer den Begriff der „Stunde Null“ verwendet, setzt sich nicht nur dem Vorwurf aus, der Frage nach der Kontinuität deutscher Geschichte im 20. Jahrhundert auszuweichen. Denn er macht auch deutlich, dass dieses Jahr den Anfang einer anderen, einer glücklicheren Geschichte verkörperte. Der nach dem Scheitern der Weimarer Republik und nach der Befreiung von der nationalsozialistischen Diktatur nun zum zweitenmal unternommene Versuch der Deutschen, eine stabile Demokratie zu schaffen, rechtfertigt durchaus den Begriff der „Stunde Null“.

Wer hingegen das Schlagwort von der „Restauration“ bevorzugt, will den Eindruck abschwächen, dass nach 1945 der Versuch einer liberalen Demokratiegründung gelungen ist. Im Mittelpunkt seiner Kritik steht die Klage, dass es keinen grundlegenden Austausch der politischen, gesellschaftlichen und kulturellen Eliten gegeben habe und weiterhin manche Wertvorstellungen des deutschen Obrigkeitsstaates verbreitet seien. Ursprünglich ist der Begriff der „Restauration“ verwendet worden, um zu Beginn der fünfziger Jahre auf die Gefahren hinzuweisen, die von der eher unterstellten als realen, in jedem Fall befürchteten Erneuerung des Alten ausgingen. Nichts spricht dafür, dass es in den mehr als vier Jahrzehnten westdeutscher Nachkriegsgeschichte nicht gelungen sei, Deutschland aus den Bahnen seines historischen Sonderwegs zu befreien und fest im Kreis der westlichen liberalen Staaten zu verankern.

Wer schließlich den Begriff der „Neuordnung“ verwendet, vernachlässigt häufig ganz bewusst das Kontinuitätsproblem, das sich aus der engen Verbindung zwischen den deutschen Eliten über alle Epochenbrüche ergibt. Die schließlich gelungene Neuordnung war das Ergebnis langer politischer Auseinandersetzung, vieler Reformen und mancher Kompromisse. „Neuordnung“ stand als Begriff zunächst nur für den Versuch, das neu entstandene politische System aus einer bewussten Entscheidung zur Neugestaltung hervorgehen zu lassen.

Jeder der aufgeführten Begriffe hat vieles für sich; er beleuchtet aber weniger die historische Wirklichkeit des nach 1945 entstandenen Deutschlands als die Unterschiedlichkeit einer möglichen Interpretation der Erfolgsgeschichte deutscher Demokratie. Deshalb ➞

Die Ruine der Berliner Kaiser-Wilhelm-Gedächtniskirche 1945

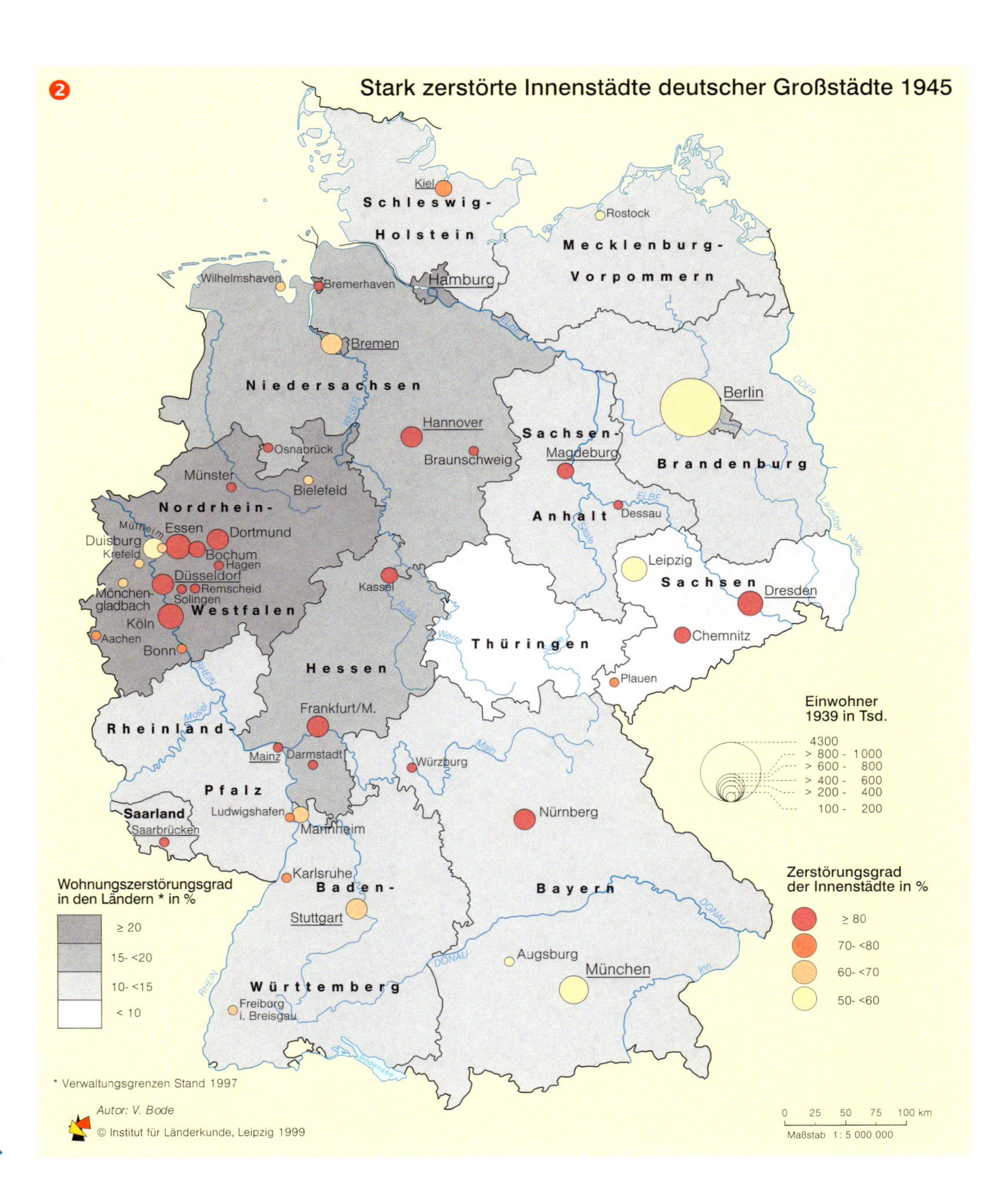

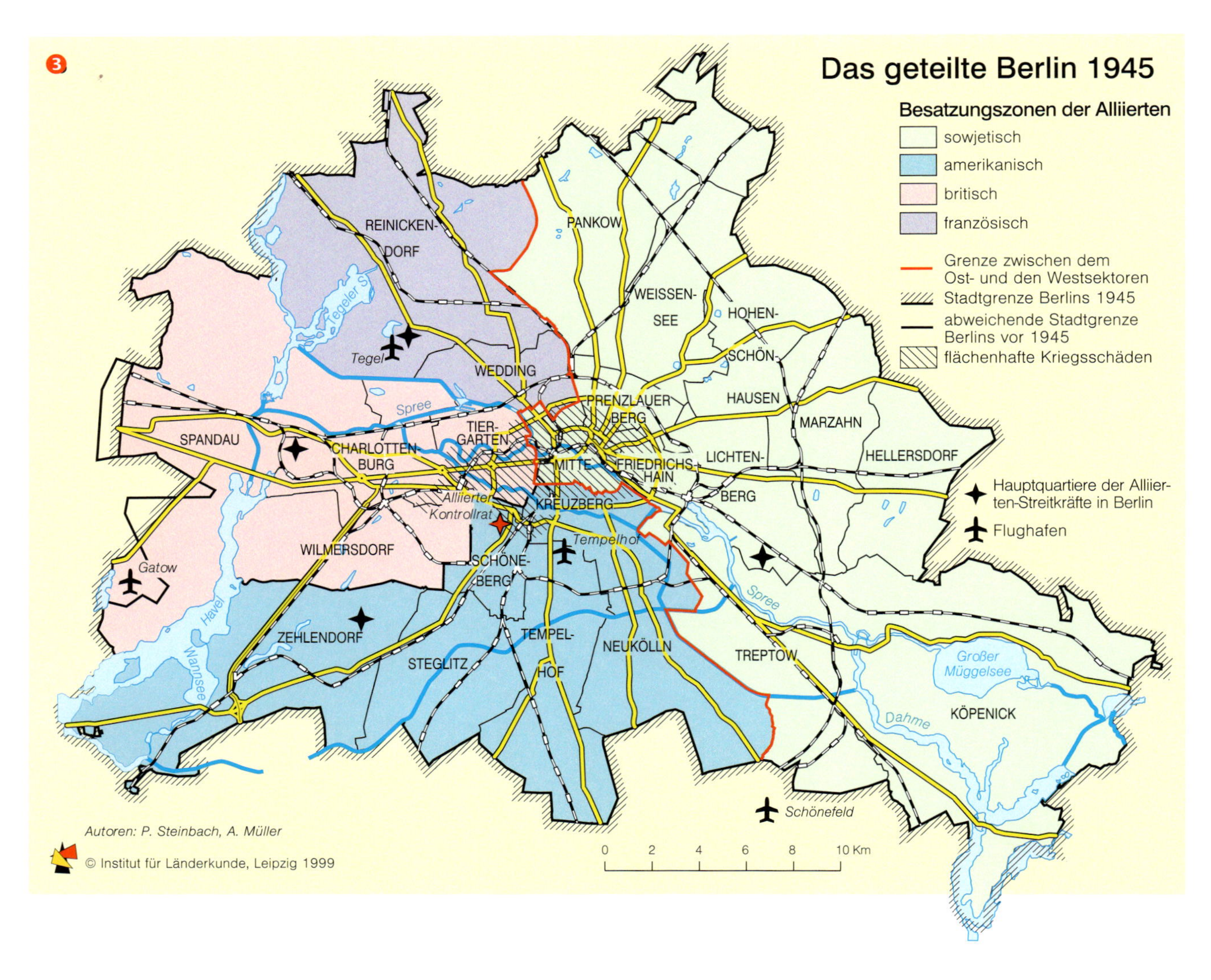

darf nicht übersehen werden, dass die Begriffe nur Deutungsangebote sind, die vor allem Aufschluss über Geschichtsbilder geben, deren Vielfalt für pluralistische Gesellschaften charakteristisch ist. Das Miteinander der Begriffe, gegen deren ausschließliche oder gar plakative Verwendung vieles spricht, erlaubt jedoch, die ganze Ambivalenz der Nachkriegsgeschichte zu erfassen.

Das Ende des deutschen Nationalstaats?

Unbestreitbar ist, dass am 8. Mai 1945 die Geschichte des 1871 gegründeten Deutschen Reiches ein jähes Ende gefunden hatte – so schien es zumindest bis zum Jahre 1989. Das weitere Schicksal von Deutschland und Europa war in seiner politischen Bedeutung und geopolitischen Entwicklung durch die Absprachen festgelegt, welche die Alliierten in Jalta im Februar 1945 noch einmal bekräftigt hatten. Dabei stand fest, dass Deutschland als Vormacht in der Mitte Europas zerschlagen und langfristig geschwächt werden sollte.
Von den vier Siegermächten waren das besiegte Reich in vier Besatzungszonen ❹ und die Hauptstadt Berlin in vier Sektoren ❸ aufgeteilt worden. Die Ostgebiete jenseits von Oder und Neiße waren unter polnische bzw. sowjetische Verwaltung gestellt worden, das Saarland aus der französischen Besatzungszone herausgelöst und wirtschaftlich an Frankreich angegliedert worden. Die Siegermächte hatten vor allem ihre Verantwortung für „Deutschland als Ganzes" betont. Sie wurden Träger deutscher Souveränität und bekräftigten, dass von Deutschland nie wieder eine Bedrohung für das europäische Gleichgewicht und den Frieden ausgehen dürfe. Um dies zu erreichen, setzten sie auf Machtpolitik, auf Beeinflussung der Bevölkerung im Zuge einer „Umerziehung" und auf die Entwicklung der Fähigkeit zur demokratischen Selbstverantwortung. Zunächst wurden Interessensphären der großen europäischen Mächte in Deutschland und in Europa festgelegt, die vor allem Stalins Machtbereich ausdehnen halfen und deshalb schon früh Vorbehalte bei einzelnen Verbündeten weckten.

Potsdamer Konferenz 1945

Unstrittig war aber die Politik der „Vier großen Ds", die im Sommer 1945 in Potsdam bekräftigt wurde: Deutschland sollte *dezentralisiert* und *demilitarisiert*, *denazifiert* und *demokratisiert* werden. In diesen vier Begriffen deutete sich nicht nur der Wille zur Unterwerfung Deutschlands an, sondern es wurden auch Konturen einer Neuordnung deutlich, die das politische Schicksal der Deutschen auf der Grundlage eines völlig veränderten Selbstbewusstseins beeinflusste. Die *„großen vier D's"* machten eindeutig klar, dass nach 1945 eine Rückkehr zu den Idealen des deutschen Obrigkeitsstaates nicht mehr möglich war. Nur die Entscheidung für demokratische Wertvorstellungen, für eine ganz konsequente Bundesstaatlichkeit, für die bewusste Überwindung des militaristischen Denkens als Ausdruck einer Überhöhung deutscher Interessen und für die entschiedene Abkehr von nationalsozialistischen Denkvorstellungen öffnete den Weg in den Kreis der zivilisierten Nationen. Nur einem Deutschland, das sich von seinem Sonderweg abwandte und sich für den liberalen Verfassungsstaat entschied, könnte sich die Chance bieten, die durch die Viermächteverantwortung weiterhin offen gehaltene „deutsche Frage" auf eine eindeutige Art zu lösen.

Teilung und Neuordnung

In der militärischen Niederlage Deutschlands wurden so die Konturen einer inneren politischen Neugestaltung der deutschen Gesellschaft sichtbar. Diese löste sich aus den Traditionen des deutschen Obrigkeitsstaates. Die neuen politischen Ziele und Strukturen prägten nicht allein die unmittelbare Nachkriegszeit, sondern legten vor allem den Grund für eine demokratische Ordnung westlichen Typs. Begriffe wie „Umerziehung" oder gar „erzwungene Neuordnung" beschreiben diesen Vorgang nicht hinreichend, denn sie wecken Zweifel an der letztlich freiwilligen Übernahme von Wertvorstellungen und Verhaltensweisen, die für eine demokratische Gesellschaft unverzichtbar sind. Begünstigt

Ruinen und Trümmer, Berlin-Charlottenburg

wurde diese Umorientierung durch die wachsende Einsicht in den verbrecherischen Charakter des NS-Staates. Die Siegermächte hatten zu keiner Zeit Zweifel daran gelassen, dass sich jeder einzelne für seine Untaten zu verantworten habe und Deutschland auch nach der „bedingungslosen Kapitulation“ Wiedergutmachung als Voraussetzung einer politischen und moralischen Versöhnung zu leisten habe. Auch zu dieser Verantwortung bekannten sich die Deutschen und übernahmen später die Verantwortung für die nationalsozialistische Politik.

Entscheidend für die weitere Entwicklung wurde aber zunächst die Teilung Deutschlands. Sie ermöglichte, so schmerzhaft sie war, den Aufbau einer stabilen Demokratie zumindest in den drei Westzonen des Landes, aus denen 1949 die Bundesrepublik Deutschland wurde, die infolge ihrer wirtschaftlichen Prosperität und politischen Stabilität zu einem Magneten für den anderen Teil Deutschlands werden sollte, der sich aus der Sowjetischen Besatzungszone im Oktober 1949 zur Deutschen Demokratischen Republik entwickelt hatte.

Das Ende, das ein Anfang war

Im Rückblick erscheint so die Niederlage als ein „Ende, das ein Anfang war“. 1945 wurde das Schicksal der Deutschen in die Hand der Siegermächte gelegt. Mochten diese auch erklären, als „Sieger“ zu kommen, nicht als „Befreier“, so wurde bald deutlich, dass sie bei allem Schweren, was folgte, die Deutschen von der nationalsozialistischen Diktatur befreit und vor einer noch schrecklicheren Zukunft bewahrt hatten. Zwar mussten Millionen Deutsche auch nach 1945 große Gefahren überstehen und unermessliche Opfer bringen: Ihre Leiden waren aber das Ergebnis einer Niederlage und einer denkbar späten Kapitulation. Viele Millionen hätten ihr Leben behalten können, wenn man rechtzeitig den Krieg beendet hätte. Dies sollte nicht vergessen werden, wenn man auf das Jahr 1945 als „deutsche Katastrophe“ (Friedrich Meinecke) zurückschaut: Für die NS-Führung war dieser Krieg zu allen Zeiten vor allem ein Rassen- und Weltanschauungskrieg gewesen. Er hatte Wunden geschlagen, die, so schien es 1945, nicht mehr verheilen konnten, denn dieser Krieg raffte ganz Unwiederbringliches dahin. Dieses endgültig Vergangene lässt sich nicht auf einen einzigen Begriff bringen: Deshalb sprechen wir vom „alten Europa“, das von der Gemeinsamkeit vieler Völker, von der Vielfältigkeit der Konfessionen, von der Pluralität der Überzeugungen und auch vom geradezu unerschöpflichen Reichtum historischer Erfahrungen in einem Beziehungsgeflecht ausging, das wir heute nur noch ahnen können.

Wenn die Menschen später an den 8. Mai 1945 zurückdachten, erwähnten sie als stärksten und bleibenden Eindruck die Stille: kein Kampflärm, keine Bedrohung durch Bomben und Gestapo, häufig kaum mehr die Kraft wahrzunehmen, was Kriegsende und Frieden bedeuteten. Am 8. Mai 1945 endete eine Phase unvorstellbarer Zerstörung, ein Weg in das Dunkel und in die Ungewissheit.◆

Flucht, Vertreibung und Integration

Nach dem Kriegsende flüchteten zwischen 1945 bis 1950 etwa 8 Mio. Menschen aus den ehemaligen Ostgebieten des Deutschen Reiches in den Grenzen von 1937 sowie weitere rd. 5,5 Mio. aus anderen Gebieten außerhalb dieser Grenzen in Richtung der vier Besatzungszonen. Die Aufnahme und Unterbringung der Vertriebenen und Flüchtlinge in das räumlich stark verkleinerte und zerstörte Deutschland stellte eine der größten gesellschaftlichen, wirtschaftlichen und insbesondere menschlichen Herausforderungen dar. Die vier Besatzungszonen nahmen ca. 12 Mio. Menschen auf, Österreich weitere 400.000. Viele verstarben auf der Flucht. Die Hauptherkunftsgebiete waren Ostpreußen und das Baltikum, Schlesien, das Sudetenland und Pommern. Von der Integration prozentual besonders stark betroffen waren die norddeutschen Länder Schleswig-Holstein, Mecklenburg-Vorpommern und Niedersachsen. Heute stammt etwa jeder/e fünfte deutsche Bürger/in aus den ehemaligen Ostgebieten oder gehört einer Familie von Vertriebenen und Flüchtlingen an.

4 Besatzungszonen in Deutschland 1945 - 1949

Weitestes Vordringen amerikanisch-britischer Truppen nach Osten (bis 7.5.1945)
von den amerikanisch-britischen Truppen ab dem 30.6.1945 geräumtes Gebiet
Luftkorridore nach Berlin (West) seit November 1945
Saarland, 1957 zu Bundesrepublik
Grenze der Länder
Kiel Landeshauptstadt
Großstädte nach Einwohnern: mehr als 1 Mio., mehr als 500 000, mehr als 200 000, bis 200 000

Besatzungszonen der Alliierten: Sowjetisch, Amerikanisch, Britisch, Französisch, Berlin, Vier-Mächte-Verwaltung, siehe Karte: Das geteilte Berlin 1945; Hauptquartier

Maßstab 1 : 3 750 000

Autoren: P. Steinbach, A. Müller

© Institut für Länderkunde, Leipzig 1999

DDR 1949-1989

Peter Steinbach

Der „zweite deutsche Staat" – mehr als die „Zone"

Die Geschichte der Deutschen Demokratischen Republik ist entscheidend durch die Parteiherrschaft der SED geprägt worden, erschöpft sich aber nicht in ihr. Denn zunächst prägte der Wunsch nach einem Neubeginn, der ein Zeichen gegen die untergegangene NS-Diktatur setzen sollte, viele Hoffnungen der Zeitgenossen. „Demokratischer Neuanfang" als Ausdruck eines aktiven „Antifaschismus", das schien der Grundkonsens der meisten Menschen zu sein. Bald machte sich aber erste Enttäuschung breit. Denn unterstützt von der sowjetischen Besatzungsmacht, errichtete die Parteiführung der SED eine Diktatur, die zwar dem Ziel dienen sollte, mit „neuen Menschen" eine neue Gesellschaft zu schaffen; aber bald wurde deutlich, dass sich dieses Ziel auch gegen die richtete, die andere politische Vorstellungen verfolgten und an Stelle des „demokratischen Zentralismus" die Bedeutung von Meinungsvielfalt, Kontroversen und Mehrheitsbildung betonten.

Hinzu kam die absehbare deutsche Teilung. Den Anspruch auf die deutsche Einheit gab die DDR-Führung erst nach Jahrzehnten auf, und die politischen und gesellschaftlichen Entwicklungen sind durch Widerstände der Bevölkerung und den Konflikt zwischen den Weltblöcken geprägt. So gilt die Geschichte der DDR als Ausdruck einer kaum zu überbrückenden Spannung zwischen „Kontinuität und Wandel", die historische Zäsuren und Brüche erklärt. Die DDR war immer ein deutscher Teilstaat, der nicht nur auf die Bundesrepublik Deutschland, den zweiten Teilstaat, bezogen blieb, sondern dessen Bevölkerung durch die gemeinsame deutsche Geschichte geprägt war. Sichtbar wurde dies nicht zuletzt an der Wiedererrichtung von Ländern im Jahre 1990 (▸▸ Beitrag Steinbach zur BRD), vor der deutschen Einheit, fast vierzig Jahre nach der Abschaffung dieser Länder und der Bildung von Bezirken (1952), deren Grenzen nicht zum Bezugspunkt einer neuen regionalen Identität werden konnten.

Gegründet wurde die DDR, weil die SED das Ergebnis der Landtags- und Gemeindewahlen fürchtete, die 1949 anstanden. Ein Sieg der CDU und der Liberalen galt für die Sowjetische Militäradministration als wahrscheinlich. Am 7. Oktober 1949, also Wochen nach der Gründung der westdeutschen „Bundesrepublik", erklärte sich der Deutsche Volksrat, der im Mai 1949 aus den Einheitslistenwahlen zum 3. Volkskongress hervorgegangen war, zur Provisorischen Volkskammer und zur Verfassungsgebenden Versammlung. Er wählte zugleich die erste Regierung der DDR. Freie Wahlen sollten ein Jahr später nachgeholt werden. In Deutschland bestanden nun zwei deutsche Teilstaaten. Die Frage nach dem Beginn der deutschen Teilung ist bis heute umstritten. Sie läßt sich nicht als Ergebnis deutscher Politik im Westen oder Osten deuten, sondern wurde entscheidend durch die beginnende Blockpolitik geprägt, die Deutschlands Teilung in den sich deutlich abzeichnenden Konflikt zwischen den beiden Weltmächten und Weltblöcken integriert.

Zum politischen Selbstverständnis der DDR

Die erste Verfassung der DDR bekannte sich zur Unteilbarkeit Deutschlands und zu den deutschen Ländern. Entscheidender als die Verfassung war jedoch der Wille der DDR-Führung, die einen diktatorisch geführten zentralistischen Staat schaffen wollte. Kennzeichen der ersten Phase der DDR-Geschichte war der Übergang vom autoritären Besatzungsregime zur Parteidiktatur. Ansätze kultureller Freiheit und wissenschaftlicher Unabhängigkeit, die unter sowjetischer Besatzungsherrschaft noch sichtbar waren, wurden abgeschafft; die Veränderungen wurden zunehmend weniger durch den Anspruch des „Antifaschismus" gerechtfertigt, sondern durch den Anspruch auf politische Führung der SED, der bald mit terroristischen Mitteln durchgesetzt wurde.

Die Besitzverhältnisse wurden umgestaltet. Nach der „Bodenreform" (1945/46) und der Enteignung von Banken und Industriebetrieben setzte in den frühen Fünfzigern die Bildung von Genossenschaften in der Landwirtschaft, im Handel und im Gewerbe ein. Überdies wurden Tausende von Oppositionellen ausgeschaltet. In Schauprozessen wurde deutlich, dass die Justiz nicht mehr unabhängig war, sondern sich als Teil des Repressionssystems verstand. Die Presse wurde zensiert und gelenkt, an den Universitäten setzte man zuverlässige „Kader" ein. Die nichtsozialistischen Parteien waren starker Repression ausgesetzt und wurden zu Blockparteien, die von

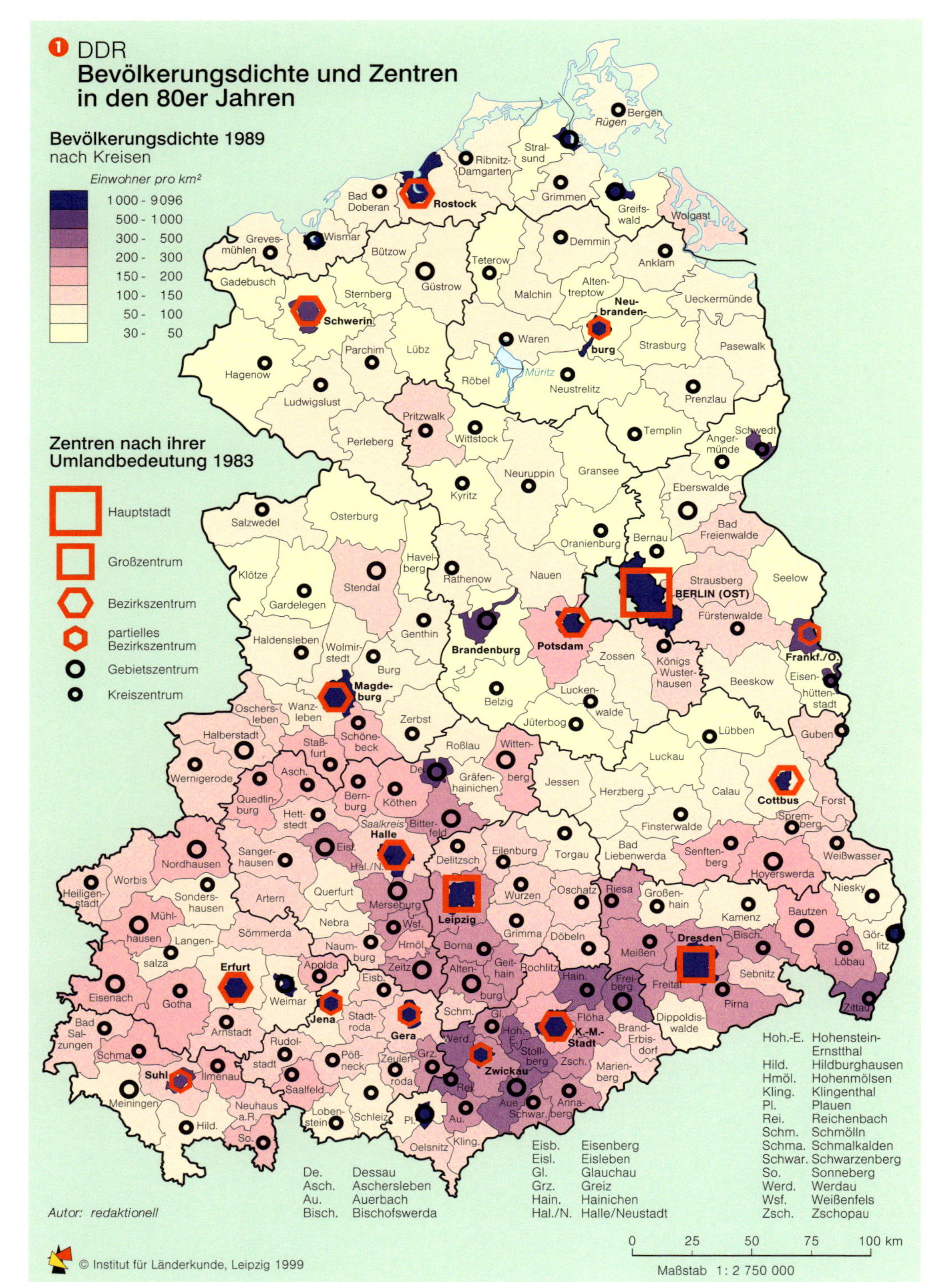

© Institut für Länderkunde, Leipzig 1999

2. September 1951, Sonderausgabe zur Verkündung des 1. Fünfjahresplanes

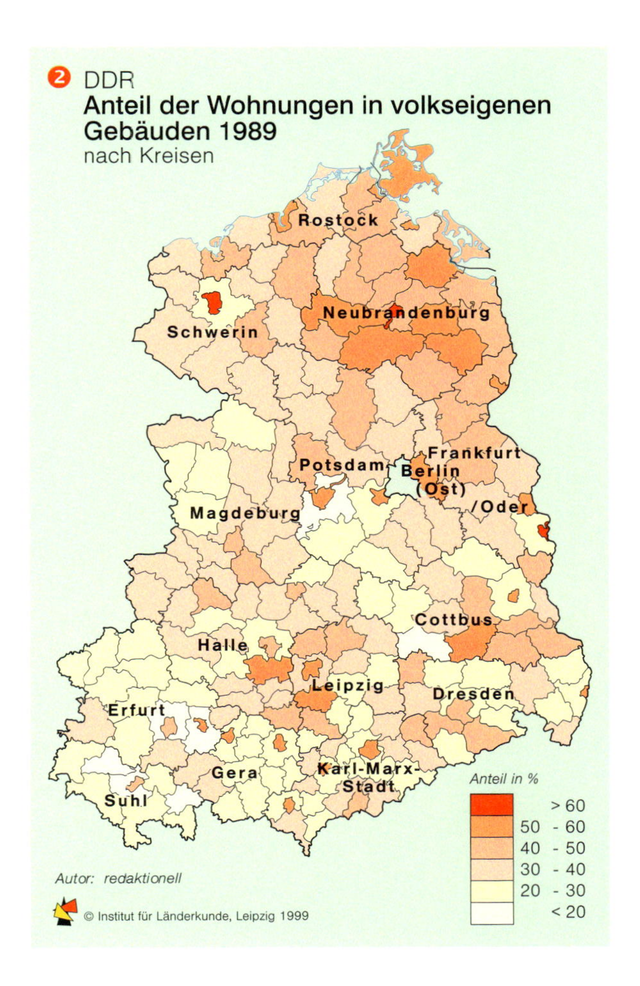

Berliner Mauer am Potsdamer Platz, August 1961

der SED gesteuert waren. Aber auch gegen unabhängige SED-Mitglieder richtete sich der politische Druck; vor allem der „Sozialdemokratismus" innerhalb der SED sollte ausgeschaltet werden. Dies verstärkte den Wunsch vieler Menschen, ihre Heimat zu verlassen. Die Lebensverhältnisse waren durch eine intensive Demontage von Fabriken und Verkehrswegen durch die sowjetische Besatzungsmacht bereits sehr schlecht und wurden durch eine massenhafte Flucht für die Zurückbleibenden noch schwieriger.

Erster Fünfjahresplan

Im Sommer 1950 wurde der erste Fünfjahresplan verkündet. Die SED-Führung orientierte sich an der Entwicklung in der Sowjetunion, verstärkte die Kollektivierung und Industrialisierung der Landwirtschaft sowie den Aufbau einer Grundstoffindustrie im Zuge der „sozialistischen Arbeitsteilung" und erklärte überdies, eine Partei „neuen Typs" schaffen zu wollen. Dies verstärkte Tendenzen des „demokratischen Zentralismus" und schränkte alle Versuche ein, von der politischen Basis her die weitere Politik zu beeinflussen. Ständig wurde die Partei von oppositionellen und „abweichlerischen Kräften" gesäubert. Allein 1950/51 sahen sich etwa 150.000 SED-Mitglieder ausgeschlossen. Schauprozesse und Säuberungen lähmten die kritische Diskussion. So war der Boden für die angekündigten Wahlen geschaffen worden. Sie fanden als nicht einmal geheim durchgeführte Einheitslistenwahlen statt: 98% der Wahlberechtigten wählten angeblich zu 99,7% die „Nationale Front". Dass diese Zahlen manipuliert waren, zeigte die seit 1949 einsetzende Massenflucht in den westlichen deutschen Teilstaat. Im Laufe der Jahre verließen drei Millionen Einwohner der DDR ihren Besitz und ihre Aufgabe und flohen in den Westen Deutschlands (» Beitrag Steinbach BRD), der die DDR-Staatsbürgerschaft niemals anerkannte.

Der Generalsekretär der SED und spätere Staatsratsvorsitzende Walter Ulbricht verkündete im Sommer 1952 den „planmäßigen Aufbau des Sozialismus". Sichtbar wurde dies in großen Bauvorhaben wie dem Aufbau der „Stalinallee" in Berlin, aber auch in den „sozialistischen Städten", die in der Nähe großer Kombinate entstanden. Mit diesem Neuaufbau ging der Zerfall der alten Städte einher. Der Zentralismus, der von Ulbricht gefördert wurde, fand seinen Ausdruck u.a. in der Auflösung der Länder Ende Juli 1952. Widerstand aus den bürgerlichen Parteien fürchtete er nicht mehr, denn sie waren längst zu Hilfseinrichtungen der SED geworden, die in ihnen ebenso wie in den eigenen Parteien und Gewerkschaftsorganisationen Transmissionsriemen ihrer Politik sah.

Eine Welle von Enteignungen hatte sich gegen bäuerliche und industrielle Betriebe gerichtet und insbesondere den Mittelstand entwurzelt. Das neue Wirtschaftsstrafrecht bot eine oft genutzte Handhabe für Repression und Enteignung. 1950 gab es bereits über 5000 Volkseigene Betriebe (VEB) mit knapp einer Million Beschäftigten; diese Zahl verdoppelte sich innerhalb weniger Jahre. Mehr als 80% des Bruttosozialprodukts wurde 1951 in volkseigenen und genossenschaftlichen Betrieben erwirtschaftet. Vorbild des Wirtschaftssystems war die Planwirtschaft sowjetischen Typs. Sie wurde insbesondere von den Arbeitern nicht akzeptiert, um so weniger, als die Konzentration auf die Schwerindustrie zu gravierenden Versorgungsengpässen bei den Gegenständen des Alltagsbedarfs führte. Im Vergleich zur Bundesrepublik sank der Lebensstandard deutlich. Die SED-Führung unter Ulbricht wurde zunehmend skeptischer und bald sehr kritisch betrachtet.

Repression und Arbeiteraufstand im Juni 1953

In den frühen fünfziger Jahren richteten sich die Repressionen gegen Angehörige des Mittelstandes, gegen unabhängige Jugendliche und Studenten sowie gegen die Kirchen, insbesondere gegen die „Jungen Gemeinden". Immer wieder stieg die Zahl der Flüchtlinge, die weder mit den politischen noch mit den wirtschaftlichen Verhältnissen zufrieden waren. Der Tod Stalins schien im März 1953 das Ende des Stalinismus anzudeuten; die DDR-Führung bekannte sich zu einer Politik des Neuen Kurses und deutete an, die Disziplinierung und Terrorisierung der Bevölkerung als Fehler ihrer Politik erkannt zu haben. Allerdings wurde die zuvor vorgenommene Erhöhung von Arbeitsnormen nicht korrigiert. Innerhalb weniger Wochen steigerte sich im Sommer 1953 die Unzufriedenheit zum Protest. Am 16. und 17. Juni 1953 kam es an vielen Orten zu Protestaktionen, die sich schließlich zum Arbeiteraufstand steigerten und in politische Forderungen wie „freie Wahlen" mündeten, die das SED-Regime unter Ulbricht zu stürzen drohten. Sowjetische Panzer erstickten den Aufstand; die Regierung Ulbricht erklärte den Aufstand zum „faschistischen Putsch" und gab zu, es habe 21 Tote auf der Seite der „Aufrührer" gegeben. Ulbrichts Herrschaft wurde nicht erschüttert, sondern gefestigt, denn er konnte alle Kontrahenten innerhalb der SED-Führung ausschalten.

Die schlechte Versorgung mit Konsumgütern war der Preis für die bemerkenswerte Zunahme der Industrieproduktion, die sich zwischen 1951 und 1955 verdoppelt hatte. Neue Großanlagen und ganze sozialistische Städte wie Stalinstadt (später Eisenhüttenstadt) entstanden. Im Rahmen der sozialistischen Arbeitsteilung hatte die DDR genau definierte Aufgaben zu übernehmen; zugleich wurde sie durch außen- ➡

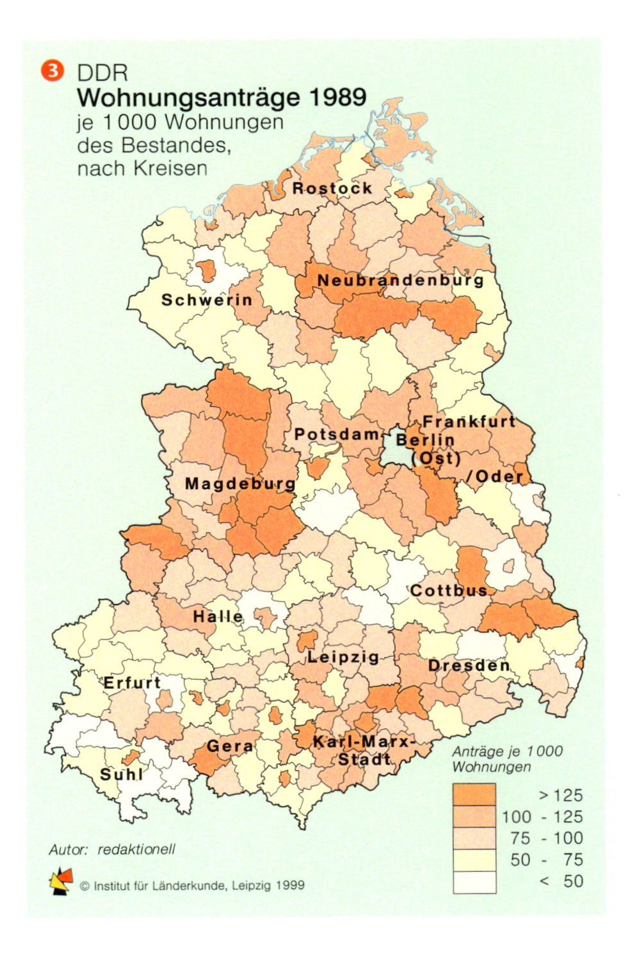

politische Entwicklungen und verteidigungspolitische Verpflichtungen im Rahmen des „Warschauer Paktes“ belastet. Nach dem Aufbau der Kasernierten Volkspolizei wurde im Mai 1955 auch der Aufbau der Nationalen Volksarmee beschlossen. Hinzu kamen außerordentliche Aufwendungen für das rasch wachsende Ministerium für Staatssicherheit und Grenzkontrollen. Die Repressionen hatten nach dem 17. Juni 1953 einen neuen Höhepunkt erreicht und steigerten sich nach dem Aufstand der Ungarn 1956 noch einmal. Innerparteiliche Opposition war nicht mehr möglich. Allerdings versuchte die SED-Führung, Proteste durch eine Steigerung der Konsumgüterversorgung zu schwächen.

Zweiter Fünfjahresplan und Mauerbau 1961

1958 versprach Ulbricht, die DDR werde „Westdeutschland“ innerhalb von drei Jahren wirtschaftlich überholen. Damit zog er die Folgerungen aus dem zunächst wirkungsvoll umgesetzten zweiten Fünfjahresplan, der bereits ein Jahr vor seinem Auslaufen in völliger Entsprechung zur sowjetischen Wirtschaftspolitik durch einen Siebenjahresplan ersetzt wurde. Das proklamierte Ziel erreichte Ulbricht nicht; seit 1959 wuchs die Zahl der Flüchtlinge wieder dramatisch an und stand in eklatantem Gegensatz zu der angeblich fast hundertprozentigen Zustimmung bei den Wahlen von 1958. Die Menschen reagierten auf wirtschaftliche Versorgungsengpässe, die Unsicherheit ihrer persönlichen Zukunft, aber auch auf die politische Disziplinierung und Unterdrückung. Insbesondere die Kollektivierung von Landwirtschaft und Handwerk verstärkte die Unzufriedenheit. Bauern und Handwerker wurden unter Druck gesetzt und sogar verhaftet, wenn sie sich der Bildung von Produktionsgenossenschaften widersetzten. Der Massenflucht glaubte die DDR-Führung schließlich nur durch den Bau der Berliner Mauer am 13.08.1961 und die hermetische Abriegelung der innerdeutschen Grenze Herr werden zu können.

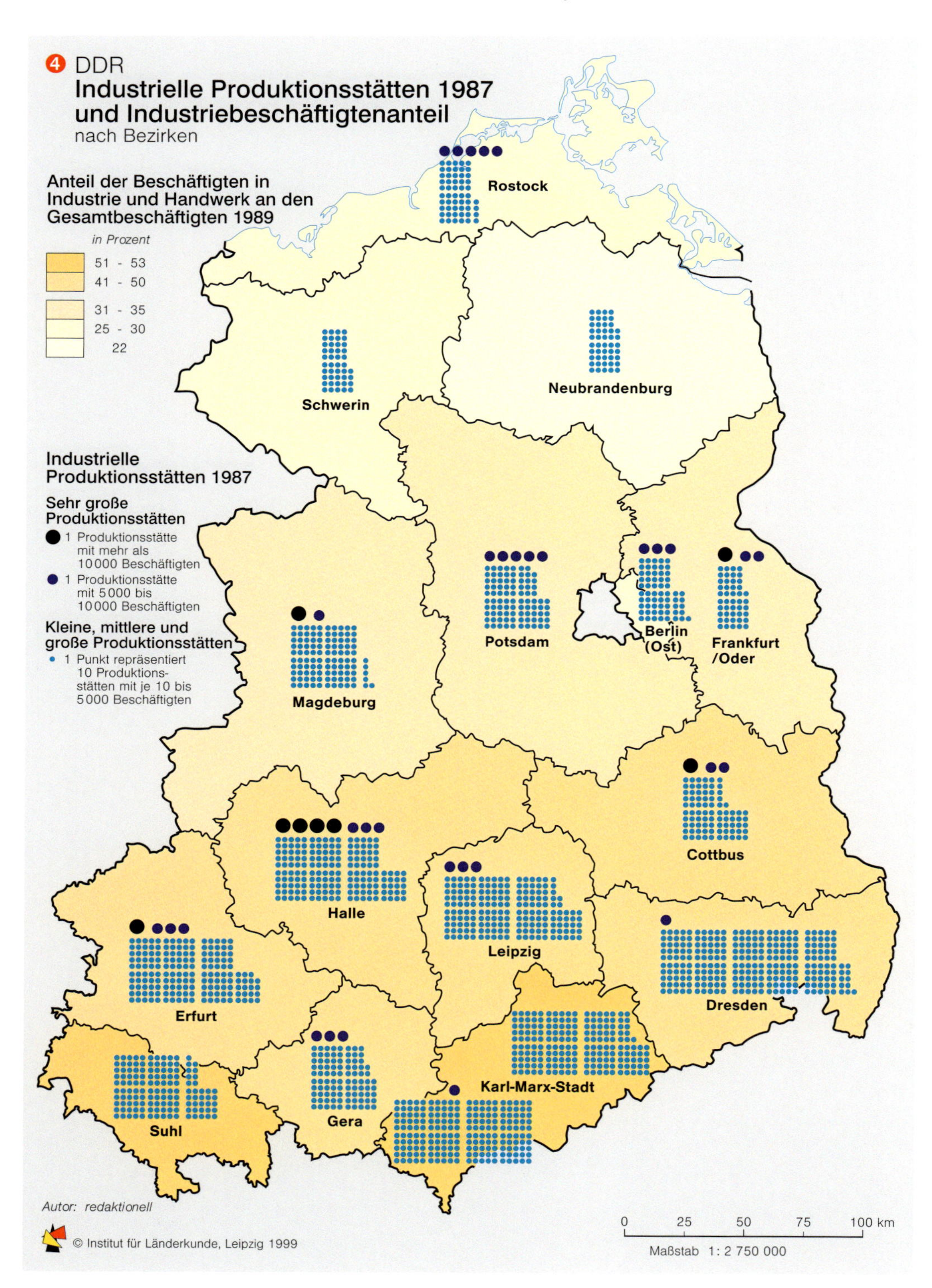

Die tiefste Zäsur in der DDR-Geschichte ist ohne Zweifel der Mauerbau gewesen. Die SED bekannte sich Anfang 1963 zur klassenlosen Gesellschaft und verstärkte ihre Appelle, mit einem „neuen Menschen“ eine neue sozialistische Gesellschaft zu schaffen. Sie beanspruchte, das ganze „gesellschaftliche Leben“ zu gestalten. Der Mauerbau schien sogar politische Spielräume zu eröffnen. Ein „Neues Ökonomisches System der Planung und Leitung“ (NÖSPL) sollte die wirtschaftliche Leistungsfähigkeit erhöhen und den Lebensstandard verbessern. Die DDR-Bürger schienen sich mit den sich allmählich bessernden wirtschaftlichen Verhältnissen arrangieren zu wollen. Sie suchten und entwickelten Nischen. Die DDR-Führung fühlte sich in den sechziger Jahren so sicher, dass sie deutschlandpolitische Initiativen ergriff. Die 1968 angenommene zweite Verfassung der DDR definierte die DDR als „sozialistischen Staat deutscher Nation“ und rückte damit von dem Einheitsversprechen der ersten Verfassung ab. Zugleich wurde der Herrschaftsanspruch der SED bekräftigt. Erschüttert wurde die DDR in politischer Hinsicht durch den Versuch, in der Tschechoslowakei 1968 einen Sozialismus mit menschlichem Antlitz zu errichten. Gegen Oppositionelle, die vom „Prager Frühling“ fasziniert waren, ging die DDR-Führung hart vor. Damit wurde zugleich deutlich, dass alle wirtschaftlichen Erfolge kaum zur Stabilisierung des Systems beigetragen hatten. Die DDR konnte sich nicht gegenüber weltwirtschaftlichen und -politischen Entwicklungen isolieren. Ulbricht verkannte die Zeichen der Zeit; im Mai 1971 musste er zurücktreten.

Ära Honecker

Die durch den Generalsekretär der SED und Vorsitzenden des Staatsrates Erich Honecker geprägte Ära dauerte achtzehn Jahre und endete mit dem Fall der Mauer. Zunächst richteten sich große Hoffnungen auf die neue Führung. Der Sozialismus galt nicht länger als „eigenständige Gesellschaftsformation“. Statt dessen proklamierte Honecker die Einheit von Wirtschafts- und Sozialpolitik. Löhne und Renten wurden erhöht, mehr Wohnungen gebaut, und mit dem wachsenden Lebensstandard wurden Konsumgüter wie Autos, Fernseher und Kühlschränke zunehmend erschwinglich. Eine Änderung der Verfassung von 1974 erklärte die DDR zum „sozialistischen Staat der Arbeiter und Bauern“ und strich jeden Hinweis auf die Zugehörigkeit zur deutschen Nation. Zugleich wurden die Beziehungen zwischen den beiden deutschen Staaten entkrampfter, u.a. aufgrund von deutsch-deutschen Verhandlungen seit 1969, eines Viermächteabkommens über Berlin 1971 und des Grundlagenvertrags von 1972, wenngleich die Abgrenzung der DDR gegenüber dem westdeutschen Teilstaat zunahm. Entkrampfung auf der einen, Abgrenzung auf der anderen Seite waren die Folge deutsch-deutscher Verträge, internationaler Kooperation in der UNO und des europäischen Sicherheitssystems (Konferenz für Sicherheit und Zusammenarbeit in Europa, KSZE). Denn mit der Unterzeichnung der Schlussakte von Helsinki verpflichtete sich die DDR zur Anerkennung der Menschenrechte. Dies veränderte das Selbstverständnis der Opposition und schränkte den immer wieder bekräftigten Führungsanspruch der SED ein. Insbesondere innerhalb der Kirche, der Umwelt- und Friedensbewegung, die in der DDR unabhängig von der SED entstanden waren, wuchs die Bereitschaft zum demonstrativen Protest.

Das letzte Jahrzehnt der DDR ist durch geringe Veränderungen, fast eine politische Erstarrung geprägt. Besonders deutlich wurde dies, als unter Gor-

Montagsdemonstration am 27. November 1989 in Leipzig

batschow bis dahin nicht vorstellbare Änderungen in der UdSSR eintraten. Perestroika und Glasnost (Umgestaltung und Offenheit) wurden zunehmend auch von der SED-Führung gefordert, die sich damit Reformforderungen ausgesetzt sah, die Zeichen der Zeit aber nicht verstand. Sie erhoffte einen Ausweg aus den wirtschaftlichen Schwierigkeiten durch eine Erleichterung der Ausreisemöglichkeiten, aber auch von der finanziellen Unterstützung durch den Westen – Transitpauschalen, Handelsvorteile, Freikäufe von Häftlingen und schließlich Milliardenkredite. Mit dem Verbot der russischen Zeitschrift „Sputnik" schien man jedoch zur Repressionspolitik zurückkehren zu wollen. Allerdings hatten sich außerhalb der SED lebendige Oppositionsgruppen gebildet, die sich vor allem in den Kirchen entfalteten. Als im Mai 1989 letztmals Wahlergebnisse manipuliert wurden, machten oppositionelle Wahlbeobachter darauf aufmerksam. Die politische Führung verlor ihre Glaubwürdigkeit. Im Sommer 1989 öffnete Ungarn, ein traditionelles Urlaubsland für die DDR-Bevölkerung, seine Grenze nach Österreich. DDR-Bürger forderten zunehmend Freizügigkeit, sie besetzten in Prag und Warschau die Botschaften der Bundesrepublik, um ihre Ausreise zu erzwingen.

Das Ende des SED-Staates

Die DDR-Führung wurde der innenpolitischen Krise nicht mehr Herr, auch wenn die Repression nicht nachließ. Bald war offensichtlich, dass nach der Feier des 40. Gründungstages der DDR die SED-Führung die Kontrolle verlieren müsste. Selbst in der Parteiführung wurde über Reformen nachgedacht. Auch der Sturz Honeckers am 18.10.1989 und die Wahl von Egon Krenz hielten das Ende der DDR nicht mehr auf. Die Ausreise der DDR-Bürger aus Ungarn am 11.9.1989 und wenig später aus Polen und Prag war der Beginn des Mauerfalls am 9.11.1989. Die Regierung unter Hans Modrow, am 17.11.1989 gewählt, konnte das Ende der DDR nur noch verzögern. Oppositionelle Gruppen beeinflussten durch ihre Mitsprache an „Runden Tischen" zunehmend die weitere Entwicklung. Die Unterlagen des Ministeriums für Staatssicherheit wurden gesichert, demokratische Volkskammerwahlen vorbereitet, eine parlamentarisch verantwortliche Regierung wurde gebildet und schließlich die Währungsunion mit der Bundesrepublik eingeführt. Die Zustimmung der alliierten Mächte zur deutschen Einheit besiegelte das Ende der DDR, das sich als Beitritt der Volkskammer zum Geltungsbereich des Grundgesetzes am 3. Oktober 1990 vollzog.

Gestritten wird seitdem über die Bedeutung der DDR für die deutsche Geschichte. Während einige Historiker in ihr nicht mehr als „sowjetische Geschichte auf deutschem Boden" sehen wollten, hat sich dieses Bild heute gewandelt. Denn es wird deutlich, dass sich die deutsche Zeitgeschichte nur verstehen lässt, wenn sie als Teilungsgeschichte Deutschlands und als Beziehungsgeschichte beider deutscher Staaten und ihrer Gesellschaften begriffen wird. Übersehen wird dabei häufig, wie schwierig sich die politische, soziale und kulturelle Integration der deutschen Teilgesellschaften vollzieht. Viele Bürger der früheren DDR fühlen sich als Verlierer des Vereinigungsprozesses und neigen z.T. sogar rechtsextremen Parteien zu. Lebensgeschichte und Systemgeschichte müssen jeweils eigenständig betrachtet und für sich bewertet werden. Nur dann lässt sich der Vereinigungsprozess begreifen, der zwei unterschiedlich entwickelte und sich durchaus – bei aller Nähe – fremd gewordene deutsche Teilgesellschaften in einem Staat zusammengeführt hat.◆

6 DDR
Land- und Forstwirtschaft 1989
nach Bezirken

Rostock, Schwerin, Neubrandenburg, Frankfurt /Oder, Berlin (Ost), Magdeburg, Potsdam, Cottbus, Halle/ Saale, Leipzig, Dresden, Erfurt, Gera, Karl-Marx-Stadt, Suhl

Beschäftigtenanteil in %
22 - 27
15 - 16
10 - 11
6 - 8
1

Autor: redaktionell
© Institut für Länderkunde, Leipzig 1999

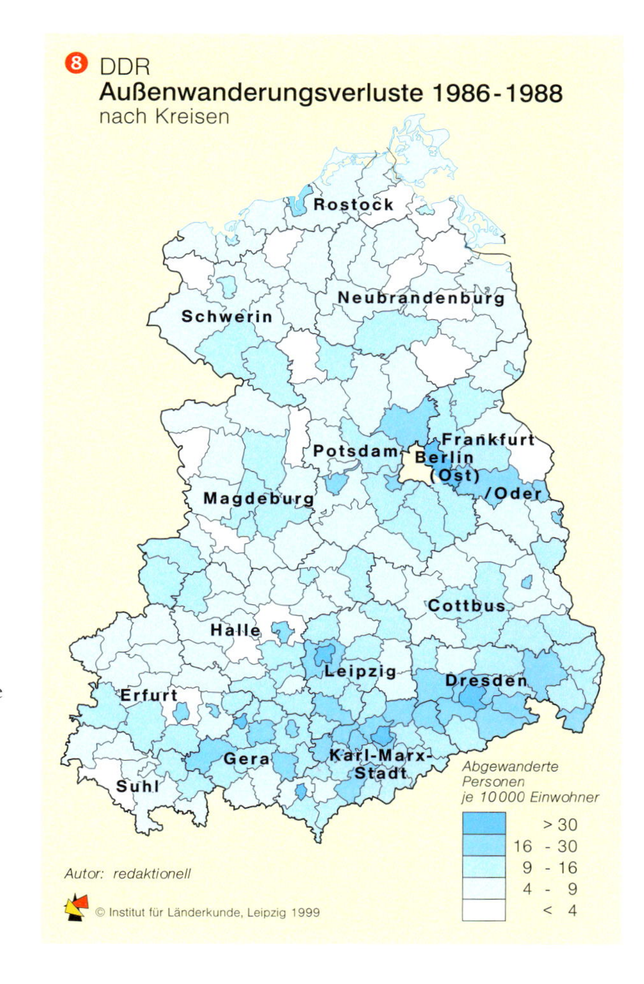

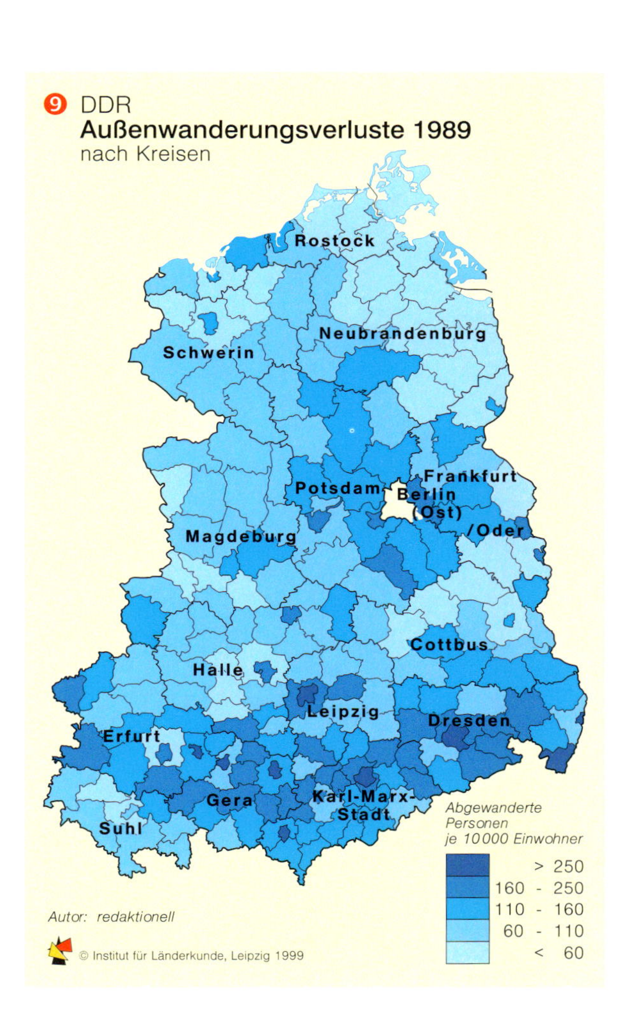

Bundesrepublik Deutschland seit 1949

Peter Steinbach

Die Bundesrepublik stand im Unterschied zum zweiten deutschen Teilstaat stets im Schatten des Dritten Reiches. Allerdings wurde ihr wesentlich früher die Rückkehr in den Kreis der Nationen ermöglicht. Voraussetzung der europäischen Integration waren die Auseinandersetzung mit der NS-Zeit und die Übernahme von Wiedergutmachungsverpflichtungen. Dies resultierte nicht nur in einer ständigen Konfrontation der deutschen Bevölkerung mit den nationalsozialistischen Gewaltverbrechen, sondern machte sich auch im Wunsch bemerkbar, eine Verfassungsordnung zu schaffen, welche Machtmissbrauch verhinderte. Die Bedeutung der Parteien, der Grundrechte und der freien öffentlichen Meinung wurde bald nicht mehr in Frage gestellt. Aus der Untertanengesellschaft wurde eine Beteiligungsgesellschaft. Dies bedeutet, dass immer wieder die Rechte des Individuums gegenüber dem Staat akzentuiert wurden.

Einen wichtigen Endpunkt dieser Neuorientierung stellt 1962 die Spiegel-Affäre dar, in deren Verlauf Diskussionen um den Vorrang von Meinungsfreiheit oder Staatssicherheit zugunsten der Pressefreiheit entschieden wurden. Deutschland hatte offenbar den Sonderweg seiner Geschichte endgültig verlassen und war Teil einer Wertegemeinschaft geworden, die sich zu den Prinzipien des freiheitlichen Verfassungsstaates bekennt.

Entwicklungslinien

Dennoch ist die Frage nach der Struktur des Staates und dem Gehalt der Nation weiter umstritten. Das Regierungssystem der Bundesrepublik wurde lange als Kanzlerdemokratie bezeichnet. Konrad Adenauers Regierungsstil prägte die ersten vierzehn Jahre. Nach einem Durchgangsstadium unter Ludwig Erhard und Kurt-Georg Kiesinger brachte die sozialliberale Koalition unter Brandt und Scheel, später unter Helmut Schmidt und Hans-Dietrich Genscher wichtige innen- und außenpolitische Reformimpulse. Sie wurden begleitet von einer gesellschaftlichen Umorientierung im Zuge der Studentenunruhen von 1967/68. Bildungsexpansion und Ostpolitik waren Merkmale einer Politik, die eine Phase der Neuorientierung, aber auch der Unsicherheit begründete. Das beherrschende Thema der siebziger Jahre war die Auseinandersetzung mit dem Terrorismus. Anschläge der sog. Rote-Armee-Fraktion mit dem Ziel, die Grundordnung der Bundesrepublik zu zerstören, erschütterten den Staat mehrere Jahre lang, stärkten aber letztlich die demokratische Entwicklung. Wenige Jahre später spaltete sich die Gesellschaft in der Frage, wie sich Frieden sichern lässt: durch Nachrüstung oder vertrauensbildende Maßnahmen.

Föderalismus und Pluralismus

Wichtige Funktionen beim Neuanfang hatten die Selbstverwaltung und die Beteiligung der Deutschen an der „Selbstregierung". Deshalb wurde nach 1945 die Demokratie von unten – aus den Gemeinden und wieder begründeten Ländern – aufgebaut. Dass die deutschen Länder – mit Ausnahme von Preußen – neu entstehen sollten, war nicht bestritten. Allerdings konkurrierten verschiedene Neuordnungsentwürfe. Letztlich entstanden neue Länder, die zunächst vielfach als künstliche Gebilde empfunden wurden, obwohl sie sich durchaus an landeshistorischen Gegebenheiten orientierten ❶. Allmählich bildeten sie eine eigene Identität aus. Die ersten deutschen Verfassungen entstanden 1945 und 1946 auf Landesebene und nahmen manche der Prinzipien auf, die sich wenig später im Grundgesetz niederschlugen. Sie betonten Menschen- und Grundrechte und fixierten Grenzen staatlichen Handelns, um Übergriffe der Obrigkeit einzuschränken. Die Bemühung zur geistigen Bewältigung der nationalsozialistischen Gewaltherrschaft prägte nicht nur die Prinzipien des Grundgesetzes, das nach gründlicher Beratung durch den Parlamentarischen Rat am 23. Mai 1949 angenommen wurde, sondern auch das Kulturleben. Allmählich entstand eine pluralistische Gesellschaft, die ihre Vielfalt akzeptierte und als Chance begriff.

Staatsprinzipien

In einigen wesentlichen Bestimmungen zog das Grundgesetz Konsequenzen aus dem Scheitern der Weimarer Republik und den Erfahrungen mit dem nationalsozialistischen Staat. So wurden die Rundfunkanstalten strikt der Bonner Regierung entzogen. Die Stellung der Grundrechte macht deutlich, dass nach einer Epoche der Menschenrechtsver-

❷ Die Auslandshilfe des Marshall-Plans 1948-52

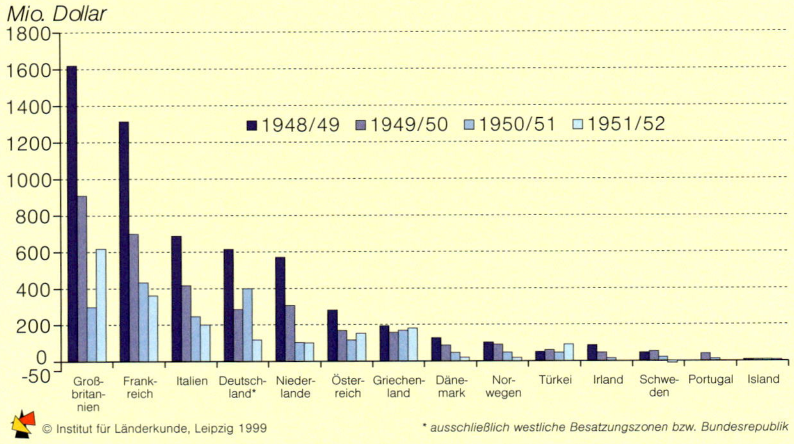

❶ Volksentscheide zur staatlichen Neugliederung der Bundesrepublik Deutschland

Auf der Basis des Artikels 29 GG fanden im Jahre 1956 verschiedene Volksbegehren statt, die die Neugliederungen der durch die Besatzungsmächte gebildeten Länder zum Inhalt hatten. Die erfolgreichen Volksbegehren legten verfassungsmäßig die Grundlage für die entsprechenden Volksentscheide, die jedoch erst rund 20 Jahre später stattfanden. In den 4 Abstimmungsgebieten Baden, Koblenz-Trier, Montabaur und Rheinhessen wurde keine Mehrheit (mindestens ein Viertel der Wahlberechtigten) für eine Neugliederung erreicht. In den Abstimmungsgebieten Oldenburg und Schaumburg-Lippe wurde die notwendige Mehrheit für die Wiederherstellung der beiden ehemaligen Länder erzielt. Die Bundesregierung entschied am 3. September 1975 per Gesetz dennoch den Verbleib im Land Niedersachsen, und der Bundestag änderte den Art. 29 des GG in eine Kann-Bestimmung um.

Die Volksabstimmung im Oktober 1955 im Saargebiet fand auf der Grundlage der Pariser Verträge statt. Bei 96,6% Wahlbeteiligung entschieden sich 67,7% für die Aufnahme in die Bundesrepublik Deutschland und gegen eine politische Autonomie bei wirtschaftlicher Bindung an Frankreich. Am 1. Januar 1957 trat das Saarland als 10. Land der Bundesrepublik Deutschland bei.

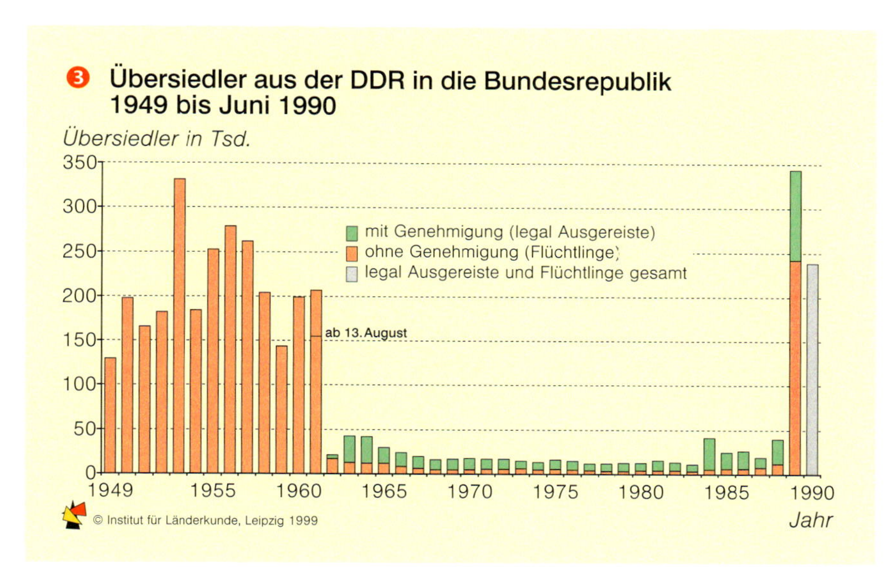

❸ Übersiedler aus der DDR in die Bundesrepublik 1949 bis Juni 1990

letzungen ein besonderer Akzent gesetzt werden sollte. Auch Normen der Regierungsbildung, des Wahlrechts, der Rechtfertigung von Parteien als Faktoren der Willensbildung oder das Konzept der streitbaren Demokratie verarbeiten Erfahrungen und Fehlentwicklungen der Zeitgeschichte und insbesondere der jüngsten deutschen Vergangenheit. Ob es sich um das konstruktive Misstrauensvotum oder die Rechtfertigung des Parteienstaates, die Unterscheidung in Menschen- und Bürgerrechte, die Verteidigung von unveränderlichen Kernbereichen der Verfassungsordnung wie die Grundrechte und die föderative Ordnung handelt – stets gibt es eine Kontrastfolie, die auf diktatorische Erfahrungen verweist.

Die Verhinderung einer Zersplitterung des Parteienstaates reagierte auf die Erfahrungen mit der Weimarer Politik. Die Opposition hatte sich im Falle eines parlamentarischen Misstrauensvotums um eine tragfähige politische Mehrheit zu bemühen. Konstruktiv hatte das politische Misstrauen zu sein, nicht zerstörerisch. Auch die Rolle des Bundespräsidenten spiegelte Weimarer Erfahrungen. Er sollte keine plebiszitär abgeleitete Autorität bekommen.

Überhaupt misstraute der Parlamentarische Rat den Stimmungen der Bevölkerung und deshalb plebiszitären Entscheidungen. Eine Ausnahme bildeten nur Grenzveränderungen der Bundesländer, z.B. der Zusammenschluss der drei früheren südwestdeutschen Länder zum heutigen Baden-Württemberg. Sie mussten durch Abstimmungen legitimiert sein ❶ ❹.

Das Grundgesetz bekannte sich zu den Grundsätzen der repräsentativen Demokratie in der Gestalt des Parteienstaates. Parteien wurden nicht als Vertreter egoistischer Teilinteressen verunglimpft, sondern sollten ganz bewusst ihre „Scharnierfunktion" als Vermittlungsglied zwischen den Interessen der Bevölkerung und der politischen Willensbildung im parlamentarischen Raum wahrnehmen. Bemerkenswert war eine politische Konzentration auf wenige Parteien, die durch eine Fünf-Prozent-Klausel für den Einzug einer Partei ins Parlament verstärkt wurde.

Stabilität und Berechenbarkeit

Politische Stabilität ist eine wichtige Voraussetzung für außenpolitische Bindungen, die einen Staat berechenbar machen. Galt Deutschland am Anfang des 20. Jahrhunderts als Unsicherheitsfaktor, so entwickelte sich die Bundesrepublik zu einem wichtigen Element der europäischen Friedensordnung. Voraussetzung war die Anerkennung aller finanziellen Verpflichtungen des Deutschen Reiches. Grundlegend blieb auch die Gestaltung des deutsch-israelischen Verhältnisses. Mit dem Marshall-Plan ❷ wurde Westdeutschland in das europäische Aufbauwerk einbezogen. Unter dem Eindruck des Koreakrieges wurde deutlich, dass eine Verteidigung des westlichen Europa ohne Einbeziehung der Bundesrepublik kaum denkbar war. Bereits 1950 begannen die Auseinandersetzungen um die deutsche Wiederbewaffnung. Unter heftigen Diskussionen wurde 1955 die Bundeswehr geschaffen. Es war nicht überraschend, dass sich die weitere Integration des westdeutschen Teilstaates in übernationale Strukturen rasch vollzog. Bereits seit ihrer Gründung stand die Bundesrepublik unter dem Schutz des Nordatlantikpaktes. 1955 trat sie der NATO bei.

Die Eingliederung des Saarlands in das Bundesgebiet 1957 machte deutlich, wie sich das deutsch-französische Verhältnis gewandelt hatte. Voraussetzung war die dauerhafte Überwindung der deutsch-französischen „Erbfeindschaft". Heute gilt die enge Freundschaft zwischen der Bundesrepublik und Frankreich als Motor einer europäischen Einigung, die innerhalb Europas gleichwertige Lebensbedingungen schaffen soll und kriegerische Auseinandersetzungen undenkbar macht. Ihre vorläufige Krönung fand die europäische Integration in der Schaffung einer gemeinsamen europäischen Währung. Auch eine gemeinsame europäische Sicherheits- und Außenpolitik ist als Folge europäischer Einigung wahrscheinlich geworden.

Stationen innerer Veränderungen

Innenpolitisch war die Entwicklung weniger einheitlich. In den frühen fünfziger Jahren beherrschte die Frage der Wiedergutmachung und der Regulierung von Kriegsfolgen die Öffentlichkeit. In den späten fünfziger Jahren wurde das sozialpolitische Instrument des Mehrgenerationenvertrages entwickelt. Wenig später veränderten die Bildungsexpansion und die Förderung der Eigentumsbildung die Sozialstruktur. Deshalb gelten die sechziger Jahre sozialgeschichtlich als Zäsur, denn die soziale Sicherheit begünstigte nahezu alle Bürger. Die Tarifpartnerschaft der Unternehmer und Gewerkschaften war die Grundlage innerer Stabilität. Heftig wurde über Fragen der Vergangenheitsbewältigung gestritten. 1967 leiteten die Studentenunruhen einen Wandel des politischen Klimas ein, ohne Verfassungsprinzipien zur Disposition zu stellen. Sie richteten sich gegen die Aushöhlung der Verfassungsnorm und verlangten Chancengleichheit und Gleichberechtigung von Mann und Frau. Die Stabilität des Staates stand dabei nicht auf dem Spiel.

Menschenrechte und Entspannung

Aus den politischen Erfahrungen mit Nachkriegsdeutschland war ein neues Vertrauen erwachsen, auf dessen Grundlage der Vereinigungswunsch der Bevölkerung in der DDR zur Wiedergewinnung der Einheit und Freiheit Deutschlands realisierbar war. Entscheidend war dabei, dass sich die Sowjetunion unter

Michail Gorbatschow dem raschen Wandel geöffnet hatte. Damit verbanden sich Veränderungschancen, die die Überwindung des eisernen Vorhangs anstrebten und durch die „Rückkehr der ostmitteleuropäischen Staaten nach Europa" die Ordnung von Jalta überwinden wollten. Der Beitritt der DDR zum Geltungsbereich des Grundgesetzes am 3. Oktober 1990 bedeutete die endgültige außenpolitische „Beendigung der Nachkriegszeit".

Ein anderes Deutschland?

Mehr als vierzig Jahre lang war seit dem Epochenjahr 1945 die Vereinigung der beiden deutschen Staaten als Illusion empfunden worden. Weil man auf der Seite der ehemaligen Alliierten der Bundesrepublik vertraute, war die Vereinigung Deutschlands möglich geworden und wurde unter Beibehaltung der in Jahrzehnten gewachsenen Westbindung der Bundesrepublik Deutschland vollzogen.◆

❹ Länder der beiden deutschen Staaten 1952*

Die 12. Bundestagswahl 1990

Antje Hilbig und Wilhelm Steingrube

Am 2. Dezember 1990 fand – nur wenige Wochen nach der staatsrechtlichen Vereinigung der beiden Staaten deutscher Nation – die Wahl zum 12. Deutschen Bundestag statt.

60,44 Millionen Personen waren wahlberechtigt, aber nur 77,8% haben von ihrem Wahlrecht Gebrauch gemacht ❷. Dies war trotz der hohen politischen Brisanz die geringste Wahlbeteiligung aller Bundestagswahlen seit 1949. In allen neuen Ländern, in denen immerhin hiermit bereits die vierte Wahl innerhalb von neun Monaten stattfand, lag die Beteiligung unter dem Bundesdurchschnitt. Mecklenburg-Vorpommern bildete das Schlusslicht mit einer Wahlbeteiligung von nur 70,9%. In den alten Ländern lag die Quote deutlich unter dem Wert von 1987 (84,3%) und setzte damit den seit 1983 abwärts gerichteten Trend fort. Unter den zehn Wahlkreisen mit der niedrigsten Beteiligung befanden sich sechs aus den neuen Ländern und vier aus Bayern. Dabei erzielte der bayerische Wahlkreis Deggendorf mit nur 65,4% die deutlich geringste Wahlbeteiligung.

Die Parteienlandschaft

Insgesamt standen 25 Parteien und Listenverbindungen sowie etliche Einzelbewerber zur Wahl, allerdings nicht alle im gesamten Bundesgebiet, sondern teilweise nur auf einzelne Länder oder sogar Wahlkreise beschränkt. Letztendlich sind aber nur sechs Parteien in das Bundesparlament eingezogen.

In den alten Ländern hatte sich in den vorausgegangenen Wahlen ein scheinbar stabiles Vier-Parteien-System aus CDU/CSU, SPD, FDP und Grünen etabliert. Im Osten hingegen schien die Situation zunächst noch wenig übersichtlich und kalkulierbar: An der Volkskammerwahl im März 1990 hatten mehr als 50 neue politische Gruppierungen und Parteien teilgenommen, doch die Weiterentwicklung zu Organisationen mit durchsetzungsfähigen Konzepten schafften nur wenige.

Einzig die PDS (Partei des Demokratischen Sozialismus) verfügte als direkte SED-Nachfolgepartei über eine eingespielte Organisationsstruktur und einen großen Mitarbeiterstab in den neuen Ländern. Die CDU, die SPD und die FDP erhielten jeweils tatkräftige Unterstützung von ihren westdeutschen „Schwesterparteien" bei der Neugründung bzw. der Umorientierung sowie den notwendigen logistischen und organisatorischen Maßnahmen.

Die westdeutschen Grünen verhielten sich etwas zurückhaltender und vollzogen keine formelle Vereinigung, so dass sich im Osten eine Listenvereinigung Bündnis 90/Grüne-Bürger/innenbewegungen (B90/Grüne) aus sechs Parteien, Bewegungen und Initiativen zur Wahl stellte.

Wahlverhalten

Die Wähler/innen haben sich bei dieser „Einheits-Wahl" nur wenig an traditionelle Parteienbindungen gehalten. Dieses ist nicht etwa auf die fehlende bzw.

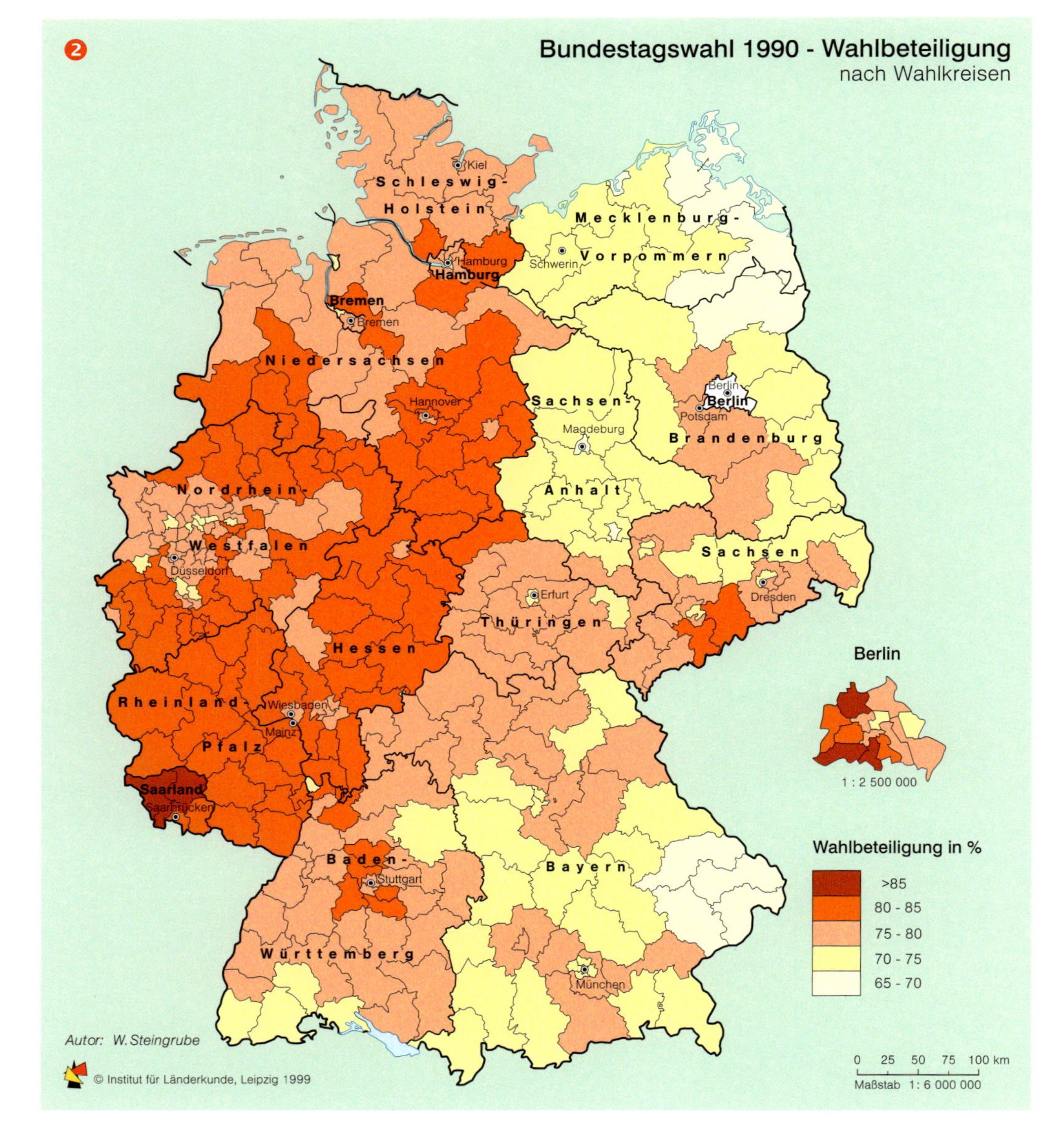

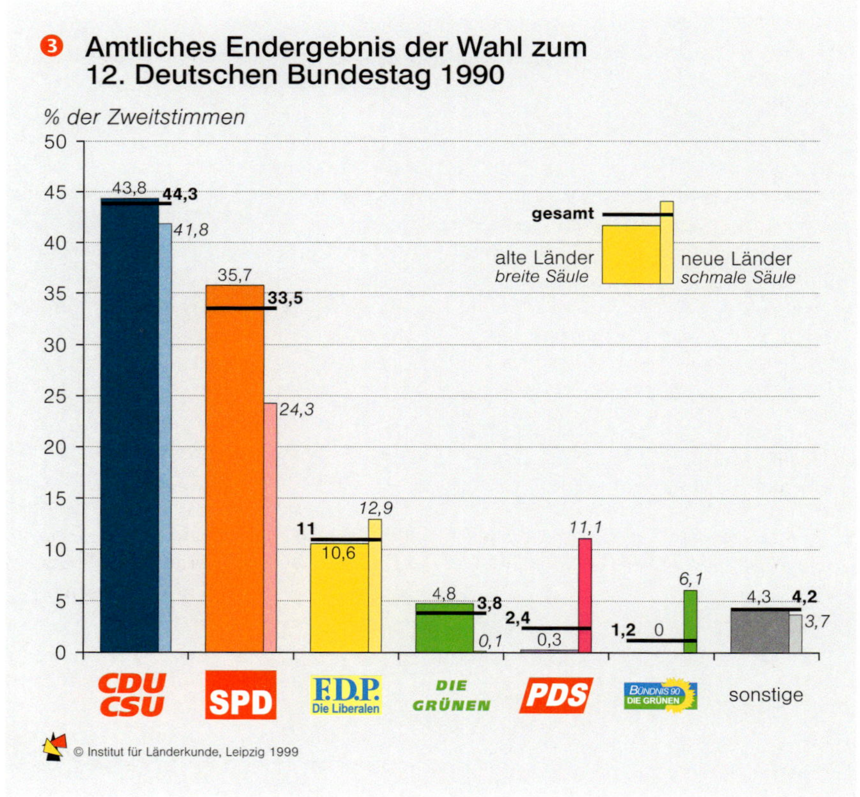

Abgeordnete
Bei Bundestagswahlen werden 656 Abgeordnete zum Parlament gewählt, 328 mit der Erststimme und 328 mit der Zweitstimme der Wähler/innen.

Erststimme
Die Wählerinnen und Wähler bestimmen in ihrem Wahlkreis mit ihrer Erststimme die Kandidatin oder den Kandidaten, die oder der direkt in den Bundestag einziehen soll. Gewählt ist jene Person, die die meisten Stimmen auf sich vereinigt.

Direktmandat
Jene Abgeordnete, die mit der Mehrheit der Erststimmen gewählt werden, erhalten ein Direktmandat.

Parteien
Bündnis 90 – Die oppositionellen Bürgerrechtsbewegungen Demokratie Jetzt (DJ), Neues Forum (NF) und Initiative Frieden und Menschenrechte (IFM) gründeten am 7. Februar 1990 das Bündnis 90.
Bündnis 90/Grüne – Die Grüne Partei und das Bündnis 90 in der DDR schlossen sich am 5. August 1990 mit den Grünen in der Bundesrepublik Deutschland zur Listenverbindung Bündnis 90/Grüne zusammen; eine Fusion der Parteien erfolgte 1994.
CDU – Christlich-Demokratische Union
CSU – Christlich-Soziale Union
F.D.P. – Freie Demokratische Partei, FDP
Grüne – Die Grünen
PDS – Die Partei des Demokratischen Sozialismus ist direkte SED-Nachfolgepartei. Die entsprechende Umbenennung wurde im Januar 1990 beschlossen.
SED – Sozialistische Einheitspartei Deutschlands
SPD – Sozialdemokratische Partei Deutschlands

Sperrklausel (5%-Klausel)
Um eine starke Zersplitterung des Parlamentes zu verhindern, nehmen an der Verteilung der Sitze im Bundestag nur die Parteien teil, die entweder wenigstens 5% der Zweitstimmen oder drei Direktmandate erhalten haben.

Überhangmandate
Es kann vorkommen, dass eine Partei bei den Erststimmen mehr Direktmandate erhält, als ihr nach der Auszählung der Zweitstimmen zustehen. Die Gesamtzahl der Sitze im Bundestag wird um die Zahl dieser „Überhangmandate" erhöht.

Verhältniswahlsystem
Bei der Verhältniswahl erhält jede Partei so viele Parlamentssitze, wie es ihrem prozentualen Anteil an den gültigen Stimmen entspricht. Die Parlamentszusammensetzung entspräche damit exakt der Verteilung der Stimmen auf alle teilnehmenden Parteien.

Wahlkreis
Das gesamte Gebiet, in dem eine Wahl stattfindet, wird in Wahlkreise eingeteilt. Die Anzahl der Wahlberechtigten soll in jedem Wahlkreis annähernd gleich groß sein. Bei Bundestagswahlen wird in jedem Wahlkreis durch die Erststimme eine Direktkandidatin oder ein Direktkandidat gewählt. Jede/r Wahlberechtigte wird dem Wahlkreis ihres/seines Hauptwohnsitzes zugeordnet und darf auch nur dort wählen.

Zweitstimme
Die Zweitstimme entscheidet bei Bundestagswahlen über die Parteienzusammensetzung des Parlaments. Entsprechend ihrem prozentualen Anteil an den gültigen Stimmen bekommt jede Partei eine proportionale Anzahl von Parlamentssitzen.

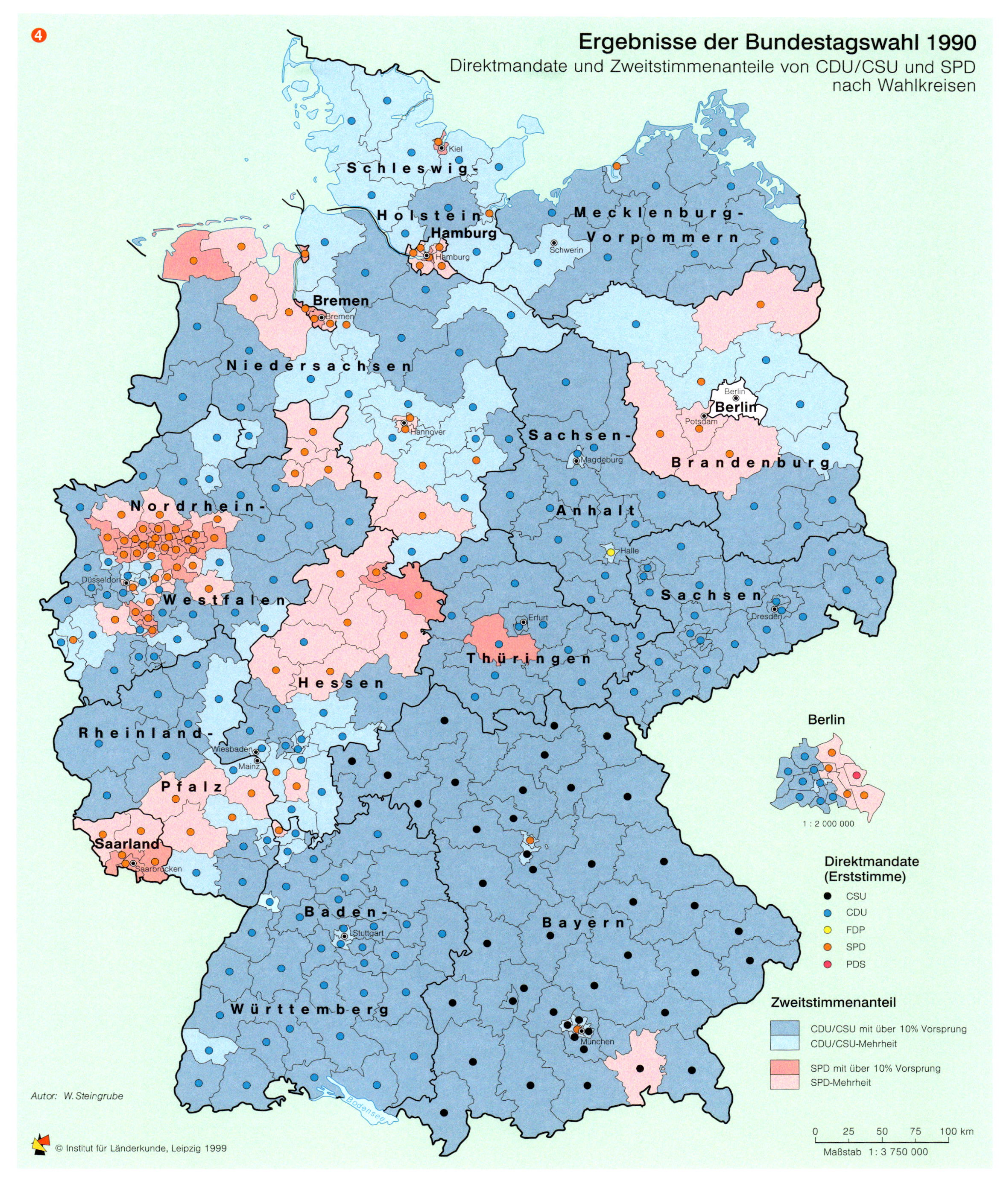

eingeschränkte Parteienkontinuität im Osten zurückzuführen, sondern in Anbetracht der gesellschaftlichen Umbruchsituation und der unsicheren wirtschaftlichen Lage waren es primär gesellschaftliche Themen, die die Wahlentscheidung maßgeblich beeinflussten. Als deutlicher Beleg hierfür ist das traditionell „rote Sachsen" anzuführen, in dem die bürgerliche CDU flächendeckend die Mehrheit erzielen konnte.

Die Dezember-Wahl 1990 wurde somit zu einem Plebiszit über die Einheit. Während im Osten Hoffnungen, Erwartungen und Wünsche, aber auch Zukunftsangst vorherrschten, war die Stimmung in den alten Ländern durch eine zunächst noch geringe Skepsis sowie durch diffuse Vorbehalte gegenüber den nicht kalkulierbaren Risiken der Wiedervereinigung geprägt.

Bundeskanzler Helmut Kohl galt im Osten als Schutzpatron der neuen Freiheit sowie als Garant für ein rasches wirtschaftliches Wachstum. Im Westen wurde er als Staatsmann mit *Fortune* gewürdigt, der die historische Gelegenheit zur Wiedervereinigung beherzt genutzt hatte. Die CDU verfügte zudem in der Zuschreibung der Wähler/innen offenkundig über einen enormen Kompetenzvorsprung bei der Lösung der wichtigsten anstehenden Probleme.

Die Wahlergebnisse im Detail

Erststimmen 4
Von den insgesamt 328 Wahlkreisen haben die Kandidat/innen der CDU/CSU 235 gewonnen, auf die SPD →

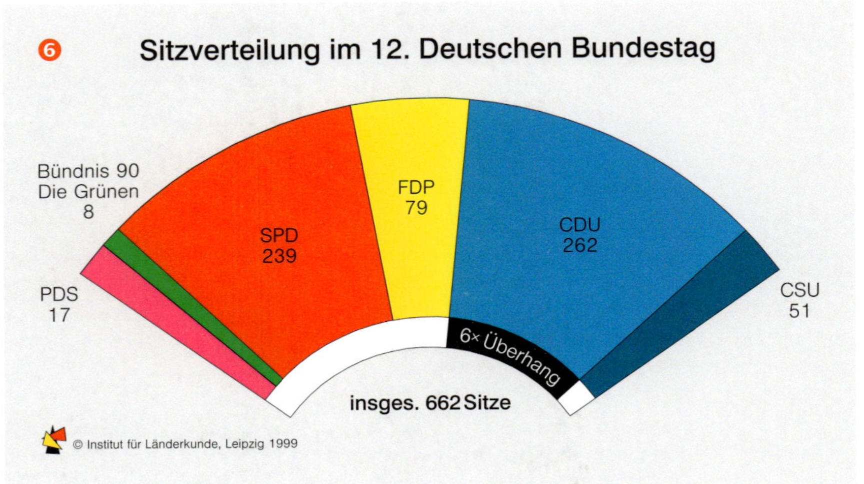

entfielen 91. Die FDP hat erstmals nach 1957 wieder einen Wahlkreis direkt errungen (Halle-Altstadt mit dem Direktkandidaten Hans-Dietrich Genscher), und auch die PDS konnte ein Direktmandat erringen (Berlin-Hellersdorf/Marzahn mit dem parteilosen Kandidaten Stefan Heym).

Von den 192 Direktmandaten der CDU waren 60 mit einer absoluten Mehrheit gewonnen, die CSU erreichte dieses in 32 ihrer 43 Wahlkreise. Im Wahlkreis „Cloppenburg-Vechta" erzielte der Kandidat der CDU mit 71,8% den höchsten Erststimmenanteil dieser Wahl. In Thüringen und Sachsen hat die CDU alle Wahlkreise, in Baden-Württemberg, Mecklenburg-Vorpommern und Sachsen-Anhalt jeweils alle bis auf eine einzige Ausnahme für sich einnehmen können. Aufgrund der flächendeckenden Dominanz bei den Erststimmen in diesen Ländern wurden der CDU sechs Überhangmandate zugesprochen, drei in Sachsen-Anhalt, zwei in Mecklenburg-Vorpommern und eines in Thüringen.

Die SPD konnte demgegenüber nur in Bremen und im Saarland sämtliche Direktmandate für sich verbuchen. In 26 der 91 Wahlkreise errangen die sozialdemokratischen Kandidat/innen ihr Mandat mit einer absoluten Mehrheit. Das höchste Ergebnis erzielte die SPD im Wahlkreis „Duisburg II" mit 60,1%.

In den 248 Wahlkreisen der alten Länder hat es insgesamt wenig Veränderungen gegeben: Die CDU hat der SPD vier Direktmandate abgenommen, und die SPD konnte im Gegenzug sechs Wahlbezirke von der Regierungskoalition gewinnen.

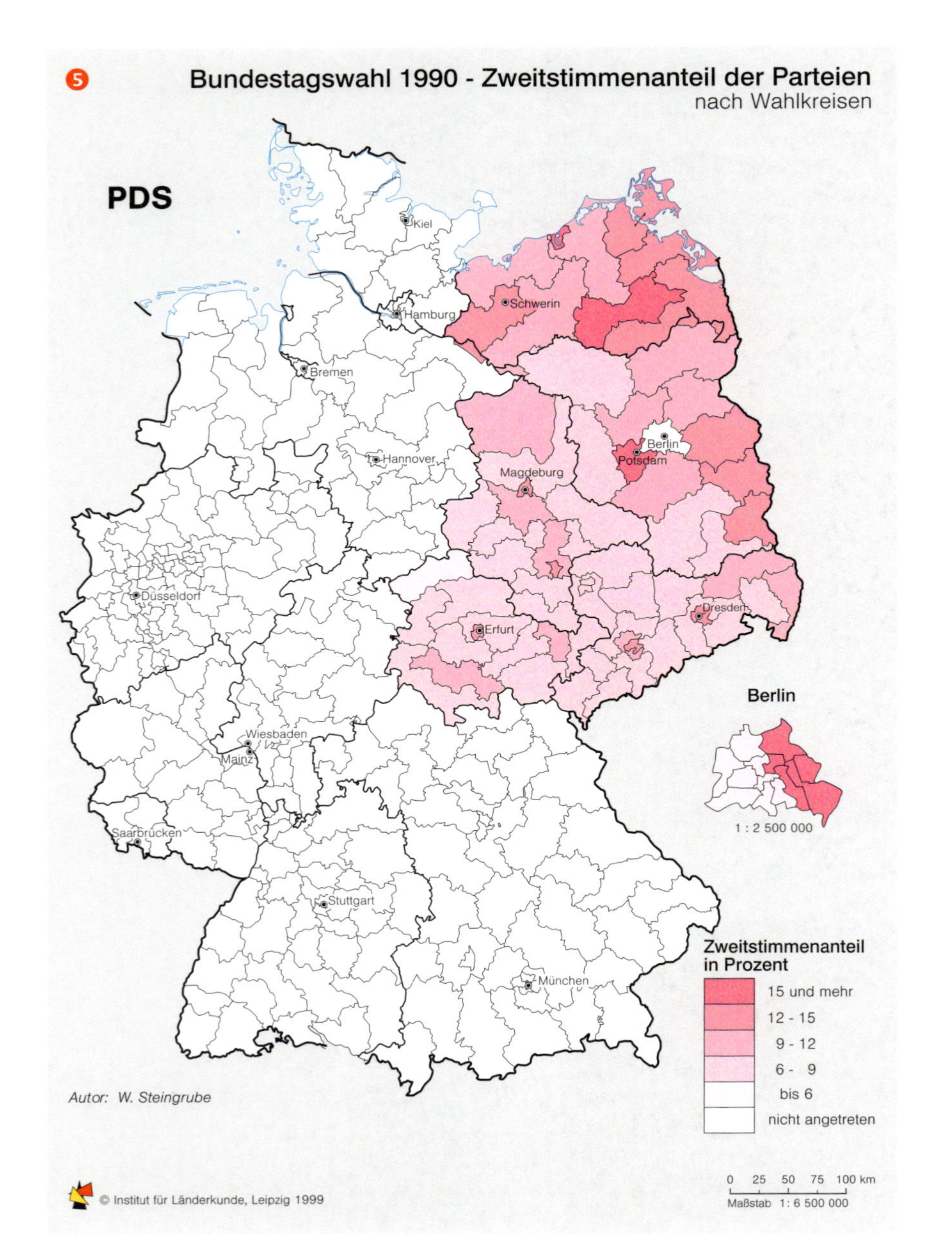

Zweitstimmen 5 7

Die CDU/CSU ist mit 43,8% stärkste Fraktion geblieben. Dabei hat die CDU ihre führende Position ausbauen können (36,7% gegenüber 34,5% im Jahre 1987), während die CSU in Bayern Verluste (51,9% gegenüber 55,1%) hinnehmen musste. In insgesamt 242 Wahlkreisen konnte die CDU/CSU die meisten Stimmenanteile auf sich vereinigen, davon in 71 Wahlkreisen mit absoluter Mehrheit.

Die SPD erreichte einen Zweitstimmenanteil von 33,5%. In 86 Wahlkreisen war sie die stärkste Partei, und in 21 Wahlkreisen kam sie auf über 50%.

Die FDP hatte in allen Ländern – mit Ausnahme des Saarlandes – Gewinne zu verbuchen. Im Osten kamen die Liberalen auf überragende 12,8%, und auch im Westen konnten sie sich gegenüber der vorausgegangenen Wahl deutlich verbessern (10,6%).

Die Grünen haben überall Verluste hinnehmen müssen und waren mit insgesamt 3,8% (in den alten Ländern 4,8%) nicht mehr im Bundestag vertreten. Das lediglich in den neuen Ländern und Berlin angetretene Bündnis 90/Grüne-BürgerInnenbewegungen lag in allen fünf Ländern über der Sperrklausel und errang im „Wahlgebiet Ost" insgesamt 6,1% der gültigen Stimmen.

Die PDS kam im Gesamtergebnis auf 2,4%. Doch im „Wahlgebiet Ost" übersprang sie mit einem Stimmenanteil von 11,1% deutlich die 5%-Hürde. In einzelnen Wahlkreisen Berlins sowie Mecklenburg-Vorpommerns (Rostock, Neubrandenburg, Schwerin) erreichte die PDS sehr hohe Werte, in fünf Berliner Wahlkreisen waren es sogar weit über 20%. Im Westen hingegen erzielte die PDS bedeutungslose 0,3% Stimmenanteile.

Sitzverteilung 6

Von den insgesamt 656 Parlamentssitzen errangen die CDU 262 und die CSU 51. Der CDU wurden aufgrund der überproportionalen Anzahl von Direktmandaten in einigen Ländern zusätzlich sechs Überhangmandate zugesprochen.

Die Sozialdemokraten kamen auf insgesamt 239 Sitze, und die FDP erhielt 79 Mandate.

Abweichend von den früheren Bundestagswahlen ist 1990 die 5%-Sperrklausel dahingehend modifiziert worden, dass diese Klausel nicht auf das gesamte Wahlgebiet, sondern getrennt für die Bereiche der alten und der neuen Länder angewendet worden ist. Dieses hatte zur Folge, dass die PDS und das Bündnis 90/Grüne in den Bundestag einziehen konnten, weil sie in Ostdeutschland jeweils mehr als 5% der gültigen Stimmen bekommen hatten. Die PDS erhielt 17 Mandate, und das Bündnis 90/ Grüne bekam 8 Sitze zugesprochen.

Damit verfügte die aus CDU/CSU und der FDP gebildete Regierung mit 398 von 662 Parlamentssitzen über eine solide Mehrheit. Helmut Kohl wurde am 17. Januar 1991 vom 12. Deutschen Bundestag zum ersten gesamtdeutschen Bundeskanzler gewählt.◆

Bundestagswahl 1990 - Zweitstimmenanteil der Parteien
nach Wahlkreisen

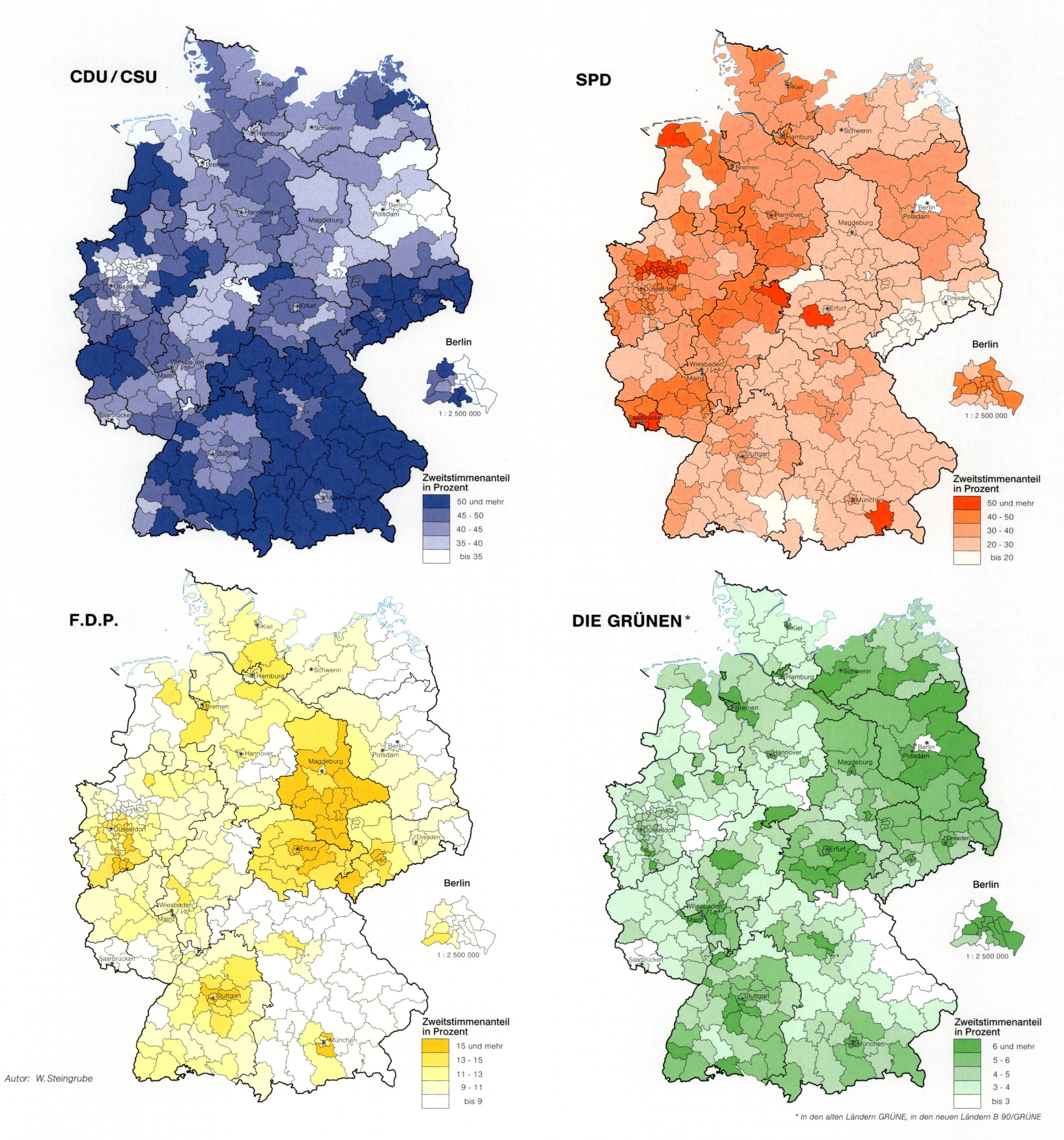

Autor: W. Steingrube

© Institut für Länderkunde, Leipzig 1999

Die 14. Bundestagswahl 1998

Antje Hilbig und Wilhelm Steingrube

Am 27. September 1998 ist die 14. Deutsche Bundestagswahl durchgeführt worden. Bereits im Vorfeld war dieser Urnengang zu einem Paradebeispiel einer Persönlichkeitswahl hochstilisiert worden: Auf der einen Seite stand die Regierungskoalition mit ihrem „Einheitskanzler" Helmut Kohl, der seit 16 Jahren die Regierung geführt hatte, und auf der anderen Seite der sozialdemokratische Herausforderer Gerhard Schröder, dessen Wahlkampagne konsequent nach amerikanischem Vorbild inszeniert worden war.

Erdrutschsieg

60,5 Millionen Bürgerinnen und Bürger gaben ihre Stimmen ab. Die Wahlbeteiligung lag mit 82,2% etwas höher als vier Jahre zuvor, aber dennoch weiter unter den Werten, die in Westdeutschland vor der Wiedervereinigung erzielt worden waren.

Das Wahlergebnis glich einem politischen Erdrutsch: Die Sozialdemokratische Partei erzielte flächendeckend Gewinne, und die Regierungskoalition verzeichnete Verluste in einer Größenordnung, wie sie weder auf der politischen Ebene erwartet noch von den Medien und Wahldemoskopen prognostiziert worden waren.

Die erfolgreiche Mobilisierung der eigenen Anhängerschaft und deutliche Einbrüche in der Unionswählerschaft bildeten die Basis für den überwältigenden Sieg der Sozialdemokraten (SPD): Mit 40,9% der Stimmen ging die SPD als stärkste Partei aus dieser Bundestagswahl hervor ❸. In genau 50 Wahlkreisen kam sie auf mehr als 50% der gültigen Stimmen; das höchste Ergebnis erzielte sie in „Gelsenkirchen I" mit 63,2%.

Insbesondere in den nördlichen Bundesländern konnte die SPD stabile Mehrheitsverhältnisse auf- und ausbauen. Die höchsten Gewinne gelangen in Niedersachsen (+8,8% Prozentpunkte), Mecklenburg-Vorpommern (+6,5% P.) und Hamburg (+6,0% P.).

In den neuen Ländern etablierte sich die SPD ebenfalls als neue stärkste Partei, und sogar im Heimatland des amtierenden Kanzlers, in Rheinland-Pfalz, konnte die SPD erstmals die CDU überflügeln.

Die Christdemokraten (CDU/CSU) hatten 1983 mit dem damals neuen Kanzler H. Kohl ein Rekordergebnis (48,4%) erzielt. Doch seither ging es steil bergab. 1998 büßten sie zum vierten Mal in Folge Stimmenanteile ein und

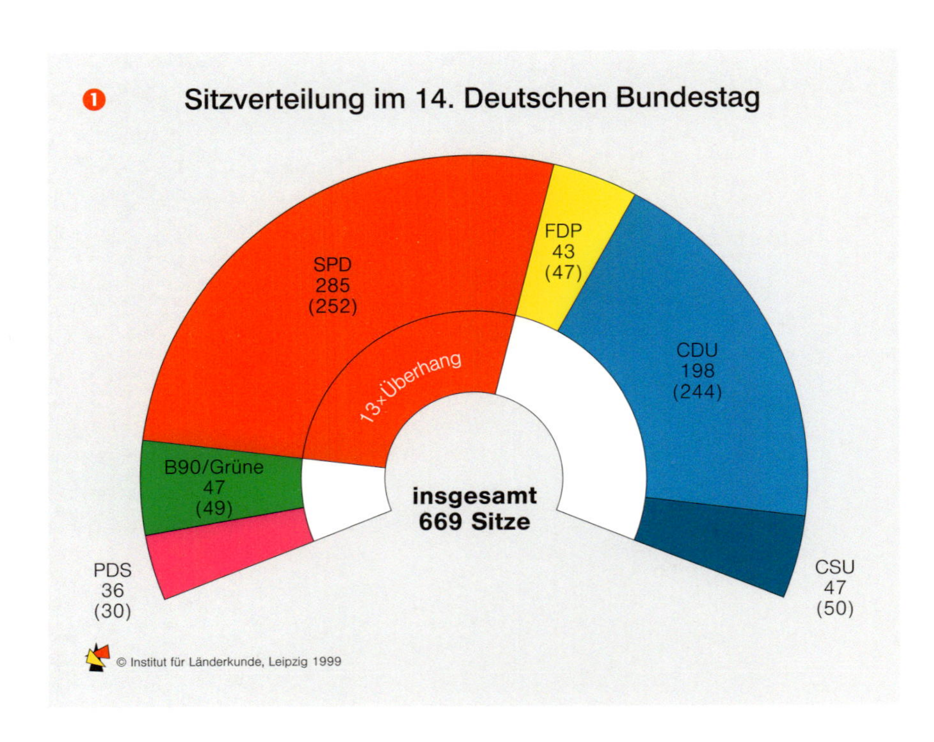

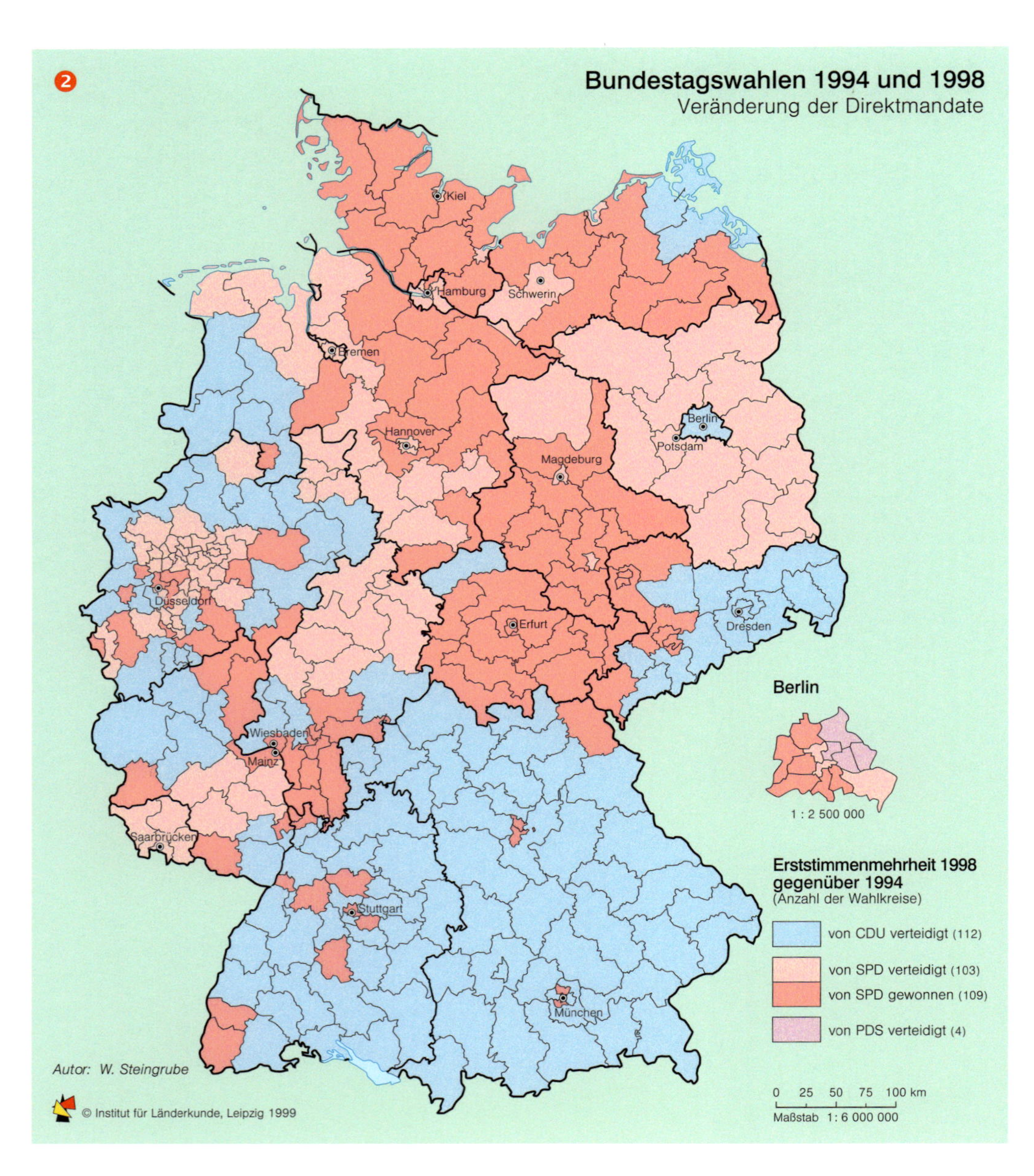

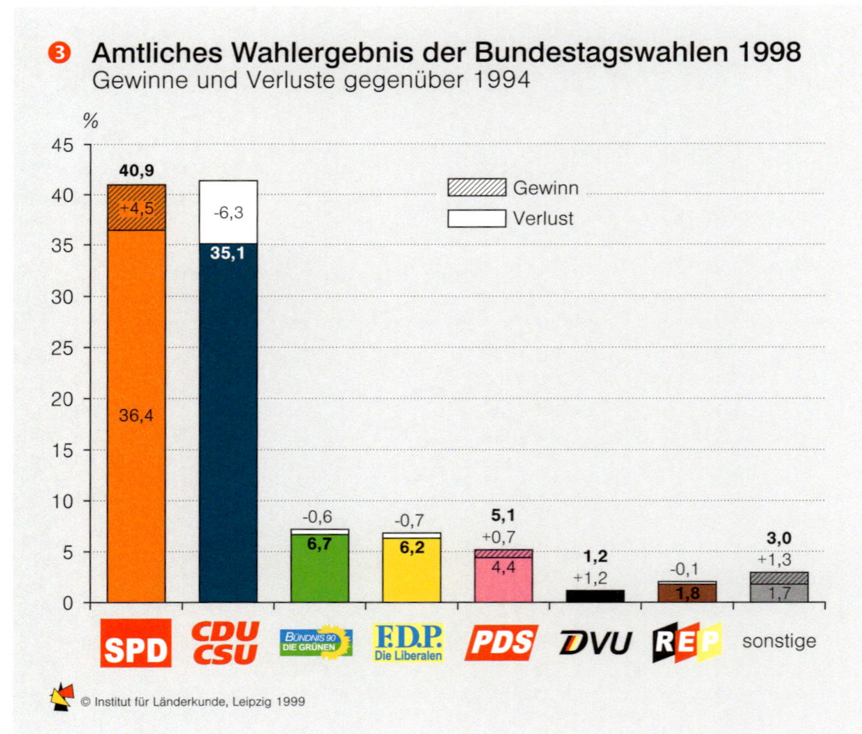

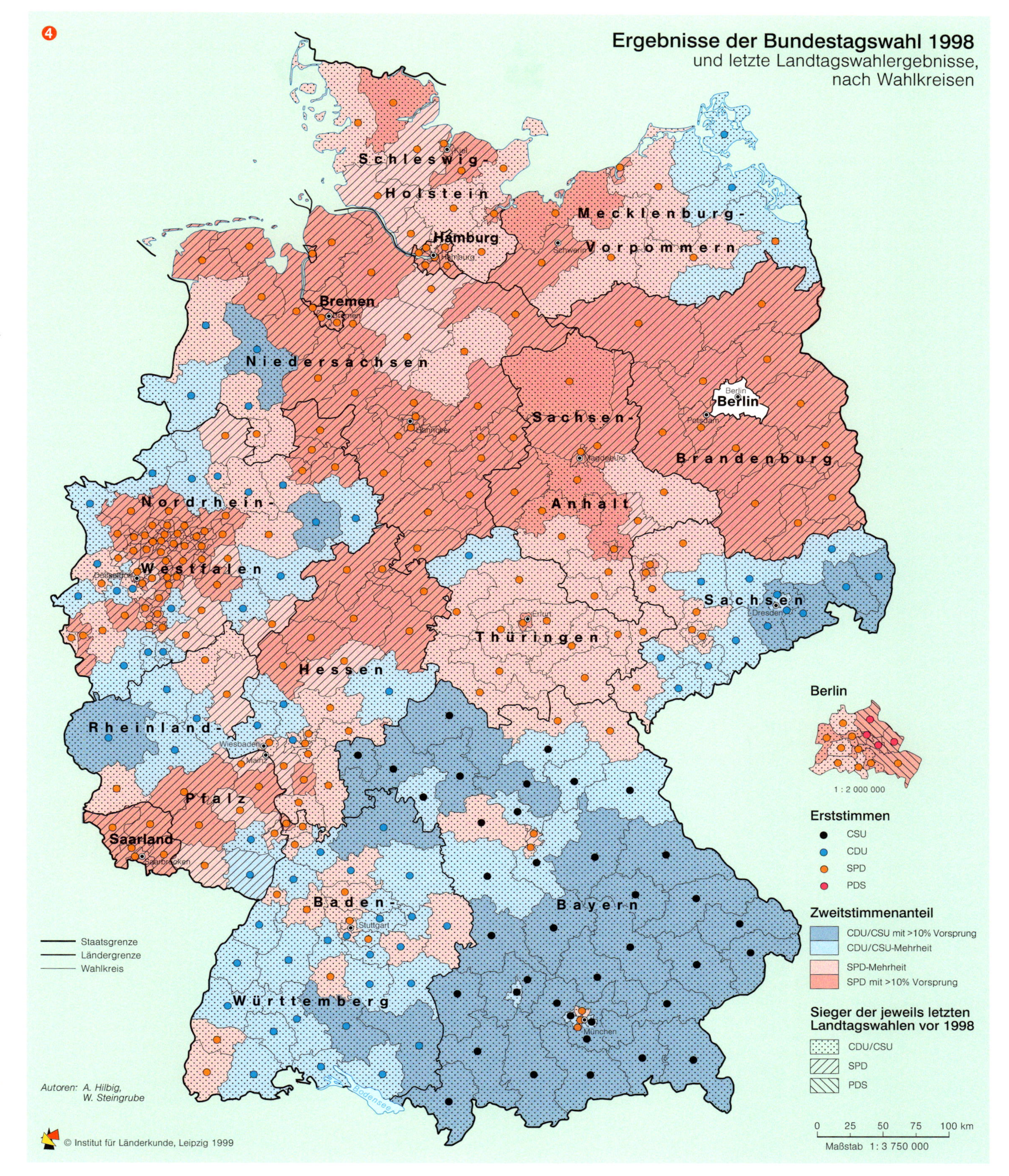

mussten mit nur 35,1% ihr schlechtestes Resultat seit 1949 hinnehmen.

Das beste Ergebnis erzielte die CDU/CSU mit 58,8% der gültigen Stimmen in „Cloppenburg-Vechta"; aber insgesamt konnte in nur 20 Wahlkreisen die absolute Mehrheit erreicht werden. Es liegt nahe, diesen Wahlausgang als ein „Plebiszit gegen Kohl" zu werten, denn dort, wo der Kanzler 1990 noch „blühende Landschaften" versprochen hatte, verlor die CDU über 10 Prozentpunkte und kam in den neuen Ländern insgesamt auf weniger als 28%. In Sachsen war sogar ein Verlust von 15,3% Prozentpunkten zu verbuchen.

Auch die CSU folgte diesem Trend, denn erstmals seit 1953 erhielt sie bei einer Bundestagswahl weniger als die Hälfte der gültigen Stimmen in Bayern (47,8%).

Bündnis 90/Die Grünen konnten sich zwar als drittstärkste Partei etablieren, mussten allerdings auch geringe Verluste hinnehmen. Im Osten blieben sie weiterhin sehr schwach vertreten.

Die FDP (6,2%) erhielt nur noch etwa die Hälfte der Stimmen, die sie 1990 erzielt hatte.

Die PDS schaffte die Fünf-Prozent-Hürde und konnte sich damit als fünfte Partei etablieren. Gegenüber 1990 hat sie ihre Stimmenzahl fast verdoppeln und sich als Regional- sowie Milieupartei festigen können. Ihre Erfolge erzielte die PDS insbesondere in den ostdeutschen Hochburgen der CDU.

Die rechtsextremen Parteien waren vergleichsweise erfolglos: Selbst in der Summe konnten die verschiedenen rechten Splitterparteien nur in Sachsen, Brandenburg und vor allen Dingen in den schwäbischen Wahlkreisen Baden-Württembergs knapp über 5% der Stimmen auf sich vereinen.

Im Osten Deutschlands verlor die CDU ihre extreme Vormachtstellung, die sie 1990 vorgelegt hatte, aufgrund von zunehmender Desillusionierung durch die Probleme und Härten des Vereinigungsprozesses.

Stattdessen ist ein stabiles Dreiparteiensystem entstanden: SPD, CDU und PDS binden derzeit weit über 80% der Stimmen. Bündnis 90/Die Grünen und die FDP finden hingegen kaum politische Resonanz.

Die Wahl der Direktkandidaten/innen ❷

In nur 18 Wahlbezirken stimmen Zweitstimmenmehrheit und die Parteizugehörigkeit der gewählten Direktkandidatin bzw. des Kandidaten nicht überein.

Die Dominanz der SPD zeigt sich im Ergebnis der Erststimmen noch deutlicher als bei den Zweitstimmen: Die SPD hat der CDU/CSU 109 Direktmandate abgenommen, in 212 der 328 Wahlkreise haben sich Kandidat/innen der SPD durchgesetzt. Die CDU/CSU hat nur noch 112 Wahlkreise und die PDS hat (in Berlin) vier Mandate direkt gewonnen.

In Schleswig-Holstein, Hamburg, Bremen, Sachsen-Anhalt und Brandenburg besetzt die SPD flächendeckend und in Thüringen mit einer einzigen Ausnahme ebenfalls sämtliche Wahlkreise.

Die SPD erhielt zusätzlich 13 Parlamentssitze als sog. Überhangmandate; davon wurde ein Mandat in Hamburg und die übrigen in den neuen Ländern hinzugewonnen.

Diese deutliche Mehrheit zugunsten der SPD wird in der kartographischen Darstellung allerdings nicht so deutlich, weil die Kandidat/innen der CDU/CSU in erster Linie die flächenhaften Wahlkreise in den ländlichen Regionen gewonnen haben.

Die Regierungsbildung

Aufgrund der Verteilung der Parlamentssitze konnte sich die SPD den Regierungspartner aussuchen: Neben der theoretischen Möglichkeit einer großen Koalition mit der CDU hätte die SPD rechnerisch sowohl mit den Grünen wie auch mit der FDP oder mit der CSU eine Mehrheit erreicht. Die dann mit den Grünen gebildete Regierungskoalition verfügt über 345 der 669 Sitze ❶ im Deutschen Bundestag.◆

Wahlhochburgen in den alten Ländern 1976-1998

Antje Hilbig und Wilhelm Steingrube

In der Bundesrepublik Deutschland sind mittlerweile 14 Bundestagswahlen durchgeführt worden. Dabei haben sich zahlreiche Parteien bundesweit zur Wahl gestellt. Doch im Zusammenspiel von Wahlrecht, Wahlsystem und auch Funktionsfähigkeit der beteiligten Parteien hat sich im Laufe der Zeit ein relativ stabiles Parteiensystem herausgebildet. Bereits mit der 4. Bundestagswahl im Jahre 1961 hatte sich mit der CDU/CSU, der SPD und der FDP ein Dreiparteien-System etabliert, das erst 1983 durch den Einzug der GRÜNEN in das Bundesparlament erweitert worden ist. Die jeweils im Bundestag vertretenen Parteien haben dabei stets weit über 90% der gültigen Stimmen auf sich vereinen können. Seit 1987 ist dieser Anteil allerdings rückläufig und hat in der letzten Wahl 1998 mit 93,7% den geringsten Anteil seit 1961 erzielt. Dies kann man durchaus als einen Hinweis auf eine wachsende politische Diversifizierung deuten.

Nachfolgend sollen die Entwicklungslinien der vier großen Parteien der alten Länder dargestellt werden[1].

Der Begriff der Wahlhochburg

Mit dem Begriff Wahlhochburg einer Partei bezeichnet man einen sicheren Wahlkreis, der von einer gegnerischen Partei aller Voraussicht nach nicht erobert werden kann. Es gibt allerdings kein allgemein gültiges Maß über die Höhe des dafür erforderlichen Stimmenanteils. 60% waren einmal eine beliebte Marke, doch mittlerweile erreicht nicht einmal die CSU in Bayern derart hohe Werte. Demzufolge sind hier für die beiden großen Parteien 50% zugrunde gelegt worden, zumal damit immer noch die absolute Mehrheit verbunden ist.

Als dominante Gebiete gelten jene Wahlkreise, in denen eine Partei über eine deutliche relative Mehrheit, d.h. mehr als 10%-Punkte Vorsprung gegenüber der zweitstärksten Partei, verfügt. Die Wahlhochburgen müssen nicht mit den Hochburgen der Parteimitgliedschaften übereinstimmen, da sich letztere in mehreren Fällen für mehrere Parteien räumlich überlagern (▸▸ Beitrag Ducar/Heinritz).

Auch kleine Parteien sprechen gerne von "ihren" Hochburgen. Doch sie verwenden diesen Begriff im Sinne einer relativen Hochburg; sie bezeichnen damit einen Wahlkreis, in dem sie stets stark überdurchschnittlich abschneiden.

Bundestagswahlen von 1976 bis 1998[2]

Parteiidentifikationen und Parteibindungen werden in der Wählerschaft langfristig durch klassische milieubezogene Lebensstile geprägt, doch situative Merkmale beeinflussen bzw. überlagern diese Grunddispositionen. Die nebenstehenden Karten ❷ weisen deutlich aus, dass es für die großen Parteien zahlreiche Gebiete gibt, in denen sie seit mehr als 20 Jahren jeweils über eine stabile Stammwählerschaft verfügen. Es zeigt sich allerdings – was in diesen statischen und extrem komprimierten Darstellungen nicht zum Ausdruck kommt –, dass die traditionellen Bindungen an Bedeutung verlieren und die jeweils aktuellen politischen, wirtschaftlichen und gesellschaftlichen Rahmenbedingungen immer stärker die Wahlentscheidung beeinflussen und damit zunehmend auch ehemals stabile Hochburgen gefährden.

Die Hochburgen der CDU/CSU

Die CDU/CSU weist mit 107 Hochburg-Wahlkreisen weitaus mehr sichere Gebiete als die SPD (mit 70 Wahlkreisen) auf, und die räumliche Verbreitung spiegelt immer noch deutlich die sozio-demographischen Strukturen wider: Neben Bayern sind die stark katholisch geprägten Regionen (um Fulda, Limburg und Paderborn) klar zu erkennen, und die pflichtorientierte, gehobene konservative Wählerschaft scheint darüber hinaus in fast ganz Baden-Württemberg – bis auf die Zentren der GRÜNEN-Wählerschaft in und um Freiburg sowie Stuttgart–, in Eifel und Hunsrück sowie im Emsland der CDU die Treue zu halten. Doch sind gerade in den jüngsten Wahlen zahlreiche Wahlbezirke aus der sicheren Hochburg-Einstufung in die Kategorie der "nur noch" dominanten Gebiete abgerutscht. Auch muss man den optischen Eindruck einer extremen Flächendeckung auf der Karte ❷ über fast die gesamte Republik hinweg relativieren: Da die CDU/CSU besonders häufig in den flächenhaften, ländlichen Regionen dominiert, fallen hier die Hochburgen unverhältnismäßig stark ins Auge.

Die SPD

Die traditionelle Wählerschaft der SPD ist in Nordhessen und dem angrenzenden Südniedersachsen, im Ruhrgebiet und dem Saarland sowie in den beiden Stadtstaaten Hamburg und Bremen beheimatet. Der gewerkschaftlich organisierte Arbeitnehmer gilt immer noch als typischer SPD-Wähler, und dieser ist vorwiegend unter den nicht-katholischen Arbeitern und vor allen Dingen in städtischen Wahlbezirken zu finden. Dadurch treten die SPD-Wahlhochburgen optisch nicht ganz so deutlich in Erscheinung wie die Gebiete der CDU/CSU. Generell ist allerdings festzustellen, dass die SPD "ihre" traditionellen Stammwähler offenbar nicht mehr erreicht, denn die Anzahl der als Hochburg einzustufenden Wahlkreise hat stark abgenommen.

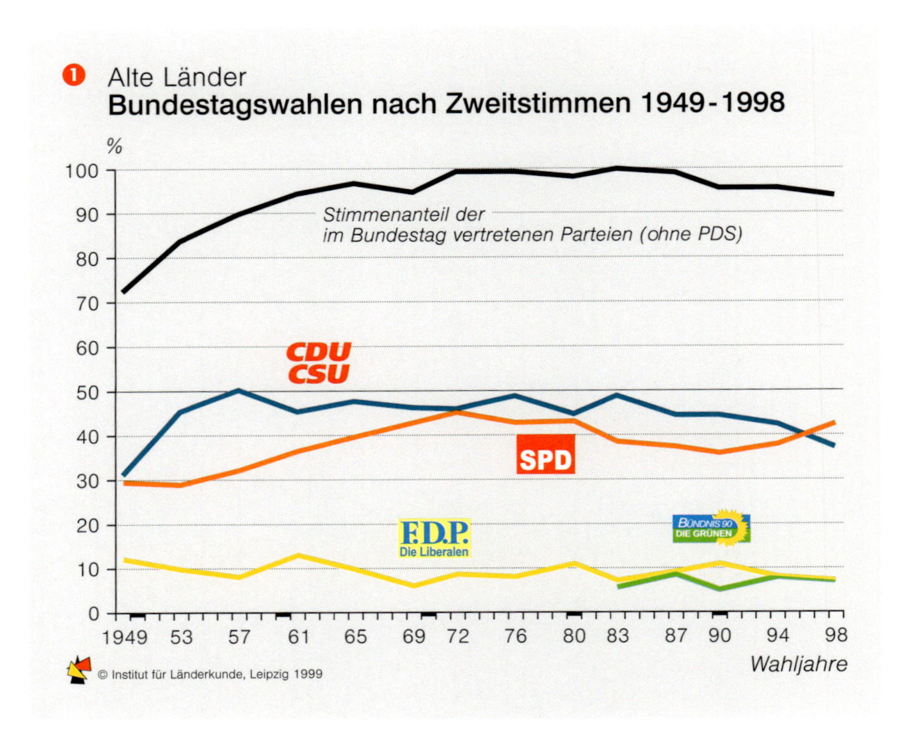

Die FDP

Die FDP scheint ihre Klientel – mit Ausnahme Bayerns – über das ganze Land gleichmäßig verteilt zu haben. Als Schwerpunkt ist das Stammland der Liberalen Baden-Württemberg deutlich zu erkennen. Ansonsten konnte sich die FDP in den sog. Speckgürteln zahlreicher Städte (Hamburg, Hannover, Bremen sowie München), in einem von Frankfurt über den Taunus bis Wiesbaden reichenden Gebiet sowie im Raum Köln-Bonn auf Dauer überdurchschnittliche Stimmenanteile sichern.

Bündnis 90/Die GRÜNEN[3]

Die Wählerschaft der GRÜNEN weist den relativ geringsten Bindungsgrad zur Partei auf. Überproportionale Stimmenanteile erzielten die GRÜNEN bislang bei den nicht-katholischen Angestellten. Das scheinbar automatische Nachwachsen der GRÜNEN-Wählerschaft, entsprechend der Klischeevorstellung, dass junge Leute bevorzugt GRÜNEN-Wähler sind, ist stark rückläufig; Wahlkreise mit hohen Erstwähleranteilen bringen den GRÜNEN nicht mehr überdurchschnittliche Stimmenanteile. Dennoch gelten Universitätsstädte nach wie vor als wichtigste Wahlkreise für die GRÜNEN. Einen hohen Flächendeckungsgrad erzielen sie in Südhessen und Baden-Württemberg. In dienstleistungsorientierten Verdichtungsräumen – München, Rhein-Main-Gebiet und Stuttgart – können die GRÜNEN seit vielen Jahren auf eine vergleichsweise treue Wählerschaft bauen.◆

Klasseneinteilung

Für CDU/CSU und SPD gilt folgende Zuordnung:
Als **Hochburgen** gelten jeweils jene Wahlkreise, in denen eine Partei bis 1983 stets über 50% und ab 1987 mindestens 40% der Stimmenanteile erzielt hat.
Als **dominant** gelten jeweils jene Wahlkreise, in denen eine Partei bei allen Wahlen stets die stärkste Partei gewesen ist.
Für die Ergebnisse der FDP und der GRÜNEN gelten folgende Festlegungen:
Überdurchschnittlich:= Stimmenanteile bei allen Wahlen höher als (Mittelwert + Standardabweichung)
Unterdurchschnittlich – Stimmenanteile bei allen Wahlen geringer als (Mittelwert – Standardabweichung)

[1] Nach der Vereinigung der beiden deutschen Staaten ist 1990 die PDS als fünfte Partei in den Bundestag eingezogen. Aufgrund der vergleichsweise kurzen Parlamentszugehörigkeit und der noch sehr starken – auch räumlichen – Veränderungen in der Wählerschaft dieser Partei, soll die PDS hier in der Betrachtung der Wahlhochburgen der alten Länder unberücksichtigt bleiben.

[2] Da sich der räumliche Zuschnitt der Wahlkreise von Wahl zu Wahl teilweise extrem stark verändert hat, sind hier "nur" die Ergebnisse der letzten zwei Jahrzehnte auf einen einheitlichen Gebietsstand umgerechnet worden. Als zentrale Wahlkreiseinteilung liegt die aus dem Jahre 1990 zugrunde.

[3] Ab 1990 bestand eine enge Zusammenarbeit der West- und der Ost-Grünen sowie des Bündnis 90; 1994 wurde der Parteiname zu Bündnis 90/Die GRÜNEN geändert.

Wahlhochburgen 1976-1998
alte Länder nach Wahlkreisen

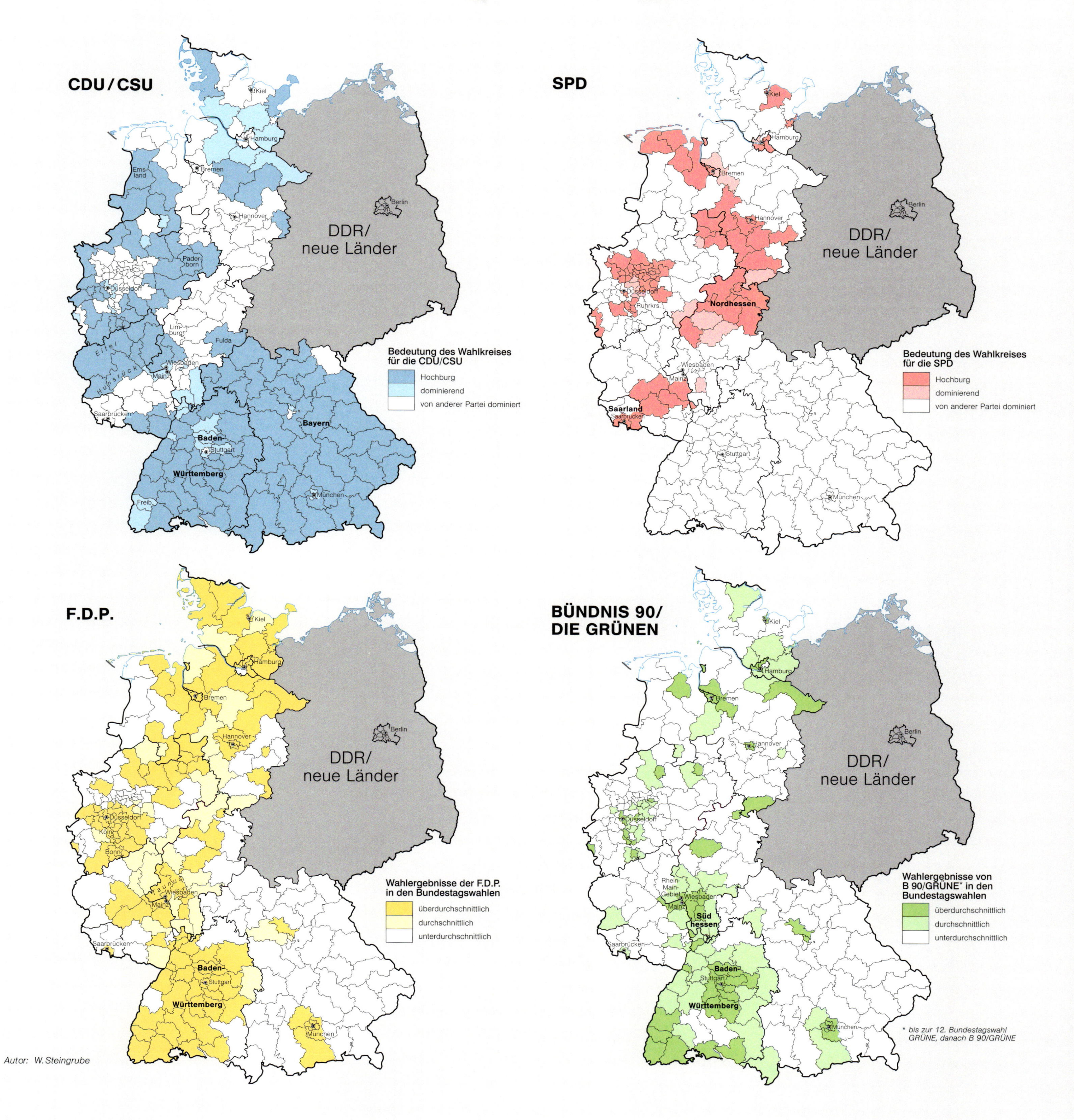

© Institut für Länderkunde, Leipzig 1999

Staatliche Einrichtungen von Bund und Ländern

Dietmar Scholich und Gerd Tönnies

Bundesbehörden

Die Bundesverwaltung ist ein komplexes System der Aufgabenteilung zwischen Bund und Ländern, bei der Bundes- und Landesverwaltung im Grundsatz selbstständig nebeneinander stehen. Sie wird von der Bundesregierung beaufsichtigt. Die Verwaltungsaufgaben sind dem bundesstaatlichen Prinzip entsprechend zwischen Bund und Ländern aufgeteilt. Hierbei wird zwischen der bundeseigenen Verwaltung, der Bundesauftragsverwaltung der Länder und der landeseigenen Verwaltung unterschieden. Im Rahmen dieser Aufgabenteilung ist die Bundesverwaltung im Vergleich zu den Ländern auf wenige Bereiche beschränkt und wie folgt gegliedert:

- Oberste Bundesbehörden (Bundespräsidialamt, Bundeskanzleramt, Bundesministerien, Bundesrechnungshof, Presse- und Informationsamt der Bundesregierung)
- Bundesoberbehörden sind selbständige Zentralstellen für das gesamte Bundesgebiet, gehören jedoch dem Geschäftsbereich einer Obersten Bundesbehörde an und unterliegen deren Weisungen (z. B. Bundesamt für Bauwesen und Raumordnung, Bundesamt für Naturschutz, Bundesamt für Post und Telekommunikation, Eisenbahnbundesamt, Kraftfahrtbundesamt, Statistisches Bundesamt, Umweltbundesamt)
- Bundesmittelbehörden sind einer Obersten Bundesbehörde nachgeordnet und nur für Teile der Bundesgebiete zuständig (z. B. Oberfinanzdirektionen, Wasser- und Schiffahrtsdirektionen, Wehrbereichsverwaltungen)
- Bundesunterbehörden sind den Bundesoberbehörden nachgeordnet und für räumlich noch begrenztere Teile des Bundesgebietes zuständig (z. B. Hauptzollämter, Wasser- und Schifffahrtsämter).

Die Länder

Die Länder verfügen dem föderalistischen Prinzip entsprechend über eigene Verfassungen und Staatsgebiete sowie über eine selbstständige politische Staatsgewalt mit eigener Gesetzgebung, eigener Regierung, Verwaltung und eigener Rechtsprechung. Ihre Aufgabenschwerpunkte liegen im Verwaltungsbereich und bei der Mitwirkung an der Bundesgesetzgebung über den Bundesrat.

Das Landesparlament (der Landtag) ist das Legislativorgan, die Volksvertretung im Land. Es entscheidet über die Gesetzgebung hinaus über die Bildung der Landesregierung und kontrolliert deren Tätigkeit. Die Landesregierung besteht aus dem/der Ministerpräsidenten/in und den von ihm/ihr ernannten Ministern und Ministerinnen.

Verwaltungszuständigkeit und Verwaltungsaufbau in den Ländern sind - wie auf der Bundesebene - in rechtlicher, materieller und organisatorischer Hinsicht differenziert und können in ihren Grundzügen folgendermaßen beschrieben werden:

Im Verhältnis zum Bund ist die Verwaltungskompetenz der Länder zu unterscheiden in die Bundesauftragsverwaltung der Länder sowie in die landeseigene Verwaltung. Bei der Bundesauftragsverwaltung führen die Länder Bundesrecht im Auftrag des Bundes durch. Die landeseigene Verwaltung ist ausschließlich für Aufgaben des Landes zuständig, z. B. für die Schulen, die Polizei und die Landesplanung. Daneben führt die landeseigene Verwaltung den größten Teil der Bundesgesetze als eigene Angelegenheit und in eigener Verantwortung aus, z. B. das Bauplanungsrecht, das Gewerberecht sowie den Umweltschutz.

Ihr Hoheitsgebiet hat die Mehrzahl der Länder in Verwaltungsgebiete gegliedert und dort staatliche Behörden errichtet.

Die mittlere Ebene der Staatsverwaltung wird durch die Bezirksregierungen gebildet. Sie sind als sogenannte Bündelungsbehörden für alle Aufgaben in ihrem Regierungsbezirk zuständig, die nicht von einer besonderen Verwaltungsbehörde wahrgenommen werden. In ihren Regierungsbezirken üben Bezirksregierungen eine horizontale Koordinationsfunktion und eine vertikale Vermittlerfunktion (zwischen den Ministerien und den kommunalen Selbstverwaltungskörperschaften) aus. Der/die Regierungspräsident/in leitet eine Mittelbehörde.

Der Bestand der Länder ist nicht unveränderbar, auch wenn das bundesstaatliche Prinzip zu den unantastbaren Verfassungsgrundsätzen in Deutschland gehört. Auf der Grundlage entsprechender Regelungen des Grundgesetzes kann eine Neugliederung des Bundesgebietes durchgeführt werden. Die Schaffung wirtschaftlich leistungsfähiger, größerer Bundesländer durch eine Länderneugliederung ist Gegenstand einer fortdauernden Diskussion in Deutschland.

Finanzordnung

Die angemessene Verteilung der Finanzhoheit zwischen dem Bund und den Ländern ist eine Grundforderung des föderativen Staatssystems der Bundesrepublik Deutschland. Bund und Länder haben jeweils diejenigen Ausgaben zu tragen, die sich aus der Wahrnehmung ihrer Aufgaben ergeben. Der Bund trägt in Auftragsangelegenheiten der Länder die Kosten. Durch Gesetz kann in den Fällen die Beteiligung des Bundes festgelegt werden, in denen die Länder Bundesgesetze ausführen, die mit Geldleistungen verbunden sind. Der Bund kann den Ländern und Gemeinden im gesamtwirtschaftlichen Interesse darüber hinaus Investitionshilfen gewähren.

Regionale Verteilung und Struktureffekte staatlicher Einrichtungen

Der regionalen Verteilung staatlicher Einrichtungen des Bundes und der Länder kommt eine grundlegende Bedeutung im Hinblick auf die Stabilisierung dezentraler Strukturen im föderalen System bzw. hinsichtlich des Abbaus interregionaler Disparitäten in den sozioökonomischen Lebensbedingungen zu. Eine regionalisierte Behörden-Standortpolitik ist insofern ein wichtiges Instrument der auf die Erlangung gleichwertiger, nachhaltiger Raum- und Siedlungsstrukturen in allen Teilräumen des Bundesgebietes gerichteten Raumentwicklungspolitik und der regionalen Wirtschafts- oder Strukturpolitik.◆

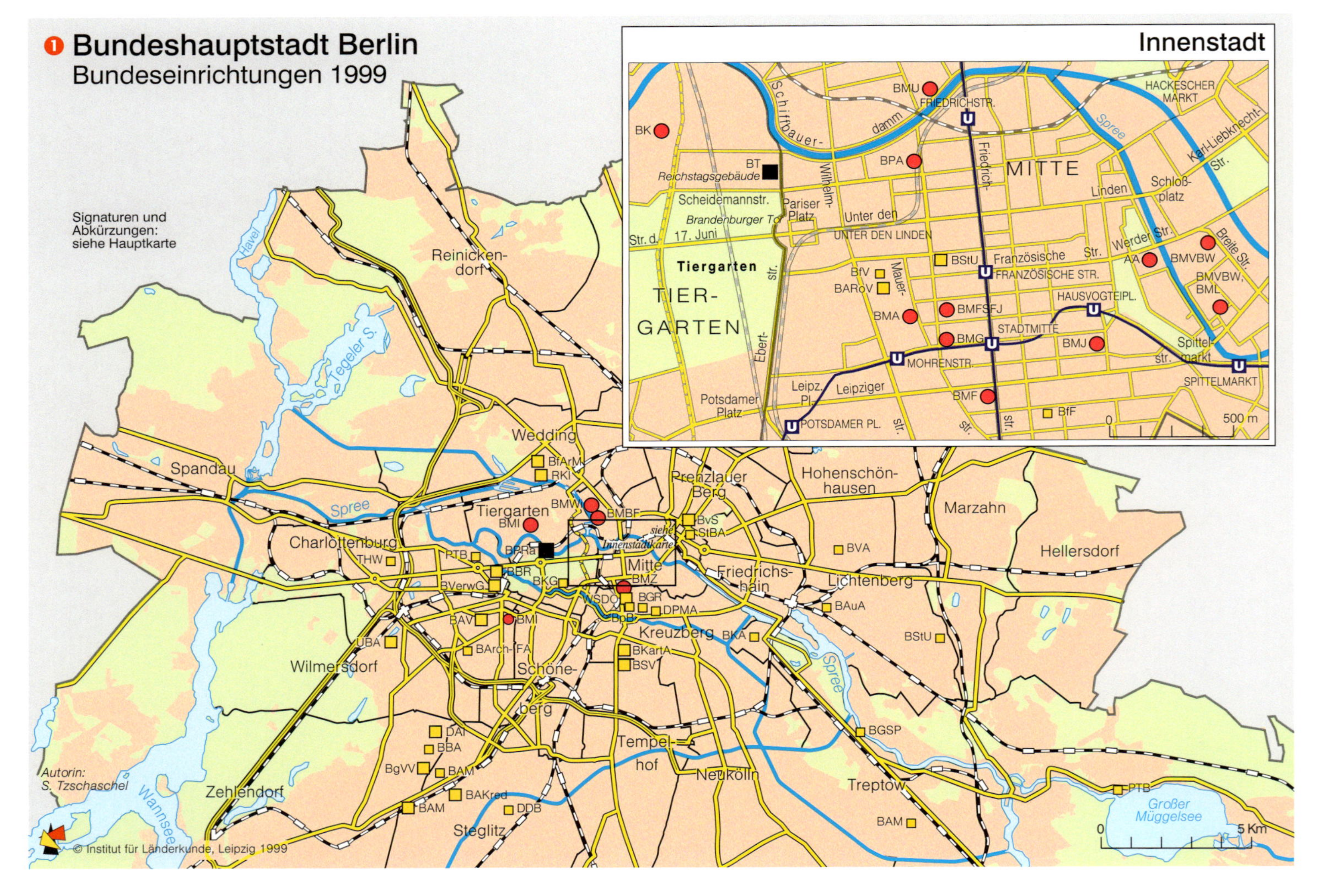

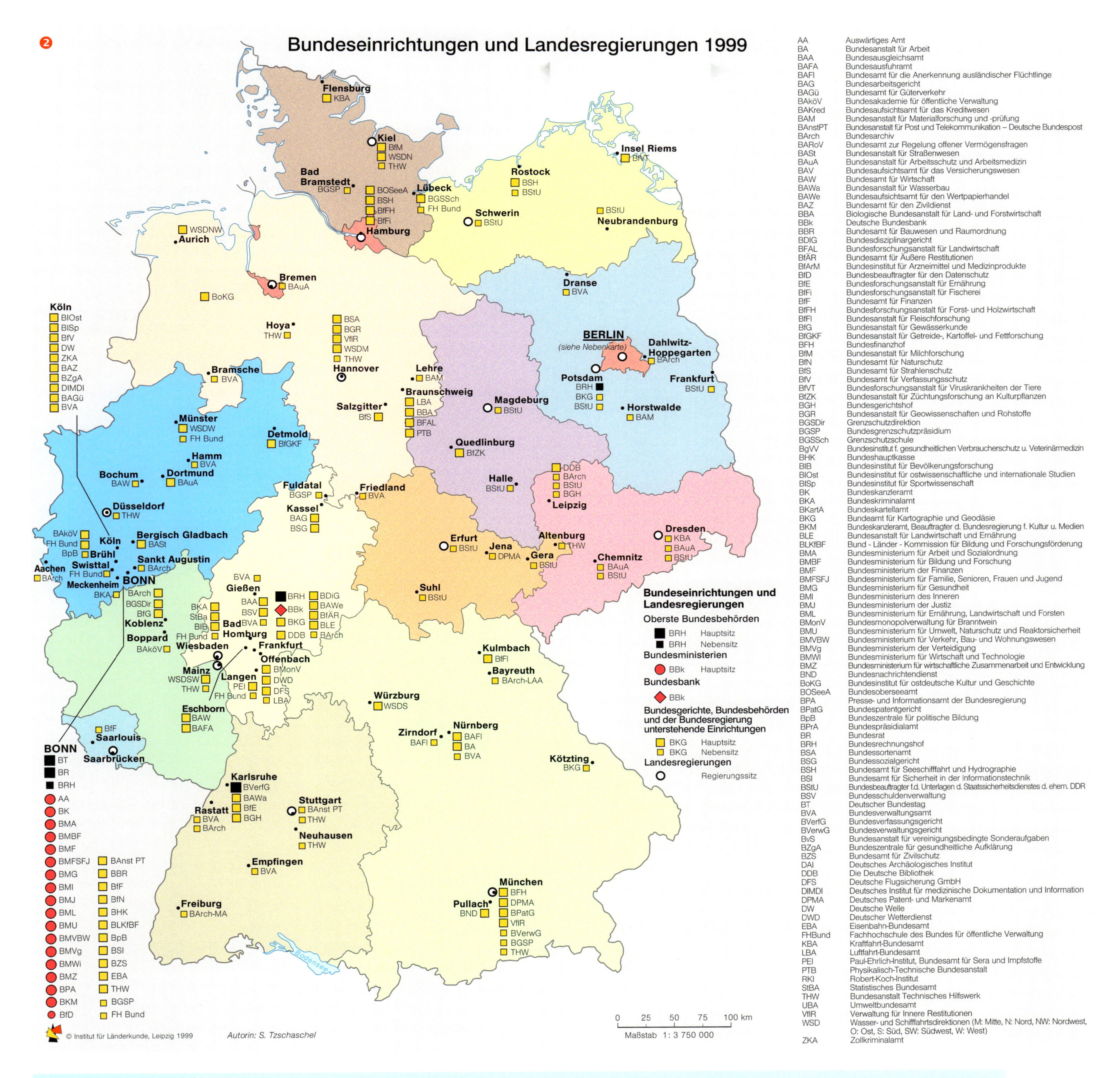

Anmerkung zu den Karten

Von den 429 Einrichtungen des Bundes (nach Aufstellung des Bundesministeriums des Inneren, Stand 1.6.99) sind 241 Haupt- und Nebenstellen dargestellt, nämlich die obersten Bundesbehörden und Bundesoberbehörden sowie ausgewählte Bundesmittelbehörden. Verzichtet wurde auf die Darstellung von:

- Oberfinanzdirektionen
- Versorgungsanstalten und Versicherungen
- Banken, Kreditanstalten und Absatzförderungsfonds (außer Bundesbank)
- Sitze des Generalbundesanwalts und anderer Bundesanwälte
- Versorgungsstellen von Zivilschutz, Bundeswehr und Bundesgrenzschutz sowie Grenzschutzdekane
- Wehrbereichsverwaltungen und Truppendienstgerichte (▸▸ Beitrag AMilGeo)
- Bildungs- und andere Einrichtungen der Bundeswehr (▸▸ Beitrag AMilGeo)
- Stiftungen und Gedenkstätten
- Informationsstellen
- Prüfungsämter des Bundesrechnungshofes
- Außenstellen im Ausland

Der Staat als Unternehmen: Öffentlicher Dienst und Gemeindefinanzen

Kurt Geppert und Rolf-Dieter Postlep

Bund, Länder, Kreise und Gemeinden bilden die Gebietskörperschaften des deutschen Staates. Will man den Staat als Wirtschaftsunternehmen sehen und seine raumwirksame Tätigkeit analysieren, muss man die Ein- und Ausgabenseiten aller Gebietskörperschaften in ihren räumlichen Differenzierungen betrachten. Im Folgenden werden beispielhaft die Tätigkeit des Staats als Arbeitgeber sowie Finanzierung und Investitionstätigkeit auf der kommunalen Ebene dargestellt.

Der Staat als Arbeitgeber

Von den insgesamt 34 Mio. Erwerbstätigen in Deutschland waren 1997 rund 5,2 Mio. Personen beim Staat – Bund, Länder, Gemeinden und Sozialversicherungen – angestellt ❷; fast jeder siebente Erwerbstätige ist also bei einer öffentlichen Einrichtung beschäftigt. Mit Abstand am meisten Beschäftigte haben die Länder (2,4 Mio.); dabei schlägt das Bildungswesen stark zu Buche. Bei Gemeinden sind knapp 1,7 Mio. Arbeitnehmer tätig. Der Bund beschäftigt – einschließlich der in das Bundeseisenbahnvermögen übernommenen ehemaligen Beamten der Bundesbahn – fast 620.000 Personen.

Die Städte stellen nicht nur Zentren privater Dienstleistungen dar, sie haben dieselbe Funktion im Bereich der öffentlichen Dienste. Vor allem staatliche Verwaltungen sowie größere Einrichtungen im Gesundheitswesen und in der weiterführenden Bildung, z.B. Fachhochschulen und Universitäten, sind in Städten konzentriert, während das übrige Bildungswesen, bürgernahe Verwaltungsdienste sowie Polizei und Feuerwehr räumlich gleichmäßiger verteilt sind.

Obwohl das Personal im öffentlichen Dienst in Ostdeutschland seit 1990 stark verringert worden ist, übersteigt die Beschäftigtendichte (bezogen auf die gesamte erwerbsfähige Bevölkerung) das Niveau in Westdeutschland noch immer deutlich ❶. Dabei ist der Anteil der Beamten an allen öffentlich Beschäftigten in Ostdeutschland weniger als halb so hoch wie im Westen. Bei der restriktiven Linie in Bezug auf die Verbeamtung spielte sicher die Überlegung eine Rolle, die Chance des Neuanfangs zu nutzen und den Aufbau inflexibler Beamtenapparate möglichst zu vermeiden. Vielfach ist wohl auch davon ausgegangen worden, Beamte seien teurer als Angestellte; nach neueren Erkenntnissen ist dies aber nicht unbedingt der Fall (vgl. VESPER 1997).

Mit dem vergleichsweise hohen Personalstand trägt der öffentliche Dienst in Ostdeutschland zwar unmittelbar zur Entlastung der sehr angespannten Arbeitsmarktlage bei. Die Kehrseite der Medaille ist aber eine entsprechend starke Belastung der öffentlichen Haushalte; dadurch wird der Spielraum für Investitionen, die ebenfalls Arbeitsplätze schaffen, eingeengt. Die Bedeutung dieses Tatbestandes zeigt sich, wenn man das öffentliche Personal differenzierter betrachtet: Der Besatz mit Bundesbeschäftigten ist in Westdeutschland – bezogen auf die erwerbsfähige Bevölkerung – höher als in Ostdeutschland, und beim mittelbaren öffentlichen Dienst (im Wesentlichen Sozialversicherungsträger, Bundesbank und Bundesanstalt für Arbeit) ist die Personalausstattung in beiden Landesteilen etwa gleich. Lässt man diese Gruppen außer Acht und betrachtet nur die von den Ländern und Gemeinden selbst zu finanzierenden Beschäftigten, so zeigt sich ein viel deutlicheres Ost-West-Gefälle als beim öffentlichen Dienst insgesamt. Der Besatz mit Landes- und Gemeindebeschäftigten war 1997 in Ostdeutschland um fast ein Viertel höher als in Westdeutschland. Dies ist allerdings nur zum Teil einer Überpersonalisierung des öffentlichen Sektors in Ostdeutschland zuzuschreiben. Eine erhebliche Rolle spielen auch strukturelle Unterschiede zwischen beiden Landesteilen. So ist der Anteil der Schüler an der Gesamtbevölkerung im Osten höher als im Westen; dies erfordert entsprechend mehr Lehrer. Zudem wird in den neuen Ländern die vorschulische Erziehung jedoch noch von staatlichen Institutionen getragen, während diese Dienste in Westdeutschland häufig von freien Trägern angeboten werden, die dafür Zuschüsse des Staates erhalten (VESPER 1998). Auch wenn man solche Unterschiede zwischen Ost und West berücksichtigt, ist doch unausweichlich, dass die Länder und vor allem die Kommunen in Ostdeutschland ihr Personal weiter reduzieren, wenn sie sich ausreichend Spielraum für investive Ausgaben erhalten wollen.

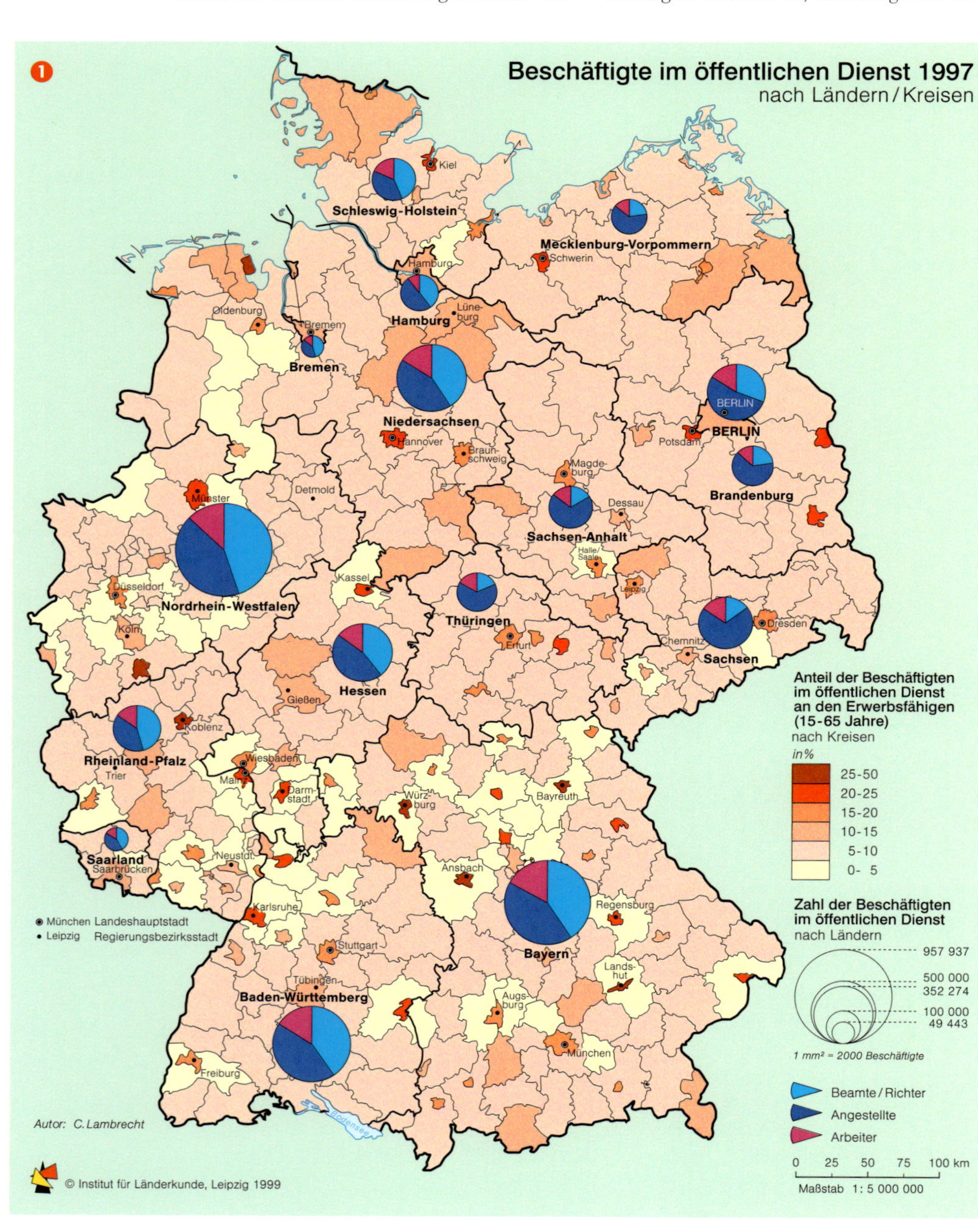

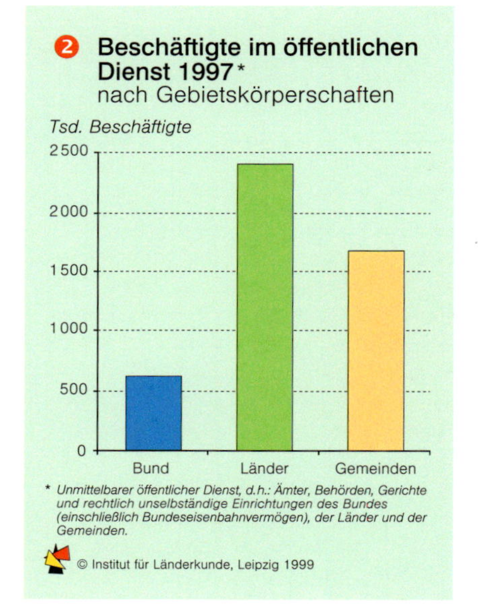

Räumliche Struktur der Gemeindefinanzen

Auf der kommunalen Ebene (Landkreise, kreisfreie Städte, kreisangehörige Gemeinden) werden etwa zwei Drittel aller Sachinvestitionen des Staates getätigt. Die kommunale Aufgabenerfüllung ist also vergleichsweise investitionsintensiv. Dominant sind dabei Baumaßnahmen. Unter dem Blickwinkel einheitlicher Lebensverhältnisse in der Bundesrepublik Deutschland ist das räumliche Muster der kommunalen Investitionstätigkeit

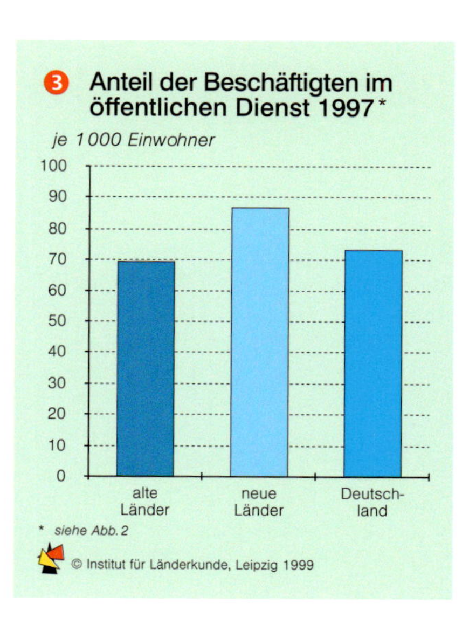

von Interesse, gibt es doch deutliche Anhaltspunkte über die räumliche Verteilung der materiellen Infrastruktur im Bereich der sog. Daseinsvorsorge. Die Ausgaben für Sachinvestitionen, bezogen auf die Einwohnerzahl, für die kreisangehörigen Gemeinden (zusammengefasst nach Landkreisen) und die kreisfreien Städte im Jahre 1997 ❹ entspricht einem längerfristigen Trend, so dass die Darstellung auf ein Jahr beschränkt werden kann. Es zeigt sich, dass die kommunale Investitionstätigkeit in der Bundesrepublik Deutschland auf Ost- und auf Süddeutschland konzentriert ist. Wir können hier also ein Ost-West-Gefälle und ein Nord-Süd-Gefälle registrieren. Darin drücken sich allerdings unterschiedliche Sachverhalte aus. Während in Ostdeutschland ein erheblicher infrastruktureller Nachholbedarf besteht, der sich aus der schleichenden Dekapitalisierung auch der öffentlichen Infrastruktur in der ehemaligen DDR erklärt, ist es in Süddeutschland die allgemeine wirtschaftliche Prosperität, die den Gemeinden und Ländern vergleichsweise hohe Steuereinnahmen und damit Finanzierungsmöglichkeiten für die Bereitstellung von Infrastrukturleistungen beschert. Die relativ geringen Investitionen im Norden und Westen der alten Bundesrepublik resultieren nicht etwa aus Sättigungstendenzen. Hierin drückt sich – denkt man etwa an die Umstrukturierungsprobleme des Ruhrgebietes oder die Entwicklungsbarrieren in dem relativ dünn besiedelten ostfriesischen Raum – vielmehr die unzureichende Finanzausstattung dieser Regionen aus, die trotz erheblichen Bedarfs keine höheren Ausgaben zulässt. So befindet sich z.B. das Land Nordrhein-Westfalen schon seit längerer Zeit im Vergleich zu den anderen westdeutschen Bundesländern auf einem ungünstigeren Entwicklungspfad der öffentlichen Finanzen.

Das zuvor skizzierte Bild wird unterstützt durch den Tatbestand, dass die Finanzierungsstruktur – dargestellt durch das Verhältnis der kommunalen Steuereinnahmen zu den Finanzzuweisungen vor allem des Landes an seine Gemeinden –, in Ostdeutschland deutlich zuweisungslastiger ist als in den Ländern der alten Bundesrepublik. Trotz relativ niedriger kommunaler Steuereinnahmen – erklärbar durch die nicht den Erwartungen entsprechende allgemeine Wirtschaftsentwicklung in den neuen Ländern – investieren die ostdeutschen Gemeinden vergleichsweise viel. Dazu sind sie nur in der Lage, weil die Finanzzuweisungen der Länder – gestützt durch den allgemeinen Finanztransfer von West nach Ost im Zuge des Aufbaus Ost und hier besonders durch den Länderfinanzausgleich – relativ hoch sind. Umgekehrt ist der Steuerfinanzierungsanteil in den Gemeinden der alten Länder aufgrund der besseren gesamtwirtschaftlichen Situation im Durchschnitt deutlich höher; dabei sind in Süddeutschland die günstigsten Steuerfinanzierungsrelationen zu finden, weil hier die Wirtschaftsentwicklung im Ländervergleich seit geraumer Zeit besonders positiv verläuft.◆

Die wichtigsten **kommunalen Steuern** sind die Realsteuern (Gewerbeertragsteuer, Grundsteuer). Von etwa gleich großer Bedeutung ist die kommunale Beteiligung an der Einkommenssteuer, die zur Zeit 15% beträgt. Die kommunalen Steuereinnahmen machen in den alten Ländern etwa ein Drittel der gesamten kommunalen Einnahmen aus, in den neuen Ländern liegt der Anteil deutlich darunter.

Finanzzuweisungen des Landes (und des Bundes) an die Gemeinden können entweder als allgemeine Deckungsmittel zur Finanzierung der kommunalen Ausgaben gewährt werden (Schlüsselzuweisungen, Bedarfszuweisungen) oder zweckgebunden sein, z.B. für bestimmte Investitionen ("Objektförderung").

Der **Länderfinanzausgleich** i.w.S. umfasst neben der Bestimmung des Umsatzsteueranteils der Länder und dessen Verteilung auf die einzelnen Bundesländer die horizontalen Zahlungen der Länder untereinander (Länderfinanzausgleich i.e.S.), die Verteilung der Bundesergänzungszuweisungen auf die einzelnen Länder und die Zahlungen des Bundes an die Länder im Rahmen der Mischfinanzierung, vor allem der Gemeinschaftsaufgaben.

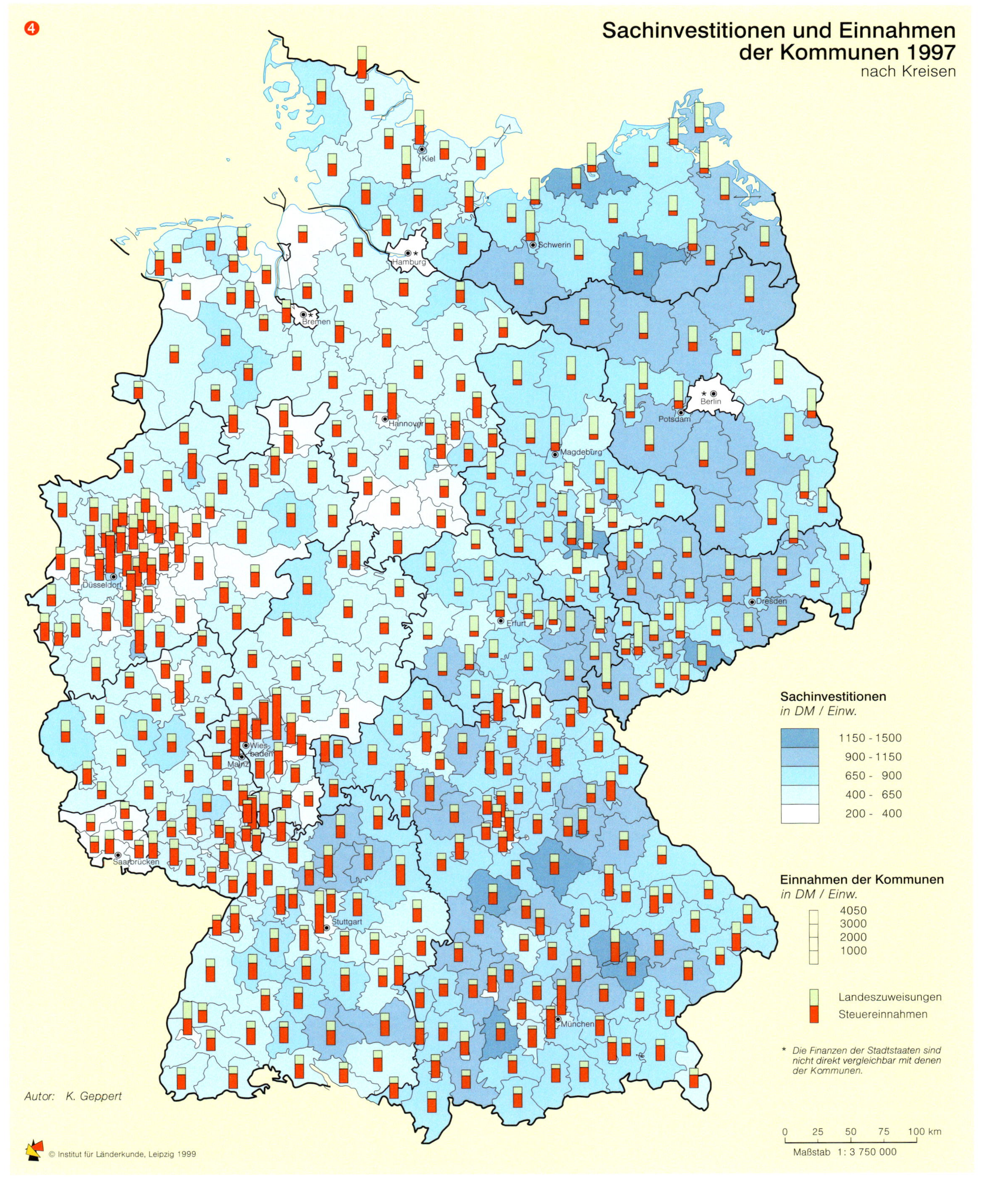

Das Justizsystem in Deutschland

Peter Gilles

Die Bundesrepublik Deutschland verfügt über ein Justizsystem, das mit Abstand zu einem der mächtigsten, der größten, der ausdifferenziertesten und der effizientesten in der Welt zählt. Seine Hauptprobleme bestehen gegenwärtig in der Übermacht dieser sog. dritten Staatsgewalt, der Übergröße, der Überkompliziertheit und insbesondere der Überlastung infolge von jährlich vielen Millionen an Geschäftseingängen. An diesen Problemen entzünden sich die derzeitigen Debatten um eine grundlegende Reform der deutschen Ziviljustiz, um jene hybriden Zustände abzubauen.

Bei einer Bevölkerung von nunmehr 82 Millionen im wiedervereinten Deutschland hat die Bundesrepublik mit zur Zeit rund 21.000 Richtern/innen im Bundes- und Landesjustizdienst die wohl weltgrößte Richterdichte. Die Anzahl von Rechtsanwälten/innen, die mittlerweile schon deutlich über 90.000 liegen dürfte, ist im internationalen Vergleich ebenfalls exorbitant. Mit der gewaltigen Masse an Gerichten der unterschiedlichsten Zuständigkeiten und Instanzen (Rechtszüge) innerhalb zahlreicher Gerichtsbarkeiten (Rechtswege) besitzt Deutschland damit nicht nur ein ausgesprochen üppiges, sondern auch ein außerordentlich komplexes Justizsystem, das hinsichtlich seiner Ausmaße und Ausdifferenzierungen in der Welt wohl ohne Beispiel ist. So gibt es – jeweils aufgeteilt in eine Bundesgerichtsbarkeit mit Bundesgerichten und eine Ländergerichtsbarkeit mit Landes- bzw. Staatsgerichten – gegenwärtig folgende Justizeinrichtungen (Stand August 1997):

- Eine **Verfassungsgerichtsbarkeit**, repräsentiert durch das Bundesverfassungsgericht **(BverfG)** mit seinen zwei Senaten sowie durch 15 Verfassungsgerichtshöfe **(VerfGH)** bzw. Staatsgerichtshöfe **(StGH)** – jeweils mit einer unterschiedlichen Anzahl von Senaten – in den einzelnen Bundesländern mit Ausnahme von Schleswig-Holstein.
- Als Großbereich die sog. **ordentliche Gerichtsbarkeit,** die ihrerseits die Zivil-, Straf- und freiwillige Gerichtsbarkeit umfasst, mit dem Bundesgerichtshof **(BGH)** mit 25 Senaten an der Spitze, 25 Oberlandesgerichten **(OLG)** unter Einschluss des Bayerischen Obersten Landesgerichts mit zusammen 590 Senaten, 116 Landgerichte **(LG)** mit 3.016 Kammern sowie 718 Amtsgerichte **(AG)** mit ungezählten Abteilungen.
- Eine **Verwaltungsgerichtsbarkeit** mit dem Bundesverwaltungsgericht **(BverwG)** und seinen 15 Senaten, 16 Oberverwaltungsgerichte **(OVG)** bzw. Verwaltungsgerichtshöfe **(VGH)** mit zusammen 191 Senaten sowie 52 Verwaltungsgerichte **(VG)** mit ungezählten Kammern.
- Eine **Finanzgerichtsbarkeit** mit dem Bundesfinanzhof **(BFH)** mit 11 Senaten und 19 Finanzgerichten **(FG)** mit zusammen 163 Senaten.
- Eine **Arbeitsgerichtsbarkeit** mit dem Bundesarbeitsgericht **(BAG)** mit 10 Senaten, 19 Landesarbeitsgerichten **(LAG)** mit 207 Kammern sowie 123 Arbeitsgerichte **(ArbG)** mit ungezählten Kammern.
- Eine **Sozialgerichtsbarkeit** mit dem Bundessozialgericht **(BSG)** mit 14 Senaten, 16 Landessozialgerichten **(LSG)** mit 154 Senaten sowie 69 Sozialgerichte **(SG)** mit ungezählten Kammern.

Zu diesen Gerichtsbarkeiten, unter denen – vom Geschäftsanfall her gesehen – die sog. ordentliche Gerichtsbarkeit die bedeutendste darstellt, kommen neben den genannten noch einige weitere Sondergerichtsbarkeiten hinzu.◆

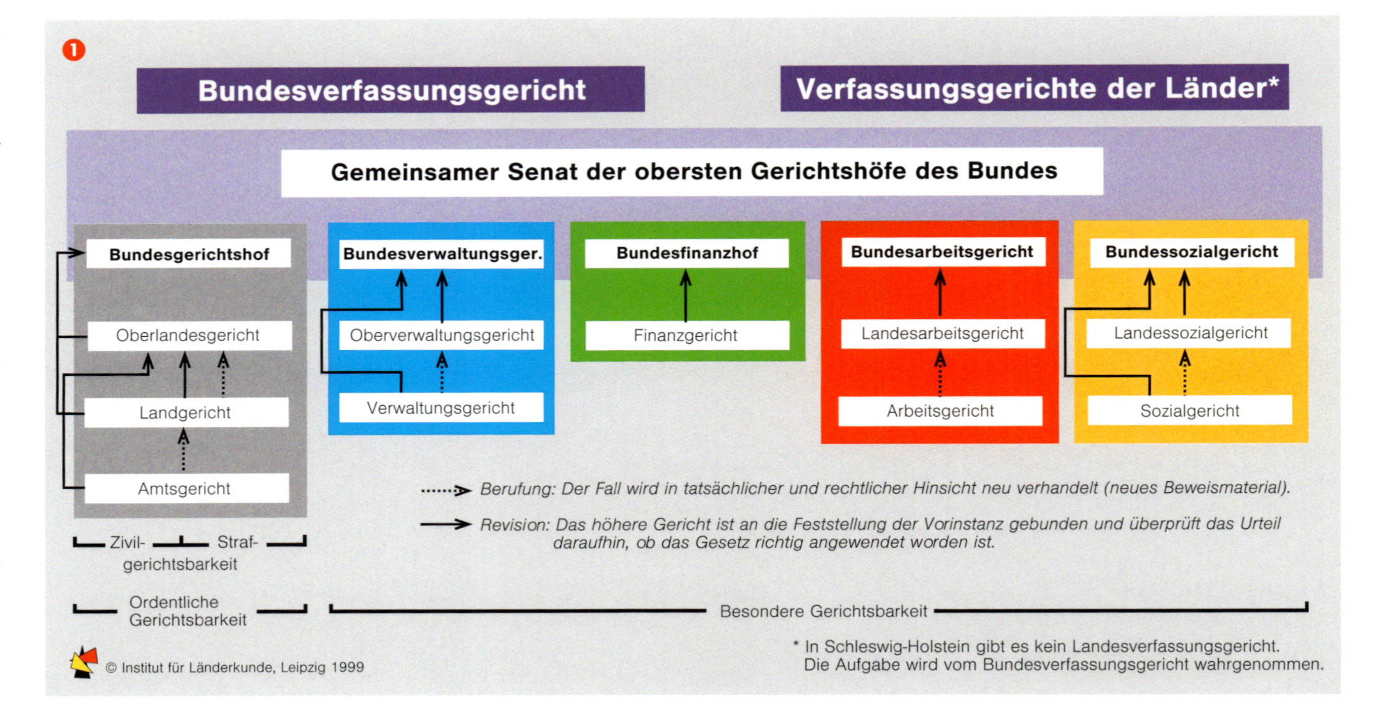

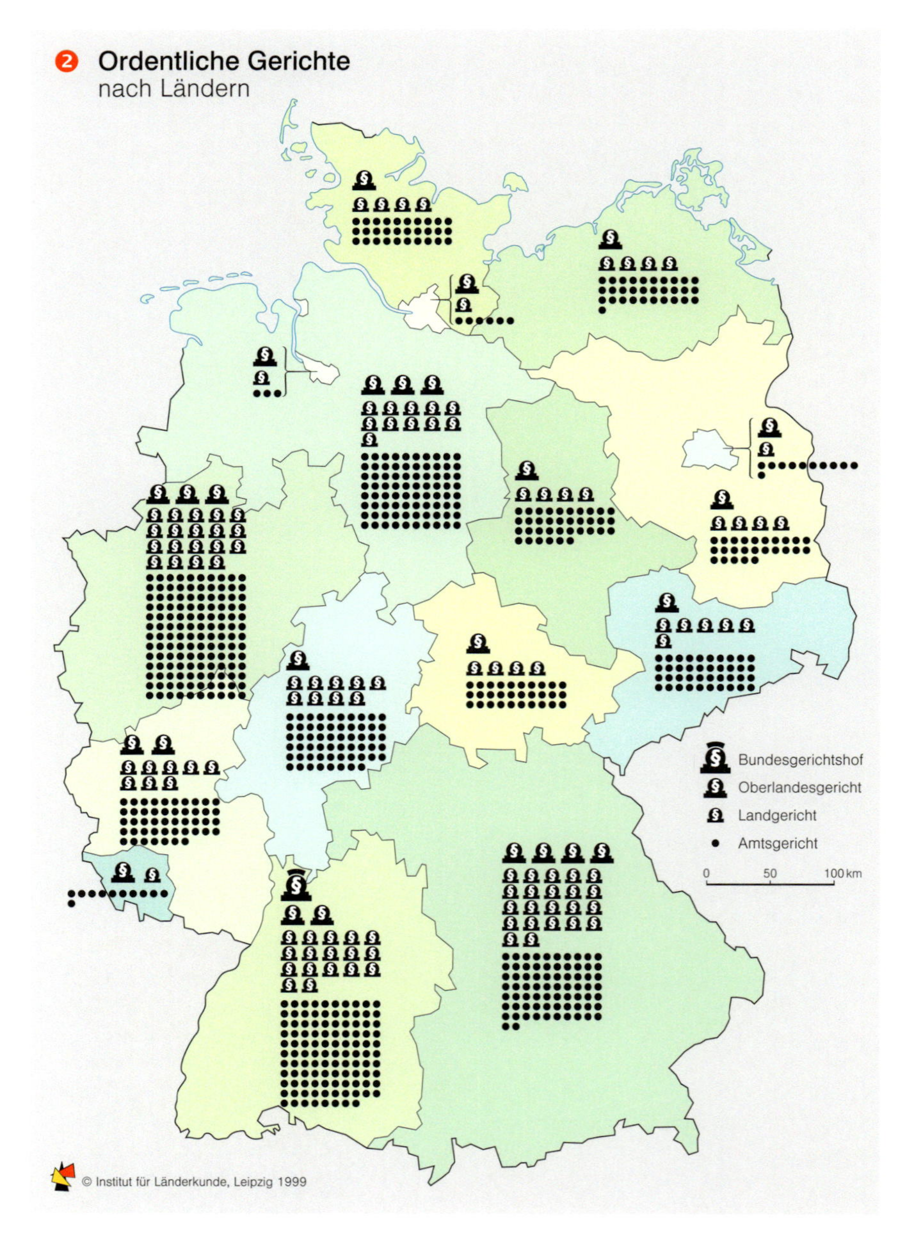

Justizvollzugsanstalten in Deutschland (Stand 31.12.1996)

Länder	Anzahl
Baden-Württemberg	20
Bayern	38
Berlin	7
Brandenburg	10
Bremen	4
Hamburg	11
Hessen	15
Mecklenburg-Vorpommern	6
Niedersachsen	25
Nordrhein-Westfalen	36
Rheinland-Pfalz	11
Saarland	3
Sachsen	12
Sachsen-Anhalt	9
Schleswig-Holstein	6
Thüringen	6
Deutschland	**219**

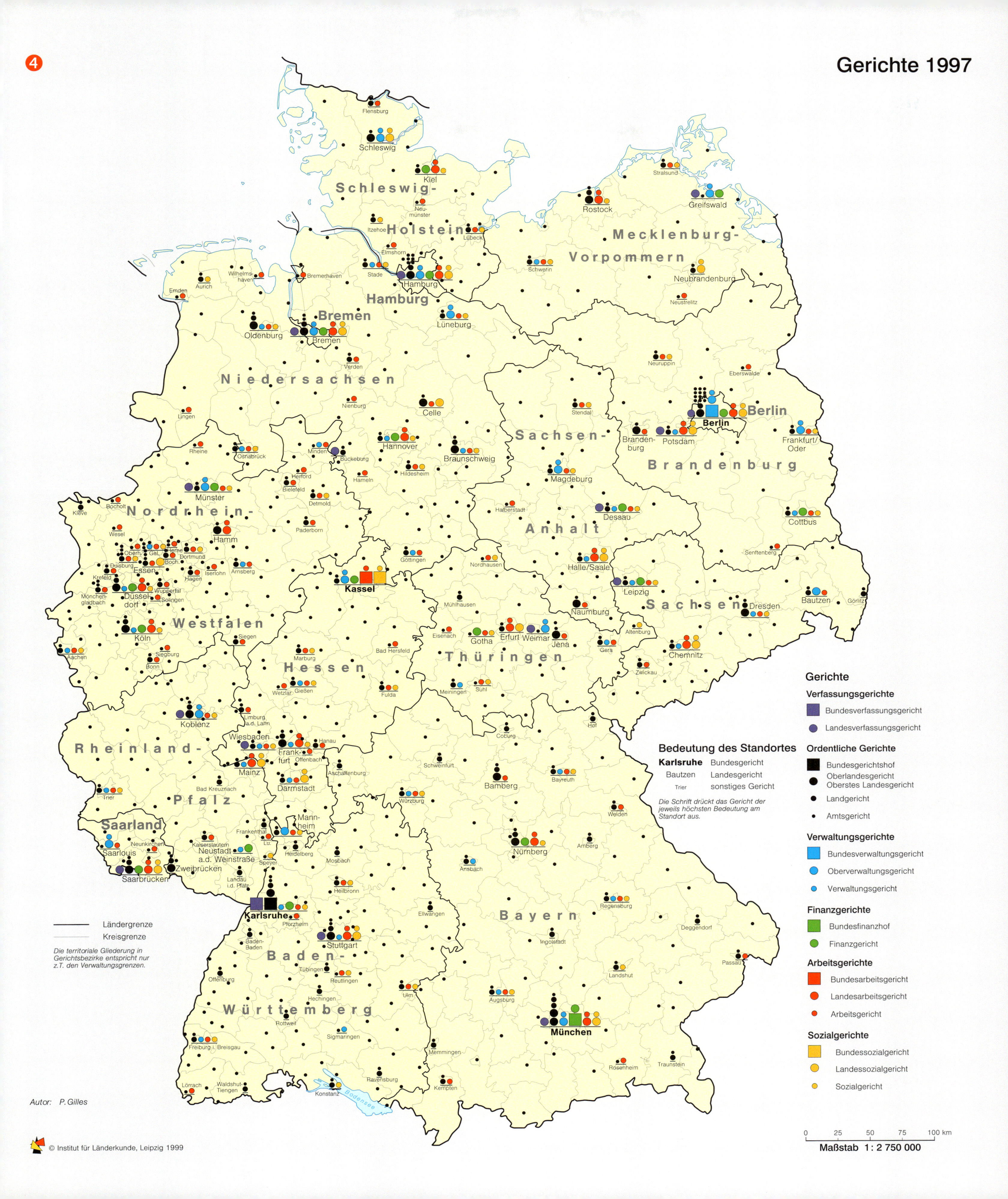

© Institut für Länderkunde, Leipzig 1999

Die räumliche Struktur der Bundeswehr

Autorengemeinschaft Amt für Militärisches Geowesen

❶ Fregatte Niedersachsen

Deutschland ist heute nicht mehr unmittelbar bedroht, sondern von Verbündeten, Freunden und neuen Partnern umgeben. Gleichzeitig sieht es sich jedoch einem Anstieg an Krisen und Konflikten in anderen Teilen Europas sowie in anderen Kontinenten gegenüber. An die Stelle der früheren Bedrohung ist Instabilität getreten. Somit müssen die deutschen Streitkräfte gegenwärtig in der Lage sein,

- Deutschland als Teil des Bündnisgebietes gemeinsam mit seinen Verbündeten zu verteidigen,
- im Bündnisgebiet Beistand zu leisten, wenn dies zur kollektiven. Verteidigung oder im Rahmen der Krisenbewältigung durch NATO oder WEU nötig ist,
- an der internationalen Krisenbewältigung und Konfliktverhinderung teilzunehmen und
- in Katastrophenfällen zu helfen und Menschen aus Notlagen zu retten.

Diesen Anforderungen haben die räumliche und organisatorische Strukturierung der Bundeswehr zu entsprechen.

Das Staatsgebiet der Bundesrepublik Deutschland ist im Hinblick auf die Erfüllung nationaler territorialer Aufgaben in sieben Wehrbereiche unterteilt ❹. Die verantwortlichen Wehrbereichskommandos haben ihren Sitz vorwiegend in Landeshauptstädten und arbeiten eng mit den Landesregierungen zusammen. Ihnen unterstehen jeweils mehrere Verteidigungsbezirkskommandos. Wehrbereichs- und Verteidigungsbezirkskommandos stimmen im Rahmen der zivil-militärischen Zusammenarbeit (ZMZ) sowie mit den Bündnispartnern Planungen und Unterstützungsforderungen ab.

Neben dieser territorialen Gliederung ist das Verteidigungssystem nach fachlich-hierarchischen Aspekten gegliedert. Der Bundesminister der Verteidigung ist im Frieden Inhaber der Befehls- und Kommandogewalt über die Streitkräfte, unterstützt vom Bundesministerium der Verteidigung mit Dienstsitz in Bonn. Ihm unterstehen die Streitkräfte und die Bundeswehrverwaltung. Die Streitkräfte wiederum gliedern sich in die drei Teilstreitkräfte Heer, Luftwaffe und Marine, in die Zentralen Militärischen Bundeswehrdienststellen und in die Zentralen Sanitätsdienststellen der Bundeswehr.

Die Teilstreitkräfte

Das Heer ist die größte Teilstreitkraft und in allen Regionen des Bundesgebietes mit Standorten vertreten. Die obere Führungsebene bilden das Heeresführungskommando, das Heeresamt und das Heeresunterstützungskommando dem wiederum die Korps mit ihren Einsatzdivisionen unterstehen.

Die Luftwaffe deckt mit ihren Kräften das Spektrum aller Einsatzoptionen ab und ist in allen Teilen des Bundesgebietes stationiert. Mit dem Luftwaffenführungskommando, dem Luftwaffenamt und dem Luftwaffenunterstützungskommando befindet sich der größte Teil der Führungsebene am Standort Köln. Dem Luftwaffenführungskommando unterstehen u.a. zwei Luftwaffenkommandos mit je zwei Luftwaffendivisionen.

Die Sicherheit der Bundesrepublik Deutschland beinhaltet auch eine bedeutende maritime Dimension. Die deutsche Marine ❶ leistet im Bündnisrahmen einen eigenständigen und sichtbaren Beitrag zur Aufrechterhaltung des Prinzips der "Freiheit der Meere". Sie konzentriert sich auf relativ wenige Standorte in den drei Flächenbundesländern mit Küstenanteil. Die Marineverbände werden durch das Flottenkommando, das Marineamt und das Marineunterstützungskommando geführt. Dem Flottenkommando unterstehen die in insgesamt sechs Flottillen zusammengefassten Einsatzverbände.

Die zentralen militärischen Bundeswehrdienststellen übernehmen Dienstleistungsfunktionen und decken ein breites Spektrum von Aufgaben für unterschiedliche Bedarfsträger ab. Durch die Übernahme von Ausbildungs- und Unterstützungsaufgaben entlasten sie die Teilstreitkräfte und tragen durch Lageanalysen, Forschungs- und Studienarbeiten zur Entscheidungsvorbereitung für das Ministerium und die Führung der Bundeswehr bei. Stellvertretend für alle seien an dieser Stelle das Streitkräfteamt und die Bundesakademie für Sicherheitspolitik in Bonn, die Führungsakademie der Bundeswehr in Hamburg sowie die Universitäten der Bundeswehr in München und Hamburg genannt.

Die Bundeswehr als Wirtschaftsfaktor

Das Verteidigungsressort schlägt mit rund 10% des Bundeshaushalts zu Buche ❸, aber die Bundeswehr tritt auch in vielfältiger Form als Wirtschaftsfaktor in Erscheinung.

Zunächst einmal sind die Streitkräfte Arbeitgeber für eine große Anzahl an Soldaten und zivilen Mitarbeitern und haben Bedeutung als Beschaffer für die Versorgung ihrer Angehörigen und für die Aufrechterhaltung des laufenden Betriebs, als Initiator für Forschung und Technologie, als Auftraggeber für Studien und Rüstungsvorhaben sowie als Beschaffer von neuen Gütern, insbesondere von Rüstungsgütern. Davon profitieren das produzierende Gewerbe, das verarbeitende Gewerbe, der Handel und der Dienstleistungsbereich. Daneben tritt die Bundeswehr als Bauherr auf.

Bei der Bewertung der Bundeswehr als Wirtschaftsfaktor sollen auch regionale Aspekte mit einbezogen werden. Der Anteil der in der Bundeswehr Beschäftigten (militärisches und ziviles Personal) an der Gesamtzahl der Beschäftigten beträgt im Bundesdurchschnitt 1,2%, variiert in den einzelnen Bundesländern jedoch erheblich ❷. Bundeswehrstandorte befinden sich besonders häufig in Orten mit weniger als 10.000 Einwohnern, wo sie dann einen relativ hohen Stellenwert als Wirtschaftsfaktor einnehmen.

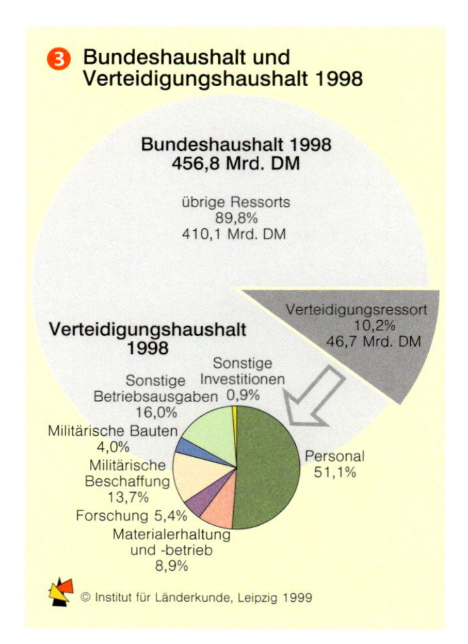

Beispielsweise bietet ein Heeresstandort mit einem Bataillon als Kern der Garnison zusammen rund 800 Soldaten und Zivilbedienstete eine unmittelbare Beschäftigung, ein Geschwader der Luftwaffe mit 2300 Soldaten hat rund 700 Zivilbediensteten, ein Marinestandort mit 2900 Soldaten sogar 1600 Zivilbedienstete. Zusätzlich profitieren zahlreiche am Ort ansässige Firmen von Aufträgen der Bundeswehr. Bereits bei der Errichtung der Garnison fließen mit knapp 30 Mio. DM etwa die Hälfte der Bauausgaben in die Kassen des örtlichen und regionalen Baugewerbes, beim späteren Bauunterhalt sind die örtlichen und regionalen Unternehmen sogar zu 80-100% beteiligt. Daneben übernimmt die Bundeswehrverwaltung einen Teil der Infrastrukturkosten der Standortgemeinde. Insgesamt können der örtliche Einzelhandel bis zu 10%, der regionale bis zu 50% der Bundeswehraufträge an sich ziehen, die z.B. bei einem Luftwaffengeschwader einen Jahreswert von bis zu 18 Mio. DM erreichen können.◆

4
Territoriale Gliederung, Hauptstandorte der Bundeswehr und Truppenübungsplätze 1999
Übersicht der Hauptstandorte
Wehrbereich I
Glücksburg – Flottenkommando; Marineschule Mürwik
Olpenitz – Flottille der Minenstreitkräfte
Eckernförde – U-Bootflottille
Kiel – Wehrbereichskommando I; Marineabschnittskommando Nord; Flottille der Marineflieger; Flottille der Marineführungsdienste; Wehrbereichsverwaltung I
Hamburg – Führungsakademie der Bundeswehr; Universität der Bundeswehr
Rostock – Marineamt; Marineabschnittskommando Ost
Ro.-Warnemünde – Schnellbootflottille
Neubrandenburg – 14. Panzergrenadierdivision
Wehrbereich II
Aurich – 4. Luftwaffendivision
Wilhelmshaven – Marineunterstützungskommando; Marineabschnittskommando West; Zerstörerflottille
Hannover – Wehrbereichskommando II / 1. Panzerdivision; Wehrbereichsverwaltung II
Bundesministerium der Verteidigung
Territoriale Gliederung
Wehrbereiche
IV Grenze und Nummer
Mainz Sitz des Wehrbereichskommandos (WBK bzw. WBK/Div)
Verteidigungsbezirke
86 Grenze und Nummer
Schwerin Sitz des Verteidigungsbezirkskommandos (VBK)
Standortkommando Berlin
StOKdo Grenze und Bezeichnung
Berlin Sitz des Standortkommandos Berlin (StOKdo Berlin)
Hauptstandorte der Bundeswehr
Streitkräfte
Teilstreitkraft Heer
Teilstreitkraft Luftwaffe
Teilstreitkraft Marine
zentrale militärische Dienststellen der Bundeswehr
zentrale Sanitätsdienststellen der Bundeswehr
Bundeswehrverwaltung
Bundesamt für Wehrverwaltung bzw. Wehrbereichsverwaltungen
Standort mehrerer Teilstreitkräfte oder Bundeswehreinrichtungen
vgl. Übersicht der Hauptstandorte
Truppenübungsplatz
Schleswig-Holstein
Mecklenburg-Vorpommern
Niedersachsen
Bremen
Hamburg
Brandenburg
Berlin
Sachsen-Anhalt
Nordrhein-Westfalen
Hessen
Thüringen
Sachsen
Rheinland-Pfalz
Saarland
Baden-Württemberg
Bayern
Kiel
Schleswig
Hamburg
Schwerin
Neubrandenburg
Oldenburg
Bremen
Lüneburg
Hannover
Braunschweig
Potsdam
Frankfurt/O.
Magdeburg
Augustdorf
Arnsberg
Düsseldorf
Köln
Halle/S.
Leipzig
Dresden
Erfurt
Chemnitz
Gießen
Mainz
Trier
Saarlouis
Bayreuth
Marktbergel
Karlsruhe
Stuttgart
Sigmaringen
Regensburg
Landshut
München
Putlos
Altenwalde
Garlstedt
Lübtheen
Jägerbrück
Munster-Nord
Munster-Süd
Bergen
Ehra-Lessien
Klietz
Altmark
Lehnin
Sennelager
Haltern-Lavesum
Haltern-Borkenberge
Schwarzenborn
Ohrdruf
Oberlausitz
Vogelsang
Daaden
Wildflecken
Hammelburg
Baumholder
Grafenwöhr
Hohenfels
Münsingen
Heuberg
Staatsgrenze
Ländergrenze
Kreisgrenze
Fulda Kreis
Abkürzungen:
Bo. = Bonn
Boch. = Bochum
Do. = Dortmund
Dr. = Dresden
Du. = Duisburg
Dü. = Düsseldorf
E.-R.-K. = Ennepe-Ruhr-Kreis
Es. = Essen
Fü. = Fürstenfeldbruck
Ha. = Hagen
He. = Herne
Hei. = Heilbronn
Je. = Jena
Ka. = Karlsruhe
Ko. = Koblenz
Me. = Mettmann
Mü. = München
Wie. = Wiesbaden
Wu. = Wuppertal
Weitere Abkürzungen siehe beiliegende Folie
Autoren: AMilGeo, Euskirchen
© Institut für Länderkunde, Leipzig 1999
0 25 50 75 100 km
Maßstab 1 : 2 750 000
Übersicht der Hauptstandorte (Fortsetzung)
Wehrbereich III
Kalkar – Luftwaffenkommando Nord
Münster – I. D/NL Korps; Lufttransportkommando
Düsseldorf – Wehrbereichskommando III / 7. Panzerdivision; Wehrbereichsverwaltung III
Köln – Heeresamt; Luftwaffenführungskommando; Luftwaffenamt; Luftwaffenunterstützungskommando; Luftwaffenführungsdienstkommando
Bonn – Bundesministerium der Verteidigung; Streitkräfteamt; Bundesakademie für Sicherheitspolitik; Sanitätsamt der Bundeswehr; Bundesamt für Wehrverwaltung
Wehrbereich IV
Koblenz – Heeresführungskommando; Heeresunterstützungskommando; Bundeswehrzentralkrankenhaus
Wiesbaden – Wehrbereichsverwaltung IV
Mainz – Wehrbereichskommando IV / 5. Panzerdivision
Birkenfeld – 2. Luftwaffendivision
Wehrbereich V
Karlsruhe – 1. Luftwaffendivision
Stuttgart – Wehrbereichsverwaltung V
Meßstetten – Luftwaffenkommando Süd
Sigmaringen – Wehrbereichskommando V / 10. Panzerdivision
Ulm – II. GE / US Korps
Wehrbereich VI
Regensburg – Kommando Luftbewegliche Kräfte / 4. Division
München – Wehrbereichskommando VI / 1. Gebirgsdivision; Universität der Bundeswehr; Akademie des Sanitäts- und Gesundheitswesens; Wehrbereichsverwaltung VI
Fürstenfeldbruck – Offizierschule der Luftwaffe
Wehrbereich VII
Potsdam – IV. Korps
Berlin – Bundesministerium der Verteidigung (2. Dienstsitz); 3. Luftwaffendivision
Strausberg – Wehrbereichsverwaltung VII
Leipzig – Wehrbereichskommando VII / 13. Panzergrenadierdivision
Dresden – Heeresoffizierschule

Das Bildungssystem: Schulen und Hochschulen

Manfred Nutz

Das Bildungswesen in Deutschland

Im Rahmen der Sozialisation und Qualifikation der Gesellschaftsmitglieder gehört ein Bildungsangebot für die gesamte Bevölkerung ab ca. dem 6. Lebensjahr zu den wichtigsten Angeboten, die der moderne Staat für seine Bürger gewährleistet. In der Bundesrepublik Deutschland gilt die allgemeine Schulpflicht vom 6. bis zum 15. Lebensjahr. Dass Bildung eine elementare Ressource ist, wurde in der Bundesrepublik Deutschland Ende der 50er und Anfang der 60er Jahre sehr deutlich, als der Zusammenhang einer sich verschlechternden wirtschaftlichen Situation mit einer ungünstigen Situation im Bildungswesen erkannt worden ist. Schlagworte wie die "Deutsche Bildungskatastrophe" und "Bildungsnotstand heißt wirtschaftlicher Notstand" standen seinerzeit in Westdeutschland zur Diskussion.

Heute besteht in Deutschland ein sehr differenziertes Bildungsangebot, das durch die Kulturhoheit der einzelnen Länder jeweilige Spezifika aufweist, sich aber in eine typische Grundstruktur des deutschen Bildungssystems einfügt. Dieses System gliedert sich in fünf Bildungsbereiche: Elementarbereich, Primarbereich, Sekundarbereich I, Sekundarbereich II und Tertiärer Bereich.

Die landeseigenen Besonderheiten spiegeln sich darin wider, dass z.B. nicht in allen Ländern Gesamtschulen vorhanden sind, dass in über der Hälfte der Länder schulformunabhängige Orientierungsstufen eingerichtet sind oder dass in einigen Ländern die Hauptschulen in kombinierten Haupt- und Realschulen aufgegangen sind.

2 Schüler an allgemeinbildenden Schulen 1997/1998

Schleswig-Holstein, Mecklenburg-Vorpommern, Bremen, Hamburg, Niedersachsen, Berlin, Brandenburg, Sachsen-Anhalt, Nordrhein-Westfalen, Sachsen, Thüringen, Hessen, Rheinland-Pfalz, Saarland, Bayern, Baden-Württemberg

Schüler nach Schularten
Schüler an Hauptschulen, Realschulen und vergleichbaren Schulen (blaue Farbtöne)
Schüler an Gesamtschulen, Gymnasien und Freien Waldorfschulen (grüne Farbtöne)
Schüler nach der Herkunft
deutsche Schüler (helle Farben)
ausländische Schüler (dunkle Farben)
Anzahl der Schüler
733 595
500 000
250 000
100 000
25 000
4 000
1 mm² entspricht 4000 Schülern
Ausländische Schüler bei einer Anzahl von weniger als 4000
unter 1000
1000 bis < 4000
(keine flächenproportionale Darstellung)
Schülerdichte
Anteil der Schüler an der Gesamtbevölkerung in %, nach Ländern
9 % und mehr
8 bis < 9 %
7 bis < 8 %
6 bis < 7 %
Höchstwert in Brandenburg: 10,4 %
© Institut für Länderkunde, Leipzig 1999
Autor: M. Nutz

Schulen und Schüler

Im gesamten Bundesgebiet gingen 1997/98 gut 10 Mio. deutsche und ausländische Kinder, Jugendliche und junge Erwachsene in ca. 43.000 allgemeinbildende Schulen. Entsprechend der Bevölkerung und ihrer Altersstruktur verteilen sich die Schülerzahlen im Bundesgebiet. So versorgten die Schulen des Bildungsbereichs Haupt-, Real-, Gesamtschulen und Gymnasien im bevölkerungsreichsten Bundesland Nordrhein-Westfalen ca. 1, 3 Mio. Schüler, wovon über 154.000 ausländische Schüler waren ❶. Generell fällt in den neuen Ländern der verschwindend geringe Ausländeranteil auf, während in Berlin und etlichen westlichen Ländern dieser Anteil im genannten Schulbereich deutlich über 10% liegt. Das Verhältnis zwischen Gesamtschülern und Gymnasiasten einerseits und den Schülern der Haupt-, Real- und vergleichbaren Schulen andererseits spiegelt sehr deutlich die landeseigenen Besonderheiten des Schulsystems wider. Das Schülerverhältnis dieser beiden Gruppen von Schularten ist z.B. in Nordrhein-Westfalen, Hessen oder auch im Saarland ausgewogen, während die Relationen z.B. in Sachsen-Anhalt, wo erst nach der Orientierung in der 6./7. Klasse der Besuch des Gymnasiums bzw. der Gesamtschule vorgesehen ist, oder in Sachsen, wo im Gymnasium nur 8 Klassenstufen verlangt werden, in einem anderem Verhältnis stehen. Generell erschweren die landeseigenen Besonderheiten den direkten Vergleich der Länder.

Der Besuch des Gymnasiums weist in der Betrachtung nach Kreisen deutliche Unterschiede auf ❹. Es fällt auf, dass der Anteil der Gymnasiasten des 7. Schuljahres an allen Schülern der 7. Jahrgangsstufe besonders in den Kernstädten überdurchschnittlich ist. Der Mittelwert

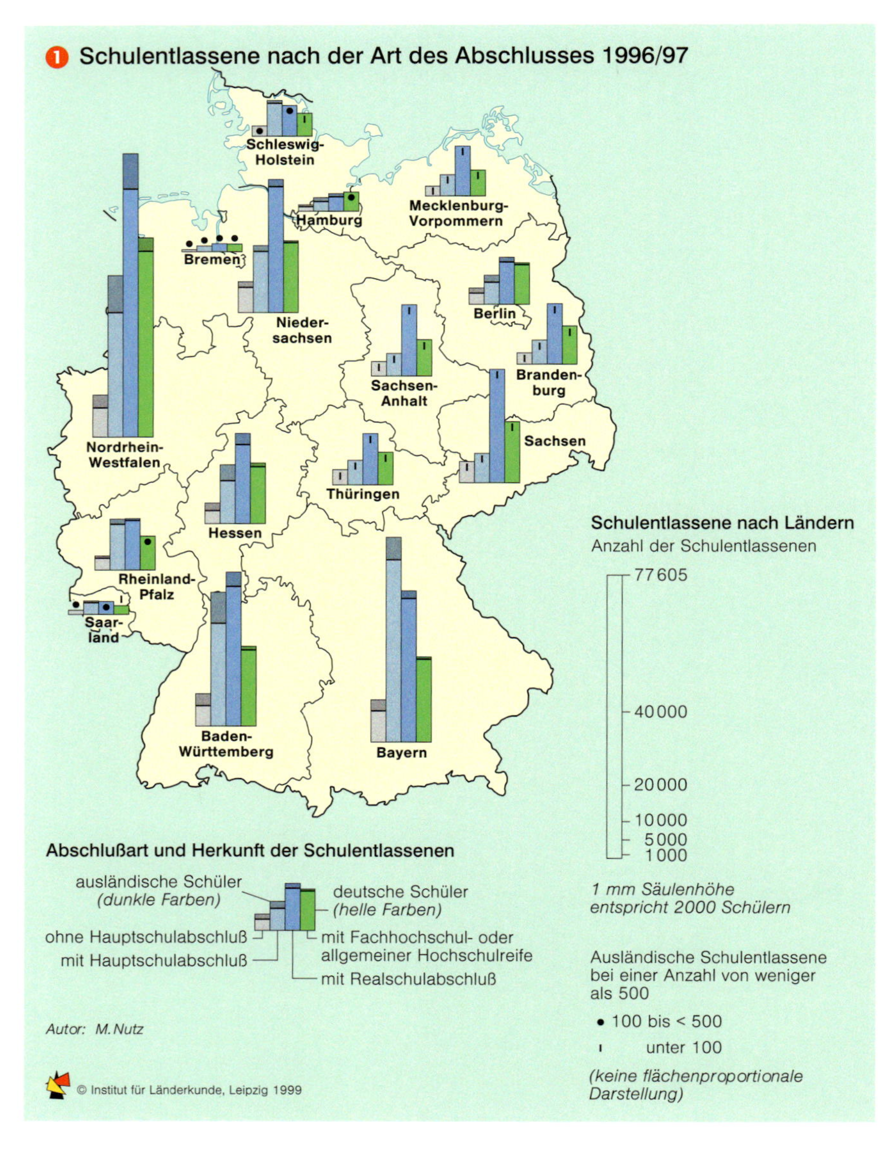

von knapp 30% wird fast nur von einigen Ruhrgebietsstädten nicht erreicht. Auf der anderen Seite sind es überwiegend die ländlichen Umlandkreise von Agglomerationen bzw. verstädterten Räumen sowie die dünn besiedelten Bereiche der ländlichen Gebiete, die einen unterdurchschnittlichen Anteilswert der Gymnasialbeteiligung aufweisen. In der Tendenz ist hier ein Stadt-Land-Gefälle zu beobachten, was u.a. die unterschiedliche Ausstattung mit weiterführenden Schulen in den Regionen widerspiegelt ❺.

Ein erheblicher Teil der Schüler verließ nach dem Schuljahr 1996/97 die allgemeinbildende Schule ohne Hauptschulabschluss ❷. Damit hatten über 80.000 (8,8%) im Vergleich zu den qualifizierteren jungen Menschen einen deutlich erschwerten Einstieg in den Arbeitsmarkt. Besonders betroffen sind die ausländischen Schüler, die überproportional die Schule ohne Abschluss verlas-

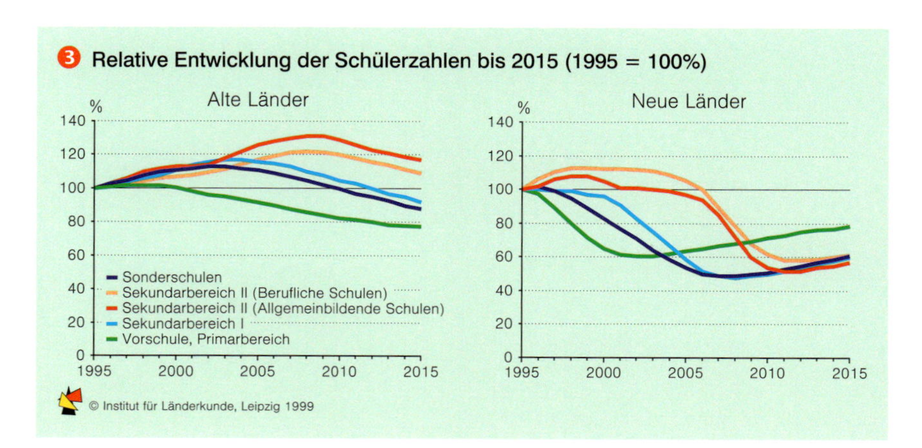

Struktur des Schulbildungswesens

Elementarbereich – Kindergärten und Sonderkindergärten
Primarbereich – Grundschulen für die ersten vier Schuljahre
Sekundarbereich I – Haupt- und Realschulen, Mittel-, Regel- und Sekundarschulen, Gesamtschulen und Gymnasien sowie Sonderschulen bis zum 9. bzw. 10. Schuljahr
Sekundarbereich II – Gymnasien, Gesamtschulen, Fachgymnasien, Fachoberschulen und berufliche Schulen bis zum 12. bzw 13. Schuljahr

Gymnasiastenanteil

Der Grad der Bildungsbeteiligung an Gymnasien wird daran gemessen, welcher Prozentsatz aller Schüler der 7.Jahrgangsstufe ein Gymnsium besucht. Dieser Wert gibt die Situation am Schulort an. Hohe Werte kommen nicht ausschließlich durch hohe Übertrittsquoten der Kinder, die in einem Kreis wohnen, zustande, sondern werden mitgetragen durch die aus anderen Kreisen täglich einpendelnden Fahrschüler.

sen. Die Mehrheit sucht den Weg in die berufliche oder weiterführende schulische Ausbildung mittels Haupt- oder Realschul- bzw. einem vergleichbaren Schulabschluss. Mit der Fachhochschul- und der allgemeinen Hochschulreife schlossen in Deutschland knapp 230.000 Schüler ab. Diese Zahl hat sich seit Anfang der 90er Jahre kontinuierlich erhöht, allerdings bei einem gleichzeitigen Rückgang der Abschlüsse mit Fachhochschulreife. Zwischen den einzelnen Ländern variieren die Anteile der Schulentlassenen der allgemeinbildenden Schulen mit Studienberechtigung merklich. So weisen die meisten neuen Länder einen Anteil von über 25% auf, während in den alten Ländern dieser Wert nur von Hamburg, Hessen und Nordrhein-Westfalen überschritten wird.

Die Zukunft der Schule

Der Blick in die Zukunft lässt anhand der erwarteten Schülerzahlen eine gravierende Veränderung der Auslastung im Schulwesen erwarten. Ausgehend von 1995 mit einer Gesamtschülerzahl von 12,4 Mio. in allen Bildungsbereichen wird nach den Prognosen bis 2000 mit einem leichten Anstieg und anschließend mit einem dauerhaften Rückgang auf 10,5 Mio. im Jahr 2015 gerechnet. Die Veränderungen werden jedoch in Ost- und Westdeutschland sehr unterschiedlich verlaufen. Während in den alten Ländern der Rückgang der Schülerzahlen in moderater Form verlaufen wird ❸, zeichnet sich in den neuen Ländern aufgrund des Geburtenrückgangs Anfang der 90er Jahre ein dramatischer Wandel ab. Zunächst ist der Vorschul- und Primarbereich davon betroffen, der Sekundarbereich I und der Sonderschulbereich folgen zeitversetzt und erreichen etwa 2008 ein Niveau von 50% im Vergleich zu 1995. Am Ende des Prognosezeitraums pendeln sich die Sekundarbereiche I und II in den neuen Ländern auf einem Niveau von ca. 60% ein.

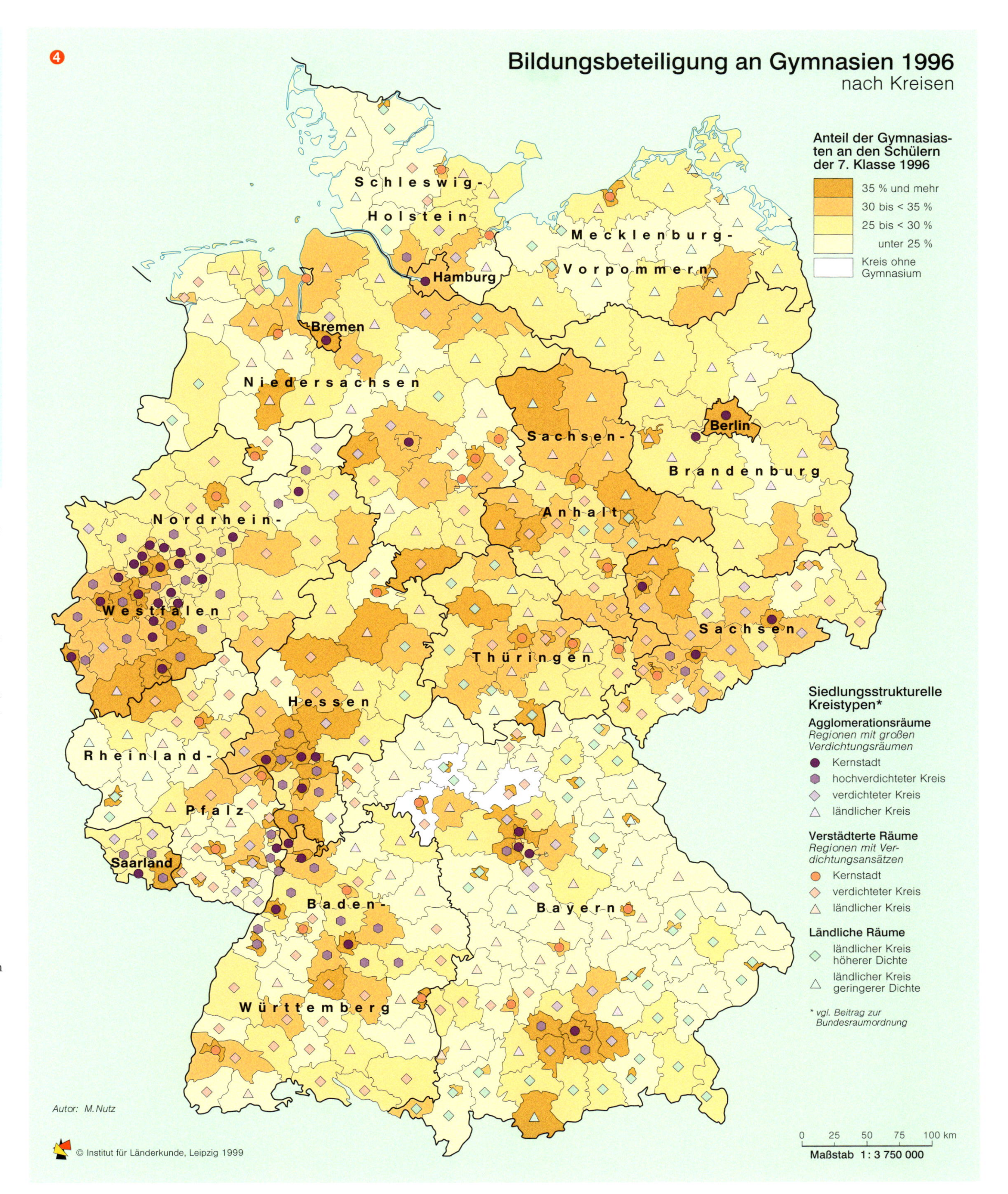

Hochschulen und Studierende

In der Bundesrepublik Deutschland studieren heute über 1,8 Mio. Studierende an über 300 Hochschulen. Das Hochschulwesen hat eine lange Tradition, die bis in das 12. Jahrhundert zurückreicht. Um 1400 waren in Deutschland an nur drei Hochschulen ca. 800 Studierende immatrikuliert. Diese Zahl stieg bis zu Beginn des 16. Jahrhunderts auf ca. 3500, verteilt auf zehn ➡

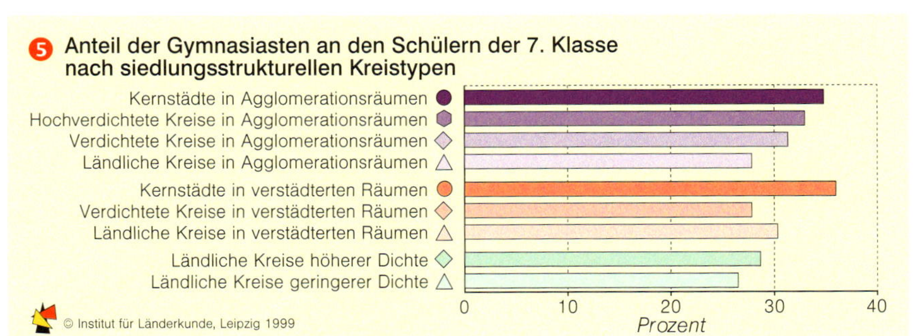

Universitäten. Die Neugründungsaktivitäten mancher Territorialherren ließ die Hochschulzahl zu Beginn des 17. Jahrhunderts auf 25 mit ca. 8000 Studierenden anwachsen. Die räumliche Verteilung der Hochschulstandorte war durch die Jahrhunderte hindurch recht unausgewogen. Der Norden zeichnete sich, ebenso wie der Bereich südliche der Donau, durch eine ausgesprochene Hochschularmut aus. Die mitteldeutschen Gebiete erfuhren hingegen zwischen dem 14. und 18. Jahrhundert eine erhebliche Verdichtung des Standortnetzes, wobei die älteren Universitäten in diesem Zeitraum teilweise Einbußen in der Nachfrage hinnehmen mussten, wie dies z.B. für Erfurt, Heidelberg, Ingolstadt und Rostock nachgewiesen ist ❻.

Nach dem Zweiten Weltkrieg wird die Bedeutung der Wissenschaft für die Entwicklung neuer Technologien und für die Steigerung der Qualifikation der Arbeitskräfte offensichtlich. Im Westen Deutschlands resultierte daraus in den 60er und 70er Jahren eine Neugründungswelle von Universitäten, um ausreichende Kapazitäten für die steigende Studienplatznachfrage bei den geburtenstarken Jahrgängen und die generelle Möglichkeit einer Erhöhung der Bildungsbeteiligung zu schaffen. Mit dem Grundsatz der bildungspolitischen Regionalisierung sollte darüber hinaus eine gleichmäßigere Verteilung der Hochschulinfrastruktur vor allem auch in traditionell hochschulfernen Regionen gewährleistet werden.

Im Osten Deutschlands wurde bald nach der Gründung der DDR das Hochschulnetz ausgebaut. Allein in der ersten Hälfte der 50er Jahre verdoppelte sich die Zahl der Hochschulen, nicht zuletzt durch eine verstärkte Gründung von Technischen Hochschulen. Eine zweite Expansionsphase des Hochschulnetzes in der DDR vollzog sich Ende der 60er Jahre, als mit der Gründung der Ingenieurhochschulen der Versuch unternommen wurde, den Bedarf an qualifizierten Technologen zu befriedigen. Seit der Hochschulreform von 1968 ist die Zahl der Universitäten und sonstigen Hochschulen in der DDR nahezu unverändert geblieben.

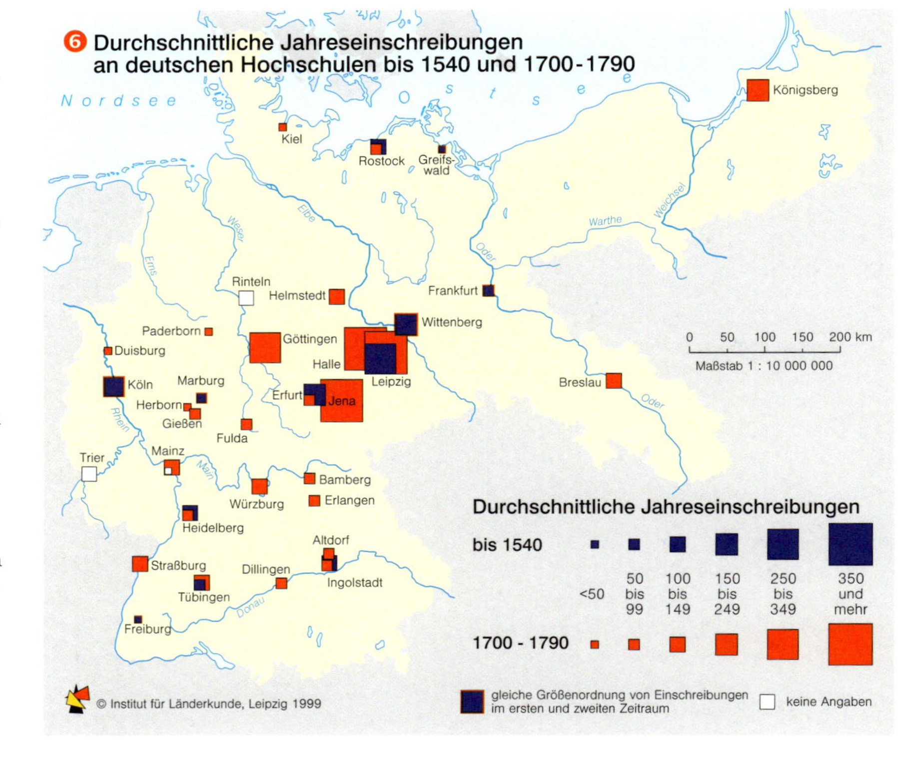
❻ Durchschnittliche Jahreseinschreibungen an deutschen Hochschulen bis 1540 und 1700-1790

❼ Standorte der Fachhochschulen 1999

Das Fachhochschulnetz

Einen besonders starken Regionsbezug hat das Netz der Fachhochschulen, das sich in den alten Ländern seit über 20 Jahren aus Fach- und Ingenieurschulen entwickelt hat. In den neuen Ländern haben Fachhochschulen auch universitäre Vorgängereinrichtungen, wie z.B. die ehemaligen Technischen Hochschulen in Leipzig, Zittau oder Zwickau. Durch die räumliche Differenziertheit der Fachhochschullandschaft finden sich Einrichtungen nicht nur in Groß- oder Universitätsstädten ❼. Sie bieten vielmehr den Studierwilligen mit Fachhochschulreife die Möglichkeit eines anwendungsbezogenen Studiums mit einer kürzeren Studiendauer als an Universitäten. Die allgemeinen Fachhochschulen und Fachhochschulstudiengänge an sonstigen Hochschulen – z.B. Abteilungen der Universität-Gesamthochschule Paderborn in Höxter, Meschede und Soest – werden ergänzt durch Fachhochschulen für Öffentliche Verwaltung, die ausschließlich den Beamtenanwärtern vorbehalten sind. In Deutschland waren im Wintersemester 1997/98 knapp 400.000 Studierende an den Fachhochschulen immatrikuliert, deutlich mehr als noch zu Beginn der 90er Jahre mit gut 330.000. Vor allem die Zahl der Studentinnen hat im Laufe der 90 Jahre merklich zugenommen.

Hochschulen heute

Die Universitäten und vergleichbaren Einrichtungen, zu denen Technische Hochschulen ebenso gehören wie Pädagogische und Theologische Hochschulen, komplettieren zusammen mit den Kunst- und Musikhochschulen die Bildungslandschaft im Tertiären Bildungsbereich. Die Zahl der Standorte ist geringer als die der Fachhochschulen, die Differenzierung nach Größe und Fächerangebot variiert hingegen stark ❽. Etwa die Hälfte der dargestellten Hochschulen bilden weniger als 1000 Studierende aus. Über ein Drittel aller Hochschulen bieten nur 5% der Studiengänge an, die die Universität Hamburg mit dem größten Fächerangebot anbietet. Diese Hochschulen sind spezialisierte Einrichtungen für Sport, Medizin, Politik, Verwaltung oder Wirtschaft. Die Universitäten mit dem größten Fächerangebot sind neben der Universität Hamburg die Universitäten München, Kiel, Humboldt-Universität Berlin und Erlangen-Nürnberg. Oft sind es natürlich die großen Universitäten, die auch ein großes Fächerangebot aufweisen. Allein sechs

Hochschularten

Universitäten mit einer großen Breite an Fächergruppen und den Ausbildungszielen Magister, Diplom, Staatsexamen, Bachelor und Master sowie Promotion.
Technische Hochschulen/Universitäten mit Schwerpunkt auf den natur- und ingenieurwisschenschaftlichen Fächern.
Gesamthochschulen in Hessen und Nordrhein-Westfalen mit universitären und Fachhochschul- sowie integrierten Studiengängen.
Pädagogische Hochschulen in Baden-Württemberg und Thüringen zum Studium der Lehrämter, ausgenommen für Gymnasien und Berufliche Schulen.
Theologische Hochschulen befinden sich in kirchlicher Trägerschaft und stehen neben Theologischen Fakultäten an Universitäten.
Kunst- und Musikhochschulen für die Ausbildung im künstlerischen Bereich mit besonderen Aufnahmeverfahren und z.T. hochschuleigenen Abschlussprüfungen.
Fachhochschulen für eine anwendungsbezogene, straff organisierte und kürzere Ausbildung als an Universitäten.
Fachhochschulen für Öffentliche Verwaltung (Verwaltungsfachhochschulen) in Trägerschaft des Bundes oder der Länder zur Ausbildung von Beamtenanwärtern für den gehobenen nichttechnischen Dienst.

Universitäten

U	Universität; in Berlin auch: Freie U (FU) und Humboldt-U (HU)
H	Hochschule Medizinische (MedU/H), Tiermedizininische (TiH), Bildungswissenschaftliche (Bild.wiss.), H für Wirtschaft und Politik (HWP), H für Philosophie (HPhil)
TU/TH	Technische Universität/Hochschule
GH	Gesamthochschule
PH	Pädagogische Hochschule
ThH	Theologische Hochschule
FH	Fachhochschule

Kunsthochschulen

Hochschulen: für Bildende Künste (HfBK), für Kunst (HfK), für Musik (HfM), für Kirchenmusik (HfKiM), für Musik und Theater (HfMT), für Schauspielkunst (HfS), für Film und Fernsehen (HFF), für Gestaltung (HfGest), für Kunst und Design (HfKD), für Grafik und Buchkunst (HfGuB)
Akademien: der Bildenden Künste (AkBK), der Kunst (AdK), für künstlerischen Tanz (AfKT)

Spezielle Abkürzungen

EAP	Europäische Wirtschaftshochschule
DSHS	Deutsche Sporthochschule
WHU	Wissenschaftliche Hochschule für Unternehmensführung
HfVW	Deutsche Hochschule für Verwaltungswissenschaften
EBS	European Business School
IHI	Internationales Hochschulinstitut
UdBW	Universität der Bundeswehr

Bei Universitäten, Technischen Universitäten bzw. Hochschulen und Gesamthochschulen werden **keine Zweigstandorte** bzw. **Sonderstandorte** einzelner Fakultäten dargestellt; es werden jedoch **Doppelstandorte** dargestellt.

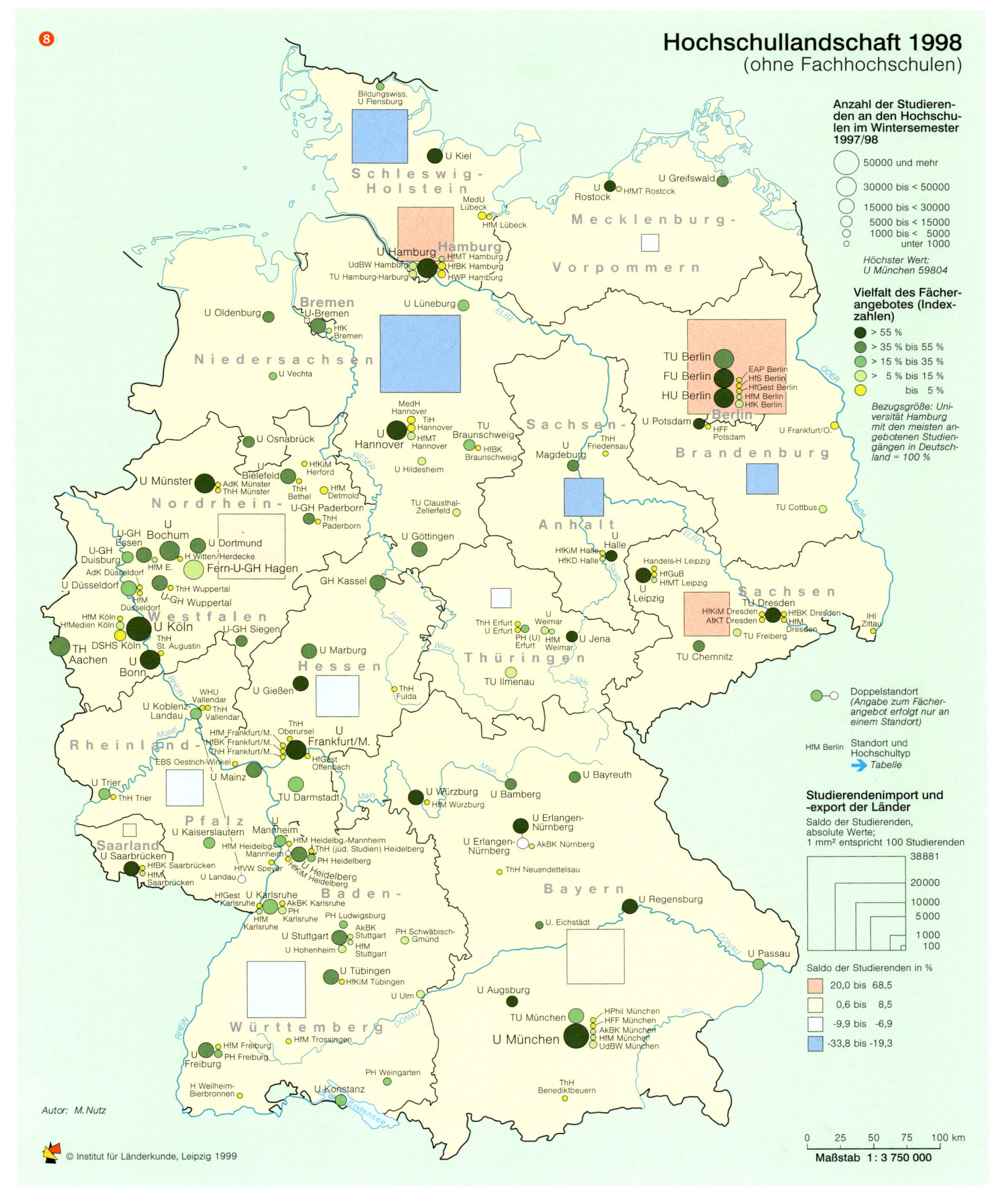

Hochschulen bildeten im Wintersemester 1997/98 jeweils mehr als 40.000 Studierende aus.

Die meisten Studierenden haben das Bedürfnis, in der Nähe ihres Heimatortes zu studieren. Bei der Wahl des Studienortes stehen oft persönliche Gründe vor den fachlichen. Dennoch findet eine rege Wanderung über die Ländergrenzen hinweg statt 8. Einen hohen Studierendenexport haben z.B. Schleswig-Holstein, Sachsen-Anhalt, Brandenburg und Niedersachsen zu verzeichnen. So studierten in Schleswig-Holstein im Wintersemester 1997/98 gut 24.000 Studierende, in ganz Deutschland waren aber fast 35.000 Studenten immatrikuliert, die in Schleswig-Holstein ihre Hochschulreife erworben haben. Das Land hat somit mehr Studierende an Hochschulen anderer Länder abgegeben als es in das eigene Land aufgenommen hat. Im Gegensatz dazu steht beispielsweise Sachsen. Per Saldo waren 20% mehr Studierende an sächsischen Hochschulen immatrikuliert, als die Gesamtzahl der Studierenden an deutschen Hochschulen, die ihre Hochschulreife in Sachsen erworben haben.

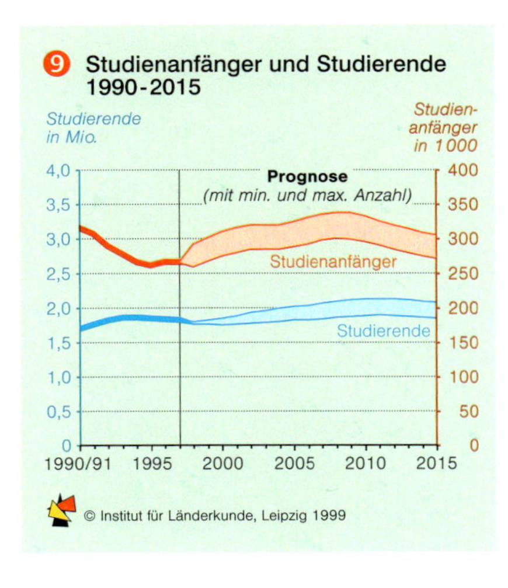

Ganz generell ist die Zahl der Studienanfänger im vereinigten Deutschland von Beginn an rückläufig gewesen. Bis Mitte der 90er Jahre sank die Zahl von 317.000 auf gut 260.000. Eine Trendwende wird erst zum Ende des Jahrtausends erwartet, wobei die Anfängerzahlen bis etwa 2008 das Niveau von Anfang der 90er Jahre erreicht haben sollen 9. Die Studierendenzahl an deutschen Hochschulen stieg demgegenüber bis Mitte der 90er Jahre an und soll entsprechend den Prognosen nach einem Tal zur Jahrtausendwende wieder eine moderate positive Entwicklung einschlagen.◆

Bundesraumordnung

Axel Priebs

In der Bundesrepublik Deutschland besitzt der Bund gemäss Artikel 75 des Grundgesetzes im Bereich der Raumordnung eine Rahmenkompetenz. Dies heißt, dass Raumordnung eines jener Politikfelder darstellt, in denen Bund und Länder im Sinne des „kooperativen Föderalismus" eng zusammenwirken müssen (▸▸ Abb. im Beitrag Heinritz/Tzschaschel/Wolf). In der Praxis vollzieht sich diese Zusammenarbeit vor allem in der Ministerkonferenz für Raumordnung (MKRO), in der alle für Raumordnung zuständigen Länderminister/innen bzw. Senatoren/innen sowie der zuständige Bundesminister bzw. die zuständige Bundesministerin vertreten sind. Die Arbeitsergebnisse der MKRO sind insbesondere Entschließungen zu aktuellen raumordnungspolitischen Themen. So sind in den letzten Jahren z.B. zu den Themen Factory-Outlet-Center, Metropolregionen Deutschlands, Reform der europäischen Strukturfonds, Freiraumsicherung und vorbeugender Hochwasserschutz Entschließungen gefaßt worden. Die Entschließungen der MKRO werden durch den Hauptausschuss der MKRO und verschiedene Ausschüsse, die mit Fachleuten der Obersten Landesplanungsbehörden besetzt sind, vorbereitet. Sie haben lediglich empfehlenden Charakter.

Die MKRO hat auch intensiv an der Erarbeitung des im Jahr 1993 verabschiedeten Raumordnungspolitischen Orientierungsrahmens der Bundesregierung sowie des zwei Jahre später vorgelegten Raumordnungspolitischen Handlungsrahmens mitgewirkt. Obschon die Länder großen Wert darauf gelegt haben, dass mit diesen beiden Instrumenten nicht in die Zuständigkeit der Länder eingegriffen wird, haben sie sich konstruktiv an deren Erarbeitung beteiligt. Die Dokumente haben erhebliche Bedeutung für die Darstellung gesamtstaatlicher Leitbilder der Raumentwicklung ❶ sowie für die Identifizierung wesentlicher raumordnungspolitischer Handlungsfelder des Bundes. Hieraus sind z.B. die Modellvorhaben „Städtenetze" (▸▸ Beitrag Jurczek/Wildenauer) und „Raumordnungskonferenzen" erwachsen.

Über die Erarbeitung von Leitbildern der räumlichen Entwicklung des Bundesgebietes hinaus werden durch die Bundesraumordnung auf der Grundlage des zuletzt im Jahr 1997 (zum 1.1.1998 in Kraft getreten) gründlich modifizierten Raumordnungsgesetzes (ROG) folgende Aufgaben wahrgenommen:

- Beteiligung an einer Raumordnung in der Europäischen Union und im größeren europäischen Raum in Zusammenarbeit mit den Ländern, insbesondere am Europäischen Raumentwicklungskonzept EUREK (▸▸ Beitrag Kremb);
- Raumordnerische Zusammenarbeit mit den Nachbarstaaten im Zusammenwirken mit den jeweils betroffenen Ländern;
- Einwirken auf die privatrechtlichen Einrichtungen des Bundes (z.B. die Deutsche Bahn AG), damit diese bei ihren raumbedeutsamen Planungen und Maßnahmen die Erfordernisse der Raumordnung beachten;
- Führung eines Informationssystems zur räumlichen Entwicklung im Bundesgebiet („laufende Raumbeobachtung") durch das Bundesamt für Bauwesen und Raumordnung;
- Erstellung eines regelmäßigen Raumordnungsberichts durch das Bundesamt für Bauwesen und Raumordnung zur Vorlage an den Bundestag durch das zuständige Ministerium;
- Erlass von Rechtsverordnungen, soweit das ROG dazu ermächtigt.

Aus dieser Darstellung wird deutlich, dass die wesentlichen Kompetenzen auf dem Gebiet der Raumordnung bei den Ländern liegen, welche für ihr Gebiet – unter Beachtung der rahmenrechtlichen Vorgaben des ROG – jeweils landesrechtliche Vorschriften für die Landes- und Regionalplanung erlassen.

Nach der deutschen Vereinigung sind die raumordnerischen Aktivitäten auf Bundesebene in den 90er Jahren erheblich intensiviert worden. In den vorangegangenen Jahrzehnten war die Raumordnungspolitik in der „alten" Bundesrepublik erheblichen Schwankungen bezüglich ihrer politischen Bedeutung ausgesetzt gewesen. Erst 1965 hat der Bund von seiner Gesetzgebungskompetenz durch Erlass des Raumordnungsgesetzes Gebrauch gemacht. 1975 wurde das Bundesraumordnungsprogramm vorgelegt, dessen Fortschreibung Anfang 1983 jedoch an Differenzen zwischen Bund und Ländern scheiterte.◆

❶ Leitbild Ordnung und Entwicklung

Entwicklungsbedarf: hoch / sehr hoch – in Industrieregionen; außerhalb von Industrieregionen

Ordnungsbedarf: hoch – in Verdichtungsräumen; außerhalb von Verdichtungsräumen

Zentrum / Teil eines Zentrums: Oberzentrum; mögliches Oberzentrum bzw. Mittelzentrum mit Teilfunktionen eines Oberzentrums

Hinweis: Diese Karte veranschaulicht die Aussage des Orientierungsrahmens, stellt jedoch keine planerischen Festlegungen dar.

© BfLR Bonn 1992
© Institut für Länderkunde, Leipzig 1999

Wichtige raumwirksame Politikfelder für die Bundesraumordnung

- Die **Verkehrspolitik**, insbesondere durch die Bundesverkehrswegeplanung für die Bundesschienenwege, Bundesfernstraßen und Bundeswasserstraßen.
- Der **Städtebau** im Rahmen der Gesetzgebung, durch Mittelzuweisung beispielsweise für die Stadtsanierung oder durch die Förderung innovativer Modellvorhaben etwa zur nachhaltigen Stadtentwicklung, zu Großwohnsiedlungen oder Städtenetzen.
- Die **Wohnungspolitik** in Form staatlicher oder hoheitlicher Maßnahmen, die neben der Raumordnung auch die Wohnungswirtschaft betreffen.
- Die drei **Gemeinschaftsaufgaben** von Bund und Ländern, die den Aus- und Neubau von Hochschulen einschließlich der Hochschulkliniken, die Verbesserung der regionalen Wirtschaftsstruktur sowie die Verbesserung der Agrarstruktur und des Küstenschutzes betreffen.
- Die **Finanzpolitik,** insbesondere im Rahmen des Länderfinanzausgleichs zur Herstellung gleichwertiger Lebensverhältnisse im Bundesgebiet.
- Die **Behördenstandortpolitik**, insbesondere durch die Neuerrichtung, Verlegung und Auflösung staatlicher Institutionen.
- Die **Umweltpolitik** mit den Kernbereichen Naturschutz und Landschaftspflege, Immissionsschutz, Wasserwirtschaft und Abfallwirtschaft.

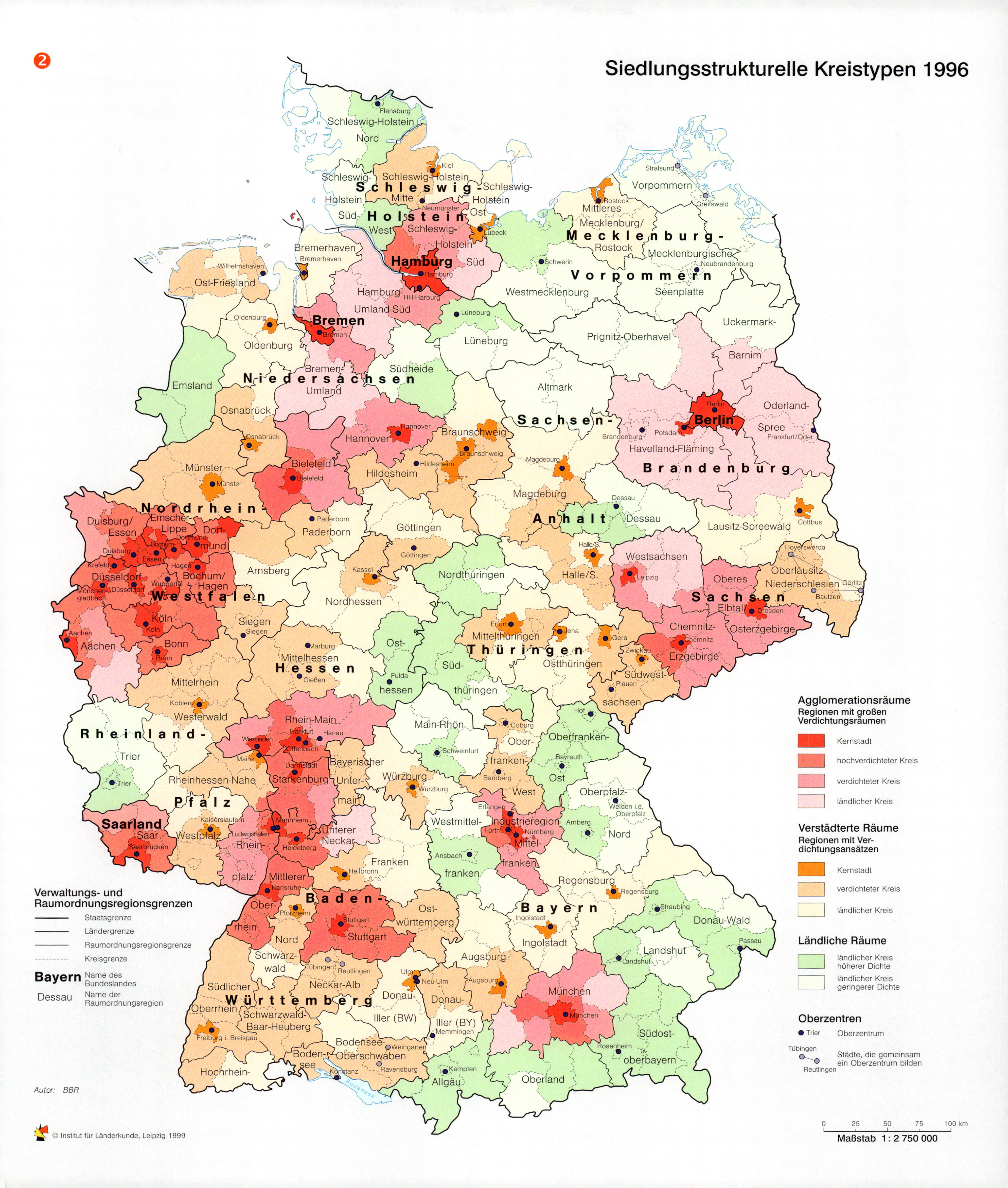

© Institut für Länderkunde, Leipzig 1999

Planungsregionen und kommunale Verbände

Axel Priebs

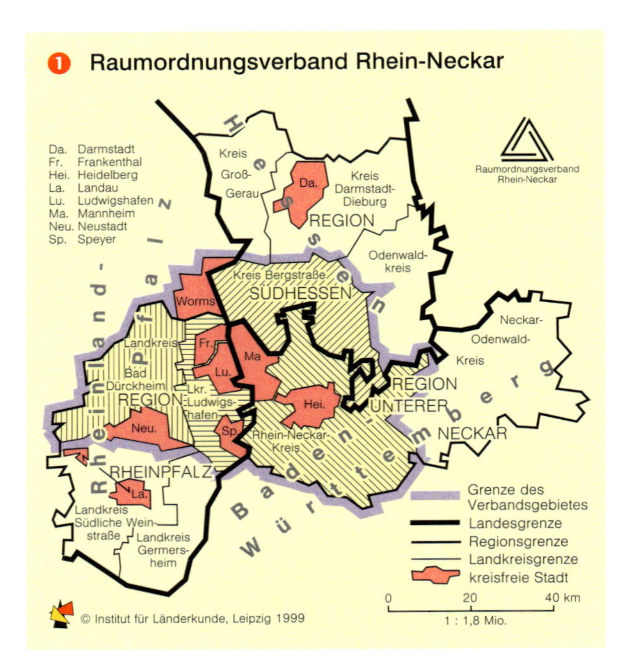

❶ Raumordnungsverband Rhein-Neckar

Die administrative Einteilung Deutschlands in Länder, Regierungsbezirke, Kreise und Gemeinden erweist sich bei vielen Aufgaben der Planung und der Bereitstellung von Dienstleistungen für die Bevölkerung als unzulänglich. Trotz häufiger Gebietsreformen kann die Verwaltungsgliederung nicht mit den Anforderungen Schritt halten, die in Folge moderner Infrastrukturmaßnahmen oder anderer Einrichtungen mit überregionalem Einzugsbereich entstehen. Immer häufiger erfordern raumübergreifende Vorhaben, sei es beispielsweise ein Großflughafen oder auch ein großflächiges Einzelhandelsprojekt, eine Abstimmung zwischen allen betroffenen Gebietskörperschaften (▸▸ Beitrag Heinritz/Tzschaschel/Wolf). Die meisten Länder haben deshalb auf der Grundlage der Landeskompetenz bei der Raumordnung spezielle Planungsregionen ausgewiesen, aber in vielen Fällen entscheiden sich auch die Kommunen zu einer freiwilligen Kooperation und Abstimmung.

Planungsregionen

Für die Regionalplanung, die eine zusammenfassende, überörtliche und überfachliche Ordnung des Raumes bewirken soll, haben die Länder – mit Ausnahme des Saarlandes und der Stadtstaaten – ihr Gebiet in Planungsregionen aufgeteilt. Deren Abgrenzung folgt grundsätzlich funktionalen Kriterien – insbesondere die Verflechtungsbereiche der Oberzentren werden hier berücksichtigt –, muss jedoch aus praktischen Gründen auch administrative Grenzen beachten. In Verbindung mit weiteren länderspezifischen Gegebenheiten resultieren daraus deutliche Unterschiede im räumlichen Zuschnitt der 111 Planungsregionen, wie sie die nebenstehende Karte zeigt ❸. Die größten Planungsregionen sind dort zu finden, wo diese mit den Regierungsbezirken identisch sind, nämlich in Nordrhein-Westfalen und Hessen; in Nordrhein-Westfalen werden für die Planbearbeitung allerdings überwiegend räumliche "Teilabschnitte" gebildet. In den meisten Ländern umfasst eine Planungsregion ein Cluster mehrerer Kreise und kreisfreier Städte. Nur in Niedersachsen – mit Ausnahme der Regionen Hannover und Braunschweig – sind die Kreise und kreisfreien Städte selbst gleichzeitig Planungsregionen.

Die länderspezifischen Regelungen zur Regionalplanung lassen auch bei der Organisation und den inhaltlichen Schwerpunkten deutliche Unterschiede erkennen. Bei den organisatorischen Lösungen reicht die Praxis von einer staatlich dominierten Trägerschaft der Regionalplanung (wie in Schleswig-Holstein und Nordrhein-Westfalen) über kommunal getragene bzw. verfasste regionale Planungsgemeinschaften und -verbände (z.B. Brandenburg, Rheinland-Pfalz, Großräume Braunschweig und Hannover) bis zur vollständigen Übertragung an Landkreise und kreisfreie Städte, wie sie in weiten Bereichen Niedersachsens anzutreffen ist.

Bei den Planungsverbänden und -gemeinschaften stehen "reine" Planungsinstitutionen (Brandenburg, Rheinland-Pfalz) neben solchen mit weiteren raumbedeutsamen Aufgaben, etwa dem ÖPNV und der Wirtschaftsförderung (z.B. Kommunalverband Großraum Hannover ❷ und Verband Region Stuttgart). Zu erwähnen sind schließlich der Regionalverband Donau-Iller sowie der Raumordnungsverband Rhein-Neckar ❶ als grenzüberschreitende Planungsverbände.

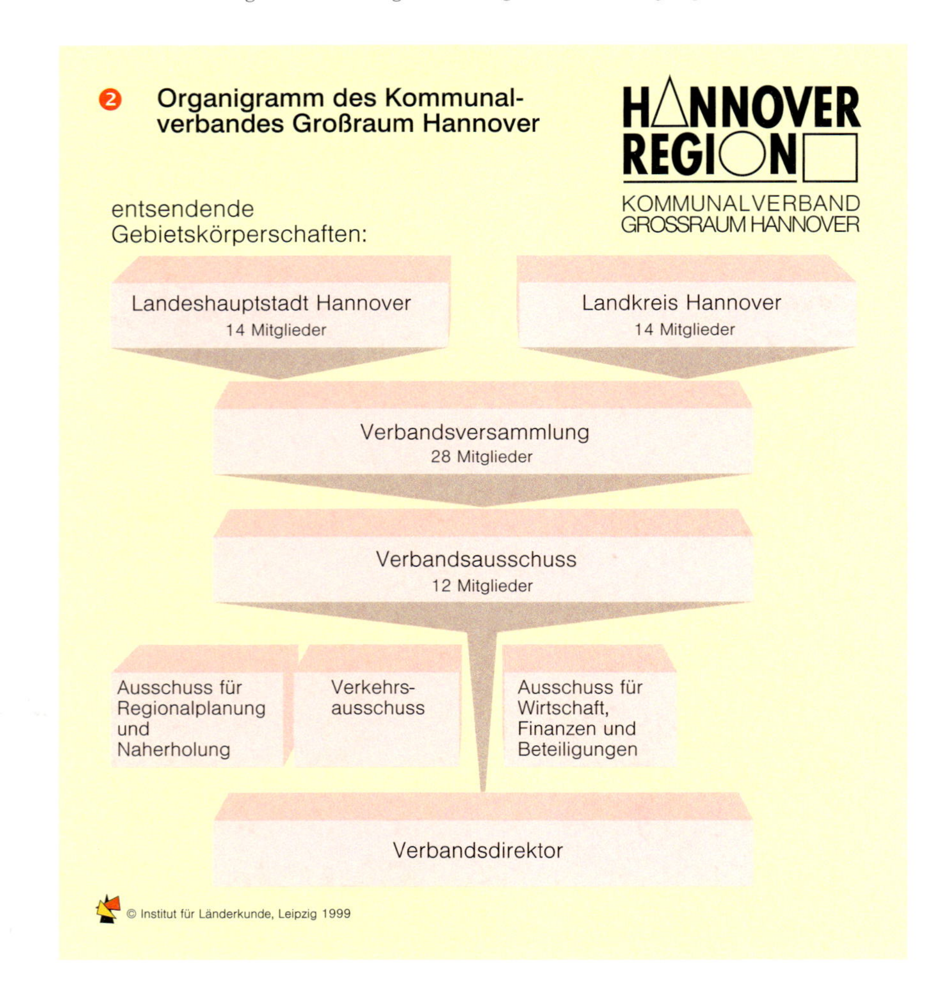

❷ Organigramm des Kommunalverbandes Großraum Hannover

Steigende Tendenz bei Kommunalverbänden

Die verstädterten Räume mit den Oberzentren als Kernen haben einen besonderen Planungs- und Kooperationsbedarf. Deswegen haben sich dort schon früh besondere Verbände gebildet, die den engeren Verflechtungsbereich der Oberzentren abdecken. Einige dieser Verbände wurden als förmliche Träger der Regionalplanung bereits erwähnt (z.B. die Verbände im Großraum Hannover und in der Region Stuttgart). In einigen Stadtregionen wird jedoch die Flächennutzungsplanung für Kernstadt und Nachbarkommunen gemeinsam durch einen Verband erledigt, so in den Regionen Frankfurt am Main und Saarbrücken sowie in den fünf Nachbarschaftsverbänden im Land Baden-Württemberg. In der Karte ist auch der Kommunalverband Ruhrgebiet dargestellt, der allerdings für das Ruhrgebiet keine förmlichen Planungs-, sondern vor allem Serviceaufgaben wahrnimmt. Zu erwähnen ist, dass die Darstellung der kommunalen Planungsverbände eine Auswahl – bezogen auf die verdichteten Räume – darstellt. Daneben gibt es zahlreiche Planungsverbände auch für ländliche Kommunen. Erwähnenswert ist schließlich die zunehmende Zahl informeller regionaler Kooperationen (z.B. Strukturkonferenzen, Regionalverbände und Kommunalverbünde in vereinsrechtlicher Form usw.), die hier nicht alle dargestellt werden konnten. Viele von ihnen finden eine formalisierte Zusammenarbeit als Städtenetze, denen ein eigener Beitrag in diesem Band (▸▸ Beitrag Jurczek/Wildenauer) gewidmet ist.◆

Auf der Grundlage der föderalen Grundordnung der Bundesrepublik Deutschland und des Prinzips der dezentralen Verwaltung stellen die Gemeinden neben dem Bund und den Ländern die unterste Ebene der **Gebietskörperschaften** dar, in denen „alle Angelegenheiten der örtlichen Gemeinschaft im Rahmen der Gesetze in eigener Verantwortung zu regeln" sind (Art. 28, Abs. 2, Satz 1 GG).
Der Komplex der **Raumordnung und Landesplanung** beinhaltet raumbezogene, fachübergreifende und überörtliche Planungen und Maßnahmen sowie Koordinierungskompetenzen auf Landesebene zur Ordnung und Entwicklung der Bundesrepublik oder ihrer Teilräume.
Die **Regionalplanung** ist Bestandteil der Landesplanung und stellt die „vorausschauende, zusammenfassende, überörtliche und überfachliche Planung für die raum- und siedlungsstrukturelle Entwicklung der Region auf längere Sicht" dar (Schmitz, S. 823). Die Ausweisung entsprechender Planungsregionen liegt in der Kompetenz der Länder.
Im Rahmen der kommunalen Selbstverwaltung sind die Gemeinden für die **Flächennutzungsplanung** auf der örtlichen Ebene verantwortlich. Die Flächennutzungsplanung ist Teil der Bauleitplanung und stellt in Grundzügen die beabsichtigte städtebauliche Entwicklung der Gemeinde nach Art der Bodennutzung dar. Aus dem entsprechenden Flächennutzungsplan, der das gesamte Gemeindegebiet umfasst, werden je nach Handlungsbedarf die Bebauungspläne entwikkelt, die als gemeindliche Satzung rechtsverbindlich und parzellenscharf für Teile des Gemeindegebietes die Art und das Maß der baulichen Nutzung regeln.
Im Rahmen der räumlichen Planung sind insbesondere materielle **Infrastrukturmaßnahmen** in den Bereichen Verkehr, Telekommunikation, Energieversorgung, Gesundheitswesen, Bildungswesen und Wohnungsbau auf nationaler, regionaler bzw. lokaler Ebene von Bedeutung, die das Ziel verfolgen, gleichwertige Lebensbedingungen in allen Teilräumen Deutschlands zu erlangen.

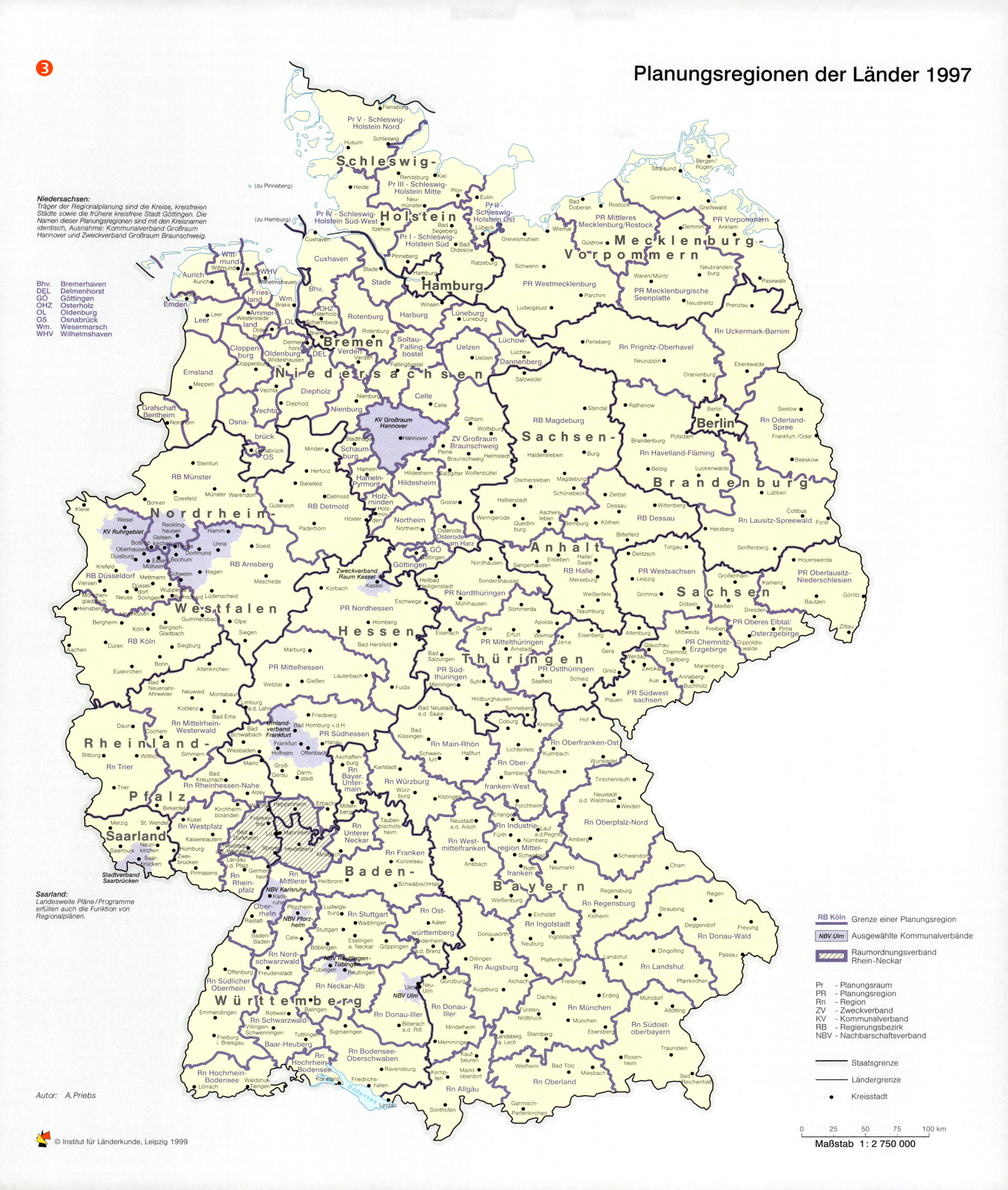
3
Planungsregionen der Länder 1997
Niedersachsen:
Träger der Regionalplanung sind die Kreise, kreisfreien Städte sowie die frühere kreisfreie Stadt Göttingen. Die Namen dieser Planungsregionen sind mit den Kreisnamen identisch, Ausnahme: Kommunalverband Großraum Hannover und Zweckverband Großraum Braunschweig.
Bhv. Bremerhaven
DEL Delmenhorst
GÖ Göttingen
OHZ Osterholz
OL Oldenburg
OS Osnabrück
Wm. Wesermarsch
WHV Wilhelmshaven
Saarland:
Landesweite Pläne/Programme erfüllen auch die Funktion von Regionalplänen.
Schleswig-Holstein
Mecklenburg-Vorpommern
Hamburg
Bremen
Niedersachsen
Berlin
Brandenburg
Sachsen-Anhalt
Nordrhein-Westfalen
Hessen
Thüringen
Sachsen
Rheinland-Pfalz
Saarland
Baden-Württemberg
Bayern
RB Köln Grenze einer Planungsregion
NBV Ulm Ausgewählte Kommunalverbände
Raumordnungsverband Rhein-Neckar
Pr - Planungsraum
PR - Planungsregion
Rn - Region
ZV - Zweckverband
KV - Kommunalverband
RB - Regierungsbezirk
NBV - Nachbarschaftsverband
Staatsgrenze
Ländergrenze
Kreisstadt
0 25 50 75 100 km
Maßstab 1 : 2 750 000
Autor: A. Priebs
© Institut für Länderkunde, Leipzig 1999

Städtenetze – ein neues Instrument der Raumordnung

Peter Jurczek und Marion Wildenauer

Die Göltzschtalbrücke – Symbol des Sächsisch-Bayerischen Städtenetzes

Die Auseinandersetzung mit der theoretischen Grundlegung und praxisbezogenen Umsetzung von städtischen Netzwerken ist zu einem vorrangigen Thema innerhalb der raumordnerischen Diskussion geworden. In der Hinwendung zu kommunalen Kooperationen kommt ein verändertes Raum- und Planungsverständnis zum Ausdruck, das anstelle von statischen und umfassenden räumlichen Nutzungskonzeptionen den prozess- und handlungsorientierten, offenen Charakter von Planung betont.

Ausgangslage

Der Vollzug der europäischen Integration ist im Übergang zur postindustriellen Gesellschaft einerseits gekennzeichnet durch zunehmende ökonomische und sozio-kulturelle Verflechtungen, andererseits durch verstärkte räumliche Konzentrationen und damit auch Disparitäten. Vor diesem Hintergrund rückt das „Europa der Regionen" in den Mittelpunkt des Interesses. Städte und Regionen stehen dabei vor der Aufgabe, ihre Leistungs-, Innovations- und Anpassungsfähigkeit zu steigern, um im verschärften Wettbewerb um natürliche und finanzielle Ressourcen sowie Märkte bestehen zu können. Städtenetze sind neben regionalen Entwicklungskonzepten und projektorientiertem Regionalmanagement eine der Antworten auf diese Herausforderung.

Abgrenzung

Der Begriff „Städtenetz" wird auf eine Vielzahl von Kooperationsformen angewandt. Im engeren Sinne bezeichnet er die freiwillige und gleichberechtigte, informelle Zusammenarbeit von Kommunen für einen längeren Zeitraum. Ziel ist es, durch gemeinsames, aufeinander abgestimmtes Vorgehen anstehende komplexe Aufgaben und Probleme zu bewältigen, die die einzelne Gemeinde ansonsten überfordern würden. Städtenetze sollen dazu beitragen, die Funktionsfähigkeit der Kommunen als Basis der öffentlichen Daseinsvorsorge auch zukünftig zu gewährleisten. Ein wichtiges Merkmal von Städtenetzen besteht – etwa im Unterschied zu traditionellen Zweckverbänden – darin, dass die Zusammenarbeit nicht auf einzelne Maßnahmen beschränkt bleibt. Vielmehr wird in mehreren Bereichen eine mittel- bis langfristige Verbesserung der Lebensverhältnisse angestrebt. Die konkreten Handlungsfelder werden entsprechend den aktuellen Problemen eigenverantwortlich von den Kooperationspartnern festgelegt ❶. Städtenetze sollen in ihren Maßnahmen raumwirksam sein und einen klaren regionalen Bezug aufweisen. Die beteiligten Gemeinden müssen durch einen gemeinsamen raumstrukturellen Kontext miteinander verbunden sein, damit die Möglichkeit besteht, eine regionale Identität und einen kooperativen Gesamtstandort zu entwickeln.

Zielsetzung

Städtenetze sollen unter dem Leitbild der „dezentralen Konzentration" der Stabilisierung der polyzentrischen Raum- und Siedlungsstruktur dienen. Dabei werden die – im Vergleich zu den europäischen Nachbarn – relativ ausgeglichenen räumlichen Verhältnisse der bundesdeutschen Regionen als wichtiger Standort- und Wettbewerbsvorteil erkannt. Auch hofft man, dass durch die Nutzung netzinterner Vorteile endogene Potenziale mobilisiert sowie sozial und räumlich verträgliche Entwicklungsprozesse in Gang gesetzt werden. Durch die ökonomisch und ökologisch nachhaltige Nutzung von lokalen Ressourcen will man somit neue Standortqualitäten schaffen. Kommunale Kooperationen werden als eine Strategie zur Erzielung von ökonomischen und infrastrukturellen Synergieeffekten verstanden. In Verdichtungsräumen verfolgt man darüber hinaus Ordnungs- und Entlastungsziele, z.B. das bayerische „MAI", die „Expo-Region" oder der „Städtekranz" um Berlin.

Konflikte

Voraussetzung für erfolgreiche kommunale Kooperationen sind neben leistungsfähigen Verkehrs- und Kommunikationsverbindungen zwischen den einzelnen „Netzknoten" vor allem personelle Vernetzungen. Wichtig ist es, das Interesse und die Akzeptanz weiterer raumbeanspruchender Akteure wie z.B. privater Unternehmen an vernetzten Standorten dauerhaft zu aktivieren. Eine erhebliche Belastungsprobe für jedes Städtenetz stellt die systemimmanente Spannung zwischen Kooperation und Konkurrenz dar. Hier ist entscheidend, inwieweit es tatsächlich gelingt, Lokalegoismen zu überwinden und die Gesamtbelange der Region im Auge zu behalten. Insbesondere muss die Angst vor einer Beschränkung der kommunalen Kompetenzen oder vor finanziellen Einbußen etwa bei der Zuweisung von Fördermitteln abgebaut werden.

Ausblick

In der Novellierung des Raumordnungsgesetzes von 1997 wird ausdrücklich zur Unterstützung der kommunalen Zusammenarbeit in Form von Städtenetzen – als ein Mittel zur verstärkten kleinräumlichen Entwicklung – aufgefordert (vgl. BauROG §13). Regionalplanung und kommunale Kooperationen sollen keinesweg einen Gegensatz bilden, sondern sich funktional ergänzen, zumal Städtenetze in ihrem räumlichen und fachlichen Umgriff beschränkt sind. Nach wie vor bildet das System der Zentralen Orte das flächendeckende räumliche Grundmuster der Bundesrepublik, das in einzelnen Ausschnitten durch Städtenetze überlagert und ergänzt wird. Damit diese das bewährte Gegenstromprinzip der Raumplanung stärken können, muss den Schnittstellen zwischen Städtenetzen und Regional- bzw. Landesplanung sowie den einzelnen Fachplanungen besondere Aufmerksamkeit gewidmet werden.◆

❶ Ausgewählte Handlungsfelder der Modellprojekte des ExWoSt[1]-Forschungsfeldes "Städtnetze"

Handlungsfeld / Städtenetz	ANKE[2]	Expo-Region	K.E.R.N.[3]	Lahn-Sieg-Dill	MAI[4]	Prignitz	Quadriga	Sächs.-Bayer. Städten.	SEHN[5]	Städte-Quartett	Städte-forum-Südwest	HOLM[6]
Wirtschaftsförderung	■	■			■	■				■	■	■
Regional- und Standort-Marketing/Öffentlichkeitsarbeit	■	■			■					■	■	
Verkehr (v.a. Schienen-ÖPNV)/ zentralörtliche Erreichbarkeit	■	■		■	■		■	■	■	■	■	■
Ver- und Entsorgungsinfrastruktur		■	■									■
Technologieförderung und -transfer	■				■			■			■	■
(Innen-) Stadtentwicklung						■	■		■			
Flächenmanagment			■	■								
Verwaltungsarbeit				■								
Natur- und Umweltschutz/ Ökologie	■	■								■		
Berufliche Aus- und Weiterbildung/Qualifizierung	■		■	■						■		
(Nah-) Erholung und Fremdenverkehr/Städtetourismus	■	■	■		■		■	■	■	■		■
Kulturelle Einrichtungen/ Veranstaltungen		■					■	■	■	■		■
Gesundheitswesen							■					

1) Experimenteller Wohnungs- und Städtebau 2) Arnhem, Nijmegen, Kleve, Emmerich 3) Kiel, Eckernförde, Rendsburg, Neumünster 4) München, Augsburg, Ingolstadt 5) Leinefelde, Mühlhausen, Nordhausen, Sondershausen, Worbis 6) Lübeck, Schwerin, Wismar

© Institut für Länderkunde, Leipzig 1999

Städtenetze – Die auf Dauer angelegte, freiwillige und gleichberechtigte Zusammenarbeit von räumlich benachbarten Städten in kommunalen Aufgabenbereichen wie Wirtschaftsförderung, ÖPNV, Kulturarbeit zur Wahrnehmung kooperativer bzw. komplementärer Funktionen.

Synergieeffekte (Verbundeffekte) – Positive Entwicklungen im wirtschaftlichen, ökologischen, sozialen oder kulturellen Bereich und Bildung neuer Standortqualitäten durch das Zusammenwirken der in einer Region vorhandenen endogenen Potenziale. Die Mobilisierung dieser Ressourcen in Form von „harten" (z.B. Lage, Rohstoffe, Infrastruktur) und „weichen" (z.B. kulturelle und landschaftliche Werte, Know-how) Standortfaktoren erfolgt dabei ohne Eingriffe von außen.

Raumordnungspolitischer Orientierungs- (ORA) und Handlungsrahmen (HARA) – Vor dem Hintergrund der akuten Probleme im wiedervereinigten Deutschland legte 1993 das Bundesministerium für Bauwesen und Städtebau den sogenannten „Raumordnungspolitischen Orientierungsrahmen" (ORA) vor, in dem Städtenetze erstmals als ein Instrument zur Umsetzung räumlicher Entwicklungsleitbilder genannt wurden. Zwei Jahre später wurden diese durch den „Raumordnungspolitischen Handlungsrahmen" (HARA) mittelfristig konkretisiert.

Experimenteller Wohnungs- und Städtebau (ExWoSt) – Im Rahmen des Experimentellen Wohnungs- und Städtebaus des BMBau wurde 1994 das Forschungsfeld „Städtenetze" aufgelegt, um das neue raumordnerische Instrument mit Hilfe von elf Modellprojekten ❷ praxisnah zu erproben. Die ausgewählten Projekte wurden während einer Zeit von drei Jahren wissenschaftlich begleitet und bewertet. In Fortführung dieser Arbeit soll das „Forum Städtenetze" (1999-2002) die hierbei gewonnenen Erfahrungen auch anderen kooperationswilligen Partnern zugänglich machen.

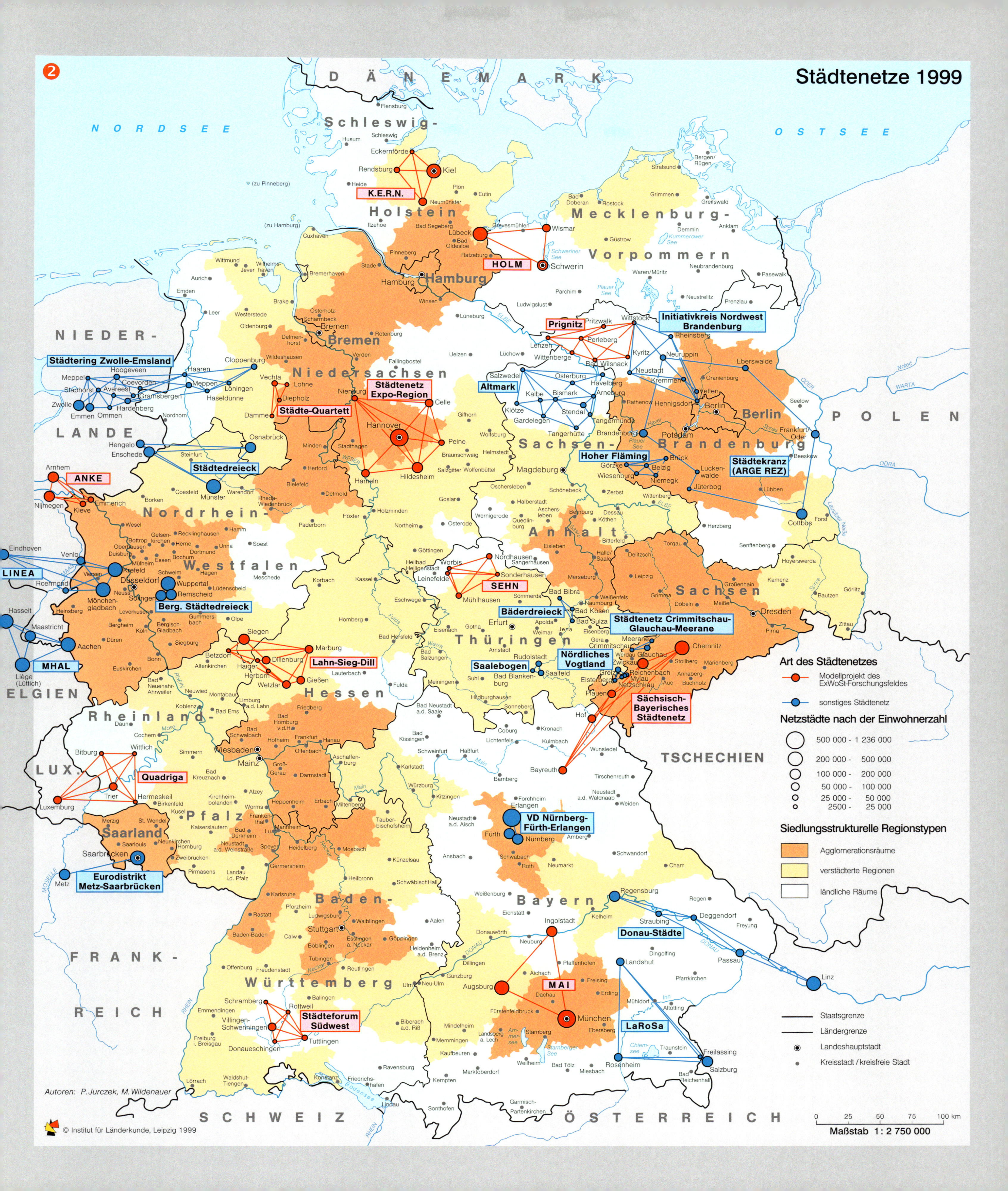
2
Städtenetze 1999
Art des Städtenetzes
Modellprojekt des ExWoSt-Forschungsfeldes
sonstiges Städtenetz
Netzstädte nach der Einwohnerzahl
500 000 - 1 236 000
200 000 - 500 000
100 000 - 200 000
50 000 - 100 000
25 000 - 50 000
2500 - 25 000
Siedlungsstrukturelle Regionstypen
Agglomerationsräume
verstädterte Regionen
ländliche Räume
Staatsgrenze
Ländergrenze
Landeshauptstadt
Kreisstadt / kreisfreie Stadt
0 25 50 75 100 km
Maßstab 1 : 2 750 000
K.E.R.N.
HOLM
Prignitz
Initiativkreis Nordwest Brandenburg
Städtering Zwolle-Emsland
Städtenetz Expo-Region
Städte-Quartett
Altmark
Berlin
Städtedreieck
Hoher Fläming
Städtekranz (ARGE REZ)
ANKE
LINEA
Berg. Städtedreieck
SEHN
Bäderdreieck
Städtenetz Crimmitschau-Glauchau-Meerane
Lahn-Sieg-Dill
MHAL
Saalebogen
Nördliches Vogtland
Sächsisch-Bayerisches Städtenetz
Quadriga
VD Nürnberg-Fürth-Erlangen
Eurodistrikt Metz-Saarbrücken
Donau-Städte
MAI
Städteforum Südwest
LaRoSa
NORDSEE
OSTSEE
DÄNEMARK
POLEN
TSCHECHIEN
ÖSTERREICH
SCHWEIZ
FRANKREICH
LUX.
NIEDERLANDE
BELGIEN
Schleswig-Holstein
Mecklenburg-Vorpommern
Niedersachsen
Bremen
Hamburg
Sachsen-Anhalt
Brandenburg
Nordrhein-Westfalen
Hessen
Thüringen
Sachsen
Rheinland-Pfalz
Saarland
Baden-Württemberg
Bayern
Autoren: P. Jurczek, M. Wildenauer
© Institut für Länderkunde, Leipzig 1999

Verkehrsprojekte fördern die deutsche Einheit

Andreas Kagermeier

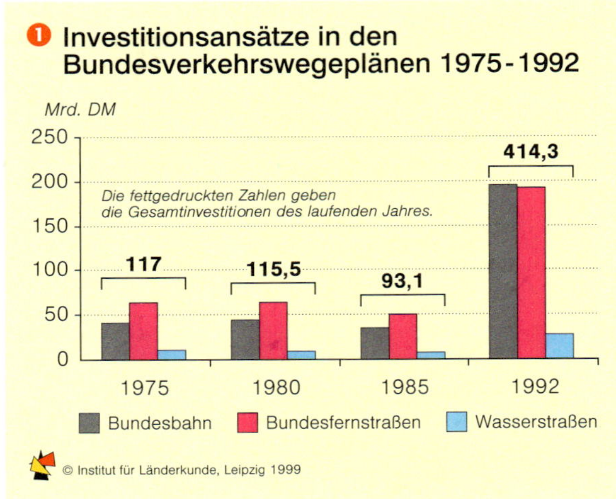

❶ Investitionsansätze in den Bundesverkehrswegeplänen 1975-1992

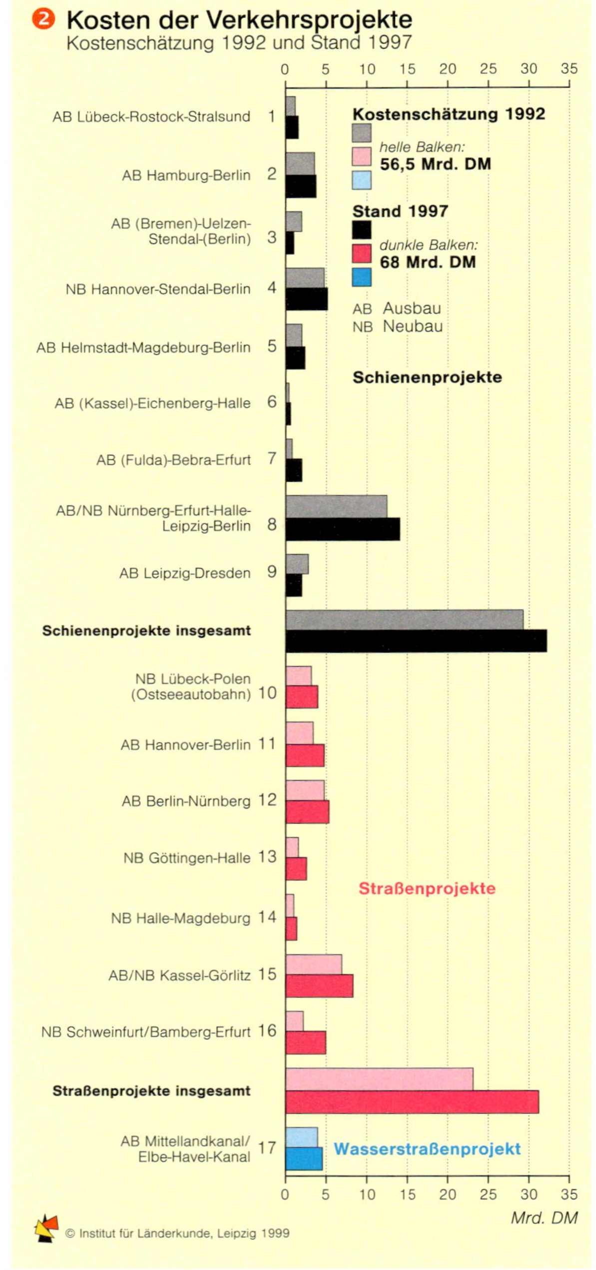

❷ Kosten der Verkehrsprojekte
Kostenschätzung 1992 und Stand 1997

Die Bereitstellung von Verkehrsinfrastrukturen für das Bundesgebiet ist Ausdruck von zwei Arten von Wechselwirkungen zwischen Raum und Gesellschaft, und zwar der wirtschaftlichen sowie der politischen Funktion von Verkehrserschließung. Dabei können zwei Komponenten unterschieden werden:

Die räumliche Komponente: Lokalisierung von Verkehrsinfrastrukturen zur Bewältigung von Verkehrsbeziehungen oder zum Erzielen politisch gewünschter Erschließungswirkungen.

Die modale Komponente: Art der Verkehrsinfrastruktur als Ausdruck der Nachfrage bzw. des staatlichen Willens zur Beeinflussung der Verkehrsmittelnutzung.

Der Ausbau der Verkehrsinfrastruktur nach dem Zweiten Weltkrieg

In der ersten Hälfte des 20. Jahrhunderts war das Verkehrsnetz in starkem Maß radial auf die Reichshauptstadt Berlin ausgerichtet. Während der östliche Teil dieses Netzes nach der Teilung Deutschlands den Verkehrsverflechtungen auf dem Gebiet der DDR im Wesentlichen entsprach und in den folgenden Jahrzehnten bis zur Wiedervereinigung nur geringfügig (um 500 auf 1880 km) erweitert wurde, fanden im Gebiet der Bundesrepublik nach dem Zweiten Weltkrieg starke Umorientierungen der Verkehrsverflechtungen statt, die mit entsprechend gravierenden Veränderungen der Verkehrsnetze verbunden waren:

1. Die bereits zum großen Teil vorhandene Nord-Süd-Achse entlang des Rheines wurde fertiggestellt und um eine zweite Nord-Süd-Achse (Hamburg – Hannover – Würzburg – München) ergänzt, die inzwischen als ICE-Neubaustrecke und als Autobahn ausgebildet ist.
2. Gleichzeitig spiegelten sich die verstärkten wirtschaftlichen Verflechtungen zu den westeuropäischen Nachbarländern in einem Ausbau der grenzüberschreitenden Autobahnverbindungen.
3. Mit der Verabschiedung des Bundesraumordnungsgesetzes 1965 wurde die Herstellung gleichwertiger Lebensbedingungen in allen Teilen des Staatsgebietes als Leitziel formuliert. Hierzu zählten auch die Bereitstellung von leistungsfähiger Verkehrsinfrastruktur in Form von Autobahnen, die in den Folgejahren systematisch zur Erschließung ländlicher Räume (z. B. im westlichen Niedersachsen, in Ostbayern oder in Ostwürttemberg) gebaut wurden.

Während die Straßenverkehrsinfrastruktur in der zweiten Hälfte des 20. Jahrhunderts von Netzerweiterungen und -ergänzungen geprägt war, ist das im 19. Jahrhundert erstellte Eisenbahnnetz lange Zeit zwar qualitativ verbessert worden, quantitativ aber rückläufig gewesen. So wuchs das Autobahnnetz zwischen 1960 und 1990 von knapp 2500 auf 9000 km, während im gleichen Zeitraum das Bahnnetz um gut 3500 km auf 26.900 km schrumpfte. Die Erschließung der Fläche für den Straßenverkehr korrespondiert mit einem Rückzug der Bahn aus der Fläche und einer Konzentration auf die Relationen zwischen den großen Zentren des Landes. Diese Schwerpunktsetzung spiegelt sich auch in den Investitionsansätzen der Bundesverkehrswegepläne, bei denen sich der Investitionsanteil der Bahn in den 70er und 80er Jahren auf etwa ein Drittel belief ❶. Das rückläufige Investitionsvolumen Ende der 80er Jahre zeigt, dass in der alten Bundesrepublik der Ausbau des Fernstraßennetzes zu diesem Zeitpunkt als weitgehend abgeschlossen galt und nur noch wenige Lückenschlüsse vorgesehen waren.

Umstrukturierung nach der Wiedervereinigung

Nach der Wiedervereinigung wurde erneut eine umfassende Anpassung der Verkehrsinfrastruktur an die politischen Gegebenheiten notwendig, die sich im plötzlichen Hochschnellen der Investitionsvolumina bemerkbar machte. Bei der Wiederherstellung bzw. dem bedarfsgerechten Ausbau der Ost-West-Verbindungen handelt es sich im Wesentlichen um fünf Korridore, die mit Hilfe von 17 als „Verkehrsprojekte deutsche Einheit" (VDE) ausgewiesenen Maßnahmen ausgebaut werden sollen, um die wichtigen wirtschaftlichen Zentren des vereinten Deutschlands adäquat zu verbinden ❹:

1) Berlin – Hannover mit Verlängerung ins Ruhrgebiet und nach Köln
2) Berlin – deutsche Nordseehäfen
3) Berlin – Stuttgart/München
4) Sachsen/Thüringen – Rhein/Ruhr
5) Sachsen/Thüringen – Rhein/Main

Das Gesamtinvestitionsvolumen für diese Projekte wurde ursprünglich mit 56 Mrd. DM veranschlagt ❷. Die in den letzten Jahren erfolgte Neubewertung der Rolle des Schienenverkehrs als die Umwelt relativ wenig belastendes Verkehrsmittel führte dabei dazu, dass bei den ursprünglichen Kostenansätzen zum ersten Mal in der Geschichte der Bundesrepublik der größere Teil der Investitionen in den Ausbau des Schienenverkehrs fließen sollte und damit der Schritt von einer reinen Anpassungsplanung zu einer Gestaltungsplanung vollzogen wurde.

Inzwischen zeichnet sich jedoch ab, dass vor allem bei den Straßenbauprojekten der Finanzbedarf viel zu gering angesetzt wurde, so dass sich das Verhältnis Schiene/Straße möglicherweise bis zur Endabrechnung der Projekte wieder umkehrt. Trotz dieser erheblichen Investitionen in den Schienenverkehr wird bei den meisten Verbindungen nach Berlin allerdings nur das Vorkriegsreisezeitniveau erreicht ❸. Lediglich die Verbindungen nach Süddeutschland sollen deutlich schneller werden.

Ausblick

Die Verkehrsprojekte deutsche Einheit sind nicht unumstritten. Die Planungsverfahren wurden wegen des hohen Zeitdrucks verkürzt und nur begrenzte Beteiligungsverfahren durchgeführt. Zudem wurde bei den Bahnprojekten die seit den 80er Jahren verfolgte Strategie der Konzentration auf Hauptlinien weiterverfolgt. So ist immer noch umstritten,

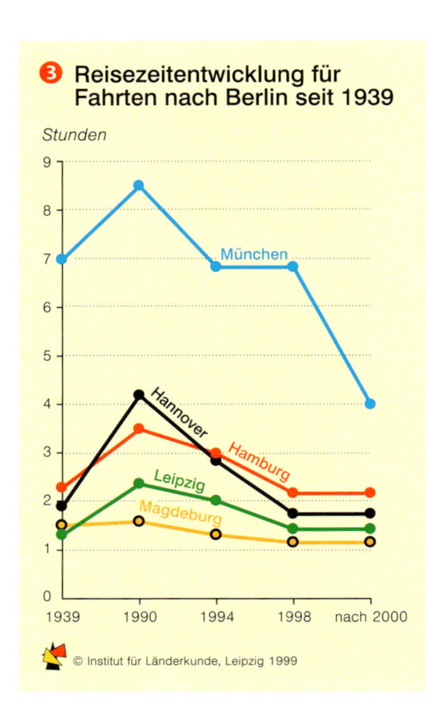

❸ Reisezeitentwicklung für Fahrten nach Berlin seit 1939

ob die Achse Nürnberg – Erfurt (VDE 8) in der geplanten Form verwirklicht wird, oder ob alternativ mehrere bestehende Bahnlinien zwischen Bayern und Thüringen/Sachsen ausgebaut werden, um eine stärkere Flächenwirkung zu erzielen.

Nach Abschluss der vereinigungsbedingten Maßnahmen ist für das nächste Jahrzehnt damit zu rechnen, dass sich im Zuge der weitergehenden wirtschaftlichen EU-Integration und der anstehenden EU-Osterweiterung das Schwergewicht der Ausbaumaßnahmen auf die Verbesserung der Verbindungen zu den europäischen (v.a. osteuropäischen) Nachbarstaaten verschiebt.◆

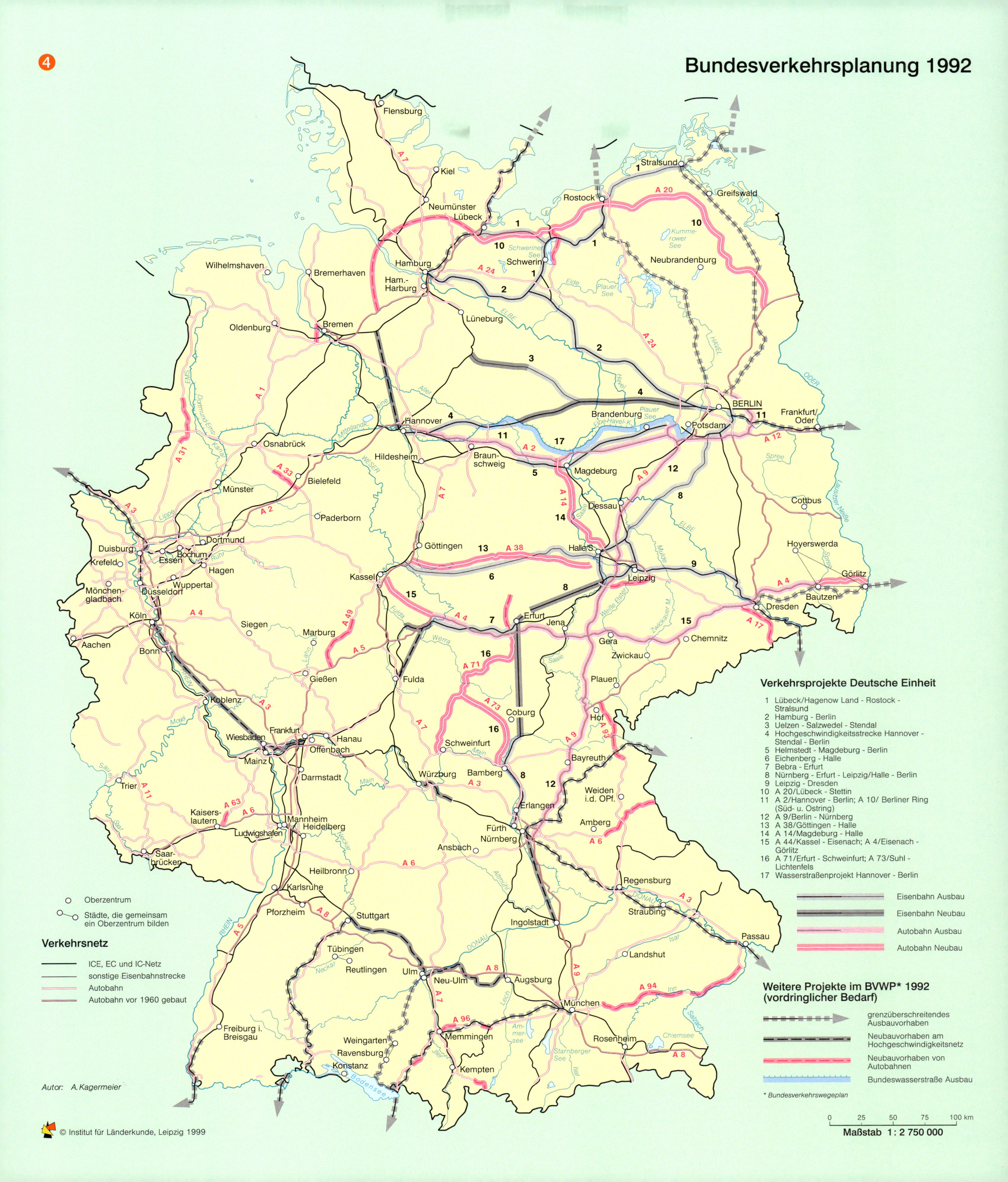
4
Bundesverkehrsplanung 1992
Verkehrsprojekte Deutsche Einheit
1 Lübeck/Hagenow Land - Rostock - Stralsund
2 Hamburg - Berlin
3 Uelzen - Salzwedel - Stendal
4 Hochgeschwindigkeitsstrecke Hannover - Stendal - Berlin
5 Helmstedt - Magdeburg - Berlin
6 Eichenberg - Halle
7 Bebra - Erfurt
8 Nürnberg - Erfurt - Leipzig/Halle - Berlin
9 Leipzig - Dresden
10 A 20/Lübeck - Stettin
11 A 2/Hannover - Berlin; A 10/ Berliner Ring (Süd- u. Ostring)
12 A 9/Berlin - Nürnberg
13 A 38/Göttingen - Halle
14 A 14/Magdeburg - Halle
15 A 44/Kassel - Eisenach; A 4/Eisenach - Görlitz
16 A 71/Erfurt - Schweinfurt; A 73/Suhl - Lichtenfels
17 Wasserstraßenprojekt Hannover - Berlin
Eisenbahn Ausbau
Eisenbahn Neubau
Autobahn Ausbau
Autobahn Neubau
Weitere Projekte im BVWP* 1992 (vordringlicher Bedarf)
grenzüberschreitendes Ausbauvorhaben
Neubauvorhaben am Hochgeschwindigkeitsnetz
Neubauvorhaben von Autobahnen
Bundeswasserstraße Ausbau
* Bundesverkehrswegeplan
Oberzentrum
Städte, die gemeinsam ein Oberzentrum bilden
Verkehrsnetz
ICE, EC und IC-Netz
sonstige Eisenbahnstrecke
Autobahn
Autobahn vor 1960 gebaut
0 25 50 75 100 km
Maßstab 1 : 2 750 000
Autor: A. Kagermeier
© Institut für Länderkunde, Leipzig 1999
Flensburg
Kiel
Neumünster
Lübeck
Stralsund
Greifswald
Rostock
Schwerin
Neubrandenburg
Wilhelmshaven
Bremerhaven
Hamburg
Ham.-Harburg
Oldenburg
Bremen
Lüneburg
BERLIN
Frankfurt/Oder
Potsdam
Brandenburg
Hannover
Osnabrück
Hildesheim
Braunschweig
Magdeburg
Münster
Bielefeld
Paderborn
Dessau
Cottbus
Duisburg
Dortmund
Krefeld
Bochum
Essen
Hagen
Wuppertal
Mönchen-gladbach
Düsseldorf
Göttingen
Halle/S.
Leipzig
Hoyerswerda
Görlitz
Bautzen
Dresden
Kassel
Köln
Aachen
Bonn
Siegen
Marburg
Erfurt
Jena
Gera
Chemnitz
Zwickau
Plauen
Gießen
Fulda
Koblenz
Coburg
Hof
Wiesbaden
Frankfurt
Hanau
Offenbach
Mainz
Darmstadt
Schweinfurt
Bayreuth
Trier
Würzburg
Bamberg
Erlangen
Weiden i.d. OPf.
Kaisers-lautern
Mannheim
Heidelberg
Ludwigshafen
Fürth
Nürnberg
Amberg
Saar-brücken
Ansbach
Heilbronn
Regensburg
Karlsruhe
Pforzheim
Stuttgart
Straubing
Ingolstadt
Passau
Tübingen
Reutlingen
Landshut
Ulm
Neu-Ulm
Augsburg
München
Freiburg i. Breisgau
Weingarten
Ravensburg
Konstanz
Memmingen
Kempten
Rosenheim
Bodensee
Chiemsee
Starnberger See
Ammersee
Schweriner See
Plauer See
Kummerower See
Müritz
ELBE
ODER
HAVEL
WESER
RHEIN
DONAU
Main
Neckar
Mosel
Saale
Spree
Isar
Inn
Ems
Lippe
Ruhr
Lahn
Fulda
Werra
Aller
Leine
Lech
Iller
Altmühl
Saar
Sauer
Mulde
Weiße Elster
Zwickauer M.
Lausitzer Neiße
Salzach
Elbe-Havel-K.
Mittellandk.
Dortmund-Ems-Kanal
A 1
A 2
A 3
A 4
A 5
A 6
A 7
A 8
A 9
A 10
A 11
A 12
A 14
A 17
A 20
A 24
A 31
A 33
A 38
A 49
A 63
A 71
A 73
A 93
A 94
A 96

Struktur und Organisation der Tagespresse

Volker Bode

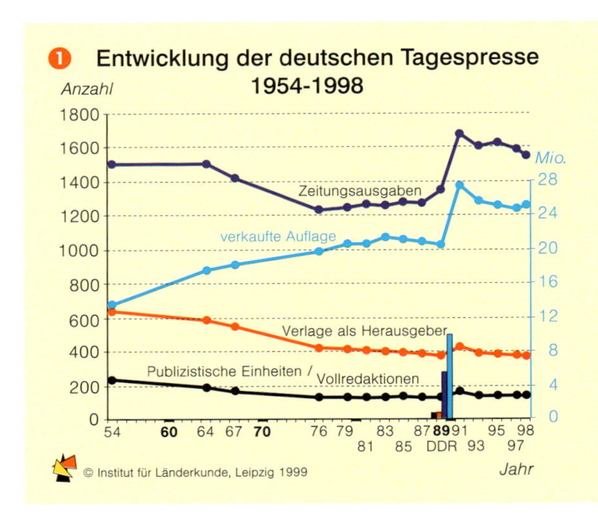

Die deutsche Zeitungslandschaft ist durch eine große Zeitungsvielfalt geprägt. Zeitungen besitzen trotz zunehmender Bedeutung neuer elektronischer Medien und Kommunikationsmittel in der multimedialen Kommunikationsgesellschaft der Bundesrepublik Deutschland nach wie vor eine herausragende Bedeutung als Informations-, Unterhaltungs- und Meinungsbildungsmedien. Tageszeitungen haben als Abonnement- und Straßenverkaufszeitungen den größten Marktanteil (80%), während die Wochen- (6%) und Sonntagszeitungen (14%) mit deutlichem Abstand folgen. 1997 erschienen insgesamt 1582 Tageszeitungsausgaben in 371 Zeitungsverlagen – darunter 355 lokale/regionale Abonnementzeitungen, 6 überregionale Zeitungen und 10 Kaufzeitungen erstellt von 135 Vollredaktionen mit einer Gesamtverkaufsauflage von rd. 25 Mio. Exemplaren (Medienbericht '98). Damit ist Deutschland das „titelreichste Zeitungsland Europas" (Kringe 1996, S. 4).

Nutzung und Leseverhalten

Die deutsche Tagespresse ist zum größten Teil regional bzw. lokal orientiert. Die hohe Leser-Blatt-Bindung basiert im Wesentlichen auf dem besonders großen Interesse an lokaler Berichterstattung, und aufgrund ihrer aktuellen und regelmäßigen ortsbezogenen Informationen spielen Zeitungen bei der Entwicklung regionsspezifischer Identifikationsprozesse eine ganz wesentliche Rolle (Ameln 1989). Etwa 70% der Bevölkerung lesen täglich eine Zeitung aus ihrer Region. Ältere Bundesbürger/innen nutzen Tageszeitungen erheblich intensiver als Jugendliche ❷. Außerdem werden in peripheren ländlichen Regionen je Haushalt erheblich mehr Tageszeitungen abonniert als in den Metropolregionen Berlin, Hamburg und München ❸.

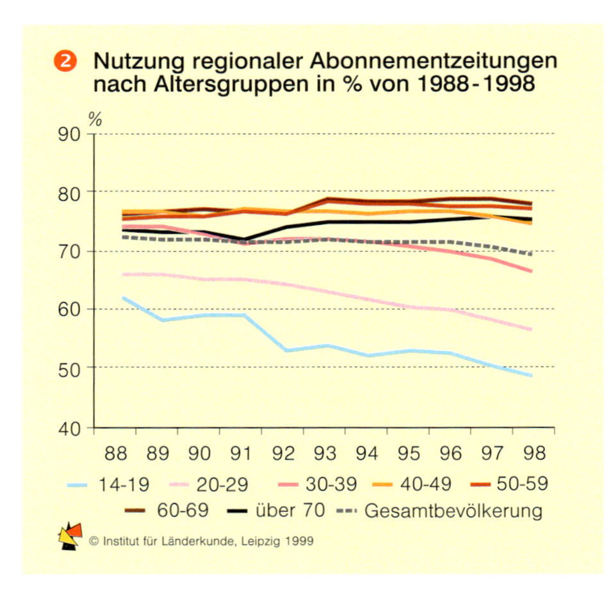

Regionale Abonnement-Tageszeitungen besitzen einen lokalen/regionalen Redaktions- und Anzeigenteil und werden in einem bestimmten Gebiet überwiegend im Abonnement vertrieben. Darunter gibt es Zeitungen mit hohem Prestige und bundesweiter Beachtung (Frankfurter Rundschau, Süddeutsche Zeitung etc.). Daneben existieren 6 ***überregionale Tageszeitungen***, die mehr als die Hälfte ihrer Auflage außerhalb eines bestimmten regional begrenzten Gebietes absetzen (Frankfurter Allgemeine Zeitung, Welt, Deutsche Tagespost, taz, Neues Deutschland und Junge Welt). ***Straßenverkaufszeitungen*** sind Blätter, die durch Einzelverkauf vertrieben werden, wie z.B. Bild.

Dieses Tageszeitungsangebot lässt sich in drei Kategorien strukturieren (Schütz 1997; Medienbericht '98). Die unterste Ebene bilden die ***Ausgaben*** (einschl. Neben- und Lokalausgaben), die sich durch entsprechende inhaltliche Gestaltung, abgestimmt auf ein bestimmtes Verbreitungsgebiet, auszeichnen. Die zweite Kategorie wird von den ***Verlagsbetrieben*** getragen. Ihre Anzahl deckt sich weitgehend mit der Zahl der ***Hauptausgaben***. Die dritte und übergeordnete Einheit stellen die ***Publizistischen Einheiten*** dar. Dies betrifft ***Vollredaktionen***, die den allgemeinen politischen Teil, den sog. ***Zeitungsmantel***, redaktionell selbständig erstellen. Alle Zeitungen, die den Mantel derselben Vollredaktion beziehen, gehören zu einer Publizistischen Einheit.

Räumliche Organisation der regionalen Tagespresse

Der seit Jahrzehnten betriebswirtschaftlich bedingte Konzentrationsprozeß in der Tagespresse hat zu einem stetigen Rückgang der Anzahl an Verlagsbetrieben und Vollredaktionen und damit auch zu einer Reduzierung der Angebotsvielfalt geführt ❶. So können rd. 41% der Bevölkerung in 242 von insgesamt 440 Kreisen lediglich eine entsprechende regionale Tageszeitung abonnieren. Besonders ausgeprägt ist die Situation in Ostdeutschland; hier sind 70% der Kreise betroffen.

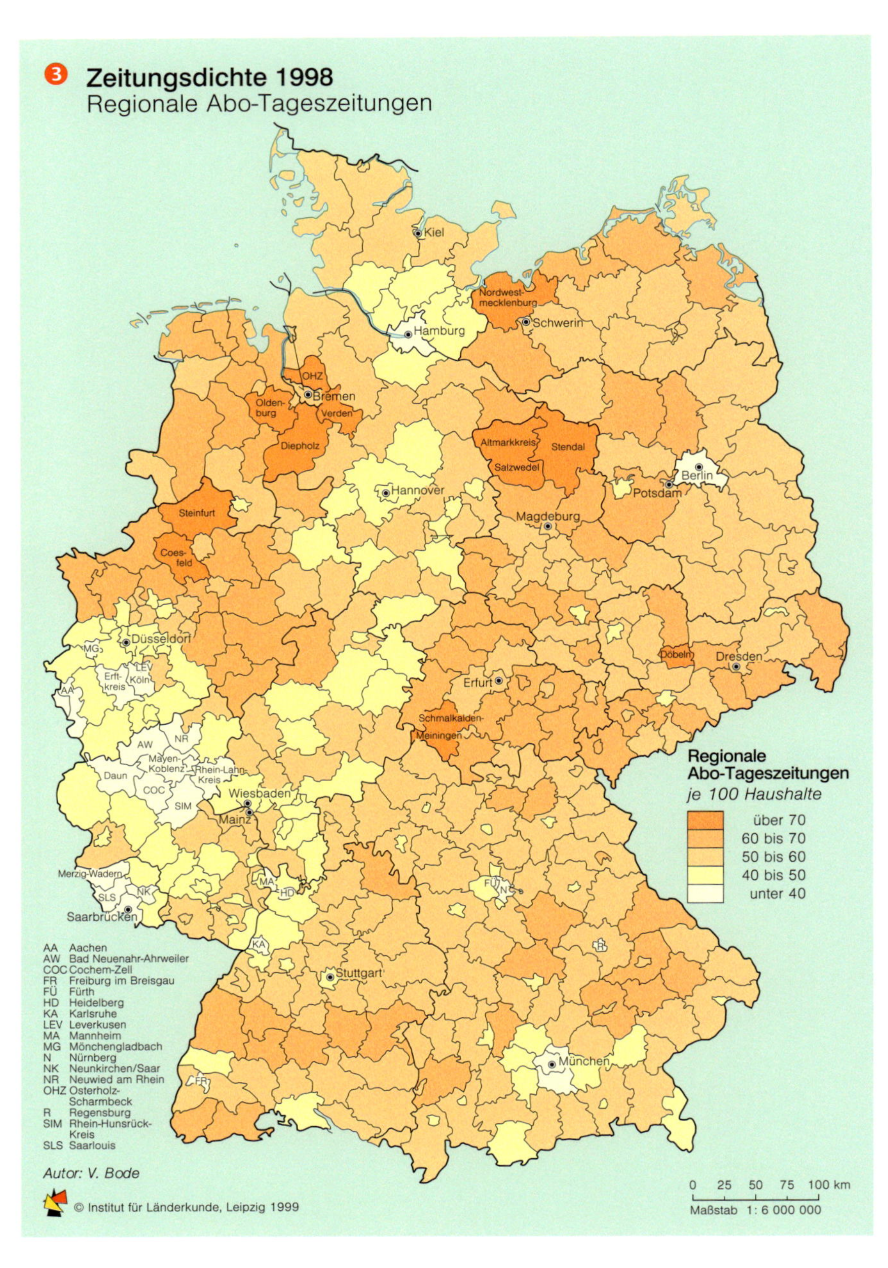

Die Zeitungslandschaft basiert in den alten Ländern im Wesentlichen auf der Lizenzvergabe der Alliierten nach dem Zweiten Weltkrieg (Blotevogel 1984). Die Vielfalt ist hier insbesondere in den 60er und 70er Jahren drastisch zurückgegangen. Auf dem Gebiet der neuen Länder sind seit 1990 mehr als die Hälfte aller früheren DDR-Zeitungen vom Markt verschwunden. Auch fast alle Neugründungen haben inzwischen ihren Betrieb eingestellt, so dass die ehemaligen SED-Bezirkszeitungen den ostdeutschen Pressemarkt dominieren. Aufgrund der sehr hohen Barrieren für Neugründungen kann man bundesweit davon ausgehen, dass die Etablierung der Vollredaktionen und die Regionalisierung der Tagespresse mittlerweile relativ stabil sind.

In Deutschland existieren auf dem Zeitungsmarkt der regionalen Abonnement-Tageszeitungen, mit einer Auflage von rd. 17 Mio. Exemplaren, insgesamt 122 Vollredaktionen, die ihren eigenen Zeitungsmantel erstellen ❹. Dazu zählen auch die Redaktionen der beiden Tageszeitungen Flensborg Avis und Serbske Nowiny der autochthonen Minderheiten der Dänen und Sorben. Drei Viertel der Vollredaktionen haben ihren Sitz in Oberzentren. Die in 14 Kreisen Nordrhein-Westfalens dominierende Westdeutsche Allgemeine (WAZ) aus Essen ist mit einer Verkaufsauflage von 605 Tsd. mit Abstand die größte Publizistische Einheit; mit einer Auflage von rd. 450 bzw. 430 Tsd. folgen Freie Presse in Chemnitz, und Hannoversche Allgemeine Zeitung. Weit entfernte Kooperationen gehen die in ihrem jeweiligen Kreis dominanten Zeitungen Döbelner Anzeiger und Oranienburger Generalanzeiger ein, die ihren Mantel vom Hellweger Anzeiger in Unna bzw. von der Kreiszeitung in Syke beziehen.◆

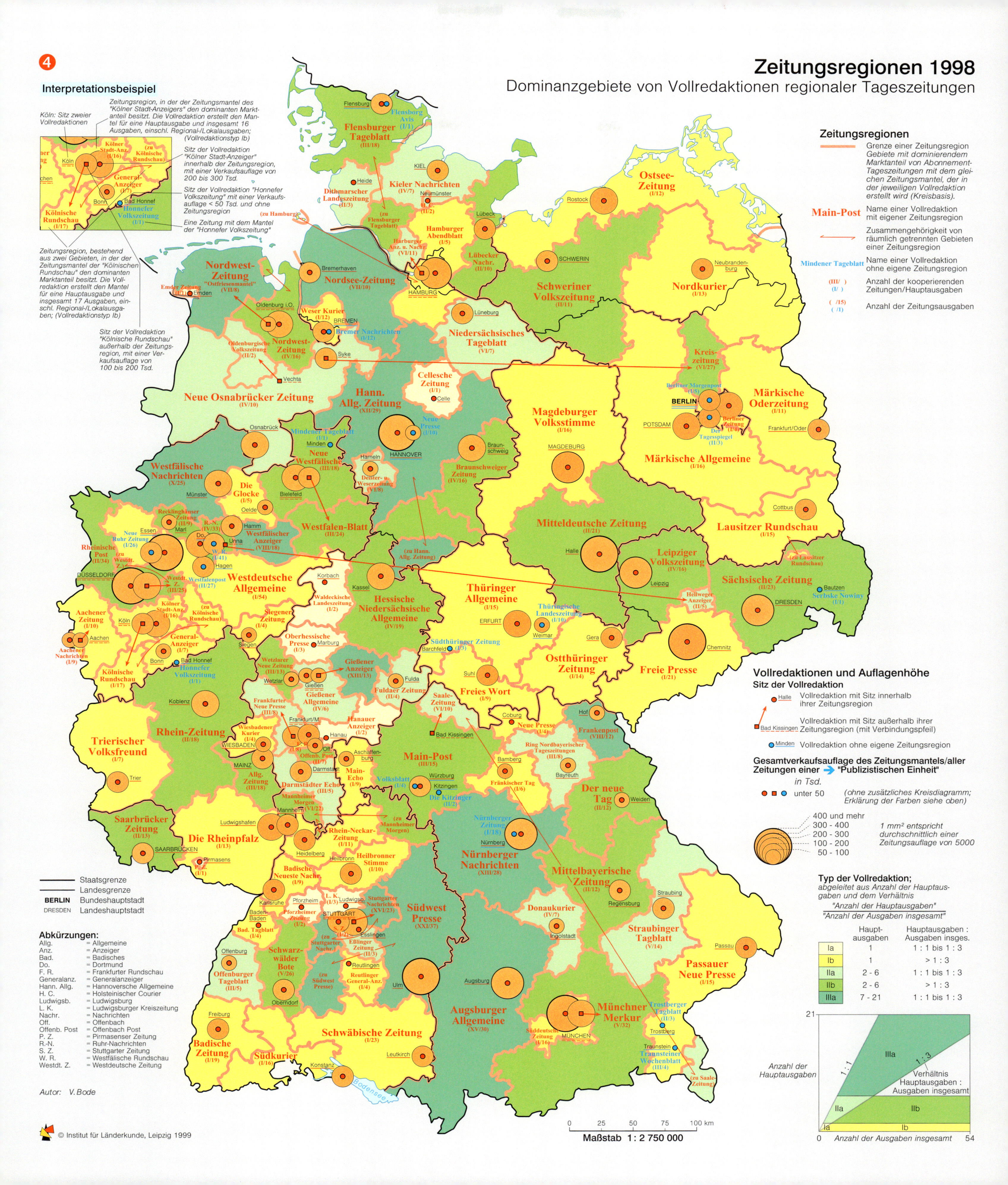

	Haupt-ausgaben	Hauptausgaben : Ausgaben insges.
Ia	1	1 : 1 bis 1 : 3
Ib	1	> 1 : 3
IIa	2 - 6	1 : 1 bis 1 : 3
IIb	2 - 6	> 1 : 3
IIIa	7 - 21	1 : 1 bis 1 : 3

Fremdenverkehr

Paul Reuber

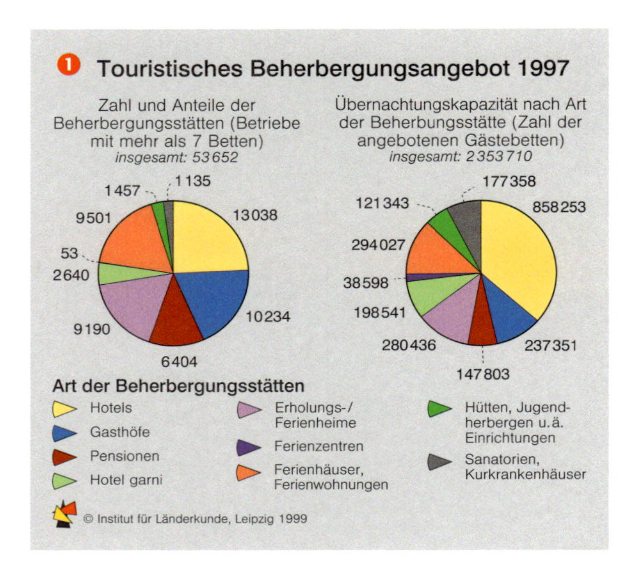

❶ Touristisches Beherbergungsangebot 1997

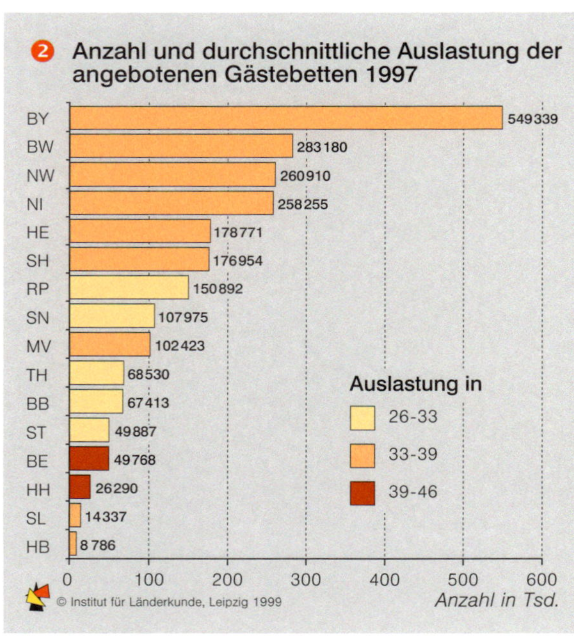

❷ Anzahl und durchschnittliche Auslastung der angebotenen Gästebetten 1997

Der Fremdenverkehr bildet in vielen Regionen Deutschlands ein ergänzendes, manchmal sogar bedeutendes wirtschaftliches Standbein. Zweifellos hat der Auslandstourismus dem Binnentourismus erhebliche Kontingente abgegraben und damit die euphorischen Wachstumsszenarien vergangener Jahrzehnte relativiert (▶▶ Beitrag Langhagen-Rohrbach/ Wolf). Die national eher geringen Durchschnittswerte (z.B. 4,1% der Beschäftigten im Gastgewerbe) täuschen jedoch über die Bedeutung hinweg, die dem Tourismus in den Intensivregionen des Fremdenverkehrs für die lokale Wirtschafts- und Erwerbsstruktur zukommen kann.

Eine fremdenverkehrsgeographische Differenzierung auf Kreisbasis soll mit Hilfe der Indikatoren „Anzahl der Übernachtungen" und „durchschnittliche Aufenthaltsdauer" die Größenordnungen der Unterschiede sichtbar machen. Obwohl es sich dabei um zwei wirtschaftlich bedeutende Eckdaten des Tourismus handelt, sind für eine genauere Charakterisierung des Fremdenverkehrs eine Reihe zusätzlicher Faktoren maßgeblich, wie z.B. Ausflugstourismus, Saisonalität oder Arbeitsplätze (▶▶ Band „Freizeit und Tourismus").

Die unterschiedliche Inanspruchnahme der Regionen ist sowohl von „harten" Faktoren (z.B. regionsspezifisches Fremdenverkehrspotential, Konjunkturzyklen) als auch von „weichen" Faktoren wie der subjektiven Bewertung des Fremdenverkehrspotenzials durch die Urlauber, dem Zeitgeist oder den Urlaubsmoden abhängig. Sie führt zu spezifischen Unterschieden bei der Zahl der Übernachtungen und der Aufenthaltsdauer.

Sehr grob lassen sich für die Bundesrepublik fünf Typen von Fremdenverkehrsregionen unterscheiden:

1. Küstenorientierte Fremdenverkehrsregionen mit Langzeittourismus vorwiegend während der Sommersaison

Die Fremdenverkehrsschwerpunkte der schleswig-holsteinischen Nord- und Ostseeküste sind gemessen an den Übernachtungszahlen immer noch die bedeutendste Urlaubsregion des Landes. Allen voran bilden die Kreise an der Nordseeküste ein geschlossenes Band mit ein bis zwei, in Einzelfällen sogar über sechs Millionen Gästeübernachtungen im Jahr. Als Spitzenreiter ragen die Traditonsregionen im deutschen Küstenfremdenverkehr heraus: die ost- und nordfriesischen Inseln und die alten Seebäder an der Ostseeküste.

In Ostdeutschland konzentrieren sich die Fremdenverkehrsaktivitäten v.a. auf die Kreise Bad Doberan (mit Kühlungsborn), Nordvorpommern, Ostvorpommern (mit Usedom) und Rügen, das als einziger ostdeutscher Ostseeanrainer bereits 1995 die 2-Millionen-Grenze der Übernachtungen überschreiten konnte. Die steigenden Übernachtungszahlen in den neuen Ländern ❸ lassen für die Zukunft weitere Zuwächse erwarten.

2. Gebirgsorientierte Fremdenverkehrsregionen mit vorwiegend Langzeittourismus in der Sommer- und Wintersaison

Den zweiten regionalen Schwerpunkt im bundesdeutschen Langzeit-Urlaubstourismus bilden die Gebirgsregionen Süddeutschlands. Dabei ragen nach den Übernachtungszahlen die deutschen Alpen, der südliche Schwarzwald und der südliche Bayerische Wald heraus. Sie alle verbindet eine Gemeinsamkeit: Sie liegen so hoch, dass sie nicht nur mit einer wander- und ausflugsorientierten Sommersaison rechnen können, sondern – bei unterschiedlicher Klimasicherheit – auch mit einer zweiten, skisportorientierten Wintersaison. Die saisonale Zweiphasigkeit des Fremdenverkehrs stellt eine Gunst dar, die so ausgeprägt in der Bundesrepublik sonst kaum erreicht wird.

Innerhalb der Gebirgsregionen liegen die Alpen sowohl bezüglich der Anzahl als auch der Dauer der Übernachtungen an der Spitze. Bandartig geschlossen finden sich in den Anrainerkreisen mehr als eine Million Übernachtungen im Jahr; diese Zahlen werden von regionalen Spitzenreitern noch einmal weit überschritten (z.B. Oberallgäu, Garmisch-Partenkirchen, Berchtesgadener Land). Nördlich der Alpen bilden Schwarzwald und Bayerischer Wald zwei weitere Fremdenverkehrsschwerpunkte. Auch hier erreichen einzelne Kreise zwischen drei und fünf Millionen Gästeübernachtungen im Jahr.

3. Regionen mit langzeitorientiertem Kur- oder Bädertourismus

Ein weiterer Regionstyp gründet sein Fremdenverkehrspotenzial auf der Existenz von Mineral- bzw. Thermalquellen oder auf heilklimatische Rahmenbedingungen. Auf dieser Grundlage hat sich eine spezielle medizinisch-klinische Infrastruktur in Kombination mit Erholungs- und Freizeiteinrichtungen für den Kur- und Bädertourismus herausgebildet. Schwerpunkte dieser Entwicklung finden sich in folgenden Regionen:

- die Kur- und Bäderstandorte vom Teutoburger Wald bis zum Weserbergland

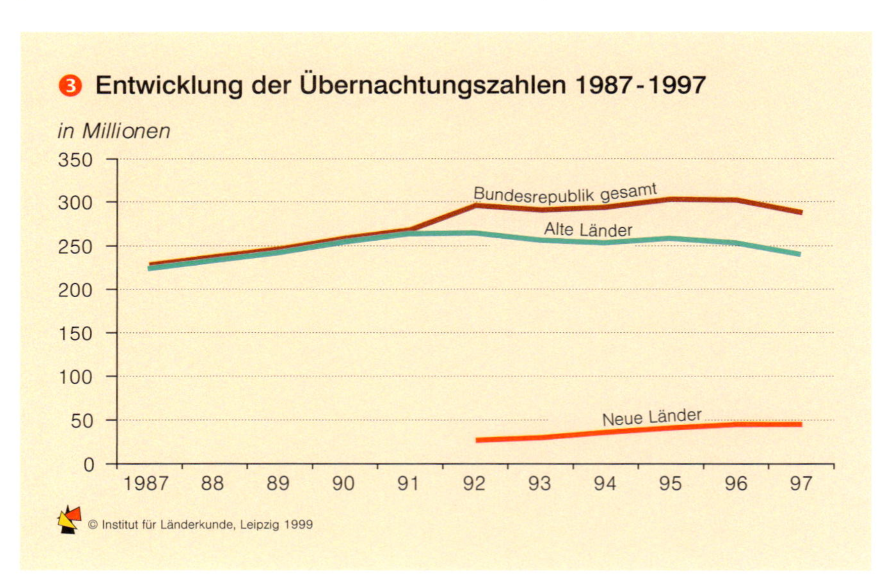

❸ Entwicklung der Übernachtungszahlen 1987-1997

- die heilklimatischen Luftkurorte im Hochsauerlandkreis und im Kreis Waldeck-Frankenberg
- die Kurorte und Bäder in den nördlich des Mains angrenzenden Mittelgebirgen Taunus, Spessart und Rhön
- die Bäderorte im Nordschwarzwald
- die Bäderorte im Alpenvorland und in den Alpen
- Seebäder an Nord- und Ostseeküste.

Die Kreise in diesen Regionen zeichnen sich durch hohe Übernachtungszahlen und eine aufgrund der medizinischen Erfordernisse überdurchschnittlich hohe Aufenthaltsdauer der Kurgäste von 6-8 Tagen aus. Angesichts der Sparmaßnahmen im Gesundheitssystem erfahren jedoch derzeit die Bäder- und Kurorte einen ökonomischen und strukturellen Anpassungsprozess.

4. Mittelgebirge mit vorwiegendem Kurzzeittourismus

In den übrigen Mittelgebirgen findet sich eine weitere Kategorie von Fremdenverkehrsregionen, die sich mit deutlich kürzeren Übernachtungsdauern als Gebiete des Kurzzeittourismus ausweisen. Ihre räumlichen Schwerpunkte liegen, mit unterschiedlicher Abstufung und Intensität, im Rheinischen Schiefergebirge einschließlich des Mittelrhein- und Moseltales, in Teilen der südwestdeutschen Mittelgebirge sowie in den randlichen Gebirgszügen zwischen Deutschland und Tschechien, von Schwerpunkten im Thüringer Wald bis zur Sächsischen Schweiz. Von ihrem Fremdenverkehrspotenzial her sind diese Gebiete sehr unterschiedlich. Als Standortvorteile aus Sicht der Touristen treten wahlweise auf:

- die relative Nähe zu großen Verdichtungsräumen (Kurz- und Wochenendurlauber)
- die touristisch relevante Infrastruktur der Region (z.B. Relief, Waldreichtum, Stauseen)
- die (regional sehr unterschiedlichen) Möglichkeiten zum Aufbau einer schwächeren zweiten Saison in der Winterhälfte des Jahres.

Als Kurzurlaubsgebiete haben diese Regionen vergleichsweise geringere Übernachtungszahlen und Aufenthaltsdauern (3-4 Tage). In Einzelfällen kann es jedoch – bei einer Bündelung von Gunstfaktoren – auch hier zu Spitzenwerten kommen, die den nationalen Vergleich nicht zu scheuen brauchen (z.B. Hochsauerland, Harz, Thüringer Wald).

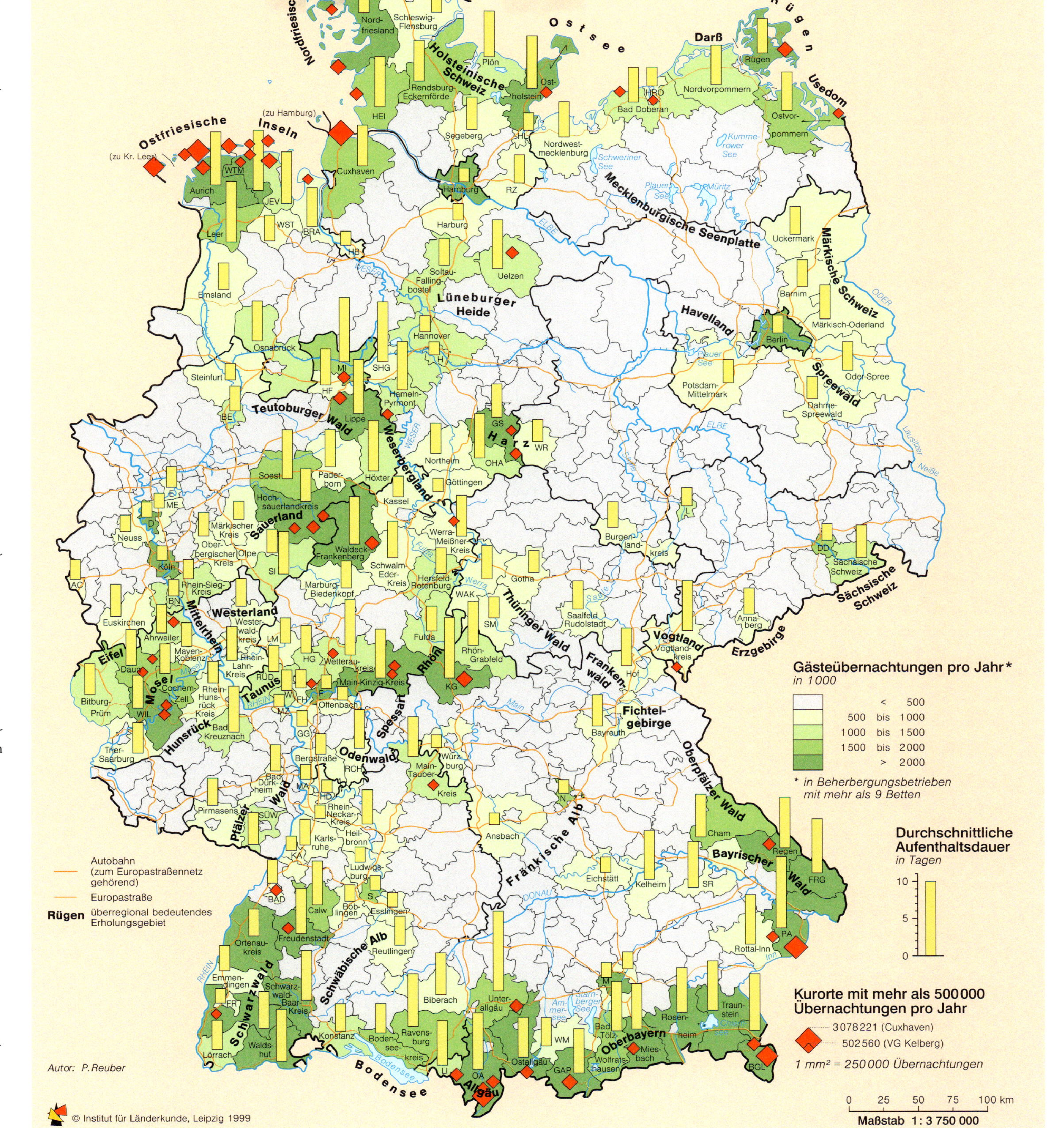

zial gesehen nicht einheitlich, sondern verfügt über ortsspezifisch unterschiedliche Stärken wie zum Beispiel:

- kulturhistorisch-symbolische Potenziale (städtebaulich herausragende Ensembles, architektonisch einzigartige Bauwerke, kultur- und kunstgeschichtlich bedeutsame Sehenswürdigkeiten etc.)
- traditionelle, regionsspezifische Feste (z.B. Karneval, Fasnet)
- funktionale Potenziale (z.B. überregionale Freizeit- und Kultureinrichtungen, Messe- oder Ausstellungsstandorte u.a.).

5. Solitäre Fremdenverkehrszentren des Städte- und Messetourismus

Bei dieser Kategorie handelt es sich nicht im engen Sinne um „Fremdenverkehrsregionen", sondern eher um einzeln liegende, größere und kleinere Städte. Auch diese Gruppe ist von ihrem Poten-

Diese Standorte erreichen eine hohe Zahl an Übernachtungen, haben jedoch die geringsten Aufenthaltsdauern von 1-2 Tagen (v.a. Tagungs- oder Geschäftsaufenthalte, Wochenend-Arrangements). Natürlich sind die Städte ebenso wie alle anderen Regionen auch Ziele für den eintägigen Ausflugstourismus, was jedoch im Rahmen der Übernachtungsstatistik nicht zutage tritt.◆

Bevölkerung

Paul Gans und Franz-Josef Kemper

Die Einwohnerzahl gehört zu den wichtigsten Kenngrößen eines Landes. Mit der Vereinigung der beiden deutschen Staaten im Jahr 1990 wurde Deutschland zum bevölkerungsreichsten Land Europas. Ende der 80er, Anfang der 90er Jahre gab es eine Trendumkehrung der Einwohnerentwicklung Deutschlands, die sich bis heute in großräumigen Gegensätzen auswirkt ❸, wozu sowohl Migrationen als auch natürliche Bevölkerungsveränderungen in unterschiedlichem Ausmaß beitrugen ❷. Die Ursachen lagen in der schrittweisen Auflösung des Sozialistischen Weltsystems sowie in der Transformation des Wirtschafts- und Gesellschaftssystems der DDR. Die erhöhte Durchlässigkeit von Grenzen führte zu zwei Wanderungsschüben von einer Größenordnung, wie sie zuvor nur in Krisenjahren zu beobachten gewesen waren. Zum einen handelte es sich zur Jahreswende 1989/90 um die „Übersiedlerwelle" von Ost nach West, die nach der Vereinigung beider deutscher Teilstaaten in Binnenwanderungen mündete und dann zunehmend von einem Gegenstrom ergänzt wurde. Zum andern sind die Zuzüge von Aussiedlern, Flüchtlingen, Asylbewerbern und Arbeitsmigranten zu nennen, mit einem Höchststand des Migrationsgewinns von rund 782.000 Personen im Jahre 1992. Der politische Wandel drückt sich in den neuen Ländern auch in einschneidenden Änderungen demographischer Verhaltensweisen aus. So kehrte sich der geringe Geburtenüberschuss von 0,2 ‰ in der DDR 1988 in ein außerordentliches Defizit von 6,7‰ (1993) um ❷.

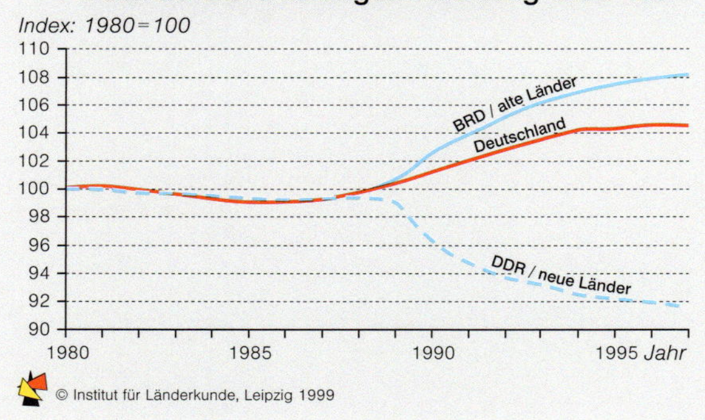

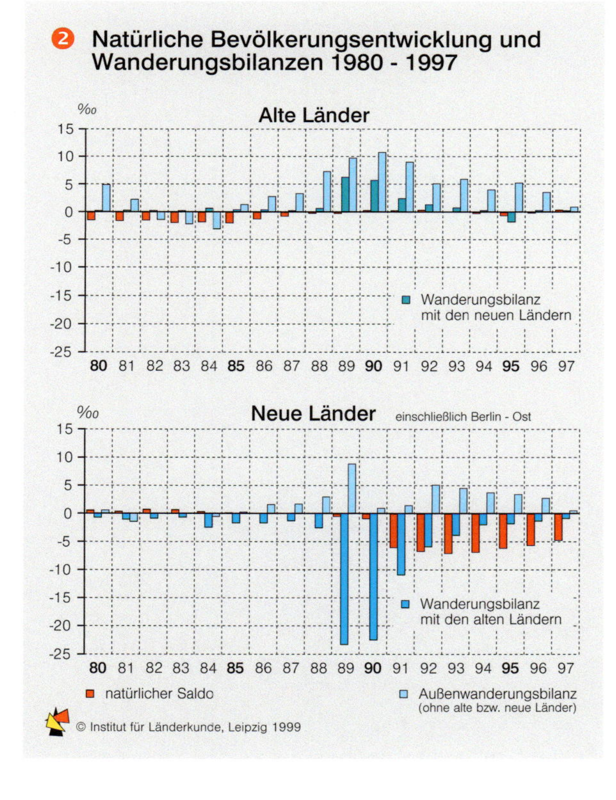

Bevölkerungsentwicklung in Deutschland

Ende 1997 wohnten in Deutschland 82,1 Mio. Menschen. Damit setzte sich eine seit 1985 zu beobachtende Bevölkerungszunahme fort, die ab 1989 nur für das frühere Bundesgebiet zutrifft ❶. Seit dem Jahr der Maueröffnung klafft die Entwicklung immer weiter auseinander. In den alten Ländern tragen zur positiven Tendenz (+8,4% bis Ende 1997) vor allem die Außenwanderungsgewinne bei, in den neuen Ländern geht der negative Trend (-8,2%) nach der Übersiedlerwelle 1990 im Wesentlichen auf das Geburtendefizit zurück.

Diese großräumigen Unterschiede bringt Karte ❸ deutlich zum Ausdruck. Die positive Entwicklung in den alten Ländern, in einigen Fällen bis zu 10%, ist in den weniger verdichteten Räumen stärker ausgeprägt als in den Agglomerationen. Diese räumliche Verteilung stimmt nur bedingt mit dem natürlichen Saldo überein. Die Geburtenrate übertrifft die Sterberate in Regionen Baden-Württembergs, Bayerns, im westlichen Niedersachsen sowie in benachbarter Lage zur Rhein-Ruhr-Agglomeration und zum Rhein-Main-Raum. Diese Gebiete zeichnen sich durch eher größere Haushalte und durch einen höheren Anteil jüngerer Einwohner bei einer unterdurchschnittlichen Bedeutung älterer Menschen ❹ aus, so dass die Bevölkerungsstruktur den Geburtenüberschuss weitgehend determiniert. Bevölkerungsverluste, z.T. mehr als 5%, verzeichnen seit 1990 nur Regionen in den neuen Ländern, ländliche Gebiete genauso wie Verdichtungsräume. Davon hebt sich nur Berlin mit seinem Umland ab.

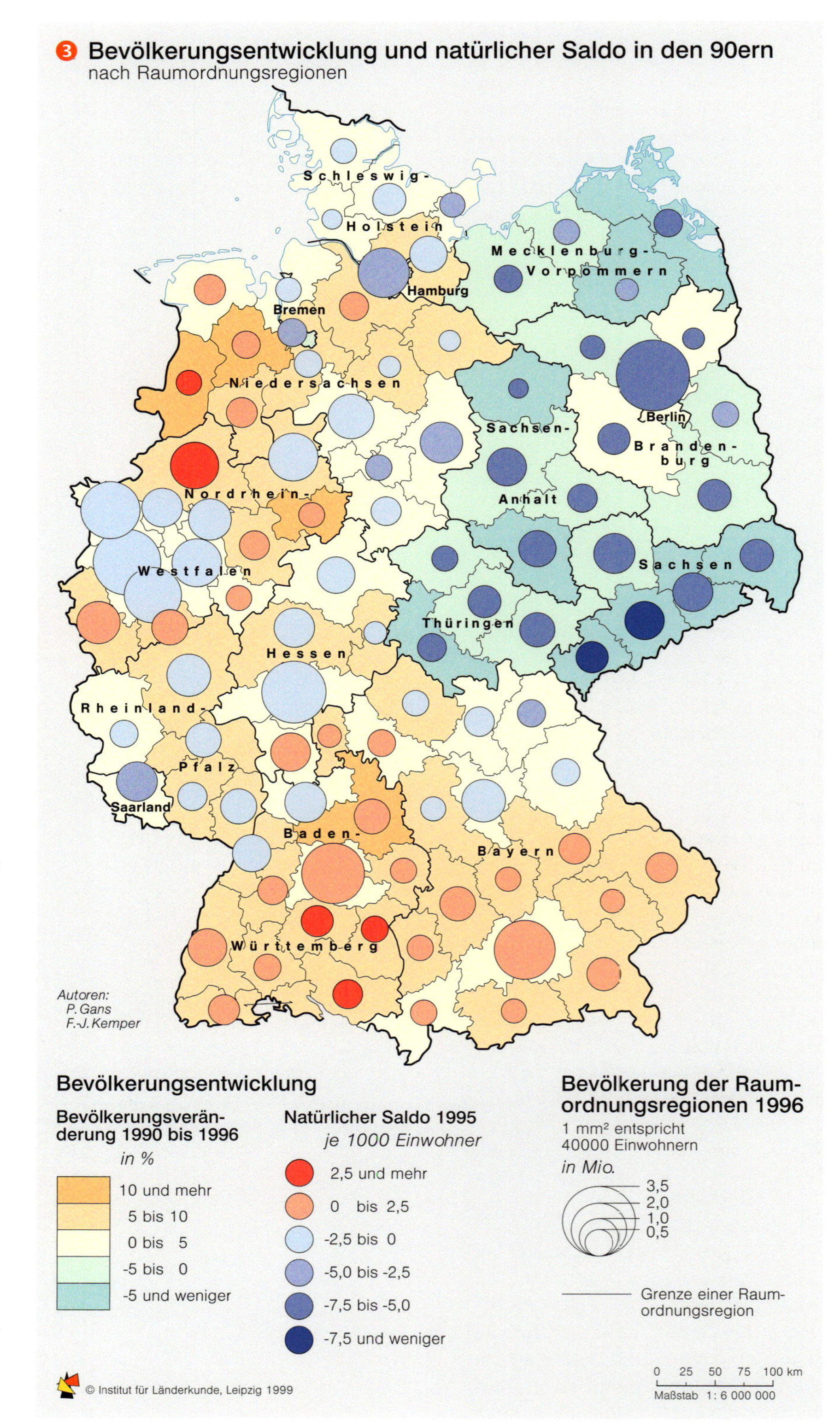

Geburten und Sterbefälle

In den neuen Ländern lenkt das extrem hohe Geburtendefizit in allen Teilräumen die Aufmerksamkeit auf sich. Die Gründe liegen – ähnlich wie in Westdeutschland – teilweise in der Altersstruktur. In Sachsen, Sachsen-Anhalt und Thüringen liegt der Anteil der mindestens 65-Jährigen in den meisten Kreisen über dem deutschen Durchschnitt von 15,6% ❹. Darüber hinaus spielen auch Änderungen im generativen Verhalten eine maßgebliche Rolle.

Die zusammengefasste Geburtenziffer zeigte bis Mitte der 70er Jahre einen weitgehend übereinstimmenden Verlauf für beide deutschen Teilstaaten ❺. Die anschließende pronatalistische Bevölkerungspolitik der DDR erhöhte zwar kurzfristig die Geburten je Frau, ohne jedoch das Ziel, die Sicherung des Bevölkerungsstandes, zu erreichen. Die höhere Fruchtbarkeit beruhte in der DDR auf dem Beibehalten von Traditionen im generativen Verhalten wie frühe Heirat und Geburt von Kindern in jungem Alter. HÖHN et al. (1990) verweisen u.a. auf den sozialen Kontext, die relative Abgeschlossenheit der Gesellschaft in der DDR, die Orientierung der Lebenswege von Frauen auf Berufstätigkeit wie auch die Mutterschaft sowie die geringe Pluralität der Lebensläufe.

Nach der Wende verringerte sich die totale Fruchtbarkeitsrate innerhalb von fünf Jahren auf ein wohl weltweit und historisch einmaliges Niveau von 772 (1994), um sich dann bis 1997 wieder auf 1039 zu erhöhen. Der massive Geburtenrückgang war dabei im Zusammenhang mit dem tiefgreifenden gesellschaftlichen Umbruch von 1989/90 zu sehen. MÜNZ u. ULRICH (1993/94) nennen als Ursachenbündel dafür Krisensituationen – wie beispielsweise Arbeitsmarktprobleme oder die Schließung von Kinderbetreuungseinrichtungen –, erweiterte Wahlmöglichkeiten bei fortschreitender Individualisierung der Lebensstile sowie den allgemeinen Wertewandel. Der erneute Anstieg der Geburtenzahlen deutet auf eine Anpassung des generativen Verhaltens der ost- an das der westdeutschen Frauen hin, das durch späte Heirat und die Geburt von Kindern in höherem Alter gekennzeichnet ist.

Die Entwicklungsunterschiede in der Lebenserwartung seit etwa 1975 ❻ hingen in Westdeutschland vor allem mit Erfolgen bei der Reduktion der Alterssterblichkeit zusammen. Sie zeigten eine abweichende Effizienz des Gesundheitswesens in beiden deutschen Teilstaaten an (z.B. Präventivmaßnahmen, Medizintechnik, Rettungswesen). Als weiterer Faktor spielte die Umwelt eine Rolle – weniger die Schadstoffbelastung, sondern vielmehr schlechte Arbeitsbedingungen. Auch Unterschiede in den Lebensstilen, z.B. Nikotinkonsum oder Ernährungsweise, beeinflussten die Abweichungen der Mortalität. In der DDR war die Nahrungsmittelzusammensetzung nicht optimal, vor allem fehlten Obst und Gemüse, und dieser Mangel kann sich z.B. in einem höheren Anteil der Herz-Kreislauf-Erkrankungen als Todesursache im Vergleich zur Bundesrepublik ausdrücken (CHRUSCZ 1992).

In Abbildung ❻ zeichnet sich eine kontinuierliche Verringerung der Sterblichkeitsunterschiede zwischen Ost- und Westdeutschland seit Anfang der 90er Jahre ab, wozu Verbesserungen im medizinischen Bereich sowie die Schließung von Betrieben mit überalterten Maschinen beitrugen. Trotz dieser Angleichung bleiben sowohl in den alten als auch in den neuen Ländern regionale Abweichungen in der Mortalität bestehen, denn auch das soziale Umfeld mit Faktoren wie Arbeitslosigkeit oder Beschäftigungsunsicherheit beeinflusst in West- wie in Ostdeutschland als sozialer Stressfaktor die Lebenserwartung (KEMPER u. THIEME 1992; GANS 1997).

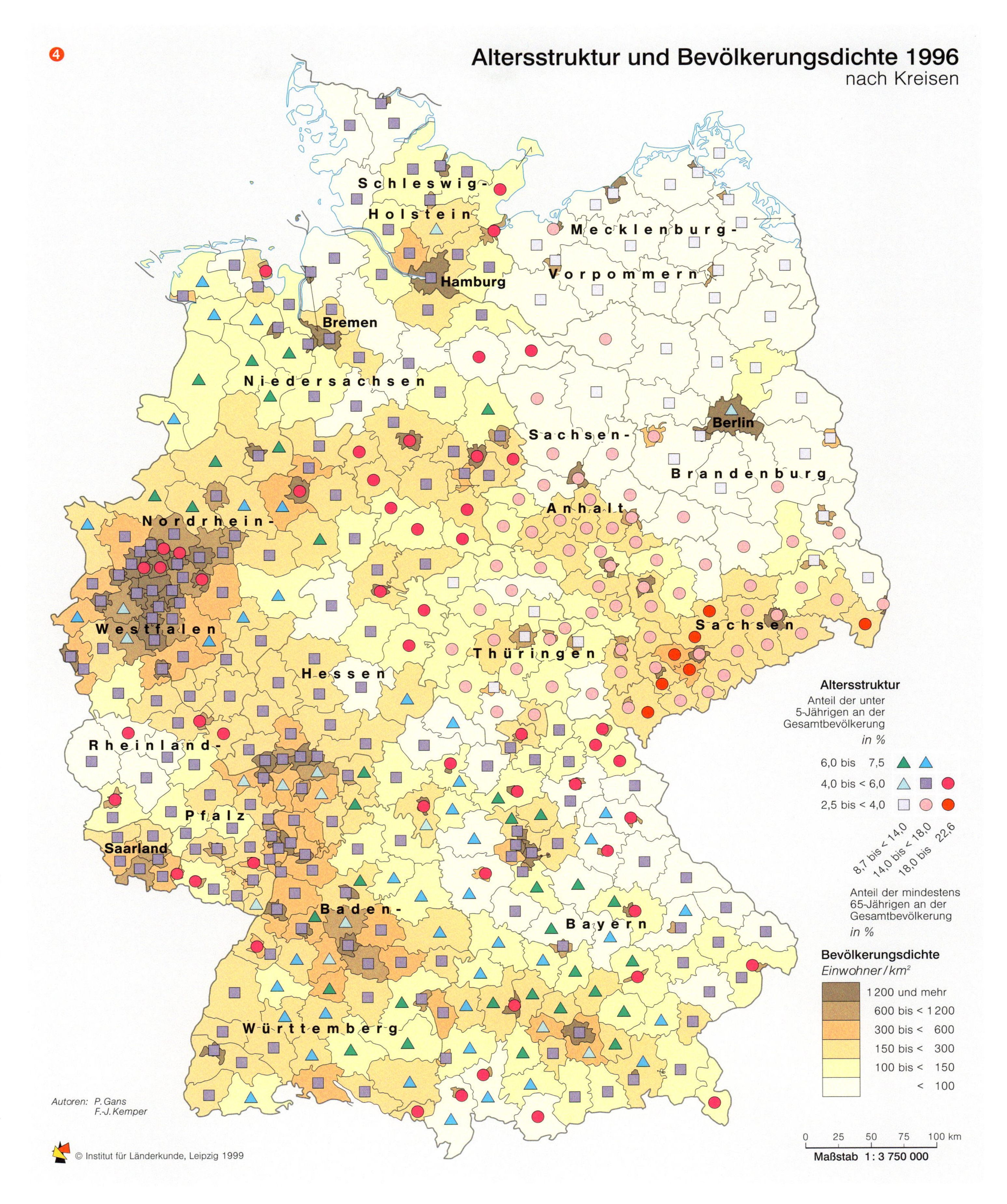

Regionale Differenzierung der Altersstruktur

Die abweichende Geburtenentwicklung, aber auch grundlegende Unterschiede bei den Wanderungsbewegungen spiegeln sich in den Alterspyramiden der alten und der neuen Länder wider (❼ DORBRITZ 1993/94):

- Die gemeinsame Geschichte, insbesondere der Zweite Weltkrieg, sowie das weitgehend übereinstimmende generative Verhalten bis Mitte der 70er Jahre führten zu vergleichbaren Einschnitten und Ausbuchtungen.
- Systembedingte Unterschiede äußern sich zum einen in der stärkeren Vertretung der Altersgruppen von heute 10 bis 20 Jahren als Folge der bevölkerungspolitischen Maßnahmen der DDR. Zum anderen hatten die Wanderungsgewinne des früheren Bundesgebietes einen höheren Anteil bei den 25- bis 40-Jährigen mit einer Verschiebung der Sexualproportionen zugunsten männlicher Personen zur Folge.
- Die Umbruchsituation in den neuen Ländern spiegelt sich in der massiv zurückgehenden Besetzung der jüngsten Altersjahrgänge wider. In diesem Zusammenhang kommt auch der Übersiedlerwelle 1989/90 in Richtung früheres Bundesgebiet eine strukturelle Bedeutung für beide Teilräume zu.
- Die Alterspyramide für die neuen und die alten Länder ❼ verdeutlicht den Prozess der Überalterung, der sich aufgrund des Geburtenrückganges sowohl von der Basis als auch aufgrund der stetig zunehmenden Lebenserwartung vor allem älterer Menschen gleichzeitig von der Spitze her ergibt (▸▸ Beitrag Lambrecht/Tzschaschel). ➟

Deurbanisierung – Relativer Bedeutungsverlust der verdichteten gegenüber den ländlichen Räumen hinsichtlich Bevölkerung und Arbeitsplätzen. Dadurch kommt es zu einer interregionalen Dekonzentration, auch als Counterurbanisation bezeichnet. Deurbanisierung der Bevölkerung, die hier im Vordergrund steht, basiert in der Regel auf Wanderungsgewinnen ländlicher Räume und Wanderungsverlusten von Agglomerationen.

Generatives Verhalten – Zusammenspiel der verschiedenen Faktoren, die das Nachwachsen einer Bevölkerung beeinflussen, d.h. im Wesentlichen Alter der Frauen bei ihrer Heirat und der Geburt ihres ersten Kindes, Betreiben einer bewussten Geburtenplanung bzw. Empfängnisverhütung.

Fruchtbarkeit, Fertilität – ergibt sich aus der Zahl der Geburten je Frau.

Totale Fruchtbarkeits- oder Fertilitätsrate, zusammengefasste Geburtenziffer – Sie gibt die Zahl der geborenen Kinder von 1000 Frauen während ihrer reproduktiven Lebensphase an, wenn sie den für einen bestimmten Zeitpunkt maßgeblichen Fruchtbarkeitsverhältnissen unterworfen wären und dabei von der Sterblichkeit abgesehen wird. Die Rate ist unabhängig von der Bevölkerungsstruktur.

Mortalität, Sterblichkeit – ergibt sich aus der Zahl und dem Alter der Gestorbenen in einem Zeitraum.

Migration – Wanderung, d.h. Veränderung des Wohnsitzes oder Umzüge; **Außenwanderungen** sind Migrationsbeziehungen mit dem Ausland, **Binnenwanderungen** finden dagegen innerhalb eines Landes statt.

pronatalistisch – Politik, die auf eine Erhöhung der Geburtenzahlen abzielt.

Selektivität von Wanderungen – Selektivität tritt dann auf, wenn Zu- oder Abwanderer andere Merkmalsausprägungen hinsichtlich Alter, Haushaltsgröße, Einkommen etc. als die Wohnbevölkerung eines Gebietes haben. Daraus resultiert oft eine Veränderung der Bevölkerungsstruktur des Gebietes, z.B. eine Verjüngung oder Alterung der Bevölkerung.

5 Zusammengefasste Geburtenziffer im Gebiet der alten und neuen Länder 1980-1997

Totale Fertilitätsrate

neue Länder

alte Länder

© Institut für Länderkunde, Leipzig 1999

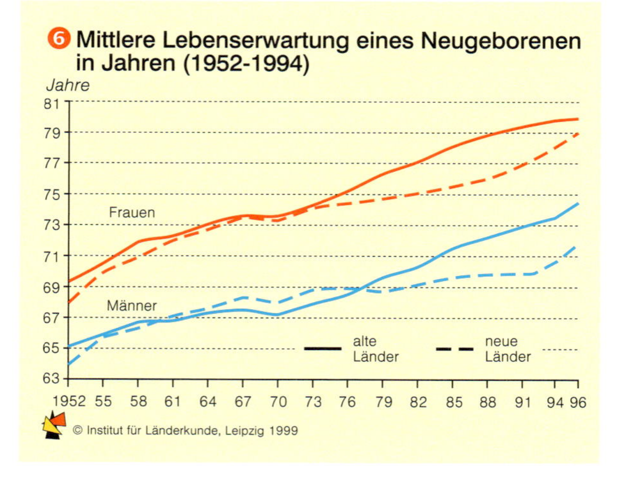

6 Mittlere Lebenserwartung eines Neugeborenen in Jahren (1952-1994)

Abweichungen in der Altersstruktur der Bevölkerung West- und Ostdeutschlands sind auch auf der Kreisebene zu erkennen 4. In den neuen Ländern beträgt der Anteil der unter 5-Jährigen als Folge des Geburtenrückganges nach der Wende durchweg weniger als 4% (▸▸ Beitrag Wiest). Demgegenüber ist bei den mindestens 65-Jährigen ein markantes Süd-Nord-Gefälle festzustellen, mit überproportionalen Werten insbesondere in Sachsen. Diese Verteilung zeichnet immer noch die jüngere Altersstruktur im Norden der DDR aufgrund der vor 1989 höheren Geburtenhäufigkeit nach. Die Gebiete mit den niedrigsten Bevölkerungsdichtewerten Deutschlands und einer einseitigen Wirtschaftsstruktur stellen heute hohe Anforderungen an regionale Entwicklungsmaßnahmen zur Schaffung neuer Arbeitsplätze und zum Erhalt der sozialen Infrastruktur.

In Westdeutschland ergibt Karte 4 ein differenzierteres Bild als in den neuen Ländern. Im Norden sind zwar ältere Menschen stärker vertreten als im Süden, diese Differenz wird aber von inner-regionalen Unterschieden überlagert. Die kreisfreien Städte registrieren in der Tendenz höhere Anteile älterer und eine niedrigere Bedeutung jüngerer Menschen. Beide Muster hängen in hohem Maße mit Binnenwanderungen zusammen, die eher auf weniger verdichtete Räume gerichtet sind und eine Dekonzentration der Bevölkerung erkennen lassen.

Räumliche Bevölkerungsbewegungen: Außenwanderungen

Die Zuwanderungen aus dem Ausland in die Bundesrepublik Deutschland haben zwischen 1988 und 1993 eine Größenordnung erreicht, die auch in der Hochphase der Gastarbeitermigration um 1970 nicht bestand. Per Saldo sind in diesem Zeitraum fast 3,6 Mio. Migranten nach Deutschland gekommen, davon 1,3 Mio. Deutsche, vor allem Aussiedler, und 2,3 Mio. Ausländer (Asylbewerber, Flüchtlinge, Familiennachzügler und Arbeitsmigranten aus einigen Transformationsstaaten, mit denen entsprechende Programme vereinbart wurden). Diese „neuen" Wanderungsbewegungen unterscheiden sich hinsichtlich der Motive und Zusammensetzung der Migranten erheblich von der früheren Gastarbeitermigration und dem Nachzug der Familien. Charakteristisch ist eine weit höhere Vielfalt der Herkunft. Neben Südeuropa sind zahlreiche Länder Osteuropas, Asiens und Afrikas vertreten. Dennoch kommen auch 1996 noch 67% der Zuziehenden aus Europa, einschließlich der Türkei (▸▸ Beitrag Swiaczny).

Seit 1993 sind die Zuwanderungen nach Deutschland aufgrund neuer Regulierungen des Aussiedlerzuzugs und der Veränderungen des Asylrechts deutlich zurückgegangen 2. Der Wanderungssaldo, der 1992 ein Maximum von 782.071 erreicht hatte, betrug 1997 nur noch 93.644. So kehrte sich aufgrund rückläufiger Asylbewerberzahlen der Zuzugsüberschuss der Ausländer von 586.382 Personen (1992) in eine negative Bilanz von -21.768 (1997) um.

Die regionale Verteilung der Zuwanderungen aus dem Ausland ist, bis auf einige Sonderfälle, durch relativ geringe räumliche Differenzierungen gekennzeichnet. Dieser Gegensatz zu Einwanderungsländern wie den USA ist auf die regionale Quotierung von Aussiedlern, Asylbewerbern und Flüchtlingen zurückzuführen, die einen regionalen Ausgleich der Belastungen von Wohnungsmarkt und öffentlichen Haushalten anstrebt. Im Laufe der 90er Jahre wurden die neuen Länder immer mehr in die Quoten einbezogen, so dass sich ihr Anteil am Außenwanderungssaldo von 4,4% im Jahr 1991 auf 19,5% (1997) erhöht hat. In Karte 8 zeigt sich die Gleichförmigkeit in der relativ geringen räumlichen Variation der Außenwanderungssalden mit einem ganz überwiegenden Anteil von Kreisen mit leichten Wanderungsgewinnen. Jedoch gibt es einige Kreise mit starken bis extrem hohen Zuwanderungen aus dem Ausland. Sie enthalten zentrale Aufnahmelager, in die Aussiedler und Asylbewerber nach ihrer Ankunft in Deutschland kommen, um dann anderen Regionen zugewiesen zu werden. Dazu zählen die Kreise Plön, Osnabrück-Land (Bramsche), Göttingen (Friedland), Unna (Massen), Rastatt, Freudenstadt und Ostprignitz-Ruppin. Wegen der Umverteilung auch in andere Bundesländer lassen sich hieraus keine Aussagen über die endgültige regionale Zuordnung der Migranten machen.

Es läßt sich aber festhalten, dass sich die Zuwanderer aus dem Ausland in den 90er Jahren nicht mehr im Wesentlichen auf Großstädte und Verdichtungsräume konzentrieren, wie es zuvor der Fall war, sondern dass auch kleine Gemeinden und ländliche Räume an Bedeutung gewinnen, wie in Hessen, Nordbayern, Thüringen oder Sachsen. Insgesamt wird die regionale Verteilung der Außenzuzüge in den 90er Jahren mehr vom Wohnungs- als vom Arbeitsmarkt beeinflusst, der für die Gastarbeiterwanderungen die entscheidende Determinante war. Dadurch treten auch in ländlichen Räumen verstärkt Probleme wie z.B. die Integration der Migranten in den Arbeitsmarkt auf.

Räumliche Bevölkerungsbewegungen: Binnenwanderungen

In den letzten Jahren übersteigen die regionalen Effekte der Binnen- diejenigen der Außenwanderung, nicht zuletzt weil ein Teil der Außenzuzüge mit einer anschließenden Umverteilung verbunden ist. Daher sind die genannten Kreise mit den großen Aufnahmelagern durch extrem hohe Fortzüge mit Ziel innerhalb Deutschlands gekennzeichnet. Das räumliche Muster der Binnenwanderungssalden in Karte 8 ist von der Ost-West-Wanderung, der Suburbanisierung und der Deurbanisierung geprägt.

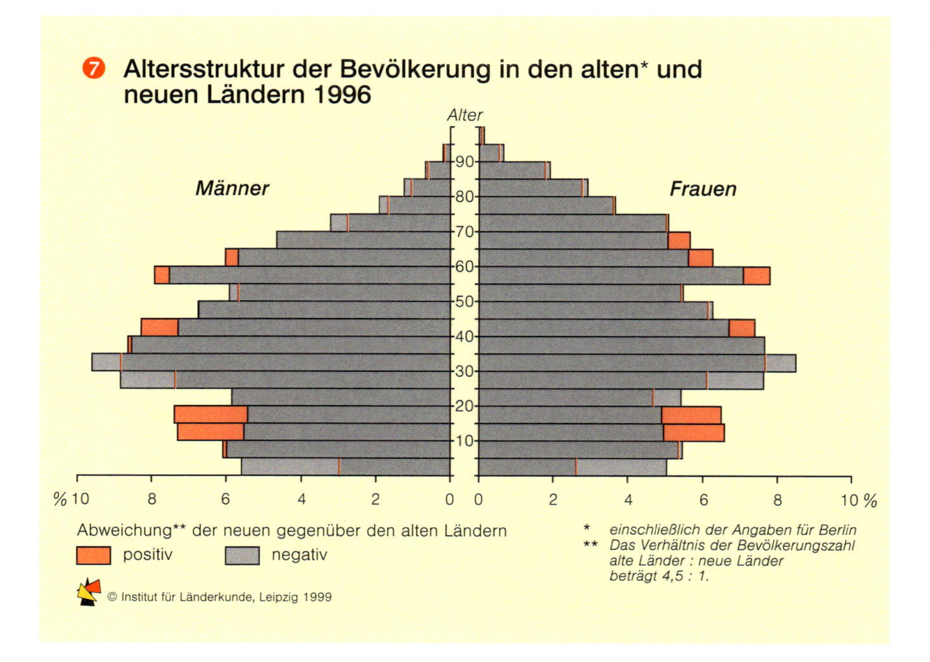

7 Altersstruktur der Bevölkerung in den alten* und neuen Ländern 1996

Von diesen drei Prozessen hat die Ost-West-Wanderung seit Anfang der 90er Jahre immer mehr an Bedeutung verloren. Wanderten 1991 noch knapp 250.000 Personen aus den neuen in die alten Länder, so sank dieser Wert auf 168.000 im Jahre 1997. Parallel zu diesem Rückgang stieg der gegenläufige Strom von West nach Ost von 80.000 (1991) auf 158.000 (1997) an. An diesem Gegenstrom sind sowohl Westdeutsche beteiligt, die Arbeits- oder auch Studienplätze in den neuen Ländern einnehmen, als auch Rückwanderer, die früher aus Ostdeutschland weggezogen waren. Gemeinsam ist beiden Teilgruppen ein höheres Lebensalter als bei den Abwanderern aus den neuen Ländern. Seit 1993 gibt es daher bei den 25-29-Jährigen einen Wanderungsüberschuss zugunsten des Ostens, während die Jüngeren weiterhin mehr in die alten Länder fortziehen (Grünheid u. Mammey 1997).

Mitte der 90er Jahre ist wieder die Umverteilung zwischen Kernstädten und Umland in den Vordergrund gerückt. Diese Wohnsuburbanisierung ist in den neuen Ländern besonders stark ausgeprägt. Sie äußert sich im Wanderungsverlust der Kernstädte und in Gewinnen des Umlands und ist auf Karte ❽ vor allem im Verdichtungsraum Berlin, daneben in den Räumen Leipzig, Halle, Dresden, Rostock und in der thüringischen Städtereihe zu erkennen. Nach DANGSCHAT U. HERFERT (1997) handelt es sich nicht einfach um eine „nachholende" Suburbanisierung im Vergleich zu Westdeutschland, weil die Rahmenbedingungen in den neuen Ländern andere sind als sie es im Westen vor 20 Jahren waren. Der Wohnungsneubau in Ostdeutschland hat sich aufgrund der befristeten Abschreibungsmöglichkeiten, der Vereinfachungen im Planungsrecht und der Restitutionsansprüche, die sich vor allem auf Kernstädte beziehen, stark auf das Umland konzentriert (SAILER-FLIEGE 1998). Weit häufiger als in Westdeutschland überwiegen Geschosswohnungen unterschiedlicher Größe, die Westdeutschen gehören und vermietet werden, weniger um größere Eigenheime. Die demographische Selektivität der Zuziehenden ist relativ gering, weil unterschiedliche Alters- und Haushaltsgruppen an den Zuzügen ins Umland beteiligt sind, und es dominieren höhere Einkommensgruppen. Das Gegenbild zum wachsenden Umland bilden viele Kernstädte mit hohem Bevölkerungsverlust, wie Schwerin, Rostock, Chemnitz, Leipzig und Halle. Hier ist Stadtverfall ein gravierendes Problem, und die Bausubstanzerhaltung von Altbauten wie von Plattenbausiedlungen ist von hoher Bedeutung für eine nachhaltige Entwicklung.

In den alten Ländern geht die Suburbanisierung in den 90er Jahren weiter, ohne das Ausmaß ihrer Hochphase in den 60er und frühen 70er Jahren zu erreichen. In Karte ❽ weisen aber auch ländliche Räume in Westdeutschland, die von den großen Verdichtungsräumen weiter entfernt sind, deutliche Binnenwanderungsgewinne auf, wie im westlichen Niedersachsen, im Rheinischen Schiefergebirge, im nördlichen Württemberg und in Teilregionen Bayerns. Diese Deurbanisierung hat sich nach KONTULY & VOGELSANG (1988) seit etwa 1978 in der Bundesrepublik voll entfalten können, nachdem in anderen westlichen Industrieländern ähnliche Prozesse seit den späten 60er Jahren beobachtet wurden. Es handelt sich allerdings nicht um einen geradlinig fortschreitenden Prozess, sondern um einen Wandel zwischen Phasen der Verstärkung von Deurbanisierung und der Abschwächung bis hin zur Umkehr einer Re-Agglomerierung (KEMPER 1997). Die Gründe lassen sich vor allem in zwei Ansätzen zusammenfassen, die zum einen veränderte regionale Arbeitsteilungen mit Deindustrialisierung in den Städten verbunden mit einem Arbeitsplatzwachstum im ländlichen Raum, zum anderen veränderte Lebensstile und Präferenzen für wenig verdichtete Regionen ansprechen. Zugunsten der ländlichen Räume sind auch die Verteilung von Aussiedlern und öffentliche Fördermaßnahmen zu erwähnen. In den neuen Ländern, in denen es vor der Wende keine Deurbanisierung gab, besteht weiterhin eine Bevölkerungsverlagerung von ländlichen in verdichtete Gebiete.

Wenn man Binnen- und Außenwanderungen zusammenführt ❽, erkennt man, dass der Großteil der Kreise in Deutschland Gewinne verzeichnet. Ausnahmen sind auf der einen Seite eine Reihe von Kernstädten, deren Zuwachs durch Außenwanderung nicht die Fortzüge ins Umland und in andere Regionen kompensiert, auf der anderen Seite einige Landkreise in den neuen Ländern. Das Kartenbild vermittelt aber nicht mehr, wie zu Beginn der 90er Jahre, scharfe Kontraste zwischen Ost und West, sondern ein komplexes Mosaik, das sich aus unterschiedlichen Wanderungsprozessen zusammensetzt.

Zukünftige Bevölkerungsentwicklung

Aussagen zu zukünftigen Einwohnerzahlen sind mit großen Unwägbarkeiten verbunden. Diese Unsicherheit versuchte das Bundesamt für Bauwesen und Raumordnung zu minimieren, indem es Experten zu Prognoseannahmen Stellung beziehen ließ (BUCHER et al. 1994). Am ehesten bestand noch Einigkeit in der Erwartung einer Anpassung der Geburtenhäufigkeit und der Lebenserwartung der neuen Länder an das Niveau Westdeutschlands sowie eines rückläufigen Umfangs der Ost-West-Migration. Der neueste Trend bestätigt diese Annahmen. Dissens überwog bei der Einschätzung der Außenwanderungen, die von sehr unterschiedlichen Faktoren, z.B. politischen Verwerfungen in den Herkunftsgebieten, aber auch der ökonomischen Entwicklung in Deutschland, abhängig sind.

Aus regionaler Sicht wird sich die Dekonzentration mit ihren negativen Begleiterscheinungen für Umwelt und Siedlungsstruktur fortsetzen. Dabei bleibt zwischen wachsenden und sich entleerenden Räumen zu unterscheiden, die aufgrund der altersspezifischen Selektivität von Wanderungsbewegungen ganz unterschiedliche Maßnahmen zur Regionalentwicklung erfordern.◆

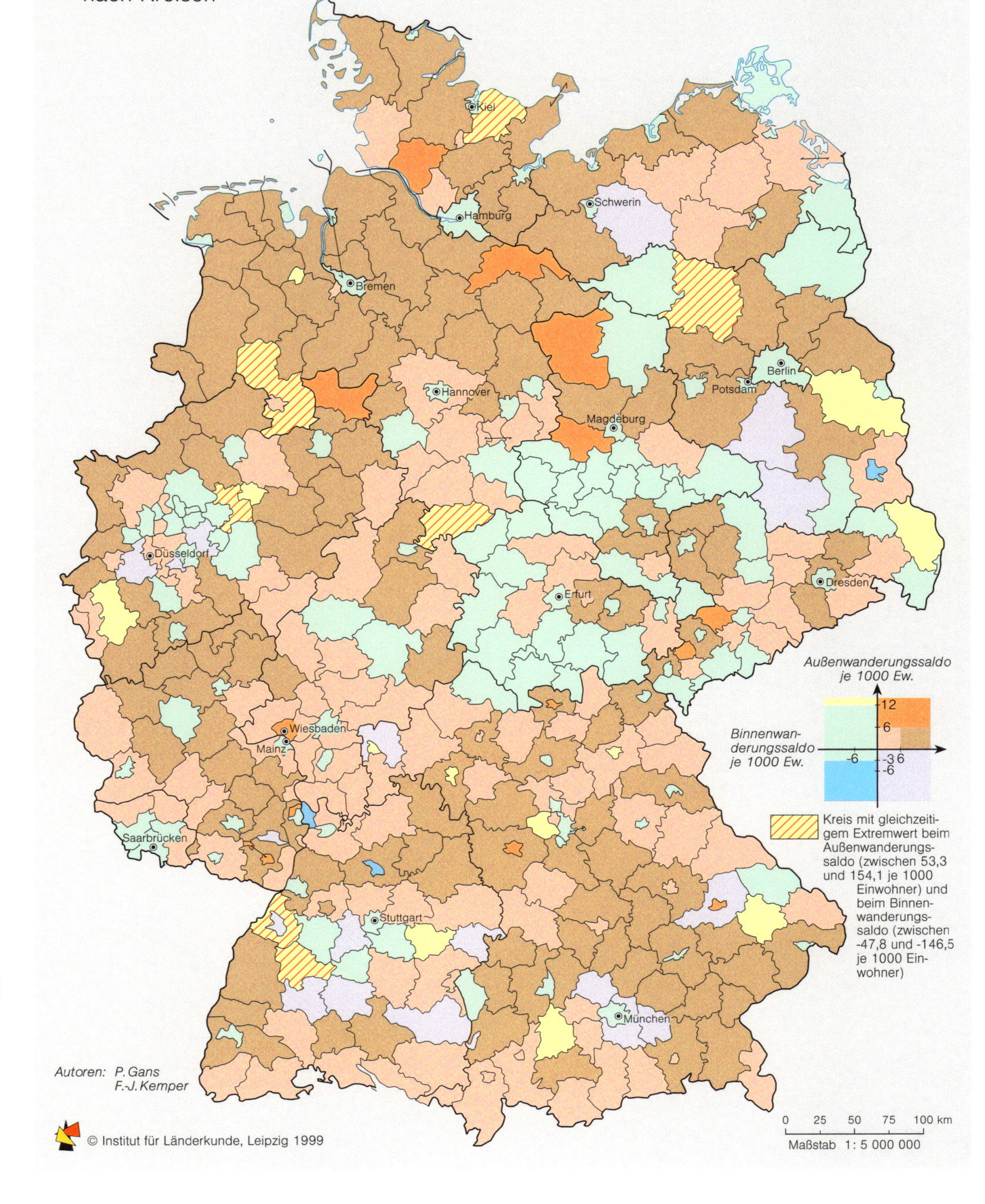

Die Sozialstruktur Deutschlands – Entstrukturierung und Pluralisierung

Wolfgang Glatzer

Sozialstruktur ist ein allgemeiner Schlüsselbegriff der Soziologie, der vor allem in der Gesellschaftsanalyse Anwendung findet. Jede Gesellschaft weist eine Struktur auf, d.h. ein relativ stabiles Gefüge von Beziehungen und Wirkungszusammenhängen zwischen ihren Elementen, das sich nur allmählich ändert (GLATZER u. OSTNER 1999). Auch wenn die Gesellschaftsstruktur relativ stabil erscheint, so bedeutet dies selten Stagnation. Vielmehr erfolgen in jeder Gesellschaft aufgrund endogener und exogener Faktoren mehr und weniger schnelle Strukturwandlungen.

Die Elemente der Sozialstruktur können auf vielfältige Weise definiert werden, und aus der Vielfalt von sozialstrukturellen Analysen kann hier nur eine kleine Auswahl vorgestellt werden. Sie bezieht sich (a) auf die Haushalts- und Familienstruktur mit der Fragestellung, inwieweit diese grundlegenden Lebensformen durch Singularisierung und Pluralisierung gekennzeichnet sind, (b) auf das soziale Gefüge von Klassen und Schichten mit der Fragestellung, inwieweit sie von Entstrukturierung bzw. Entschichtung betroffen sind, und schließlich (c) auf die Charakterisierung der Gesellschaftsstruktur insgesamt, also die Frage, in welcher Gesellschaft wir – alles in allem – leben. Darüber hinaus führen auch andere Beiträge dieses Atlasbandes in Bereiche der Sozialstruktur ein; beispielsweise in die Bevölkerungsstruktur, die ethnische Struktur, die Bildungsstruktur, die Erwerbsstruktur, die Berufsstruktur, die Wirtschaftsstruktur, die Machtstruktur. Grundsätzlich gilt, dass die Sozialstruktur zwar räumliche Differenzierungen aufweist, aber in den meisten sozialstrukturellen Analysen wird davon abgesehen und statt dessen die nationalstaatliche Betrachtung bevorzugt.

Singularisierung und Pluralisierung der Lebensformen

Der Strukturwandel der grundlegenden Lebensformen wird oft mit den Begriffen Singularisierung und Pluralisierung beschrieben. Singularisierung bedeutet, dass nicht nur die durchschnittliche Haushaltsgröße immer geringer wird, sondern insbesondere, dass die Zahl der Menschen, die im Einpersonenhaushalt leben, immer mehr ansteigt. Pluralisierung bezeichnet die Formenvielfalt, die sich bei den privaten Haushalten im Hinblick auf Größe, Zusammensetzung und Netzwerkbeziehungen entwickelt hat. Von einer starken Dominanz der großen Haushalte von fünf und mehr Personen um die Jahrhundertwende entwickelte sich im Lauf der Jahrzehnte eine relative Mehrheit von Einpersonenhaushalten. Lediglich die Zweipersonenhaushalte konnten ebenfalls ihren Anteil an allen Haushalten steigern, während alle größeren Haushaltsformen weniger wurden ❶.

Die Singularisierung stellt allerdings keinen ganz einheitlichen Prozess dar, sondern ist zum Teil das Ergebnis einer durch unfreiwillige Trennung (z.B. Verwitwung) erzwungenen Vereinzelung; nur teilweise stellt sie die frei gewählte Lebensform von „Singles" dar. Je nach Bereich ist die Singularisierung unterschiedlich weit fortgeschritten, im städtischen mehr als im ländlichen, im protestantischen mehr als im katholischen. Nicht zuletzt ist der geringere Anteil der Einpersonenhaushalte in den neuen Ländern im Vergleich zu den alten Ländern bemerkenswert ❹.

Neben den Einpersonenhaushalten haben sich weitere neue bzw. unkonventionelle Haushaltsformen etabliert und zum Teil stark vermehrt. Zu nennen sind hier die nichtehelichen Lebensgemeinschaften, die Alleinerziehenden sowie die Wohngemeinschaften. Trotz der Etablierung neuer Lebensformen lebt die große Mehrheit der Bevölkerung über 18 Jahren nach wie vor in konventionellen Haushalts- und Familienformen. Verheiratet zu sein und Kinder zu haben, ist immer noch die Lebensform der meisten Menschen (32% der erwachsenen Bundesbürger) ❺; ein ähnlich großer Anteil (28%) ist verheiratet und lebt zusammen mit dem Ehepartner, aber ohne Kinder. Unter den erwachsenen Bundesbürgern dominieren also ganz eindeutig verheiratete Personen mit und ohne Kinder. Von den übrigen erwachsenen Bundesbürgern sind 18% alleinlebend und 3% alleinerziehend; darüber hinaus leben 4% unverheiratet mit einem Partner zusammen und 1% unverheiratet mit einem Partner und Kind(ern). Hinzukommen 9% der Erwachsenen, die als Kinder bei ihren Eltern wohnen. Diese letzte Kategorie weist auf die anhaltende Bedeutung von Familienbeziehungen hin, die bis weit in das Erwachsenenalter hinein die Grundlage für ein Zusammenleben bilden.

Im Vergleich zu 1972 ist vor allem der Anteil der Verheirateten, die mit ihren Kindern zusammenleben, zurückgegangen. Gestiegen ist demgegenüber der Anteil der Alleinlebenden und der Ehepartner ohne Kinder. In den neuen Ländern zeigt sich, dass dem geringeren Anteil von Alleinlebenden ein höherer Anteil von nichtehelichen Lebensgemeinschaften gegenüber steht.

Bestimmte Lebensformen werden vorzugsweise in bestimmen Altersgruppen gewählt, und dies macht deutlich, wie stark konventionelle Strukturen erhalten geblieben sind ❷. Die jungen Erwachsenen (18-24 Jahre) wohnen ganz überwiegend zu Hause. In der Altersphase danach (25-29 Jahre) ist die Lebensform der nichtehelichen Lebensgemeinschaften die relativ gesehen häufigste. In der Lebensmitte herrscht die Lebensform „verheiratet mit Kindern" ganz deutlich vor. Das Alleinleben kommt am häufigsten bei den Älteren (65 und mehr Jahre) vor. Auch das Geschlecht ist als Zuordnungskriterium zu bestimmten Haushaltsformen wirksam; so sind die älteren Alleinlebenden und die Alleinerziehenden ganz überwiegend Frauen. Trotz der Konzentration der Lebensformen auf bestimmte Lebensphasen sind nahezu alle Lebensformen in allen Lebensphasen anzutreffen, was als Beleg für eine Pluralisierungstendenz gesehen werden kann. Nicht übersehen werden sollte, dass sich auch die konventionellen Lebensformen weiterentwickeln. Die Familien werden zwar den konventionellen Lebensformen zugerechnet, aber auch sie sind im Wandel begriffen, beispielsweise von der patriarchalischen Familie, in der die Entscheidungsgewalt des Vaters dominiert, zur Verhandlungsfamilie, in der über Familienangelegenheiten in gemeinsamen Gesprächen entschieden wird. In gewisser Zahl treten auch neue Eheformen auf, z.B. Ehepartner mit zwei Wohnorten, ähnlich wie das *„living apart together"* bei den nichtehelichen Lebensgemeinschaften.

Die Begriffe Singularisierung und Pluralisierung bezeichnen sicherlich langfristige Entwicklungstendenzen der Haushalts- und Familienstruktur. Eine falsche Interpretation liegt jedoch vor, wenn mit diesen Begriffen pauschal soziale Isolierung und Vereinsamung verbunden werden bzw. wenn sie ohne Einschränkung als Individualisierung interpretiert werden. Das Konzept der Individualisierung, das die Wahlfreiheit betont, übersieht die sozialen Zwänge beim Entstehen von Lebensformen. Wenn ein Ehepartner sich scheiden lassen will, wo bleibt die Wahlfreiheit für den anderen? Gegen zunehmende Isolierung und Einsamkeit spricht, dass in den letzten Jahrzehnten die Menschen in repräsentativen Umfragen eine Zunahme ihrer sozialen Kontakte angeben. Der Grund dafür liegt in den haushaltsübergreifenden Netzwerken, über die Personen in großen wie in kleinen Haushalten verfügen, d.h. sie unterhalten mehr oder weniger

❶ **Private Haushalte nach der Zahl der Haushaltsmitglieder in Deutschland 1871-1998**

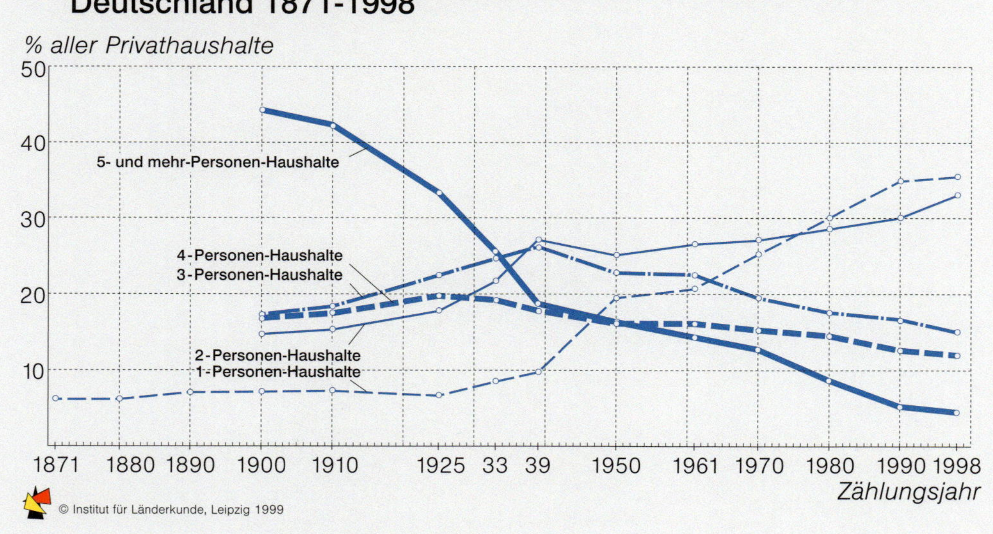

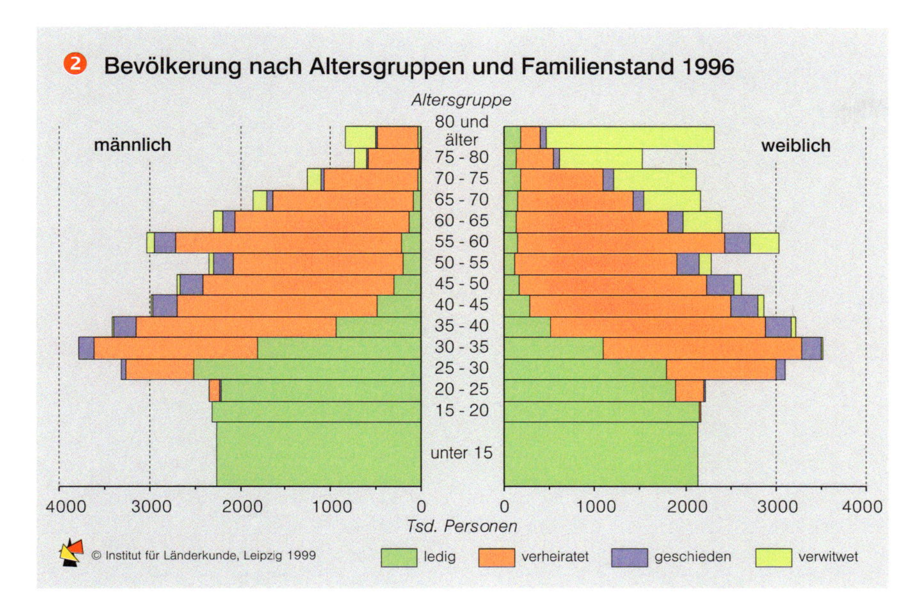

zu bezeichnen, weil sie sowohl von der Kindergeneration wie der Großelterngeneration beansprucht wird, ohne entsprechende Entlastung zu erhalten. Moderne Untersuchungen betonen die „Ambivalenz" generationenübergreifender Beziehungen.

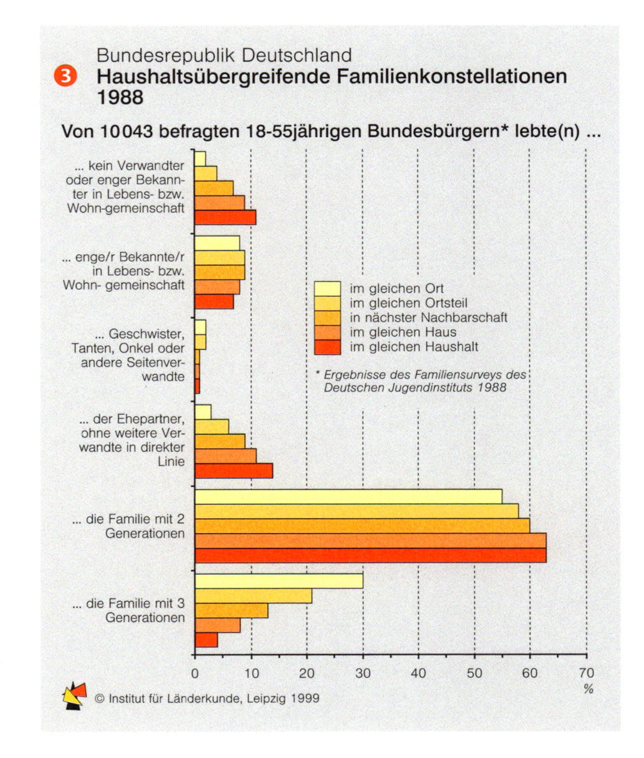

Entstrukturierung der sozialen Schichtung

Das Verhältnis von Kontinuität und Wandel der Sozialstruktur, vor allem der Klassenstruktur und sozialen Schichtung, hat seit jeher besondere Aufmerksamkeit gefunden, verbindet es sich doch mit dem Problem vertikaler und auch horizontaler Ungleichheit (HRADIL 1999; GEISSLER 1996). Die zentrale Frage ist, wie sich die industriegesellschaftliche Klassenstruktur, in der die Klassenzugehörigkeit von der Stellung im Erwerbsprozess abhängt, weiter entwickelt. Mit der Entstehung und dem Ausbau des Wohlfahrtsstaates wurde die Lebenslage von der Stellung im Produktionsprozess zumindest teilweise unabhängig; es entstand eine neue „Versorgungsklasse" (LEPSIUS), die von wohlfahrtsstaatlichen Alimentationen unterhalten wird. Darüber hinaus wurde später die Frage gestellt, inwieweit die alten Konzepte von Klasse und Schicht durch neue Konzepte wie soziale Milieus und Lebensstile abzulösen seien. In der theoretischen Diskussion wird von einer doppelten Entstrukturierung gesprochen. Es wird nicht nur schwieriger, klar abgegrenzte ➟

intensive soziale Kontakte zu Verwandten, Freunden, Nachbarn, Bekannten und Arbeitskollegen außerhalb des eigenen Haushalts. Die Verwandtschaftsbeziehungen spielen dabei eine vorrangige Rolle ❸.

Die haushaltsübergreifenden Netzwerke können Defizite kleinerer Haushaltsformen kompensieren. Fehlen diese jedoch, wie bei einer größeren Zahl alleinlebender älterer Frauen, kann die Folge soziale Isolierung sein. Falls gute soziale Netzwerke vorhanden sind, dann ermöglichen sie nicht nur soziale Kontakte, sondern auch soziale Unterstützung ❾. Soziale Netzwerke zeichnen sich durch vielfältige Prozesse des Gebens und Nehmens aus, insbesondere zwischen den verschiedenen Generationen einer Familie. Dabei tritt öfter eine Situation auf, die dazu Anlass gibt, die mittlere Generation als „*Sandwich*-Generation"

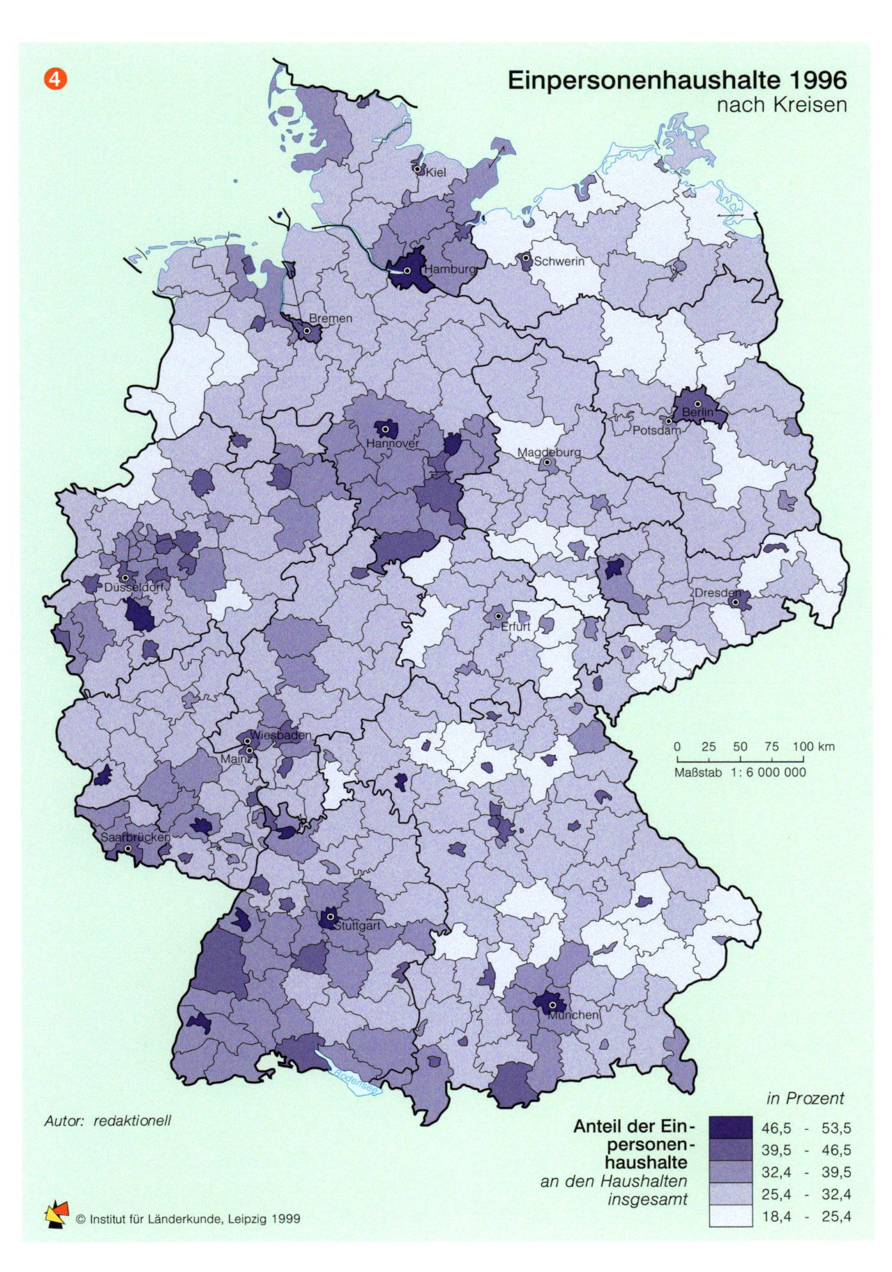

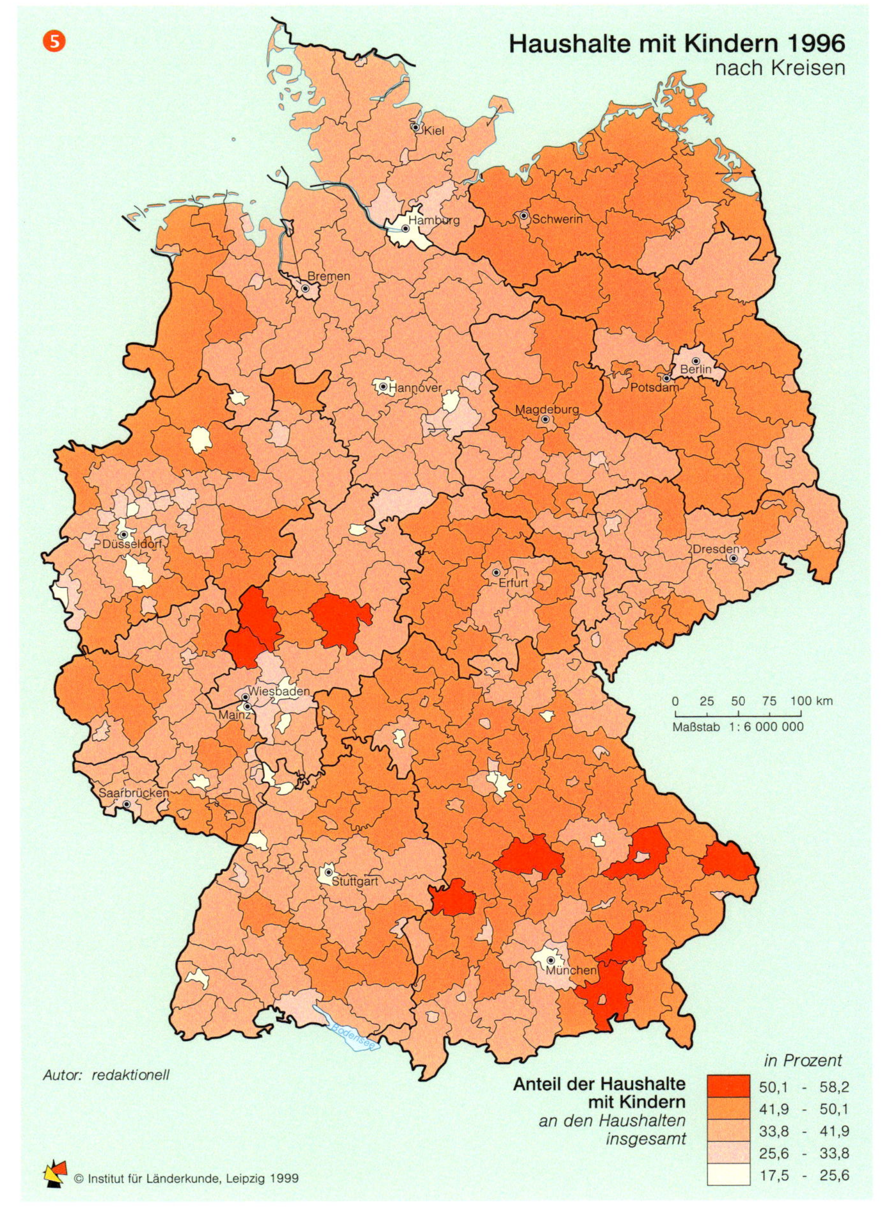

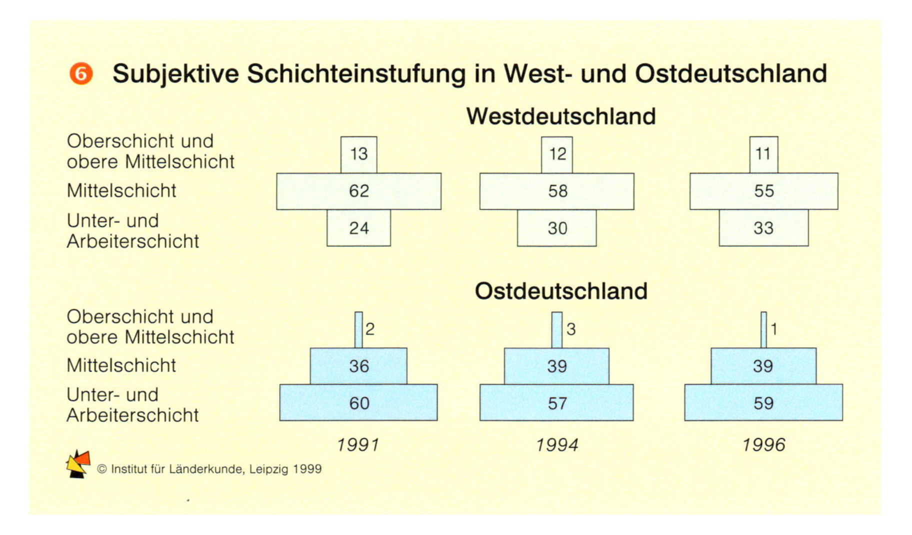

Klassen und Schichten zu identifizieren, sondern auch der Zusammenhang zwischen Lebenslagen und Mentalitäten hat sich gelockert. Die Diskussion darüber hält an: Es ist einerseits unbestreitbar, dass innovative Strukturelemente die Gesellschaft der Bundesrepublik verändert haben, es darf aber andererseits nicht übersehen werden, in welchem Maß traditionale Strukturelemente die Gesellschaft weiterhin prägen.

Die soziale Schichtung gilt als Hauptaspekt der Sozialstruktur, und dementsprechend hat es viele Bemühungen gegeben, Modelle der sozialen Schichtung zu konstruieren. Angesichts der Komplexität der Aufgabe waren die Ergebnisse meist unterschiedlich, was wiederum methodisch im Begriff der „informierten Willkür" (DAHRENDORF) seinen Ausdruck gefunden hat. Im Folgenden wird auf einige charakteristische Ansätze eingegangen, die in der sozialwissenschaftlichen Literatur anzutreffen sind.

In den 60er Jahren hat Ralf DAHRENDORF ein sogenanntes „Haus-Modell" der sozialen Schichtung entwickelt (1965), das eine Alternative zum damals sehr bekannten „Zwiebel-Modell" von Karl Martin BOLTE darstellt. Es wurde in den 90er Jahren von Rainer GEISSLER nach ähnlichen Prinzipien erneut konstruiert (1999) und eignet sich deshalb für das Aufzeigen von Veränderungen 7.

Dahrendorfs Schichtungsmodell besteht aus sieben Schichten, die anhand der Kriterien Bildung, Beruf und Mentalität konstruiert wurden. An der Spitze befindet sich eine Elite von 1% der Erwerbsbevölkerung, an die eine Dienstklasse von 12%, das sind nichttechnische Verwaltungsangestellte aller Qualifikationen, anschließt. Ein relativ großer alter Mittelstand – die Selbstständigen – von 20% folgt im Anschluss, begleitet von einer Arbeiterelite von 5%. Darunter gibt es eine breite Arbeiterschicht von 45% der Erwerbsbevölkerung sowie einen falschen Mittelstand von 12%, der „objektiv" eher der Arbeiterschicht entspricht, sich aber selbst zur Mittelschicht rechnet. Eine Unterschicht von 5% bildet den Abschluss des „Hauses" nach unten. Im Vergleich dazu werden für die 90er Jahre mehrere Veränderungen diagnostiziert.

Die Mittelschichten des Dienstleistungsbereichs haben sehr stark zugenommen, und gewachsen ist auch die Arbeiterelite. Stark geschrumpft ist demgegenüber der alte bürgerliche Mittelstand. Kleiner geworden ist auch die Arbeiterschicht. Darüber hinaus hat sie sich in Facharbeiter einerseits und un- und angelernte Arbeiter andererseits aufgespalten. Auch die Bauern werden nun als eigene Schichtungskategorie ausgewiesen. Die Randschichten werden weiterhin auf 5-6% geschätzt. Eine Anfügung erfährt das ganze Schichtungsmodell durch die ausländische Erwerbsbevölkerung mit ihren Facharbeitern und un- und angelernten Arbeitern.

7 Soziale Schichtung der westdeutschen Bevölkerung

in den 60er Jahren

Eliten unter 1%
Dienstklasse 12%
Mittelstand 20%
Arbeitereliten 5%
„Falscher" Mittelstand 12%
Arbeiterschicht 45%
Unterschicht 5%

in den 80er Jahren

Machteliten unter 1%
Dienstleistungsmittelschichten 28%
alter bürgerlicher Mittelstand 7%
Bauern 6%
Arbeitereliten 12%
ausländische Facharbeiter
Facharbeiter 18%
1%
ausländische Un- bzw. Angelernte
ausführende Dienstleistungsschicht 9%
un- bzw. angelernte Arbeiter 15%
4%
Armutsgrenze
Randschichten 5-6%

© Institut für Länderkunde, Leipzig 1999

In den grafischen Schichtungsmodellen kommen nur die Größenveränderungen von Schichten und die Ausdifferenzierung neuer Schichten zum Ausdruck, nicht dagegen Veränderungen der internen Schichtungsstruktur. Das gesamte Schichtungsgefüge ist durch ein höheres Wohlstandsniveau gekennzeichnet; es wird von einem „Fahrstuhleffekt" gesprochen, der das gesamte Ungleichheitsgefüge nach oben verschoben hat. Die Ausprägungen einer Wohlstandsgesellschaft sind auf allen Ebenen stärker in den Vordergrund getreten, aber die Ungleichheit ist dabei nicht reduziert worden. Was die Grenzen zwischen den Schichten betrifft, so sind diese wohl fließender geworden, und Überlappungen haben sich verstärkt. Die Schichtunterschiede sind nicht mehr so sichtbar, wie man das aus traditionalen, hierarchisch strukturierten Gesellschaften kennt; argumentiert wird, dass die Schichtunterschiede nicht verschwunden, sondern nun in der Tiefenstruktur der Gesellschaft verankert seien.

Die genannten Schichtungsmodelle berücksichtigen zwar die Mentalität der jeweiligen Bevölkerungsschichten, aber sie untersuchen nicht explizit die subjektive Zuordnung zu den Schichten. Letzten Endes konstruieren die Forscher die Schichtungsmodelle, ohne zu wissen, ob dies die Bevölkerung ebenso sieht.

Die subjektive Schichteinstufung 6 erinnert in Westdeutschland an eine zwiebelförmige soziale Schichtung: Ein Anteil von 11% stufte sich 1996 als obe-

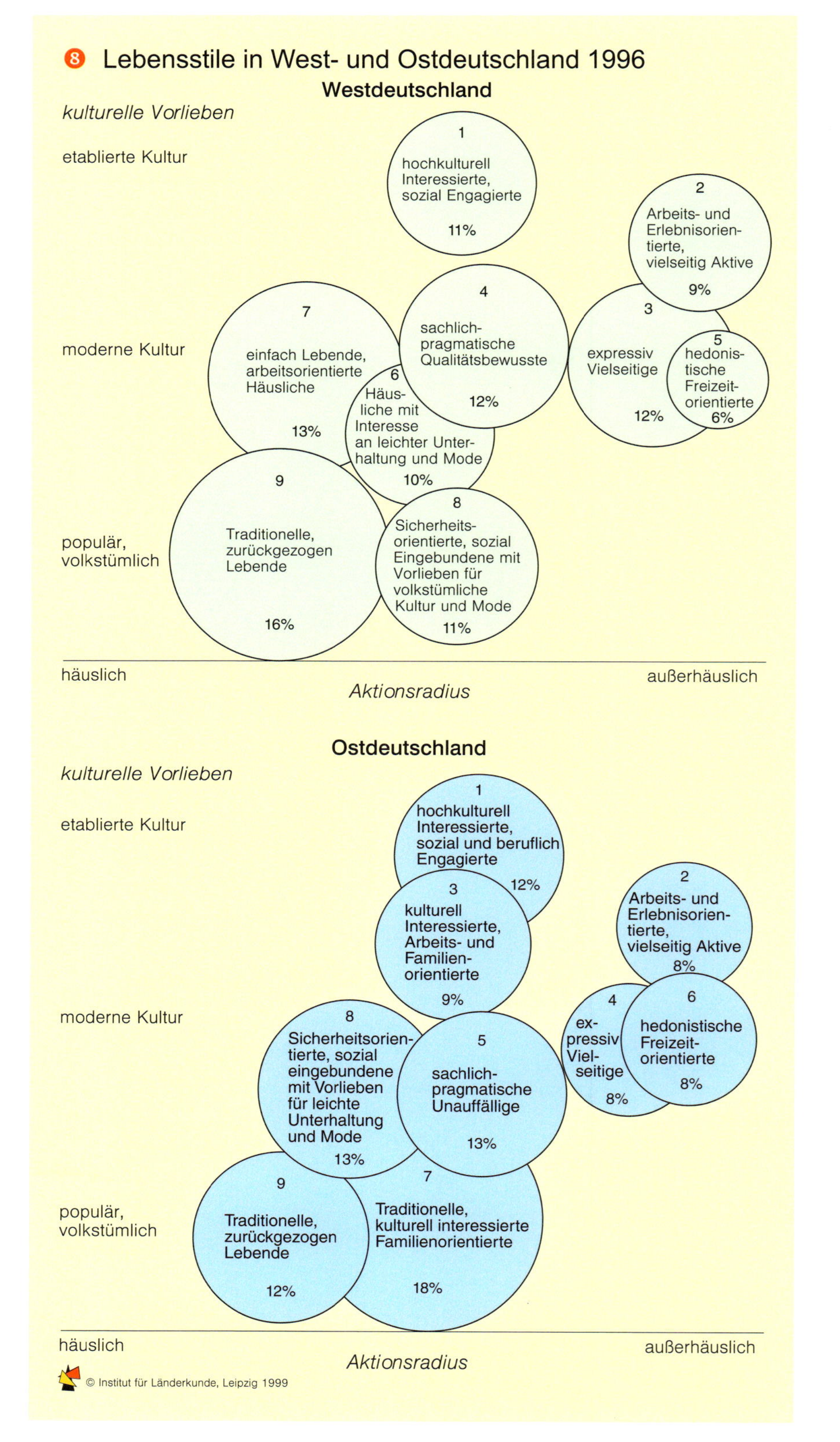

re Mittel- und Oberschicht ein, die Mehrheit von 55% definierte sich als Mittelschicht, und 33% sahen sich selbst der Unter- und Arbeiterschicht zugehörig. Demgegenüber ergibt die subjektive Schichteinstufung für Ostdeutschland eine pyramidenförmige Struktur: Es gibt kaum jemand, der sich zur oberen Mittel- und Oberschicht rechnet, auf der anderen Seite betrachtet sich die überwältigende Mehrheit als Unter- und Arbeiterschicht. Untersuchungen haben ergeben, dass die subjektive Schichteinstufung recht gut mit den objektiven Aspekten der beruflichen und sozialen Lage übereinstimmt. Für die Einstufung der ostdeutschen Bürger ist wohl konventionelles Bewusstsein aus der DDR-Zeit ebenso ausschlaggebend wie der Vergleich mit der besseren sozialen Lage der Westdeutschen.

Mit der Kritik an eher konventionellen Schichtungsmodellen sind neue Konzepte verbunden: insbesondere die der sozialen Milieus und der Lebensstile. In sozialen Milieus werden Gruppen Gleichgesinnter zusammengefasst „die jeweils ähnliche Werthaltungen, Prinzipien der Lebensgestaltung, Beziehungen zu Mitmenschen und Mentalitäten aufweisen" (HRADIL 1999, S. 420). In kleineren Milieus erfolgt die Lebensgestaltung in ähnlicher Weise, und es tritt ein Zusammengehörigkeitsgefühl auf. Auch die Gesamtbevölkerung lässt sich in Milieus gliedern, wobei Traditionsverhaftung und Wertewandel wichtige Kriterien sind.

Ein Lebensstil ist eine bestimmte Organisationsstruktur des Alltagslebens. Aktuelle Beschreibungen des Lebensstils beziehen Freizeitverhalten, Musikgeschmack, Lektüregewohnheiten, Fernsehinteressen, Kleidungsstil, Lebensziele und die Wahrnehmung des persönlichen Alltags ein ❽. Im Hinblick auf die Aufteilung der Gesamtbevölkerung auf Lebensstile ergeben sich neun Gruppen, bei denen kulturelle Vorlieben und der Aktionsradius bedeutsam sind. Als größte Gruppe erweisen sich diejenigen, die traditionell zurückgezogen leben.

Der Strukturtyp der deutschen Gesellschaft

Die Analyseergebnisse der Sozialstruktur Deutschlands sind angesichts der Komplexität der Gesellschaft nicht evident,

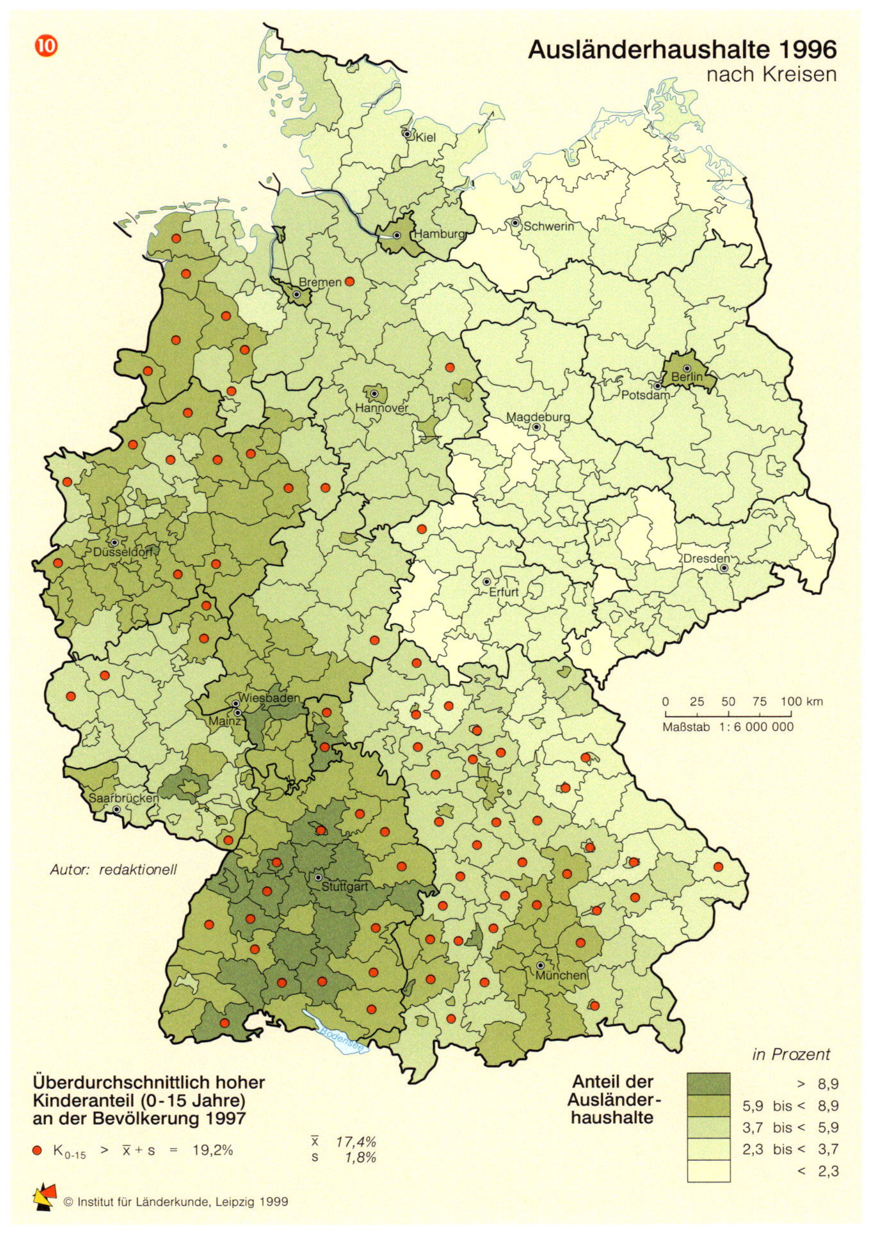

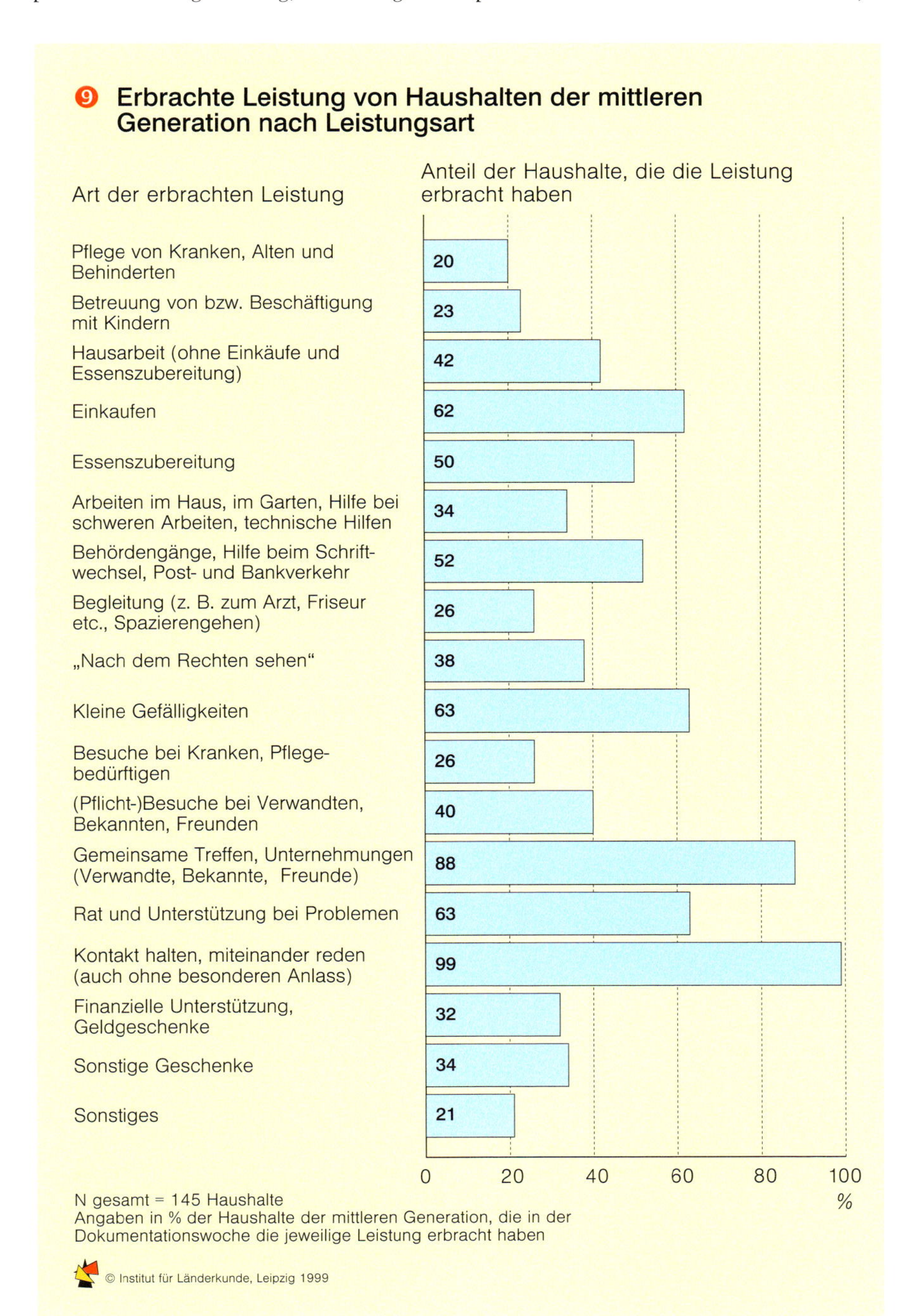

und dementsprechend kommen verschiedene Wissenschaftler zu mehr und weniger unterschiedlichen Befunden. Dies gilt bereits für Teilbereiche wie die Haushalts- und Familienstruktur oder die Klassen- und Schichtungsstruktur. Doch ein Abwägen der Befunde führt zu dem Ergebnis, dass sowohl Singularisierung und Pluralisierung als auch Entstrukturierung und Entschichtung zutreffende Entwicklungstendenzen sind, deren Ausmaß und soziale Konsequenzen oft übertrieben wurden.

Die Frage, was denn die zutreffende Analyse ist, wird um so schwieriger zu beantworten, wenn es darum geht, die Gesellschaft als Ganzes, d.h. in ihren wesentlichen Merkmalen, zu charakterisieren. Auf die Frage „In welcher Gesellschaft leben wir eigentlich?" wurden kürzlich in einem Sammelband (PONGS 1999) zwölf verschiedene Antworten gegeben, die von der "Wissensgesellschaft" (Helmut Wilke) bis zur "multikulturellen Gesellschaft" ❿ (Claus Leggewie) reichen, und es macht keine Mühe, diesen zwölf weitere Charakterisierungen hinzuzufügen.

Lassen die Sozialwissenschaftler die Nicht-Sozialwissenschaftler in tiefem Zweifel zurück? Die Antwort ist eher nein. Es ist die Eigenart aller Autoren, sich trotz der globalen Fragestellung auf einen selektiven Merkmalskomplex zu konzentrieren, und die Folge davon ist, dass bestimmte Facetten der Gesellschaft stark beachtet werden, während andere Facetten aus dem Blickfeld geraten. Überbetonung und Ausblendung sind zwei Seiten der gleichen Medaille. Wie sollte jemand, dessen theoretische Grundlage das Konzept der Risikogesellschaft ist, zur Diagnose einer Erlebnisgesellschaft gelangen und umgekehrt. Keine der hier erwähnten Diagnosen ist grundsätzlich falsch, sie sind für sich genommen unvollständig und einseitig, und erst in ihrer Kombination kann ihr relativer Wahrheitsgehalt sichtbar gemacht werden.◆

Frauen zwischen Beruf und Familie

Verena Meier

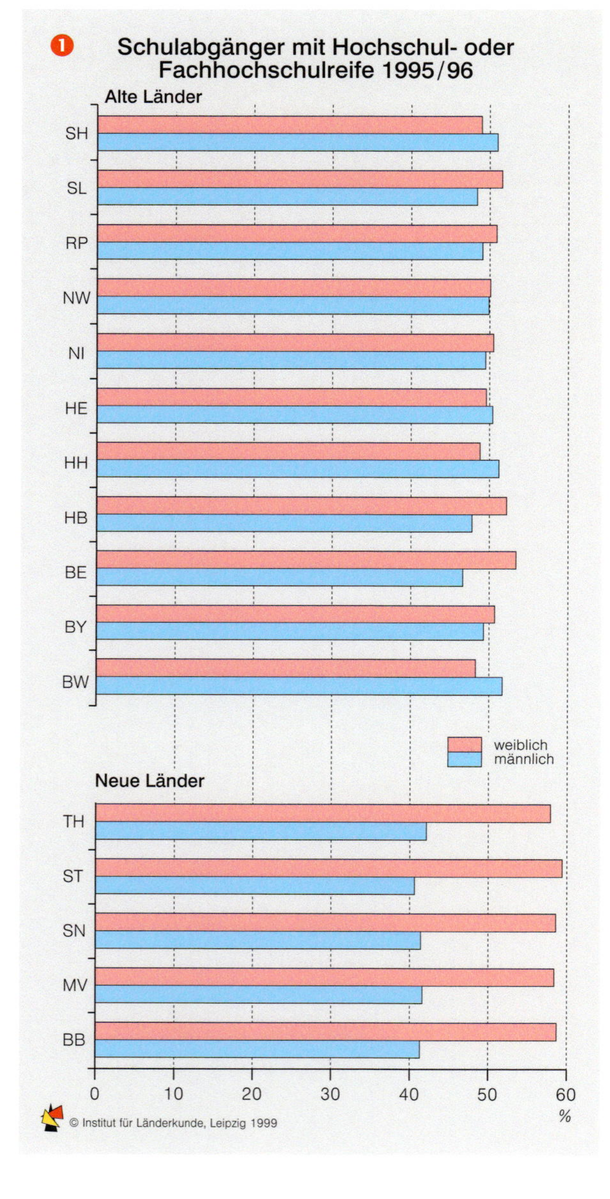

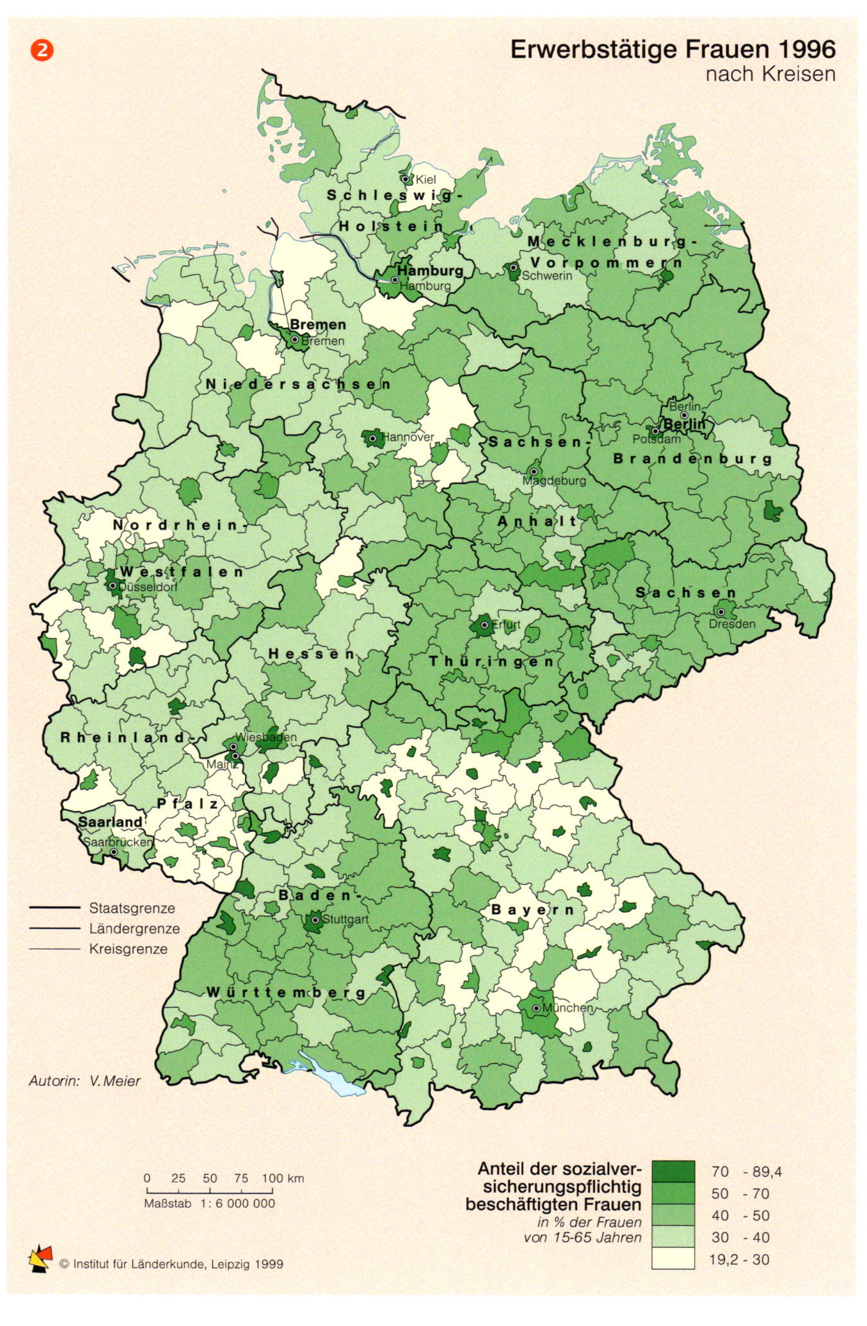

Arbeit und Erwerbstätigkeit

Arbeit. In der soziologischen Definition wird Arbeit verstanden als „zielgerichtete, planmäßige und bewusste menschliche Tätigkeit, die unter Einsatz physischer und mentaler (geistiger) Fähigkeiten und Fertigkeiten erfolgt". Diesem umfassenden Arbeitsbegriff steht ein viel engerer, an den Bezugspunkt Markt gebundener Begriff der (Erwerbs-)Arbeit gegenüber. Wird im Alltag von „Arbeitslosen" gesprochen, so denken wir nicht an Personen, die keine Arbeiten verrichten, sondern an Frauen und Männer, die einer bezahlten Beschäftigung nachgehen könnten, dies aber im Moment nicht tun. In Statistiken wird in der Regel nur die Erwerbsarbeit erfasst, was insbesondere für Frauen, die nach wie vor den größeren Teil an Haushalts-, Familien- und weiterer unbezahlter Sozialarbeit leisten, bedeutet, dass ein großer Teil ihrer Arbeit statistisch unsichtbar ist.

Erwerbstätigkeit. Als *erwerbstätig* gelten alle Personen, die eine haupt- oder nebenberufliche Erwerbsarbeit ausüben. Als *Erwerbslose* zählen in der Beschäftigtenstatistik des Statistischen Bundesamtes alle Nichtbeschäftigten, die sich nach eigenen Angaben um eine Arbeitsstelle bemühen, unabhängig davon, ob sie beim Arbeitsamt registriert sind oder nicht. Die von der Bundesanstalt für Arbeit gemeldete Zahl der *Arbeitslosen* umfasst dagegen nur die bei den Arbeitsämtern gemeldeten Arbeitssuchenden. Wichtiger Indikator für den Stand und die Entwicklung geschlechtsspezifischer Erwerbstätigkeit sind die *Erwerbsquoten*. In Deutschland ist dies der Anteil der Erwerbspersonen – d.h. der Erwerbstätigen und der Erwerbslosen – an den 15-65-jährigen Männern und Frauen.

Immer mehr Frauen sind Pendlerinnen zwischen zwei Welten. Was für die Frauen in den neuen Ländern schon lange gilt, nämlich die Notwendigkeit, Haushalts- und Familienarbeit mit Berufstätigkeit zu verbinden, wird zunehmend auch für Frauen in den alten Ländern zur Realität. Steigende Frauenerwerbsquoten sind ein europaweiter Trend. Auf der Ebene der gesamten EU beträgt 1997 der Unterschied zwischen der weiblichen und der männlichen Erwerbsquote 20%, 1990 waren es noch 26%. 50,5% der Frauen und 70,6% der Männer sind 1997 in der EU erwerbstätig. Mit einer Frauenerwerbsquote von 53,6% liegt Deutschland im Mittelfeld nach den nordeuropäischen Ländern, aber auch nach Ländern wie Österreich oder Portugal ❸. Dieser Wert setzt sich zusammen aus Zahlen für den Westen Deutschlands, mit einem relativ langsam steigenden Anteil von weiblichen Beschäftigten, und solchen für den Osten, der bis 1989 in Europa höchste Quoten aufwies.

Regionale Differenzierung in Deutschland

Ein Blick auf die Karte von Deutschland ❷ zeigt zwei dominierende Muster: Die neuen Länder weisen sowohl höhere Beschäftigtenquoten für Frauen als auch höhere Arbeitslosenquoten auf, während in den alten Bundesländern die Quote der sogenannten „nicht Aktiven" höher ist. Sieben Jahre nach der Wiedervereinigung sind die Auswirkungen der ehemals verschiedenen Wirtschafts- und Wohlfahrtssysteme noch deutlich sichtbar. Das andere dominierende Muster, das sich quer durch Deutschland zieht und auf der Karte dort deutlich wird, wo kreisfreie Städte in der Statistik ausgewiesen werden, ist das Gefälle Stadt – Land. In den Städten sind die Frauenerwerbsquoten höher. Um die Muster genauer zu verstehen, müssen die Ursachen für die ungleiche Verteilung von Frauenbeschäftigung untersucht werden. Dabei können der Arbeitsmarkt und das Stellenangebot, aber auch die Nachfrage seitens der Frauen betrachtet werden.

Erwerbsarbeit für Frauen

Die Nachfrage nach weiblichen Arbeitskräften durch die Arbeitgeber spiegelt zum einen die allgemeine Nachfrage nach Arbeitskräften wider. Werden mehr Arbeitskräfte gebraucht, so sollen auch Frauen an der Erwerbsarbeit teilhaben. Entlastung der Frauen (und Männer) von der Haushalts- und Familienarbeit wird vom Staat oder auch von den privaten Unternehmern bereitgestellt. Werden weniger Arbeitskräfte gebraucht, dann sollen Frauen (weshalb nicht Männer?) eher zu Hause bleiben, um den Arbeitsmarkt und die öffentliche Hand zu entlasten. Die hohen Frauenerwerbsquoten in den neuen Ländern sind das Erbe einer Zeit, in der möglichst viele Arbeitskräfte eingesetzt werden sollten und dies durch eine explizite Mutter- und Kindpolitik mit Leistungen wie beispielsweise der flächendeckenden Versorgung mit Kinderbetreuungseinrichtungen unterstützt wurde.

Arbeitsmärkte sind jedoch auch nach Sektoren und Branchen geschlechterspezifisch strukturiert, und somit zeigt jede räumliche Arbeitsteilung auch entsprechende Muster von Erwerbsbeteiligung. Im sekundären Sektor hat beispielsweise die Textilindustrie traditionell viele Frauen beschäftigt, während Gebiete der Montanindustrie eine eher niedrige Frauenerwerbsquote aufwiesen. Die Auslagerung resp. der Abbau von Arbeitsplätzen in diesen Branchen verändern das Verhältnis der Erwerbsquoten. Die große Zunahme der Frauenerwerbstätigkeit ist vielerorts im Zusammenhang mit der Tertiärisierung der Wirtschaft zu sehen. Dies ist ein Grund, weshalb der Anteil der sozialversicherungspflichtig beschäftigten Frauen in den Städten, aber auch in ländlichen, vom Tourismus geprägten Regionen relativ hoch ist.

Das Stadt-Land-Gefälle erklärt sich einerseits durch die höhere Konzentration von Arbeitsplätzen in den Städten sowie durch deren differenziertere Arbeitsmärkte. Städte bieten auch mehr Infrastrukturleistungen an, die es ermöglichen, Familien- und Berufsarbeit zu verbinden.

Familien- und Erwerbsarbeit

Bei der Nachfrage nach Erwerbsarbeit seitens der Frauen ist einerseits der gestiegene Bildungsstand hervorzuheben. In den neuen Ländern sind 1995/96 zwischen 53,4% und 59,4% der Abiturienten weiblich, in den alten Ländern zwischen 48,3% und 51,6% ❶. Andererseits spielen die sich verändernden Familienstrukturen eine große Rolle. Innerhalb von einer Generation hat sich das altersspezifische Erwerbsverhalten der deutschen Frauen dem der Männer stark angenähert ❺. War noch 1972 der „Kinderknick“ bei den Frauen stark ausgeprägt, so sind 1997 beide Kurven fast gleichförmig; Männer und Frauen treten jedoch später in die Erwerbsphase ein und früher aus. Frauen heiraten später (Durchschnittsalter 1985: 26,7 Jahre; 1995: 30,3 Jahre) und bekommen ihr erstes Kind zu einem späteren Zeitpunkt (Durchschnittsalter 1991: 26,9 Jahre; 1996: 28,7 Jahre). Frauen leisten in einem größerem Ausmaß Teilzeitarbeit (1996: 22,7% der Frauen, 1,8% der Männer in sozialversicherungspflichtiger Teilzeitbeschäftigung) und versuchen so, Familien- und Erwerbsarbeit zu verbinden. Dass Letzteres nicht immer einfach ist, dafür sprechen die höheren Erwerbslosenquoten von Frauen insbesondere in den neuen Ländern (1998: Frauen 20,9%, Männer 15,9%), und der dortige massive Rückgang der Geburtenzahlen (⏩ Beitrag Gans/Kemper).◆

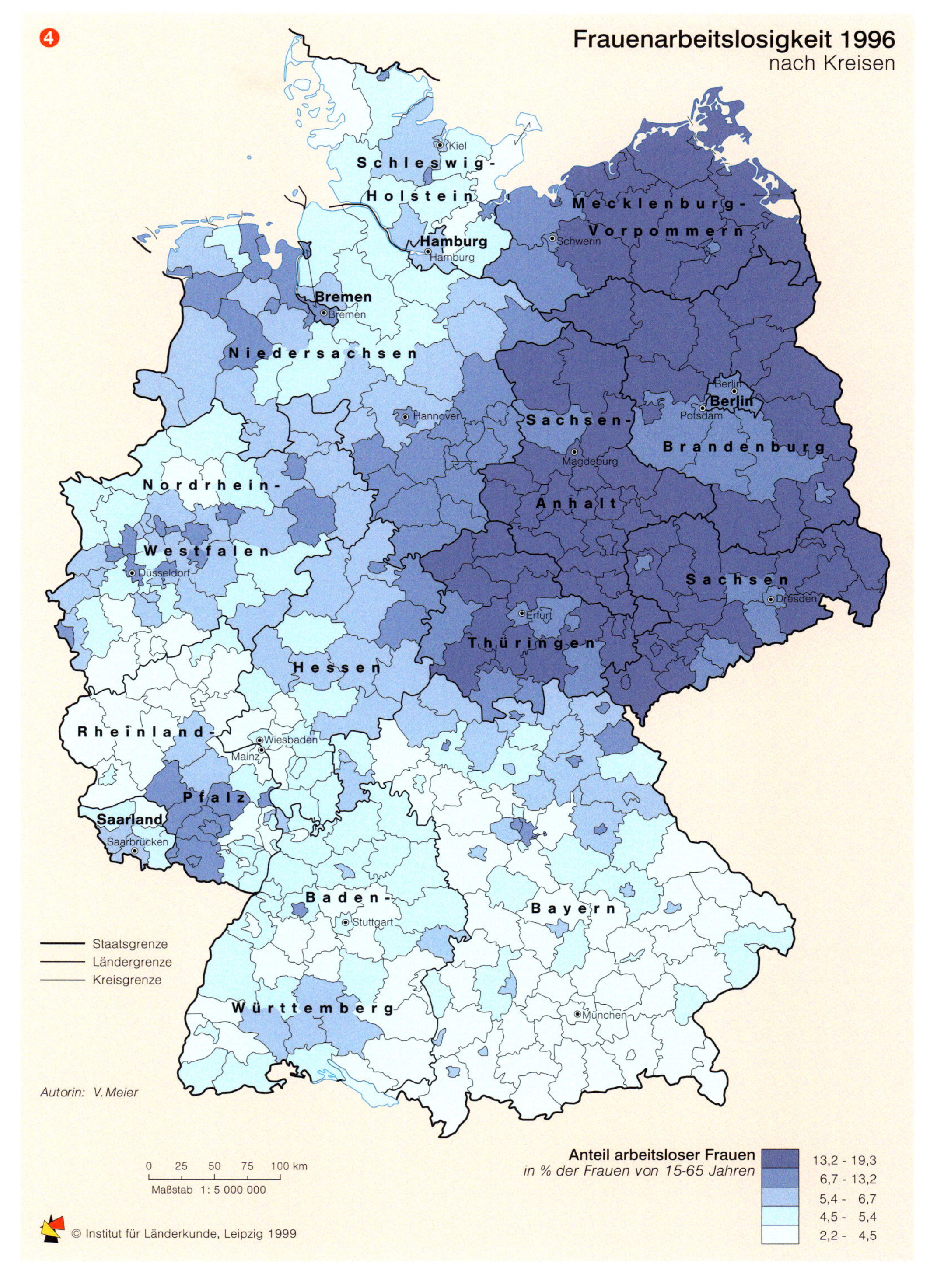

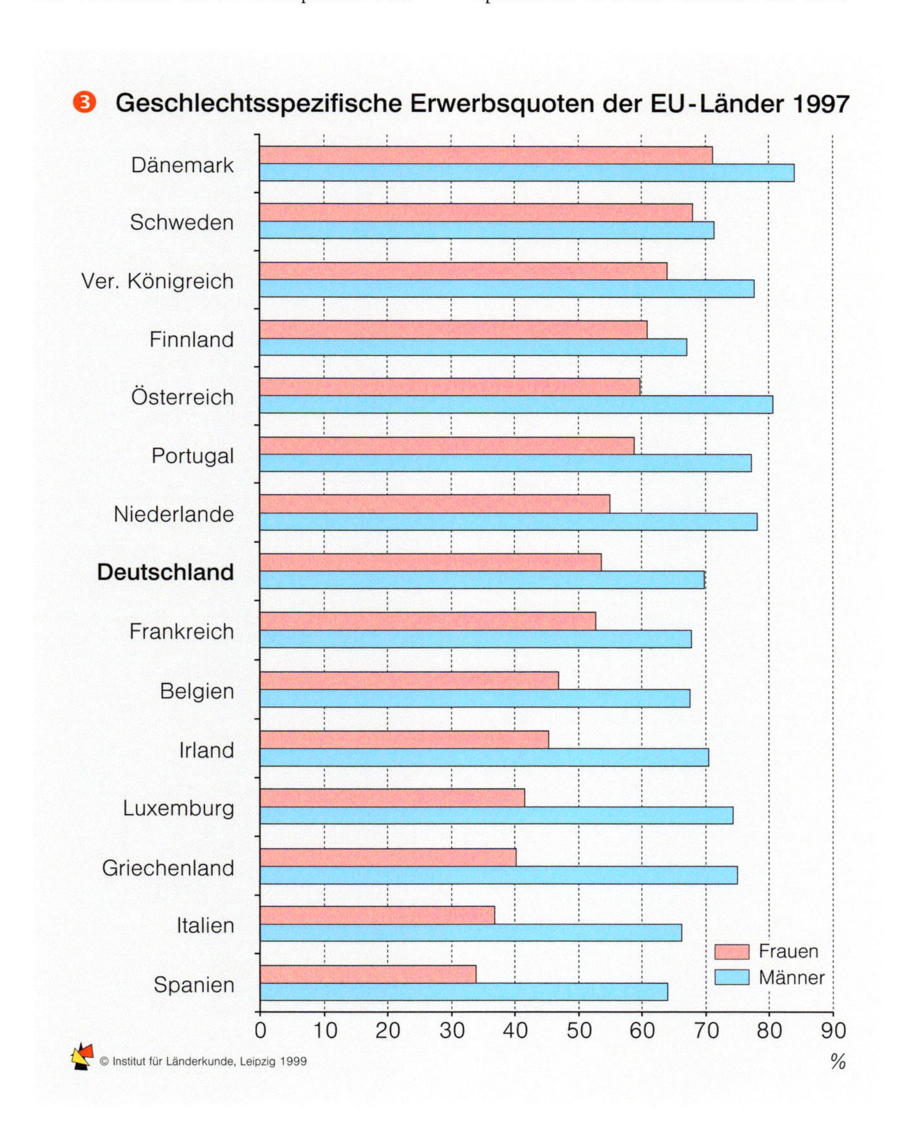

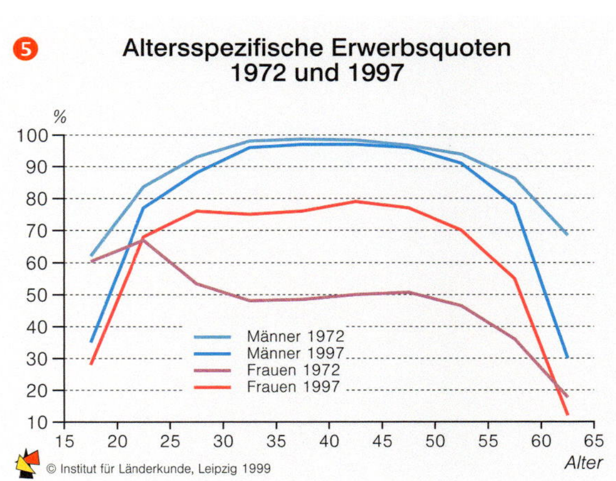

Lebensbedingungen von Kindern in einer individualisierten Gesellschaft

Karin Wiest

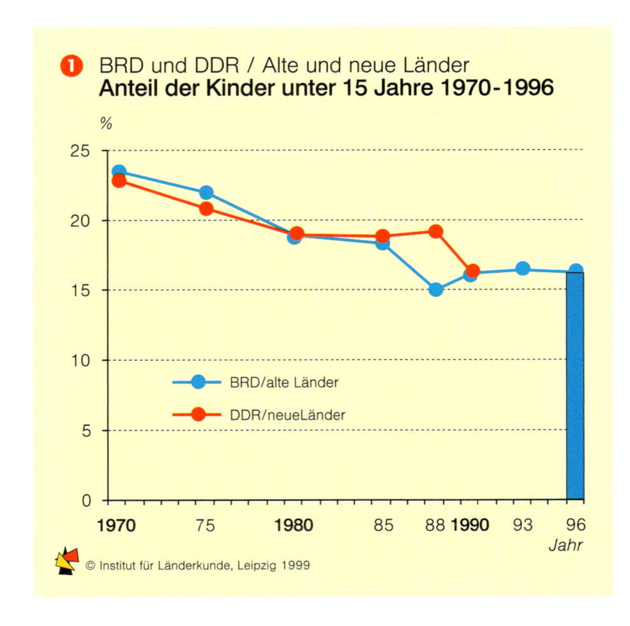

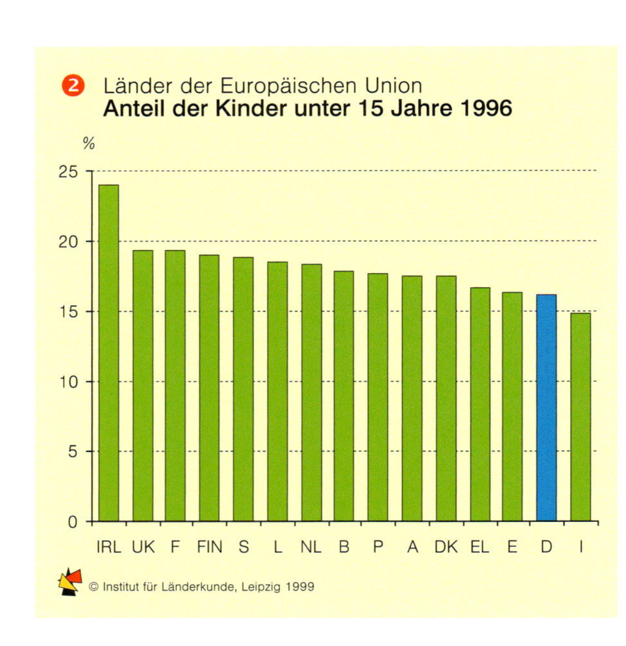

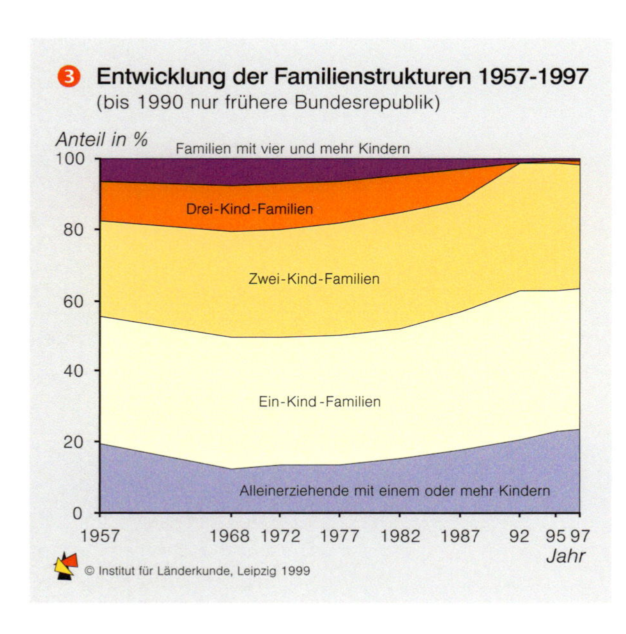

Kindheit wird in Deutschland geschützt, und das gesellschaftliche Bewusstsein um die Rechte und Bedürfnisse von Kindern als eigenständige Individuen hat zugenommen. Auf der anderen Seite geben konstant niedrige Geburtenraten und ein rückläufiger Kinderanteil ❶ deutliche Hinweise darauf, dass der Entscheidung für eine Lebensführung mit Kindern, unter den gegebenen gesellschaftlichen Rahmenbedingungen, aus der Sicht potenzieller Eltern vieles widerspricht. Ein Rückgang der jüngsten Bevölkerungsgruppe lässt sich seit Beginn der 70er Jahre in allen europäischen Ländern beobachten. In der Bundesrepublik Deutschland ist diese Tendenz jedoch, zusammen mit Italien und Spanien, am stärksten ausgeprägt ❷. Erklärungen sind u.a. zu sehen in den Bedingungen des modernen Arbeitsmarktes mit seinen Anforderungen an Flexibilität, Mobilität und ununterbrochene Erwerbsbiographien, die sich nur schwer mit der Erziehung von Kindern in Einklang bringen lassen, sowie in veränderten gesellschaftlichen Wertvorstellungen. Auch politischer Handlungsbedarf bei der Unterstützung von Familien z.B. durch die Förderung eines differenzierten öffentlichen Betreuungsangebotes für Kinder, ist an dieser Stelle zu nennen.

Regionale Unterschiede

Rein zahlenmäßig droht der jungen Generation vor diesem Hintergrund, dass sie sich in Zukunft zu einer gesellschaftlichen Randgruppe entwickeln wird. Dabei zeigen sich innerhalb der Bundesrepublik deutliche regionale Differenzen hinsichtlich des Anteils der Kinder an der Bevölkerung: Auffallende Unterschiede bestehen zwischen neuen und alten Ländern sowie zwischen urbanen Regionen und Kernstädten einerseits und den ländlichen, insbesondere katholisch geprägten Gebieten in Niedersachsen, Baden-Württemberg und Bayern andererseits. Die sehr niedrigen Kinderanteile in den neuen Ländern sind eine Folge des starken Geburtenrückgangs in den ersten Jahren nach der Wiedervereinigung von 1,7% 1988 auf 0,8%, gemessen an der Gesamtbevölkerung im Jahr 1992. Als Ursachen dafür werden vor allem die großen ökonomischen und beruflichen Unsicherheiten angesehen. Zehn Jahre später spiegelt sich der gesellschaftliche Umbruch in den Kreisen Ostdeutschlands demographisch in relativ hohen Anteilen an Jugendlichen im Alter zwischen 10 und 16 Jahren und einem extrem niedrigen Anteil an Kindern im Vorschulalter wider ❹. Stellt man den Anteil der kleineren Kinder an der Bevölkerung dem der Jugendlichen gegenüber, lässt sich nur in großen, prosperierenden Städten und deren weiterem Umland, wie in München, Stuttgart und Hamburg, ein etwas höherer Kleinkinderanteil feststellen. Bei insgesamt niedrigen Kinderanteilen in den Städten spiegeln sich in dieser demographischen Situation Wanderungsgewinne bei jungen Familien in einzelnen Großstadtregionen wider. Die Landkreise, in denen die Anteile der Jugendlichen deutlich höher liegen als die der kleinen Kinder, fallen dagegen weitgehend mit peripheren Gebieten und Abwanderungsregionen zusammen.

Leben mit Kindern – Lebensform auf Zeit

Für die Lebenssituation von Kindern in modernen Gesellschaften ist neben ihrem immer geringer werdenden Anteil auch die starke Trennung von Familien- und Arbeitswelten von Bedeutung, die tendenziell mit einer Verinselung und Verhäuslichung kindlicher Lebenswelten einhergeht. Die Rahmenbedingungen dafür sind besonders in den Großstädten gegeben, da hier Erfahrungsräume und Bewegungsmöglichkeiten zusätzlich durch die Gefahren des Straßenverkehrs und mangelnde Freiflächen sehr stark eingeschränkt sein können. Daneben deutet die kleinräumige Konzentration der jungen Altersjahrgänge an, dass Kindheit zunehmend räumlich segregiert in familienkompatiblen Wohnumgebungen verlebt wird. Die Anhäufung von Familien im suburbanen oder ländlichen Raum beziehungsweise im sozialen Wohnungsbau in randstädtischen Lagen lässt sich zum einen als sozialräumliche Aufspaltung von kinder- und nicht-kinderorientierten Lebensweisen lesen, zum anderen als Hinweis darauf, dass Leben mit Kindern zunehmend zu einer bewusst gewählten Lebensform auf Zeit geworden ist. ➡

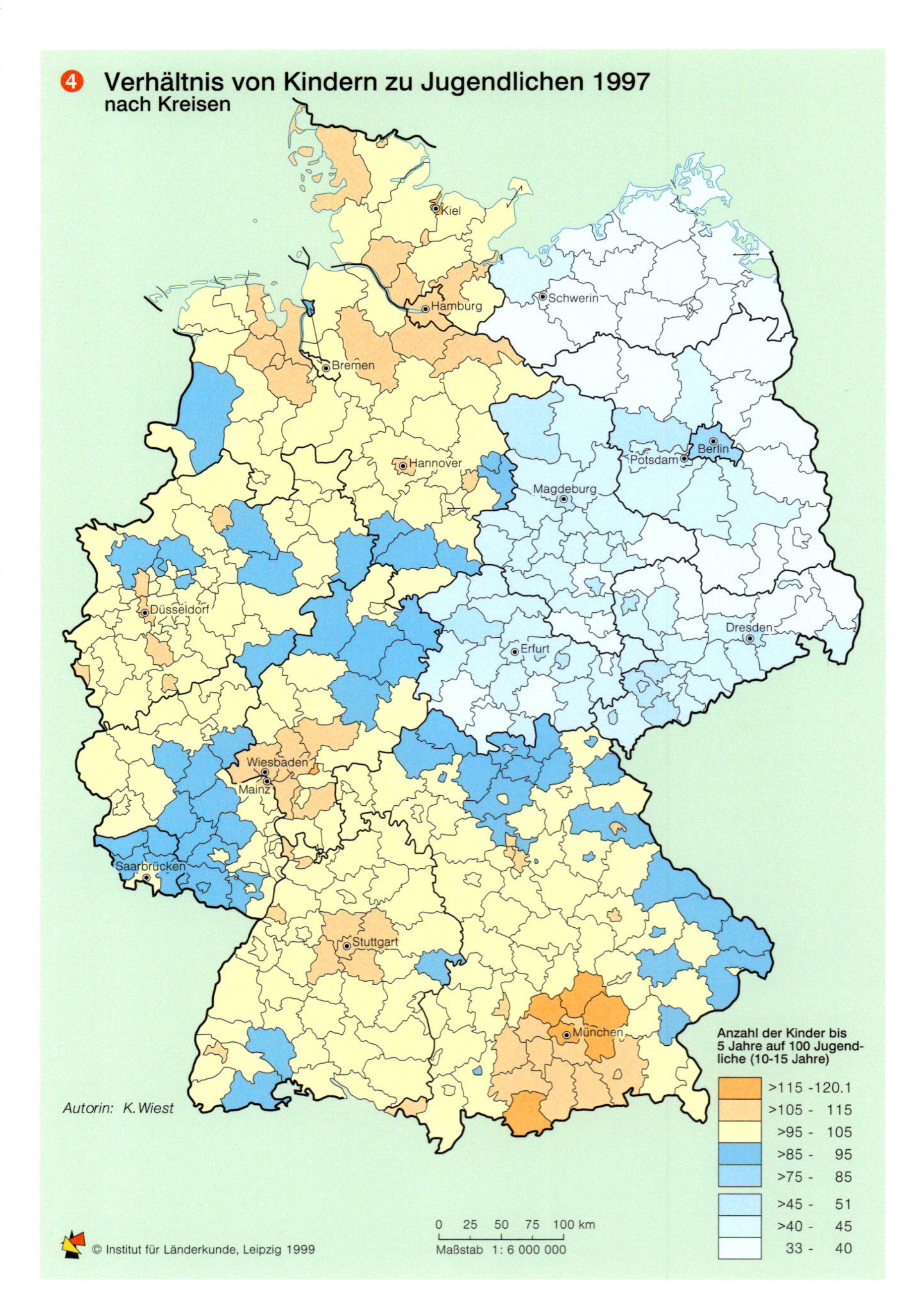

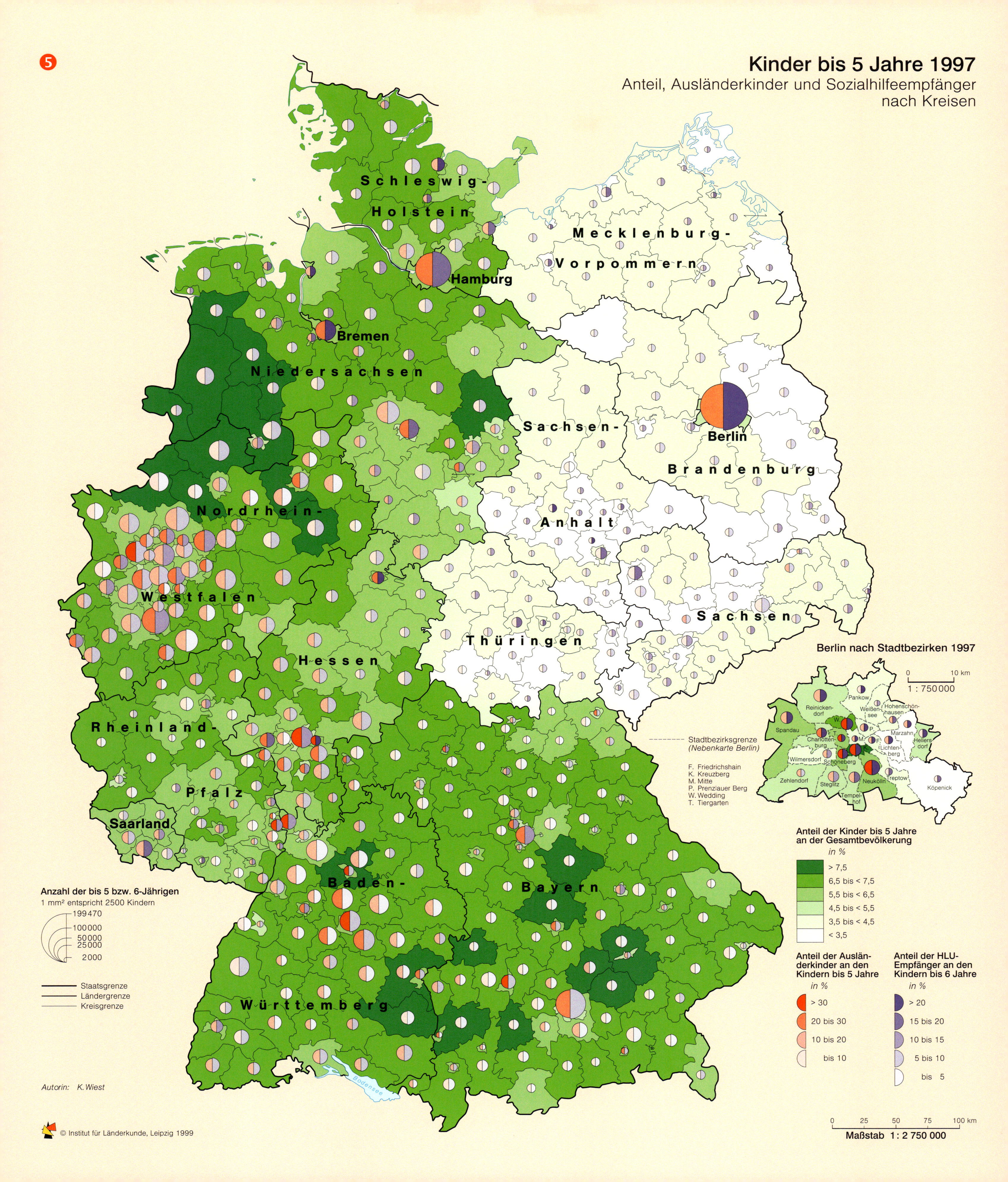

© Institut für Länderkunde, Leipzig 1999

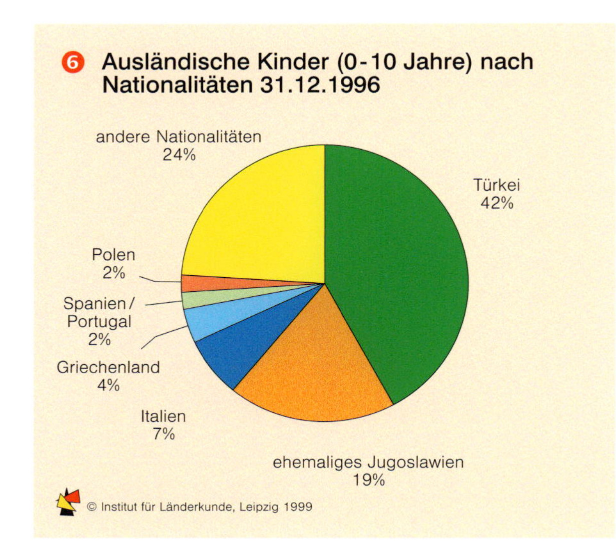

6 Ausländische Kinder (0-10 Jahre) nach Nationalitäten 31.12.1996

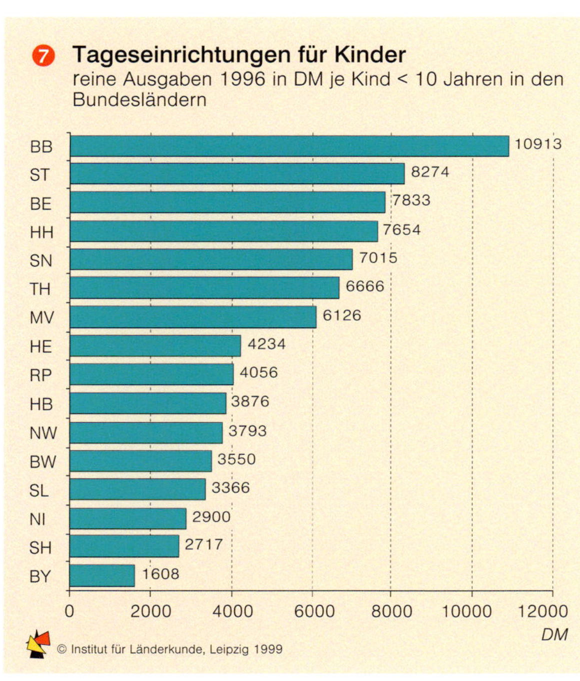

7 Tageseinrichtungen für Kinder
reine Ausgaben 1996 in DM je Kind < 10 Jahren in den Bundesländern

Gesellschaftliche Veränderungen

Gesellschaftliche Veränderungen zeigen sich vor allem im Wandel von Familienstrukturen, die die Lebensbedingungen von Kindern entscheidend prägen. Familienformen, die von der Norm abweichen, wie nichteheliche Lebensgemeinschaften, Stieffamilien und Ein-Eltern-Familien haben seit den 70er Jahren an Bedeutung gewonnen. Auffällig ist auch deren deutlich stärkere Verbreitung im Gebiet der neuen Länder. Besonders sichtbar ist der Anstieg des Anteils der Kinder, die in alleinerziehenden Haushalten leben, von 13,1% (1991) auf 16,8% (1997). Wuchsen in den 50er Jahren noch viele Kinder bei kriegsbedingt verwitweten Elternteilen auf, so dominieren heute in Ein-Eltern-Haushalten geschiedene, ledige und verheiratet getrennt lebende Mütter. Der Anteil der Kinder, die in vollständigen Familien mit ihren leiblichen, in erster Ehe verheirateten Eltern aufwachsen, wird damit zwar insgesamt geringer, bestimmt aber dennoch die Lebenswirklichkeit der überwiegenden Mehrheit aller Kinder und Jugendlichen in der Bundesrepublik.

Die steigende Vielfalt an Lebensformen, die während der Kindheit und innerhalb der Familie gelebt werden, zeigt sich auch in der Zunahme des Anteils von Kindern unterschiedlicher nationaler Herkunft und im Anstieg binationaler Ehen. Neben dem Bedeutungsgewinn von neuen familiären Lebensformen wird häufig konstatiert, dass Kinder immer seltener zusammen mit Geschwistern aufwachsen. Das deutliche Absinken der Geburtenziffern ist jedoch nicht als Zunahme des Anteils von Einzelkindern zu interpretieren. Vielmehr spiegelt sich darin ein Anstieg der kinderlosen Frauen wider, während der Rückgang der durchschnittlichen Kinderzahl insgesamt eher von einem Trend zur Zwei-Kind-Familie gekennzeichnet ist **3**. Ein großer Bedeutungsverlust ist demgegenüber bei den Vielkindfamilien festzustellen, die sich zudem in immer stärkerem Maß aus Verbindungen von Teilfamilien wiederverheirateter Eltern zusammensetzen.

Armut von Kindern

Die Tendenz zur Pluralisierung der Lebensformen und zur Auflösung traditioneller Familienstrukturen unter den gegebenen gesellschaftspolitischen Verhältnissen ist für Kinder oft mit ökonomischen Risiken verbunden. Betrachtet man Haushaltseinkommen und Sozialhilfestatistik, dann wird schnell erkennbar, dass Kinder in der Bundesrepublik einem hohem Risiko unterliegen, unter Bedingungen aufzuwachsen, die durch äußerst restriktive ökonomische Möglichkeiten gekennzeichnet sind. Innerhalb eines Familienhaushalts führt jedes Kind durch zusätzliche Aufwendungen und Verdienstausfälle zu einer Verschlechterung des Haushaltseinkommens. Obwohl die Kinderzahlen in der Bundesrepublik insgesamt rückläufig sind, hat sich seit Beginn der 80er Jahre die Anzahl der Kinder unter den Sozialhilfeempfängern deutlich erhöht. Von allen Kindern unter 18 Jahren erhalten im Jahr 1997 6,8% Sozialhilfe (laufende Hilfe zum Lebensunterhalt - HLU) , ein nahezu doppelt so hoher Anteil wie der Bevölkerungsdurchschnitt von 3,5%. Er ist um so höher, je jünger die Kinder sind – bei unter dreijährigen Kindern liegt die Quote bereits bei 9,3%. Der Anteil der Kinder an den Sozialhilfeempfängern ist zwischen 1965 und 1997 von 32% auf 37% angestiegen. Ein wesentlicher Grund für diese Entwicklung ist, dass die staatlichen Transferleistungen für Familien mit der Wirtschaftsentwicklung nicht Schritt gehalten haben. Ein Blick auf die Karte **5** zeigt, dass in Nord- und Ostdeutschland sowie in urbanen Zentren der Anteil der Sozialhilfeempfänger bei Kindern tendenziell höher liegt. Auffällig ist die hohe Quote sozialhilfeempfangender Kinder in den ländlichen Kreisen der neuen Länder. Im süddeutschen ländlichen Raum liegt der Anteil der Sozialhilfeempfänger unter Kindern demgegenüber besonders niedrig. Diese regionalen Unterschiede spiegeln aber nicht ausschließlich das Wohlstandsniveau von Familien oder eine unterschiedliche Politik wider, sondern auch Traditionen. Einflussfaktoren können die Möglichkeiten sein, stärker auf verwandtschaftliche bzw. familiäre Unterstützung zurückgreifen zu können, aber auch die Bereitschaft, staatliche Hilfe bei der Erziehung in Anspruch zu nehmen. Eine weitere Erklärung ist die räumliche Verteilung der Ein-Eltern-Familien, die in größeren Städten und im nördlichen Deutschland stärker verbreitet sind. Der Vergleich des Armutsrisikos nach Familienformen zeigt, dass fast die Hälfte der Kinder mit Sozialhilfe (48,8% bzw. 525.000 Kinder) in Haushalten von alleinerziehenden Frauen leben und fast jede dritte alleinerziehende Frau (28,3%) Sozialhilfe empfängt (▸▸ Beitrag Miggelbrink).

Ausländische Kinder

Die Frage „Wie leben Kinder in der Bundesrepublik?" ist zu einem bestimmten Teil auch eine Frage nach den Lebensbedingungen ausländischer Kinder. In den alten Ländern ist etwa jedes 4. Kind, in den neuen Ländern nicht einmal jedes 15. Kind unter 6 Jahren ein Ausländer. Allerdings gibt es innerhalb der Gruppe der ausländischen Kinder große Differenzen, z.B. zwischen der Lebenssituation der Kinder von EU-Bürgern mit relativ unproblematischer rechtlicher und gesellschaftlicher Stellung, Asylantenkindern, deren alltagsweltliche Situation, rechtlicher Status und zeitliche Perspektive mit großen Unsicherheiten verbunden sind, und Kindern, deren Großeltern in den 60er Jahren als Gastarbeiter nach Deutschland kamen und deren Eltern bereits in der Bundesrepublik geboren sind. Zu dieser letztgenannten Gruppe, den Kindern der Arbeitsmigranten-Familien aus den Mittelmeerländern, die in zweiter oder dritter Generation in Deutschland leben, gehört jedoch die überwiegende Mehrzahl der ausländischen Kinder. Damit in Zusammenhang steht, dass Kinder türkischer Nationalität die mit Abstand bedeutendste Gruppe ausländischer Kinder repräsentieren **6**.

Der Alltag von Kindern wird vor allem in den urbanen Zentren durch multikulturelle Einflüsse und Erfahrungen geprägt, wobei sich ein starkes Gefälle zwischen alten und neuen Ländern zeigt **5**. Fast drei Viertel der ausländischen Kinder leben in den Bundesländern Nordrhein-Westfalen, Baden-Württem-

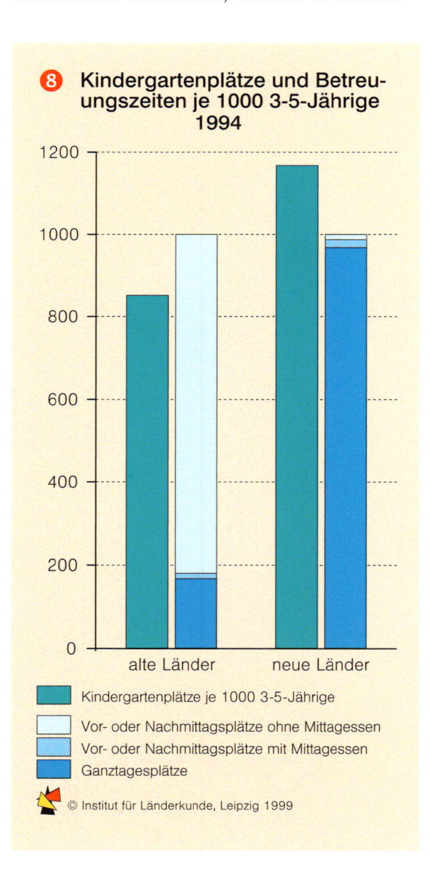

8 Kindergartenplätze und Betreuungszeiten je 1000 3-5-Jährige 1994

berg, Bayern und Hessen. Für Kinder in den Städten und Verdichtungsräumen Westdeutschlands bestehen damit vielfältige Kontaktmöglichkeiten zu Kindern aus anderen Kulturkreisen. Gleichzeitig werden gerade in städtischen Schulen und Kindergärten mit einem Drittel bis über die Hälfte ausländischer Kinder Schwierigkeiten und Grenzen des kulturellen Austauschs im pädagogischen Bereich offensichtlich. Barrieren im Alltagsleben zwischen deutschen und ausländischen Kindern spiegeln sich auch in Differenzierungen und Abgrenzungen auf dem Wohnungsmarkt und in ethnischen Quartieren wider.

Institutionelle Betreuungsangebote für Kinder

Gesellschaftliche Veränderungen, vor allem die Tatsache, dass sich Frauen nicht mehr auf Dauer aus dem Erwerbsleben zurückziehen und dass informelle verwandtschaftliche bzw. nachbarschaftliche Betreuungsnetze immer seltener zur Verfügung stehen, haben zu einem steigenden Bedarf an öffentlichen Einrichtungen der Kinderbetreuung und zu neuen Anforderungen an diese geführt. Für die Lebenssituation von Kindern bedeutet dies, dass das Aufwachsen im heimischen Milieu gegenüber Erfahrungen in familienfremden Umgebungen an Bedeutung verliert. Ein angemessenes, differenziertes und qualitativ wertvolles Angebot an öffentlichen Einrichtungen der Kinderbetreuung für alle Altersstufen bildet damit eine wesentliche Voraussetzung, um Kindern eine möglichst hohe Lebensqualität zu sichern. Die zunehmende gesellschaftliche Anerkennung der wichtigen familienergänzenden Funktion öffentlicher Tagesbetreuung findet ihre Grundlage in dem am 1. Januar 1991 in Kraft getretenen Kinder- und Jugendhilfegesetz (KJHG) als rechtliche Grundlage für die öffentliche „Betreuung, Bildung und Erziehung des Kindes" (§ 22 KJHG). Der seit 1.1.1996 einklagbare Rechtsanspruch auf einen Kindergartenplatz macht das öffentliche Betreuungsangebot zur verpflichtenden Leistung für die örtlichen Jugendhilfeträger. Die Realität des durch den Rechtsanspruch garantierten Platzes kann jedoch in den einzelnen Bundesländern sehr unterschiedlich aussehen, da sowohl ein Ganztagsplatz als auch ein Halbtagsplatz als Erfüllung des Rechts gewertet werden können. Diese regionalen Unterschiede im Angebot für Kinder treten erst bei genauerem Hinsehen hervor ❾. Sie sind für die Bedürfnisse von Familien jedoch von entscheidender Bedeutung. Darüber hinaus ist im KJGH der Auftrag der Förderung von Kindern in öffentlichen Einrichtungen auf die gesamte Altersgruppe von 0 bis 12 Jahren sowie auf ein breites Spektrum von Betreuungsformen (Tagesmütter, Privatinitiativen) ausgeweitet worden.

Kann im Kindergartenbereich in den neuen Ländern stellenweise sogar von einer Überversorgung gesprochen werden, ist in den alten Ländern die Notwendigkeit eines Ausbaus der Tageseinrichtungen insbesondere für Kinder unter drei Jahren und bei der Nachmittagsbetreuung von Schulkindern (Hort) nicht zu übersehen ❽. Die regional unterschiedliche Versorgung mit Kinderbetreuungsplätzen korrespondiert dabei mit den Ausgaben der Jugendhilfe für Tageseinrichtungen in den Ländern. Hier steht Brandenburg hinsichtlich der Aufwendungen je Kind unter 10 Jahren an erster Stelle, Bayern bildet das Schlusslicht ❼. In den neuen Ländern stellt sich die Frage, inwieweit das nahezu flächendeckende Angebot der Tageseinrichtungen aufrecht erhalten werden kann. Durch die Anpassungszwänge bzw. den Umbau des Sozialleistungssystems der DDR hat sich das Betreuungsangebot nach Schließungen, der Reduzierung von Plätzen, vor allem aber aufgrund des Abbaus von Personal seit 1989 deutlich verringert. Die Entwicklungen auf der Nachfrageseite, wie die stark rückläufigen Geburtenzahlen, die Verlängerung des Erziehungsurlaubs von einem auf drei Jahre und die zunehmende Erwerbslosigkeit der Frauen, sind die Ursachen dafür, dass die Defizite in der Versorgung bislang größtenteils kompensiert werden konnten.◆

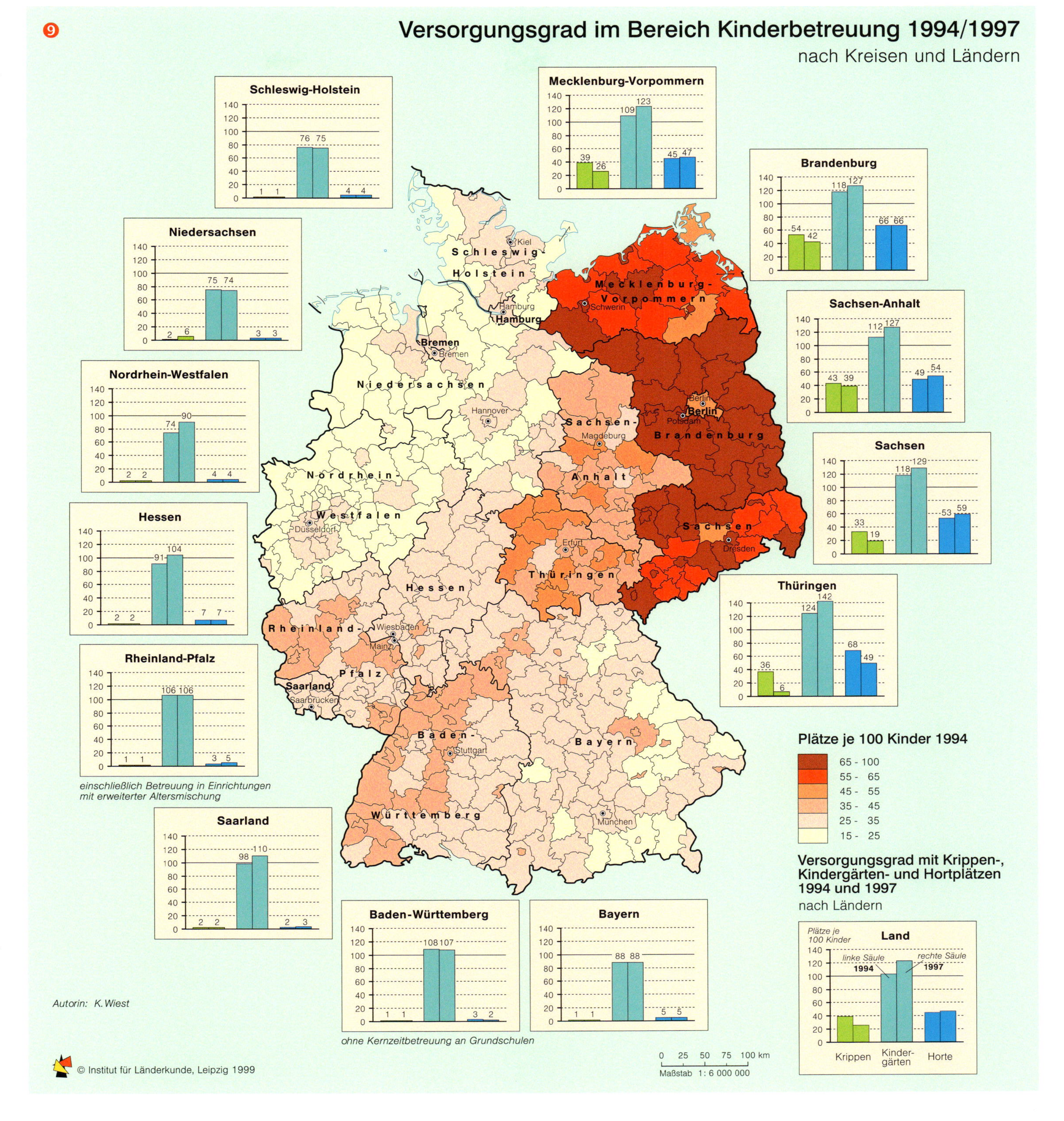

Anmerkung zu den Tageseinrichtungen für Kinder in den Ländern ❾

Die Zahlen für 1994 und 1997 sind nur bedingt vergleichbar, da sie auf unterschiedlichen Grundlagen beruhen. Der Zeitvergleich wird durch die steigende Vielfalt im Betreuungsangebot bzgl. Träger, der betreuten Altersgruppen und der Betreuungsdauer zusätzlich erschwert. Die Gegenüberstellung kann jedoch den Trend veranschaulichen.

Deutschland – eine alternde Gesellschaft

Christian Lambrecht und Sabine Tzschaschel

In jüngster Zeit häufen sich in der Presse Meldungen, die dem deutschen System der Renten- und Sozialversicherung wie auch dem Generationenvertrag einen völligen Kollaps vorhersagen. Das Verhältnis von Menschen im erwerbsfähigen Alter zu denen, die im Rentenalter sind, wird statistisch gesehen immer ungünstiger. Dies basiert zum einen darauf, dass die Deutschen im Durchschnitt beständig älter werden. Seit 1950 ist die Lebenserwartung der Westdeutschen ca. um 10 Jahre gestiegen. Bei einer Fortschreibung der niedrigen Fertilität, wie sie seit den 70er Jahren in Westdeutschland zu beobachten ist und in den neuen Ländern auch in wenigen Jahren erreicht sein wird, läßt sich außerdem leicht errechnen, dass immer weniger Kinder auf die Welt kommen werden. So berechnet z.B. KEMPE (1998) eine sog. Alterslastquote, die 1995 noch 22,8% (Rentner über 65 Jahre je 100 15-65-Jährige) beträgt, ab 2035 aber bereits über 46% liegen wird.

Dennoch kann nicht von einer gleichmäßigen Überalterung der Bevölkerung gesprochen werden. Infolge selektiver Wanderungsprozesse können Gebiete identifiziert werden, in denen sich junge Familien konzentrieren und die Alterung relativ gering ausfällt, während andere Gebiete Deutschlands auf Dauer von immer mehr Älteren bewohnt werden.

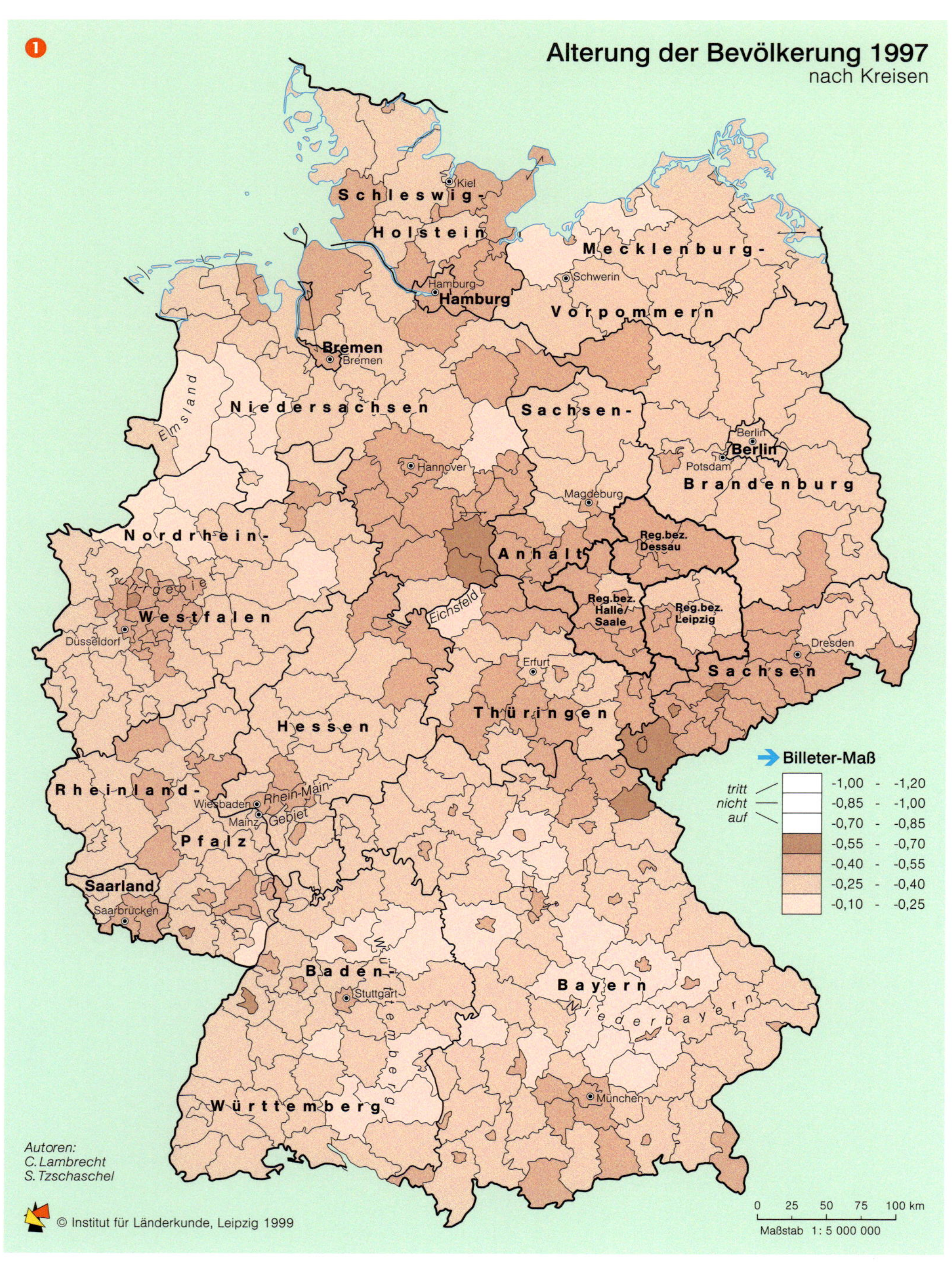

Regionale Unterschiede

Will man eine Prognose zu diesem Sachverhalt wagen, so ist es sinnvoll, drei Altersgruppen zu unterscheiden, deren Verhältnis zueinander entscheidend für die Fortentwicklung der Altersstruktur eines Raumes ist: die Nicht-Reproduktionsfähigen unter 15 Jahren, die Reproduktionsfähigen im Alter zwischen 15 und 49 Jahren sowie die Nicht-Mehr-Reproduktionsfähigen ab 50 Jahren. Das Verhältnis dieser drei Gruppen zueinander kann statistisch im sog. Billeter-Maß ➔ ausgedrückt werden. Bei einer *Status quo-Analyse* (1997 ❶) treten deutliche regionale Unterschiede auf, wobei einige Muster auszumachen sind:

- Die **Wirtschafts- und Arbeitsmarktlage** eines Gebietes bedingt, ob sich viele junge Leute ansiedeln, die Familien haben oder gründen bzw. ob gerade diese Altersgruppe fortzieht. Dementsprechend finden sich in den süddeutschen Wirtschaftsräumen, die in den letzten Jahren die geringste Arbeitslosigkeit in Deutschland aufwiesen, nur schwach negative Werte, in den altindustrialisierten Regionen mit Strukturschwächen und hohen Abwanderungsraten wie im Ruhrgebiet

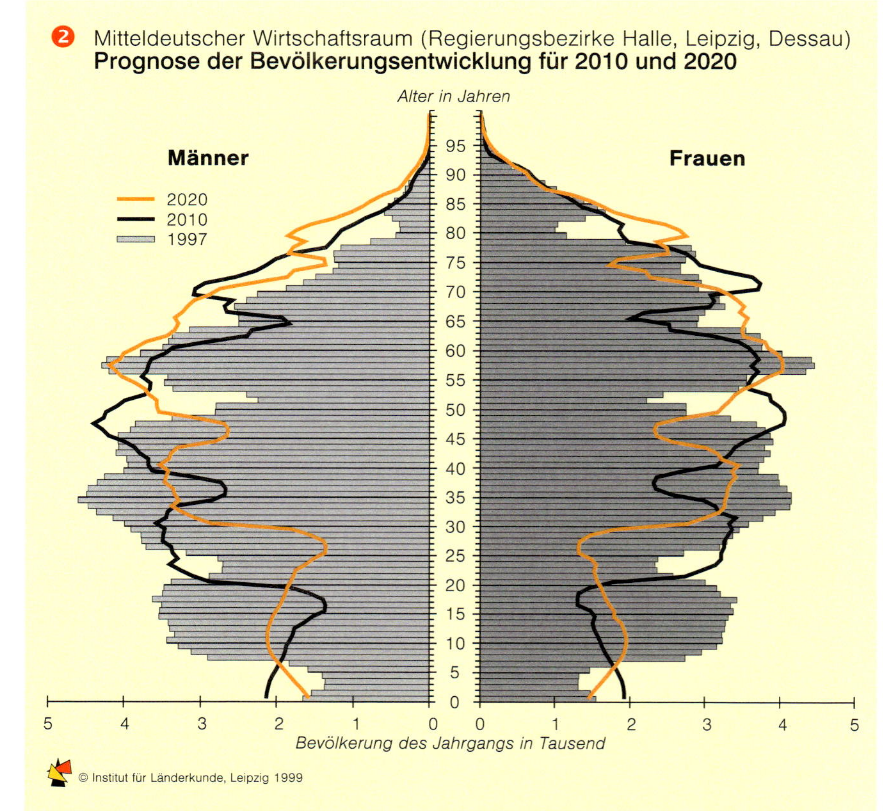

Die Prognose des Instituts für Wirtschafts- und Sozialforschung (Halle) für den Mitteldeutschen Wirtschaftsraum (Regierungsbezirke Halle, Leipzig und Dessau) geht davon aus, dass die Fertilität sich im Jahr 2010 der der alten Länder angeglichen haben wird und dass auch die Lebenserwartung in den neuen Ländern leicht ansteigt. Außerdem wird von einer gewissen wirtschaftlichen Prosperität des mitteldeutschen Wirtschaftsraumes ausgegangen, die leichte Wanderungsgewinne nach sich zieht. Dennoch wird sich die Bevölkerung von 2,564 Mio. im Jahr 1997 um ca. 14 Prozent auf etwa 2,2 Mio. im Jahr 2020 reduzieren. Der Anteil der über 60-Jährigen wird dann in diesem Raum bei 35 Prozent liegen.

Das **Billeter-Maß** J – benannt nach E. BILLETER (1954) – setzt die reproduktionsfähigen Bevölkerungsanteile einer Region ins Verhältnis zu den noch nicht und den nicht mehr reproduktionsfähigen:

$$J = \frac{\text{(Bev. bis 14 Jahre)} - \text{(Bev. ab 50 Jahre)}}{\text{(Bev. 15-49 Jahre)}}$$

Positive Werte sagen aus, dass eine Bevölkerung so strukturiert ist, dass sie sich in den nächsten Jahren verjüngt, negative, dass sie altern wird. Werte über 1 bedeuten, dass Kinder unter 15 Jahren mehr als 50% der Bevölkerung ausmachen, Werte unter –1, dass der Anteil der über 50-Jährigen mehr als 50% beträgt.

Erwerbsfähige – Bevölkerungsteil, der dem Alter nach arbeiten könnte; differiert je nach arbeitsrechtlichen Rahmenbedingungen. Hier: die Bevölkerung zwischen 15 und 65 Jahren.

Fertilität – Geburten je Frau

Geburtenrate – Geburten je 1000 Einwohner/Jahr

Generationenvertrag – Das Prinzip der Sozialversicherung, nach dem die Renten einer Generation aus den Beiträgen der jeweils im Erwerbsleben Stehenden finanziert werden.

Reproduktion – der Erhalt einer Bevölkerungszahl gilt dann als gewährleistet, wenn jede Frau im Laufe ihres Lebens im Durchschnitt 2,1 Kinder zur Welt bringt. Damit werden für 1000 Frauen im gebärfähigen Alter auch wieder 1000 Frauen nachwachsen. Dieser Wert legt zugrunde, dass auf 100 Mädchen etwa 104 Jungen geboren werden.

Überalterung oder ***demographische Alterung*** bezeichnet ein ungünstiges Verhältnis der Bevölkerungsgruppen im erwerbsfähigen Alter zu denen im Rentenalter.

oder Sachsen dagegen deutlich stärker negative.

- In **traditionell katholischen Gegenden** ist nach wie vor noch ein größerer Kinderreichtum bemerkbar, dessen Effekte aber von Zuwanderungen in Großstädte und Abwanderungen aus strukturschwachen ländlichen Räumen überlagert werden. 1997 weisen das Eichsfeld, das Emsland und das ländliche Niederbayern noch die günstigsten Altersstrukturwerte auf.
- Das **Stadt-Umland-Gefälle** besteht in fast allen Gebieten der Bundesrepublik; jüngere Familien mit Kindern lassen sich im Umland von Städten nieder, mit Ausnahme einiger Orte in Nordostdeutschland, wo die Suburbanisierung bislang noch keinen nennenswerten Umfang erreicht hat.
- Schließlich beeinflussen jedoch auch **historisch einzigartige Situationen** die Alterszusammensetzung. In den Jahren 1989-92 verließ eine große Zahl meist junger Menschen die neuen Länder und dort besonders die Gebiete, in denen sich infolge des starken Industrieabbaus nur schlechte Arbeitsplatzaussichten abzeichneten. Insbesondere in Sachsen und dem mitteldeutschen Wirtschaftsraum ist heute die Gruppe der Reproduktionsfähigen relativ zu klein, was sich in Zukunft selbst bei einer günstigen wirtschaftlichen Entwicklung in sinkenden Bevölkerungszahlen bemerkbar machen wird ❷.

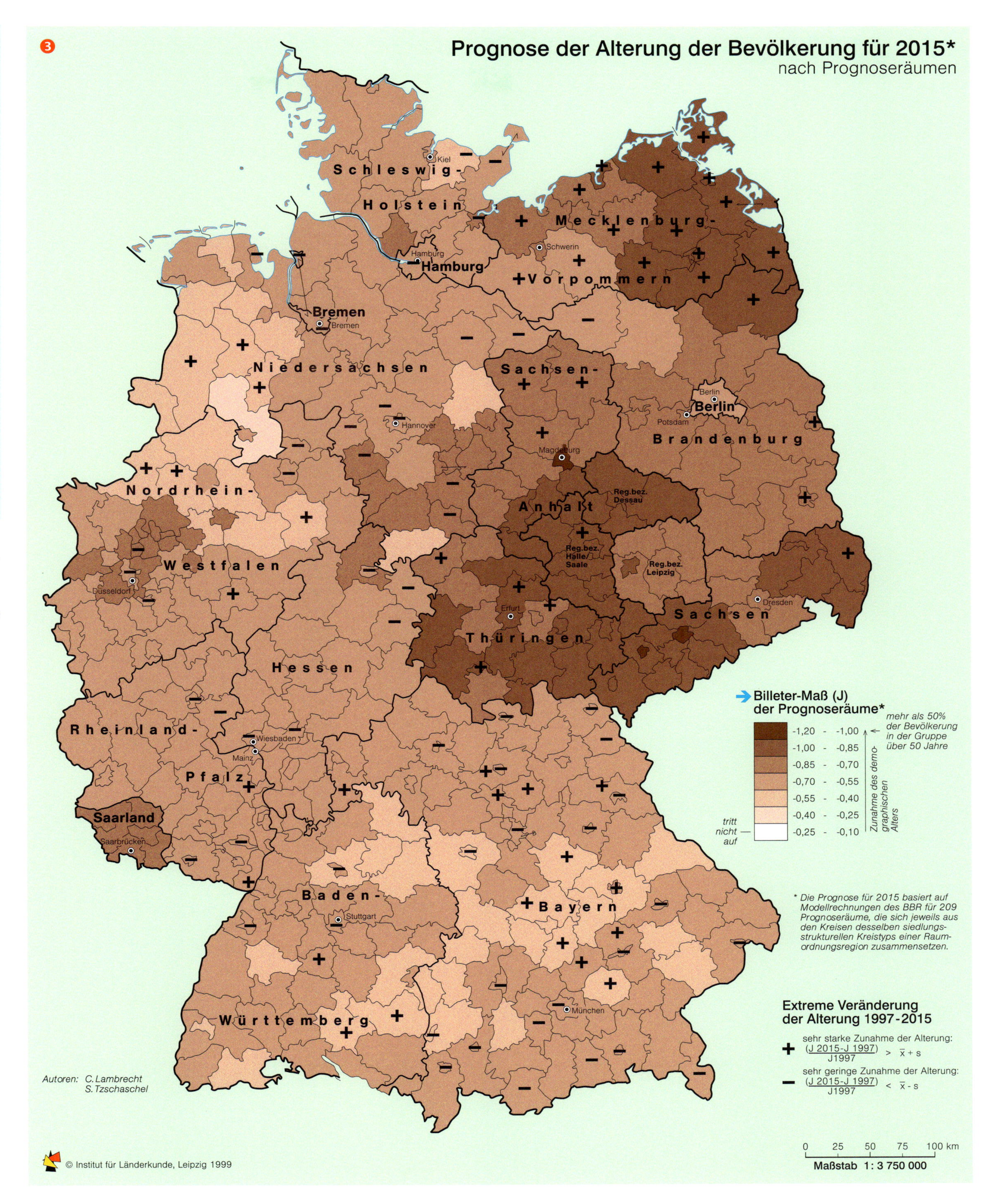

Die Altersstruktur in 20 Jahren

Legt man die heutige Altersstruktur der Bevölkerung (▸▸ Beitrag Gans/Kemper) zugrunde und geht von etwa gleichbleibenden Kinderzahlen je Frau im gebärfähigen Alter aus, so läßt sich die Bevölkerungszusammensetzung für die nächsten 15-20 Jahre relativ zuverlässig prognostizieren. Dabei ist zu berücksichtigen, dass besondere politische Maßnahmen oder historische Ereignisse, z.B. große Zuwanderungsströme aus dem Ausland, niemals vorhersehbar sind und die Prognosewerte jederzeit verändern könnten. Ausgehend von der 1997 in Deutschland lebenden Bevölkerung zeichnet sich für das Jahr 2015 ❸ ein Bild ab, das die für 1997 aufgezeigte Situation noch stärker akzentuiert. Die hohen Abwanderungszahlen der 90er Jahre aus den neuen Ländern ziehen eine nachhaltige Überalterung nach sich. Darüber hinaus zeigt sich jedoch auch die generelle Alterung der Gesamtbevölkerung.

Auch weiter angelegte Prognosen, die bis 2030 reichen, gehen davon aus, dass der Bevölkerungsanteil der über 60-Jährigen von heute 21% auf dann etwa 30% ansteigen wird, und zwar relativ unabhängig davon, ob die Geburtenraten gleichbleiben oder auch stärker ansteigen (Lutz/Scherbov 1998). Diese Entwicklung zeichnet sich in ähnlicher Form für weite Teile Europas ab (Heigl/Mai 1998) und erfordert eine Anpassung und vorausschauende Maßnahmen nicht nur von den Sozialkassen, sondern auch von der Wirtschaft und der gesamten staatlichen und privaten Infrastrukturplanung.◆

Ausländer – ein Teil der deutschen Gesellschaft

Frank Swiaczny

Türkische Geschäfte in Mannheim

❶ Ausländische Bevölkerung 1925 (Nationalitäten über 1% Bevölkerungsanteil)

	in 1000	in v.H.
Italien	24,2	2,5
Jugoslawien	14,1	1,5
Niederlande	82,3	8,6
Österreich	128,9	13,5
Polen	259,8	27,1
Schweiz	42,4	4,4
UdSSR	47,2	4,9
Tschechoslowakei	222,5	23,3
Summe	821,4	85,8
Sonstige	135,7	14,2
Gesamt	**957,1**	**100,0**

❷ Anwerbeverträge (Jahr des ersten Vertragsabschlusses)

BRD	DDR
Italien 1955	Polen 1965
Griechenland 1960	Ungarn 1967
Spanien 1960	Vietnam 1973
Türkei 1961	Algerien 1974
Marokko 1963	Kuba 1975
Portugal 1964	Mosambik 1979
Tunesien 1965	Mongolei 1982
Jugoslawien 1968	Angola 1985
	China 1986

Die Zuwanderung ausländischer Bevölkerung hat in Deutschland eine weit über die Gründung der beiden deutschen Staaten zurückreichende Tradition. Der Anteil der Ausländer an der Gesamtbevölkerung betrug 1871, bei Gründung des Deutschen Reiches, bereits ca. 0,5% (0,2 Mio.) (Anmerkung im Anhang) und stieg bis 1900 auf rund 1,4% (0,8 Mio.) an. Mit knapp 1 Mio. Ausländern und einem Bevölkerungsanteil von 1,5% wurde 1925 in der Zwischenkriegszeit noch einmal ein relatives Maximum erreicht, bevor die Weltwirtschaftskrise zu einem Rückgang der ausländischen Bevölkerung in Deutschland führte.

Charakteristisch für die Zusammensetzung der Nationalitäten in der ersten Hälfte des 20. Jahrhunderts ist der hohe Anteil der europäischen Nachbarländer des damaligen Deutschen Reiches. Staaten, die mit Deutschland eine gemeinsame Grenze hatten, stellten 1925 zusammen mehr als 75% aller Ausländer ❶. Im Zuge einer steigenden Arbeitslosigkeit führte vor allem die Zuwanderung von polnischen Bergleuten und Landarbeitern zu Konkurrenz- und Überfremdungsängsten, denen mit Restriktionen der Ausländerbeschäftigung begegnet wurde.

Durch den massiven Einsatz von Zwangsarbeitern, Kriegsgefangenen und KZ-Häftlingen stieg die Zahl ausländischer Arbeitskräfte während des Zweiten Weltkrieges auf ca. 8,3 Mio. Personen an und erreichte damit gegen Ende des Krieges etwa 30% der Beschäftigten in der deutschen Wirtschaft. Dieser nach Kriegsende als *Displaced Persons* bezeichnete Personenkreis hatte Deutschland bis zum Beginn der 50er Jahre weitgehend wieder verlassen.

Ausländer – keine homogene Gruppe

Die Unterscheidung zwischen In- und Ausländern ist ein relativ junges Phänomen und steht im Zusammenhang mit der Entstehung der Nationalstaaten. Sie ist formell an den Besitz der Staatsbürgerschaft gebunden, die in Deutschland nach dem Abstammungsprinzip (*ius sanguinis*) erworben wird (Reichs- und Staatsangehörigkeitsgesetz). Für die in Deutschland als Kinder von Ausländern Geborenen bedeutet dies, dass sie nicht die deutsche Staatsbürgerschaft erhalten. Zum 1.1.2000 wird eine Reform des Ausländergesetzes in Kraft treten, die die Einbürgerung für in Deutschland geborenen Ausländerkinder erleichtern wird.

Die Wohnbevölkerung ohne deutsche Staatsbürgerschaft, die unter dem Begriff „Ausländer" subsumiert wird, ist als Gruppe keineswegs so homogen, wie dies durch ihre Definition angedeutet wird. Nicht nur die Zuwanderungsmotive werden immer heterogener, auch die Rahmenbedingungen für den Aufenthalt von Ausländern in Deutschland und die Beziehungen zur deutschen Gesellschaft sind komplexer geworden und lassen sich nicht mehr auf das Muster des „Gastarbeiters" und der Familienzusammenführung reduzieren. Zur Gruppe der Ausländer zählen neben den Arbeitsmigranten der ersten Generation heute vor allem die zweite und dritte Generation der in Deutschland geborenen Ausländer, eine im Zuge der Internationalisierung und der EU-Integration steigende Zahl an statushohen Personen aus den westlichen Industrienationen, aber auch ein wachsender Anteil an Flüchtlingen und Asylbewerbern sowie eine unbekannte Anzahl an Personen ohne legalen Aufenthaltsstatus. Hinsichtlich ihres aufenthaltsrechtlichen Status sind die Bürger aus den EU-Staaten zudem gesondert zu betrachten, da sie heute über eine gewisse Freizügigkeit innerhalb der Gemeinschaft verfügen.

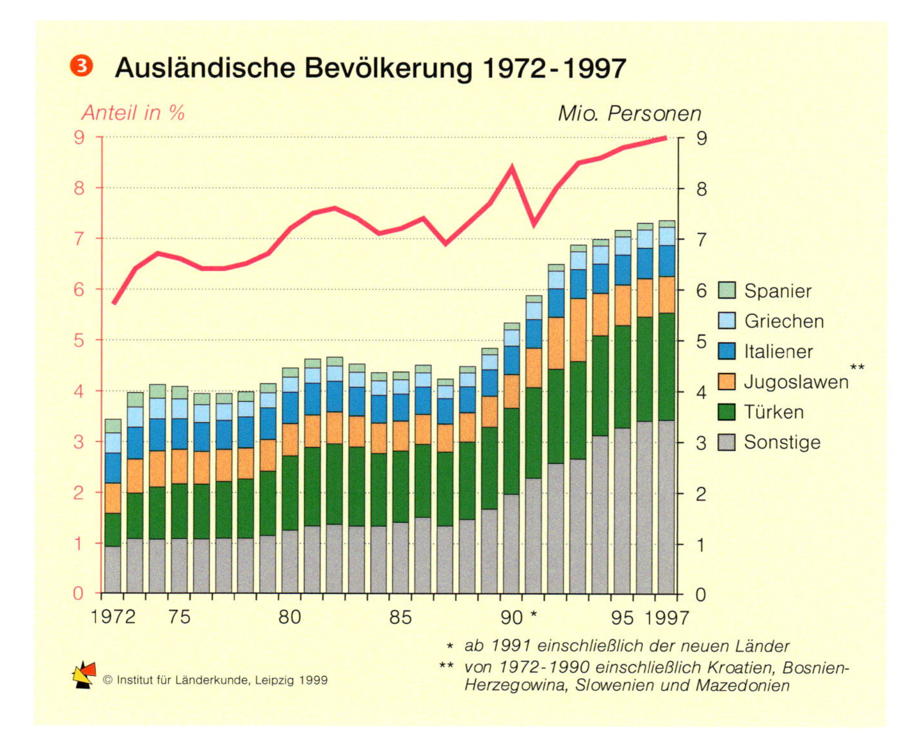

Gastarbeiterwanderung und neue Wanderungsströme

Die erste große Zuwanderungswelle in die Bundesrepublik stellte eine klassische Arbeitswanderung dar. Zur Zeit des „Wirtschaftswunders" der fünfziger Jahre zeichnete sich die Vollbeschäftigung schon als künftige Wachstumsbremse ab. Um einem drohenden Arbeitskräftemangel zu begegnen, wurden in der Folge Anwerbeverträge geschlossen – in der Regel auf der Basis von zeitlich befristeten Arbeitsverträgen und einer damit verbundenen Rotation ❷. Schon 1964 wurde der millionste Gastarbeiter publikumswirksam in der Bundesrepublik empfangen. Als Folge des Ölpreisschocks und der sich anschließenden Rezession wurden am 23. November 1973 ein Anwerbestopp verfügt und die Rotation aufgehoben. Nach einem Rückgang in der zweiten Hälfte der 70er Jahre stieg der Ausländeranteil zu Beginn der 80er Jahre wieder über den Wert von 1974 ❸.

In der DDR wurden ebenfalls zwischenstaatliche Abkommen über Vertragsarbeiter geschlossen. Dort konnte der steigende Arbeitskräftebedarf der Wirtschaft auch in den 80er Jahren nicht gedeckt werden. Um Produktionseinbußen zu vermeiden, arbeiteten 1989 rund 91.000 Vertragsarbeiter in der DDR. Über die Entwicklung der ausländischen Bevölkerung liegen für das Gebiet der DDR keine Zahlen vor, die Zahl der Ausländer blieb jedoch vergleichsweise niedrig und erreichte 1989 mit 192.000 etwa einen Anteil von 1,2% der Bevölkerung (BBBA 1996).

In der Bundesrepublik nahm die Zahl der ausländischen Bevölkerung Ende der 80er Jahre erneut stark zu. Dabei sank der Anteil der früheren Anwerbestaaten kontinuierlich. Eine Ausnahme stellen nur die Bürger Jugoslawiens und seiner Nachfolgestaaten dar, deren Anteil sich in Folge der politischen Unruhen erhöht hat ❸. Diese Entwicklung ist überwiegend auf die Zuwanderung von Flüchtlingen und Asylbewerbern zurückzuführen. Seit dem Beginn des Transformationsprozesses in Osteuropa ist der Anteil dieser Länder gestiegen. In der politischen Diskussion wurde die „Gastarbeiterfrage" nun durch die „Asyl- ➡

4

Ausländische Bevölkerung 1971-1997
nach Ländern

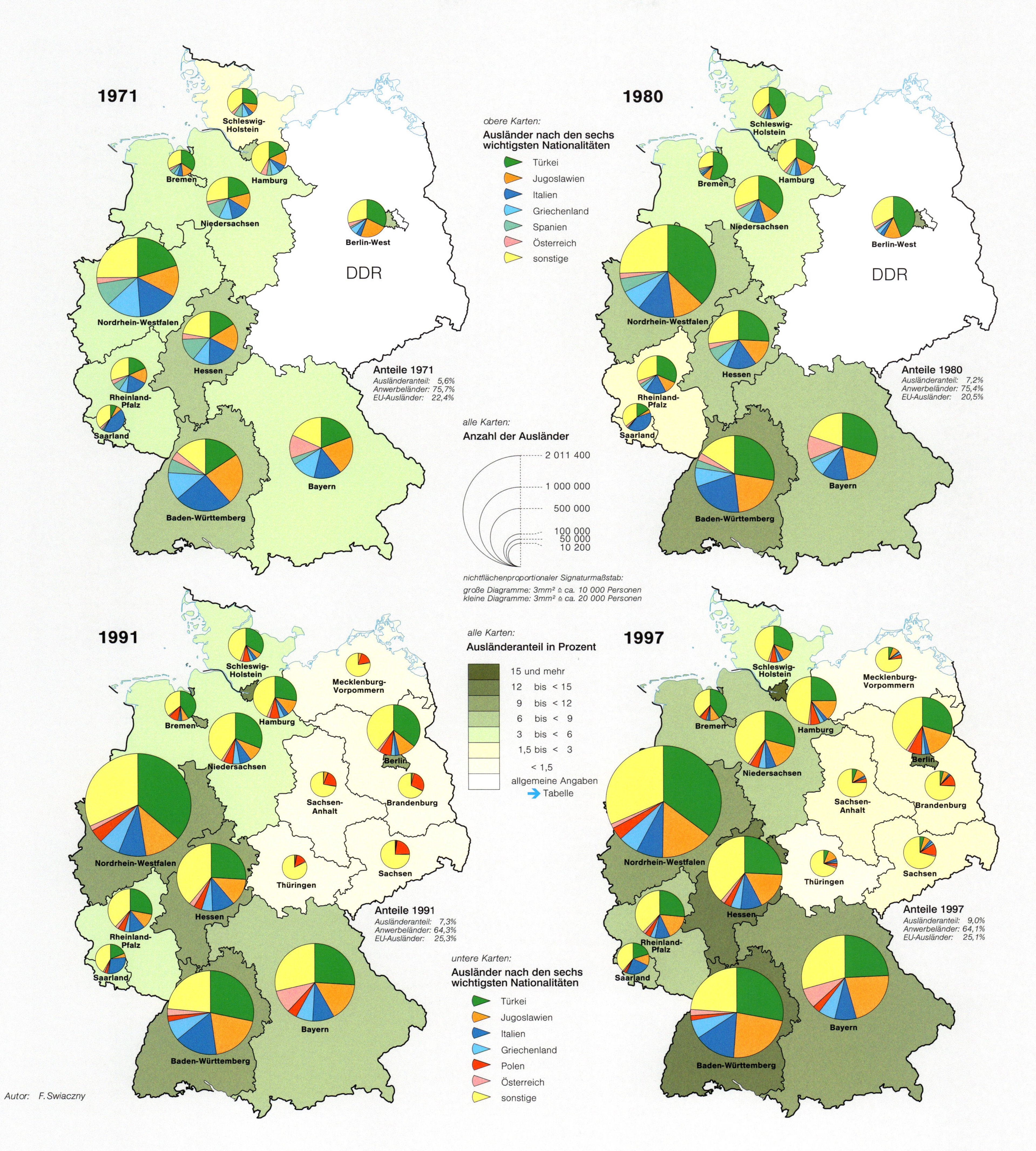

© Institut für Länderkunde, Leipzig 1999

0 25 50 75 100 km
Maßstab 1: 6 500 000

5 Anteil der Ausländer an den sozialversicherungspflichtig Beschäftigten 1960 - 1997

Prozent

Anteil der Ausländer an den sozialversicherungspflichtig Beschäftigten

Anteil der Ausländer an der Bevölkerung

1960 1965 1970 1975 1980 1985 1990 1997

© Institut für Länderkunde, Leipzig 1999

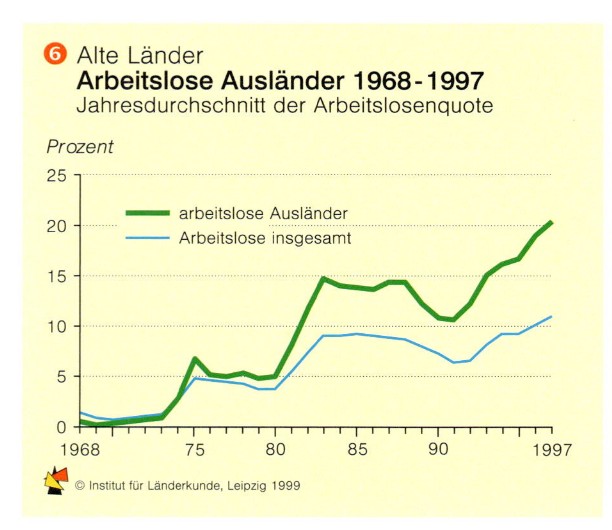

6 Alte Länder
Arbeitslose Ausländer 1968 - 1997
Jahresdurchschnitt der Arbeitslosenquote

bewerberfrage" abgelöst, die erst durch eine Einschränkung des Grundrechts auf Asyl (1993) entschärft werden konnte.

Entwicklung der Ausländerzahlen in den Bundesländern

Die Entwicklung der räumlichen Verteilung der Ausländer in den alten Ländern spiegelt deutlich die raum-zeitliche Diffusion, wie sie von Giese (1992, S. 663) beschrieben wurde 4. Ausgehend von Baden-Württemberg stieg der Ausländeranteil entlang der Rheinachse in mehreren Etappen an. Auch 1997 finden sich die höchsten Ausländeranteile noch in den Stadtstaaten und in Baden-Württemberg (12,3%) sowie Hessen (13,9%), die höchste Ausländerzahl in Nordrhein-Westfalen (2 Mio.). In den neuen Ländern liegen die Zahlen nach wie vor weit unter denen der alten. Mehr als zwei Drittel der Ausländer fallen hier unter die Kategorie „Sonstige", v.a. hohe polnische Bevölkerungsanteile sowie Asylbewerber und Flüchtlinge.

Von der Gastarbeiterbevölkerung zur Wohnbevölkerung

Während der Anteil der neuen Migrantengruppen gegenwärtig weiter wächst, setzt sich bei den Personen aus den Anwerbeländern der Wandel von einer Gastarbeiter- zu einer ausländischen Wohnbevölkerung fort. Die überwiegend auf Erwerbsarbeit ausgerichtete Migration der Anwerbephase führte zu einem hohen Anteil an den sozialversicherungspflichtig Beschäftigten 5. Da mit der Zuwanderung in der Regel entsprechende Arbeitsverträge verbunden waren, lag auch die Arbeitslosenquote während der Anwerbephase immer unter 1% 6. Beide Indikatoren zeigen nach 1973 ein grundlegend verändertes Bild. Der Aufenthalt von Ausländern hat sich seither weitgehend unabhängig von der Erwerbsarbeit entwickelt. Vor allem die sehr hohen Arbeitslosenquoten weisen auf eine unzureichende ökonomische Integration und damit verbundene Konfliktpotenziale hin.

Ein Blick auf die Bevölkerungspyramide 7 zeigt, dass die Dominanz der Männer bei den älteren Jahrgängen bis heute durch Familienzusammenführungen verringert wurde. Bei den jüngeren, meist in Deutschland geborenen Altersgruppen herrscht ein ausgeglichenes Geschlechterverhältnis. Auffallend sind die wachsenden Jahrgangsstärken im Ruhestandsalter, die darauf hindeuten, dass viele Ausländer auch nach dem Ende ihrer Berufstätigkeit nicht in ihr Heimatland zurückkehren. In den vergangenen Jahren hat sich der Anteil an Personen, die schon länger als 20 Jahre in Deutschland leben, weiter erhöht 8.

Die seit 1991 kontinuierlich steigenden Zahlen an Einbürgerungen belegen, dass künftig nicht nur eine bedeutende Zahl ausländischer Einwohner in Deutschland leben wird, sondern dass auch zunehmend eingebürgerte Deutsche ausländischer Herkunft integriert werden müssen 9. Hier sind vor allem die Türken zu nennen, deren Einbürgerungen sich seit 1991 (3500) bis 1996 (46.200) vervielfacht haben.

Räumliche Verteilung der Ausländer 1996

Gegenüber 1993 haben sich die Bevölkerungsanteile der Ausländer in den Kreisen kaum verändert (vgl. Swiaczny 1997). Der in der Karte 11 dargestellte Zuwanderungsverlauf hat in den großen Verdichtungsräumen zu den höchsten Bevölkerungsanteilen geführt, wobei die Rheinachse deutlich betont ist. Die ausländische Bevölkerung nimmt dabei von Süd nach Nord nicht nur absolut, sondern auch nach dem Bevölkerungsanteil in den Großstädten ab. Bei den Großstädten in den neuen Ländern fällt auch 1996 noch die geringe absolute Zahl an Ausländern auf.

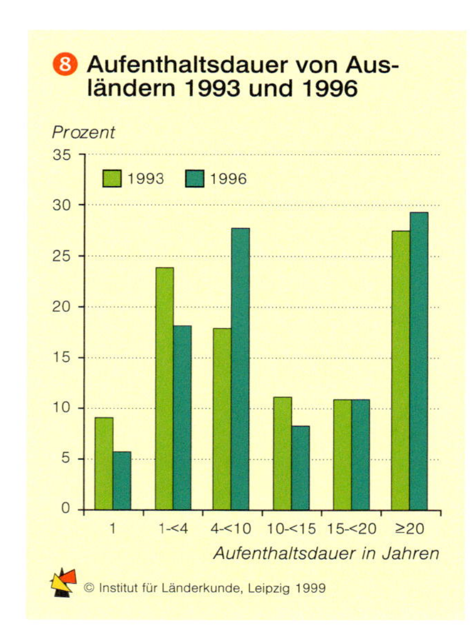

8 Aufenthaltsdauer von Ausländern 1993 und 1996

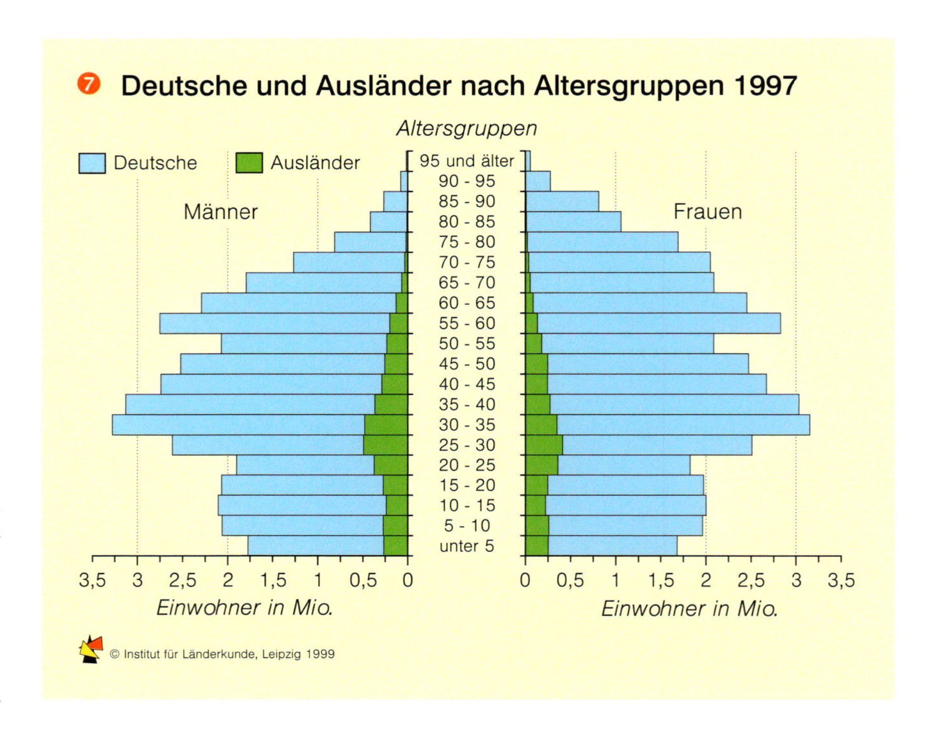

7 Deutsche und Ausländer nach Altersgruppen 1997

Größere Zuwachsraten (über 25%) finden sich, bei geringen absoluten Zahlen, überwiegend am Rande der Verdichtungsräume und im ländlichen Raum, was als Anzeichen für Suburbanisierung und damit eine Angleichung an die Lebensformen der deutschen Bevölkerung gewertet werden kann. Der Bevölkerungsgewinn beruht allerdings nicht ausschließlich auf der Migration aus den Städten, sondern ist teilweise auch auf die Verteilung der Asylbewerber zurückzuführen 10.

Da anzunehmen ist, dass sich die Zahl der Ausländer in Deutschland in Zukunft weiterhin erhöhen wird, ist es von besonderer Bedeutung, dass sich entstehende Problemlagen nicht dauerhaft verfestigen und räumlich innerhalb bestimmter Gebiete konzentrieren. Vor allem innerhalb der großen Städte stellen die Ausländer schon heute in einzelnen Quartieren extrem hohe Bevölkerungsanteile. Ohne ausreichende Integrationsangebote droht dort die Kohäsion verloren zu gehen. Dies gilt insbesondere für die heterogene Zuwanderung durch Asylbewerber und Flüchtlinge, für deren Integration die Praxis aus der "Gastarbeiterarbeit" nur begrenzt Vorbild sein kann.◆

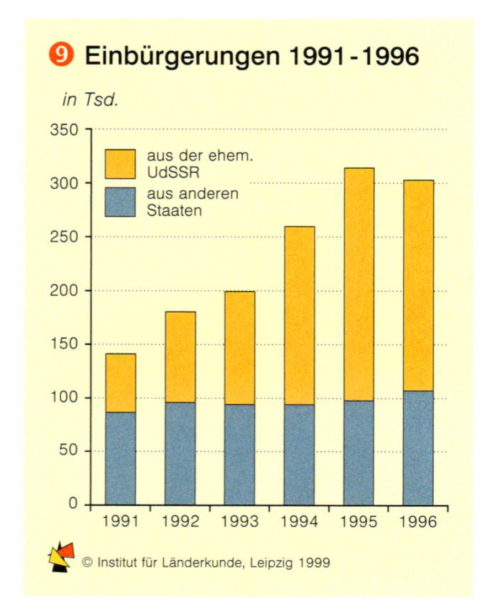

9 Einbürgerungen 1991 - 1996

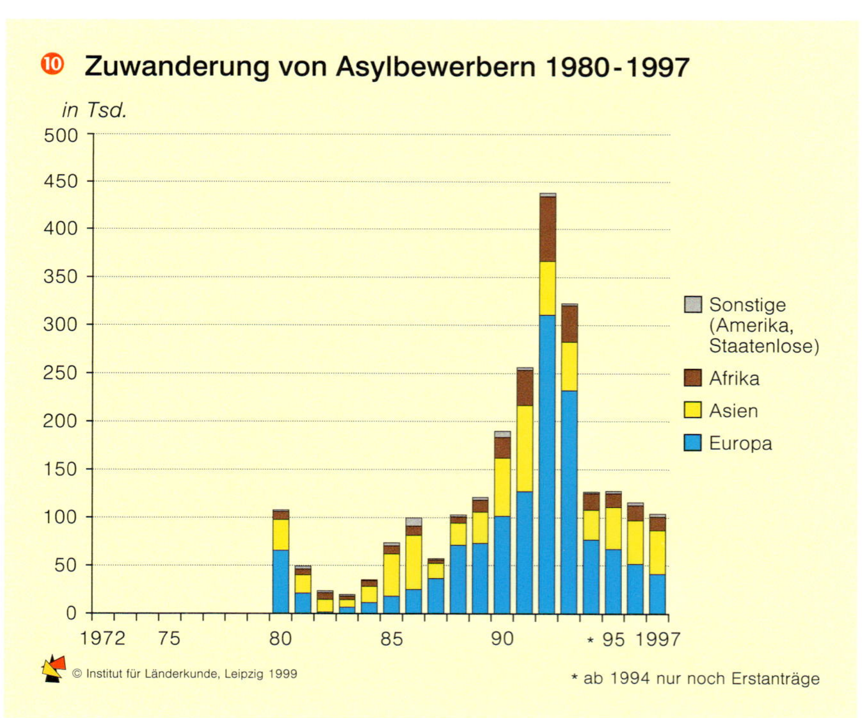

10 Zuwanderung von Asylbewerbern 1980 - 1997

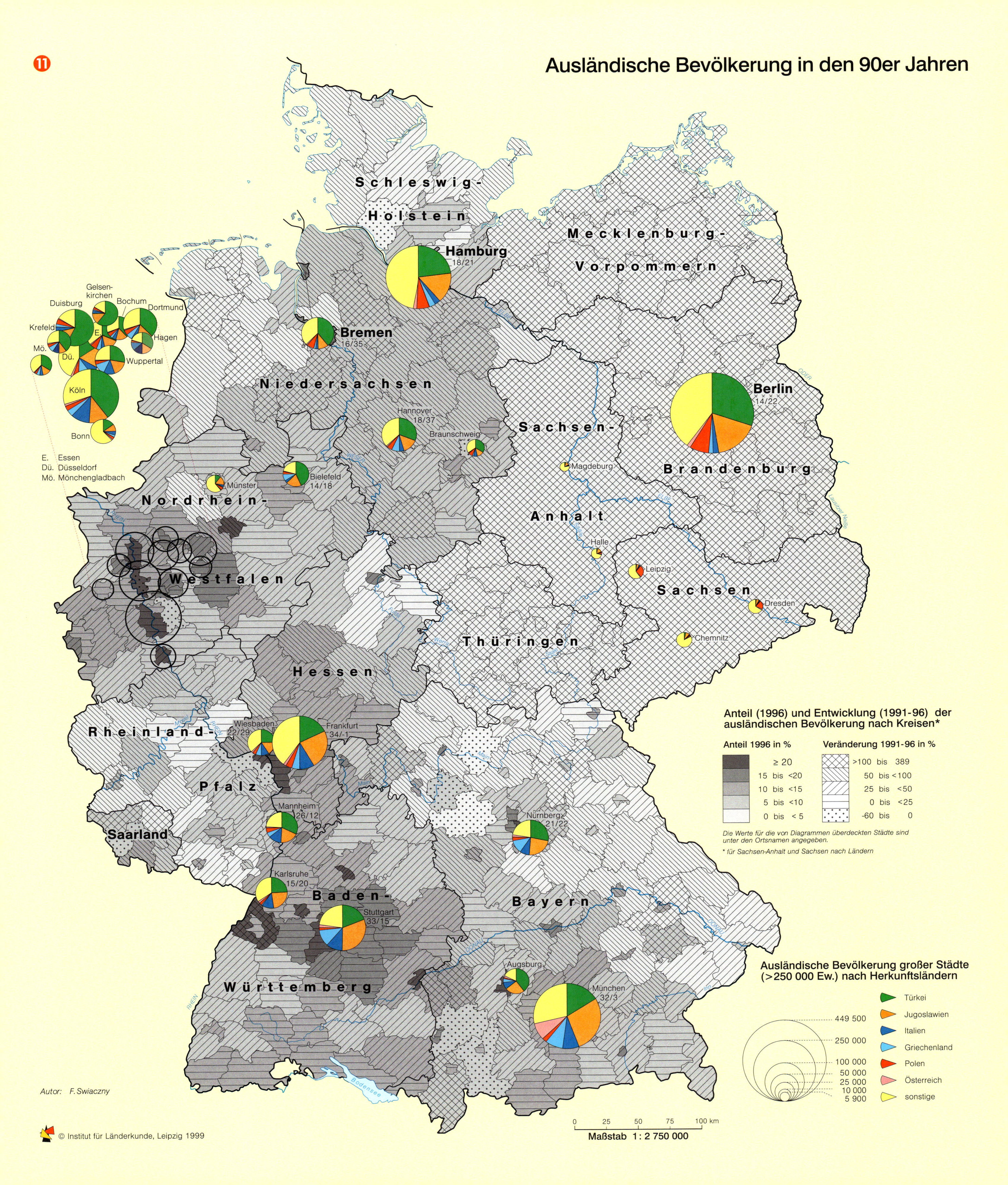

© Institut für Länderkunde, Leipzig 1999

Armut und soziale Sicherung

Judith Miggelbrink

Nach der Phase großen wirtschaftlichen Erfolgs und kontinuierlich steigenden individuellen Wohlstands haben sich in den letzten Jahren die Zeichen der Armut in Deutschland vermehrt. Das Thema „Armut" ist – vermittelt durch die Medien – wieder in der Öffentlichkeit präsent.

Oftmals wird „Armut" als individuelles Problem verstanden, als ein Problem von Menschen, denen es – aus welchen Gründen auch immer – nicht gelungen ist, in einem wohlhabenden und ökonomisch erfolgreichen Staat ihren Lebensunterhalt zu sichern und einen gewissen Lebensstandard zu erreichen. Mitten im Wohlstand hat sich Armut in den letzten Jahren verstärkt ausbreiten können (vgl. Hanesch 1994) und ist vor allem in den Metropolen und Großstädten immer deutlicher sichtbar geworden (vgl. Alisch/Dangschat 1998) – trotz einer langen Tradition sozialer Sicherung durch staatliche Instrumente.

Die Gründe für die Entstehung von Armut und ihre Erscheinungsformen haben sich im Laufe der Zeit immer wieder verändert ➜, und sie ist räumlich differenziert: Arm zu sein bedeutet in einer Großstadt wie Frankfurt etwas anderes als im ländlichen Raum Oberfrankens oder des Erzgebirges, hat andere Ursachen und betrifft andere Personengruppen. „Inseln des Wohlstands" und „*pokkets of poverty*" (Alisch/Dangschat 1998, S. 12) finden sich insbesondere in Großstädten und Ballungsräumen, zunehmend auch in unmittelbarer Nachbarschaft zueinander.

Armut im Wohlfahrtsstaat

Armutsphänomene und Konflikte um Fragen der sozialen Sicherung sind stets mit der wirtschaftlichen und politischen Entwicklung einhergangen und durch sie verursacht worden. Insbesondere in Zeiten ökonomischer Restrukturierung wird Armut augenfällig. Das heutige Netz der sozialen Sicherung und der moderne Sozialstaat haben ihre Wurzeln schon im letzten Drittel des 19. Jahrhunderts. Die gegenwärtigen staatlichen Sozialleistungen dienen der Absicherung von Risiken, dem Familienlastenausgleich sowie bestimmten sozialpolitischen Aufgaben, beispielsweise der Jugendarbeit und der Unterstützung Behinderter.

Für die Entstehung von Armut gibt es vier Ursachenkomplexe (vgl. Hübinger 1996). Erstens lässt sie sich auf Defizite des Arbeitsmarktes und die fehlende Einbindung in den Erwerbsprozess zurückführen. Zweitens entstehen Armutssituationen, wenn das soziale Sicherungssystem selbst nicht ausreichend ist, d.h. bei unzureichender Absicherung sozialer Risiken bestimmter Bevölkerungsgruppen oder ungenügenden Unterstützungsleistungen. Ein weiterer Komplex von Ursachen wird in möglichen Defiziten der sozialen Infrastruktur gesehen, die die Voraussetzung für die Integration, für Einkommen und Vermögensbildung des Einzelnen sind, beispielsweise in der Kinderbetreuung, bei Bildungseinrichtungen oder der Gesundheitsvorsorge. Einen letzten Ursachenkomplex bilden individuelle Faktoren wie die Veränderung von Familien- und Haushaltsstrukturen, mangelnde Bereitschaft zur Qualifizierung, fehlende Integration ins Erwerbsarbeitssystem und geringe Akzeptanz der rechtlichen Ordnung.

Öffentliche Sozialleistungen ❶

Seit der Regierungserklärung von Helmut Kohl 1994 werden die Grenzen des Sozialstaats und die Notwendigkeit seines Umbaus intensiv diskutiert. Auf der einen Seite sind die Maßnahmen und Instrumente der sozialen Sicherung nach 1945 immer weiter ausgebaut worden und haben zu kontinuierlich steigenden Ausgaben geführt. Diese belasten zunehmend den Einzelnen in Form von Sozialabgaben, die Unternehmen durch hohe Lohnnebenkosten und die Kommunen, die beispielsweise die Sozialhilfe finanzieren müssen. Vor allem die im internationalen Vergleich hohen Lohnnebenkosten, über die das soziale Netz mitfinanziert wird, hemmen – so wird argumentiert – die wirtschaftliche Entwicklung und gefährden dadurch die Konkurrenzfähigkeit des Standorts Deutschland. Die Sicherung des „Wirtschaftsstandorts Deutschland" ist eines der Argumente, die regelmäßig angeführt werden, wenn es darum geht, die Ausgaben für die soziale Sicherung zu kürzen. Auf der anderen Seite hat die Finanzierung der Transformationsprozesse in den neuen Ländern seit 1990 eine Umverteilung der öffentlichen Ausgaben erzwungen. Nicht zuletzt aufgrund der seit Einführung des Bundessozialhilfegesetzes (BSHG) 1962 ständig gestiegenen Ausgaben für die Sozialhilfe, die ursprünglich als eine Form der Grundsicherung oder als „soziales Netz unter dem sozialen Netz" (Seewald 1999, S. 99) konzipiert war, gehört die Reformbedürftigkeit des Sozialstaats zu den zentralen politischen Themen.

Im europäischen Vergleich der staatlichen Sozialleistungen, die für die Bereiche Krankheit, Alter, Invalidität, Hinterbliebene, Familie/Kinder,

➟

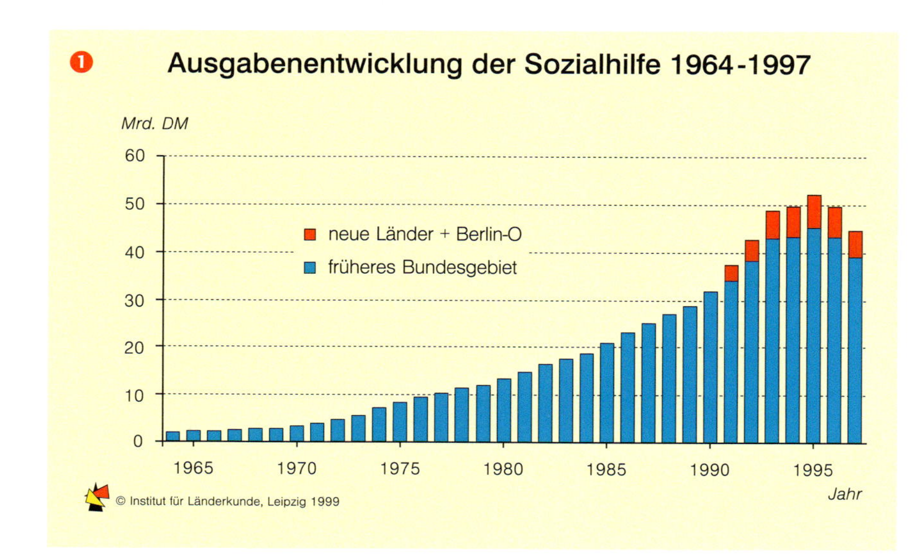

❶ Ausgabenentwicklung der Sozialhilfe 1964-1997

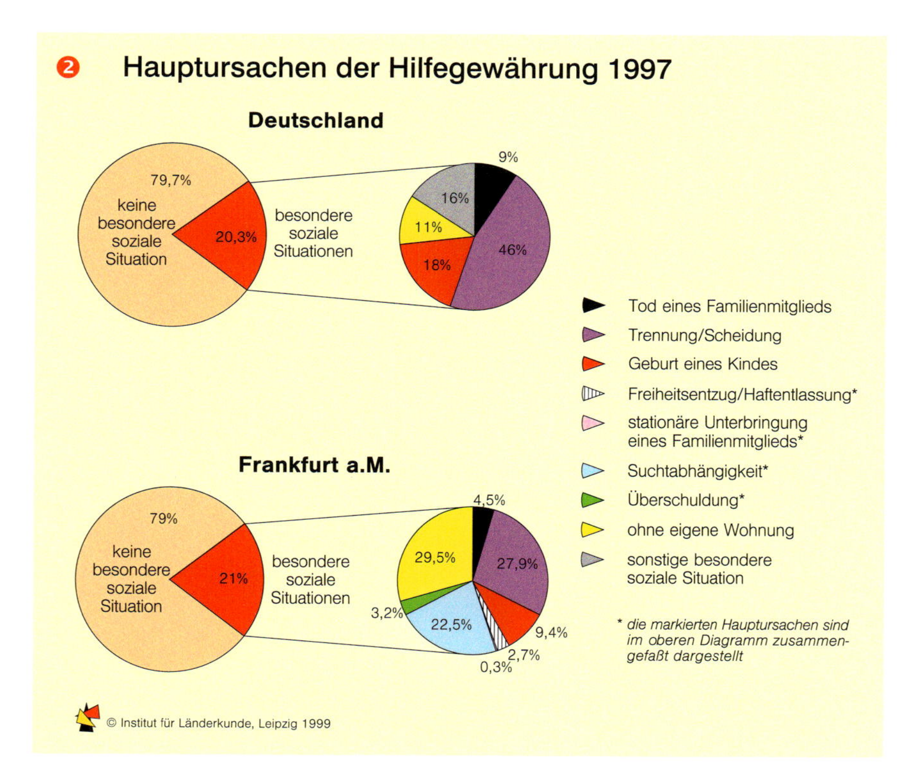

❷ Hauptursachen der Hilfegewährung 1997

Soziales Netz oder Sozialleistungen – zusammenfassende Bezeichnung für alle sozialen Leistungen des Staates und andere öffentlich-rechtlicher Körperschaften:
- Leistungen aus der gesetzlichen Sozialversicherung
- Versorgungsleistungen als Entschädigung für der Allgemeinheit erbrachte Opfer (z.B. Lastenausgleich)
- Sozialhilfe, Wohngeld
- Kindergeld, Unterhaltsvorschuss, Erziehungsgeld

Sozialhilfe – die im Bundessozialhilfegesetz (BSHG) garantierte Leistung in Form von persönlicher Hilfe, Geld- und Sachleistungen, die den Empfängern eine menschenwürdige Lebensführung ermöglichen soll. Sie wird gewährt als:
- **Laufende Hilfe zum Lebensunterhalt (HLU)** für Personen, die ihren Lebensunterhalt nicht oder nicht ausreichend bestreiten können
- **Hilfe in besonderen Lebenslagen (HbL)** für diejenigen, die sich in einer besonders schwierigen Lebenslage befinden, wie z.B. Hilfe zur Pflege.

Die Höhe der HLU ergibt sich aus dem *Regelbedarf*, der bis 1990 durch das „Bedarfsmengenschema an Gütern und Dienstleistungen" („Warenkorb") festgelegt wurde und sich seit 1991 an den tatsächlichen Ausgaben und dem „Bedarfsverhalten" von Haushalten orientiert, dem *Unterkunftsbedarf*, dem *Mehrbedarf* und ggf. Versicherungsbeiträgen.

Wohngeld – ein Zuschuss zu den Wohnkosten, der vom Bund und den Ländern gemeinsam getragen wird. Es kann Mietern (Mietzuschuss) sowie Haus- und Wohnungseigentümern (Lastenzuschuss) gewährt werden.
- Das **spitz berechnete Wohngeld (Tabellenwohngeld)** richtet sich nach der Haushaltsgröße, dem Familieneinkommen und der Miete bzw. Belastung; es wird anhand von Wohngeldtabellen bestimmt.
- Das **pauschalierte Wohngeld** wird in einem vereinfachten Verfahren den Empfängern von Sozialhilfe und Kriegsopferfürsorge gewährt und mit diesen pauschal ausgezahlt.

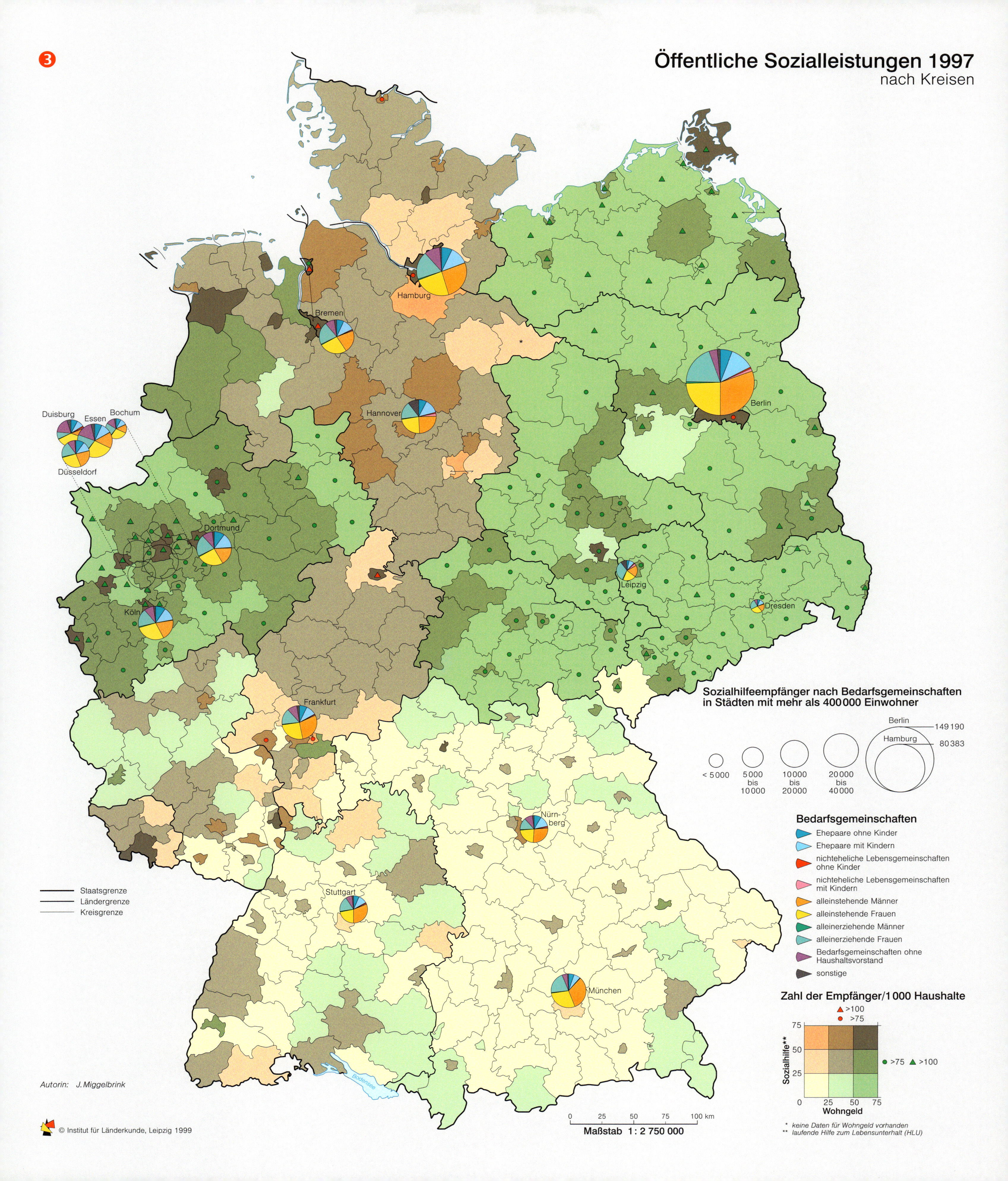
3
Öffentliche Sozialleistungen 1997
nach Kreisen
Hamburg
Bremen
Hannover
Berlin
Duisburg
Essen
Bochum
Düsseldorf
Dortmund
Köln
Leipzig
Dresden
Frankfurt
Nürnberg
Stuttgart
München
Bodensee
Sozialhilfeempfänger nach Bedarfsgemeinschaften in Städten mit mehr als 400 000 Einwohner
Berlin 149 190
Hamburg 80 383
< 5000
5000 bis 10 000
10 000 bis 20 000
20 000 bis 40 000
Bedarfsgemeinschaften
Ehepaare ohne Kinder
Ehepaare mit Kindern
nichteheliche Lebensgemeinschaften ohne Kinder
nichteheliche Lebensgemeinschaften mit Kindern
alleinstehende Männer
alleinstehende Frauen
alleinerziehende Männer
alleinerziehende Frauen
Bedarfsgemeinschaften ohne Haushaltsvorstand
sonstige
Zahl der Empfänger/1 000 Haushalte
>100
>75
Sozialhilfe**
Wohngeld
0 25 50 75
>75 >100
* keine Daten für Wohngeld vorhanden
** laufende Hilfe zum Lebensunterhalt (HLU)
Staatsgrenze
Ländergrenze
Kreisgrenze
0 25 50 75 100 km
Maßstab 1 : 2 750 000
Autorin: J. Miggelbrink
© Institut für Länderkunde, Leipzig 1999

Arbeitslosigkeit, Wohnen und soziale Ausgrenzung aufgewendet werden, nimmt Deutschland – gemessen als Anteil der Sozialleistungen am BIP und gemessen an den Pro-Kopf-Ausgaben – eine mittlere Position ein ❸. In allen Staaten der Europäischen Union sind „Alter“ und „Krankheit“ die beiden finanziell umfangreichsten Bereiche staatlicher Leistungen.

Sozialhilfe

Von allen Maßnahmen der sozialen Sicherung ist die Sozialhilfe dasjenige Instrument, das sich unmittelbar auf den Ausgleich von Armut richtet. Sie kann also – mit gewissen Einschränkungen –

❺ Sozialhilfeempfänger nach Haushaltstypen 1997

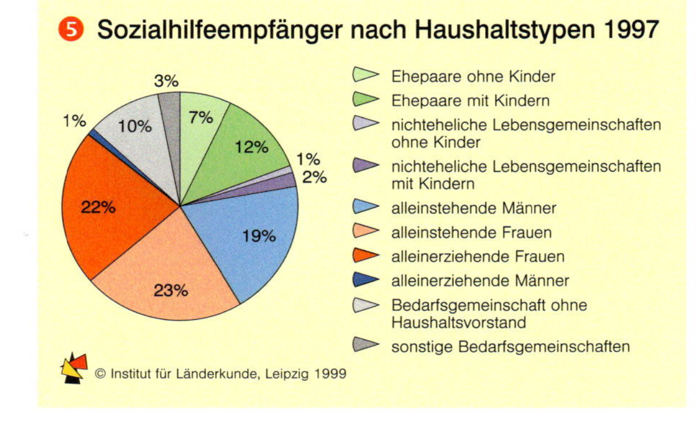

© Institut für Länderkunde, Leipzig 1999

als Indikator für das Ausmaß an Armut herangezogen werden. Bei ihrer Einführung war die Sozialhilfe als ein Instrument gedacht, mit dessen Hilfe Menschen, die beispielsweise durch Trennung von ihrem Partner oder durch die Geburt eines Kindes in eine *besondere* soziale Situation geraten sind, vor Ar-

❹ Sozialhilfequoten* nach Altersgruppen

< 7	8,5
7-18	5,8
18-25	4,4
25-50	3,3
50-60	2,1
60-70	1,8
> 70	1,2
Bundesdurchschnitt	**3,5**

* Anteil an der jeweiligen Altersgruppe in %

mut bewahrt werden sollten. Drei Viertel aller Betroffenen geben heute jedoch an, es habe keine besondere soziale Situation vorgelegen ❷. Die Sozialhilfebedürftigkeit ist heute nicht mehr Folge einer besonderen Ausnahmesituation, vielmehr besteht ein enger Zusammenhang zwischen der (unzureichenden) Erwerbssituation und einer Armutsgefährdung. Die steigenden Zahlen spiegeln daher auch die ökonomische Entwicklung der Bundesrepublik Deutschland insofern wider, als Arbeitslosigkeit eine immer wichtigere Ursache für den Bedarf an staatlicher Unterstützung in Form von Sozialhilfe ist. Ein erster deutlicher Anstieg war infolge der Rezessionsphase ab 1973, ein zweiter zu Beginn der 80er Jahre zu verzeichnen. Mit der Einbeziehung der neuen Länder ab 1991 stiegen die Ausgaben und Empfängerzahlen ein weiteres Mal an. Durch die Einführung des Asylbewerberleistungsgesetzes 1994 hat sich das statistische Bild abermals geändert, da Asylbewerber seitdem nicht mehr in der Sozialhilfestatistik geführt werden. Diese Gruppe umfasste 1997 487.000 Personen, der Leistungsumfang betrug 5,2 Mrd. DM.

Zum Jahresende 1997 erhielten 3,5% der Bevölkerung, das sind 2,89 Mio. Personen, laufende Hilfe zum Lebensunterhalt, also Sozialhilfe im engeren Sinne. Mit 3,8% war die Sozialhilfequote in den alten Ländern höher als in den neuen Ländern und Berlin-Ost (2,5%). Mit jeweils durchschnittlich 11% ist der Anteil der Haushalte, die unter der 50%-Armutsgrenze liegen, in den alten und den neuen Ländern etwa gleich hoch ➜ (vgl. Pollack/Pickel/Jacobs in Lutz/Zeng 1998). Großräumige Unterschiede gibt es außerdem zwischen den Stadtstaaten Berlin, Hamburg und Bremen sowie den nördlichen Bundesländern und dem Saarland mit überdurchschnittlichen Sozialhilfequoten und den südlichen Bundesländern mit vergleichsweise niedrigen Quoten ❻. Gemessen an der Sozialhilfequote ❹ sind Kinder und Jugendliche mit 6,8% die am stärksten betroffene Altersgruppe, während alte Menschen mit einer Quote von 1,2% relativ selten zu den Sozialhilfeempfängern gehören. Die Aufschlüsselung der Empfänger von Sozialhilfe nach Haushaltstypen zeigt, dass auch die Veränderungen der Familienstrukturen in den letzten Jahrzehnten das Armutspotential erhöht haben: Vor allem alleinerziehende Frauen, von denen fast jede dritte Sozialhilfe in Anspruch nehmen muss, sowie Alleinstehende sind auf staatliche Unterstützung in Form von Sozialhilfe angewiesen ❺. Von den knapp 3 Mio. Personen, die 1997 laufende Hilfe zum Lebensunterhalt bezogen haben, waren fast eine Million Kinder, und zwar fast zur Hälfte in Haushalten Alleinerziehender (⏩ Beitrag Wiest). Diese sind vor allem dann auf öffentliche Unterstützung angewiesen, wenn die Kinder noch nicht im schulpflichtigen Alter sind und aufgrund von Verdienstausfällen und gleichzeitig steigenden Lebensunterhaltskosten das Haushaltseinkommen nicht mehr ausreicht.

Die Zusammensetzung der Sozialhilfeempfänger hat sich seit ihrer Einführung insgesamt in dreifacher Hinsicht verändert: Erstens ist die Zahl der ausländischen Haushalte überproportional angestiegen, zweitens vergrößerte sich der Anteil der Personen im berufstätigen Alter (18-50 Jahre) von 18 auf 46%, und drittens hat sich der Anteil der Kinder von 32 auf 37% erhöht, wodurch das Durchschnittsalter der Unterstützungsberechtigten deutlich gesunken ist. Die durchschnittliche Bezugsdauer liegt bei zwei Jahren, wobei fast die Hälfte aller Sozialhilfeempfänger nur kurzzeitig (weniger als 12 Monate) auf Unterstützung angewiesen ist. Allerdings ist die Zahl der über sehr lange Zeit (mehr als 5 Jahre) Unterstützungsberechtigten in den letzten Jahre angestiegen.

Wohngeld

Das Wohngeld ist eine sozialstaatliche Maßnahme, die zwischen dem freien Wohnungsmarkt und dem Grundbedürfnis nach angemessenem Wohnraum vermitteln soll. Es soll verhindern, dass Haushalte durch für sie unbezahlbaren Wohnraum zu Sozialfällen werden, und ist damit ein weiteres Instrument, Armut zu bekämpfen. Haushaltsbezogene Wohngelddaten – insbesondere das sog. „spitz berechnete Wohngeld“, das nicht in die Sozialhilfe integriert ist – sind ins-

Armutskonzepte

Untersuchungen zur Armut messen i.d.R. die **Unterausstattung mit Ressourcen**. Das kann sich sowohl auf die monetären Ressourcen beziehen (Einkommen aus Erwerbsarbeit, Vermögen, öffentlichen und privaten Transferleistungen) als auch auf nicht-monetäre Ressourcen (Ergebnisse hauswirtschaftlicher Produktion). Neben fehlenden materiellen Ressourcen kann „Armut“ durch mangelnde immaterielle Ressourcen (Ausbildungsstand, soziale Kontakte und Unterstützungsbeziehungen, Gesundheit und emotionales Wohlbefinden) gekennzeichnet sein. Meistens wird jedoch das verfügbare Einkommen herangezogen, d.h. die **Einkommensarmut** gemessen.

Absolute Armutskonzepte legen ein objektiv zu bestimmendes Existenzminimum zugrunde. Dieses kann sich auf die reine Lebenserhaltung (physisches Existenzminimum: Nahrung, Kleidung u.ä.) beziehen oder im Sinne eines menschenwürdigen Daseins innerhalb einer bestimmten Gesellschaft auf ein sozio-kulturelles Existenzminimum bezogen werden, wie es beipielsweise im Bundessozialhilfegesetz formuliert wird. Die geleistete Hilfe soll ein Leben ermöglichen, „das der Würde des Menschen entspricht“ (§1 BSHG), d.h. auch die Teilnahme am sozialen und kulturellen Leben gewährleisten.

Relative Armutskonzepte messen dagegen das Ausmaß sozialer Ungleichheit innerhalb eines Gesellschaft. Sie definieren Armut bezogen auf einen gesellschaftlichen Standard, beispielsweise durchschnittliche Einkommen oder Ausgaben. Häufig wird die Armutsgrenze bei einem Schwellenwert von weniger als 50% des durchschnittlichen Haushaltseinkommens festgelegt.

Wohnungs- und Obdachlosigkeit – offiziell als Wohnungsnotfälle bezeichnet – sind Formen **sichtbarer Armut**. Hierzu gehören alle Personen in Notunterkünften, kommunalen Obdachlosensiedlungen oder -heimen und in Einrichtungen privater Träger. Auch diejenigen, die akut von Obdachlosigkeit bedroht sind, beispielsweise weil sie von Räumungsklagen bedroht sind, in Wohnungen wohnen, die Mindestansprüchen nicht genügen, sowie Aussiedler in Aussiedlerunterkünften werden dazugerechnet. Eine weitere Gruppe bilden Personen, die im Freien übernachten. Sie werden offiziell nicht als „obdachlos“, sondern als Wohnungslose oder Nicht-Sesshafte bezeichnet.

Neben den Personen und Haushalten, deren Sozialhilfebedürftigkeit nach dem BSHG anerkannt ist und die entsprechende Leistungen erhalten (**bekämpfte Armut**), gibt es auch eine **verdeckte Armut** derjenigen, die keine offiziellen Ansprüche haben oder diese nicht geltend machen.
(nach Schmals 1994; Hübinger 1996; Zimmermann 1998)

❻ Sozialhilfe nach Bundesländern 1997

	reine Ausgaben für Sozialhilfe (in Mio DM)*	je Einwohner	HLU-Empfänger insgesamt	Sozialhilfequote (Empfänger je 100 Ew.)
Baden-Württemberg	3 632,9	350	253 891	2,4
Bayern	3 996,0	331	246 643	2,0
Berlin	3 017,3	876	268 393	7,8
Berlin-West	2 214,7	1 029		
Berlin-Ost	802,6	621		
Brandenburg	746,1	291	55 230	2,1
Bremen	745,5	1 102	71 348	10,6
Hamburg	1 715,8	1 005	143 954	8,4
Hessen	3 424,9	568	262 196	4,3
Mecklenburg-Vorpommern	587,6	324	46 562	2,6
Niedersachen	4 194,4	536	337 340	4,3
Nordrhein-Westfalen	10 155,8	565	695 116	3,9
Rheinland-Pfalz	1 798,5	448	123 277	3,1
Saarland	597,3	552	53 886	5,0
Sachsen	964,6	213	89 558	2,0
Sachsen-Anhalt	850,3	313	73 165	2,7
Schleswig-Holstein	1 633,8	594	123 780	4,5
Thüringen	616,9	248	48 839	2,0
Deutschland	**38 678,0**	**471**	**2 893 178**	**3,5**

* Reine Ausgaben = Ausgaben abzüglich der Einnahmen, die im Durchschnitt 13% der Ausgaben decken.

Armut und „prekärer Wohlstand“ (vgl. Hübinger 1996)

Legt man einen relativen Armutsbegriff mit einem Schwellenwert von 50% des durchschnittlichen Haushaltseinkommens zugrunde, sind derzeit ca. 10% der Bevölkerung als arm zu bezeichnen. Die Situation derjenigen, die sich jenseits dieser Schwelle befinden, ist jedoch mit „Wohlstand“ nicht angemessen beschrieben. Vielmehr sind mindestens drei Einkommensgruppen zu unterscheiden: die Einkommensarmut, der *prekäre* Wohlstand und der *gesicherte* Wohlstand. Die Armutsgrenze trennt die Einkommensarmut vom prekären Wohlstand, während zwischen prekärem und gesichertem Wohlstand eine Wohlstandsschwelle ermittelt werden kann: Gegenüber dem prekären Wohlstand zeichnet sich der gesicherte Wohlstand durch eine signifikant bessere Versorgungslage in allen wichtigen Lebensbereichen aus, während Personen bzw. Haushalte, die auf einem unteren Wohlstandsniveau leben (ca. 25 –30% der Bevölkerung), in Bezug auf Lebensbedingungen, Versorgungslagen und subjektives Wohlbefinden vielfach eher mit denen unterhalb der Armutsgrenze als oberhalb der Wohlfahrtsschwelle vergleichbar sind. Untersuchungen haben zudem ergeben, dass Personen in den untersten Einkommensklassen sowie Personen im höheren Einkommenssegment (Nettoäquivalenzeinkommen von 100% und mehr) in der Regel nur geringe Verbesserungen bzw. Verschlechterungen zu erwarten haben, während gerade im Bereich der mittleren Einkommen viel häufiger mit Auf- und Abstiegen zu rechnen ist.

besondere für die neuen Länder als ergänzender Indikator wichtig, da vor allem in den ersten Jahren nach der Wende die faktisch geleisteten Sozialhilfe-Zahlungen noch nicht der realen Bedürfnis- bzw. Anspruchslage entsprachen.

Räumliche Differenzierungen

Armut im Sinn öffentlich bekämpfter Armut ist kein räumliches Phänomen. Die raumbezogene Darstellung von Armutsindikatoren weist jedoch auf bestimmte räumliche Problemlagen hin: Die zu beobachtenden *großräumigen* Unterschiede der Sozialhilfequoten lassen sich im Wesentlichen auf Unterschiede in der Arbeitslosigkeit, der Tertiärisierung, des Ausländeranteils und der Kirchenmitgliedschaft zurückführen (vgl. Klagge 1998). Neben dem Nord-Süd-Gegensatz, der die großräumigen sozioökonomischen Disparitäten in der Bundesrepublik widerspiegelt, lässt sich vor allem in den großen Städten eine *kleinräumige* Polarisierung beobachten ❼. Räumlich differenzierte Analysen finden sich bei Alisch/Dangschat 1998.

Die „neue Armut“, die in der Bundesrepublik seit Mitte der 70er Jahre konstatiert wird, entstand vor allem in den großen Städten, in denen der aktuelle Umbau der Industrie- und Dienstleistungsstruktur sowie des Arbeitsmarktes bei gleichzeitig hohen Zuwanderungsraten auf der einen Seite und die Ausbreitung neuer, stärker individualisierter Haushaltstypen auf der anderen Seite zu einem steigenden Armutspotenzial geführt haben ❼. Beides hat zu einer wachsenden Heterogenität und Polarisierung der Großstadtbevölkerung beigetragen, von der ein immer größer werdender Anteil keine gesicherte Lebensperspektive mehr hat (vgl. Häussermann 1998; Alisch/Dangschat 1998). Durch lokale Initiativen wird zunehmend versucht, Sozialhilfeempfänger, die oft zugleich Langzeitarbeitslose sind, durch die Gründung städtischer Betriebe mit Unterstützung der Beschäftigungsförderung des Arbeitsamtes mindestens vorübergehend in den sog. zweiten Arbeitsmarkt zu integrieren und die kommunalen Sozialkassen zu entlasten.

In den neuen Ländern hat vor allem der massive Arbeitsplatzabbau durch Deindustrialisierung und Einbrüche in der Landwirtschaft dazu beigetragen, dass die mangelnde Integration nicht nur objektiv zu prekären sozialen bzw. wirtschaftlichen Situationen beiträgt, sondern auch zu subjektiven Gefühlen der Benachteiligung. Der Umfang der Ausprägung sozialer Ungleichheiten zwischen Ost und West spiegelt sich allerdings nicht unbedingt in den hier gewählten Indikatoren wider (vgl. Lutz/Zeng 1998). Zwar ist die Zahl der akut von Einkommensarmut betroffenen Personen in den letzten Jahren zurückgegangen, aber die sozialen Gefährdungen sind durch unsichere Arbeitsmarktsituation nach wie vor höher als in den alten Ländern.

Was die Karte nicht zeigt

Die Darstellung des komplexen Phänomens „Armut“ anhand der zwei Indikatoren „Sozialhilfe“ und „Wohngeld“ ❸ stellt lediglich die *bekämpfte* Armut dar, nicht jedoch die *verdeckte* Armut derer, die zwar berechtigt wären, Sozialhilfe zu empfangen, diese aber nicht in Anspruch nehmen. Eine Studie von Caritas und Diakonie (1998) ermittelte, dass in den neuen Ländern ca. 60% der Unterstützungsberechtigten von ihrem Recht keinen Gebrauch machten. Überwiegend handelt es sich dabei um Menschen, die nicht arbeitslos sind, deren Verdienst aber unter dem Sozialhilfesatz liegt. Gingen sie in die Statistik ein, würde sich das Kartenbild erheblich verändern.◆

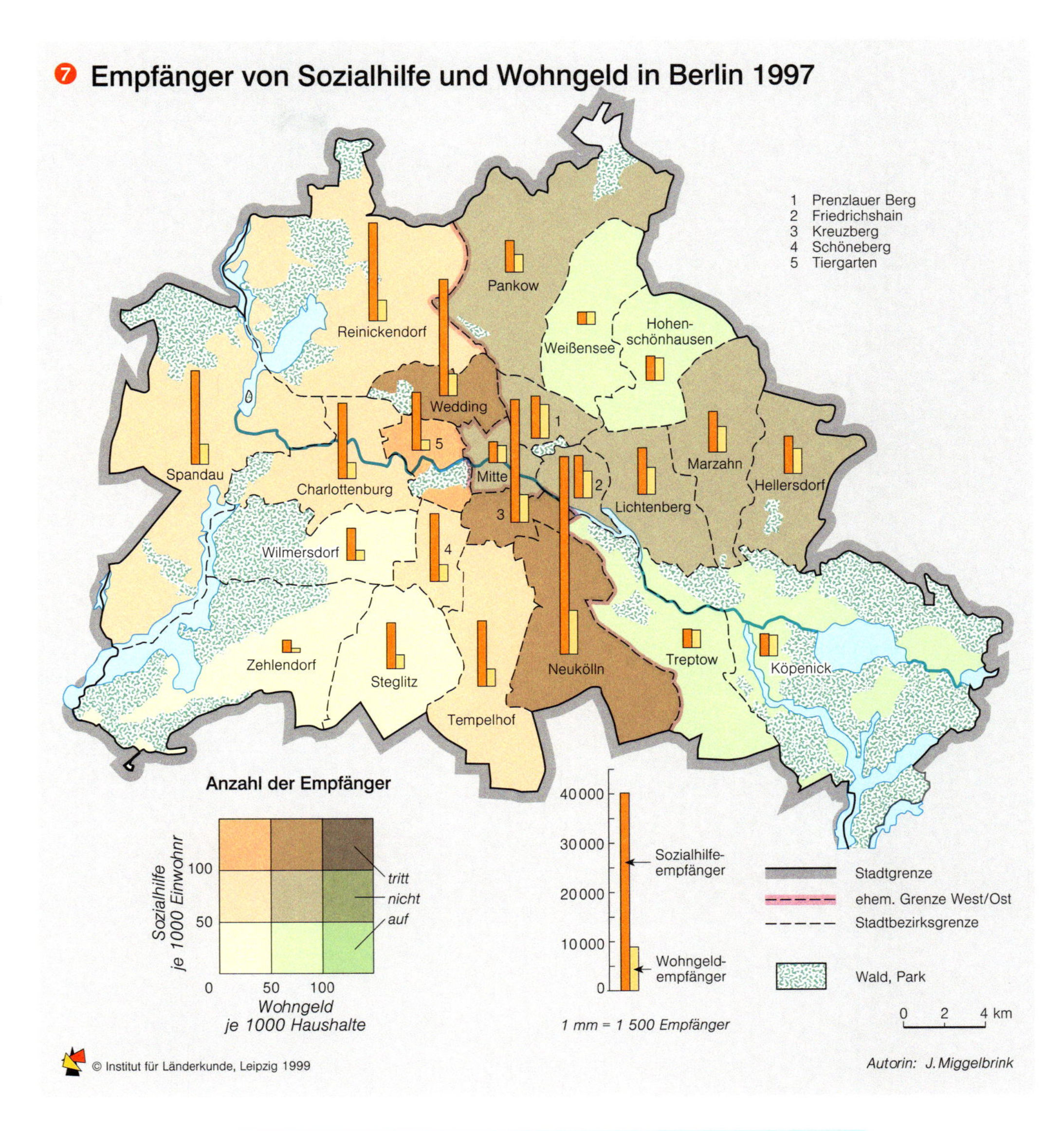

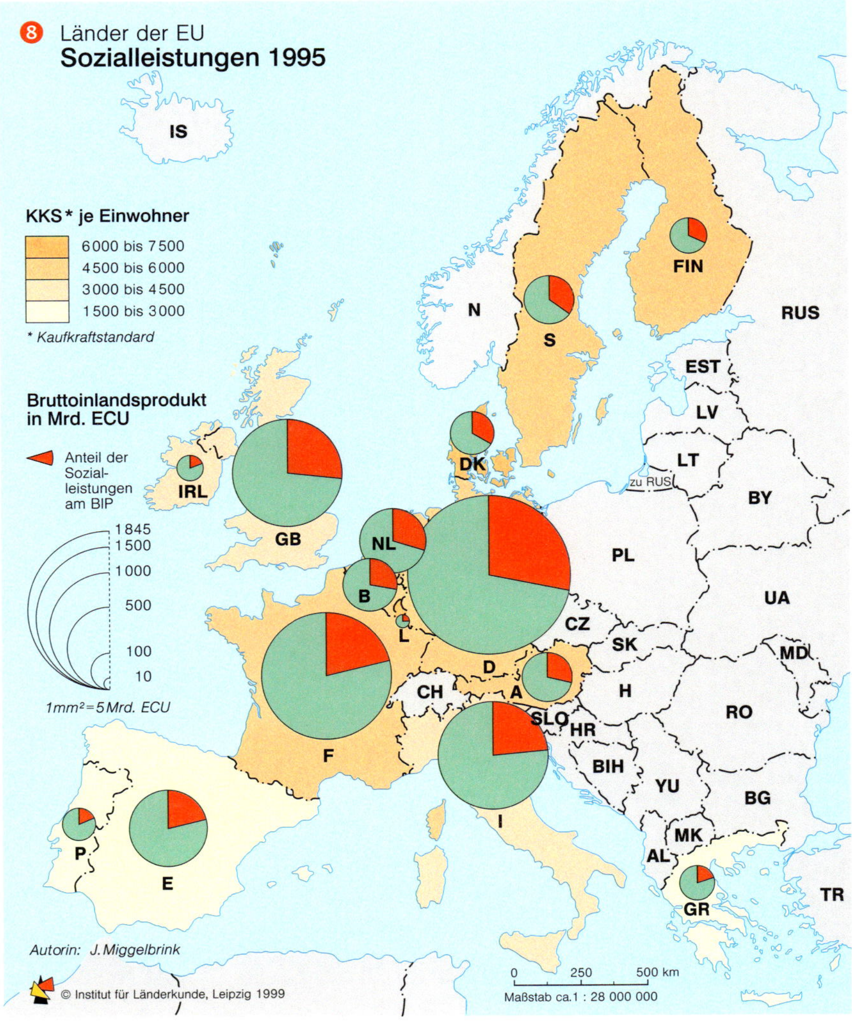

zu Karte ❽
Bei den Kaufkraftstandards (KKS) handelt es sich um Umrechnungsfaktoren, mit deren Hilfe die Wechselkurs- und Preisniveauunterschiede zwischen verschiedenen Ländern vergleichbar gemacht werden können. Sie werden anhand einer Auswahl bestimmter repäsentativer Güter und Dienstleistungen ermittelt und auf das Bruttoinlandsprodukt hochgerechnet.

Kirche und Glaubensgemeinschaften

Reinhard Henkel

Moschee in Mannheim

Die räumliche Verteilung der Mitglieder der großen Konfessionen ist in ihren Grundzügen seit dem 17. Jahrhundert unverändert geblieben. Die Reformation lutherischer und calvinistischer Prägung konnte sich nur in einigen deutschen Territorien durchsetzen, und im Augsburger Religionsfrieden 1555, in dem das Prinzip „*cuius regio, eius religio*“ festgeschrieben wurde, sowie nach den stark konfessionell geprägten Auseinandersetzungen des Dreißigjährigen Kriegs (1618-1648) hatte sich die konfessionelle Zugehörigkeit der einzelnen Territorien verfestigt (SCHÖLLER 1986). Während die meisten Gebiete Nord- und Mitteldeutschlands lutherisch waren, überwogen in West- und vor allem Süddeutschland die katholischen Territorien.

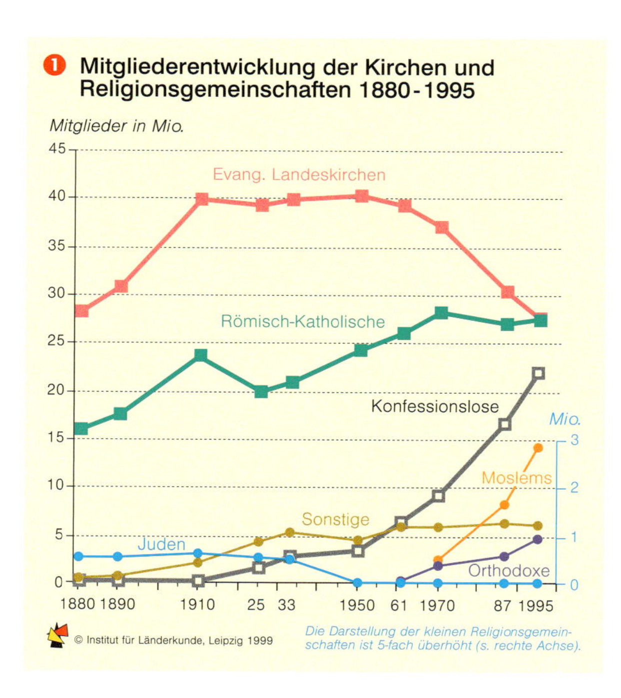

❶ Mitgliederentwicklung der Kirchen und Religionsgemeinschaften 1880-1995

Die großen Konfessionen

Bis zur Mitte dieses Jahrhunderts bekannte sich der weitaus größte Teil der Bevölkerung Deutschlands zu den christlichen Konfessionen. Bei den Volkszählungen 1950 in den damaligen beiden deutschen Staaten waren es noch 94%. Seitdem ist der Anteil der Christen an der Bevölkerung auf heute etwa 67% zurückgegangen ❶. Die Evangelische Kirche in Deutschland (EKD), ein Zusammenschluss von 24 lutherischen, reformierten und unierten Landeskirchen, und die in der Deutschen Bischofskonferenz zusammengeschlossenen 27 römisch-katholischen Diözesen sind mit 27,7 bzw. 27,5 Mio. Mitgliedern (1996) nahezu gleich groß. In der Arbeitsgemeinschaft Christlicher Kirchen (ACK) haben sich die beiden Großkirchen mit insgesamt 20 kleineren Kirchen (überwiegend Orthodoxe und evangelische Freikirchen) zusammengeschlossen, um das ökumenische Miteinander zu fördern. Als mittlerweile dritte große „Konfession“ haben die Konfessionslosen (genauer: die keiner Religionsgemeinschaft Angehörenden) derzeit die stärksten Zuwachsraten. Bezeichneten sich 1950 lediglich 4,6% der Bevölkerung als konfessionslos, so wird ihre Zahl heute auf 21,7 Mio. Menschen geschätzt, das entspricht 26% der Gesamtbevölkerung.

Die räumliche Verteilung der christlichen Konfessionen

Der Karte der räumlichen Verteilung der großen Konfessionen ❷ liegt eine Klassifikation der Kreise (in den neuen Ländern aufgrund der Datenlage: der ehemaligen Bezirke der DDR) nach der konfessionellen Zusammensetzung der Bevölkerung zugrunde. Im Westen und Süden des Landes sind die überwiegend protestantischen bzw. katholischen Landesteile, aber auch die konfessionell meist stärker gemischten Ballungsgebiete zu erkennen.

Aus der Karte lassen sich die Prozesse ablesen, die zu den Veränderungen in der „religiösen Landschaft“ Deutschlands geführt haben: Der erste war die Industrialisierung seit dem 19. Jahrhundert, die eine Zuwanderung von Katholiken in protestantische Gebiete und umgekehrt Protestanten in katholische mit sich brachte und konfessionell gemischte Ballungsgebiete schuf. Die Ansiedlung der Vertriebenen nach dem Zweiten Weltkrieg verwischte die alte klare Konfessionskarte weiter. Aus Ostpreußen, Pommern und Niederschlesien kamen überwiegend Evangelische, aus Oberschlesien und dem Sudetenland meist Katholiken.

In den fünfziger Jahren begann die Einwanderung von ausländischen Arbeitskräften. Neben den überwiegend römisch-katholischen Italienern, Spaniern, Portugiesen, Slowenen und Kroaten waren unter ihnen viele Angehörige von Religionen und Konfessionen, die in Deutschland ganz fremd waren. Viele Zuwanderer aus Griechenland und Serbien waren orthodoxe Christen, die meisten Immigranten aus der Türkei, den nordafrikanischen Ländern, Albanien und Bosnien Muslime.

Die religiöse Pluralisierung der Bevölkerung in Deutschland, die noch um die Mitte dieses Jahrhunderts religiös in zwei große monolithische Blöcke gegliedert war, verstärkte sich durch eine weitere Säkularisierung. Diese war besonders stark in der DDR, wo der Staat nicht nur den Kirchen bisher gewährte Privilegien entzog, sondern auf ideologischer Ebene auch gegen diese ankämpfte, z.B. durch die Propagierung der Jugendweihe als Ersatz für Konfirmation und Erstkommunion. In den neuen Ländern sind die Christen zu einer Minderheit geworden. Hier gehören 22% der Bevölkerung zu den evangelischen Landeskirchen und 5% zur römisch-katholischen Kirche. Zwar gibt es regionale Unterschiede, vor allem zwischen manchen ländlichen Gebieten wie zum Beispiel dem Erzgebirge, dem Thüringer Wald und dem Eichsfeld, die noch stärker kirchlich ausgerichtet sind, und den fast vollständig säkularisierten Ballungsgebieten, vor allem Ostberlin und Halle/Leipzig. Der West-Ost-Gegensatz insgesamt ist jedoch deutlich größer als diese Differenzen. In den alten Ländern liegt der Anteil der Konfessionslosen in norddeutschen Großstädten und deren Umland am höchsten. 1987 waren es in Westberlin, Hamburg und Umgebung, Kiel, Wilhelmshaven und Braunschweig über 20%.

Entwicklung von Mitgliederzahlen und Kirchlichkeit

Während die Mitgliederzahlen der evangelischen Landeskirchen vor allem seit 1970 deutlich rückläufig sind, konnten sich diejenigen der römisch-katholischen Kirche weitgehend stabil halten. Wählt man als Indikator für Religiosität nicht die Mitgliederzahlen, sondern die Teilnahme an den Gottesdiensten bzw. Messen, die in beiden Großkirchen regelmässig an ausgewählten Zählsonntagen ermittelt wird, so ist die Bindung an die Kirche stark zurückgegangen. 1950 besuchten durchschnittlich 54% der Katholiken wöchentlich die Messe. Dieser Anteil sank seitdem stetig bis auf 18% (1996). In den evangelischen Landeskirchen liegt der Gottesdienstbesuch traditionell sehr viel niedriger. Bis 1970 lag er bei 8-9%, danach sank er auf 5-6%, wo er sich stabilisierte. Die an diesem Indikator gemessene Kirchlichkeit variiert räumlich beträchtlich ❹ und ❺. Die städtischen Räume weisen in beiden Konfessionen die niedrigsten Werte auf, während in den ländlichen Gebieten die Kirchlichkeit stärker ist. Bei der EKD ist ein Süd-Nord-Gefälle festzustellen mit einer Spannweite von 7,9% in Württemberg bis 2,9% Bremen. Hier kann ein „Diasporaeffekt“ beobachtet werden: In solchen Räumen, in denen die Evangelischen in der Minderheit sind, ist die Kirchenbindung stärker, in überwiegend protestantischen Gebieten schwächer. Bei den Katholiken ist eher ein umgekehrter Zusammenhang zu beobachten: In der Diaspora ist der Messebesuch eher unterdurchschnittlich (vgl. HENKEL 1988).

Trotz ihres zahlenmässigen Rückgangs bzw. der Stagnation stellen die beiden großen Kirchen in Deutschland bedeutende gesellschaftliche Institutionen dar. Vor allem für das Sozialwesen sind die kirchlichen Krankenhäuser und Sozialstationen, Kindergärten, Wohnanlagen und Heime für Alte und Pflegebedürftige, Institutionen für Behinderte und andere Randgruppen der Gesellschaft von großer Bedeutung.

Die religiösen Minderheiten

Zu den religiösen Minderheiten werden hier alle Menschen gezählt, die weder zu einer der Großkirchen gehören noch konfessionslos sind. In Deutschland gehören knapp 5 Mio. Menschen den religiösen Minderheiten an, das sind 6% der Bevölkerung ❸. Ihr Anteil ist besonders hoch in den Ballungsgebieten (Maxima: Westberlin, Duisburg, Köln, Frankfurt/M., Offenbach, Heilbronn und Stuttgart), besonders niedrig in einigen überwiegend katholischen Räumen Süd- und Westdeutschlands sowie in den neuen Ländern.

Die größte Minderheitengruppe stellen die Muslime dar, die genauso wenig wie die Christen eine einheitliche Organisation aufweisen. Die Mehrzahl von ihnen sind Sunniten türkischer Herkunft, die sich einer der drei Organisationen „Zentralrat der Muslime in Deutschland“, „Islamrat für die Bundesrepublik Deutschland“ oder der direkt der türkischen Regierung unterstehenden „Türkisch-Islamischen Union der Anstalt für Religion“ (DITIB) zugehörig fühlen. Zu diesen Organisationen gehören als Mitglieder jedoch weniger als 10% der Muslime in Deutschland. Da die Zuwanderung der Türken überwiegend arbeitsplatzorientiert war, sind die meisten Muslime in den Ballungsgebie-

Großkonfessionen und religiöse Minderheiten 1987

nach Kreisen bzw. Bezirken der DDR*

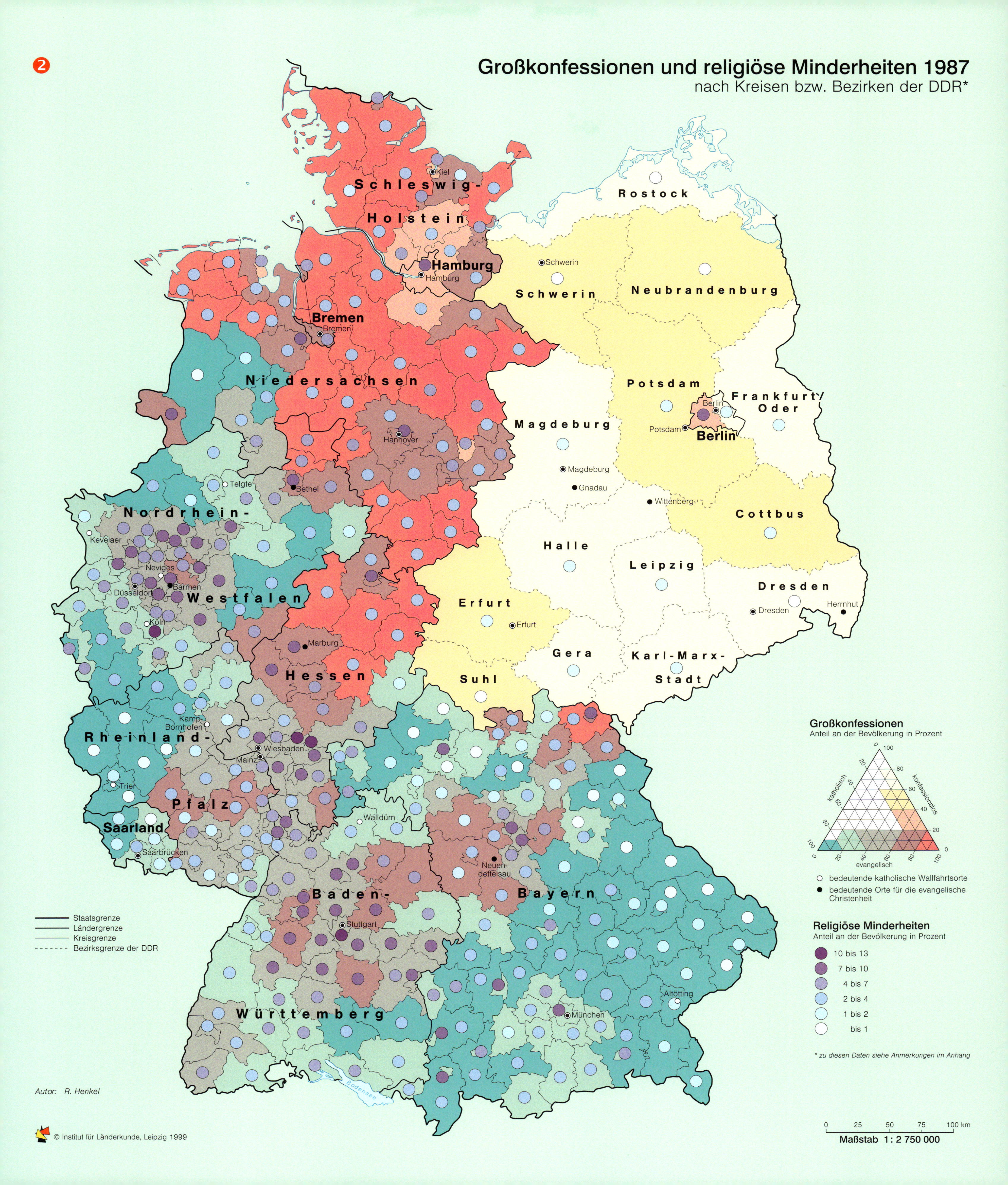

© Institut für Länderkunde, Leipzig 1999

❸ Die religiösen Minderheiten in Deutschland (Mitgliederzahlen um 1995, teilweise geschätzt)

Muslime (Sunniten, Schiiten, Aleviten, Ahmadis)	2.700.000
Orthodoxe Christen	900.000
Neuapostolische Kirche	400.000
Vereinigung Evangelischer Freikirchen (VEF, u.a. Baptisten, Methodisten, Pfingstkirchen, Adventisten, Freie evang. Gemeinden)	330.000
Zeugen Jehovas	210.000
Sonstige christliche Kirchen (u.a. Selbständ. Lutheraner, Altkatholiken, Brüderbewegung)	170.000
Sonstige "Randchristliche" (u.a. Mormonen, Freireligiöse, Christengemeinschaft)	90.000
Sonstige Religionen (u.a. Buddhisten, Bahai, Hindus, Yeziden, sonstige "Sekten")	80.000
Mitglieder der jüdischen Gemeinden	50.000
Summe	**4.930.000**

ten zu finden (▸▸ Beitrag Swiaczny). 1987 lag ihr Anteil an der Bevölkerung in Westberlin und in den Raumordnungsregionen Emscher-Lippe, Köln und Dortmund über 4%, im Raum Duisburg/Essen, Rhein-Main und Stuttgart nur knapp darunter ❻.

Auch die orthodoxen Christen, die zu den griechischen, serbischen, russischen, rumänischen, bulgarischen, armenischen, äthiopischen Nationalkirchen oder zu christlichen Minderheitskirchen des Nahen Ostens gehören, leben überwiegend in den Ballungsgebieten. Dasselbe trifft auf die Angehörigen der Religionen anderer Immigrantengruppen (Buddhisten, Hindus u.a.) wie auch auf die Mitglieder der jüdischen Glaubensgemeinschaft zu. Letztere zählte 1925 insgesamt 564.000 Mitglieder. Holocaust und Emigration dezimierten ihre Zahl drastisch. Mitte der sechziger bis Ende der achtziger Jahre betrug sie etwa 25.000. Seit 1990 hat sie sich durch die Zuwanderung russischer Juden verdoppelt.

Die evangelisch-methodistische Kirche

Als Beispiel für eine evangelische Freikirche ist die räumliche Verbreitung der Mitglieder der Evangelisch-methodistischen Kirche dargestellt ❻. Wie alle Freikirchen finanziert sie sich nicht durch die Kirchensteuer, sondern durch Beiträge ihrer Mitglieder. Diese Kirche, die zur ACK und zur VEF gehört, hatte 1995 65.000 Mitglieder in 618 Gemeinden, die von knapp 400 Pastoren und Pastorinnen betreut wurden. Im 18. Jahrhundert in England entstanden, kam sie im vorigen Jahrhundert nach Deutschland, wo sie vor allem im südwestlichen Sachsen und in Württemberg Anhänger finden konnte. Diese Regionen sind auch heute noch methodistische Hochburgen in Deutschland. In insgesamt 27 der 97 Raumordnungsregionen dagegen ist sie nicht vertreten.

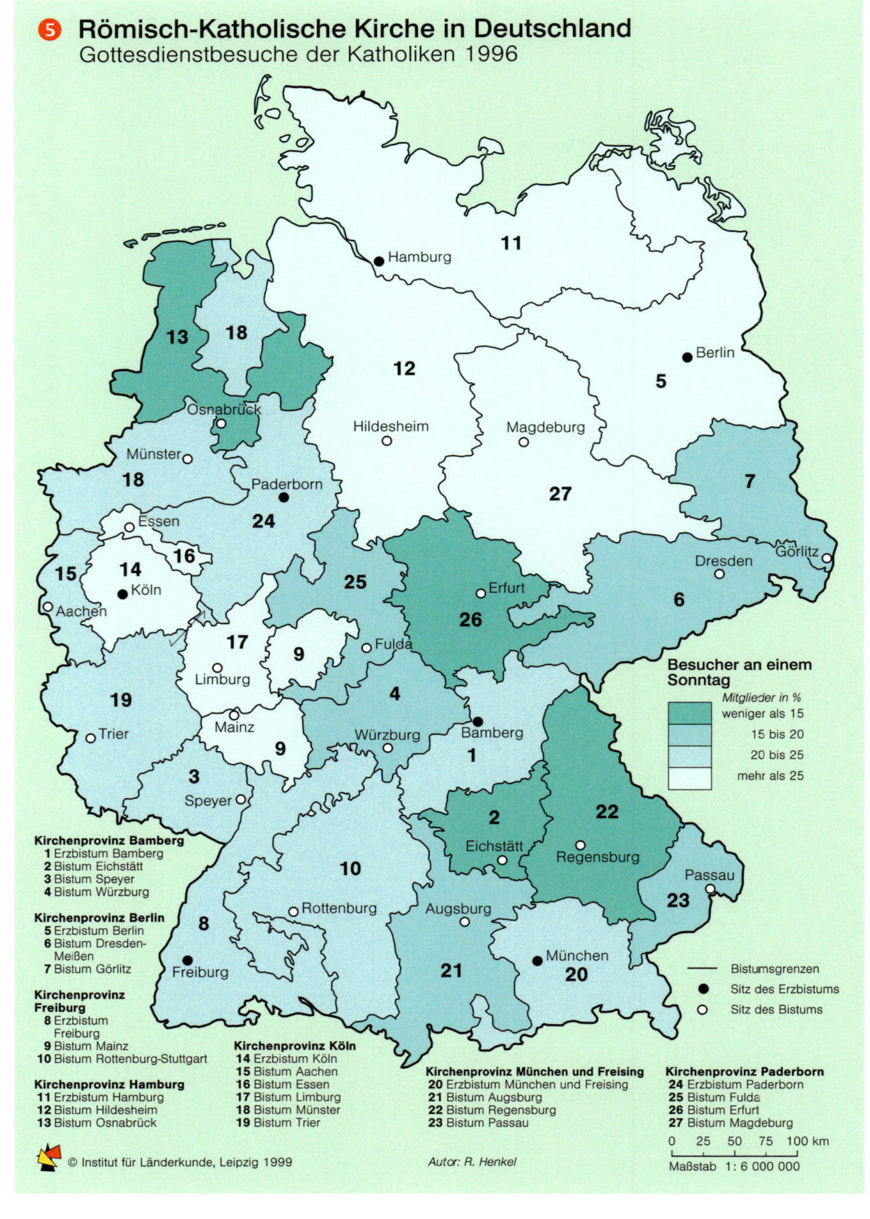

Die religiöse Situation Deutschlands in Europa

Geschichte des Christentums

Nach der Anerkennung des Christentums als Staatsreligion des Römischen Reichs im vierten Jahrhundert n.Chr. konnte sich diese Religion bis zum elften Jahrhundert in ganz Europa durchsetzen und sich von hier aus auch später durch die Missionierung in alle Welt verbreiten. Aber das Christentum bzw. seine organisatorische Form, die Kirche, spaltete sich, nicht zuletzt durch das immer wieder spannungsreiche Verhältnis zur Politik bzw. zu den Staaten.

Die endgültige Trennung zwischen der Ostkirche mit dem Zentrum in Byzanz/Konstantinopel und der römischen Westkirche erfolgte 1054. Während sich die orthodoxen Kirchen als dominierende Nationalkirchen in Griechenland, Bulgarien, Rumänien, Serbien, Makedonien, Russland und der Ukraine sowie als Minderheitenkirchen in weiteren Staaten ausbildeten, blieb die römisch-katholische Kirche eine einheitliche Weltkirche mit dem Papst an ihrer Spitze. Sie dominiert nicht nur in den romanischen Ländern Süd- und Westeuropas, sondern auch in den slawischsprachigen Staaten Ostmitteleuropas (Polen, Tschechien, Slowakei, Slowenien und Kroatien) sowie in Irland, Ungarn und Litauen. Die von Mitteleuropa ausgehende Reformation resultierte in der Entstehung lutherischer, reformierter und anglikanischer Kirchen. Diese konnten sich jedoch nur in Teilen Mitteleuropas sowie in Großbritannien und Skandinavien als Mehrheitskirchen entwickeln.

Der Islam

Der Islam wurde schon im Spätmittelalter durch das Osmanische Reich auf dem Balkan eingeführt, während die islamische Durchdringung der Iberischen

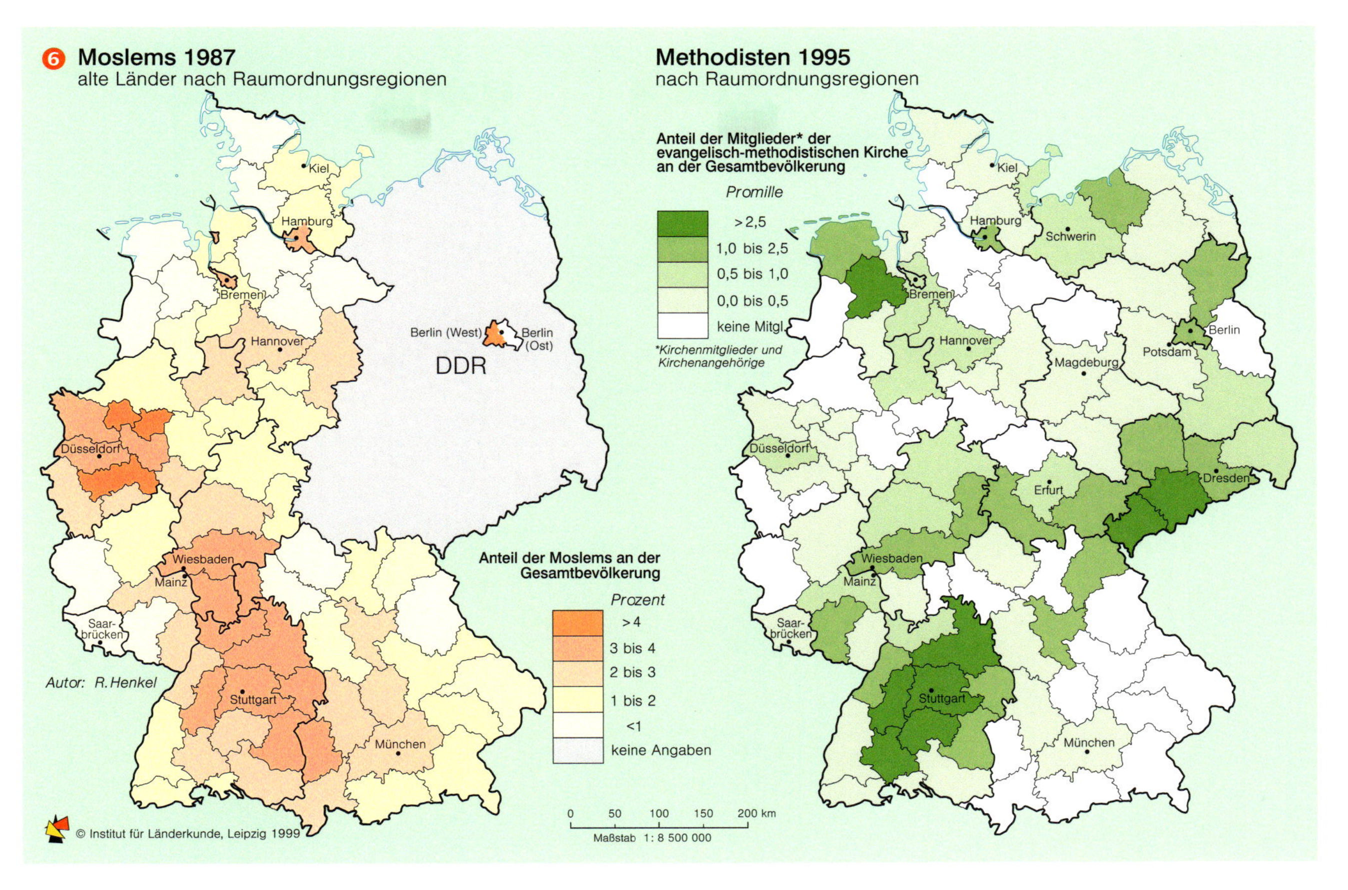

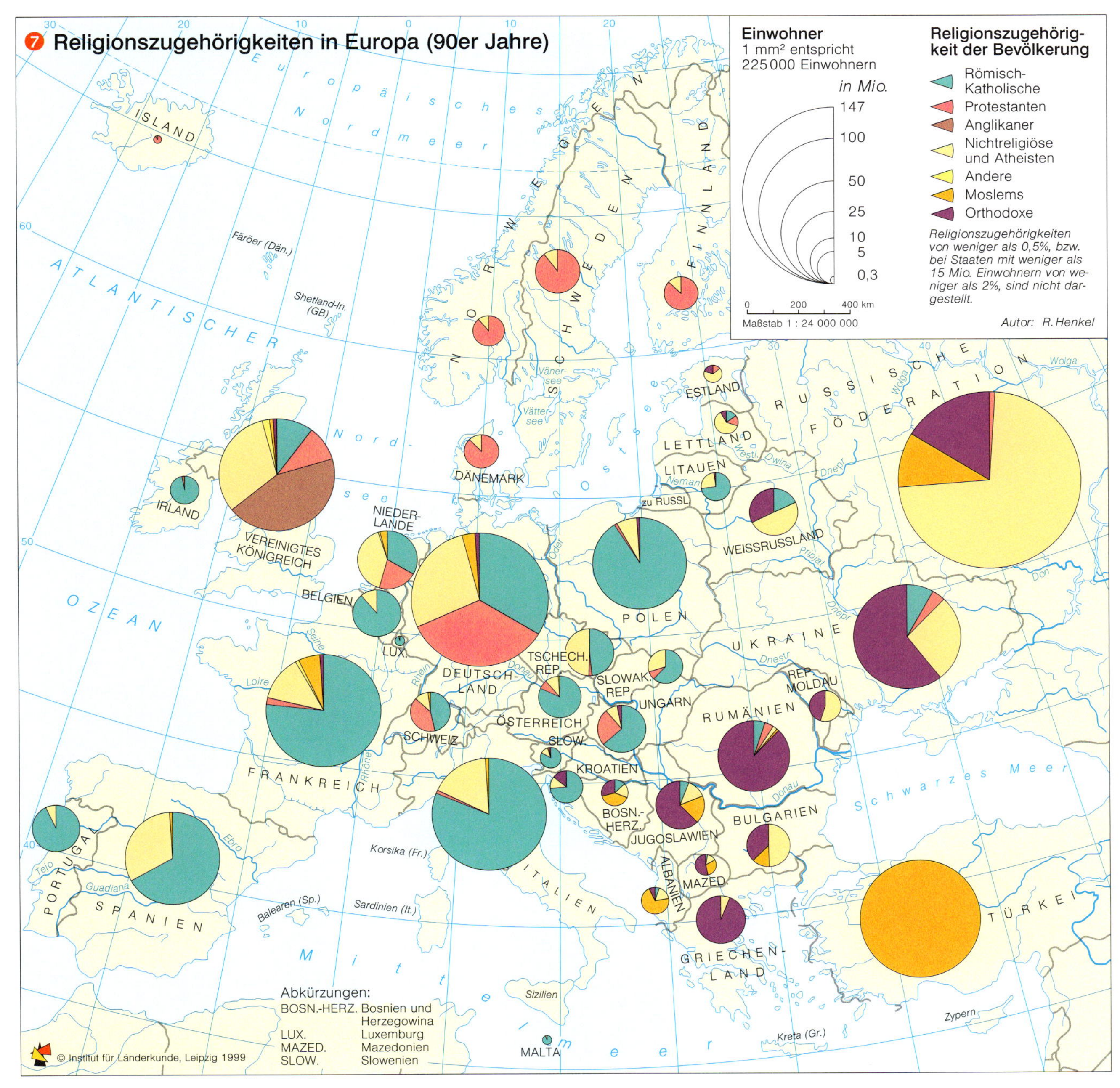

Halbinsel in der gleichen Zeit durch die Reconquista abgewehrt wurde. Zu ihm bekennen sich heute weitgehend die Albaner sowohl in Albanien als auch in Serbien (Kosovo) und Makedonien, die Mehrheit der Bosnier und die Türken und Pomaken in Bulgarien, weiterhin einige Minderheitenvölker in der Russischen Föderation wie die Baschkiren, Tataren und Tschetschenen.

Konfessioneller Pluralismus

Bis in dieses Jahrhundert hinein war Europa religiös recht klar dreigeteilt in einen protestantischen bzw. anglikanischen Norden, einen römisch-katholischen Süden und einen orthodoxen Osten (vgl. Boyer 1996). Dieses Muster ist auch heute noch in der räumlichen Verteilung der großen Religionsgemeinschaften erkennbar ❼. Fast alle europäische Staaten weisen heute eine deutlich dominierende Religion bzw. Konfession auf. Lediglich Deutschland und seine Nachbarländer Schweiz und die Niederlande sind multikonfessionelle Staaten, in denen der Anteil der Katholiken und der Protestanten etwa gleich groß ist. Hier haben sich nach langen und heftigen Auseinandersetzungen politisch und sozial tolerante Formen des Zusammenlebens entwickelt, während in vielen anderen Ländern den jeweiligen Minderheitsreligionen bzw. -konfessionen gleiche Rechte vorenthalten werden.

Religiöse Trends in Europa

Zwei bereits oben für Deutschland beschriebene Entwicklungen der letzten Jahrzehnte haben diese konfessionellen Strukturen jedoch grundlegend verändert: Die Säkularisierung hat in einigen Ländern zu einer starken Zunahme von Kirchenaustritten geführt. Da konfessionslose Eltern in der Regel ihre Kinder nicht taufen lassen, nimmt der Anteil der Konfessionslosen nach ein oder zwei Generationen rapide zu. Die Nichtreligiösen bilden in den Niederlanden, in Russland, Weißrussland, Estland, Lettland, Tschechien, Bulgarien und Moldawien mittlerweile die größte „Religionsgemeinschaft" (vgl. auch Jordan 1995). Aber auch in Großbritannien, Spanien, Deutschland, Litauen, der Ukraine und der Slowakische Republik beträgt ihr Anteil mittlerweile mehr als 25 %. Es ist hierbei jedoch zu berücksichtigen, dass die entsprechenden Daten nicht sehr zuverlässig sind. Insbesondere in Osteuropa ist nach dem Zusammenbruch des Kommunismus noch nicht klar, wie viele Menschen sich noch oder wieder als Christen verstehen.

Die zweite in die Richtung einer religiösen Pluralisierung der Gesellschaft führende Entwicklung ist das Sesshaftwerden ehemaliger Arbeitsmigranten, durch deren Zuwanderung größere muslimische Minderheiten nicht nur nach Deutschland, sondern auch nach Frankreich, Belgien, Italien, Großbritannien, die Niederlande und die Schweiz gebracht hat.◆

Freizeitland Deutschland

Christian Langhagen-Rohrbach und Klaus Wolf

„Arbeit ist das halbe Leben" sagt ein Sprichwort – aber was ist die andere Hälfte? Die Frage, ob alle Zeit, die nicht Arbeitszeit ist, Freizeit ist, ist eine der zentralen Fragen, wenn von Freizeit die Rede ist – und dies ist oft der Fall; denn Begriffe wie der „kollektive Freizeitpark" oder der Mythos der „Freizeitgesellschaft" sind heute in aller Munde. Die gesellschaftliche und räumliche Struktur Deutschlands wird nicht zuletzt auch durch die Zeit- und Raum-Verwendung in der Freizeit geprägt.

Was ist Freizeit?

Zu Beginn des 19. Jhs. war „Freizeit" noch das, was man heute als „Schulferien" bezeichnen würde. So schrieb Friedrich Fröbel, der „Erfinder" des Kindergartens: „Lehrer und Schüler, Zöglinge und Erzieher bedürfen nach Verlauf einer gewissen Anzahl von Monaten einer Zeit, wo der Gebrauch derselben für sie von der gewöhnlichen und strengen Folge losgesprochen und ihnen zur Anwendung nach ihren persönlichen und individuellen Bedürfnissen freigegeben ist." (Agricola 1997, Kap. 2.2, S. 6). Schon damit wird deutlich, dass Freizeit von Anfang an als die Zeit verstanden wurde, die frei von Zwängen jeglicher Art war.

Sehr rasch jedoch wurde der Begriff der Freizeit zur „Antipode zu der normalen an dem Arbeitsplatz verbrachten Zeit" (Sternheim in Agricola 1997, Kap. 2.2, S. 6). Damit wird Freizeit zum – wie es Habermas 1958 (in Agricola 1997, Kap. 2.2, S. 7) formuliert – „Rest", da der Begriff nicht schon wie vorindustrielle Lesarten der Freizeit einen konkreten Hinweis auf einen entsprechenden Zeitvertreib enthält.

Heute wird Freizeit noch immer unterschiedlich definiert. Zum einen kann Freizeit danach unterteilt werden, wann sie stattfindet: Auf diese Weise kann man Tages-, Wochen-, Jahres- und Lebensfreizeit und Freizeit der Lebensphase unterscheiden. Eine andere Möglichkeit der Untergliederung ist der Zweck, zu dem die Freizeit verwendet wird: Opaschowski (1974) gliedert so zum Beispiel in Entspannungs- und Erholungszeit (Rekreation), Zerstreuungs- und Vergnügungszeit (Kompensation) und schließlich Lern- und Befreiungszeit (Edukation). Wichtig ist jedoch, dass das Individuum den Eindruck haben muss, es könne über die „Freizeit" auch frei verfügen.

Damit wird deutlich, dass zuletzt mindestens drei „Zeitkategorien" unseren Lebensrhythmus bestimmen: die Arbeitszeit, die Freizeit und schließlich die Zeit, die man oft als „Obligationszeit" bezeichnet und die alle Tätigkeiten bezeichnet, die zur Lebenserhaltung zwingend notwendig sind (Hygiene, Schlaf, Essen).

Wieviel Freizeit haben wir?

Die Zeit, die uns selbstbestimmt zur Verfügung steht, ist in den letzten ca. 150 Jahren kontinuierlich angewachsen. Das Sprichwort „Arbeit ist das halbe Leben" hat daher nur für die Zeit um 1850 seine Richtigkeit.

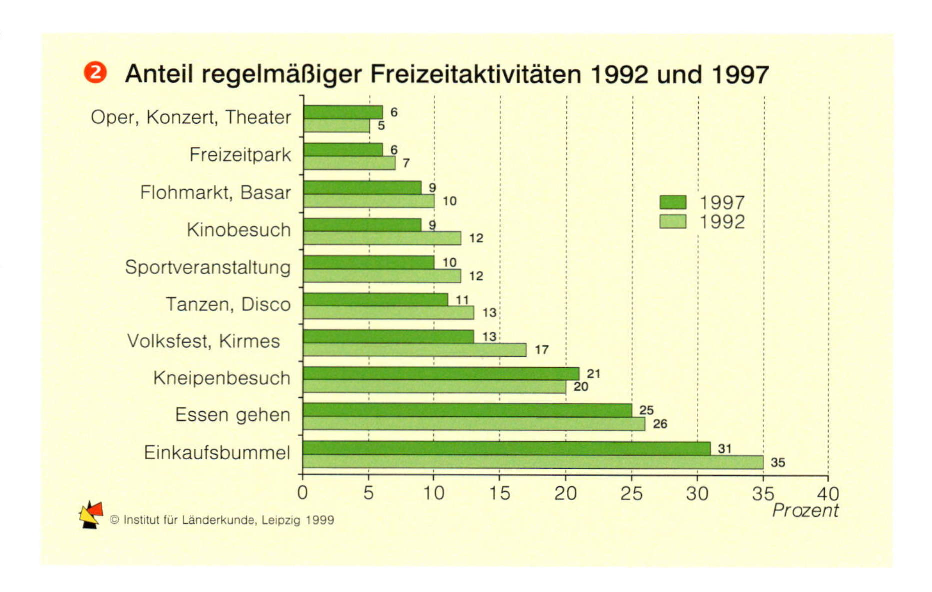

❷ Anteil regelmäßiger Freizeitaktivitäten 1992 und 1997

Vergleicht man die Wochenfreizeit aus der Zeit um 1850 mit der heutigen, so ergibt sich ein Anstieg um 900% (von 6 auf knapp 54 Stunden pro Woche) ❸. Gleichzeitig ist der Anteil der Erwerbsarbeit an der Woche insgesamt von ca. 52% auf etwa 32% gefallen. Der Anstieg der Freizeit zeigt sich aber nicht nur im Wochenablauf, sondern auch in der Länge der „Lebensfreizeit", dem Ruhestand ❶: Machten um 1900 Ausbildung und Ruhestand insgesamt 19 Jahre aus (bei 44 Jahren Erwerbsarbeit), so dauern die Ausbildungszeit heute durchschnittlich 19 und der Ruhestand 16 Jahre – bei der Arbeitszeit ergibt sich bei längerer Lebenserwartung ein Rückgang auf knapp 40 Jahre.

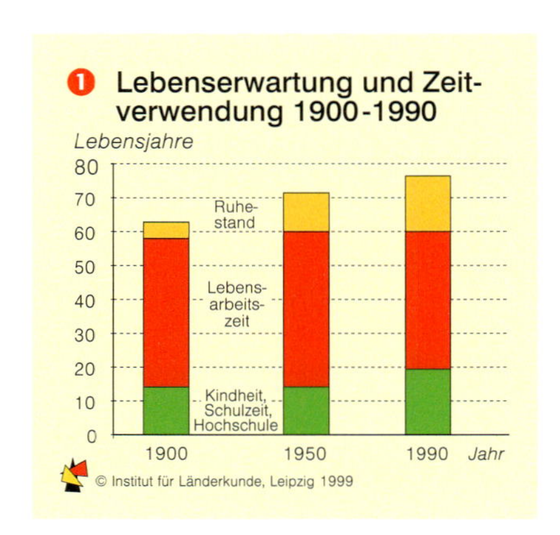

❶ Lebenserwartung und Zeitverwendung 1900-1990

Empfundene Freizeit = reale Freizeit?

Die metrische Zeit, über die die Menschen frei verfügen können, ist seit den Anfängen der Industrialisierung stark angestiegen. Dem steht jedoch der subjektive Eindruck gegenüber, immer weniger Zeit zu haben. Die Ursache dieses Eindrucks liegt vor allem darin, dass auch in den Obligationszeiten Tätigkeiten enthalten sind, die subjektiv nicht als Freizeit empfunden werden, da sie einen verpflichtenden Charakter haben (z.B. Hausarbeit oder Wegzeiten von/zur Arbeit). Berücksichtigt man dies, so verändert sich der Eindruck: „Nur ein Drittel der Berufstätigen genießt das Privileg, täglich mehr als vier Stunden Freizeit zu haben. Jeder sechste Berufstätige (17%) hingegen muss sich mit ein bis zwei Stunden Freizeit pro Tag zufriedengeben" (Opaschowski 1997, S. 36).

Freizeitnutzung

Freizeit soll vor allem selbstbestimmte Zeit des Einzelnen sein. Dementsprechend unterschiedlich sind auch die in der Freizeit durchgeführten Aktivitäten. Fragt man nach den beliebtesten Freizeitaktivitäten, so stehen Musik Hören (90,8%), Fernsehen (86,5%) und Essen Gehen (75,7%)

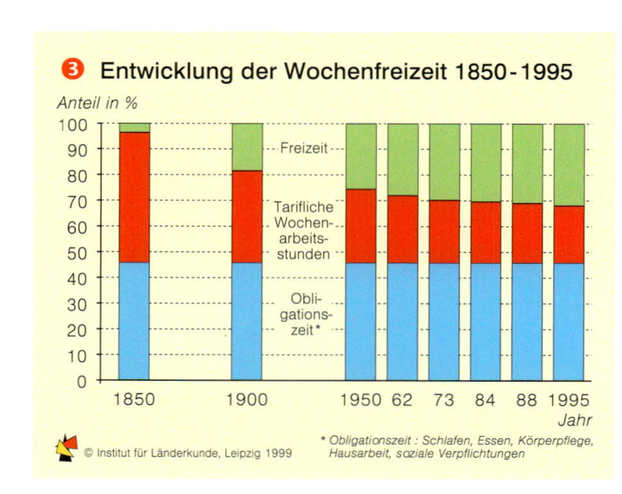

❸ Entwicklung der Wochenfreizeit 1850-1995

1999 auf den ersten Plätzen (DGF 1998). Bei den Aktivitäten, die regelmäßig in der Freizeit durchgeführt werden, ergibt sich ein etwas anderes Bild: Am häufigsten wird der Einkaufsbummel regelmäßig durchgeführt (31%), gefolgt von Essen Gehen (25%) und dem Kneipenbesuch (21%) (BAT 1999) ❷. Der Vergleich dieser beiden Untersuchungen zeigt, dass die beliebtesten Aktivitäten nicht zwangsläufig auch die am längsten ausgeübten sein müssen. Dennoch ist das Freizeitverhalten erstaunlich stabil: Immerhin gehörten Musik bzw. Radio Hören und Fernsehen auch schon 1975 (vgl. WERNER 1975) zu den beliebtesten Freizeitbeschäftigungen. Aber auch wenn sich neue Trends bislang in der Masse noch nicht abzeichnen, sind bereits Veränderungen erkennbar: Vor allem die Bereiche Multimedia und Kommunikation unter Stichworten wie Internet oder Heimkino sind dabei auf dem Vormarsch.

Künstliche Freizeitwelten

Auch bei anderen Aktivitäten lässt sich ein Trend zum „Virtuellen" feststellen. Dabei kann sich der Begriff „virtuell", der ins Deutsche übersetzt „tatsächlich" bedeutet, auf eine Vielzahl anderer Einrichtungen beziehen ❹. Unter anderem können hier Freizeitparks genannt werden, die versuchen, mit Hilfe verschiedener Kulissen ein Gefühl zu erzeugen, man befinde sich an einem entfernten oder nicht existierenden Ort (z.B. im „Wilden Westen"). Gleiches gilt für Schwimmbäder, die in den vergangenen Jahren zu „Erlebnisbädern" umfunktioniert werden und dabei vor allem exotische Landschaften imitieren und mancherorts auch mit größeren Ferienanlagen kombiniert werden. Aus den kleinen Vorstadtkinos sind inzwischen große „Multiplexkinos" geworden, in denen zum Teil mehr als tausend Plätze für Zuschauer bereitgehalten werden. Viele dieser „Erlebniswelten" (OPASCHOWSKI 1995) sind umstritten: Vordergründig betrachtet bringen sie dem Ort, an dem sie errichtet werden, zunächst Vorteile durch die geschaffenen Arbeitsplätze und Steuereinnahmen. Diesen positiven Effekten stehen eine Vielzahl an negativen Aspekten gegenüber: 50% der Gesamtverkehrsleistung in Deutschland sind Freizeit- und Urlaubsverkehr (HEINZE U. KILL 1997, S. 13); die Flächenversiegelung steigt durch Bauten und Straßen an und bedingt geringere Grundwasserneubildung wegen fehlender Versickerung; der hohe Energieverbrauch etc. Nicht zu vergessen der in vielen Fällen offensichtliche ästhetische Landschaftsschaden, den solche Einrichtungen anrichten.

Vereine vs. Trendsportarten

Mit der Industrialisierung begann auch der Aufstieg des Vereinswesens in Deutschland. Dabei waren die Vereine – insbesondere die Sportvereine, deren Aufstieg untrennbar mit dem Namen des „Turnvaters" Friedrich Ludwig Jahn verbunden ist – zunächst vor allem Institutionen mit politischen Zielen. Ziel der Turnerschaft unter der Führung Jahns war beispielsweise die Gründung eines deutschen Reiches unter preußischer Führung sowie die Beendigung der napoleonischen Herrschaft über Deutschland. Die Turnübungen sollten auf den Kampf gegen Napoleon vorbereiten (KLUG 1995, S. 18). Die Zahl der Deutschen, die in einem Sportverein Mitglied waren, nahm stetig zu und erreichte noch 1990 annähernd 30%.

Es ist jedoch ein Trend hin zu individuellen Sportarten zu beobachten, der auf Kosten der Vereine geht. Mit dieser Individualisierung geht gleichzeitig eine Expansion der sportlich genutzten Flächen einher. Für immer mehr Sportarten mit „Abenteuer-Charakter", die sowohl im Rahmen der Wochen-Freizeit als auch auf Reisen betrieben werden, werden entlegene Plätze als Kulisse, als „Location" benötigt. Dabei darf aber nicht vergessen werden, dass es sich bei vielen Sportarten, die heute neu erscheinen, um bereits existierende Sportarten handelt, die unter einem neuen – meist englischen Namen – interessanter erscheinen: So wird Wandern zu „Trekking", eine Rucksacktour zum „Backpacking" etc. Ursache sei nach Expertenmeinung die den Körper heute weniger belastende Monotonie des Arbeitsplatzes, die nach Ausgleich sucht. Dies gilt auch für die neuen Erlebnissportarten wie das „Canyoning" oder „Bungee-Jumping" (KÖCK 1990, S. 86). Mit der Ausbreitung dieser Sportarten werden zum Teil auch Regionen zu Freizeitlandschaften, die bislang an der Peripherie lagen. Damit besteht aber gleichzeitig auch die Gefahr, dass mancherorts Rückzugsgebiete für Flora und Fauna zumindest beeinträchtigt, wenn nicht gar zerstört werden. Durch diese „Abenteuer-Sportarten" wächst gleichzeitig das Risiko freizeitbedingter Unfälle, ein Phänomen, das in Zukunft größerer Aufmerksamkeit bedarf. ◆

Politische Parteien in der Bundesrepublik Deutschland

Dirk Ducar und Günter Heinritz

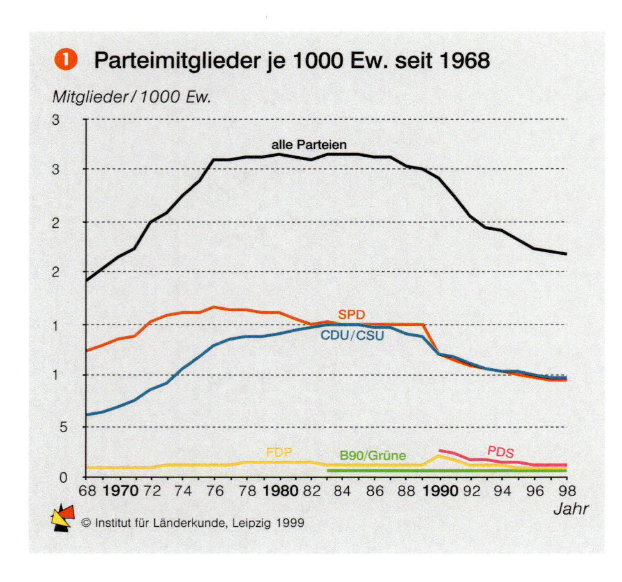

Politische Parteien sind nach dem Grundgesetz der Bundesrepublik Deutschland wichtige Instrumente der demokratischen Willensbildung. Die traditionelle Funktion der sozialen und politischen Integration ihrer Anhänger und der Artikulation ihrer Interessen sind in der zweiten Hälfte des 20sten Jahrhunderts in dem Maße in den Hintergrund getreten, in dem sich die Parteien mit steigendem Umfang der Staatsaufgaben immer stärker auf den exekutiven Bereich konzentriert haben. Heute werden sie eher als nationale Großorganisationen mit umfangreichem professionellem Apparat wahrgenommen und erscheinen als monolithische Gebilde. Regionale Unterschiede und lokale Verwurzelung sind jedoch immer noch für das Handeln der Funktionsträger wie auch für das Ausmaß der Wählerunterstützung relevant.

Organisations- und Mitgliederstrukturen

Die Mitgliedschaft in politischen Parteien wird als Ausdruck politischer Weltbilder, Kulturen oder Milieus verstanden, die von einem bestimmten oft regional abgrenzbaren Teil der Bevölkerung geteilt werden und langfristig bestehende Überzeugungen und Verhaltensmuster jenseits individueller Interessenslagen beinhalten. Im Gegensatz zum Wahlerfolg einzelner Parteien unterliegen ihre Mitgliederzahlen weitaus geringeren Schwankungen, was ihre Bedeutung als Indikator für langfristige gesellschaftliche Veränderungen unterstreicht.

Historisch betrachtet haben das Parteiensystem und die mit ihm verbundene politische Praxis seit dem Kaiserreich immer mehr von ihrer einst starken regionalen Fixierung verloren. Nach dem Zweiten Weltkrieg knüpften die Parteien der jungen Bundesrepublik an die politischen Traditionen der Parteien der Weimarer Republik an.

Bei den beiden großen Parteien ließen sich in den 50er und 60er Jahre die räumlichen Verteilungsmuster der Mitglieder weitgehend über die Variablen Arbeiter- bzw. Katholikenanteil erklären. Diese Größen verloren jedoch im Verlauf der letzten 50 Jahre deutlich an Bedeutung. Der Katholikenanteil der CDU-Mitglieder fiel seit dem Ende der Ära Adenauer (1962) von 71% auf 53% (1995), und der Anteil der unter der Sammelkategorie "Sonstige" geführten, meist konfessionslosen Mitglieder stieg im gleichen Zeitraum von 1 auf 11%.

Vergleichbares gilt für die Zugehörigkeit zu bestimmten Berufsgruppen. Waren Anfang der 50er Jahre unter den Parteimitgliedern der SPD die Arbeiter und unter denen der CDU die Angestellten, Beamten und Selbständigen die größte Gruppe, sind 1995 die Anteile der Angestellten und Beamten unter den Parteimitgliedern nahezu gleich groß. Nur in der Berufsgruppe der Arbeiter hat die SPD und bei den Selbständigen die Union noch überdurchschnittlich viele Mitglieder.

Mitglieder aller Parteien zeichnen sich gegenüber dem Bevölkerungsdurchschnitt durch höhere Bildung und überdurchschnittliches Einkommen aus. Frauen sind – bei wachsenden Quoten – außer in der PDS überall unterrepräsentiert (30-40%). Die mittleren Altersgruppen machen bei allen Parteien den Großteil der Mitglieder aus. Es ist ein Trend zur Überalterung zu erkennen, was auf einen fortgesetzten Mitgliederschwund in der Zukunft schließen lässt.

Kumuliert für alle Parteien drückt die Parteimitgliedschaft der Bevölkerung ❸ historisch gewachsene Organisationsgewohnheiten aus. Hohe Mitgliedschaftsquoten konzentrieren sich besonders im Saarland und in Rheinland-Pfalz, wo sich Mitgliederhochburgen aller traditionellen westdeutschen Parteien befinden ❷. Neben der Bedeutung von Berufsgruppen läßt sich ein räumlich und sachlich differenziertes Muster von Erhalt, Erosion und Neubildung regionaler politischer Kulturen erkennen. Beispielsweise bildete sich im Ruhrgebiet nach dem Zerfall des traditionsreichen nationalen Lagers, dem Verbot der hier einst starken KPD und dem Zustrom vertriebener Bergarbeiterfamilien ein sozialdemokratisches Milieu aus, das noch heute von den Mitgliederzahlen reflektiert wird. In Bayern glichen sich mit dem Ausbau der Vormachtstellung der CSU die historisch politischen Traditionszonen an.

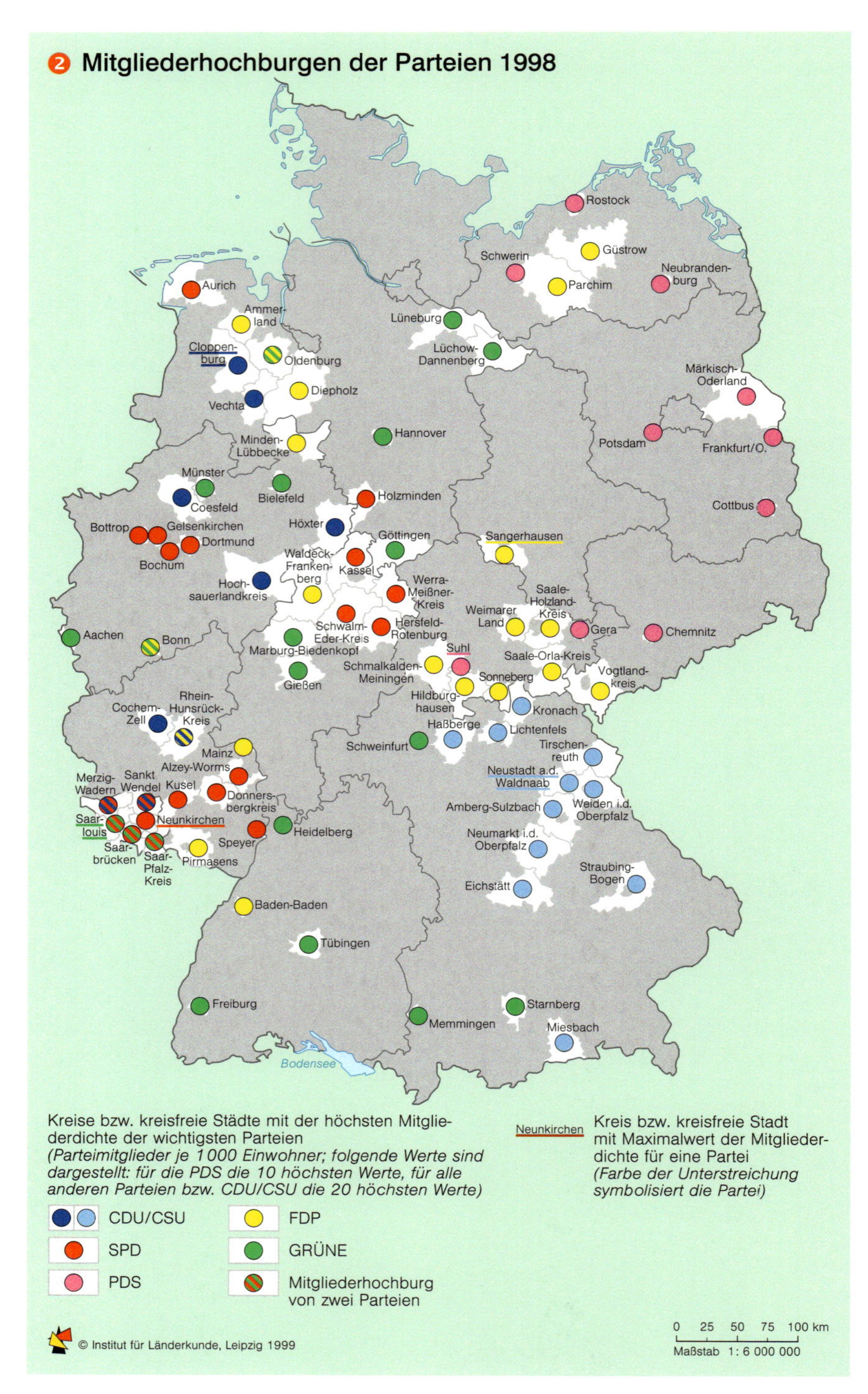

Entwicklung der Parteimitgliedschaften seit 1968

Die Mitgliederentwicklung der politischen Parteien der Bundesrepublik Deutschland läßt sich in drei Phasen darstellen: Zunahme in den 70er Jahren, Stagnation in den 80ern und – nach anfänglichen Zuwächsen als Folge der Wiedervereinigung – deutlicher Rückgang in den 90er Jahren. Die Entwicklung der Parteimitgliederanteile an der Gesamtbevölkerung spiegelt diesen Trend deutlich wider ❶.

Nach der Wiedervereinigung bildete sich schnell ein einheitliches gesamtdeutsches Parteiensystem heraus, wobei die etablierten Westparteien mit verschiedenen ehemaligen Massenorganisationen, Bürgerbewegungen, Wahlbündnissen und Listenvereinigungen der DDR fusionierten.

Die Entwicklung des letzten Jahrzehnts wird als deutliches Zeichen ➡

Blockparteien – Parteien der DDR, die im Block zur Wahl standen, jeweils aber eigene Kandidaten zur Wahl stellten (Neben der SED waren das DBD, CDU, LDPD, NDPD)
CDU – Christlich Demokratische Union, (seit einer freiwilligen Dauerkoalition mit der CSU eingeschränkt auf ganz Deutschland außer Bayern; existierte auch in der DDR als Blockpartei)
CSU – Christlich-Soziale Union (seit einer freiwilligen Dauerkoalition mit der CDU auf Bayern beschränkt)
DBD – Demokratische Bauernpartei Deutschlands
FDP – Freie Demokratische Partei Deutschlands
Grüne, die Grünen, ab 1994 **Bündnis90/Die Grünen**
KPD – Kommunistische Partei Deutschlands; in der Bundesrepublik Deutschland verboten; 1946 in der DDR in die SED eingegangen
LDPD – Liberal-Demokratische Partei Deutschlands
NDPD – National-Demokratische Partei Deutschlands
PDS – Partei des Demokratischen Sozialismus
SED – Sozialistische Einheitspartei Deutschlands
SPD – Sozialdemokratische Partei Deutschlands
Union = Umgangssprachlicher Ausdruck für die freiwillige Dauerkoalition von CDU und CSU

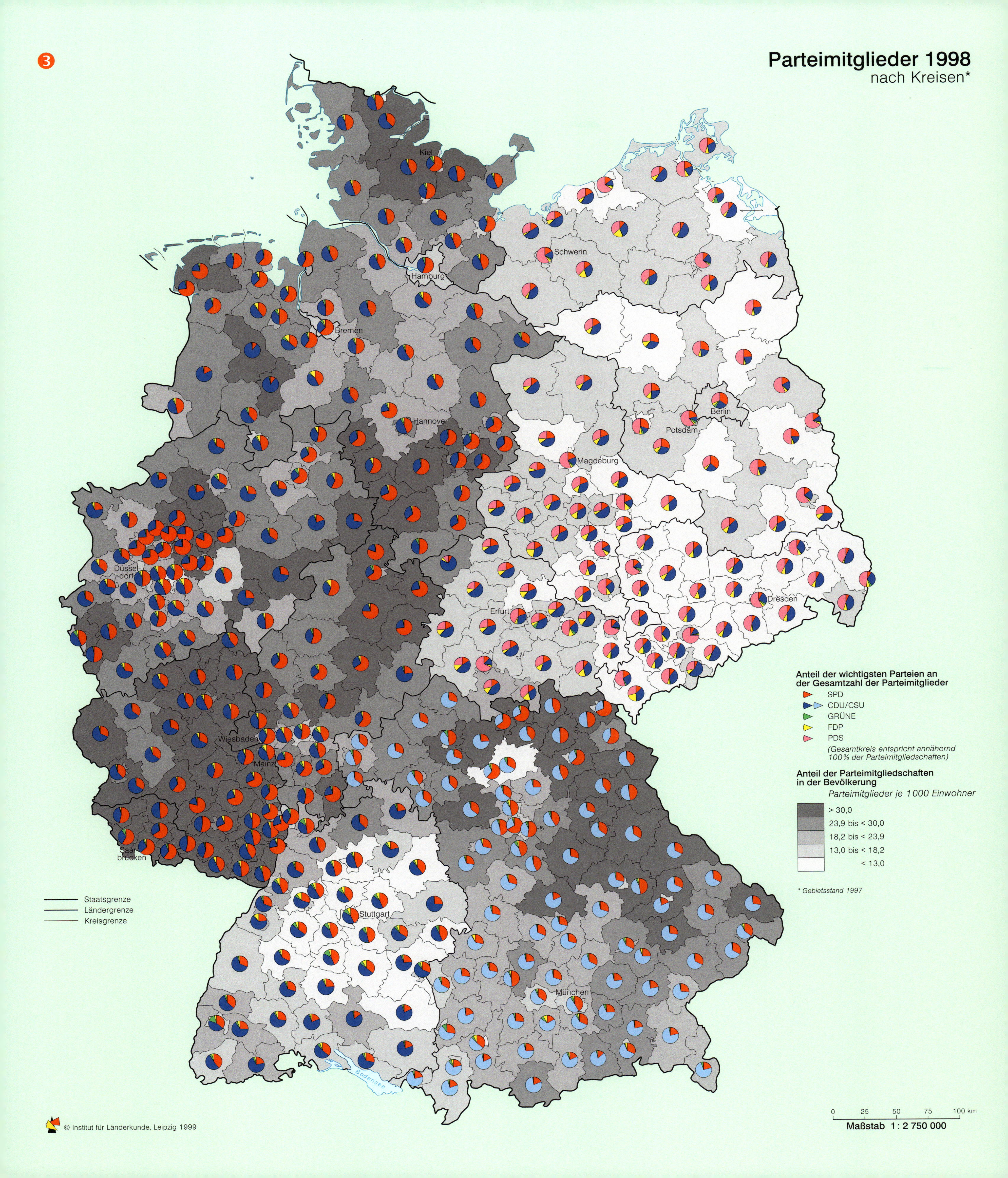
3
Parteimitglieder 1998
nach Kreisen*
Kiel
Schwerin
Hamburg
Bremen
Hannover
Berlin
Potsdam
Magdeburg
Düssel-
dorf
Erfurt
Dresden
Wiesbaden
Mainz
Saar-
brücken
Stuttgart
München
Bodensee
Anteil der wichtigsten Parteien an
der Gesamtzahl der Parteimitglieder
SPD
CDU/CSU
GRÜNE
FDP
PDS
(Gesamtkreis entspricht annähernd
100% der Parteimitgliedschaften)
Anteil der Parteimitgliedschaften
in der Bevölkerung
Parteimitglieder je 1000 Einwohner
> 30,0
23,9 bis < 30,0
18,2 bis < 23,9
13,0 bis < 18,2
< 13,0
* Gebietsstand 1997
Staatsgrenze
Ländergrenze
Kreisgrenze
0 25 50 75 100 km
Maßstab 1 : 2 750 000
© Institut für Länderkunde, Leipzig 1999

für eine Krise des Parteiensystems verstanden. Es wird diskutiert, ob andere Formen der Interessensvertretung und aktiven Partizipation an seine Stelle treten und ob die Funktionen der Parteimitgliedschaft von anderen Institutionen übernommen werden können. Neben der Parteienfinanzierung über Mitgliedsbeiträge und der Mitwirkung an der innerparteilichen Personalrekrutierung haben die Mitglieder der Parteien auch eine wichtige Vermittlerfunktion zwischen Parteispitze und Wählerschaft. Sie werben für den Kurs der Partei und geben der Parteiführung einen Einblick in die Befindlichkeit der Basis.

Gründe für die abnehmende Bindungskraft der Parteien

Für die sinkenden Mitgliederzahlen der Parteien werden vor allem Gründe genannt, die sich auf eine Veränderung gesellschaftlicher Strukturen beziehen. Die Mitgliedschaft in Massenorganisationen wie Parteien und Gewerkschaften mit großen gesellschaftspolitischen Entwürfen entsprach dem Zeitgeist der späten 60er und frühen 70er Jahre. Analog korrespondieren der Rückgang der Parteimitgliedschaften und das Aufkommen neuer, auf die Interessen Einzelner zugeschnittener Partizipationsformen mit dem allgemeinen Trend zur Individualisierung. Die Erosion traditioneller sozialer Milieus führt zum Verschwinden von Konformitätsdruck und zum Wandel dominanter Parteibindungsmotive. Die Umsetzung individueller Interessen wird zunehmend ein wichtiges Motiv für aktive politische Partizipation, woraus die wachsende Bedeutung eines thematisch und/oder temporär begrenzten politischen Engagements erwächst, wie die Beteiligung an Bürgerinitiativen oder an außerparlamentarischen Organisationen wie Greenpeace oder Amnesty International.

Auch die Abkopplung der kommunalen Verwaltung von politischen Parteien ist in diesem Zusammenhang zu sehen. So besteht beispielsweise in Baden-Württemberg eine jahrzehntelange Tradition parteifreier Wählervereinigungen auf der kommunalen Ebene, was offenkundig dafür verantwortlich ist, dass hier das parteipolitische Engagement auffallend schwach ist. Auch in anderen Teilen der Bundesrepublik, insbesondere in den neuen Ländern, ist dieser Trend zur Abkopplung zu beobachten. Die *neuen* Parteien besitzen dort wenig Bindungskraft. Die weitgehende Unterdrückung von Interessensartikulation durch das SED-Regime spielt dabei genauso eine wichtige Rolle wie die Enttäuschung vieler Hoffnungen, die mit der Wiedervereinigung verbunden waren.

Die Parteien und ihre Mitgliederhochburgen

Die SPD ❺ und die CDU/CSU ❹ sind mit Abstand die mitgliederstärksten Parteien in Deutschland. Auf 100 Bundesbürger kommt jeweils etwa ein Mitglied in beiden Gruppierungen, wobei die Mitgliederhochburgen der SPD in altindustrialisierten Gebieten liegen, während sich die der CDU/CSU in ländlichen und traditionell katholischen Räumen befinden. Mit der Wende löste die Union die SPD in ihrer Stellung als mitgliederstärkste Partei ab.

Während die räumlichen Verteilungsmuster von Mitgliedern der großen Volksparteien noch stärker im traditionellen Erklärungszusammenhang von Konfessionszugehörigkeit, Position in der Arbeitswelt und Stadt-Land Gegensatz stehen, sind die Mitgliedschaften von FDP ❽ und Grünen ❼ mehr über individuelle Interessenlagen und die Zugehörigkeit zu neuen Milieus zu erklären. Das hohe Bildungsniveau ihrer Mitglieder unterstützt diese These. Bei der FDP kommt der Berufsgruppe der Selbstständigen besondere Bedeutung zu. Sie machen 27% der Mitglieder aus (SPD 7%), was als Beleg für die Rolle der Partei als Vertreter der "Besserverdienenden" gedeutet werden kann.

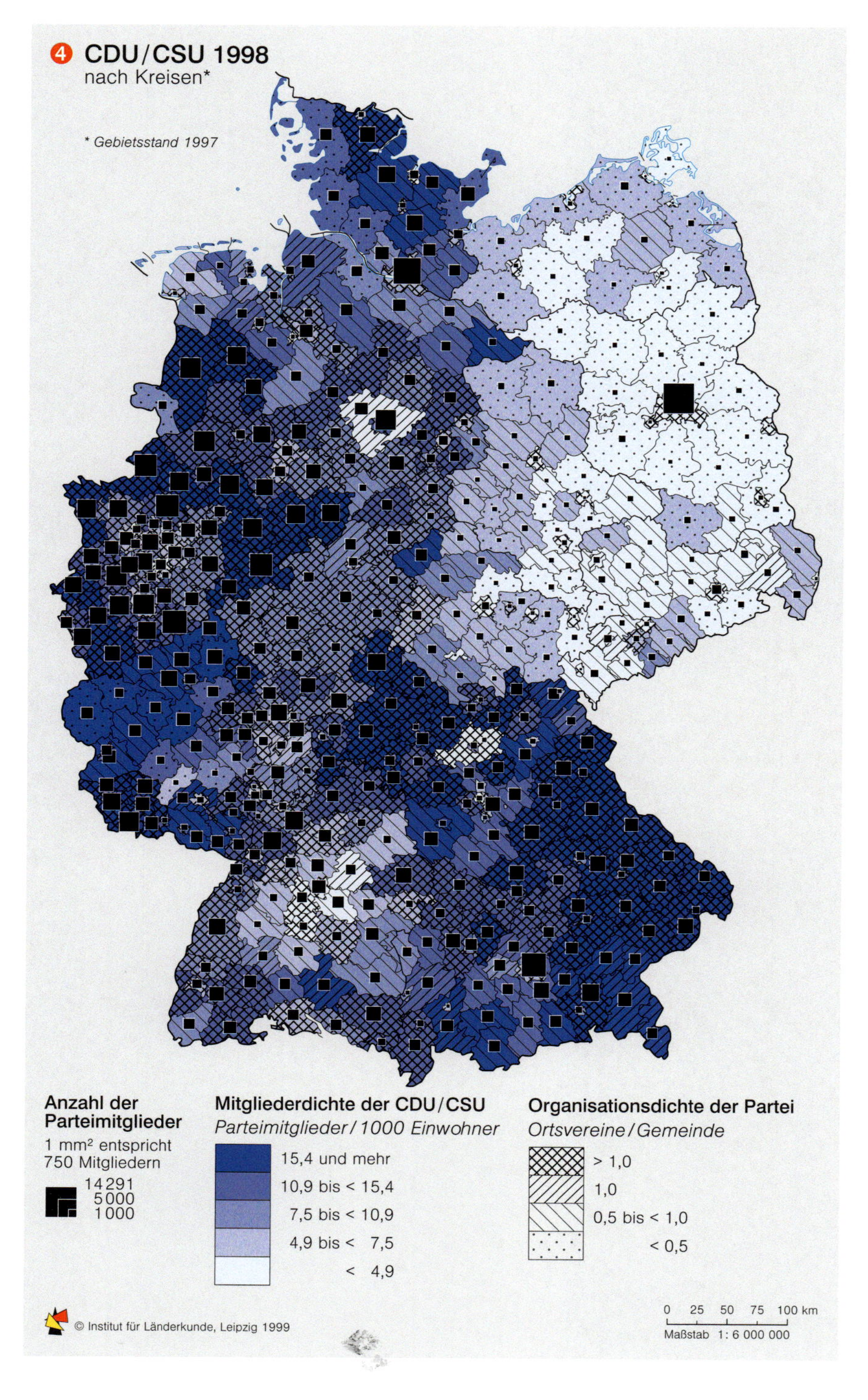

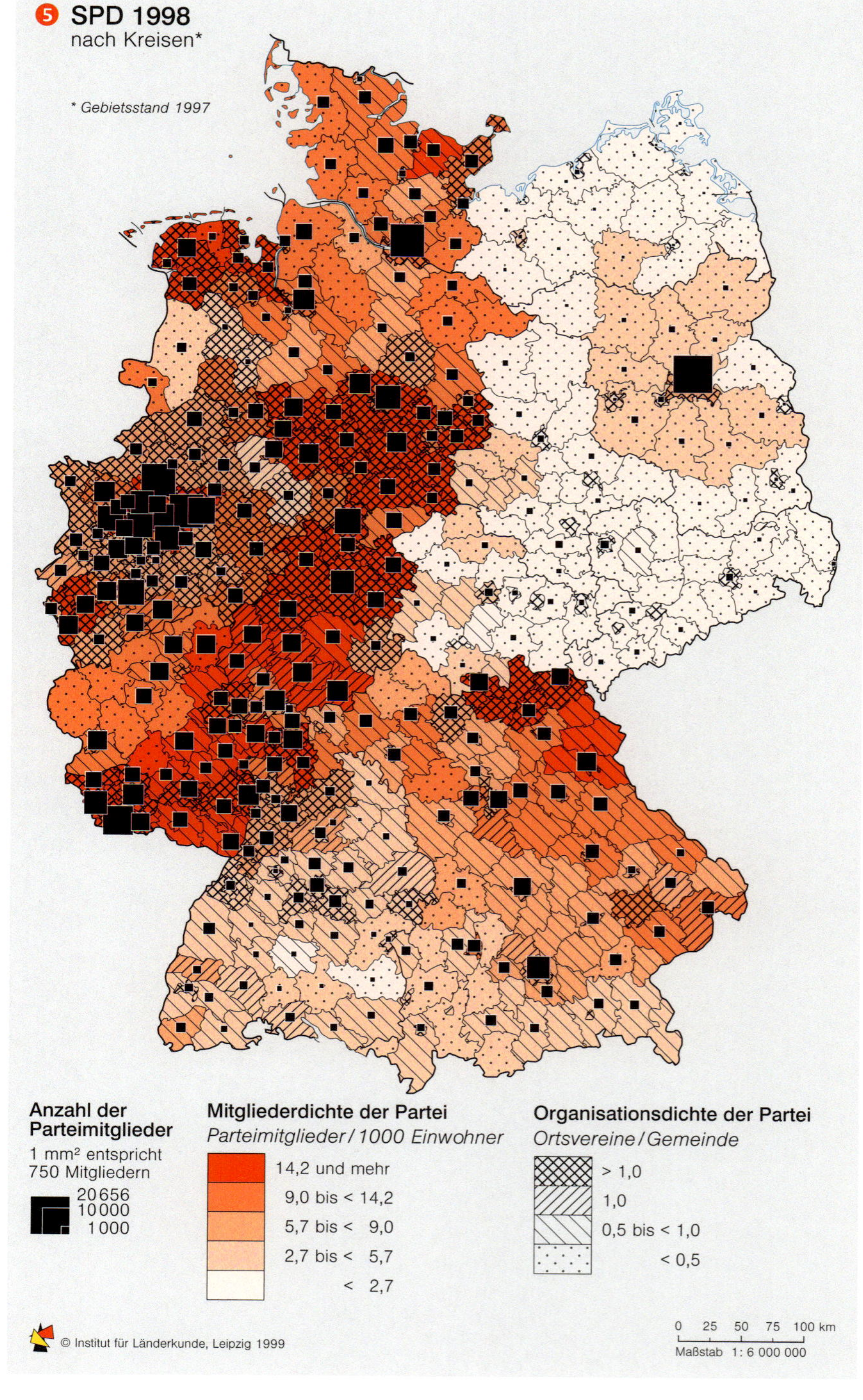

Die GRÜNEN bildeten Anfang der 90er Jahre eine Union mit den ostdeutschen Oppositionsbewegungen der Grünen und dem Bündnis 90. Sie sind die einzige Partei, die in den letzten Jahren eine positive Mitgliederbilanz aufwies. Die GRÜNEN können vor allem dort, wo die von ihnen angesprochenen Themen besonders intensiv diskutiert werden, bedeutende Mitgliederzahlen und Zuwächse aufweisen: Hochburgen bilden Standorte von Hochschulen wie Tübingen, Oldenburg oder Heidelberg sowie thematisch betroffene Gebiete.

Die PDS ❻ nimmt als Nachfolgepartei der SED eine Sonderrolle im deutschen Parteiensystem ein. 98% der Parteimitglieder sind in den neuen Ländern ansässig, die ehemaligen Industriestädte, die heute durch hohe Arbeitslosigkeit gekennzeichnet sind, bilden die Hochburgen. Auffällig ist, dass 70% der Mitglieder 1994 über 55 Jahre alt sind, was einen weiterhin kontinuierlichen Rückgang der Zahlen erwarten läßt, zwei Drittel haben kein eigenes Einkommen bzw. sind Rentner. Die wenigen Mitglieder in den alten Ländern sind auf die größeren Städte konzentriert und weisen eine ganz andere Mitgliederstruktur als im Osten auf: Frauen sind im Westen deutlich unterrepräsentiert, das Durchschnittsalter liegt bei etwa 30 Jahren und die Gruppe der 18 bis 20-Jährigen ist besonders stark vertreten.◆

Methodischer Hinweis zu den Karten ❹ - ❽

Anders als bei einheitlichen Kartenreihen üblich, mußte im vorliegenden Fall der Maßstab für die Zahl der Mitglieder wegen der großen Spannbreite der Mitgliederzahlen für die großen und kleineren Parteien unterschiedlich definiert werden. Auch die Kategorien für die Mitgliederdichte variieren, denn die jeweils fünf Farbkategorien wurden in allen Karten so gewählt, daß jede Kategorie mit gleich vielen Fällen besetzt ist.

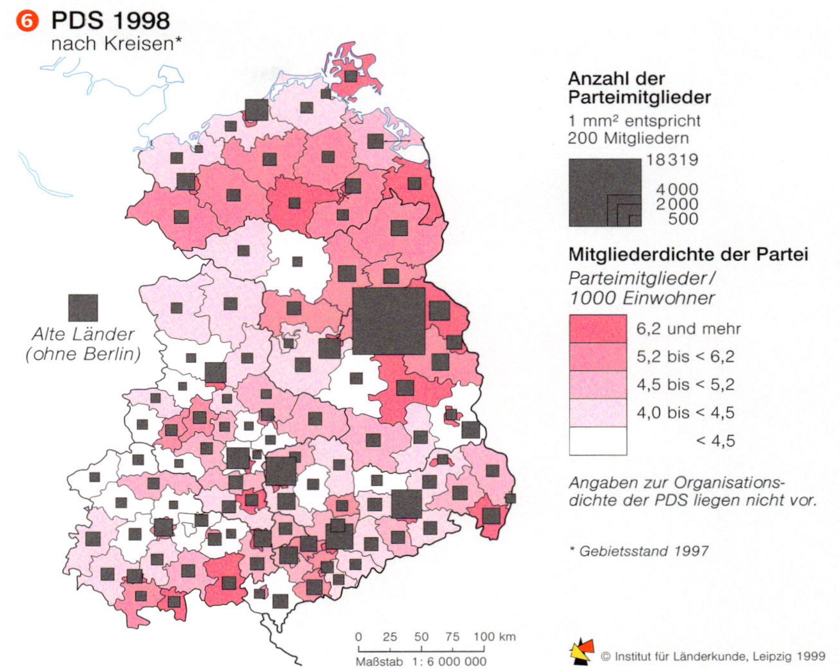

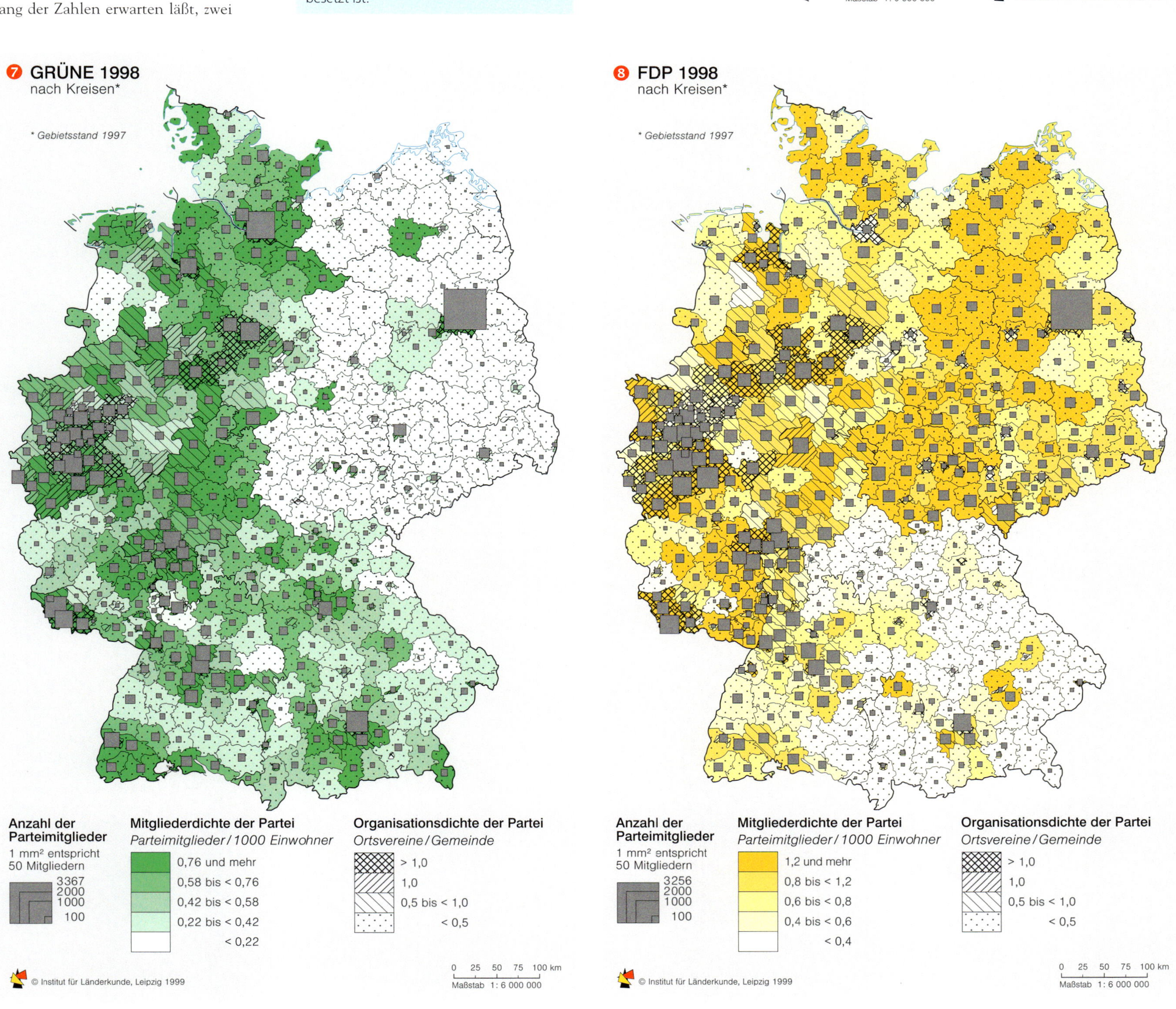

Erwerbsarbeit – ein Kennzeichen moderner Gesellschaften

Heinz Faßmann

Die bezahlte Erwerbsarbeit nimmt in jeder modernen Gesellschaft eine zentrale Position ein. Sie strukturiert das Leben des Einzelnen, sichert Einkommen und damit auch Wohlstand und definiert dessen soziale Position. Die Erwerbstätigkeit hat alle vormodernen Formen der sozialen Positionierung – wie Abstammung, ethnische oder genealogische Zugehörigkeit – zumindest theoretisch verdrängt. Erwerbstätigkeit ist der Anker jedes Einzelnen im individuellen Lebensablauf und im gesellschaftlichen Gefüge.

Diese überragende Bedeutung der Erwerbsarbeit führt dazu, dass ein immer größer werdender Teil der Bevölkerung bereit und willens ist, eine Erwerbsarbeit anzunehmen. Zunehmend gilt für Männer und Frauen gleichermaßen die Norm, nach Abschluss der Schul- und Berufsausbildung erwerbstätig zu sein, und immer geringer wird der Anteil derer, die auch im Haupterwerbsalter von den Einkünften anderer leben. Die Arbeitsgesellschaft erfasst alle. Gleichzeitig führen jedoch zunehmende Qualifikationserfordernisse zu einer Verlängerung der Schulausbildung und zu einer Erhöhung der Schulbesuchsquoten (▸▸ Beitrag Nutz). Ein späteres Eintreten in das Beschäftigungssystem ist die Folge. Auf der anderen Seite bewirkt ein zunehmender Leistungs- und Kostendruck in den Unternehmen ein Hinausdrängen älterer Arbeitnehmer. Das Erwerbsleben beginnt somit später und endet früher als noch vor wenigen Jahrzehnten. Es wird auf wenige Lebensjahrzehnte komprimiert und an den Rändern beschnitten.

❶ Alte und neue Länder
Arbeitslose und Erwerbstätige 1990-1997

Index: 1990 = 100

350 / 300 / 250 / 200 / 150 / 100 / 50 / 0

gesamt
alte Länder
neue Länder

Arbeitslose

Erwerbstätige

1990 1991 1992 1993 1994 1995 1996 1997

Jahr

© Institut für Länderkunde, Leipzig 1999

Rückgang der Zahl der Erwerbspersonen ❶

Trotz der großen Bedeutung der Erwerbsarbeit und der wachsenden Erwerbsneigung der Bevölkerung sinkt in Deutschland die Zahl der tatsächlich Erwerbstätigen. 1991 waren in Deutschland noch 36,5 Mio. Menschen erwerbstätig und weder arbeitslos noch in die stille Reserve zurückgedrängt. 1997 verringerte sich diese Zahl auf 33,9 Mio. Gleichzeitig stieg die Zahl der Arbeitslosen von 2,6 Mio. auf rund 4,4 Mio. (▸▸ Beitrag Schulz/Schmid: Arbeitslosigkeit). Dieser Rückgang der Erwerbstätigen ist einerseits eine Folge der deutschen Wiedervereinigung und des damit verbundenen Angleichungsprozesses der ehemals hohen Erwerbsquoten in den neuen Ländern. Aber auch im früheren Bundesgebiet lassen sich eine Abnahme der Zahl der Erwerbstätigen im Inland und ein gleichzeitiger Anstieg bei den Arbeitslosen beobachten. Innerhalb weniger Jahre hat sich dort die Arbeitslosigkeit fast verdoppelt. Sie stieg von 1,69 Mio. im Jahr 1991 auf 3,02 Mio. im Jahr 1997. Während andere europäische Staaten auf das „Verteilungsproblem der Arbeit" mit einer deutlichen Expansion der Teilzeitarbeit oder mit einer Senkung des Pensionsantrittsalters geantwortet haben – beides Formen einer faktischen Arbeitszeitverkürzung –, blieb das arbeitsmarktpolitische Korsett in Deutschland im Vergleich dazu weitgehend unverändert.

Regionale Unterschiede

Die Zahl der erwerbsfähigen, erwerbsbereiten und dann auch tatsächlich erwerbstätigen Personen unterliegt erheblichen regionalen Unterschieden. Diese lassen sich, wenn das allgemeine Prinzip betont werden soll, durch zwei Faktoren begründen.

Der erste Faktor geht auf die unterschiedliche Siedlungsstruktur der Kreise zurück. Die Karte „Beschäftigte nach Kreisen 1998" ❷ stellt sowohl die absolute Zahl der sozialversicherungspflichtig Beschäftigten als auch deren Anteil an der 15-65-jährigen Wohnbevölkerung dar und belegt klar die Sonderstellung der großen Städte. Sie bilden jeweils das Zentrum regionaler Arbeitsmärkte, wo die faktische Nachfrage nach Arbeitskräften das vorhandene Angebot bei weitem übertrifft und zu einem spezifischen Beschäftigungsregime führt. Dieses ist durch das weitgehende Ausschöpfen des lokal vorhandenen Arbeitskräfteangebots, durch eine hohe Frauenerwerbstätigkeit sowie durch die Beschäftigung von Pendlern aus dem näheren Umfeld und Migranten aus dem weiteren gekennzeichnet. Aus dem Verhältnis der Ein- und Auspendler und der absoluten Zahl der sozialversicherungspflichtig Beschäftigten (dargestellt als Säulen) kann dieser Bedeutungsüberschuss der Städte auch im Bereich des Arbeitsmarktes abgeleitet werden. Demgegenüber steht der ländliche und in vielen Fällen periphere Raum, der in der Karte durch hellgrüne Farbe erkenntlich wird. Dort herrscht kein Arbeitsplatzüberschuss, sondern – im Gegenteil – ein relatives Defizit. Es überwiegt die Zahl der Auspendler, weil das lokal vorhandene Arbeitsplatzangebot für die erwerbsbereite Bevölkerung nicht ausreicht. Die Beschäftigtendichte sinkt auf unter 40. Das heißt: Weniger als 4 von 10 Menschen, die sich im erwerbsfähigen Alter befinden, können tatsächlich in ihrem Wohnortkreis eine Erwerbsarbeit finden. Einige sind noch in der Landwirtschaft als Selbstständige tätig, viele müssen jedoch auspendeln, wandern ab oder ziehen sich aus der bezahlten Erwerbsarbeit überhaupt zurück. Davon sind besonders Frauen betroffen, wenn die hohen Pendelkosten in keiner Relation zu den niedrigen Einkommen stehen, aber auch ungelernte und ältere Arbeitnehmer. Eine neue Dimension regionaler Disparitäten wird damit begründet.

Der zweite Faktor, der zur Erklärung unterschiedlicher Arbeitsmarktstrukturen herangezogen werden kann, ist ein räumlich-idiographischer. Hohe Beschäftigtendichten finden sich teilweise noch immer in den neuen Ländern. Dies ist auf eine höhere Erwerbsquote der Bevölkerung zurückzuführen, aber auch auf einen höheren Anteil der erwerbsfähigen im Alter von 15-65 Jahren befindlichen Wohnbevölkerung. Hoch ist die Beschäftigtendichte außerhalb der großen Städte ebenfalls in den Ländern Baden-Württemberg, Bayern, Hessen und Teilen von Nordrhein-Westfalen. Überall dort, wo eine flächige Verteilung einer eher klein- und mittelbetrieblich strukturierten Wirtschaft vorherrscht, steigt die Beschäftigtendichte und sichert damit die Beschäftigungsmöglichkeiten „vor Ort".

Die ungleiche Verteilung der Erwerbstätigkeit wird sehr rasch als „Normalität" eines hierarchischen und zentrierten Siedlungssystems oder historisch gewachsener Wirtschaftsstrukturen akzeptiert und nicht weiter in Frage gestellt. Dies erscheint angesichts der zentralen Bedeutung der Erwerbsarbeit für die individuelle Chancenzuteilung in der Gesellschaft jedoch problematisch. Die laufende Raumbeobachtung des BBR, als ein „Frühwarnsystem" gesellschaftlicher Ungleichheit, darf jedenfalls diese zentrale Dimension nicht vergessen, sondern muss vielmehr vor einer weiteren „Zentrierung" der Arbeitsplätze – auch aufgrund der erheblichen externen Kosten – warnen und diese sensibel beobachten.◆

Berufspendler – Personen, deren Arbeitsort nicht mit dem Wohnort identisch ist; in der kreisbezogenen Darstellung ❷ werden nur die Personen erfasst, die in einem anderen Kreis arbeiten als wohnen. Auspendler sind am Wohnort erfasste Pendler, Einpendler am Arbeitsort erfasste Pendler.

Die **Beschäftigtendichte** wird als Anteil der sozialversicherungspflichtig Beschäftigten an der Wohnbevölkerung im Alter zwischen 15 und 65 Jahren definiert. Diese sind am Wohnort gezählt. Die Beschäftigtendichte kennzeichnet damit das quantitative Ausmaß der „lokalen" Beschäftigungsmöglichkeit. Hohe Werte deuten eine hohe Nachfrage nach Arbeitskräften an, wodurch die Zahl der Auspendler gering sein kann. Umgekehrt charakterisieren niedrige Werte jene Regionen mit Beschäftigungsdefiziten. Die Zahl der Auspendler wird dort die Zahl der Einpendler übertreffen.

Erwerbstätigkeit – Als **erwerbstätig** gelten alle Personen, die eine haupt- oder nebenberufliche Erwerbsarbeit ausüben. Als **Erwerbslose** zählen in der Beschäftigtenstatistik des Statistischen Bundesamtes alle Nichtbeschäftigten, die sich nach eigenen Angaben um eine Arbeitsstelle bemühen, unabhängig davon, ob sie beim Arbeitsamt registriert sind oder nicht. Die von der Bundesanstalt für Arbeit gemeldete Zahl der **Arbeitslosen** umfasst dagegen nur die bei den Arbeitsämtern gemeldeten Arbeitssuchenden bis zur Vollendung des 65. Lebensjahrs.

Externe Kosten – Kosten, die durch einen wirtschaftlichen oder gesellschaftlichen Prozess entstehen und nicht vom Verursacher getragen werden, sondern zu Lasten Dritter bzw. der Allgemeinheit gehen.

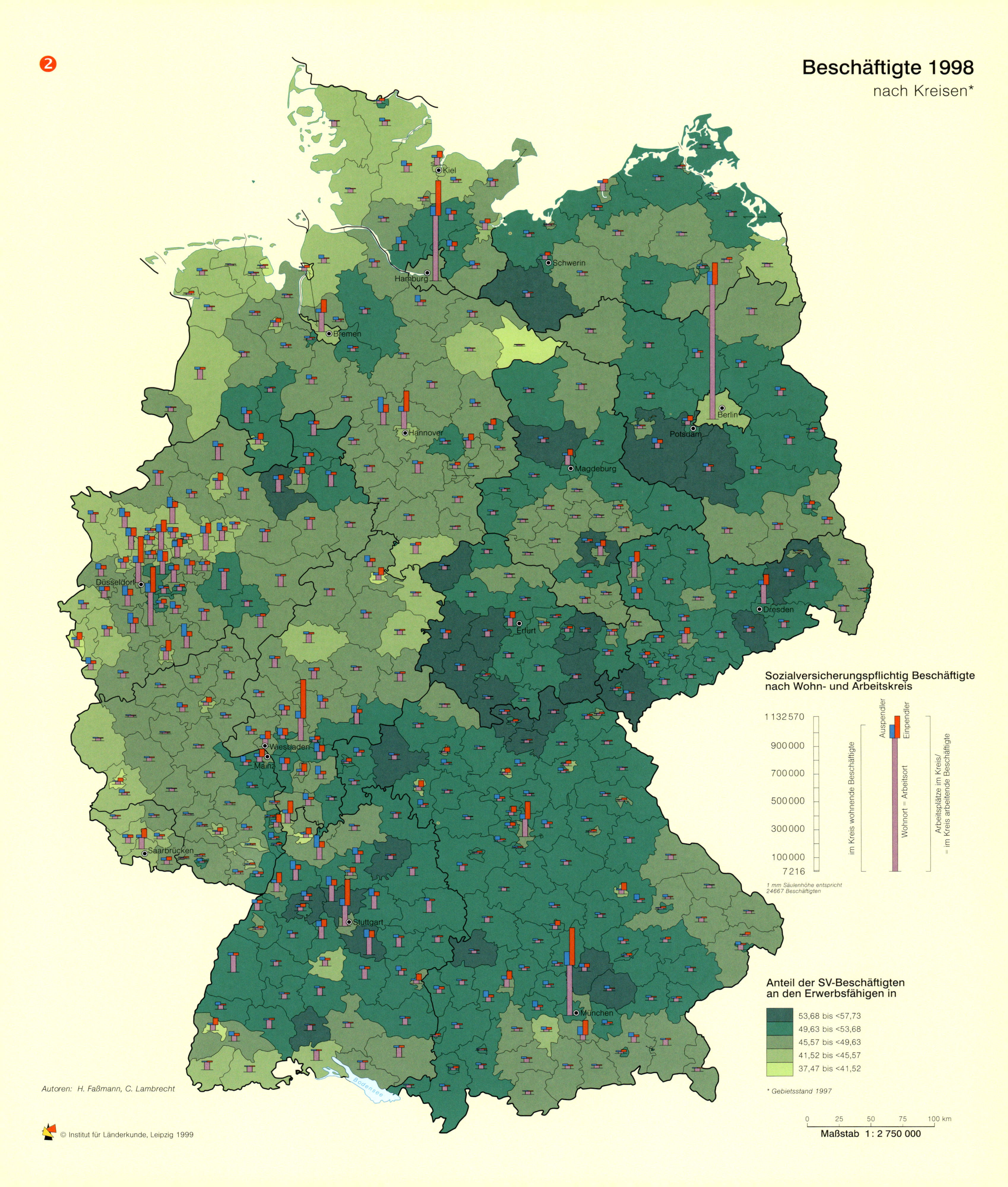
2
Beschäftigte 1998
nach Kreisen*
Kiel
Hamburg
Schwerin
Bremen
Berlin
Potsdam
Hannover
Magdeburg
Düsseldorf
Dresden
Erfurt
Wiesbaden
Mainz
Saarbrücken
Stuttgart
München
Bodensee
Sozialversicherungspflichtig Beschäftigte
nach Wohn- und Arbeitskreis
1 132 570
900 000
700 000
500 000
300 000
100 000
7 216
im Kreis wohnende Beschäftigte
Auspendler
Einpendler
Wohnort = Arbeitsort
Arbeitsplätze im Kreis/
= im Kreis arbeitende Beschäftigte
1 mm Säulenhöhe entspricht
24667 Beschäftigten
Anteil der SV-Beschäftigten
an den Erwerbsfähigen in
53,68 bis <57,73
49,63 bis <53,68
45,57 bis <49,63
41,52 bis <45,57
37,47 bis <41,52
* Gebietsstand 1997
Autoren: H. Faßmann, C. Lambrecht
© Institut für Länderkunde, Leipzig 1999
0 25 50 75 100 km
Maßstab 1 : 2 750 000

Arbeitslosigkeit – eine gesellschaftliche Herausforderung

Andreas Schulz und Alfons Schmid

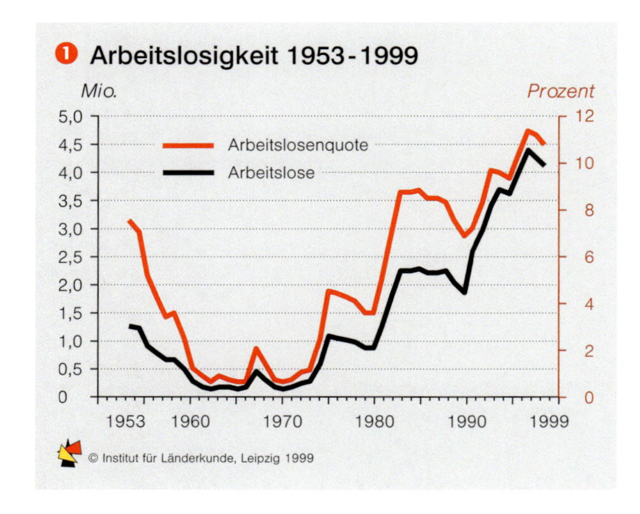

❶ Arbeitslosigkeit 1953-1999

© Institut für Länderkunde, Leipzig 1999

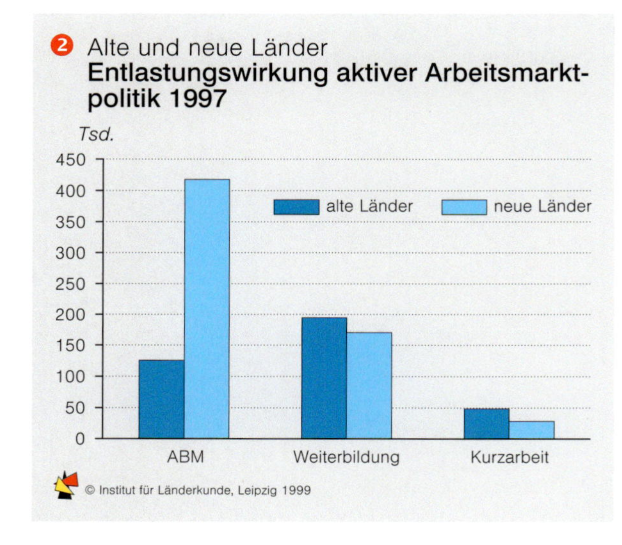

❷ Alte und neue Länder
Entlastungswirkung aktiver Arbeitsmarktpolitik 1997

© Institut für Länderkunde, Leipzig 1999

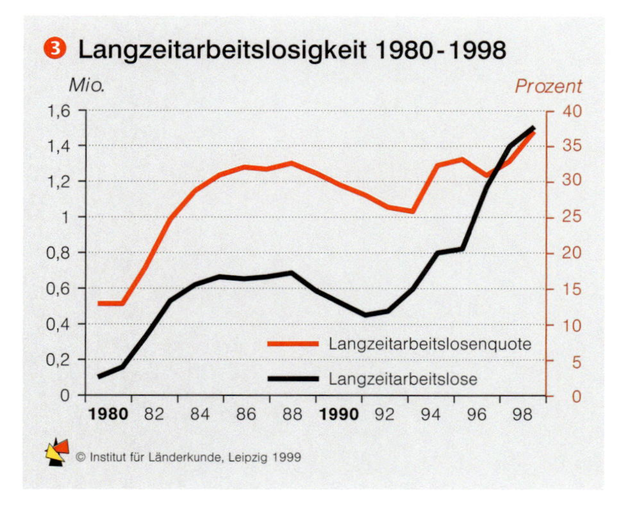

❸ Langzeitarbeitslosigkeit 1980-1998

© Institut für Länderkunde, Leipzig 1999

Die Arbeitslosigkeit ist am Ende dieses Jahrzehntes eines der Hauptprobleme in Deutschland. Noch nie waren in der Bundesrepublik so viele Menschen arbeitslos. Seit den fünfziger Jahren ist die Zahl der Erwerbslosen immer stärker angestiegen ❶. 1997 zählte die Bundesanstalt für Arbeit erstmals über 4 Mio. Arbeitslose. Dabei zeigen sich große Unterschiede in dem Bestand, der Entwicklung und der regionalen Verteilung der Arbeitslosigkeit zwischen den neuen und den alten Ländern ❹. Prognosen des Instituts für Arbeitsmarkt- und Berufsforschung gehen davon aus, dass diese Disparitäten das nächste Jahrzehnt über bestehen bleiben. Während sich das Arbeitsplatzdefizit in Westdeutschland bis 2010 nicht verringern wird, nimmt man für Ostdeutschland eine deutliche Zunahme der Arbeitslosigkeit an (Fuchs u.a. 1998). Ein rascher Rückgang der regionalen Disparitäten auf dem Arbeitsmarkt ist demnach in relativ kurzer Zeit nicht zu erwarten. Welche spezifischen regionalen Unterschiede gibt es hinsichtlich des Bestandes und der Struktur der Arbeitslosigkeit?

Arbeitslosigkeit

Neue Länder

Die größten Arbeitsmarktprobleme haben die neuen Länder. Die Arbeitslosenquote lag hier 1998 mit steigender Tendenz bei 19,5%. Die Zahl der Arbeitslosen verdoppelte sich zwischen 1995 und 1998. Anhaltend hohe Arbeitslosenquoten gibt es in Mecklenburg-Vorpommern, Nord- und Südbrandenburg sowie Sachsen-Anhalt. Diese Regionen sind von industriellen Monostrukturen gekennzeichnet.

Charakteristisch für Ostdeutschland ist auch die hohe Entlastung des Arbeitsmarktes durch die Maßnahmen aktiver Arbeitsmarktpolitik. Mit Hilfe aktiver arbeitsmarktpolitischer Maßnahmen konnte die Zahl der offiziell registrierten Arbeitslosen wesentlich reduziert werden ❷. Im Mai 1999 wurde der Arbeitsmarkt durch Maßnahmen der aktiven Arbeitsmarktpolitik um etwa 430.000 Personen entlastet. Ohne diese Maßnahmen läge die Arbeitslosenquote bei 22% (Bach u.a. 1999, S. 12).

Alte Länder

In den alten Ländern liegt die Arbeitslosenquote seit 1996 bei etwa 10%. Die Zahl der Arbeitslosen hat sich dort zwischen 1995 und 1998 um etwa 13 Prozent erhöht. Seit 1998 ist die Zahl der Arbeitslosen in Westdeutschland relativ konstant.

Regionen mit hoher Arbeitslosigkeit finden sich in Gebieten mit wirtschaftlichen Strukturproblemen (z.B. Ruhrgebiet, Saarland, Bremen). Diese Regionen sind von alten Kernindustrien wie dem Bergbau, der Stahlerzeugung und dem Schiffbau dominiert. Daneben haben in Westdeutschland vor allem Städte Arbeitsmarktprobleme (z.B. Saarbrücken, Bremerhaven, Gelsenkirchen). Mit hoher Arbeitslosigkeit kämpfen zudem die westdeutschen Regionen, die bislang durch die Zonenrandförderung unterstützt wurden. In der Tendenz kann auch ein leichtes Nord-Süd-Gefälle in Westdeutschland festgestellt werden. Die Zahl und der Anteil der Arbeitslosen ist in den mittleren und nördlichen Regionen höher als in den südlichen. Dies liegt an der wirtschaftlichen Stärke Baden-Württembergs, Hessens und der südlichen Gebiete Bayerns. In Oberbayern befinden sich auch die einzigen Regionen Deutschlands mit Arbeitslosenquoten unter 5,0%.

Langzeitarbeitslosigkeit

In Deutschland kommt es zunehmend zu einer Verfestigung der Arbeitslosigkeit, die mit einer weiteren Erhöhung der Disparitäten auf dem Arbeitsmarkt einhergeht. Seit Anfang der neunziger Jahre gibt es immer mehr Personen, die länger als zwölf Monate arbeitslos sind und damit als Langzeitarbeitslose gekennzeichnet werden ❸. Zwischen 1996 und 1998 stieg die Zahl der Langzeitarbeitslosen um 28%. Während seit 1998 der Bestand der Arbeitslosen stagniert, erhöhen sich Zahl und Anteil der Langzeitarbeitslosen an allen Erwerbslosen seit 1996. 1998 war bereits mehr als jeder dritte Erwerbslose länger als ein Jahr arbeitslos.

Die Zunahme der Langzeit- oder Sockelarbeitslosigkeit wird mit der anhaltend schwachen Konjunktur in den neunziger Jahren erklärt (Franz 1996). Von dieser Entwicklung sind vor allem Regionen mit industriellen Kernsektoren wie dem verarbeitenden Gewerbe, dem Schiffbau und dem Bergbau betroffen. Langzeitarbeitslosigkeit ist im Bestand und in der Entwicklung demnach v.a. ein Problem industrieller, aber auch monostrukturierter Regionen. Mit der Zunahme der Langzeitarbeitslosigkeit verschärfen sich daher auch die Disparitäten zwischen den Arbeitsmarktregionen. In Regionen, die arbeitsmarktpolitisch von der konjunkturellen Entwicklung abhängig sind, wirkt sich das Arbeitsplatzdefizit am stärksten auf die Dauer der Arbeitslosigkeit aus. Da sich mit der Dauer der Arbeitslosigkeit die persönlichen, qualifikatorischen und sozialen Probleme der Betroffenen verstärken, werden sie mit anhaltender Arbeitslosigkeit schwerer vermittelbar (Gass u.a. 1997). Kurzfristig Arbeitslose können daher in industriellen Regionen schneller in den Arbeitsmarkt integriert werden, während sich die Arbeitslosigkeit bei den Dauererwerbslosen in diesen Regionen weiter verfestigt. Unterschiede zwischen Ost- und Westdeutschland lassen sich in Bestand und Entwicklung der Langzeitarbeitslosigkeit nicht erkennen.

Resümee

Regionale Arbeitsmarktpolitik wird aufgrund der zunehmenden Disparitäten auf dem Arbeitsmarkt immer wichtiger. Die meisten Regionen mit einem hohen Anteil und einer hohen Zunahme an Arbeitslosen liegen in den neuen Ländern. Diese müssen daher ein Schwerpunkt aktiver Arbeitsmarktpolitik bleiben. Die Förderung in Ostdeutschland sollte in Zukunft regional differenzierter gestaltet werden, ähnlich wie sich die bisherige Strukturförderung in Westdeutschland auf Regionen wie die industriellen Kernregionen, die Städte und ehemaligen Zonenrandgebiete konzentrierte. Durch die Verfestigung der Arbeitslosigkeit und die Zunahme der regionalen Disparitäten sind die Kommunen in stärkerem Maß gefordert, arbeitsmarktpolitische Aktivitäten zu entfalten. Um weiteren Disparitäten auf dem Arbeitsmarkt insbesondere hinsichtlich der zunehmenden Langzeitarbeitslosigkeit entgegenzusteuern, sind in Deutschland die Kommunen bei diesen arbeitsmarktpolitischen Bemühungen zu unterstützen.

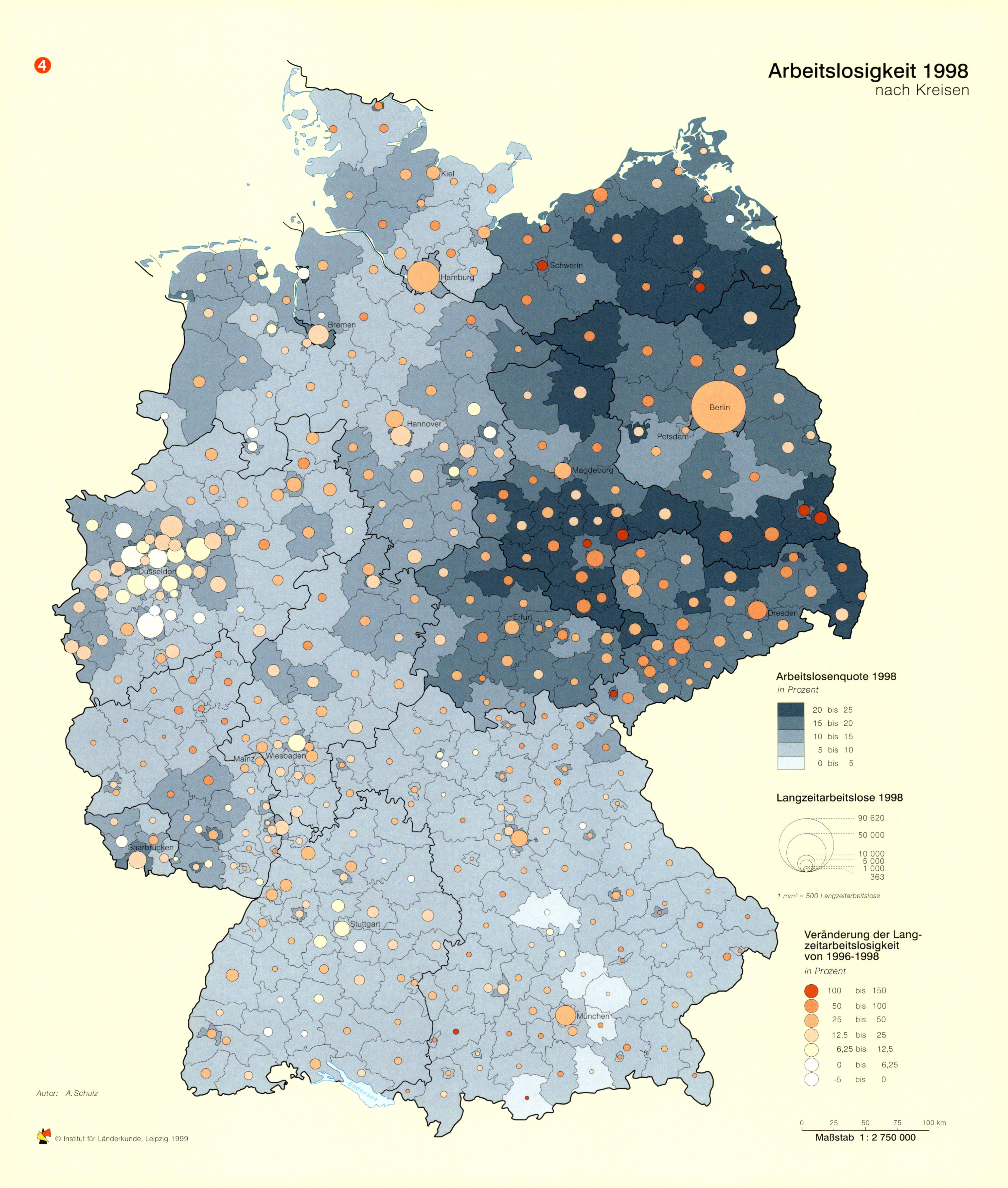
4
Arbeitslosigkeit 1998
nach Kreisen
Kiel
Hamburg
Schwerin
Bremen
Berlin
Hannover
Potsdam
Magdeburg
Düsseldorf
Erfurt
Dresden
Mainz
Wiesbaden
Saarbrücken
Stuttgart
München
Bodensee
Arbeitslosenquote 1998
in Prozent
20 bis 25
15 bis 20
10 bis 15
5 bis 10
0 bis 5
Langzeitarbeitslose 1998
90 620
50 000
10 000
5 000
1 000
363
1 mm² = 500 Langzeitarbeitslose
Veränderung der Langzeitarbeitslosigkeit von 1996-1998
in Prozent
100 bis 150
50 bis 100
25 bis 50
12,5 bis 25
6,25 bis 12,5
0 bis 6,25
-5 bis 0
0 25 50 75 100 km
Maßstab 1 : 2 750 000
Autor: A. Schulz
© Institut für Länderkunde, Leipzig 1999

Gewerkschaften – Organisationen der Arbeitswelt

Andreas Schulz und Alfons Schmid

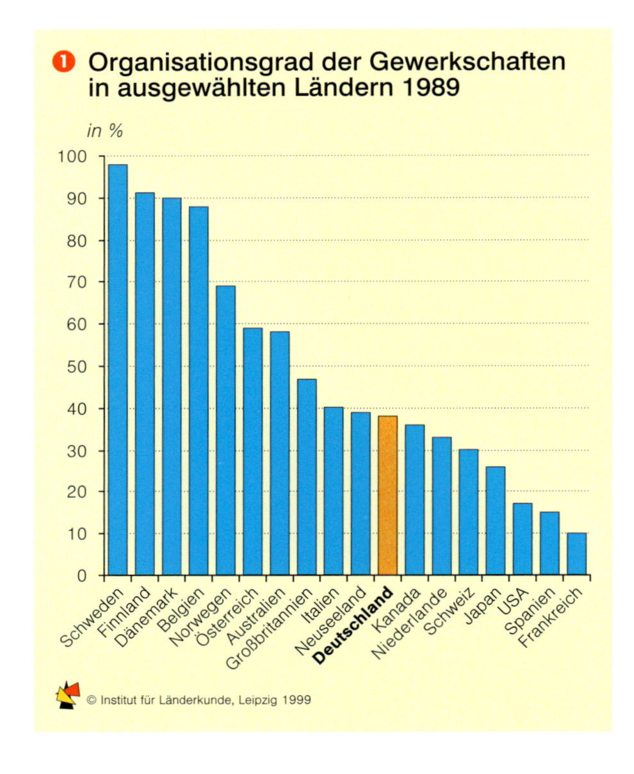

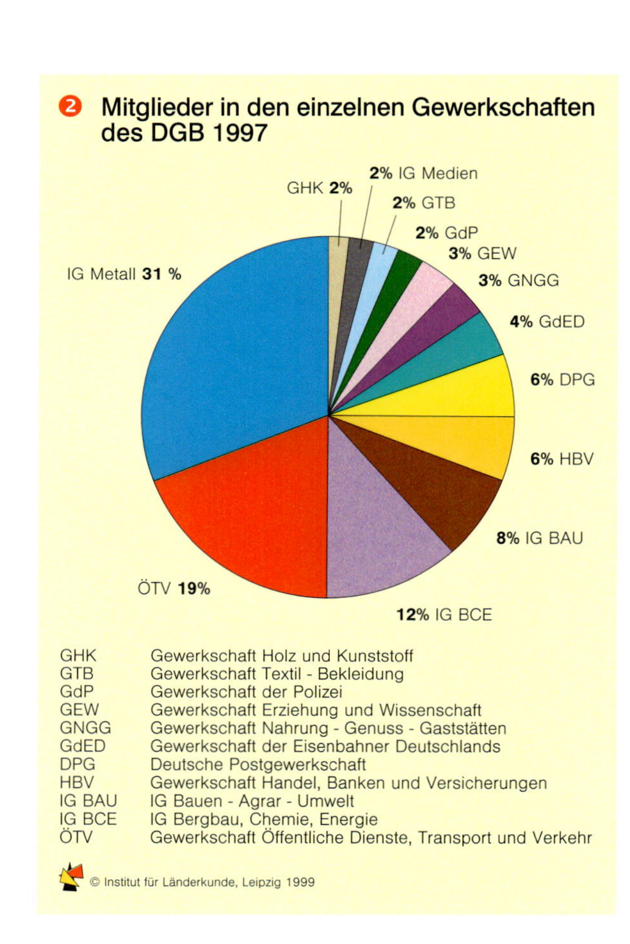

Die Gewerkschaften gehören neben den Unternehmerverbänden sowie dem Staat zu den drei wichtigen korporativen Akteuren im Bereich der Arbeitsbeziehungen in Deutschland. 1989 waren in der damaligen Bundesrepublik etwa 38% aller abhängig Beschäftigten in einer Gewerkschaft organisiert ❶. Mit der deutschen Vereinigung und den Eintritten der Beschäftigten der neuen Länder in die Einzelgewerkschaften des Deutschen Gewerkschaftsbundes (DGB) kam es zu einem Anstieg der Mitgliederzahl. Seit 1995 haben die Einzelgewerkschaften des DGB insbesondere in Ostdeutschland mit massiven Mitgliederverlusten zu kämpfen (ca. 22%). Zwischen 1995 und 1998 sank die Zahl der gewerkschaftlichen Mitglieder im DGB um etwa 11%. Der Organisationsgrad in Gesamtdeutschland lag 1998 bei etwa 32%. Dies liegt u.a. an der steigenden Arbeitslosigkeit und dem Strukturwandel in Deutschland. Im Vergleich zu den anderen westlichen Industrieländern haben die Gewerkschaften in Deutschland daher eine eher unterdurchschnittliche Mitgliederzahl. Dennoch stellen die Gewerkschaften in Deutschland traditionell als Tarifpartner eine starke wirtschaftliche und gegenüber dem Staat eine hohe politische Macht dar.

Deutscher Gewerkschaftsbund

Die größte Gewerkschaft in der Bundesrepublik ist der DGB. Er organisiert etwa 80% der gewerkschaftlichen Mitglieder. Daneben bestehen der Christliche Gewerkschaftsbund, der Deutsche Beamtenbund und die Deutsche Angestelltengewerkschaft. Der DGB ist die Dachorganisation von 13 nach dem Industrieprinzip organisierten Einzelgewerkschaften, von denen die IG Metall und die ÖTV die meisten Mitglieder haben (Stand 1997) ❷.

Im Rahmen des wirtschaftlichen Strukturwandels sowie aufgrund des Rückgangs in den Mitgliederzahlen der Einzelgewerkschaften kommt es innerhalb des DGB zu Fusionen zwischen den Industriegewerkschaften. Beispielhaft seien hier der Zusammenschluß der IG Metall mit der IG Textil-Bekleidung 1998 sowie die Entwicklung zu einer Dienstleistungsgewerkschaft aus der ÖTV, der DAG, der DPG, der HBV und der Industriegewerkschaft Medien (IG Medien) genannt. Zukünftig wird es weitere Fusionen zwischen den Gewerkschaften in Deutschland geben.

Der DGB ist regional in 13 Landesbezirken organisiert, von denen Nordrhein-Westfalen, Baden-Württemberg und Bayern die meisten Mitglieder haben. Zwischen 1995 und 1998 kam es in den neuen Ländern in Mecklenburg-Vorpommern und in Thüringen sowie in

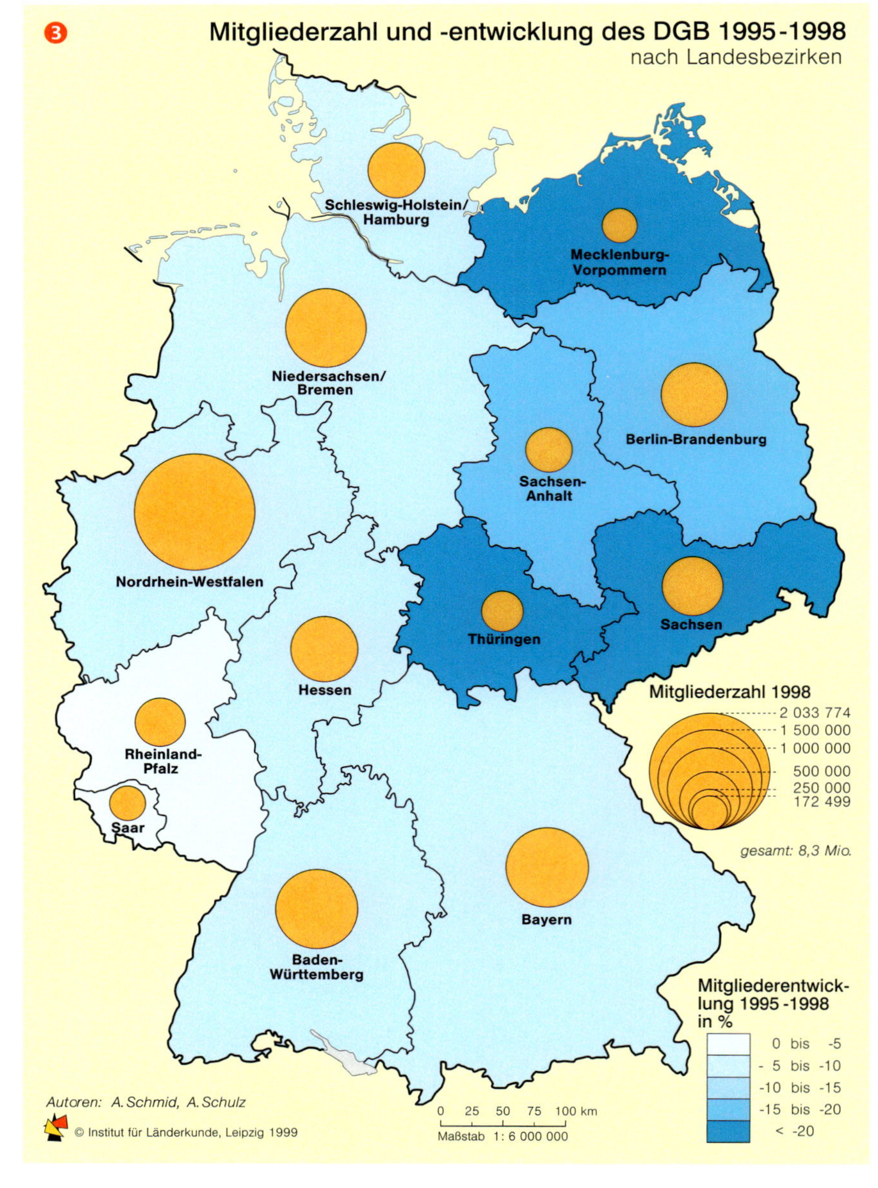

den alten Ländern in Baden-Württemberg, in Schleswig-Holstein und Hamburg zu weitaus größeren Mitgliederverlusten als in den anderen DGB-Landesbezirken ❸.

IG Metall

Die größte Industriegewerkschaft innerhalb des DGB ist die IG Metall. In ihr waren 1998 etwa 33% der Gewerkschaftsmitglieder des DGB organisiert. Seit dem Mitgliederzuwachs 1991 aufgrund der Verbandseintritte in den neuen Ländern sinkt die Zahl der Mitglieder auch in der IG Metall ❺. Zwischen 1995 und 1998 hat die Zahl der Mitglieder in der IG Metall trotz der Fusion mit der Gewerkschaft Textil-Bekleidung um etwa 3% abgenommen.

Die IG Metall ist in sieben Tarifbezirke gegliedert, innerhalb derer sich die Tarifgebiete bzw. die regionalen Geltungsgebiete für die Tarifabschlüsse befinden. Die meisten Mitglieder hatten aufgrund der hohen Bevölkerungsanteile 1997 die Tarifbezirke Nordrhein-Westfalen und Frankfurt.

Der Organisationsgrad gibt die tarifliche und wirtschaftliche Bedeutung der Gewerkschaft wieder, der die Mitgliederstärke in Bezug zu den abhängig Erwerbstätigen definiert. Der gewerkschaftliche Organisationsgrad ist dabei abhängig von der Konfession der Beschäftigten, deren politischen Einstellungen und den wirtschaftlichen Strukturen in den Tarifregionen. Der Organisationsgrad der IG Metall liegt mit leicht abnehmender

Tendenz bei etwa 33%. Die meisten Erwerbstätigen sind im Tarifbezirk Hannover organisiert, relativ wenige abhängig Beschäftigte sind dagegen im Tarifbezirk Bayern in der IG Metall Mitglied (s. dazu Anm. im Anhang). Die schwache wirtschaftliche Konjunktur sowie der wirtschaftliche Strukturwandel in Deutschland zur Dienstleistungsgesellschaft wirkt sich auch auf die organisatorische Stärke der IG Metall aus. Zwischen 1993 und 1997 nahm der Organisationsgrad im Tarifbezirk Hannover am stärksten ab (5,1%), im Tarifbezirk Bayern traten dagegen nur wenige aus der IG Metall aus (1,8%).

Gewerkschaft Öffentliche Dienste, Transport und Verkehr

Zur Zeit ist die ÖTV noch die zweitgrößte Industriegewerkschaft des DGB hinter der IG Metall. Mit der Gründung der Dienstleistungsgewerkschaft wird die IG Metall aber womöglich von ihrem Platz verdrängt, nachdem die Wirtschaft schon lange den Wandel vom produzierenden Gewerbe hin zur Dienstleistungsproduktion vollzogen hat.

Die schwache industrielle Konjunktur und der Stellenabbau in den Verwaltungen machen sich aber auch in der ÖTV bemerkbar. Seit 1995 sank die Zahl der Mitglieder um etwa 10%. Besonders deutlich gingen die Mitgliederzahlen auch bei der ÖTV in Ostdeutschland (einschl. Berlin) zurück (ca. 20%) 4. Mecklenburg-Vorpommern und Thüringen in den neuen Ländern und Hamburg und Bremen in den alten Ländern hatten die meisten Mitgliederrückgänge zwischen 1995 und 1998. In Berlin, Schleswig-Holstein und im Saarland blieb die Mitgliederzahl der ÖTV seit 1995 relativ konstant.◆

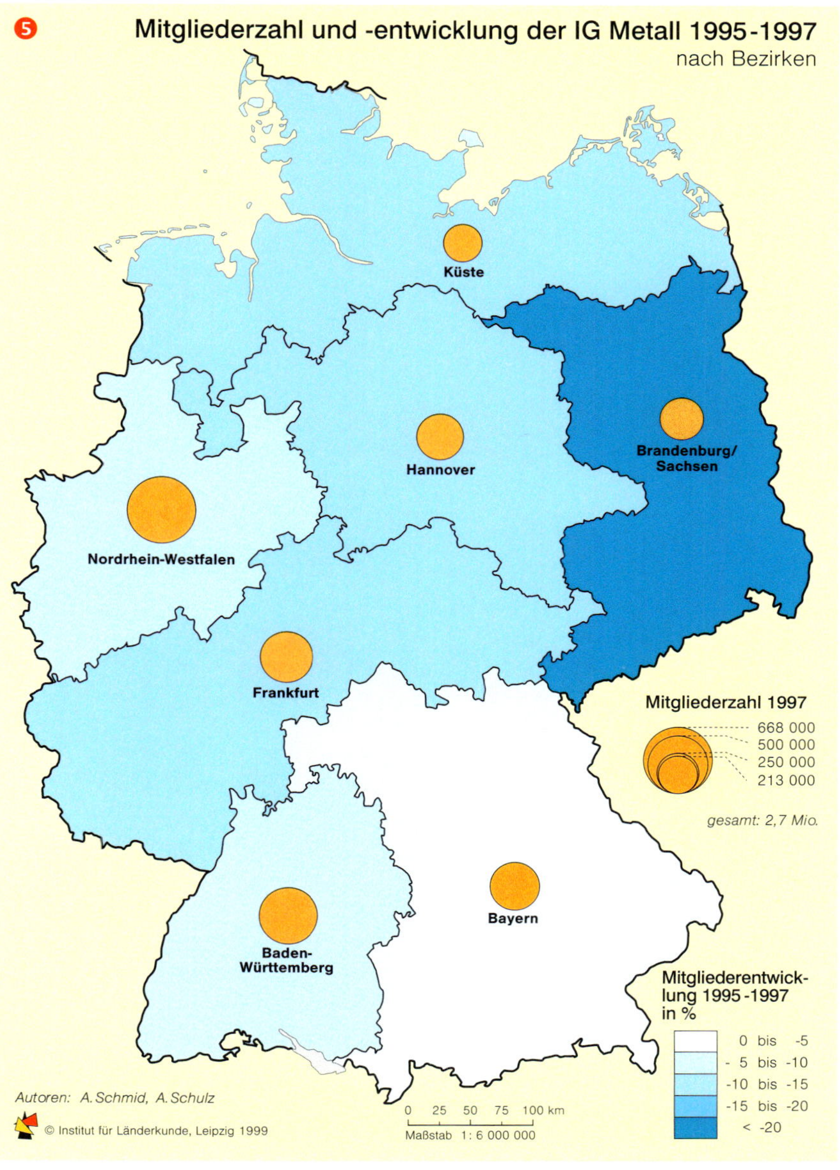

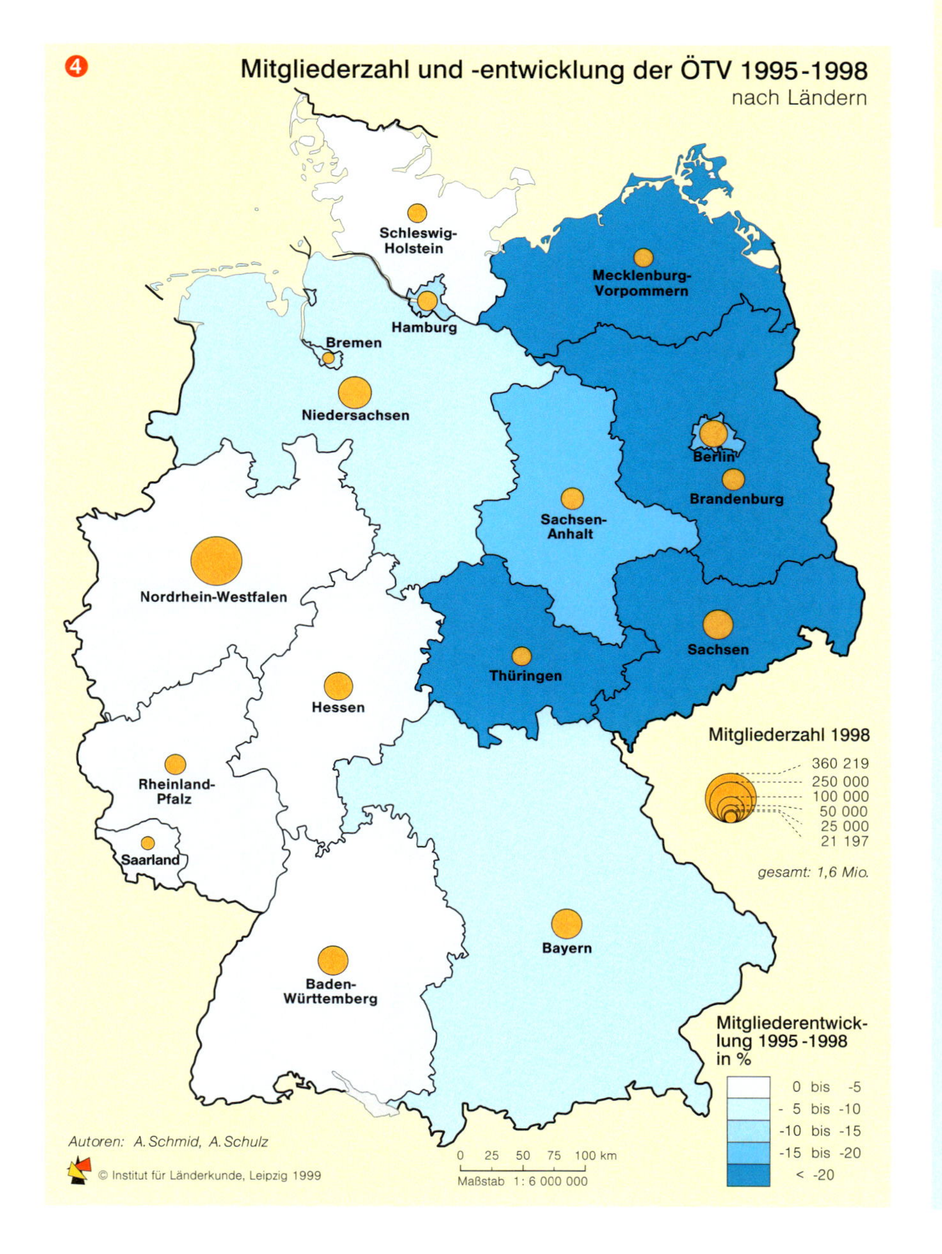

Die gesellschaftspolitische Bedeutung der Gewerkschaften

Die **Gewerkschaften** haben als freiwillige Vereinigungen von Arbeitnehmer/innen eine herausragende gesellschaftspolitische Bedeutung in Deutschland. Als konstitutiver Teil des Systems der **Tarifautonomie** vertreten sie im Rahmen entsprechender Verhandlungen mit den Arbeitgeberverbänden bzw. den Unternehmen die Interessen der Arbeitnehmer/innen. Tarifautonomie beinhaltet das Recht, grundlegende Aspekte wie Löhne und Gehälter, Arbeitszeit, Urlaub, Arbeitsbedingungen etc. eigenständig – ohne unmittelbare staatliche Mitwirkung – zwischen den Verhandlungspartnern durch **Tarifverträge** zu regeln. Nach Himmelmann (1995) werden in Deutschland jährlich ca. 7500 Tarifverträge abgeschlossen. Davon gelten etwa 15% als Bundestarifverträge für das gesamte Bundesgebiet, 15% für mehrere Länder und 70% innerhalb einzelner Länder. Aufgrund des ökonomischen Strukturwandels und der zunehmenden Globalisierung werden immer häufiger überbetriebliche (Flächen-)Tarifverträge durch differenzierte **Firmentarifverträge** ersetzt, die nur noch von lokaler Bedeutung sind. Daraus resultiert für die gewerkschaftliche Interessenvertretung zusätzlicher Handlungsbedarf an der Basis auf der lokalen bzw. einzelbetrieblichen Ebene. Als Mittel zur Durchsetzung der Interessen besteht die Möglichkeit, Streikdrohungen, Warnstreiks und Streiks einzusetzen.

In der DDR vertrat der 1945 gegründete Freie Deutsche Gewerkschaftsbund (FDGB) die „materiellen, sozialen und kulturellen Interessen" seiner rund 9,6 Mio. Mitglieder, bei 8,6 Mio. Berufstätigen (1988). Der FDGB unterstützte die Qualifizierung der Arbeiter, leitete die Sozialversicherung, den betrieblichen Arbeitsschutz und den Feriendienst.

Gewerkschaftsvertreter/innen wirken in zahlreichen Gremien und Beiräten mit und haben damit direkten und indirekten Einfluss auf die Sozial- und Wirtschaftspolitik Deutschlands. Besondere sozial- und arbeitsmarktpolitische Erfolge verzeichneten die Gewerkschaften in folgenden Bereichen:

- Kaufkraftsteigerungen durch produktivitätsorienterte Lohnpolitik
- Herabsetzung der wöchentlichen Regelarbeitszeit
- Urlaubsanspruch
- Lohnfortzahlung
- Arbeitsschutz
- Rationalisierungsschutz
- Kündigungsschutz

Seit der Vereinigung der beiden deutschen Staaten besteht besonderer Handlungsbedarf, die extrem hohe Arbeitslosigkeit in den neuen Ländern zu bekämpfen. Gewerkschaftliche Hauptanliegen wurden somit Arbeitsbeschaffungsprogramme und Aspekte der Wirtschaftsförderung in den neuen Ländern.

Die deutsche Energiewirtschaft

Hans-Dieter Haas und Jochen Scharrer

❶ Primärenergieverbrauch

Energieträger	1989		1993		1997		Veränderung 1989 - 1997	
	Mio. t SKE	%	Mio. t SKE	%	Mio. t SKE	%	Mio. t SKE	%
Mineralöl	170,6	33,4	196,5	40,7	195,4	39,5	24,8	14,5
Erdgas	77,5	15,1	85,6	17,7	101,8	20,6	24,3	31,4
Steinkohle	78,6	15,4	72,6	15,1	69,7	14,1	-8,9	-11,3
Braunkohle	120,2	23,5	67,3	14,0	54,3	11,0	-65,9	-54,8
Kernenergie	53,5	10,5	49,1	10,2	63,4	12,8	9,9	18,5
Sonstige Energieträger*	10,6	2,1	11,1	2,3	10,1	2,0	-0,5	-4,7
Außenhandelssaldo Strom	k.A.	-	0,2	-	-0,3	-	-	-
Deutschland	**511,0**	**100,0**	**482,4**	**100,0**	**494,4**	**100,0**	**-16,6**	**-3,2**

* Windenergie, Wasserkraft, Brennholz, Klär- und Grubengas usw.
1 Mio. t SKE (Steinkohleeinheiten) = 29,3076 Petajoule
(1 Petajoule = 10^{15} Joule)

Ein kurzer Blick auf die energiewirtschaftliche Entwicklung der vergangenen 50 Jahre verdeutlicht, dass in der Nachkriegszeit der Wiederaufbau der Energielandschaft in den beiden deutschen Staaten unter verschiedenen Rahmenbedingungen erfolgte. Wurde in Westdeutschland die Energieversorgung hauptsächlich auf den Einsatz von importiertem Erdöl und Kohle ausgerichtet, führte in der DDR das Autarkiestreben der Staats- und Parteigremien zu einer herausragenden Stellung der heimischen Braunkohle.

Bedingt durch die Wiedervereinigung und die Diskussion in Wissenschaft und Politik über einen umwelt- und energiebewussten Umgang mit den natürlichen Ressourcen, vollzog sich in den letzten Jahren in weiten Teilen Deutschlands eine energiewirtschaftliche Umstrukturierung. Vor allem in den neuen Ländern veränderte der Aufbau einer wirtschaftlichen und umweltverträglicheren Energieversorgung den deutschen Kohletagebau sowie die Struktur des Energieverbrauchs und damit auch die Rolle der einzelnen Energieträger drastisch.

Energiewirtschaftliche Umstrukturierung

Mit einem Primärenergieverbrauch von 500 Mio. t Steinkohleeinheiten (SKE) pro Jahr ist das vereinte Deutschland der größte nationale Energiemarkt in der Europäischen Union. Statistisch gesehen verbraucht jeder Bundesbürger jährlich 6 t SKE an Energie – dreimal soviel wie der weltweite Durchschnitt. Setzt man allerdings den Energieverbrauch in Bezug zur volkswirtschaftlichen Leistungskraft, wie dem Bruttoinlandsprodukt, liegen die deutschen Verbrauchswerte im Mittelfeld vergleichbarer westlicher Industrienationen. Es wird deutlich, dass ein Zusammenhang zwischen Lebensstandard und Energieverbrauch besteht. Auch die intensiven Außenhandelsverflechtungen erhöhen tendenziell den nationalen Energieverbrauch.

Energie wird in Deutschland vergleichsweise effizient eingesetzt. So veränderte sich beispielsweise der Verbrauch an Primärenergie seit Anfang der 90er Jahre temperaturbereinigt nicht wesentlich ❶. Bei gleichzeitigem Wirtschaftswachstum setzt dies Einsparungen und einen verbesserten Nutzungsgrad der eingesetzten Energieträger (Energieintensität) voraus, um den benötigten Mehrbedarf an Energie zu kompensieren. Im Gegensatz dazu hat sich der Energiemix, d.h. die Struktur der Energieträger, deutlich verändert. In den neuen Ländern hatten die Umstellung bzw. der Rückgang der industriellen Produktion, die Inbetriebnahme neuer Heizkraftwerke sowie die Installation moderner Raumheizungssysteme einen starken Rückgang des Braunkohleverbrauchs zur Folge.

Insgesamt führten die Anpassungsprozesse in Ostdeutschland zu einer drastischen Reduzierung des Braunkohleanteils an der deutschen Energieversorgung. Obwohl Braunkohle in Deutschland reichlich verfügbar und ohne Subventionen zu wettbewerbsfähigen Preisen abbaubar ist, hatte dieser Energieträger 1997 nur noch einen Versorgungsanteil von 11% am Primärenergieverbrauch. Schwerpunkt der Braunkohlenutzung ist mit rund 87% die Stromerzeugung. Auch der Gesamtverbrauch von Steinkohle war in den letzten Jahren rückläufig. Die Gründe liegen in den Fortschritten der Hochofentechnologie, den konjunkturbedingten Produktionsrückgängen der Stahlindustrie sowie der Entwicklung des Wärmemarktes. Die besseren Verwendungseigenschaften von Erdöl und Erdgas haben zu einer Substitution der heimischen Energieträger geführt. Nachdem die Vorkommen dieser Energieträger hierzulande sehr begrenzt sind, müssen derzeit rund zwei Drittel der Einsatzenergien aus dem Ausland importiert werden ❷. Insbesondere bei Erdöl ist die Abhängigkeit von den Förderländern sehr hoch. Hier liegen die Anteile der inländischen Ölförderung nur bei lediglich 2% des Verbrauchs.

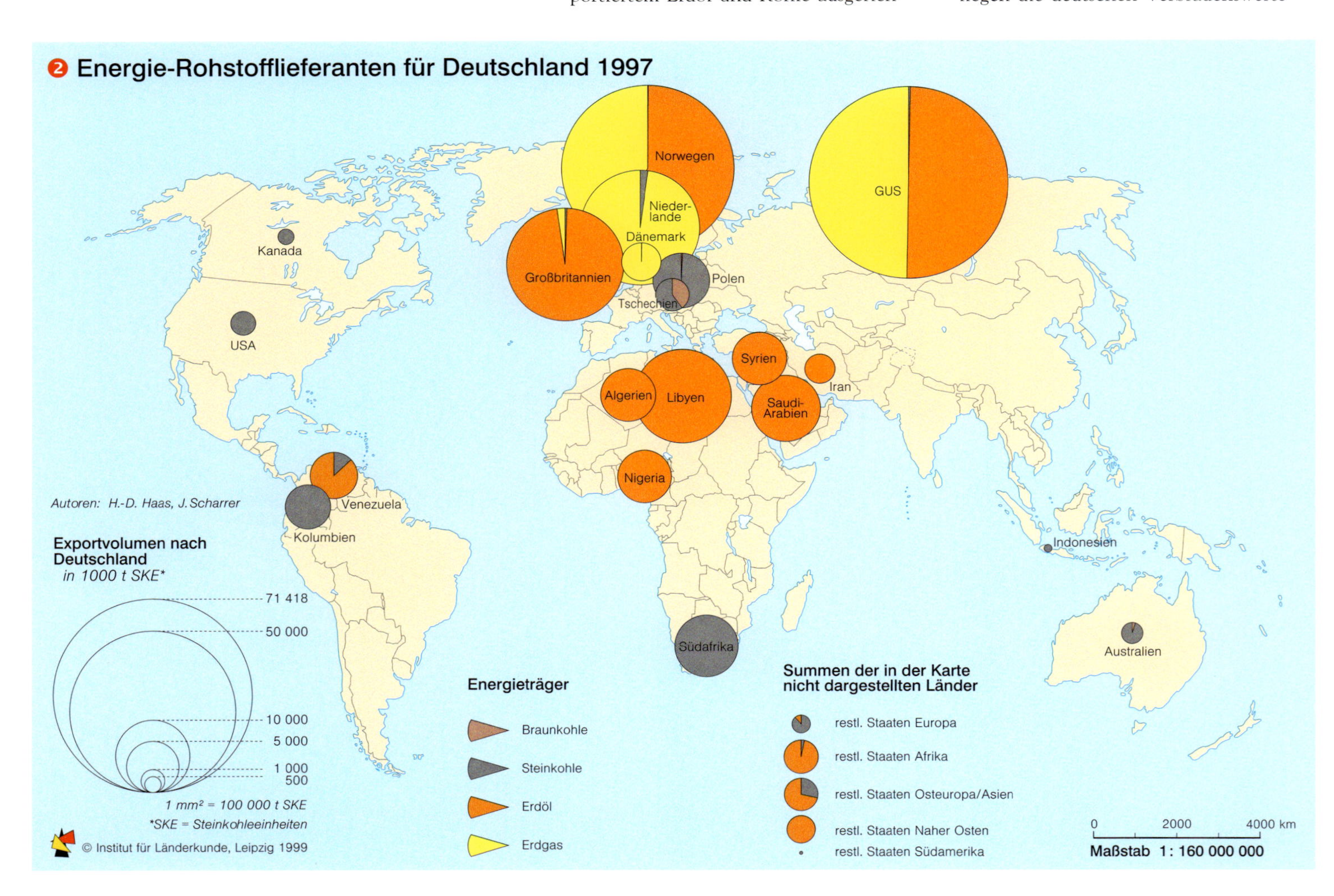

❸ Braunkohlenkraftwerk „Schwarze Pumpe“ bei Hoyerswerda (Inbetriebnahme 1998; Kraftwerksleistung 1600 MW)

❹ Kohlenreviere und Kraftwerkstypen

❺ Verbundunternehmen und Verbundnetz 1998

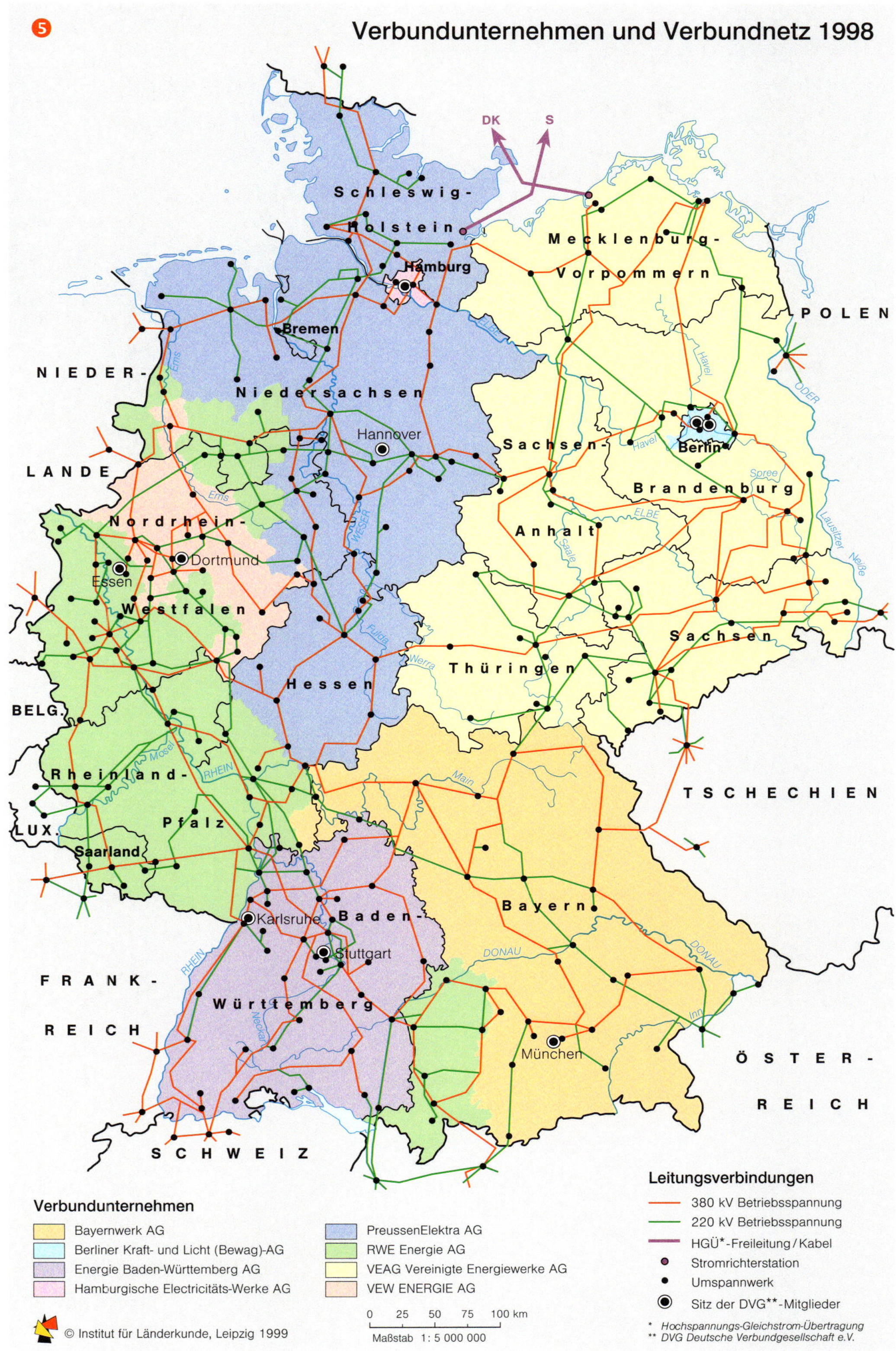

Perspektiven des Kohlebergbaus

Auch wenn die heimische Kohle nach wie vor einen wichtigen Beitrag zum Energiemix in Deutschland leistet, führten der verminderte Bedarf sowie das politische Umdenken zu einem erheblichen Strukturwandel und zu Rationalisierungsmaßnahmen im Kohlebergbau. Allein in den beiden ostdeutschen Braunkohlerevieren gingen seit Anfang der 90er Jahre über 100.000 Arbeitsplätze verloren. Im Steinkohlebergbau, der sich auf die alten Länder beschränkt ❹, ist die Zahl der Arbeitsplätze zwischen 1990 und 1996 um 45.000 gesunken. Weitere Anpassungshandlungen stehen bevor.

So wurde mit den kohlepolitischen Beschlüssen vom März 1997 festgelegt, dass die staatlichen Finanzhilfen an den Steinkohlebergbau von mehr als 10 Mrd. DM im Jahr 1996 auf 5,5 Mrd. DM zum Jahr 2005 halbiert werden. Ein weiterer Schritt ist ➡

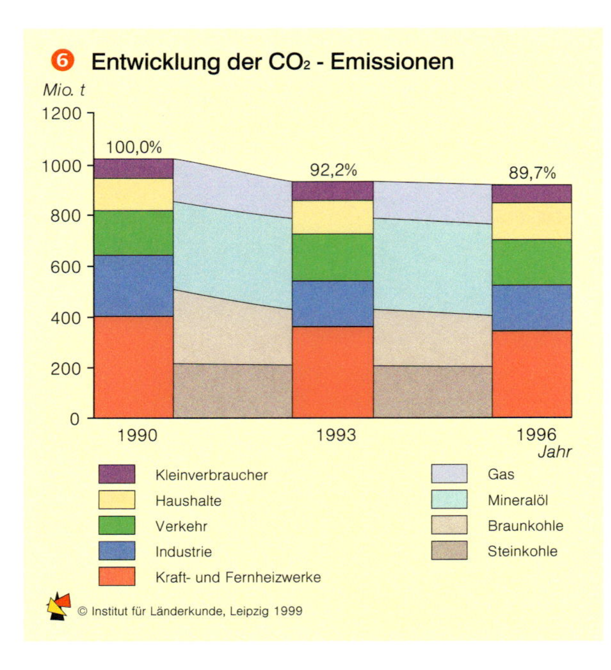

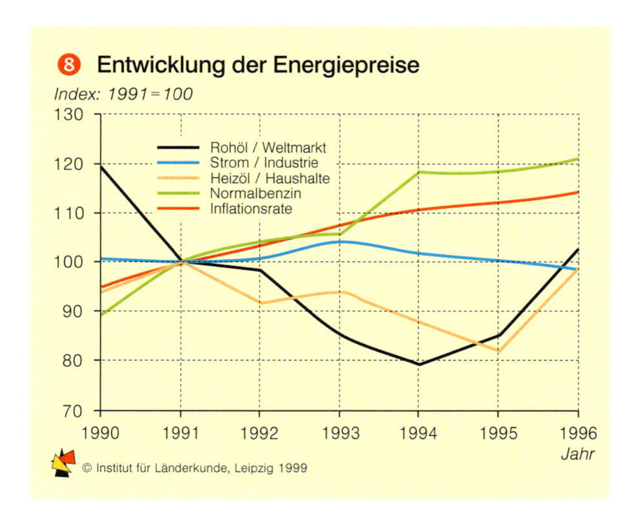

die Zusammenführung der ehemals selbstständigen Bergwerke in ein rein privates Unternehmen, die Deutsche Steinkohle AG (DSK), die ihre Arbeit zum 1. Oktober 1998 aufgenommen hat. Zwar werden dadurch umfangreiche Synergieeffekte genutzt, doch müssen für einen lebensfähigen Steinkohlebergbau weitere Schachtanlagen stillgelegt werden. Langfristig ist damit eine Steigerung der Importabhängigkeit absehbar.

Deutsche Elektrizitätswirtschaft

Die Nachfrage nach Primärenergieträgern ist im Wesentlichen eine abgeleitete Nachfrage. D.h. zwei Drittel der eingesetzten Energieträger werden in Endenergie (Benzin, Strom usw.) umgewandelt, die von Industrie, Verkehr, privaten Haushalten sowie Kleinverbrauchern konsumiert wird. Der Rest entfällt auf die nichtenergetische Nutzung sowie die Umwandlungsverluste und den Eigenbedarf im Energiesektor. Bedingt durch die technischen Möglichkeiten der räumlichen Übertragung, die Elektrifizierung öffentlicher Verkehrsmittel, den Bestand an elektrischen Geräten u.a. beträgt der Stromanteil ein Sechstel am Endenergieverbrauch. Rund die Hälfte des verfügbaren Stromangebotes nutzt die Industrie, wobei die chemische Industrie, eisen- und metallverarbeitende Betriebe sowie das Papier- und Druckgewerbe die größten industriellen Stromabnehmer sind. Dabei erfolgt die Deckung des Strombedarfs zum größten Teil durch eine inländische Erzeugung.

Im Zuge der Wiedervereinigung erfolgte in Ostdeutschland die Übernahme der westdeutschen dreistufigen Struktur der Elektrizitätsversorgung. Auf Verbundebene wurde 1994 die Vereinigte Energiewerke AG (VEAG) privatisiert. Gegenwärtig gewährleistet ein Verbund von acht überregionalen Elektrizitätsunternehmen eine lückenlose Stromversorgung ❺. Darüber hinaus ermöglicht der Zusammenschluss der Leitungssysteme mit benachbarten Staaten zu einem europäischen Verbundsystem den Ausgleich von nationalen Angebotsdefiziten. War es lange Zeit erforderlich, die nationale Elektrizitätsversorgung durch Monopolisierung sicherzustellen, führt nun die Öffnung des Strom- und Gasmarktes zu einer wettbewerblichen Restrukturierung der Elektrizitätsversorgungsunternehmen. Es wird sich zeigen, welche Konsequenzen für Preise und Energiemix bzw. welche Chancen und Risiken von der Strommarktliberalisierung ausgehen ➜.

Energie und Umwelt

Die wichtigsten Energieträger zur Stromerzeugung sind derzeit die fossilen Rohstoffe, insbesondere die Brennstoffe Uran und Kohle ❾. Der Anteil der Atomenergie betrug 1997 rund 30% an der Gesamtstromerzeugung. Zusammen deckten die Grundlastenergien (Kernenergie, Braunkohle und Laufwasser) knapp 60% der Bruttostromerzeugung. Nachdem sich die rot-grüne Bundesregierung bei ihren Koalitionsverhandlungen in der Energiepolitik auf einen schrittweisen Ausstieg aus der Atomenergie und der Einführung von Energiesteuern geeinigt hat, wird künftig die Bereitstellung von Atomstrom rückläufig sein. Die ostdeutschen Nuklearanlagen sind wegen erheblicher Sicherheitsmängel bereits vollständig abgeschaltet. In den neuen Ländern stützt sich die Stromerzeugung weitestgehend auf den Einsatz von Kohle. Für Nordrhein-Westfalen, das Bundesland mit der größten Stromerzeugung, zeigt sich ein ähnlicher Energiemix. Der Grund liegt im hohen Wassergehalt der dort in großen Mengen verfügbaren Rohbraunkohle. Ein Transport dieses Materials über größere Entfernungen wäre nicht wirtschaftlich, so dass die Braunkohle in räumlicher Nähe der Tagebaue zu Strom oder Briketts veredelt wird. Der bei der Stromerzeugung vergleichsweise hohe Steinkohleanteil ist auf die vertraglich festgelegten Abnahmegarantien zwischen dem Steinkohlebergbau und der Elektrizitätswirtschaft zurückzuführen.

❼ Eine Megawatt-Photovoltaik-Anlage: Die weltgrößte Dach-Solaranlage wurde 1997 auf den Hallen des neuen Münchener Messegeländes in Betrieb genommen: 66.000 m² mit 7812 Solarstrom-Modulen und einer Gesamtleistung von 1016 kW

Speziell mit der konventionellen Energieerzeugung ist eine negative Beeinflussung der natürlichen Umwelt verbunden. Insbesondere durch die Verbrennung fossiler Energierohstoffe, in denen durch geologische Vorgänge große Mengen an pflanzlichem Kohlenstoff gebunden sind, wird Kohlendioxid (CO_2) freigesetzt ❻. Dieses Gas ist hauptverantwortlich für die Verstärkung des Treibhauseffektes und damit für die weltweite Temperaturerhöhung. Zudem sind die Vorräte an fossilen Energieträgern begrenzt, während ihr Verbrauch weltweit immer stärker zunimmt. Die heute nachgewiesenen und ökonomisch gewinnbaren Reserven reichen bei gleichbleibender Förderung und konstantem Verbrauch - mit Ausnahme der Kohle - nur noch einige Jahrzehnte. Die dynamische Reichweite von Erdöl wird gegenwärtig auf etwa 30 bis 40 Jahre geschätzt. Die Reichweite für Erdgas und Natururan liegt nur wenig höher. Durch die beiden Ölkrisen in den 70er Jahren und die Warnungen des Club of Rome vor den „Grenzen des Wachstums" wurden dieses Problem der Energieversorgung ebenso wie die Erkenntnis der zunehmenden energiebedingten Umweltbelastungen verstärkt auch zum Gegenstand öffentlicher Diskussionen. Eine neuere Trendskizze von Prognos, die im Auftrag der Bundesregierung energiepolitischen Handlungsbedarf aufzeigt, geht davon aus, dass in Deutschland der Energieverbrauch (u.a. wegen der verbesserten Energieeffizienz) allenfalls moderat wachsen wird. Um aber die von der Bundesregierung festgelegte Minderung der CO_2-Emissionen um 25% zu erreichen, ist künftig eine verstärkte Nutzung alternativer Energiequellen unerlässlich.

Erneuerbare Energien

Betrachtet man den derzeitigen Energiemix bei der Stromerzeugung, erscheint ein Umdenken in der Energiepolitik durchaus gerechtfertigt. Vor allem die erneuerbaren Energiequellen (Biomasse, Erdwärme, Gezeitenenergie, Sonnenenergie, Wasserkraft und Windenergie) stellen im Hinblick auf die dargestellten Problemfelder eine zukunftsfähige Energieversorgung dar. Noch haben diese Energieressourcen eine untergeordnete Bedeutung, wenngleich der Einsatz dieser Energieträger deutliche regionale Unter-

Liberalisierung des deutschen Energiemarktes

Mit der Neufassung des Energiewirtschaftsrechtes (EnWG) von 1935 wurde die EG Richtlinie zur Liberalisierung der europäischen Strommärkte in nationales Recht umgesetzt. Mit Inkrafttreten des neuen EnWG am 29.04.1998 haben sich die Wettbewerbsregeln auf dem deutschen Strommarkt grundlegend geändert. Bis dahin gültige Gebietsmonopole, die in der Vergangenheit dazu geführt hatten, dass jeder Stromverbraucher nur von einem bestimmten, zuständigen Versorgungsunternehmen Elektrizität abnehmen konnte, wurden abgeschafft. Aus einem Monopol- ist ein Wettbewerbsmarkt geworden, der seit der Reform auch Energieversorgungsunternehmen aus dem Ausland offen steht.
Wie sich letztendlich die Liberalisierung in Deutschland auf die Strompreise und den Energiemix auswirkt, und welche Chancen und Risiken daraus resultieren, ist derzeit kaum abzuschätzen. Die Entwicklungen in den nordeuropäischen Staaten (z.B. Norwegen, Schweden, Finnland) deuten jedoch darauf hin, dass durch den zunehmenden Wettbewerbsdruck die Strompreise sinken und die Unternehmen sich neu strukturieren werden.

schiede zeigt. Schon immer wurde die Wasserkraft aufgrund der topographischen Bedingungen in den südlichen Ländern intensiv genutzt. Eine Nutzung der Windenergie findet v.a. an Nord- und Ostsee statt. Im internationalen Vergleich nimmt Deutschland bei der Nutzung der Windenergie eine Vorreiterfunktion ein. Aber auch aus Erdwärme wird in Deutschland rund 70.000 MWh Energie gewonnen. Die neuste Geothermieanlage (*Ardeoquelle*) ist seit März 1998 in Erding bei München in Betrieb.

Ein weiteres Beispiel für eine ressourcen- und umweltschonende Energieversorgung ist die Photovoltaik, d.h. die Stromerzeugung mittels Sonnenlicht. So wurde beispielsweise 1998 auf den Hallendächern der *Neuen Messe München* eine Photovoltaik-Dachanlage ❼ mit einer Gesamtleistung von 1 016 kW installiert, mit der sich jährlich rund 1 Mio. kWh Strom erzeugen lassen. Der erzeugte Solarstrom entspricht rein rechnerisch dem Strombedarf von ca. 340 Durchschnittshaushalten in Deutschland. In naher Zukunft wird auch die Nutzung von Biomasse als regenerativer Energieträger an Bedeutung gewinnen. Obwohl somit das Potenzial erneuerbarer Energien in Deutschland groß ist, liegt im Vergleich mit fossilen Energieträgern gegenwärtig der wesentliche Nachteil in der niedrigen Leistungs- und Energiedichte sowie der zeitlich schwankenden Verfügbarkeit. Dies bedeutet, dass einer wirtschaftlichen Nutzung der relativ geringen Energieausbeute ein großer Finanz- und Flächenaufwand gegenüberstehen. Auch wenn sich allgemein ein positiver Trend hin zu einer vermehrten Nutzung erneuerbarer Energien feststellen lässt, werden aus Kostengründen fossile Energieträger weiterhin die tragenden Säulen der deutschen Energiewirtschaft bleiben ❽.

Chancen für die Zukunft

Durch das im Jahre 1990 eingeleitete Maßnahmenprogramm zur Reduktion von CO_2 und anderen Treibhausgasen setzte sich die Bundesregierung im Bereich des Klimaschutzes ehrgeizige Ziele. So sollen u.a. die CO_2-Emissionen in Deutschland bis zum Jahr 2005 gegenüber 1990 um 25% reduziert werden. Auf den ersten Blick scheint dies eine außergewöhnliche Herausforderung, zumal sich der Energiebedarf mittelfristig nicht gravierend verringern wird. Aber auch ohne den Energiekonsum einzuschränken, lässt sich durch gezielte umweltpolitische Maßnahmen der CO_2-Ausstoß kostengünstig senken.

Die einfachste Möglichkeit zur Energieeinsparung ist die Wärmedämmung von Gebäuden. Des Weiteren lässt sich durch den Einsatz neuer, energieeffizienter Technologien und durch eine Auswahl geeigneter Primärenergieträger eine Minderung der CO_2-Emissionen erreichen. So wird z.B. bei der energetischen Nutzung von Biomasse in Heizkraftwerken nur soviel CO_2 freigesetzt, wie vorher in der Biomasse eingelagert war. Ein geschlossener CO_2-Kreislauf entsteht. Maßgeblich für die Perspektiven der neuen Technologien wird die künftige Entwicklung der Energiepreise sein. Aufgrund des derzeit geringen Weltmarktpreises für Rohöl ist eine Nutzung erneuerbarer Energiequellen ohne die staatlichen Finanzhilfen nicht in größerem Ausmaß vorstellbar. So unterstützt die Bundesregierung seit 1999 den Kauf von umweltfreundlichen Solarstrom-Anlagen durch zinslose Kredite. Das 100.000-Dächer-Programm für Sonnenenergie hat ein Fördervolumen von knapp 1 Mrd. DM. Aber auch andere erneuerbare Energien sollen in Zukunft durch die Politik stärker gefördert werden.

Perspektiven der globalen Energieversorgung

Auch wenn in Deutschland heutzutage in allen Landesteilen die Energieversorgung noch sicher und breit gefächert ist, darf nicht außer Acht gelassen werden, dass im nächsten Jahrhundert der Verbrauch an Energie weltweit ansteigen wird. So kommt beispielsweise das Zukunftsszenario der niederländisch-britischen ROYAL DUTCH/SHELL Gruppe zu dem Ergebnis, dass die Menschen auf der Erde im Jahr 2020 ca. 16 Mrd. t SKE an Primärenergie verbrauchen werden – deutlich mehr, als dies mit rund 12 Mrd. t SKE derzeit der Fall ist. Nach Einschätzung von SHELL werden sich bis zum Jahr 2060 die Weltbevölkerung verdoppeln und die durchschnittliche Wirtschaftskraft vervierfachen, so dass der weltweite Energieverbrauch zu diesem Zeitpunkt bei über 40 Mrd. t SKE liegen wird.

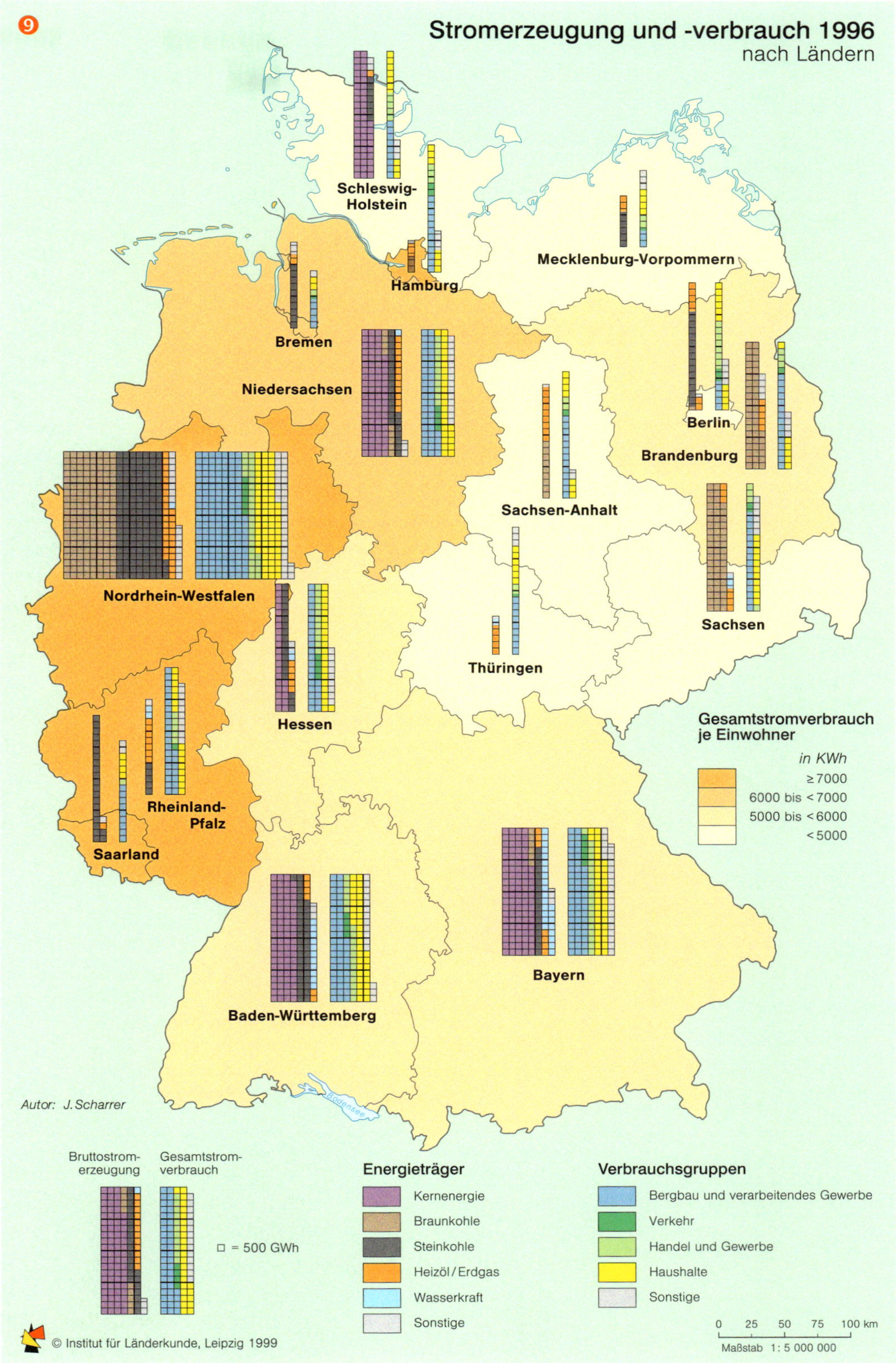

Diese globalen Veränderungen werden auch Auswirkungen auf die Energieversorgung in Deutschland haben. Zum einen werden mittelfristig die Erzeugerpreise bei konventionellen Energieträgern ansteigen. Zum anderen zeigt zumindest die bestehende Energiekontroverse in unserem Land, dass die Option einer verstärkten Nutzung der erneuerbaren Energiequellen langfristig an Bedeutung gewinnt. Den Prognosen zufolge werden die Technologien zur energiewirtschaftlichen Nutzung erneuerbarer Energiequellen um das Jahr 2020 wettbewerbsfähig sein. Die Fortschritte im Bereich der Wasserstofftechnologie lassen zudem hoffen, bald einen idealen Speicher für umweltfreundlich erzeugte Energie zur Verfügung zu haben.◆

Der Immobilienmarkt als Wirtschaftsfaktor

Hans-Wolfgang Schaar

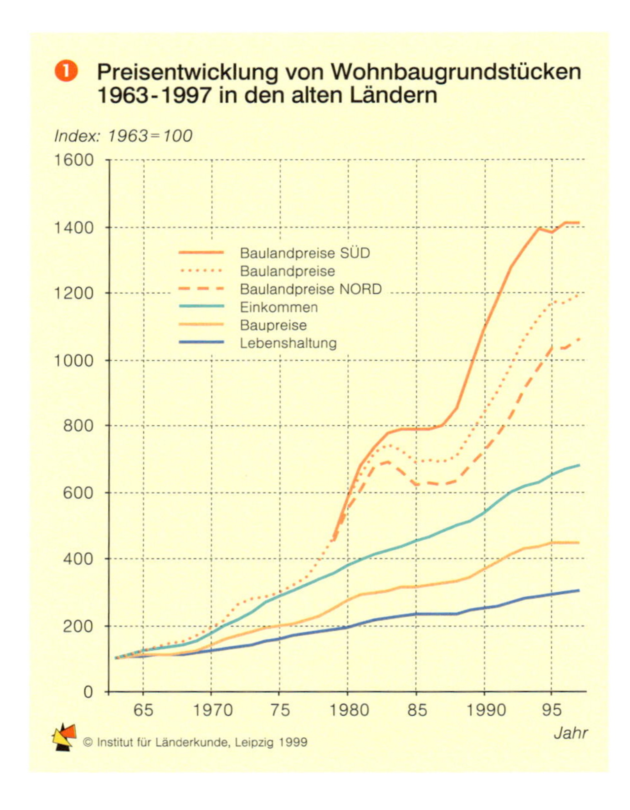

❶ Preisentwicklung von Wohnbaugrundstücken 1963-1997 in den alten Ländern

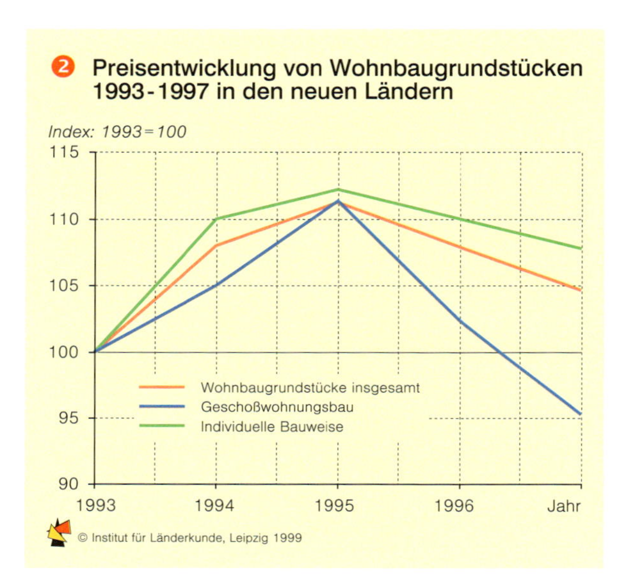

❷ Preisentwicklung von Wohnbaugrundstücken 1993-1997 in den neuen Ländern

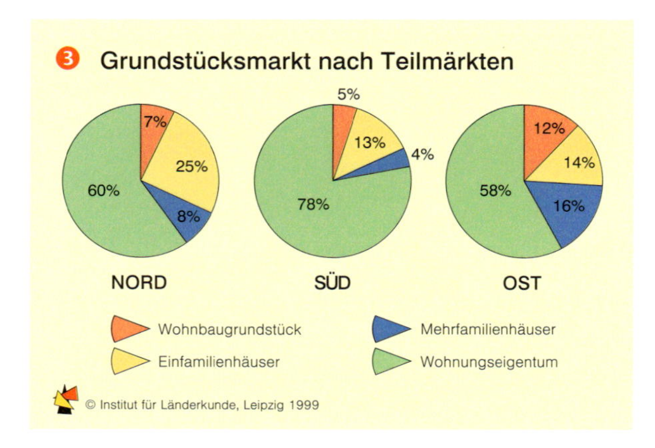

❸ Grundstücksmarkt nach Teilmärkten

Mit mehrstelligen Milliardenumsätzen ist der Immobilienmarkt in Deutschland ein wesentlicher Wirtschaftsfaktor. Das Deutsche Institut für Wirtschaftsforschung in Berlin schätzt das private Immobilienvermögen 1995 auf knapp 7000 Mrd. DM, das private Geldvermögen erreicht hingegen nur knapp 4000 Mrd. DM. Auf diesen Immobilien lasten Kredite von rd. 1300 Mrd. DM. Nahezu die Hälfte aller Haushalte verfügt in Deutschland über Haus- und Grundbesitz. Am Beispiel ausgewählter Großstädte wird die Entwicklung des Immobilienmarktes in den vergangenen Jahren dargestellt sowie ein Überblick über aktuelle Preisverhältnisse gegeben ❺.

In Analysen wird der Immobilienmarkt in seiner Gesamtheit oder in Teilmärkten differenziert nach Regionen, Ländern oder dem gesamten Bundesgebiet untersucht. Seine große Bedeutung als Wirtschaftsfaktor ergibt sich aus der Vielzahl der Untersuchungen. Öffentliche Stellen wie private Unternehmen legen periodisch oder zu besonderen Themen Studien vor. Analysiert werden Umsatz- und Preisveränderungen sowie das Preisniveau. Die Wertverhältnisse am einzelnen Grundstück treten hierbei in den Hintergrund.

Die Entwicklung des Immobilienmarkts in den deutschen Großstädten ist seit vielen Jahren Gegenstand von Untersuchungen des Deutschen Städtetags. Sein mit allen Fragen der Immobilienbewertung und der Grundstücksmarktinformation befasstes Gremium ist der Arbeitskreis Wertermittlung in der Fachkommission „Kommunales Vermessungs- und Liegenschaftswesen". Bereits seit 1955 erheben die Mitglieder des Arbeitskreises jährlich Daten über Kauffälle, Umsatz- und Preisentwicklungen sowie Durchschnittspreise in derzeit etwa 60 deutschen Großstädten. Ausgewählt wurden diese Städte unter anderem aufgrund ihrer geographischen Lage und Bedeutung für eine Region sowie der Eigenschaft als Großstadt mit mehr als 100 000, in Ausnahmefällen mehr als 50 000 Einwohnern. In den Ballungsräumen werden nur einzelne Städte einbezogen, um in der Datenauswertung das Gewicht dieser Regionen nicht überproportional groß werden zu lassen.

Datenquelle sind die Kaufpreissammlungen der örtlichen Gutachterausschüsse für Grundstückswerte. Diese erhalten als unabhängige, weisungsungebundene Behörden zur Führung der Kaufpreissammlung eine Abschrift von jedem Kaufvertrag, der über in ihrem örtlichen Zuständigkeitsbereich liegende Immobilien abgeschlossen wird. Die für die Untersuchungen relevanten Daten werden dem Arbeitskreis anonymisiert zugeleitet, so dass der Datenschutz gewährleistet ist. Derzeit stehen jährlich Daten aus bis zu 150 000 Kaufverträgen zur Verfügung. Veröffentlicht wird die Untersuchung in der Zeitschrift „der städtetag". Ergänzend teilen die Ausschüsse seit drei Jahren im Rahmen einer Blitzumfrage bereits zu Jahresbeginn erste Trends für das abgelaufene Jahr sowie eine Prognose für das laufende erste Halbjahr mit.

Von jeher unterscheiden sich die Immobilienmärkte in Nord- und Süddeutschland hinsichtlich des Preisniveaus und der Preis- und Umsatzentwicklung. Folgerichtig wurden in den alten Ländern die Berichtsräume „Nord" beziehungsweise „Süd" gebildet, um großräumige Datenanalysen und -interpretationen zu ermöglichen ❶. Seit der Vereinigung der beiden deutschen Staaten müssen die auch heute noch erkennbaren Besonderheiten – so zum Beispiel alt- bzw. neuerschlossene Baugrundstücke, Bestand in Plattenbauweise – in den neuen Ländern getrennt im Berichtsraum „Ost" analysiert werden ❷.

Teilmärkte

Untersucht werden in erster Linie zu Wohnzwecken genutzte Immobilien in relativ harmonisch abgegrenzten Teilmärkten. Im Teilmarkt der unbebauten Baugrundstücke ❸ werden Grundstücke für die individuelle Bauweise (Ein- und Zweifamilienhäuser) getrennt untersucht von Grundstücken für den Geschosswohnungsbau. Bei den bereits bebauten Immobilien bilden Ein- und Zweifamilienhausgrundstücke sowie Mietwohnhausgrundstücke jeweils eigene Teilmärkte. Der Teilmarkt der Eigentumswohnungen wird weiter differenziert nach Neuerrichtungen, Weiterverkäufen und Umwandlungen.

Die Hauptaktivitäten des Marktgeschehens haben sich in den letzten Jahrzehnten kontinuierlich in die Teilmärkte der bebauten Wohngrundstücke und des Wohnungseigentums verlagert ❹. Ursache hierfür ist die Tatsache, dass eine bereits vorhandene Wohnimmobilie meist sehr viel rascher verfügbar ist und in der Regel für den Erwerber ein deutlich geringeres Kostenrisiko aufweist als ein unbebautes Grundstück. Selbst wenn das unbebaute Grundstück schon baureif ist, müssen oftmals zwei Jahre und mehr für Planung und Bauausführung einkalkuliert werden. In dieser Zeit können sich Baupreise und Hypothekenzinsen deutlich anders als erwartet entwickeln.

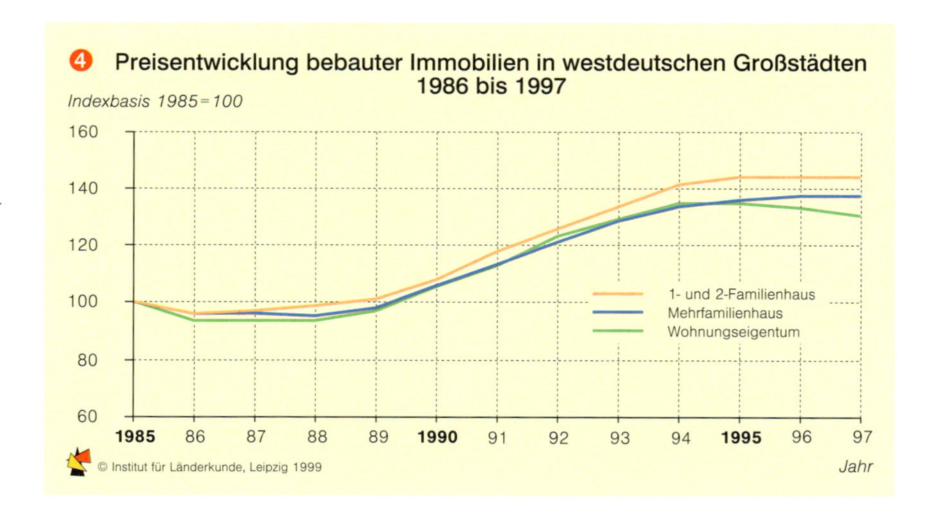

❹ Preisentwicklung bebauter Immobilien in westdeutschen Großstädten 1986 bis 1997

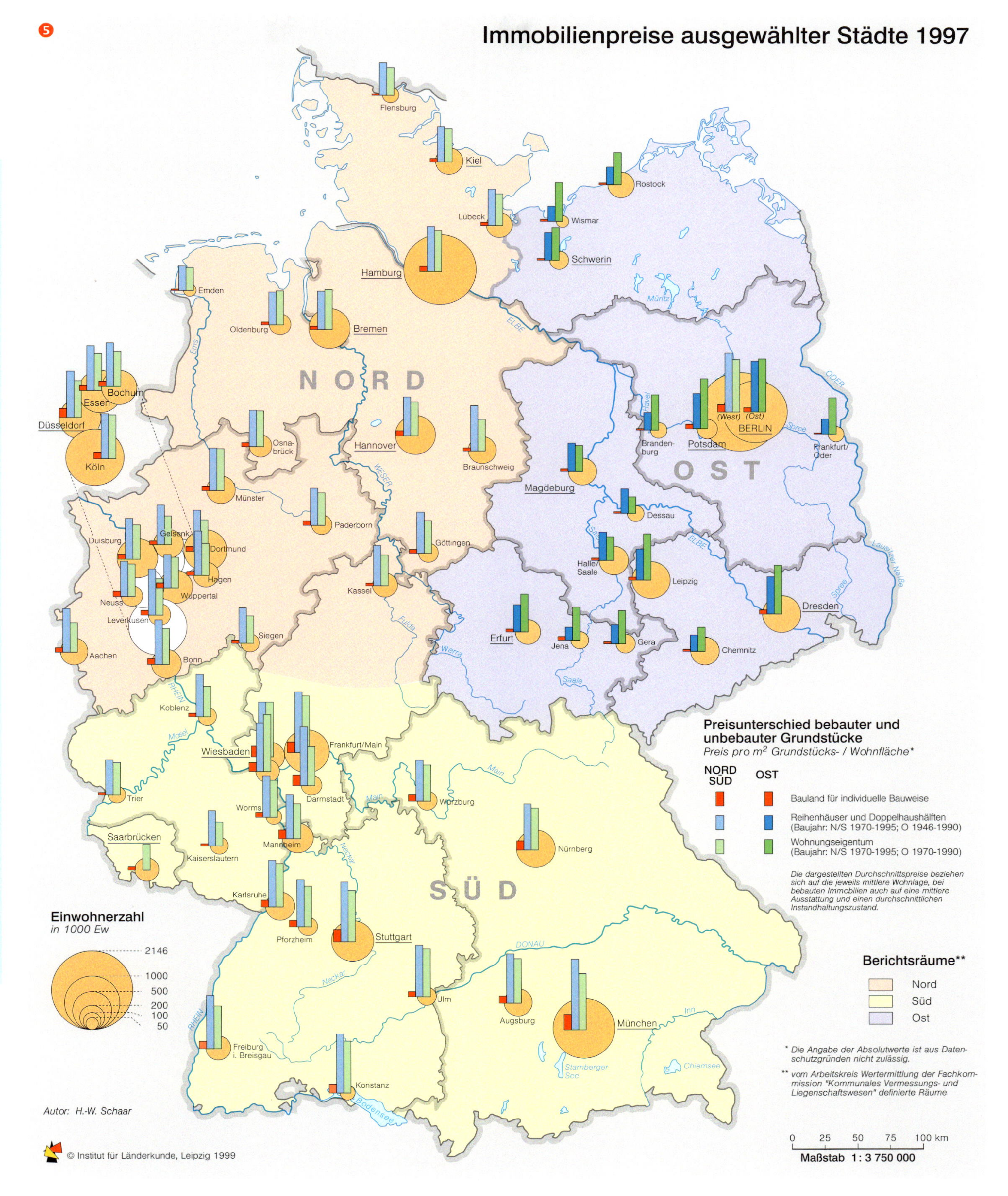

Bodenrichtwert
durchschnittlicher Lagewert je m² Grundstücksfläche für Grundstücke eines Gebietes mit im wesentlichen gleichen Lage-, Nutzungs- und Wertverhältnissen, bezogen auf ein fiktives, unbebautes, typisches Grundstück (auch wenn Umgebung bebaut). Wird vom Gutachterausschuss aus tatsächlich gezahlten Kaufpreisen ermittelt und in einer Bodenrichtwertkarte dargestellt und veröffentlicht.

Erstverkauf
Erstmaliger Verkauf einer neuerrichteten Eigentumswohnung.

Geschosswohnungsbau
Gebäude in mehrgeschossiger Bauweise. Nutzung als Mietwohngebäude oder als Wohnungseigentum.

Gutachterausschuss
Unabhängiges, sachverständiges Kollegialgremium ehrenamtlich tätiger Immobilienexperten. Gebildet in erster Linie bei den kreisfreien Städten und den Landkreisen. Erstattet auf Antrag gebührenpflichtige Wertgutachten, wertet die Kaufpreissammlung aus und informiert über den örtlichen Immobilienmarkt. Geschäftsstellen sind zumeist eingerichtet bei den Verwaltungen der Städte oder Landkreise.

Kaufpreissammlung
Jeder Kaufvertrag über eine in Deutschland verkaufte Immobilie wird dem örtlich zuständigen Gutachterausschuss für Grundstückswerte zur Führung der Kaufpreissammlung zugeleitet.

Umwandlung
Überführung einer ursprünglich als Mietwohnung errichteten Wohneinheit in eine Eigentumswohnung. Voraussetzungen: Abgeschlossenheitsbescheinigung der Baubehörde und eine notarielle Teilungserklärung.

Weiterverkauf
Jeder nach Erstverkauf oder Umwandlung erfolgende weitere Verkauf einer Eigentumswohnung.

Wertbeeinflussende Merkmale

Immobilienmakler beantworten die Frage nach den drei wesentlichen Einflussgrößen auf den Wert einer Immobilie manchmal mit der kategorischen, dreifachen Wiederholung: „Die Lage, die Lage und die Lage“. Zweifellos kommt der Lage des Objekts eine große Bedeutung zu. Die Eigentumswohnung am vielbefahrenen Autobahnzubringer oder in der Einflugschneise eines Verkehrsflughafens hat sicherlich einen wesentlich geringeren Wert als ein vergleichbar ausgestattetes Objekt in bevorzugter ruhiger Wohnlage derselben Stadt. Jedoch ist der Gesamtwert einer Eigentumswohnung in bester Lage einer ländlichen Gemeinde insgesamt zumeist deutlich geringer als in einer Großstadt im Ballungszentrum, da sich das Bodenwertniveau wesentlich unterscheidet. Der Wert der Immobilie hängt auch stark von Wohnfläche, Alter, Ausstattungsqualität und Unterhaltungszustand des Gebäudes ab. Bei unbebauten Baugrundstücken tritt als weiterer wertrelevanter Faktor das öffentliche Planungs- und Baurecht hinzu, das überhaupt erst die bauliche Nutzung eines Grundstücks ermöglicht, diese aber ebenso wertrelevant einzuschränken vermag.

Längerfristige vergleichende Analysen des Immobilienmarktes können sich heute nur auf die alten Länder erstrecken, da sich der Grundstücksmarkt in den neuen Ländern erst zu stabilisieren beginnt. Die in Ostdeutschland nach der Wiedervereinigung vorhandenen Unsicherheiten und zum Teil überzogenen Wertzuwachserwartungen beginnen sich auch vor dem Hintergrund auslaufender steuerlicher Investitionsvorteile und der Sättigungseffekte des Markts zu normalisieren. Aussagen über die Preisentwicklung in den neuen Ländern sind noch mit größeren Unsicherheiten behaftet. Wegen unterschiedlicher Marktgegebenheiten, zum Beispiel alt- bzw. neuerschlossener Baugrundstücke, unsanierter bzw. totalsanierter Immobilien und der Immobilien in der verbreiteten Plattenbauweise, wird eine zusammenfassende Analyse des gesamtdeutschen Grundstücksmarkts noch auf längere Zeit nur mit großer Zurückhaltung erfolgen können. ◆

Regionale Differenzierung der Wirtschaftskraft

Martin Heß und Jochen Scharrer

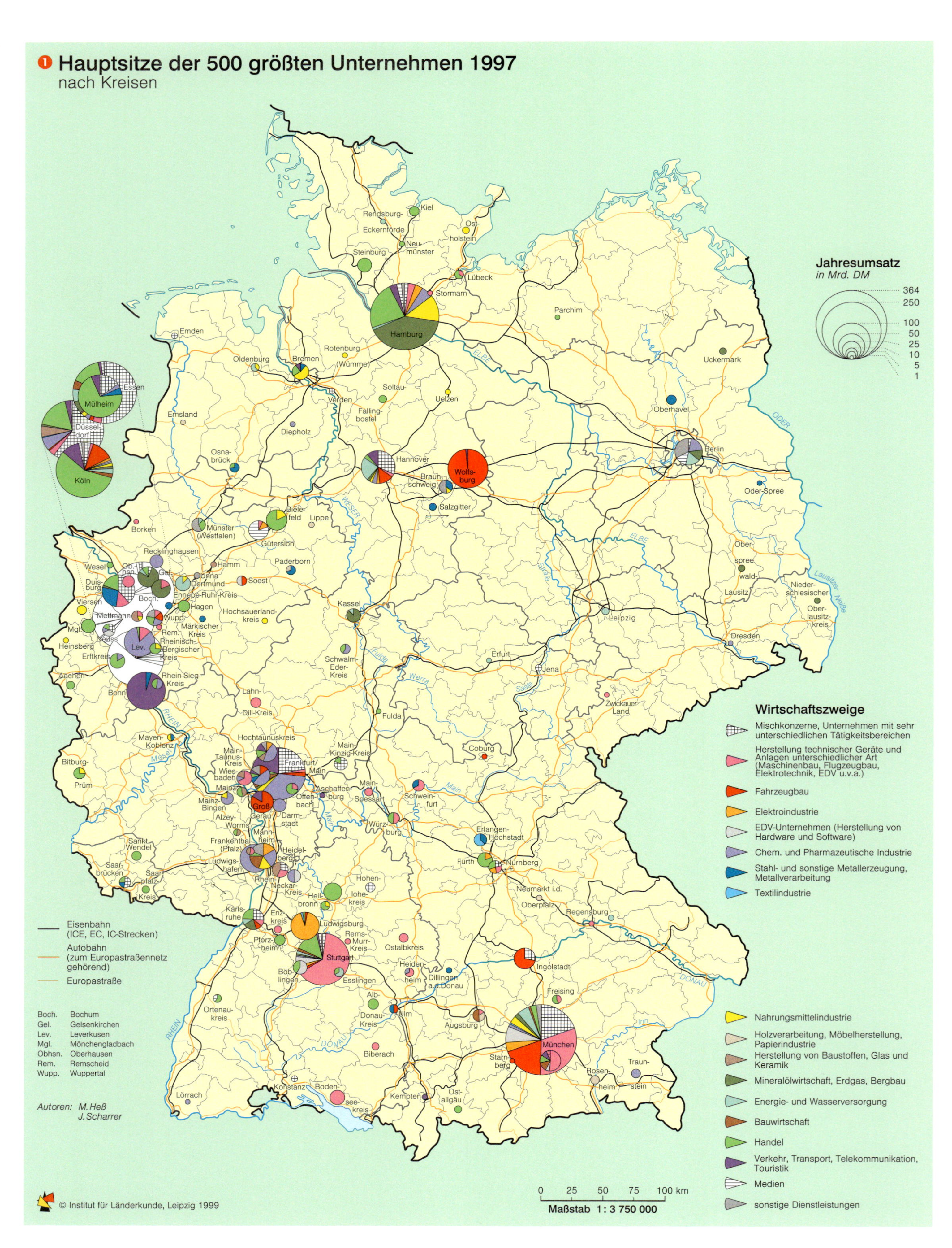

❶ Hauptsitze der 500 größten Unternehmen 1997 nach Kreisen

Die Bundesrepublik Deutschland zählt heute zweifellos zu den wirtschaftsstärksten Ländern der Erde. Ermöglicht wurde dies durch ein enormes Wirtschaftswachstum in den vergangenen Jahrzehnten seit dem Zweiten Weltkrieg, welches unter dem Begriff „deutsches Wirtschaftswunder“ weltweit Aufmerksamkeit erlangte. Dabei verlief die Entwicklung zunächst in den Besatzungszonen und später in den beiden deutschen Staaten politisch und ökonomisch sehr unterschiedlich. Während die westlichen Zonen und die 1949 daraus entstandene Bundesrepublik Deutschland relativ schnell die Integration in die Weltwirtschaft erreichten, führte der Weg der sowjetischen Besatzungszone und späteren DDR zu einer sozialistischen Wirtschaftsform, deren Schwachstellen nach der Wende offensichtlich wurden. Das große Gefälle der Wirtschaftskraft zwischen den alten und den neuen Ländern zu beseitigen, ist seit der deutschen Wiedervereinigung eine der wichtigsten gesellschafts- und wirtschaftspolitischen Aufgaben. Neben diesem West-Ost-Gefälle sind es v.a. zwei Phänomene, welche die regionale Differenzierung der Wirtschaftskraft in Deutschland augenfällig werden lassen: die Konzentration wirtschaftlicher Macht in wenigen Regionen und ein in vielen Bereichen feststellbares Zentrum-Peripherie-Muster der ökonomischen Situation.

Die Konzentration wirtschaftlicher Macht

Gerade in den letzten Jahren war die wirtschaftliche Entwicklung vieler Sektoren durch unternehmerische Konzentrationsprozesse in Form von Fusionen und Übernahmen charakterisiert. Damit entstehen immer mächtigere Großunternehmen und Konzerne. Diese haben längst nationale Grenzen überwunden, was sich an Beispielen sogenannter Megafusionen wie jener der Daimler-Benz AG mit dem amerikanischen Automobilhersteller Chrysler oder der Deutschen Bank mit dem US-Finanzhaus Bankers Trust eindrucksvoll belegen lässt. Die Hauptsitze dieser Firmen konzentrieren sich in vergleichsweise wenigen Regionen. In Deutschland befinden sich die Hauptverwaltungen der 500 umsatzstärksten Unternehmen überwiegend in den westdeutschen Verdichtungsräumen ❶. Dies erklärt sich einerseits aus den Anforderungen, die aufgrund der *Headquarter*-Funktionen an den Unternehmensstandort gestellt werden. Dazu zählen insbesondere die überregionale Erreichbarkeit und eine entsprechende Verkehrsinfrastruktur (z.B. Flughäfen), eine leistungsfähige Kommunikationsinfrastruktur sowie die Verfügbarkeit von hochqualifiziertem Personal. Zum ande-

Regionale Differenzierung der Wirtschaftskraft: eine Faktoren- und Clusteranalyse

Karte ❷ stellt die Ergebnisse zweier methodischer Verfahren dar, mit deren Hilfe aus einer größeren Zahl von Variablen eine komplexe Typisierung der Landkreise und kreisfreien Städte in Deutschland erstellt wird. Folgende Merkmale haben Eingang in das Modell gefunden:

1. Bruttoinlandsprodukt je Einwohner
2. Nettoeinkommen je Einwohner
3. Gewerbesteuereinnahmen je Einwohner
4. Sozialversicherungspflichtig Beschäftigte je 1000 Einwohner
5. Anteil der im tertiären Sektor Beschäftigten an allen sozialversicherungspflichtig Beschäftigten
6. Arbeitslosenquote
7. Einnahmen der Gemeinden je Einwohner
8. Schulden der Gemeinden je Einwohner
9. Ausgaben der Gemeinden je Einwohner
10. Baulandpreise
11. Anteil der Schüler mit Hochschulreife an allen Schulabgängern
12. Anteil der Schüler ohne Hauptschulabschluss an allen Schulabgängern
13. Saldo der die Kreisgrenzen überschreitenden Wanderungen

Die Auswahl der Merkmale orientiert sich an dem Ziel, den komplexen Sachverhalt **Wirtschaftskraft** möglichst umfassend in seinen verschiedenen Aspekten zu erfassen. Limitiert war die Auswahl jedoch durch die Datenverfügbarkeit. Die gewählten Variablen wurden nach Prüfung ihrer Korrelation einer Faktorenanalyse unterzogen, um die Reduktion auf Hintergrundvariablen zu erreichen. Im vorliegenden Modell wurden drei Faktoren errechnet, die anschließend Eingang in eine Clusteranalyse fanden. Damit wird das Ziel verfolgt, Gruppen von Raumeinheiten zu bilden, die in sich selbst möglich ähnlich (homogen) sind und sich gegenüber den anderen Raumtypen möglichst stark unterscheiden (zur genauen Methodik von Faktoren- und Clusteranalysen vgl. auch Brockfeld u. Hess 1994 und die dort zitierte Literatur). In Karte ❷ werden als Ergebnis fünf Cluster-Typen von Raumeinheiten dargestellt und benannt. Im Modell ausgenommen sind die Stadtstaaten Berlin, Bremen und Hamburg, da sie bei vielen Variablen aufgrund der verwaltungs- und finanzpolitischen Sonderstellung nicht sinnvoll mit anderen Kreisen bzw. Städten verglichen werden können.

ren profitierten die westdeutschen Verdichtungsräume von der Hauptsitzverlagerung insbesondere Berliner Firmen nach Ende des Zweiten Weltkriegs. Dies spiegelt sich in dem vergleichsweise geringen Unternehmensumsatz wider, der von Berlin aus kontrolliert wird. Durch die Hauptstadtfunktion Berlins und den Umzug von Bundesregierung und –ministerien ist eine gewisse Stärkung der Zentralität von Berlin im Unternehmensbereich zu erwarten, wie die Bauvorhaben z.B. von Sony oder der Daimler-Chrysler-Tochterfirma Debis zeigen. Dennoch wird das Potenzial an unternehmerischen Hauptsitz- und Steuerungsfunktionen (sog. *headquarter economies*) in Berlin auf absehbare Zeit begrenzt bleiben. Dies kann man auch als Ausdruck einer föderalen Staatsstruktur interpretieren, die sich von stärker zentralisierten Systemen wie z.B. Frankreich deutlich abhebt.

Das Vorhandensein von Unternehmenshauptsitzen in einem Wirtschaftsraum beeinflusst die ökonomische Entwicklung der Standortregion durch Beschäftigungseffekte sowie vor- und nachgelagerte Verflechtungen in positiver Weise, wodurch die zentral-periphere Differenzierung der Wirtschaftskraft – trotz wirtschafts- und raumordnungspolitischer Maßnahmen – i.d.R. persistent bleibt.

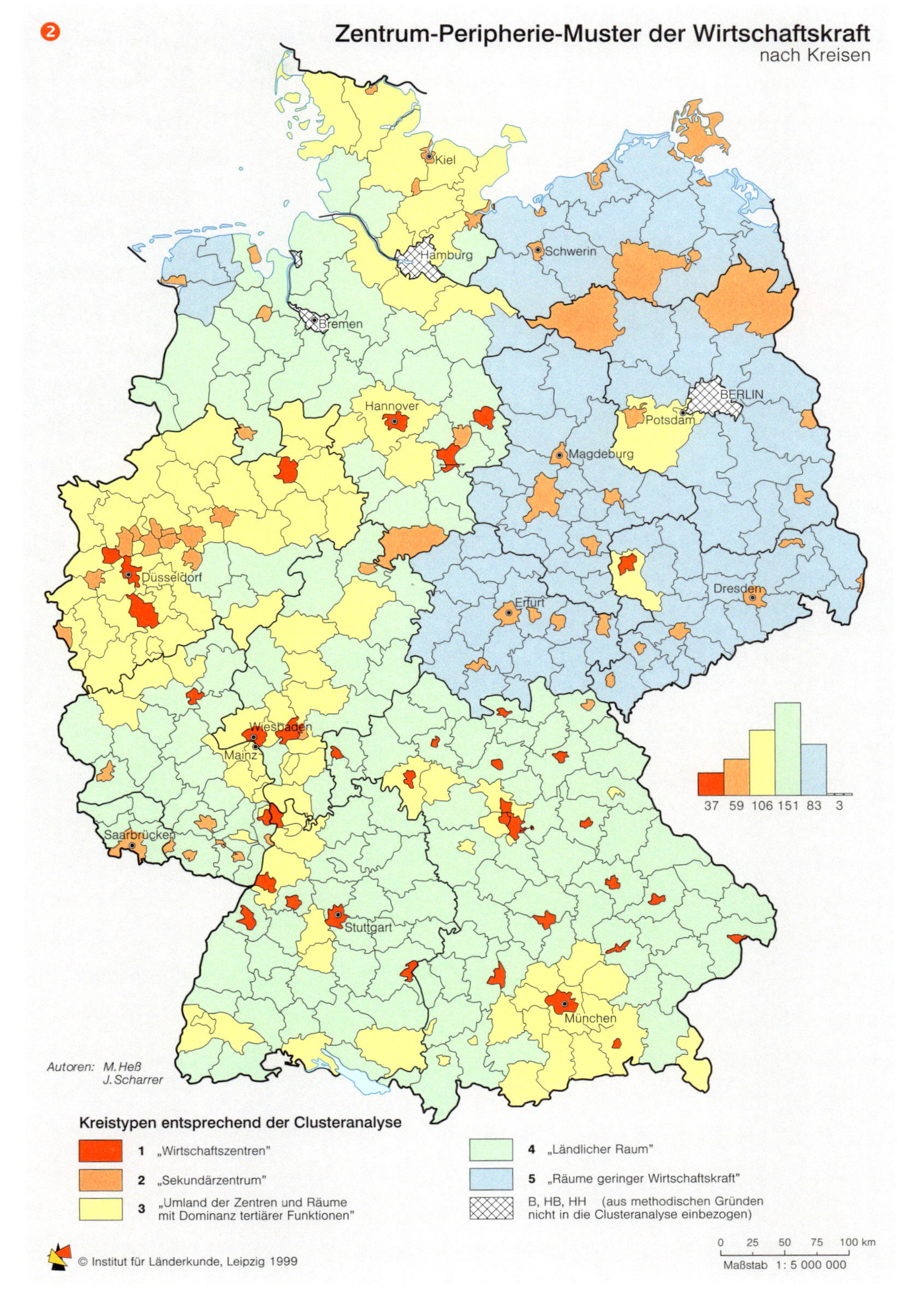

Zentrum-Peripherie-Muster der Wirtschaftskraft

Räumliche Unterschiede in der Wirtschaftskraft zwischen Verdichtungsräumen und ländlichen Gebieten zeigen sich auch dann noch, wenn man eine Vielzahl von Variablen zur Charakterisierung eines Raumes heranzieht und verknüpft ❷. Für die Darstellung wurden fünf Raumtypen gebildet:

Typ 1 ist durch kreisfreie Städte und Oberzentren v.a. in Westdeutschland repräsentiert. Die Wirtschaftsleistung ist in diesem Typ am stärksten ausgeprägt, ohne dass allerdings die Faktoren, welche Wohlstand und Höhe der Arbeitslosigkeit darstellen, besonders positiv ausfallen. Zu dieser Gruppe von Städten sind sicherlich auch die Stadtstaaten zu zählen, die aus methodischen Gründen nicht in die Clusteranalyse aufgenommen wurden.

Typ 2 umfasst v.a. einige kreisfreie Städte im Westen Deutschlands und eine größere Zahl von Landkreisen und Städten in den neuen Ländern. Es handelt sich dabei um vergleichsweise wirtschaftsstarke Regionen, die jedoch nicht die ökonomische Leistung des ➡

Symbol für Kaufkraft: Die Maximilianstraße in München, Standort des hochpreisigen Einzelhandels

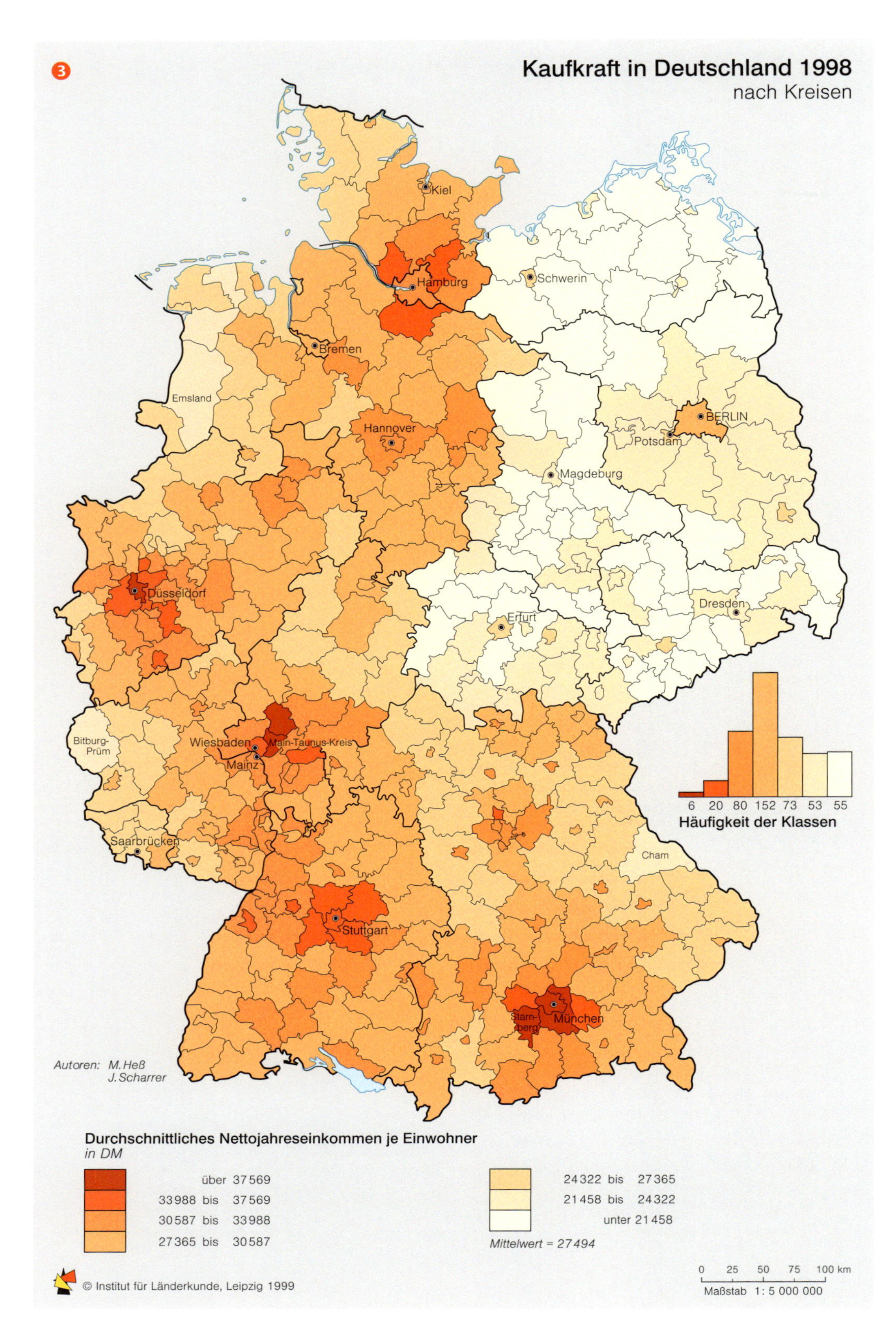

Kaufkraft in Deutschland – Definition der verwendeten Kennziffer

Karte ❸ stellt die **Kaufkraft** in Deutschland unter Verwendung des Merkmals **Nettoeinkommen** je Einwohner" dar. Dies entspricht dem **verfügbaren Einkommen**, wie es durch das statistische Bundesamt definiert wird. Bei der Interpretation der Karte ist deshalb zu berücksichtigen, dass der dargestellte Wert für das Nettoeinkommen nichts über die Lebenshaltungskosten in der entsprechenden Raumeinheit aussagt. Ein hohes Nettoeinkommen in München wird beispielsweise durch überdurchschnittliche Lebenshaltungskosten, insbesondere im Bereich der Mieten und Baulandpreise, relativiert. Das Merkmal **Nettoeinkommen** wird am Wohnort der Bevölkerung erfasst. Dies gibt allerdings keine Hinweise darauf, wo das verfügbare Geld ausgegeben wird. Ein Vergleich mit Umsatz- oder Handelskennziffern ist deshalb nicht möglich.

Typs 1 erreichen und deshalb als „Sekundärzentren" bezeichnet werden, auch wenn sich einige Kreise im ländlichen Raum darunter befinden.
Typ 3 wird insbesondere durch Landkreise im Umland der Großstädte gebildet. Hinzu kommen einige Regionen in Oberbayern, Baden-Württemberg und Schleswig-Holstein, in denen aufgrund ihrer Fremdenverkehrsfunktion die Tertiärisierung zum Tragen kommt. Die Hintergrundmerkmale zur Arbeitslosigkeit und Einkommenssituation weisen hier besonders positive Werte auf.

Typ 4 besteht ausschließlich aus Landkreisen in den alten Ländern außerhalb der Verdichtungsräume. Die Hintergrundvariablen zur Wirtschaftsleistung weisen hier geringere Werte auf als bei den „Sekundärzentren".

Typ 5 schließlich besteht aus der Mehrzahl der Landkreise in den neuen Ländern und drei Kreisen in Ostfriesland. Dieser Typus weist bezüglich der Wirtschaftskraft die schwächsten Werte auf. Insbesondere die prekäre Arbeitsmarktsituation schlägt sich bei der Bildung dieses Typs sehr stark nieder. Zusammenfassend ergibt sich damit das schon angesprochene Bild einer wirtschaftlichen Zentrum-Peripherie-Situation der wirtschaftlichen Leistungskraft.

Kaufkraft in den alten und neuen Ländern

Auch wenn der ökonomische Aufholprozess in Ostdeutschland das West-Ost-Gefälle in der Wirtschaftskraft in den letzten Jahren tendenziell verringert hat, verdeutlicht die Zusammenstellung der Kaufkraft je Einwohner ❸, dass nach wie vor erhebliche Unterschiede in Bezug auf die Nettoeinkommen der deutschen Bevölkerung bestehen. Die unterschiedlich hohen Lebenshaltungskosten werden hierbei allerdings nicht berücksichtigt ➜. Bezüglich des Ausmaßes großräumiger regionaler Disparitäten lässt sich folgende Tendenz erkennen: Ostdeutschland (einschließlich Berlin-Ost) erreichte auch 1998, neun Jahre nach der Wende, mit einem durchschnittlichen Nettoeinkommen von 22.239 DM je Einwohner nur ein relativ niedriges Kaufkraftniveau. Hierin spiegelt sich auch die im Zuge des ökonomischen Transformationsprozesses erfolgte Deindustrialisierung und Umstrukturierung von Landwirtschaft und Dienstleistungen, verbunden mit einem enormen Zuwachs der Arbeitslosigkeit, wider. Allerdings ist das Kaufkraftgefälle und damit verbun-

❹ Staatliche Leistungen für Ostdeutschland (in Mrd. DM)

	1991	1992	1993	1994	1995	1996	1997	1998 *)	1991 - 1998
Bruttoleistungen insgesamt	**139**	**151**	**167**	**169**	**185**	**187**	**183**	**189**	**1370**
davon:									
Bund	75	88	114	114	135	138	131	139	934
Westdeutsche Länder und Gemeinden	5	5	10	14	10	11	11	11	77
Fonds "Deutsche Einheit"	31	24	15	5					75
Europäische Union	4	5	5	6	7	7	7	7	48
Sozialversicherung (Arbeitslosenversicherung und gesetzliche Rentenversicherung)	24	29	23	30	33	31	34	32	236
davon:									
Sozialleistungen	56	68	77	74	79	84	81	84	603
Subventionen	8	10	11	17	18	15	14	16	109
Investitionen	22	23	26	26	34	33	32	33	229
Allgemeine, nicht aufteilbare Finanzzuweisungen	53	50	53	52	54	55	56	56	429
Einnahmen des Bundes in Ostdeutschland	-33	-37	-39	-43	-45	-47	-47	-48	-339
Nettoleistungen insgesamt	**106**	**114**	**128**	**126**	**140**	**140**	**136**	**141**	**1031**

*) geschätzt

den die regionale Einkommensdisparität zwischen den einzelnen Landkreisen nur sehr schwach ausgeprägt.

Erheblich größer sind die Unterschiede der regionalen Kaufkraft in den alten Ländern, die (mit Berlin-West) ein durchschnittliches Nettoeinkommen von 30.355 DM je Einwohner aufweisen. Hier finden sich sowohl Landkreise, die der niedrigsten Einkommensklasse angehören (z.B. Bitburg-Prüm, Cham und Emsland), als auch regionale Einheiten, in denen die westdeutschen „Spitzenverdiener" leben (u.a. Düsseldorf, Main-Taunus-Kreis und Starnberg).

Die kleinräumige Verteilung der Kaufkraft reflektiert insbesondere in Westdeutschland die wirtschaftliche Bedeutung der Zentren (Düsseldorf, Frankfurt a.M. und München) sowie den langjährigen Prozess der Suburbanisierung. Die Konzentration von Hauptverwaltungen und unternehmensbezogenen Dienstleistungen in diesen Zentren hat aufgrund der vergleichsweise hohen Spezialisierung sowie der damit verbundenen Personalanforderungen und Gehaltsstrukturen eine enorme Kaufkraft der ansässigen Bevölkerung zur Folge. Die Kernstädte wiesen jedoch in den vergangenen Dekaden durchweg Wanderungsverluste dieser Bevölkerungsgruppen zugunsten des Umlandes auf. Vorherrschendes Motiv war eine Verbesserung der Wohn- und Wohnumfeldsituation. Dadurch bildeten sich um die Kernstädte verdichtete Räume, in denen das Nettoeinkommen der dort lebenden Bevölkerung vergleichsweise sehr hoch ist. Die Kreise abseits solcher hochverdichteten Regionen und Entwicklungsachsen weisen auch in den alten Ländern ein niedrigeres Kaufkraftniveau auf. Dies ist insbesondere in den ländlichen Regionen (Bayerischer Wald, Saarland und Ostfriesland) festzustellen.

In den neuen Ländern stellt Berlin aufgrund seiner besonderen Situation ein mögliches Gravitationszentrum dar. Darüber hinaus sind stärkere Wachstumseffekte insbesondere in den Räumen Leipzig-Halle und Dresden zu erwarten, zumindest wenn man ähnliche Entwicklungsprozesse wie in den westlichen Teilen der Bundesrepublik unterstellt.

Regionale Differenzierung der Wirtschaftskraft in der EU

Der Versuch einer Charakterisierung regionaler Disparitäten in Deutschland bleibt jedoch unvollständig, wenn nicht eine Gegenüberstellung mit der übergeordneten Raumeinheit erfolgt. Für die Darstellung regionaler Disparitäten in Europa wird die Wirtschaftskraft, gemessen durch das Bruttoinlandsprodukt pro Einwohner, herangezogen. Karte 5 gibt einen Überblick der Spannweite der Wirtschaftskraft innerhalb der EU-Staaten auf NUTS-II-Ebene (Mittlere Ebene der Erfassungseinheiten der Territorialstatistik der EU). Die wirtschaftsstärksten Regionen finden sich insbesondere im süddeutschen Raum (Baden-Württemberg, Bayern und Südhessen) und im traditionell wirtschaftsstarken Norden Italiens. Hinzu kommen mehrere Hauptstadtregionen sowie die Hafenstädte Hamburg und Rotterdam. Dagegen weisen weite Teile Südeuropas, v.a. Griechenland, Portugal, Süditalien und Südspanien, deutlich unterdurchschnittliche Werte des Inlandsproduktes je Einwohner auf. Dies kann zum einen auf die hohe Bedeutung des Agrarsektors in diesen Regionen zurückgeführt werden, was angesichts der Situation auf den Weltagrarmärkten kaum Spielraum für Wirtschaftswachstum lässt. Zum anderen ist die periphere Lage zu den Hauptabsatzmärkten in der Europäischen Union ein potentielles Hindernis für eine stärkere ökonomische Entwicklung. Die Notwendigkeit strukturpolitischer Maßnahmen mit dem Ziel eines regionalen Abbaus von Disparitäten ist – wie eingangs erwähnt – nicht nur für die Bundesrepublik offensichtlich, sondern auch auf europäischer Ebene, um das Ziel einer wachsenden Integration nicht zu gefährden.

Die Wirtschaftskraft der neuen Länder

In Karte 5 wird sichtbar, dass Ostdeutschland, gemessen am Bruttoinlandsprodukt je Einwohner, eine ähnlich niedrige Wirtschaftskraft aufweist wie weite Teile der EU-Peripherie. Die umfangreichen Transferzahlungen im Rahmen des „Aufbau Ost" konnten hier noch kein so dynamisches Wirtschaftswachstum hervorrufen, dass eine Angleichung an westdeutsche Verhältnisse bereits erreicht worden wäre 4. Der Löwenanteil des Nettotransfers von ca. 1 Billion DM bis 1998 wurde dabei durch den Bund getragen, die restlichen Mittel wurden durch Länder, Gemeinden, die EU und die Sozialversicherung aufgebracht. Insgesamt beliefen sich die jährlichen Nettotransferleistungen in die neuen Länder auf rund 5% des westdeutschen Bruttoinlandsprodukts.

Die Wirtschaftsentwicklung in den neuen Ländern verlief, nach den starken Einbrüchen zu Beginn der 90er Jahre, bis Ende 1994 durchaus positiv, und es konnten hohe Wachstumsraten erzielt werden. Seit 1995 jedoch hat sich dieses Wachstum spürbar abgeflacht und rangiert mittlerweile wieder hinter den Zuwachsraten der alten Länder. Wirtschaftspolitisch wurde diese Situation teilweise unterschätzt, so dass auch auf absehbare Zeit ein West-Ost-Transfer von Finanzmitteln in großem Umfang unausweichlich sein wird, will man die ökonomische Entwicklung in Ostdeutschland und damit eine Festigung der inneren Einheit in der Bundesrepublik nicht gefährden.◆

Die Skyline von Frankfurt am Main: Deutsches Banken- und Finanzzentrum, Sitz der Europäischen Zentralbank

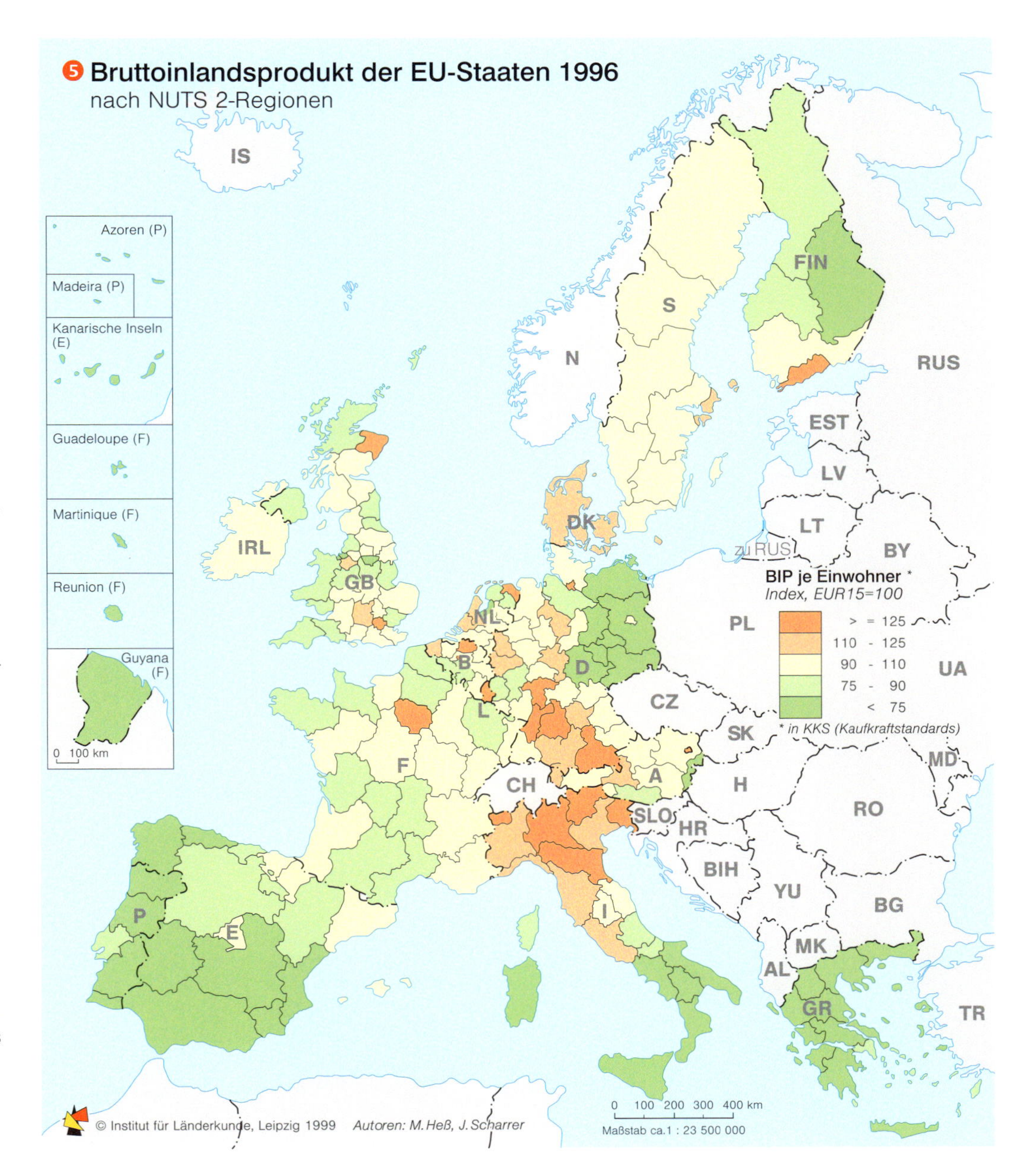

Ein Netzwerk der Wirtschaft für die Wirtschaft

Irmgard Stippler

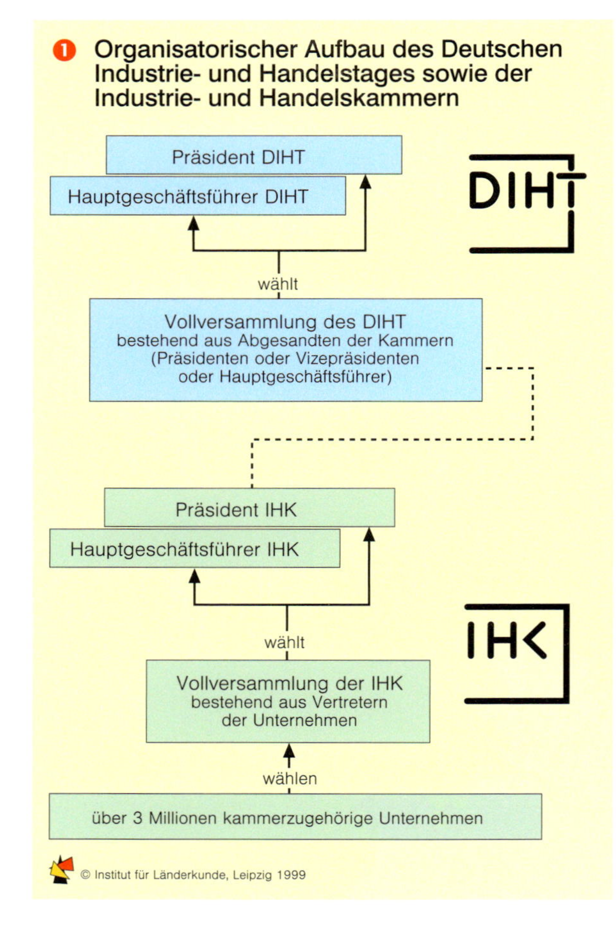

❶ Organisatorischer Aufbau des Deutschen Industrie- und Handelstages sowie der Industrie- und Handelskammern

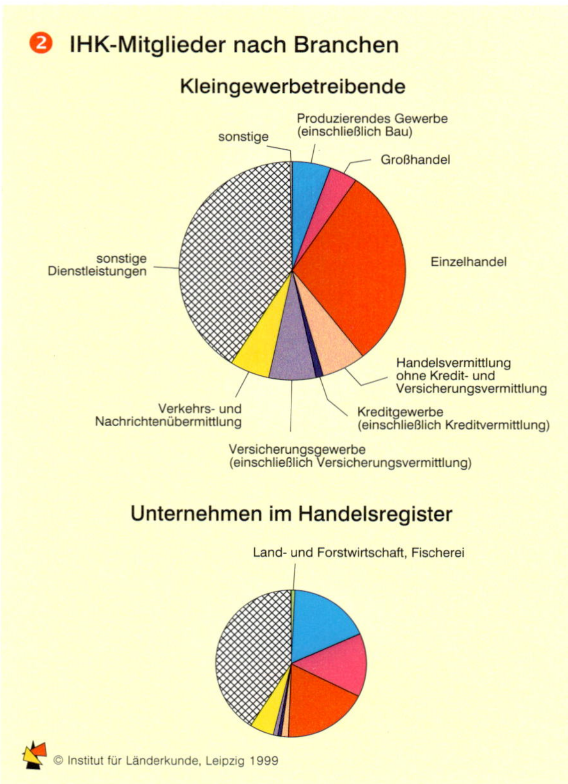

❷ IHK-Mitglieder nach Branchen

Ein Unternehmen erfolgreich zu leiten, setzt in Zeiten der Globalisierung mehr Wissen denn je voraus. Unternehmen müssen die Gesetze und Vorschriften kennen, mit denen der Staat den Rahmen ihrer wirtschaftlichen Tätigkeit absteckt. Zugleich müssen sie ihre Interessen gegenüber dem Staat wirksam vertreten. Immer stärker hängt der Geschäftserfolg aber auch davon ab, ob die Unternehmen bei ihren Entscheidungen über alle aktuellen marktrelevanten Informationen verfügen.

Zur Erfüllung dieser Aufgaben brauchen die Unternehmen eine starke unabhängige Vertretung: 82 deutsche Industrie- und Handelskammern (IHK) setzen sich für die Stärkung der Wettbewerbsfähigkeit von fast 3,5 Millionen gewerblichen Unternehmen in Deutschland ein. Sie agieren als deren Sprecher in der Region. Die Dachorganisation, der Deutsche Industrie- und Handelstag (DIHT), vertritt die Anliegen der gewerblichen Wirtschaft auf der Bundes- und der europäischen Ebene. Im Ausland werden die Unternehmen von 58 Auslandshandelskammern (AHK) sowie 26 Repräsentanzen und Delegationen unterstützt.

Einrichtungen der Wirtschaft für die Wirtschaft

Alle gewerblichen Unternehmen sind per Gesetz Mitglied einer IHK. Vertreten sind alle Branchen und Betriebsgrößen – vom „Lebensmittelhändler an der Ecke" bis zum Großkonzern. Das Handwerk, die Landwirtschaft und die Freiberufler haben ihre eigenen Kammern. Die Pflichtzugehörigkeit begründet sich zum einen aus der Selbstverwaltungsfunktion der IHKn und zum anderen aus der Wahrnehmung öffentlicher Aufgaben durch die IHKn für den Staat.

Der Aufbau der Kammerorganisation ist demokratisch ❶: Alle zu einem IHK-Bezirk gehörenden Unternehmen wählen Vertreter in die Vollversammlung. Die Vollversammlung bestimmt und kontrolliert die Aufgaben der IHK, sie wählt den Präsidenten und Hauptgeschäftsführer. Jedes Unternehmen hat bei der Wahl eine Stimme, alle haben gleiche Rechte. Auch im DIHT ist das oberste Organ die Vollversammlung, in der alle IHKn durch ihren Präsidenten und ihren Hauptgeschäftsführer vertreten sind.

Für die Leistungen müssen alle Betriebe einen Beitrag an die IHK zahlen, der von den Unternehmern selbst durch die Vollversammlung festgelegt wird und sich an der wirtschaftlichen Leistungsfähigkeit der Unternehmen orientiert. Diese Struktur macht die IHKn unabhängig und neutral. Sie zwingt zum Ausgleich der Interessen. Kein Unternehmen, keine Branche kann Partikularinteressen zu Lasten anderer durchsetzen. Nur so sind die IHKn in ihrer Tätigkeit weder auf staatliche Zuschüsse angewiesen, noch stehen sie unter dem Zwang, Mitglieder anwerben zu müssen.

Die Aufgaben der IHKn

Das Aufgabenspektrum der IHKn bewegt sich in folgendem Rahmen:

Wahrung der Marktregeln: Die IHKn sind Körperschaften des öffentlichen Rechts. Der Staat hat den IHKn diesen Status zugebilligt, weil sie öffentliche Aufgaben für die Wirtschaft und die Gesellschaft im Auftrag des Staates erfüllen. Sie organisieren zum Beispiel die praxisnahe Berufsausbildung, bescheinigen Dokumente für den Außenwirtschaftsverkehr, oder bestellen Sachverständige.

Wirtschaftspolitik im Interesse der gewerblichen Wirtschaft: Die IHKn vertreten auf Landesebene das Gesamtinteresse der gewerblichen Wirtschaft gegenüber den Gemeinden, Kreisen und den Landesregierungen. Diese Aufgabe nimmt der DIHT auf Bundesebene gegenüber dem Bundestag, der Regierung und ihrer Administration sowie auf europäischer Ebene gegenüber der EU-Kommission und dem Europäischen Parlament wahr.

DIHT und IHKn beziehen Stellung etwa zu Fragen der Wirtschafts- und Finanzpolitik, zur Wettbewerbspolitik, zur Verkehrs- und Energiepolitik, zur Bildungspolitik, zur Umwelt- und Technologiepolitik sowie zu Fragen der Außenwirtschaft. Gemeinsame Standpunkte der Wirtschaft positionieren DIHT und IHKn dann in politischen Gesprächen, Anhörungen und Stellungnahmen gegenüber den verantwortlichen Akteuren. Damit erfüllen die IHKn ihren gesetzlichen Auftrag zur Politikberatung.

Service für die Unternehmen – Stärkung der Wettbewerbsfähigkeit: Um auf Märkten bestehen zu können und den zunehmenden Anforderungen von Gesetzen und Auflagen gerecht zu werden, sind insbesondere die kleinen und mittleren Unternehmen auf Fachinformationen und -beratung angewiesen. IHKn agieren als Informationsvermittler und Berater für die Unternehmen. Sie informieren über wichtige Entwicklungen im Wirtschafts-, und Handelsrecht, über die Aus- und Weiterbildung, Energie und Umwelt oder ausländische Märkte. Über die Existenzgründungsbörse der IHKn finden Betriebe Partner oder Teilhaber für ein neues Unternehmen oder einen passenden Nachfolger. Außerdem gibt es Börsen für Technologie und Recycling. Um die Fortbildung der Arbeitnehmer zu verbessern, führen die IHKn mit Berufstätigen und Unternehmen fast eine Million Beratungsgespräche. Außerdem organisieren die IHKn den Austausch der Unternehmen untereinander, z.B. über Fragen des technischen Fortschritts.

Mehr als 6600 Experten der IHKn stehen für die Erfüllung dieser Aufgaben zur Verfügung. Sie werden bundesweit von 250.000 Mitarbeitern aus den Unternehmen unterstützt. Der enge Dialog zwischen IHKn und Wirtschaft garantiert dabei sachgerechte, praxisnahe und kostengünstige Leistungen. Andernfalls müsste der Staat eine Vielzahl neuer Behörden schaffen, die für die Wirtschaft zusätzliche Steuern verursachen würden.

IHKn haben eine lange Tradition in Deutschland

Die IHKn basieren auf dem Gedanken der Selbsthilfe durch genossenschaftlichen Zusammenschluss. Auf dieser Basis wurden die ältesten IHKn in Hamburg (1679), Frankfurt (1707), Köln (1750) und Mannheim (1728) gegründet. Mit dem Erlass des Preußischen Allgemeinen Landrechts (1794) wurden diese Korporationen privilegiert: Kaufmann war nur, wer der örtlichen Korporation beitrat. In der napoleonischen Zeit bekamen die IHKn durch die französischen *Chambres de Commerce* zusätzlichen Auftrieb. Geburtsstunde der IHKn im Sinne einer Selbstverwaltungskörperschaft der Wirtschaft ist der 22. Juni 1930, als durch königliches Statut Aufbau und Aufgaben der preußischen IHKn festgelegt wurden.

Die Unabhängigkeit der IHKn war den Nationalsozialisten ein Dorn im Auge. Sie nahmen dem DIHT 1935, zwei Jahre nach der Machtübernahme, die Selbständigkeit und schufen sogenannte Gauwirtschaftskammern. Nach dem Krieg lösten die Besatzungsmächte diese Kammern auf und legten die Bezirke für die IHKn fest. 1949 wurde auch der DIHT neu gegründet. Zusammen mit den IHKn gehört er zu den Vorkämpfern der Sozialen Marktwirtschaft und der Europäischen Gemeinschaft. Eine neue Rechtsgrundlage bekamen die IHKn im Jahre 1956, als durch das IHK-Gesetz bundesweit wieder die Pflichtzugehörigkeit aller Gewerbetreibenden eingeführt wurde. In der DDR wurden Handels- und Gewerbekammern eingerichtet. Mit dem Mauerfall wurden auch in Ostdeutschland unabhängige IHKn gegründet, die einen maßgeblichen Beitrag zum Übergang von der Plan- zur Marktwirtschaft und dem Entstehen eines freien Unternehmertums leisteten. „Mehr Markt und weniger Staat" – dieser Leitidee fühlen sich die IHKn nach wie vor verpflichtet.◆

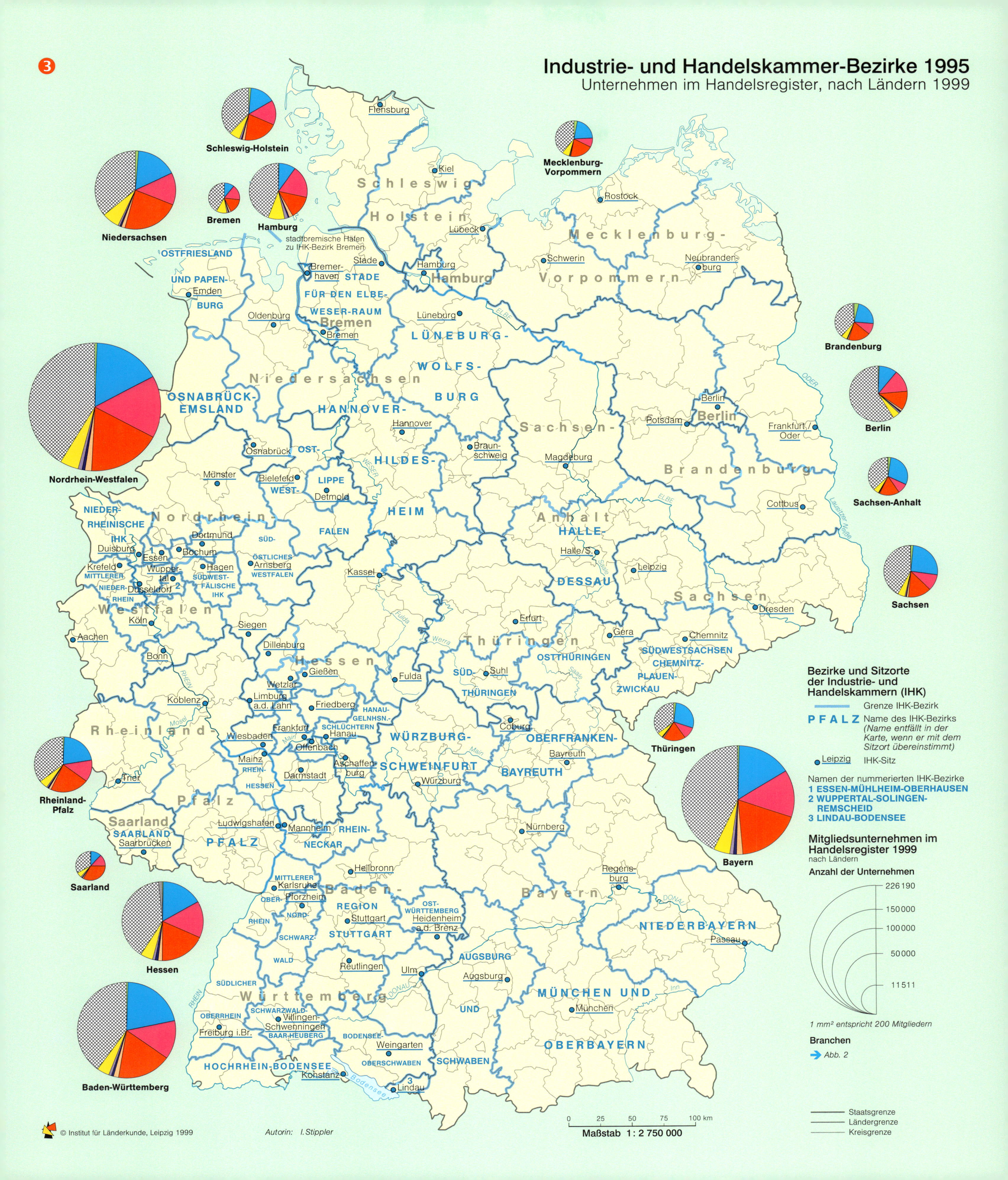

3
Industrie- und Handelskammer-Bezirke 1995
Unternehmen im Handelsregister, nach Ländern 1999
Schleswig-Holstein
Mecklenburg-Vorpommern
Niedersachsen
Bremen
Hamburg
Brandenburg
Berlin
Sachsen-Anhalt
Nordrhein-Westfalen
Sachsen
Thüringen
Rheinland-Pfalz
Bayern
Saarland
Hessen
Baden-Württemberg
stadtbremische Hafen zu IHK-Bezirk Bremen
OSTFRIESLAND UND PAPENBURG
STADE FÜR DEN ELBE-WESER-RAUM
LÜNEBURG-WOLFSBURG
OSNABRÜCK-EMSLAND
HANNOVER-HILDESHEIM
OSTWESTFALEN
LIPPE
NIEDERRHEINISCHE IHK
MITTLERER NIEDERRHEIN
SÜDWESTFÄLISCHE IHK
SÜDÖSTLICHES WESTFALEN
HALLE-DESSAU
SÜDWESTSACHSEN CHEMNITZ-PLAUEN-ZWICKAU
OSTTHÜRINGEN
SÜDTHÜRINGEN
HANAU-GELNHSN.-SCHLÜCHTERN
WÜRZBURG-SCHWEINFURT
OBERFRANKEN-BAYREUTH
RHEIN-HESSEN
SAARLAND
PFALZ
RHEIN-NECKAR
MITTLERER OBERRHEIN
NORDSCHWARZWALD
REGION STUTTGART
OSTWÜRTTEMBERG
NIEDERBAYERN
AUGSBURG UND SCHWABEN
MÜNCHEN UND OBERBAYERN
SÜDLICHER OBERRHEIN
SCHWARZWALD-BAAR-HEUBERG
BODENSEE-OBERSCHWABEN
HOCHRHEIN-BODENSEE
Bezirke und Sitzorte der Industrie- und Handelskammern (IHK)
Grenze IHK-Bezirk
PFALZ Name des IHK-Bezirks (Name entfällt in der Karte, wenn er mit dem Sitzort übereinstimmt)
Leipzig IHK-Sitz
Namen der nummerierten IHK-Bezirke
1 ESSEN-MÜHLHEIM-OBERHAUSEN
2 WUPPERTAL-SOLINGEN-REMSCHEID
3 LINDAU-BODENSEE
Mitgliedsunternehmen im Handelsregister 1999
nach Ländern
Anzahl der Unternehmen
226 190
150 000
100 000
50 000
11 511
1 mm² entspricht 200 Mitgliedern
Branchen
Abb. 2
Staatsgrenze
Ländergrenze
Kreisgrenze
0 25 50 75 100 km
Maßstab 1 : 2 750 000
© Institut für Länderkunde, Leipzig 1999
Autorin: I. Stippler

Institutionen der deutschen Außenpolitik

Günter Heinritz und Karin Wiest

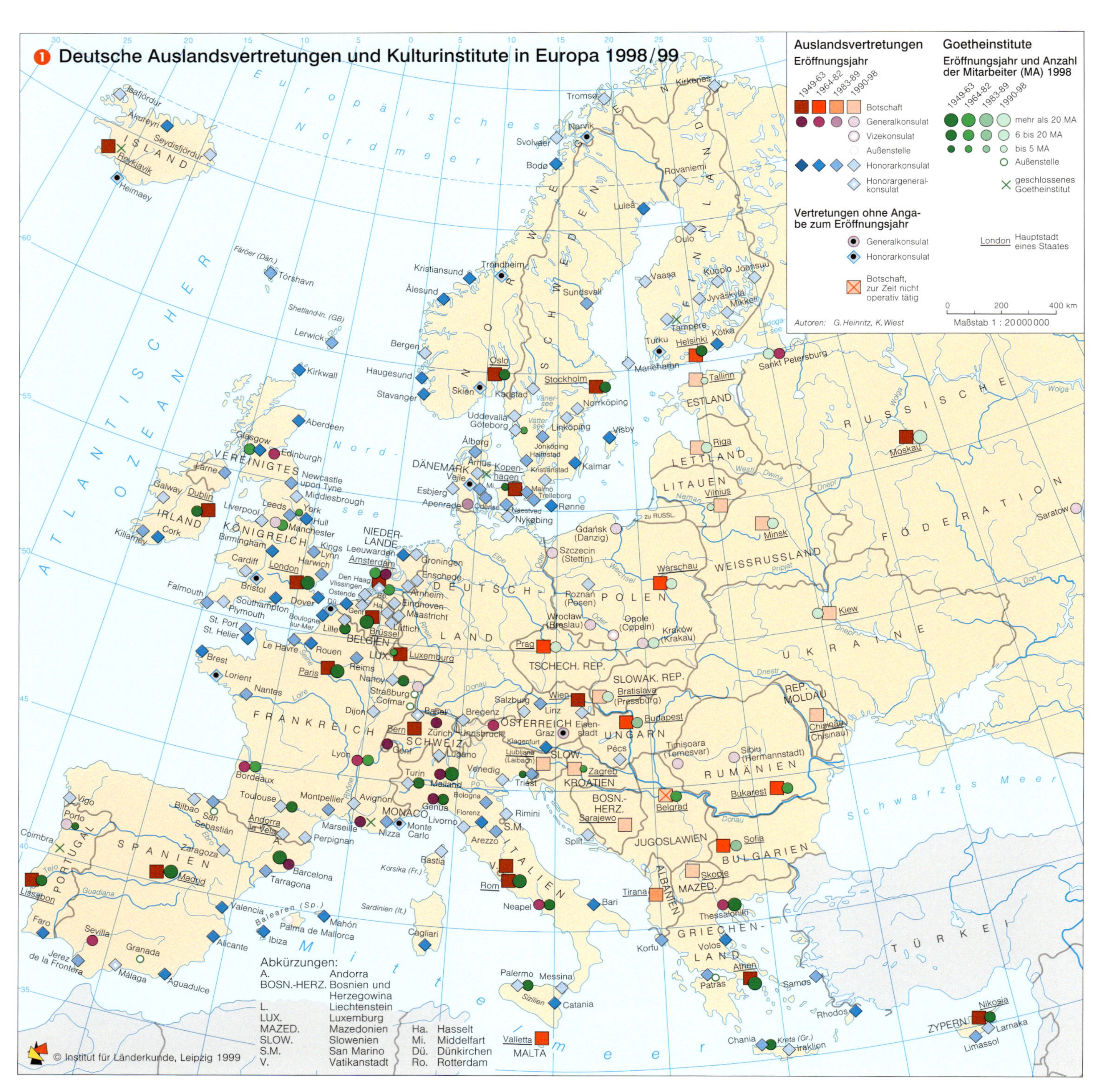

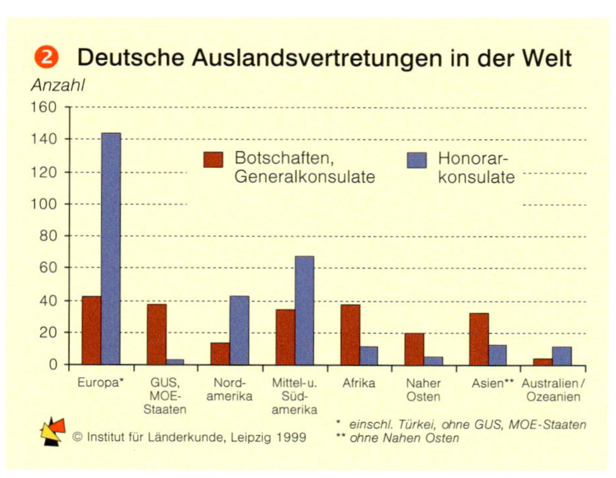

Die Entwicklung und Veränderung der außenpolitischen Beziehungen der Bundesrepublik spiegeln sich nicht zuletzt im ständigen Ausbau des Netzes der deutschen Auslandsvertretungen wider: Prägende Phasen der westdeutschen Außenpolitik nach dem Zweiten Weltkrieg waren die explizite Westintegration der Ära Adenauer, die Entspannungs- und Ostpolitik der sozialliberalen Koalition (1969-1982) sowie vor allem in den 80er Jahren die Intensivierung der Europapolitik. Demgegenüber konnte die DDR erst in den Jahren nach 1969 aus ihrer internationalen Isolierung heraustreten und auch außerhalb des Ostblocks Beziehungen aufnehmen. Die diplomatischen Kontakte des wiedervereinigten Deutschlands haben sich vor dem Hintergrund zunehmender globaler Verflechtungen, dem Fortschreiten der europäischen Einigung und den seit 1990 neu entstandenen Staaten weiter verstärkt, stabilisiert und vervielfältigt. Dabei wird die außenpolitische Arbeit zunehmend durch die Einbindung in multi-, supra- und internationale Organisationen wie UNO, OECD, EU, KSZE und NATO geprägt. Die Bundesrepublik, erst seit 1973 offizielles UNO-Mitglied, ist heute mit einer Haushaltsfinanzierung von knapp 10% nach den USA und Japan der drittgrößte Beitragszahler der Vereinten Nationen (1998). Inhaltlich gliedert sich die deutsche Außenpolitik in die drei Hauptarbeitsbereiche Wirtschaft, Sicherheit und Kultur.

Deutsche Auslandsvertretungen in der Welt

Das Netz der 228 Auslandsvertretungen setzt sich zusammen aus 150 nach dem Prinzip der Gegenseitigkeit eröffneten Botschaften, 67 Konsulaten und Generalkonsulaten, sowie 11 ständigen Vertretungen bei multilateralen Organisationen und beschäftigt ca. 5900 Mitarbeiter. Die Arbeit der Botschaften und der berufskonsularischen Vertretungen wird weltweit durch acht Honorargeneralkonsulate und 328 Honorarkonsuln unterstützt. Die Zahl der deutschen Auslandsvertretungen ist in den letzten Jahren deutlich angestiegen. Zwischen 1990 und 1998 wurden 48 berufskonsularische Vertretungen neu eröffnet, davon 28 im östlichen Europa ❶. Da die Bundesrepublik mittlerweile mit nahezu allen Staaten der Erde diplomatische Beziehungen unterhält – 1999 bilden die einzigen Ausnahmen Jugoslawien und Nordkorea sowie einige kleine Inselstaaten im Pazifik –, lässt die Standortverteilung der Botschaften keine Aussagen über den Gehalt der zwischenstaatlichen Beziehungen zu. Die Vielzahl der honorarkonsularischen Vertretungen insbesondere in den europäischen Nachbarländern deutet jedoch auf engere zwischenstaatliche Verflechtungen hin.

Dass die Intensität der diplomatischen Kontakte zwischen den Staaten stark mit deren wirtschaftlicher Bedeutung und deren Rang als Handelspartner korreliert, ergibt sich aus den engen Verbindungen zwischen Außenpolitik und Außenwirtschaft. Das wichtigste Instrument deutscher Außenwirtschaftsförderung sind die Auslandshandelskammern (▸▸ Beitrag Stippler). Diese sind, im Sinn einer wirtschaftlichen Selbstverwaltung, in fast allen Ländern vertreten, mit denen Deutschland außenwirtschaftliche Beziehungen unterhält. Neben politischen und wirtschaftlichen Entwicklungen ist auch der steigende Tourismus ein Grund für den Ausbau des Netzes deutscher Auslandsvertretungen. Die Niederlassungen von Honorarkonsulaten in beliebten Fremdenverkehrsorten belegen dies.

In der Organisation des Auswärtigen Amtes spiegeln sich veränderte Herausforderungen wider, die Deutschland in Europa und der Welt bewältigen muss, beispielsweise in den Neugründungen der Europaabteilung und der Abteilung für Vereinte Nationen, Menschenrechte und humanitäre Hilfe. Der Auswärtige Dienst ist allerdings nicht das einzige In-

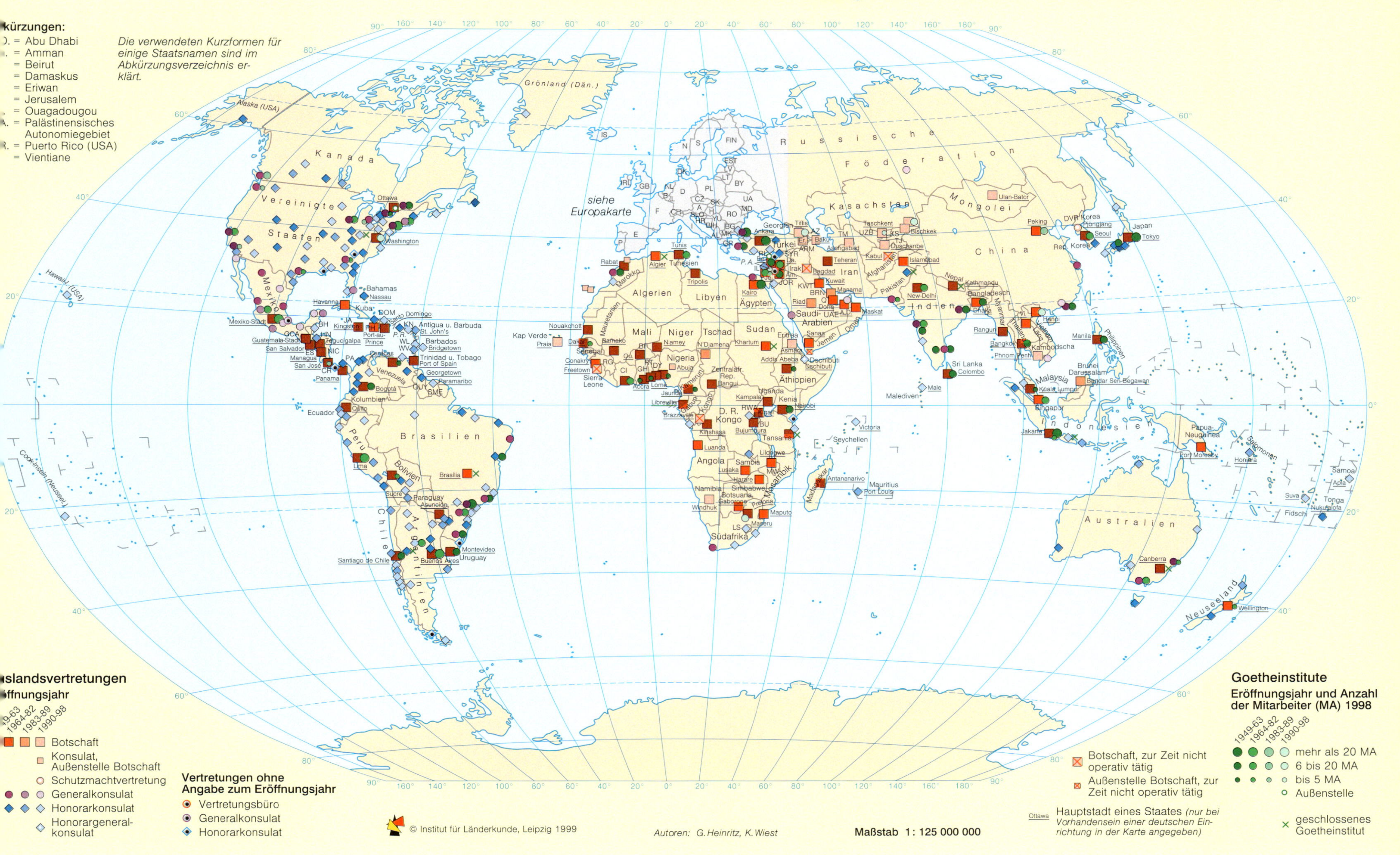

strument der deutschen Außenpolitik: Außerhalb des Auswärtigen Amts sind allein in der Bundesregierung derzeit ca. 250 Referate oder vergleichbare Arbeitseinheiten mit außen- und europapolitischen Fragen befasst. Darüber hinaus entfalten die einzelnen Bundesländer in zunehmendem Maß und zum Teil mit beachtlichem finanziellen Aufwand außenpolitische Aktivitäten. In Brüssel verfügen die Informationsbüros der Bundesländer mittlerweile über mehr Personal als die Ständige Vertretung des für die Außen- und Europapolitik zuständigen Bundes.

Auswärtige Kulturpolitik

Mit dem Schlagwort von einem *„Clash of Civilizations"*, d.h. der Befürchtung, dass durch das Aufeinandertreffen von unterschiedlichen Kulturen im Zuge der Globalisierung zunehmend mehr Konflikte entstehen, hat die Diskussion um die Bedeutung internationaler Kulturbeziehungen Auftrieb erhalten. Als wichtigste Aufgaben der auswärtigen Kulturpolitik werden die Förderung der deutschen Sprache im Ausland, die internationale Zusammenarbeit in Wissenschaft und Forschung, der Austausch von Kunst/Musik/Literatur, die gesellschaftliche Zusammenarbeit sowie der Jugend- und Sportaustausch angeführt. Die Umsetzung und Qualität der auswärtigen Kulturpolitik der Bundesrepublik Deutschland beruht wesentlich auf der Arbeit der Mittlerorganisationen, die selbstständige nichtstaatliche Einrichtungen sind, jedoch staatliche Zuschüsse erhalten. Die Eigenständigkeit der Mittlerinstitute soll Meinungsvielfalt und staatliche Unabhängigkeit gewährleisten, wobei die Aufgaben im Rahmen der staatlichen Richtlinien in eigener Verantwortung durchgeführt werden sollen.

Die größte Mittlerorganisation deutscher Kultur und Sprache im Ausland ist das Goetheinstitut mit weltweit 3500 Mitarbeitern. Auch hier gingen wichtige Neuorientierungen wie die Verlagerung der regionalen Schwerpunkte auf die mittel- und osteuropäischen Staaten (MOE) und die GUS-Staaten mit Umstrukturierungen und Schließungen von Auslandsinstituten an anderer Stelle einher. Weitere Mittlerorganisationen sind die Auslandsschulen, auf die ein großer Teil der Kulturausgaben entfällt, und – im Bereich Wissenschaft und Hochschulen – der Deutsche Akademische Austauschdienst (DAAD) sowie die Alexander von Humboldt-Stiftung. Neben den Kulturbeziehungen zwischen den Nationalstaaten leisten zunehmend Bundesländer, Regionen, Agglomerationen, vor allem aber auch die Kommunen einen wichtigen Beitrag zur internationalen kulturellen Zusammenarbeit, wie nicht zuletzt die zahlreichen Städtepartnerschaften Deutschlands in aller Welt eindrucksvoll zeigen können.

Dass sich internationale Verflechtungen, ob kultureller, wirtschaftlicher oder politischer Art, auf wenige Städte eines Landes fokussieren, veranschaulichen die Standorte der konsularischen Vertretungen des Auslands innerhalb der Bundesrepublik. Neben den Botschaftsstandorten in Bonn bzw. in Berlin befinden sich Auslandsvertretungen niedrigeren Ranges vor allem in Großstädten, in denen auf internationalen Beziehungen basierende Branchen wie Handel, Messewesen und Tourismus eine größere Bedeutung einnehmen.◆

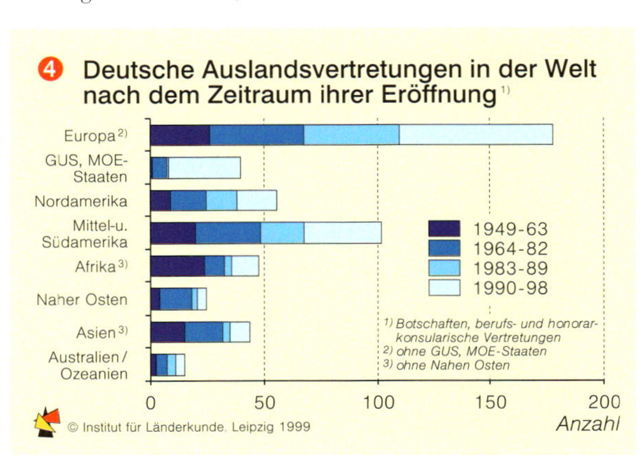

Grenzüberschreitende Kooperationsräume und EU-Fördergebiete

Klaus Kremb

Das ehemalige Zollhaus in Lauterburg

Ergänzend zur wirtschaftlichen und politischen Integration Deutschlands in Europa hat sich eine politisch-räumliche Einbindung auf mehreren Ebenen formiert, z.B.:

- An den Grenzsäumen Deutschlands zu den Nachbarstaaten bestehen Euregios, Interregionale Konferenzen/ Kommissionen und Interregionale Vereinbarungen als internationale Kooperationsräume;
- Deutschland ist wie alle Staaten der EU eingebunden in das System der Förderregionen, in die gezielt EU-Strukturmittel fließen.

Mit der Umsetzung der Agenda 2000 wird es ab dem Jahr 2000 zu modifizierten Gebietsdefinitionen kommen. Auch die Strukturmittel, die in die multinationalen Kooperationsräume fließen, werden von einer Neufestlegung betroffen sein.

Grenzüberschreitende Kooperationsräume ❶

Flächenmäßig umfassen die Euregios ungefähr zwei Drittel der europäischen Kooperationsräume an den Grenzen Deutschlands. Nach Anfängen von grenzüberschreitenden Kooperationen in den 50er Jahren entstanden die ersten Euregios in den 70er Jahren im deutsch-niederländischen und deutsch-belgischen Grenzbereich. In den 90er Jahren erfasste die Euregio-Idee auch die Grenzbereiche Deutschlands zu Polen, Tschechien und Österreich.

Die Ziele der insgesamt 21 Euregios sind weitgehend kongruent und ganz ähnlich den Grundsätzen der interregionalen Zusammenarbeit z.B. in der Region „Pro Europa Viadrina", die getragen ist vom „Willen

- ein gutnachbarschaftliches Verhältnis zwischen Deutschen und Polen zu gewährleisten,
- die regionale Identität der im Grenzraum lebenden Deutschen und Polen durch Gestaltung einer gemeinsamen Zukunftsperspektive zu festigen,
- den Wohlstand der in der Region lebenden Menschen durch Schaffung einer zukünftigen grenzüberschreitenden integrierten deutsch-polnischen Wirtschaftsregion zu heben,
- die Idee der europäischen Einheit und der internationalen Verständigung zu fördern,
- gemeinsame Vorhaben festzulegen und die dafür notwendigen Mittel für ihre Realisierung zu gewinnen."

Auch die Aufgabenfelder sind vergleichbar. Es finden zahlreiche Kooperationen in den Bereichen Bildung, Kultur und Grenzpendeln statt. Darüber hinaus benennt z.B. das „Operationelle Programm" der Euregio „Rhein-Waal" die Aktionsschwerpunkte:

- Raumordnung und Infrastruktur,
- Wirtschaft, Innovation und Technologietransfer,
- Natur- und Umweltschutz,
- Arbeitsmarkt,
- Kommunikation.

Neben den Euregios gibt es an Deutschlands Südwestgrenzen vier Kooperations-

Grenzüberschreitende Kooperationsräume

Euregio – Politisch-geographischer Raum staatsgrenzenüberschreitender Kooperation kommunaler Instanzen und Nichtregierungsorganisationen mit einer zentralen Geschäftsstelle (z.B. Euregio Egrensis).

EUREK – Interregionale Konferenz/ Kommission: Staatsgrenzenüberschreitende Kooperation staatlicher Instanzen und Nichtregierungsorganisationen mit/ohne zentrale/r Geschäftsstelle im Rahmen eines festgelegten politisch-geographischen Raumes (z.B. Internationale Bodenseekonferenz).

Interregionale Vereinbarung – Staatsgrenzenüberschreitende Kooperation kommunaler Instanzen ohne zentrale Geschäftsstelle im Rahmen eines festgelegten politisch-geographischen Raumes (z.B. Kooperation zwischen dem Landkreis Ostholstein und dem Amt Storstrom).

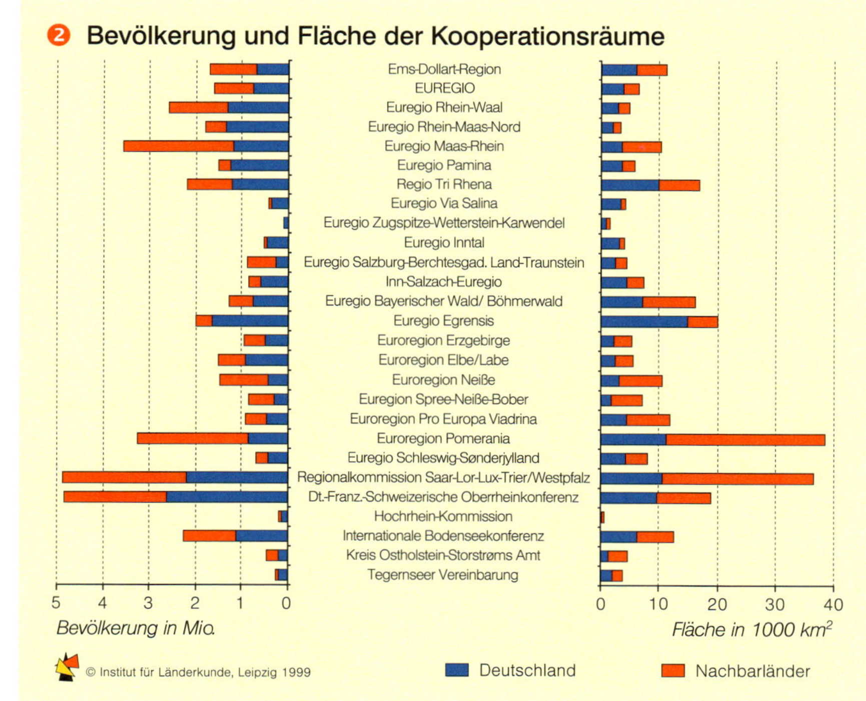

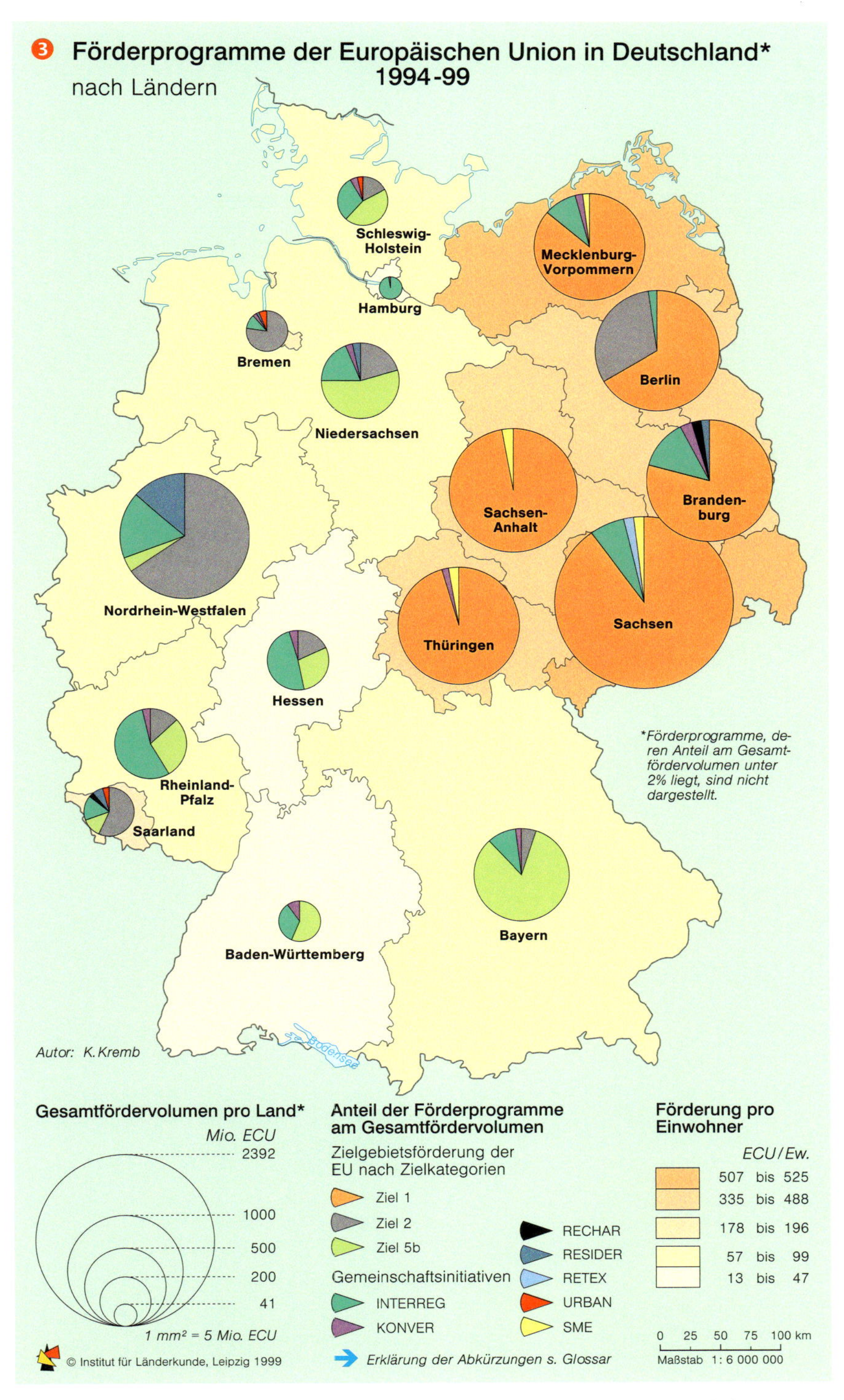

räume, die jeweils als Interregionale Konferenz oder Kommission (EUREK) firmieren. Sie unterscheiden sich von den Euregios dadurch, dass sie auf der Basis multinationaler Regierungsvereinbarungen arbeiten.

Organisatorisch weniger fest gefügt sind schließlich die beiden interregionalen Kooperationsräume, die auf der Basis von kommunalen Vereinbarungen in den 90er Jahren gegründet wurden und jeweils nur wenige Landkreise bzw. landkreisvergleichbare Institutionen umfassen. Für solcherlei Kooperationsräume wird hier die Bezeichnung **Interregionale Vereinbarung** verwendet. Gemeinsam ist allen drei Kooperationsraum-Typen, dass sie institutionalisierte politisch-geographische Räume staatsgrenzenüberschreitender interregionaler Politik darstellen.

EU-Fördergebiete

Das strukturpolitische Hauptanliegen innerhalb der EU besteht in der Herstellung wertgleicher Lebensverhältnisse in allen Teilregionen. In den 90er Jahren wurde dieses Hauptanliegen mit sechs Zielkategorien zu erreichen versucht. Für die regionale Entwicklung in Deutschland kamen dabei drei Ziele zum Tragen:

- Ziel 1: Entwicklung der Regionen mit Entwicklungsrückstand,
- Ziel 2: Umstellung der Industriegebiete mit rückläufiger industrieller Entwicklung,
- Ziel 5b: Entwicklung der ländlichen Gebiete.

Die Gebiete nach Ziel 1 umfassen ausschließlich die neuen Länder und den östlichen Teil von Berlin mit zusammen 16,5 Mio. Einwohnern ❹. Die Gebiete nach Ziel 2 betreffen v.a. die altindustrialisierten Räume mit rund 7 Mio. Einwohnern. Und die Gebiete nach Ziel 5b umfassen ländliche Räume mit weiteren etwa 7,8 Mio. Einwohnern. Größte Empfänger der nach diesen Zielkategorien geförderten Räume waren die neuen Länder und Berlin.

EU-Gemeinschaftsinitiativen in den 1990er Jahren (Auswahl)

INTERREG – Grenzüberschreitende Zusammenarbeit
KONVER – Wirtschaftliche Diversifizierung der vom Rüstungssektor stark abhängigen Gebiete
RECHAR – Wirtschaftliche Umstellung von Kohlerevieren
RESIDER – Wirtschaftliche Umstellung von Eisen- und Stahlrevieren
RETEX – Wirtschaftliche Diversifizierung der vom Textil- und Bekleidungssektor stark abhängigen Gebiete
URBAN – Sanierung städtischer Problemviertel
SME – Verbesserung der Wettbewerbsfähigkeit von Klein- und Mittelunternehmen

Weitere Förderungsprogramme stellen die Gemeinschaftsinitiativen bereit. Sie sind bestimmt für Problemregionen (Grenzbereiche, konversionsbetroffene Gebiete, Räume, die von Problembranchen geprägt sind, städtische Problemviertel) und stehen mittleren und kleineren Wirtschaftsbetrieben zur Verfügung. Die meisten Mittel werden dabei im Rahmen der Fördersektoren Konversion und Interregionale Zusammenarbeit vergeben. Größte Empfänger im Rahmen der Gemeinschaftsinitiativen sind die neuen Länder und Berlin sowie Nordrhein-Westfalen.

Mit der AGENDA 2000 wird – beginnend im Jahr 2000 – eine Vereinfachung sowohl hinsichtlich der Zielkategorien wie der Gemeinschaftsinitiativen erfolgen. Die sechs Ziele werden reduziert und gebündelt auf drei: Entwicklung der Regionen mit Entwicklungsrückstand, wirtschaftliche und soziale Umstellung der Gebiete mit strukturellen Schwierigkeiten und Entwicklung der Humanressourcen. Ziel ist es dabei, bis zum Jahr 2006 europaweit die „förderfähige Bevölkerung" von derzeit 51 auf 40% zu reduzieren. Die neuen Länder werden davon nicht grundsätzlich betroffen sein, wohl aber die alten Länder. Ebenso werden die Gemeinschaftsinitiativen konzentriert auf drei Aktionsfelder: grenzüberschreitende Zusammenarbeit, ländliche Entwicklung, Arbeitsmarkt.◆

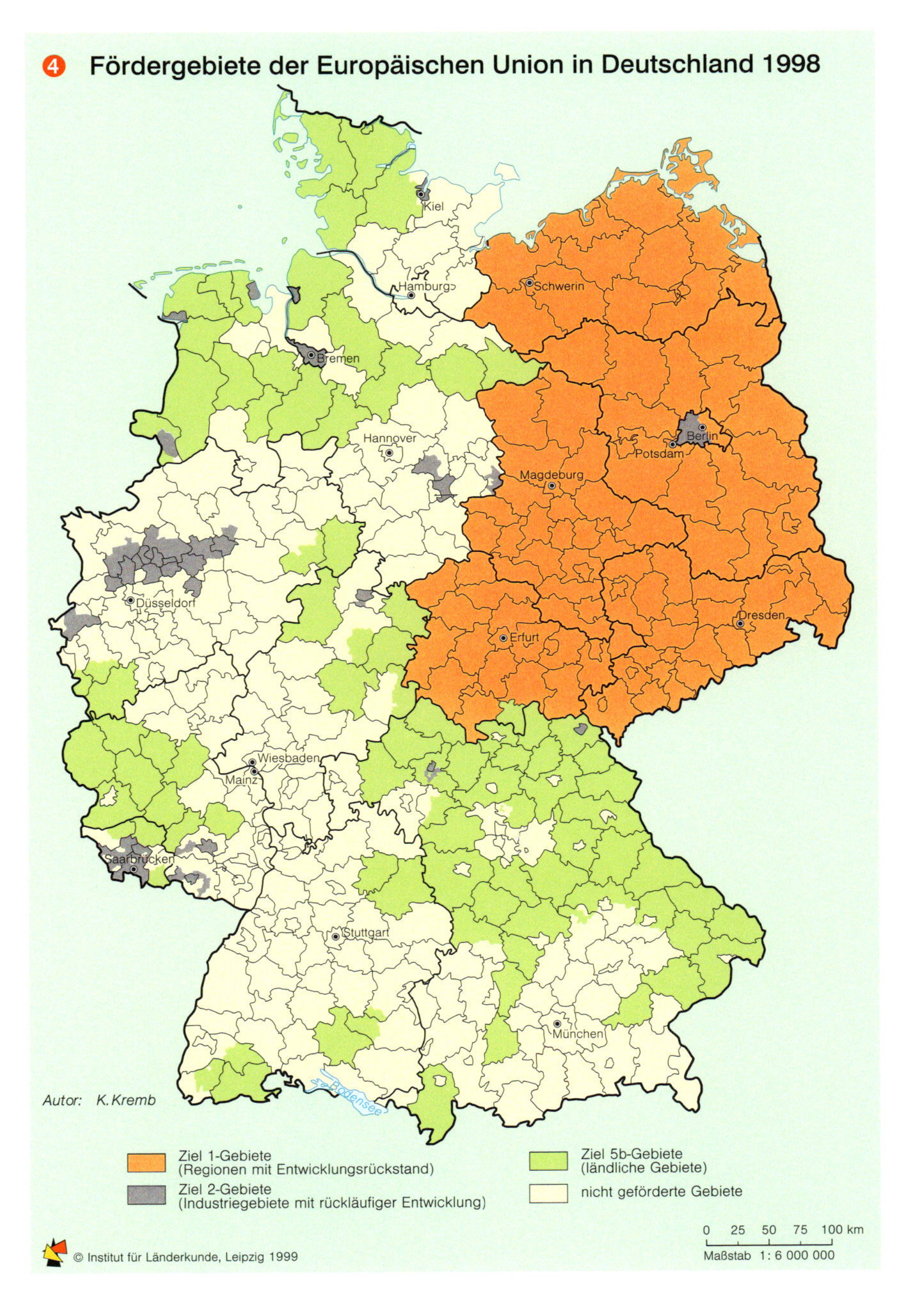

Struktur und Entwicklung der deutschen Außenwirtschaft

Hans-Dieter Haas und Martin Heß

In den letzten Jahrzehnten war die Weltwirtschaft durch zunehmende Verflechtungen der Volkswirtschaften bzw. Vernetzung von globalen Aktivitäten multinationaler Gesellschaften gekennzeichnet. Dieser Sachverhalt hat unter dem Begriff Globalisierung Eingang in die wissenschaftliche und öffentliche Diskussion gefunden. Dabei stiegen die Volumina von Welthandel und Direktinvestitionen wesentlich schneller als der Umfang der Weltproduktion. Deutschland ist als eine der führenden Wirtschaftsnationen der Erde davon in besonderem Maße betroffen. Eine große Bedeutung für die Entwicklung der Außenhandelsbeziehungen hatte in der Vergangenheit v.a. die fortschreitende wirtschaftliche Integration in Europa, die 1999 in eine Währungsunion mündete, an der sich elf der 15 EU-Staaten beteiligten. Durch den weltweiten Abbau von tarifären und nicht-tarifären Handelshemmnissen sowie die Schaffung der Freizügigkeit im Waren-, Dienstleistungs- und Personenverkehr innerhalb der EU wurden für die deutsche Außenwirtschaft entscheidende Impulse gesetzt. Hinzu kamen weltweite Liberalisierungsbestrebungen im Rahmen von GATT und WTO, die grenzüberschreitende Aktivitäten deutscher Unternehmen erleichterten ➜. Angesichts der Exportorientierung der deutschen Wirtschaft kommt künftigen global orientierten Wirtschaftspolitiken besondere Bedeutung zu. Das verarbeitende Gewerbe erwirtschaftet nahezu ein Drittel des Umsatzes im Ausland, für forschungs- und entwicklungsintensive Güter liegt die Exportquote sogar bei 42%.

Exportnation Deutschland

Der Außenhandel der Bundesrepublik ist in den letzten Jahren rasant angestiegen ❶. Gegenwärtig nimmt Deutschland Rang 2 unter den führenden Exportnationen der Welt ein, hinter den USA und noch vor Japan als drittstärkstem Exportland. Gegenüber 1980 haben sich die deutschen Ausfuhren bis zum Jahr 1996 auf 789 Mrd. DM mehr als verdoppelt, die Importe stiegen im gleichen Zeitraum um knapp 100% auf 690 Mrd. DM. Dies bedeutet einen Exportüberschuss von rund 100 Mrd. DM, nach vorläufigen Ergebnissen erreichte der Außenhandelsüberschuss Deutschlands 1997 sogar einen historischen Höchststand von 122 Mrd. DM. Der Anstieg des Exportvolumens Mitte der 80er Jahre ist zu einem wesentlichen Teil auf den Anstieg des Dollarkurses zurückzuführen, eine Folge v.a. der angebotsorientierten „Reaganomics" in den USA. Umgekehrt verteuerten sich in dieser Zeit wechselkursbedingt die Importe. Eine nahezu ausgeglichene Handelsbilanz war lediglich zu Beginn der 90er Jahre zu beobachten, als durch die deutsche Wiedervereinigung ein enormes Wachstum der Binnennachfrage einsetzte. Dies erhöhte die Importe und führte zur Umlenkung von deutschen Exportgütern in die neuen Länder im Rahmen des „Aufschwungs Ost". Der Saldo des Dienstleistungsverkehrs mit dem Ausland ist dagegen seit langer Zeit negativ, mit steigender Tendenz. Dieses Defizit wird in großem Maße durch den internationalen Reiseverkehr und Tourismus bedingt ❺ (▸▸ Beitrag Langhagen-Rohrbach).

Die Warenstruktur des deutschen Außenhandels ist durch die absolute Dominanz von Investitionsgütern und wertschöpfungsintensiven Fertigwaren, v.a. in den Bereichen Fahrzeugbau, Chemische Industrie, Elektroindustrie und Maschinenbau, charakterisiert. Mit Ausnahme Mecklenburg-Vorpommerns machen sie deutlich mehr als die Hälfte des Warenhandels in den einzelnen Ländern aus. Rohstoffe und Vorprodukte sind gemessen am Umsatzanteil von geringerer Bedeutung ❷. Produkte aus diesen Gruppen spielen in den Stadtstaaten Bremen und Hamburg eine größere Rolle, was auf die Umschlagfunktion dieser Hafenstädte zurückzuführen ist. Dazu zählt v.a. der Import von Nahrungs- und Genussmitteln. Allgemein lässt sich jedoch eine Komplementarität der Import- und Exportgüter feststellen, was nicht zuletzt an der hohen Bedeutung des intraindustriellen Handels zwischen den Triademärkten (EU, Japan, USA) liegt.

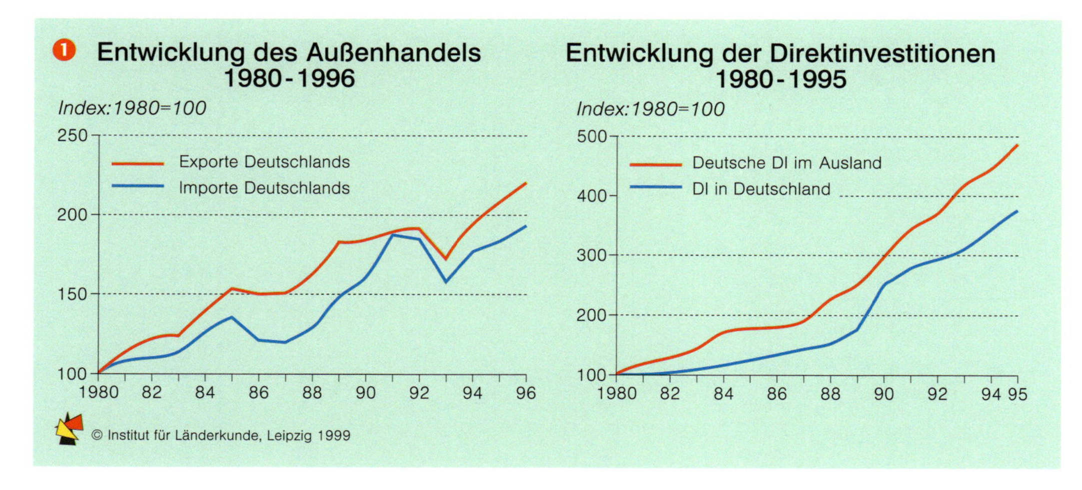

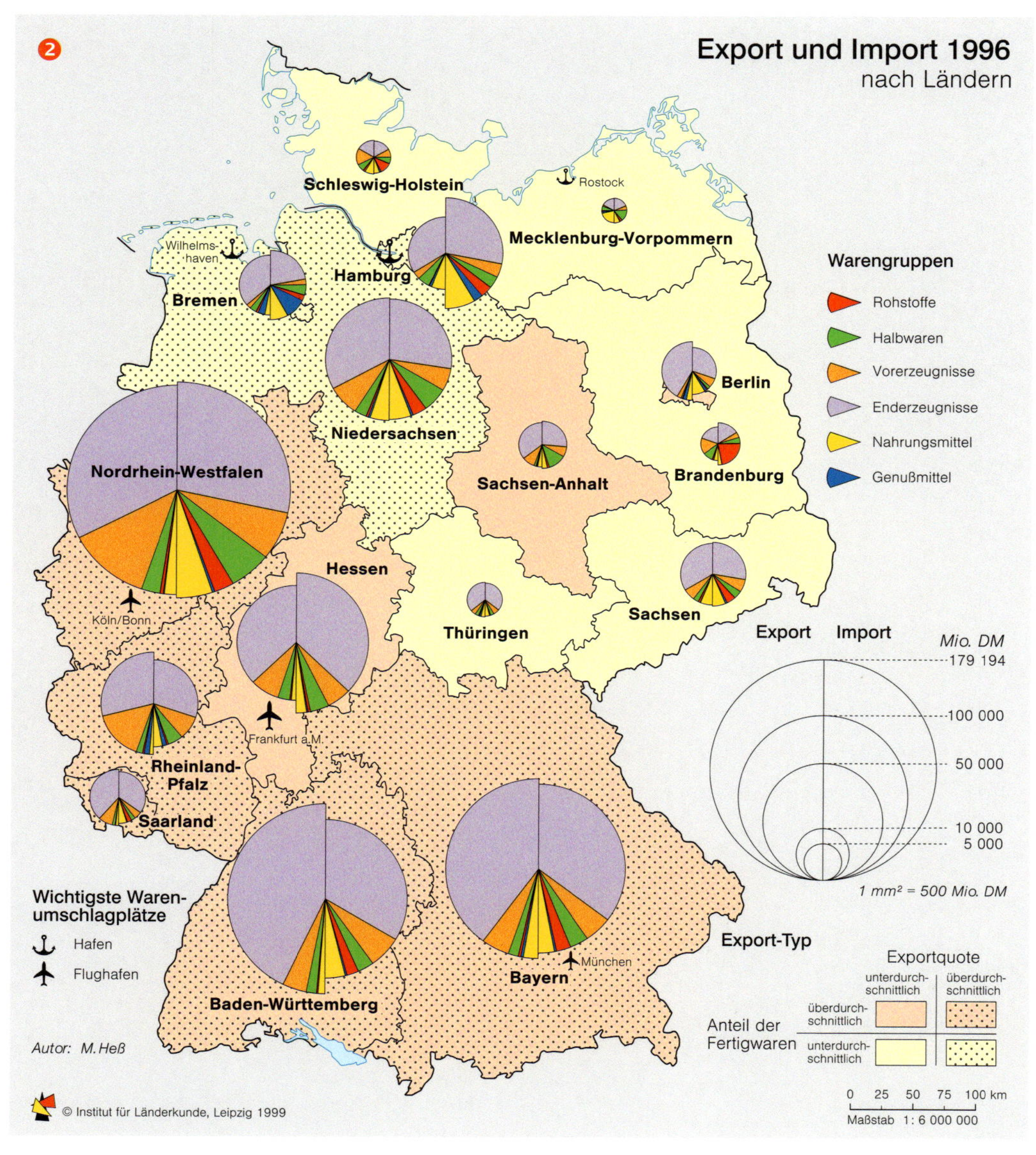

Vom GATT zur WTO

Die Idee eines freien Welthandels ohne Zölle und nicht-tarifäre Handelshemmnisse reicht weit zurück. Jedoch erst seit dem Ende des Zweiten Weltkrieges begann mit der Diskussion um die Nachkriegsordnung der Weltwirtschaft allmählich eine institutionelle Regelung des weltweiten Handels. Wichtigstes Instrument zur Liberalisierung war das 1948 in Kraft getretene **General Agreement on Tariffs and Trade**, abgekürzt GATT. Dieses multilaterale Handelsabkommen hatte das Ziel, allmählich alle zwischenstaatlichen Handelsbarrieren abzubauen. In mehreren Verhandlungsrunden wurden bis zu Beginn der 90er Jahre Maßnahmen insbesondere zu Zollsenkungen – v.a. bei den Importzöllen der Industrieländer – beschlossen. Da das GATT keine Organisation mit Möglichkeiten der Sanktionierung von Verstößen gegen die Handelsabkommen war, wurde die Notwendigkeit einer internationalen Handelsorganisation immer deutlicher. In der achten und letzten GATT-Verhandlungsrunde – der sog. Uruguay-Runde – beschloss man daher die Errichtung einer Welthandelsorganisation, der **World Trade Organisation** (WTO). Sie trat zum 1. Januar 1995 in Kraft und ist seither die wichtigste supranationale Organisation für die Regelung des Welthandels, wobei die Mitgliedsstaaten bei Missachtung der Regeln mit Sanktionen zu rechnen haben. Neben dem zwischenstaatlichen Warenhandel ist die WTO im Unterschied zum GATT nun auch für die Regelung des Handels mit Dienstleistungen und den Schutz geistiger Eigentumsrechte zuständig.

Die deutschen Ausfuhren stammen zu einem großen Teil aus den leistungsstarken Ländern Nordrhein-Westfalen, Baden-Württemberg und Bayern. Industrie und tertiärer Sektor sind dort besonders exportorientiert, was sich auch in der hohen Exportquote niederschlägt. Die neuen Länder weisen demgegenüber noch deutlich unterdurchschnittliche Exportquoten auf.

Quell- und Zielregionen des deutschen Außenhandels

Der Handel der Bundesrepublik Deutschland konzentriert sich v.a. auf andere europäische Staaten sowie die USA und Japan (Triadenhandel). Der Handel innerhalb der EU machte 1996 knapp 58% des gesamten deutschen Außenhandelsumsatzes von 1,5 Billionen DM aus. Die wichtigsten Handelspartner sind Frankreich, die USA, Großbritannien, die Niederlande und Italien. Die USA haben sich gegenwärtig auf Platz 2 der Handelspartner verbessert, was v.a. auf die gute konjunkturelle Lage in den Vereinigten Staaten und den für Deutschland hinsichtlich der Exportpreise günstigen Wechselkurs des US-Dollars zurückzuführen ist. Der asiatische Raum stellt ebenfalls eine wichtige Quell- und Zielregion für die deutsche Außenwirtschaft dar. Ca. 12% des Exports und 15% des Imports entfallen auf diesen Raum. Die in jüngster Zeit eingetretene Asienkrise hatte bisher jedoch nur geringe Auswirkungen auf den deutschen Export, da die von der Krise besonders betroffenen Länder Thailand, Indonesien und Malaysia nicht zu den asiatischen Haupthandelspartnern zählen. Entwicklungs- und Schwellenländer außerhalb Asiens spielen eine vergleichsweise geringe Rolle als Handelspartner. Der Anteil der mittel- und osteuropäischen Transformationsländer dagegen hat sich in den 90er Jahren auf rund 9% merklich erhöht. Das Volumen der Exporte in diese Ländergruppe überstieg 1995 zum ersten Mal den Umfang der Ausfuhren in die USA. Die Außenhandelsverflechtungen stiegen vor allem mit den Reformländern Polen, Tschechische Republik und Ungarn deutlich an, während Russland als Handelspartner an Bedeutung verloren hat.

Zur Entwicklung der Direktinvestitionstätigkeit

Die Internationalisierung der deutschen Wirtschaft kommt außer durch Außenhandelsbeziehungen vor allem durch Direktinvestitionen zum Tragen. Eine zunehmende Zahl von Unternehmen engagiert sich in Form von Neugründungen, Beteiligungen oder Übernahmen im Ausland, was in Politik und Öffentlichkeit oftmals zu negativ bewertet wird. Tatsächlich steigt das Direktinvestitionsvolumen stärker als der Export ❶, dies ist jedoch kein Zeichen mangelnder Attraktivität des Standorts Deutschland ➜. Der Saldo von deutschen Investitionen im Ausland und ausländischen Direktinvestitionen ist deutlich negativ, da der Kapitalzufluss nach Deutschland zwar gestiegen ist, jedoch in geringerem Maße als der Kapitalabfluss. 1996 belief sich der Bestand deutscher unmittelbarer und mittelbarer Direktinvestitionen im Ausland auf ca. 446 Mrd. DM; ausländische Unternehmen hatten demgegenüber 1996 in Deutschland ca. 293 Mrd. DM angelegt.

Die Investitionsbestände verteilen sich innerhalb Deutschlands – ähnlich dem Exportumsatz – in unterschiedlicher Weise ❸. Gemessen an der Wirtschaftskraft der Länder sind die meisten ausländischen Direktinvestitionsbestände in Hessen und Nordrhein-Westfalen zu beobachten, gefolgt von Bayern und Baden-Württemberg. Bezogen auf die jährlichen Kapitalzuflüsse liegt seit vielen Jahren Bayern in der Bundesrepublik an der Spitze. Der Raum Düsseldorf stellt ein bevorzugtes Ziel für japanische Unternehmen dar, während in Frankfurt a.M. und Umland insbesondere US-amerikanische Firmen investieren. Die neuen Länder sind bisher nur in geringem Maße Standort für ausländische Investoren, trotz des im Vergleich zu den alten Ländern geringeren Niveaus der

Eingang zur neuen Messe München

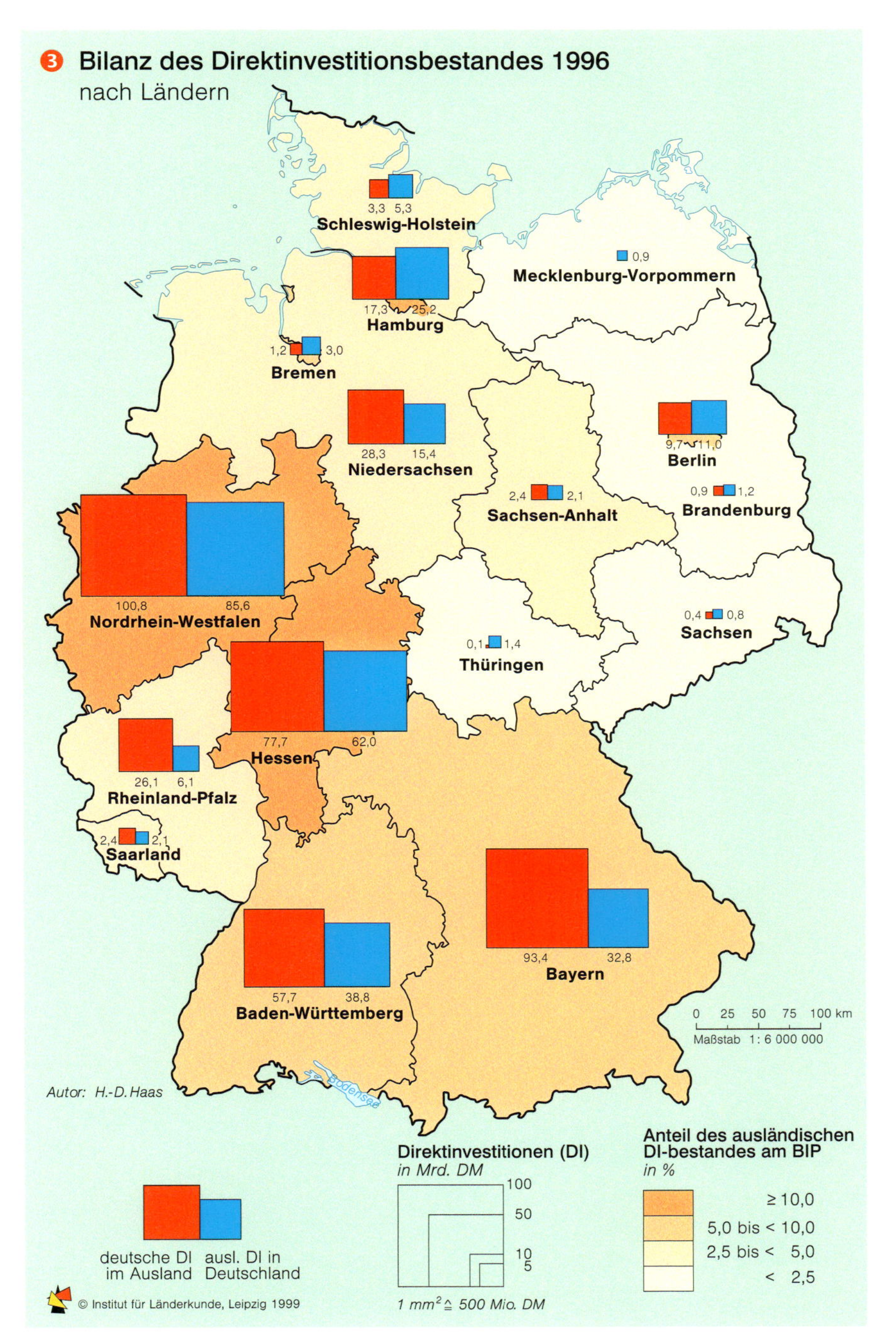

Arbeitskosten und einer Vielzahl wirtschafts- und industriepolitischer Fördermaßnahmen.

Der Direktinvestitionsbestand in Deutschland besteht zu 80-90% aus Anlagen im Dienstleistungssektor, das verarbeitende Gewerbe als Anlageobjekt tritt demgegenüber weit zurück. Aber auch das deutsche Engagement im Ausland wird überwiegend von Unternehmen des tertiären Sektors gezeigt. Auslandsinvestitionen durch das verarbeitende Gewerbe werden v.a. in den Branchen Chemie und Fahrzeugbau getätigt. Aber auch in anderen Wirtschaftssektoren existieren in Deutschland sog. Global Player, wie das Beispiel der Siemens AG verdeutlicht ❹. Der Elektrotechnik-Konzern Siemens betreibt Produktionsstätten in mehr als 40 Ländern auf allen Kontinenten. Mit Vertriebsniederlassungen oder Vertretungsbüros ist das Unternehmen in nahezu jedem Staat der Erde vertreten. Aus diesem Grund ist es durchaus gerechtfertigt, von einem Global Player zu sprechen. Siemens agiert auch im geographisch-länderspezifischen Sinne tatsächlich global, während viele andere deutsche Unternehmen sich auf deutlich weniger Standorte konzentrieren, die v.a. in Europa und den Triademärkten zu finden sind.

Gemessen am Umsatz erreichen Weltkonzerne heute Dimensionen, die in manchen Fällen das Bruttoinlandsprodukt entwickelter Volkswirtschaften übertreffen. Dementsprechend wird solchen transnationalen Unternehmen eine ökonomische Macht zugeschrieben, welche die Wirtschaftspolitik von Ländern beeinflussen kann und umgekehrt durch staatliche Regelungen kaum ➜

❹ **Die Siemens AG als Global Player 1998**

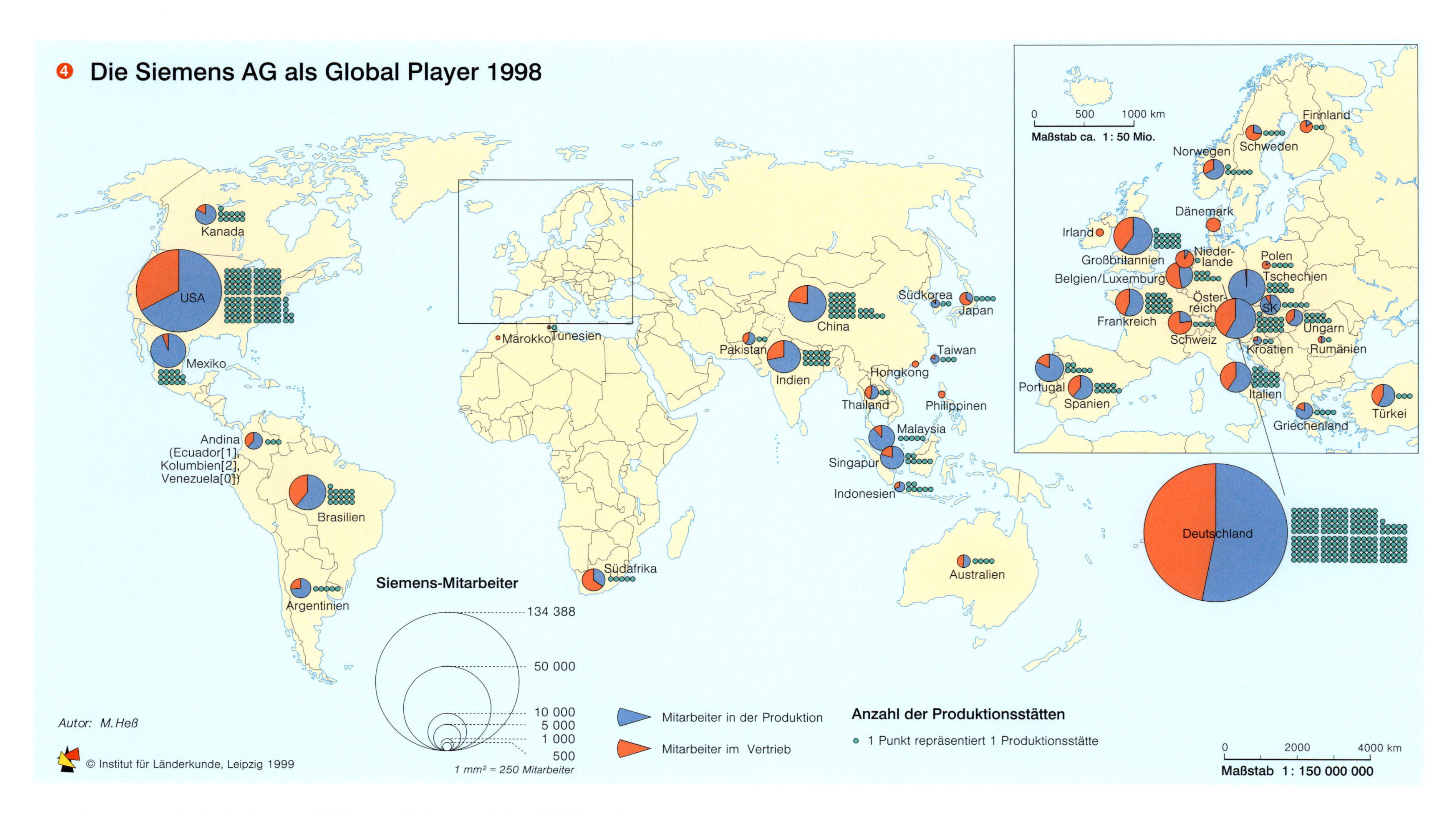

Globalisierung und Staat

Während der letzten Jahrhunderte waren nationale Entwicklungsprozesse für die Gesellschaften prägend; der Nationalstaat repräsentierte die gültige Form politisch-gesellschaftlicher Organisation, während die nationale Volkswirtschaft eine logische und integrierte Wirtschaftsform darstellte. Nationale Märkte als ökonomische Eckpfeiler dieser Volkswirtschaften haben jedoch im Zuge der Internationalisierung zugunsten einer wachsenden Bedeutung des Weltwirtschaftsraumes an Relevanz verloren. Eine weitere Entwicklung, welche die angestammte Rolle von einzelnen Staaten als gesellschaftlichem und wirtschaftlichem Handlungsrahmen in Frage stellt, ist die zunehmende ökonomische und politische Integration von Ländern zu Wirtschaftsblöcken bzw. supranationalen Zusammenschlüssen. Beispiele dafür wären etwa die Vollendung des Europäischen Binnenmarktes oder die Entwicklung des nordamerikanischen Wirtschaftsraumes zur **North American Free Trade Area** (NAFTA).
Der bisher beschriebene Bedeutungsverlust nationaler Einflüsse führte zweifellos zu einer Stärkung supranationaler Institutionen und einer erhöhten Entscheidungsmacht transnationaler Unternehmen. Im Gegenzug zeigen sich jedoch auch zunehmend Tendenzen einer stärkeren regionalen Orientierung von Politik, Wirtschaft und Gesellschaft, wie sie sich etwa in der Vorstellung von einem Europa der Regionen äußert, so dass die Souveränität von Staaten teilweise auch von unten in Frage gestellt wird. Die Betonung von regional unterschiedlichen politischen, kulturellen und gesellschaftlichen Besonderheiten kann damit erklärt werden, dass diese Rückbesinnung auf die Region eine Reaktion auf die Veränderungen weltweiter Beziehungen und eine wachsende Globalisierung von Wirtschaft und Gesellschaft darstellt.
Trotz der geschilderten Tendenzen werden Nationalstaaten jedoch weiterhin eine große Bedeutung beibehalten, da durch sie nach wie vor wesentliche Rahmenbedingungen für die sozioökonomische Entwicklung vorgegeben werden.

❺ **Salden des Dienstleistungsverkehrs mit dem Ausland (in Mio. DM)**

	Reiseverkehr	Finanzdienstleistungen	Patente und Lizenzen	Transport [1]	Regierungsleistungen [2]	Übrige Dienstleistungen	Gesamt
1993	- 43808	+ 2367	- 3925	+ 4913	+ 10044	- 14222	- 43804
1994	- 49310	+ 1650	- 3421	+ 4975	+ 8771	- 14756	- 52091
1995	- 49054	+ 2675	- 4021	+ 4853	+ 6848	- 13807	- 52505
1996	- 50324	+ 2735	- 3780	+ 5205	+ 6694	- 13089	- 52512
1997	- 51438	+ 2465	- 2628	+ 7185	+ 6620	- 18486	- 56328

[1] Ohne die im cif-Wert der Einfuhr enthaltenen Ausgaben für Frachtkosten
[2] Einschl. der Einnahmen von ausländischen militärischen Dienststellen für Warenlieferungen und Dienstleistungen

noch zu kontrollieren ist. Die Rolle von Nationalstaaten im Zeitalter der Globalisierung ist daher immer wieder Gegenstand von Debatten über die weltweite sozioökonomische Struktur im 21. Jahrhundert ➜.

Zielregionen deutscher Direktinvestitionen

Der überwiegende Teil deutscher Direktinvestitionen konzentriert sich auf die Industriestaaten, vor allem diejenigen der EU sowie die USA ❻. Die Entwicklungsländer sind als Zielregion in den letzten Jahren immer mehr ins Hintertreffen geraten. Betrugen die deutschen Kapitalströme in diese Staatengruppen zu Beginn der 80er Jahre noch rund 20% aller deutschen Auslandsinvestitionen, sank der Kapitalfluss bis heute auf nur noch 8% ab. Besonders stark zurückgefallen sind die Kapitalanlagen in Afrika. Hier waren in manchen Jahren sogar Desinvestitionen zu verzeichnen. Positive Entwicklungen ließen sich dagegen v.a. in China und in den Ländern Lateinamerikas feststellen. Wachsend ist auch das deutsche Engagement in den mittel- und osteuropäischen Transformationsländern, wobei ähnlich wie bei den Außenhandelsverflechtungen die Reformstaaten Ungarn, Tschechische Republik und Polen bevorzugte Investitionsziele sind.

Die Ursache für diese räumliche Verteilung liegt v.a. in den Motiven der Auslandstätigkeit deutscher Unternehmen begründet. Entgegen häufiger Annahmen handelt es sich bei den meisten Direktinvestitionen um Markterschließungs- bzw. Marktsicherungsaktivitäten, das Motiv der kostenorientierten Investitionen ist demgegenüber seltener anzutreffen. Dies gilt empirischen Untersuchungen zufolge selbst für Zielländer mit einem geringen Kostenniveau, die sog. Billiglohnländer.

Die Debatte um den „Wirtschaftsstandort Deutschland"

Der negative Saldo der deutschen Direktinvestitionsbilanz wird im Rahmen der „Standort-Deutschland"-Debatte immer wieder als Argument für die mangelnde Standortattraktivität benutzt. Danach sei das Engagement deutscher Unternehmen im Ausland gleichzusetzen mit einem Arbeitsplatzexport aufgrund von Kostenvorteilen im Ausland, insbesondere bei den Lohnkosten. Diese Schlussfolgerung ist allerdings aus verschiedenen Gründen nicht zulässig.

Zweifellos gibt es kostenorientierte Investitionen im Ausland, die größte Zahl an Unternehmen tätigt jedoch Direktinvestitionen, um durch die Verwertung ihrer unternehmensspezifischen Vorteile Märkte im Ausland zu erschließen und zu sichern. Ausländische Unternehmen haben es in Deutschland dagegen schwer, ihre Vorteile angesichts der heimischen Konkurrenz zu verwerten. Dies spricht eher für eine Wettbewerbsstärke Deutschlands. Gesamtwirtschaftlich betrachtet weist Deutschland seit langem einen Leistungsbilanzüberschuss aus, der v.a. aus unterdurchschnittlich gestiegenen Lohnstückkosten entsteht. Ein Nettokapitalabfluss, u.a. durch Direktinvestitionen, führt zum notwendigen Ausgleich der Zahlungsbilanz. Dieser Sachverhalt weist auf eine leistungsfähige deutsche Wirtschaft hin.

Die anhaltende Arbeitslosigkeit in Deutschland ist sicherlich einer der Gründe dafür, dass die zunehmende Globalisierung der Wirtschaft und damit auch das wachsende Engagement deutscher Unternehmen im Ausland von vielen Menschen als bedrohlich empfunden wird. Die Hypothese des Arbeitsplatzexportes wird dabei immer wieder als eine der negativsten Begleiterscheinungen genannt. Allerdings zeigen mehrere Studien von wissenschaftlichen Instituten ebenso wie von wirtschaftsnahen Verbänden, dass der überwiegende Teil verlorengegangener Arbeitsplätze nicht auf Internationalisierungsaktivitäten zurückzuführen ist. Stattdessen führten Rationalisierungsmaßnahmen in den Betrieben und verstärkte *Outsourcing*-Aktivitäten zu einem Abbau v.a. industrieller Beschäftigung. Dies soll nicht heißen, dass keine Arbeitsplatzverluste durch Verlagerung von Produktion oder Teilen davon ins Ausland existieren würden. Deren Umfang wird jedoch i.d.R. sehr überschätzt. Schließlich wird häufig die Frage vernachlässigt, welche Wettbewerbschancen deutschen Unternehmen verbleiben, wenn sie nicht durch eigenes Engagement auf die Herausforderungen einer weltweit vernetzten Ökonomie reagieren. Ein Scheitern von Unternehmen aufgrund mangelnder internationaler Präsenz hätte zweifellos weitaus negativere Konsequenzen für die Beschäftigungssituation in Deutschland.

Deutschland als führender Messestandort

Weltweit hat sich die Zahl von Messen, die als Foren für Informationsaustausch und Marktplätze für die Aufnahme von Geschäften betrachtet werden können, seit 1980 mehr als verdoppelt. Die Bedeutung von Messen für eine erfolgreiche Unternehmenstätigkeit ist angesichts von Globalisierung und Internationalisierung hoch. Dabei hat sich Deutschland als führende Nation etabliert. Rund zwei Drittel aller international führenden Fachmessen finden hier statt. Nahezu jede Branche der Konsum- und Investitionsgüterindustrie richtet ihre Leitveranstaltung an einem der deutschen Messestandorte aus. Die Attraktivität des deutschen Messewesens für Aussteller und Besucher aus aller Welt hat mehrere Ursachen. In diesem Zusammenhang ist v.a. die Umstellung vom Universalmessekonzept auf das Fachmessekonzept zu nennen. Die Konzentration auf bestimmte Marktsegmente erhöhte die Wettbewerbsfähigkeit der deutschen Messegesellschaften. Diese sind groß genug, um weltweit kontinuierlich Aussteller und Besucher zu akquirieren. 1995 kamen beispielsweise mehr als 45% der Aussteller und ca. 20% der Besucher aus dem Ausland. Die für erfolgreiche Veranstaltungen benötigte Infrastruktur (Hallen- und Freiflächen, überregionale Verkehrsanbindung, Tagungs- und Hotelkapazitäten) ist in Deutschland von hoher Qualität.

Insbesondere die wichtigsten Messestandorte in Deutschland – Frankfurt a.M., Hannover, Düsseldorf, Köln und München – profitieren von den regionalökonomischen Effekten des Messewesens. So werden von den Ausstellern und Besuchern der deutschen Messen jährlich etwa 11 Mrd. DM ausgegeben. Berücksichtigt man zusätzlich die entstehenden Multiplikatorwirkungen, beziffert sich der durch Messen induzierte Umsatz in Deutschland sogar auf jährlich rund 27 Mrd. DM (1995). Dies führt zu nicht unerheblichen direkten und indirekten Arbeitsplatzeffekten, v.a. im Dienstleistungssektor.◆

Containerhafen Hamburg

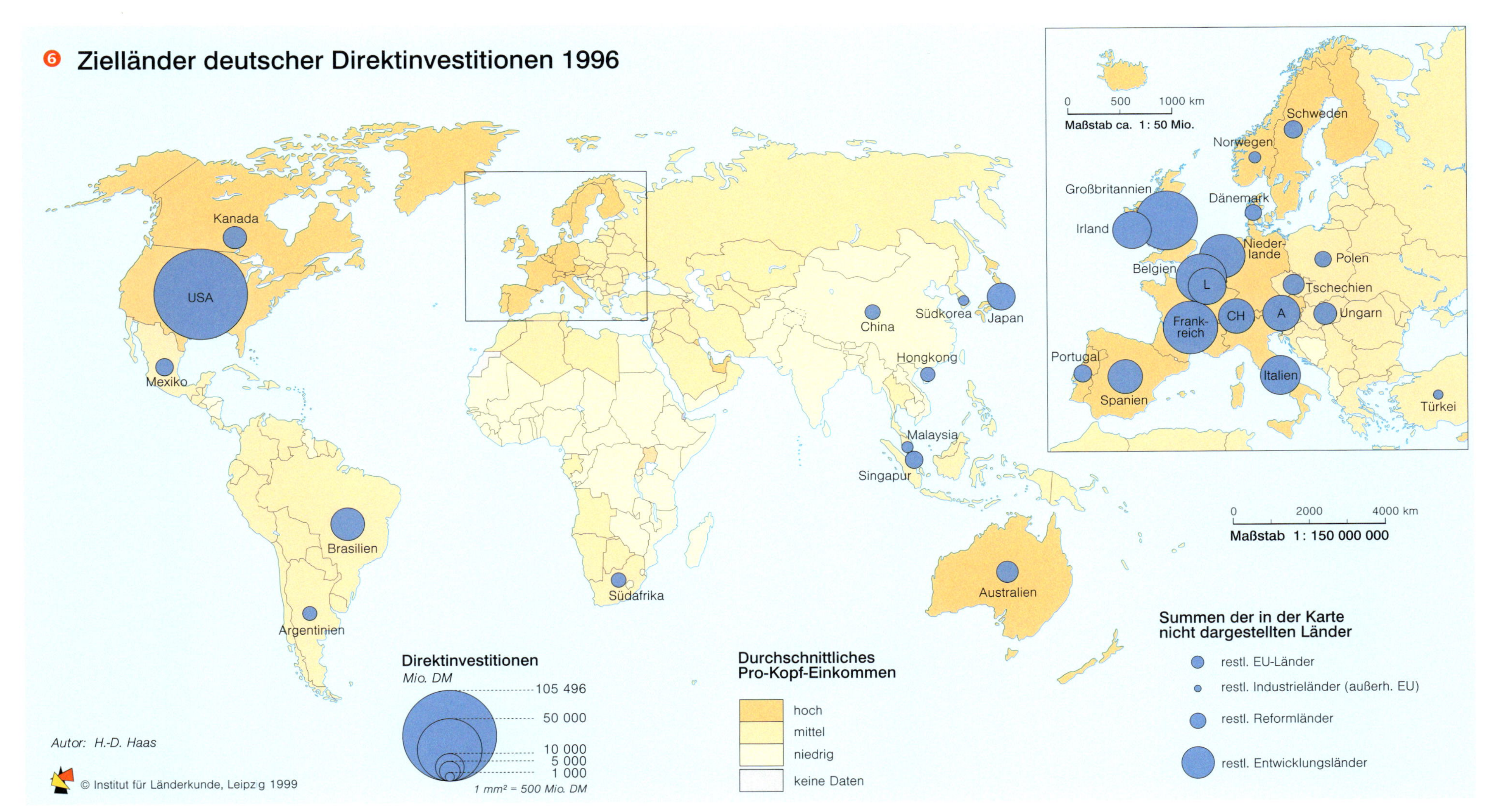

Deutschland – ein Reiseland?

Christian Langhagen-Rohrbach, Peter Roth, Joachim Scholz und Klaus Wolf

Städtetourismus – Semperoper Dresden

Tourismus – im Deutschen oft auch der inhaltsgleiche Begriff „Fremdenverkehr"– umfasst den nationalen und den internationalen Reiseverkehr, d.h. Verkehr von Reisenden zwischen Heimatort und Reiseziel, den vorübergehenden Aufenthalt Ortsfremder am Fremdenverkehrsort sowie die Organisation der Reisevorbereitung am Heimatort. Fremdenverkehr ist der Begriff aller Vorgänge, die sich mit dem Anreisen, Verweilen und Abreisen Fremder nach, in und aus einer bestimmten Gemeinde, einem Land, einem Staat beschäftigen und damit unmittelbar verbunden sind. Die wirtschaftlichen Aspekte aus der Sicht der Zielgebiete stehen dabei im Vordergrund des Interesses.

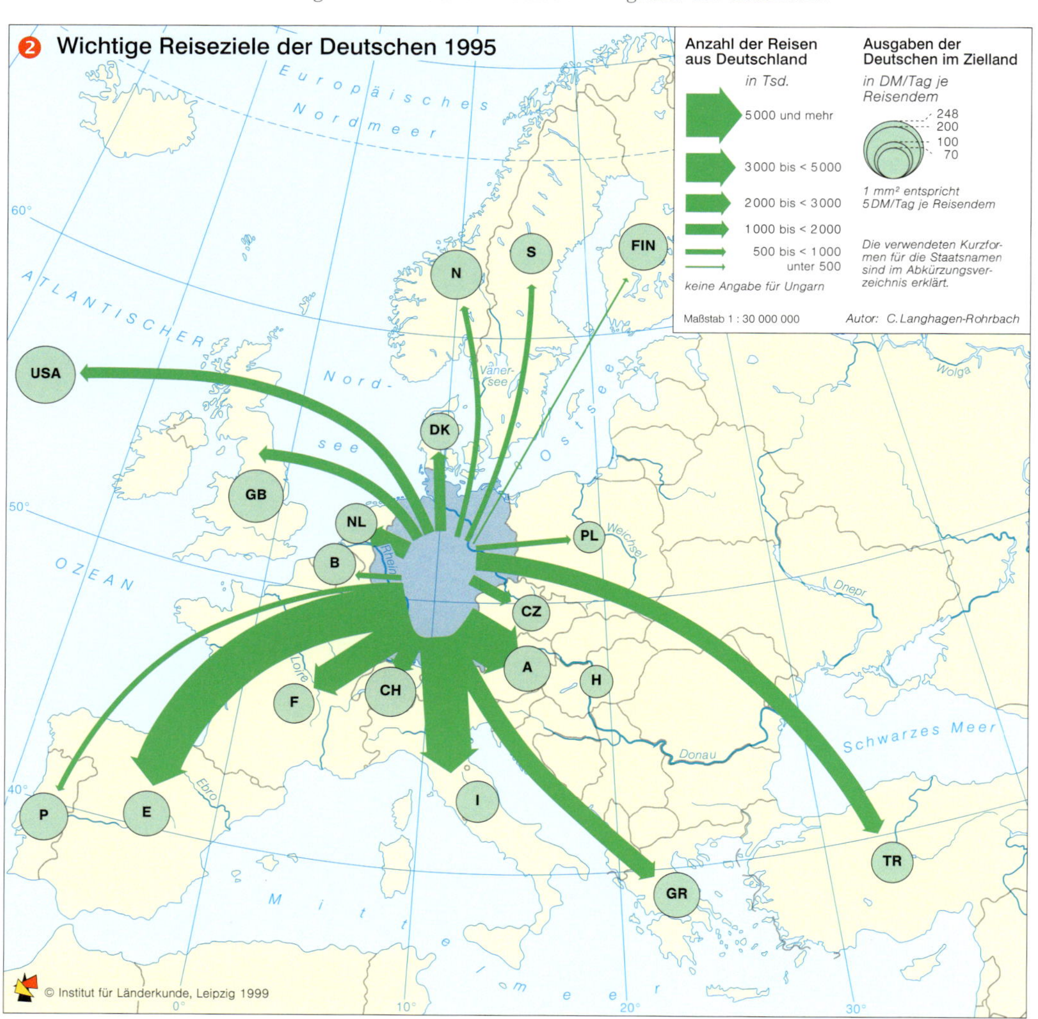

1 Einnahmen aus dem Tourismus in Deutschland

Jahr	BSP in Mrd.	Einnahmen		Ausgaben	
		In Mio. DM	In % des BSP	In Mio. DM	In % des BSP
1995	3 443	25 603	0,74	74 649	2,17
1996	3 515	26 255	0,75	76 781	2,18
1997	3 612	28 591	0,79	80 314	2,22

An den Zielorten des Fremdenverkehrs kann zwischen der Angebots- und der Nachfrageseite unterschieden werden. Auf der Seite des Angebots stehen Reiseanbieter, Unterkünfte etc., auf der der Nachfrager die Reisenden selbst (vgl. Freyer 1996, S. 1-3).

Um Fremdenverkehr überhaupt möglich zu machen, müssen zunächst bestimmte gesellschaftliche Voraussetzungen erfüllt sein, die sich im Wesentlichen in den letzten 100 Jahren entwickelt haben. Die Grenzen wurden durchlässiger, und auch der Transport mit Auto oder Flugzeug wurde schneller und günstiger.

Als Motive für Urlaubsreisen unterscheiden Wolf und Jurczek (1986, S. 75):

- Das „weg-von"-Motiv ist vor allem von dem Wunsch geprägt, den Alltag verlassen zu wollen, auszubrechen aus dem täglichen Trott.
- Im Gegensatz dazu ist das „hin-zu"-Motiv dasjenige, in dem sich die Träume der Menschen ausdrücken: der Traum vom unbeschwerten Leben in der Ferne und „einmal etwas anderes sehen zu wollen."

Generell können Reisen nach ihrem jeweiligen Zweck klassifiziert werden. Die Reisen der Deutschen sind zu 64% Urlaubsreisen, zu 19% Geschäftsreisen, und die übrigen 17% entfallen auf Reisen zur eigenen Familie oder zu Freunden. Damit entfallen rund 81% der Reisen insgesamt auf die Freizeit – mit all den bekannten Problemen, die dabei entstehen. An dieser Stelle sei nur an die entsprechenden Verkehrsbelastungen erinnert.

Die Zahl der Tage, die eine Reise durchschnittlich dauert, ist seit Ende der 70er Jahre deutlich gesunken: von 18,8 Tagen 1977 auf 16,5 Tage im Jahr 1992 (Freyer 1998, S. 96-97), während die Zahl der verfügbaren Urlaubstage gleichzeitig auf einen neuen Höchststand zusteuert (29 Tage/Jahr im bundesweiten Durchschnitt, vgl. StBA 1998, S. 91). Dabei ist ein Trend von einem langen „Jahresurlaub" hin zu mehreren kürzeren, aber erlebnisorientierten Kurzurlauben festzustellen (vgl. Opaschowski 1989, S. 160ff.).

Reisen insgesamt kann als bedeutendster Wirtschaftsfaktor weltweit gesehen werden. In der Tourismusbranche arbeiten 1998 ca. 231 Mio. Erwerbstätige auf der ganzen Welt. In Deutschland sind direkt oder indirekt 2,5 Mio. Menschen vom Tourismus abhängig. Diese Zahl entspricht 8% aller Erwerbstätigen. 7% des erwirtschafteten Bruttoinlandsproduktes (BIP) sind auf den Tourismus zurückzuführen 1. Prognosen gehen von einem Anstieg der weltweiten Auslandsreisen auf über eine Milliarde im Jahr 2010 aus, so dass man auch mit einer steigenden Bedeutung des Wirtschaftsfaktors „Tourismus" rechnen darf.

Deutschland als Quell-Land von Reisen 2

Zu den beliebtesten Reisezielen der Deutschen zählen nach wie vor Spanien, Italien und Österreich. So werden allein in diese Nationen pro Jahr etwa 8 Mio. Reisen durchgeführt (alle Daten in diesem Abschnitt: IPK 1996). Dabei summieren sich auch die Ausgaben, die die Deutschen in diesen Ländern tätigen. Beispielsweise sind die Ausgaben in Spanien mit 74 EURO pro Tag relativ niedrig, aber in der Summe werden dort pro Jahr etwa 11 Mrd. DM ausgegeben. Damit sind die deutschen Touristen in Spanien ein Faktor mit großer wirtschaftlicher Bedeutung. Dies gilt auch für Italien, das in der Summe der Ausgaben auf Rang 2 hinter Spanien liegt. Weltweit haben die Deutschen 1996 insgesamt 51 Mrd. US-$ für Reisen ausgegeben. Damit liegt Deutschland als Quell-Land von Reisenden bzgl. der Ausgaben vor den USA (49 Mrd. US-$) an der Spitze (WTO in StBA 1998, S. 253).

Deutschland als Reiseziel 5

Als Reiseziel rangiert Deutschland 1996 im weltweiten Vergleich auf Rang 13 hinter Nationen wie Frankreich (Rang 1), den USA (2), Großbritannien (5), aber auch Österreich (11). Damit ist Deutschland als Reiseziel in der Beliebtheit seit 1980 um 4 Ränge zurückgefallen, obwohl sich die Zahl der nach Deutschland unternommenen Reisen im gleichen Zeitraum von rd. 11 Mio. auf über 15 Mio. erhöht hat (WTO in StBA 1998, S. 250). Die Aufenthaltsdauer bei Reisen nach Deutschland betrug durchschnittlich 6,9 Nächte, wobei über die Hälfte (52%) der Übernachtungsreisen längere Aufenthalte mit 4 oder mehr Übernachtungen waren. 48% der Reisen nach Deutschland waren Kurzreisen mit einer Aufenthaltsdauer zwischen einer und drei Nächten.

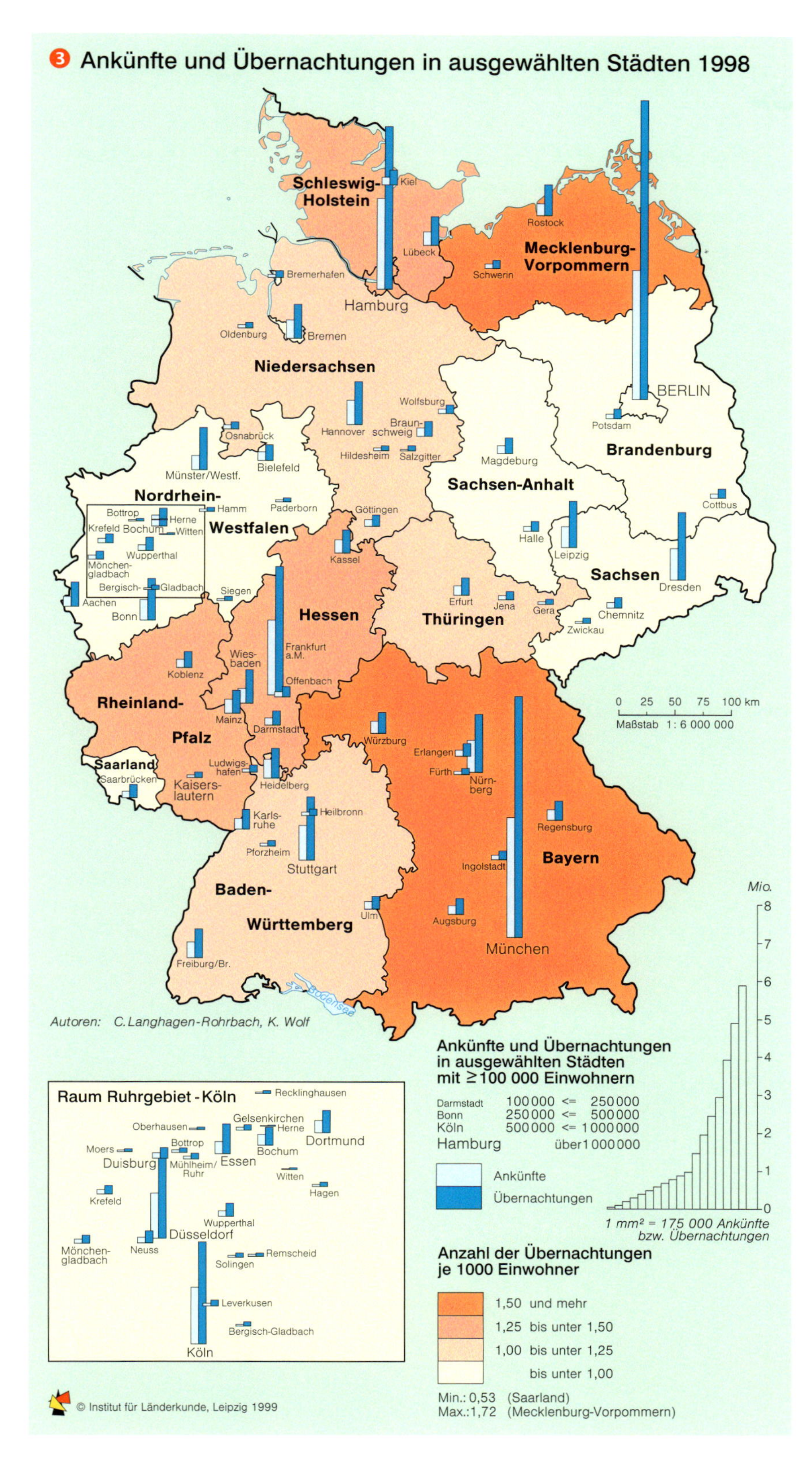

Betrachtet man die Zahl der Reisenden absolut, so sind es die Polen, die die meisten Reisen nach Deutschland unternehmen. Sie liegen mit 3,17 Mio. Reisen an der Spitze, gefolgt von den Niederländern (2,45 Mio.) und der Schweizern (2,14 Mio.). Setzt man die Zahl der nach Deutschland unternommenen Reisen in Bezug zur Bevölkerungszahl des Herkunftslandes, so reisten 1997 je mehr als 20% der Bevölkerung aus der Schweiz, Belgien und den Niederlanden nach Deutschland. Während Deutschland für die Dänen das beliebteste Reiseziel bildet, reisen aus den bevorzugten Reiseländern der Deutschen – Spanien, Italien und Österreich – weniger als 5% der jeweiligen Landesbevölkerung nach Deutschland.

Tourismus in Deutschland

Betrachtet man, welche Regionen oder Städte die beliebtesten Reiseziele in Deutschland sind ❸, fallen die klassischen Ferienregionen am Alpenrand und an der Nord- und Ostsee deutlich ins Auge (▸▸ Beitrag Reuber). Vor allem Mecklenburg-Vorpommern als relativ bevölkerungsarmes Land scheint als Ziel Reisender beliebt zu sein. Rund ein Drittel der Übernachtungen entfallen auf das Voralpenland (StBA 1998, S. 27). Zudem dürfte Bayern von seiner als Reiseziel ebenfalls beliebten Hauptstadt München profitieren. Immerhin liegt München im Vergleich der Städte mit mehr als 3 Mio. Übernachtungen/Jahr auf Rang 2 knapp hinter Berlin mit ca. 3,5 Mio. Übernachtungen/Jahr.

Interessant ist auch der „Gürtel", der die Länder Rheinland-Pfalz, Hessen, Thüringen umfasst und sich auch nach Bayern fortsetzt ❸: Auf den ersten Blick könnte man hier im Vergleich zu den Küstenregionen und dem Alpenrand eine weitere große Ferienregion – die Mittelgebirge – vermuten. Tatsächlich jedoch sind die hohen Übernachtungszahlen auf Überschwappeffekte aus den Verdichtungsräumen (v.a. Rhein-Main und Rhein-Neckar) zurückzuführen, aus denen Übernachtungsgäste in die umliegenden Regionen drängen. In Hessen entfallen immerhin ca. 20% der gesamten Übernachtungen auf das Rhein-Main-Gebiet (StBA 1998, S. 26).

Betrachtet man die Ziele der ausländischen Gäste, so ergibt sich folgendes Bild ❹: München rangiert – wohl unter anderem auch wegen des Oktoberfestes[1] – auf Rang 1 vor Frankfurt. Die weitere „Hit-Liste" der Übernachtungen liest sich wie ein „*Who is who*" der oft klischeehaft als Ziele ausländischer Gäste bezeichneten Städte: Heidelberg (Rang 10), Rothenburg o.d.T. (18), Rüdesheim (23) (StBA 1998, S. 164).

Insgesamt profitieren die Städte von verschiedenen Trends: Neben dem klassischen Motiv des Städtetourismus – der Stadt als Denkmal oder Sehenswürdigkeit – motivieren heute vor allem aktionsorientierte Angebote, sei es der Besuch eines besonderen Ereignisses, wie z.B. die Reichstagsverhüllung oder auch der „Baustellen-Tourismus" nach Berlin (vgl. Schlinke 1996), oder eines Musicals. Besonders Städte, die im traditionellen Städtetourismus nur wenig zu bieten hatten, greifen auf ein neu entdecktes „kulturelles Kapital" zurück und bieten Festivals, Musicals oder andere Ereignisse an (z.B. Bochum). Außerdem profitieren die Städte von kürzeren, aber häufigeren Reisen, bei denen die Reiseentscheidung oft kurzfristig fällt (vgl. Weber 1996, S. 51).◆

[1] Zwar liegen keine unmittelbaren Übernachtungszahlen zum Oktoberfest vor; jedoch alleine die Tatsache, dass schon 1994 knapp 6,7 Mio. Besucher gezählt wurden, die einen Gesamtbetrag von 370 Mio. DM für Übernachtungen, Verpflegung außerhalb des Festes etc. ausgegeben haben, legt nahe, dass der Einfluss dieses Festes auf den Tourismus in München erheblich sein dürfte (Weishäupl 1996, S. 288).

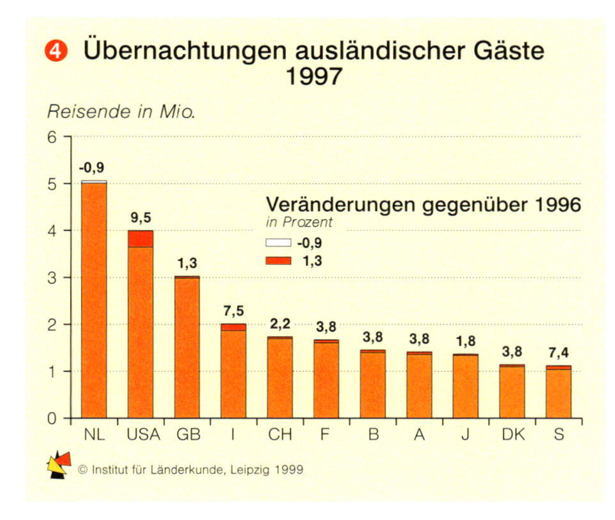

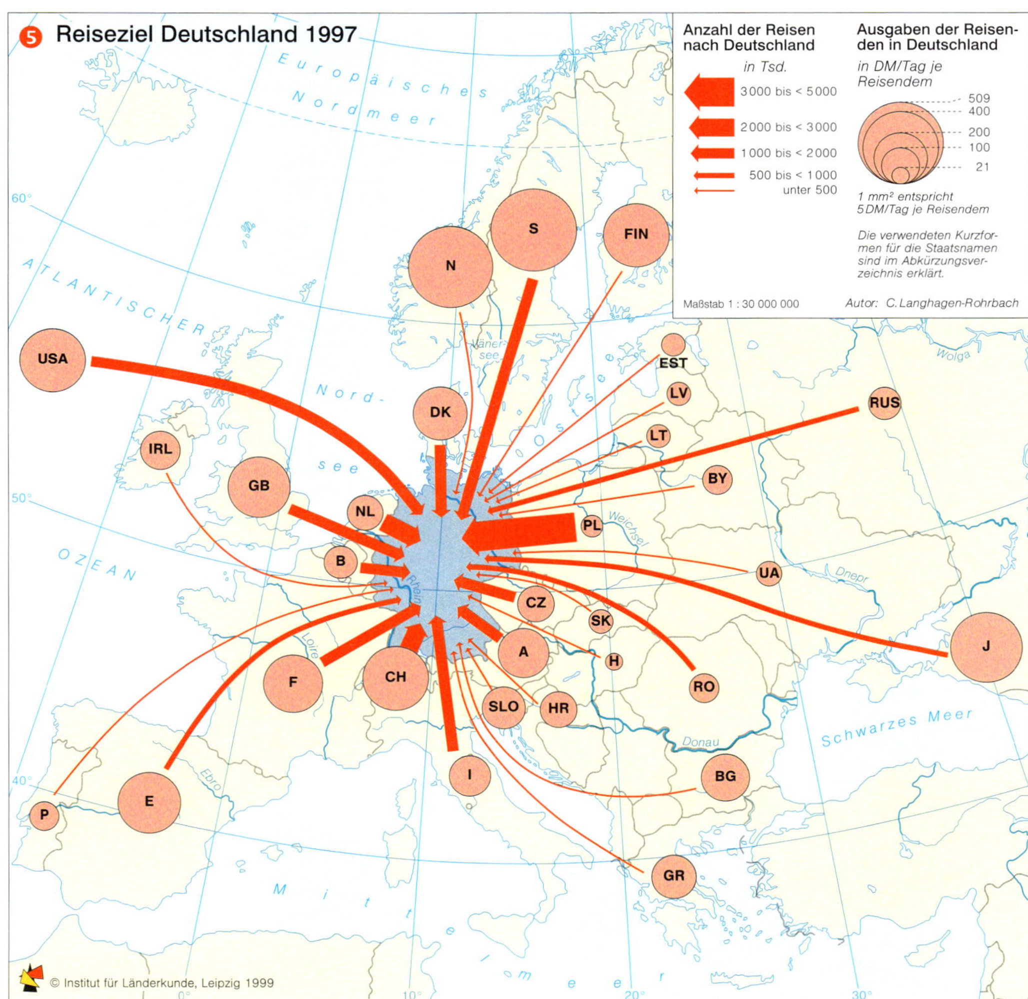

Deutschlandbilder

Matthias Middell

Deutschland lässt sich nicht nur als geographische Realität mit Außen- und Binnengrenzen, mit städtischen Zentren und Dörfern, Fluss- und Gebirgsverläufen, industriellen und ländlich geprägten Zonen auffassen, sondern auch als eine kulturelle Konstruktionsleistung, die sich aus Erwartungsbildern, punktuellen Wahrnehmungen und Erfahrungen zu kollektiven *imaginaires* verdichtet. Hier ist ein Aspekt dieses Prozesses dargestellt – Elemente eines Deutschlandbildes von außen in Form einer strukturierten Karte der Aufmerksamkeitsverteilung ❷.

Der Blick von außen auf das vereinte Deutschland

Als Ausgangspunkt wurde die Situation des Fremdsprachenerwerbs gewählt, bei der eine überdurchschnittliche Motivation zum Kennenlernen des Landes, in dem die einzuübende die offizielle und Alltagssprache ist, unterstellt werden kann. Gerade in dem intensiven Aneignungsprozess von Semantik und Grammatik des Fremden erhalten die oft wenigen den Büchern beigegebenen Bilder eine besondere Bedeutung. Sie sollen illustrieren, aber auch motivieren; sie funktionieren als Symbole, die komplexe Außensichten auf Deutschland typisieren, und sie verbinden sich in den Lehrbüchern mit umfangreicheren narrativen Strukturen, die den Symbolen eine umfassende Bedeutung verleihen. Sie müssen deshalb als komplementäres Bild zu jenen "gelesen" werden, die eine Strukturanalyse der deutschen Geographie liefert und die die Bundesrepublik von sich selbst verbreitet. Es ist geradezu ein Kennzeichen dieses Deutschlandbildes, dass es mit wenigen Symbolen auszukommen sucht, ganze Partien des Landes außer acht läßt und das einzelne Element – einen Ort, eine Landschaft oder ein Kulturdenkmal – überdurchschnittlich mit Bedeutungen auflädt. Die ausgewählten Orte sind oftmals Erinnerungsorte der übernational wichtigen Stationen der deutschen Geschichte oder der bilateralen Beziehungen Deutschlands mit jener Gesellschaft, deren *imaginaire* hier ausgewertet wurde. Deutschlandbilder sagen so immer auch viel aus über die mentale Kartographie ihrer Entstehungsländer: So heben beispielsweise Staaten mit einem starken Zentralismus Berlin als angenommene oder tatsächliche Hauptstadt überdurchschnittlich hervor und vernachlässigen eher die föderale Aufgabenteilung zwischen verschiedenen politischen, ökonomischen und kulturellen Metropolen in Deutschland. Ebenso spielt die Situation unmittelbarer Nachbarschaft und die Erfahrung der Grenzregionen eine Rolle, wie auch die Herausbildung von Zentren der Einwanderung, die sich zu Orten einer gemeinsamen Erinnerung entwickeln können.

Westliche und östliche Vorstellungsbilder

Betrachtet man das Ergebnis einer solchen Kartographie des *imaginaire* des Auslandes – wie es den Sprachlehrbüchern, die ab 1990 erschienen sind, zu entnehmen ist –, dann fällt zunächst ins Auge, dass es einen unvermeidlichen zeitlichen Rückstand gibt, denn es werden nach wie vor Bilder verwendet, die die Situation der deutschen Teilung auf doppelte Weise reflektieren: Die Länder Ost-, Ostmittel- und Südosteuropas beziehen ihr Bild Deutschlands auf jenes, das die DDR von sich zu verbreiten trachtete, während umgekehrt viele andere Länder nicht nur Westeuropas ihre Bildwelt auf das in der Bundesrepublik für sie Sichtbare konzentrieren.

Dies lässt sich vielleicht am deutlichsten an den Berlindarstellungen ablesen ❶: Eine völlig entgegengesetzte Aufmerksamkeit erhalten einerseits der im ehemaligen Ostberlin gelegene Platz der Republik als modernes sozialistisches Ensemble angestrebter metropolitaner Kultur auf den Trümmern des im Zweiten Weltkrieg zerstörten Berliner Zentrums und andererseits die in der westlichen Deutschlandwahrnehmung zentrale Mauer, die die Teilung des Landes und die Gewalttätigkeit des gegenüberliegenden Regimes signalisierte. Gleich daneben findet sich aber das Brandenburger Tor, dem eine annähernd gleiche Symbolwirkung in Ost und West zugeschrieben wurde: Die dahinter liegenden narrativen Strukturen mögen in Nuancen unterschiedlich sein, das Tor als prominenter Bestandteil der ausländischen Bildwelt von Deutschland zeigt an, dass der Disput über die Symbole der Unterschiedlichkeit in der Zeitgeschichte zwischen 1949 und 1989 oftmals einfach durch einen Rückgriff auf die Symbole einer gemeinsamen Vorgeschichte aufgelöst wird: Die Deutschlandkarte der etablierten Vorstellungen des Auslandes reflektiert die Stabilisierung der Theorie von Zweistaatlichkeit bei Fortexistenz einer gemeinsamen Kulturnation, gerade weil diese Theorie nicht nur die Nachkriegssituation wiedergibt, sondern an ältere Muster der Vorstellungen von der Besonderheit der deutschen Nation vor 1871 anknüpfen kann und damit an Tiefenstrukturen des historischen Bewusstseins in den jeweiligen Ländern rührt.

Nach Berlin folgt eine Liste der Metropolen und emblematischen Landstriche der zweiten Reihe – München, Köln, Frankfurt a.M., Hamburg, der Rhein, die Alpen und das Ruhrgebiet bilden dabei den inneren Zirkel der westlichen Deutschlandwahrnehmung. Dem steht eine östliche Sicht gegenüber, die Dresden, München, Köln, Leipzig, Frankfurt a.M., Weimar, Hamburg sowie den Rhein besonders hervorhebt. In beiden Fällen wird scheinbar nach dem gleichen Muster vorgegangen. Betont sind die Zentren historischer Kultur, deren Zentralität allerdings aus der Westsicht über eine entsprechende ökonomische Funktion stabilisiert wird, während die Motive der östlichen Publikationen stärker an die historische Idee eines dritten Deutschland anzuknüpfen scheinen und damit auf die Zeit vor der Reichseinigung 1871 zurückzuverweisen versuchen. Aus schnell einsichtigen Gründen spielen in der westlichen Wahrnehmung die landschaftlich reizvollen Tourismuszentren eine weit größere Rolle als in der östlichen, in der die Unerreichbarkeit verborgen werden musste.

Interessanterweise nimmt Bonn im östlichen Deutschlandbild eine prominentere Rolle ein als im westlichen, was sich wohl mit dem Bemühen der DDR bei ihren östlichen Nachbarn um eine Betonung der Hauptstadtfrage erklären dürfte: Durch die Hervorhebung Bonns als Hauptstadt der Bundesrepublik wird nicht nur Berlin mit Fernsehturm und Rotem Rathaus zur allein östlichen Metropole, sondern es wird auch die Idee der souveränen Eigenstaatlichkeit und des radikalen Bruchs mit der Kontinuität des Deutschen Reiches gestärkt.

imaginaire – Vorstellungsbild, Image

Konstruktionsleistung – Prozess des Zustandekommens eines Gesamt-Vorstellungsbildes durch Zusammenfügen von Einzelinformationen, Einzelbildern und Bedeutungszuweisungen

narrative Struktur – Argumentation, die im Hintergrund steht und deren erzählender Charakter den verschiedenen Zeichen und Symbolen einen Bedeutungszusammenhang gibt

Symbol – Gegenstand, Wort oder Ort, der/das eine allgemein bekannte Bedeutung verkörpert und stellvertretend für diese Bedeutung genannt bzw. abgebildet wird

Ein differenziertes Bild von Deutschland

Der Vergleich der nach 1990 zirkulierenden Lehrbücher, in denen Deutschlandbilder gezeichnet werden, deren Wirkung auf die Mentalitäten nicht zu unterschätzen ist, zeigt eine weit verzweigte Landschaft mit nicht weniger als 157 Orten und Landstrichen. Eine solche Diversifizierung signalisiert die Vielfalt der absehbaren Begegnungen, auf die die Autoren und Verlage der Lehrbücher Rücksicht nehmen. Dieses differenzierte Bild steht – aller Schwerpunktsetzung zum Trotz – einer naiven Stereotypisierung entgegen. Sie ist ein Effekt der zentralen Lage, der guten Erreichbarkeit und der zunehmenden Attraktivität einer immer größeren Zahl von Orten des Landes, die im Zuge der europäischen Integration weiter zunehmen wird, sie scheint aber auch ein positives Erbstück der langen Zweiteilung zu sein, die das Deutschlandbild vielgestaltiger zurückgelassen hat, als es vor 1945 existierte.◆

Methode der Kartenerstellung

Als Quelle für die Erstellung der auf der Hauptkarte gezeigten Deutschlandbilder wurden die in der Deutschen Bücherei Leipzig verfügbaren 563 Lehrbücher für Deutsche Sprache und Landeskunde von Deutschland ausgewertet, die im Ausland verlegt wurden und nach 1990 erschienen sind. Es handelte sich dabei um 320 Bücher aus Ländern des ehemaligen Ostblocks und 263 aus Westeuropa.
Es wurden alle in diesen Büchern abgedruckten Fotos und Zeichnungen erfaßt (insgesamt 2084) und ihnen jeweils nach Art – ob Foto oder Zeichnung – Größe und Plazierung ein Punktwert zwischen 0,5 und 8 zugewiesen. Die Punktwerte wurden aufgrund der ungleichen Zahl von Abbildungen und Punkten aus Ost und West mit einem Gewichtungsfaktor bereinigt, so dass die Säulendarstellung einen unmittelbaren Vergleich zwischen den optischen Deutschlandbildern ermöglicht, die den Deutsch-Schülern in diesen beiden Ländergruppen vermittelt werden.

❶ Die am häufigsten abgebildeten Motive von Berlin und München

Berlin

München

© Institut für Länderkunde, Leipzig 1999

2

Deutschlandbilder der 90er Jahre

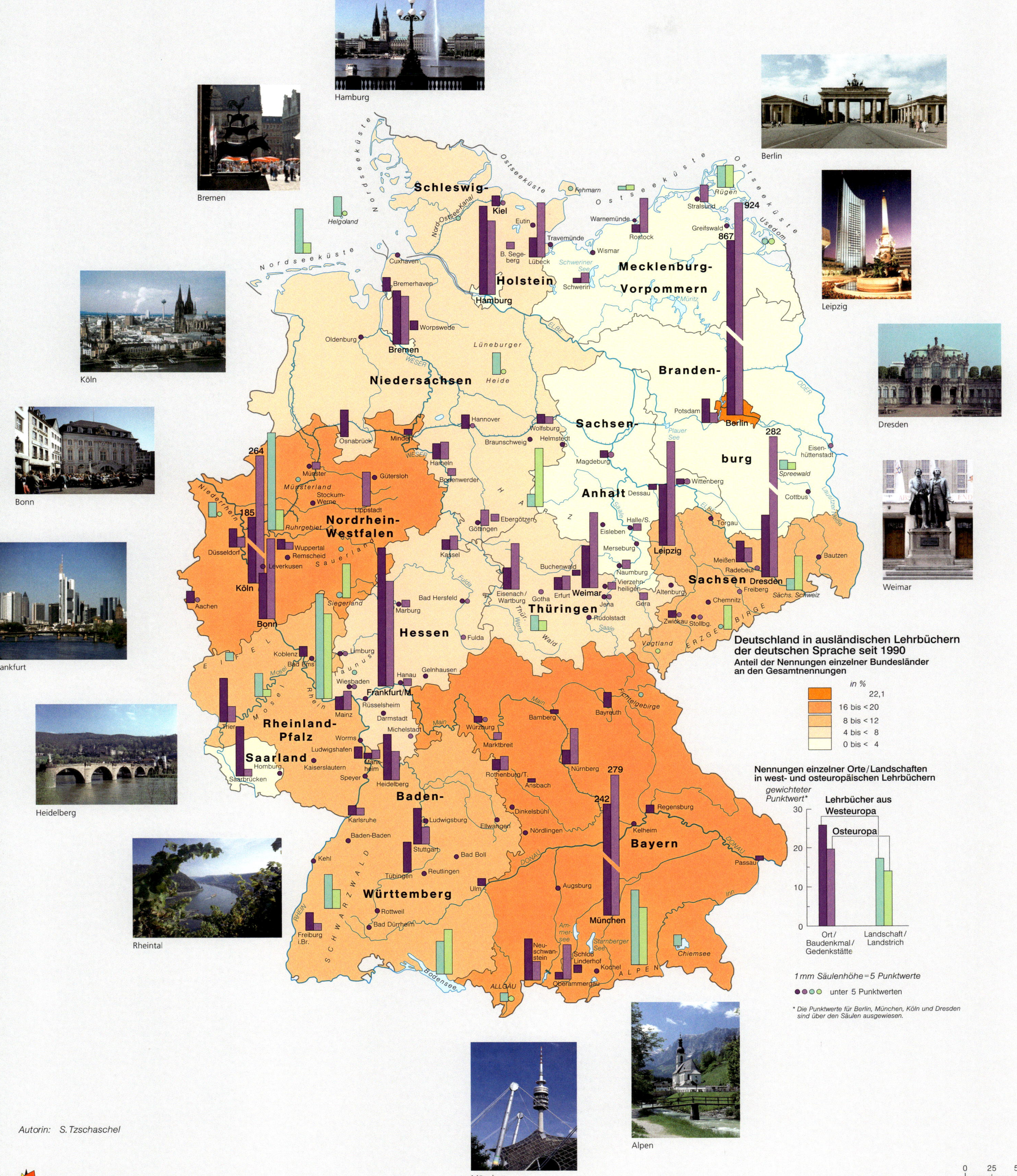

Autorin: S. Tzschaschel

© Institut für Länderkunde, Leipzig 1999

Anhang

Ein Nationalatlas für Deutschland

Konzeptkommission

Als im Herbst 1997 aus Anlass des 51. Deutschen Geographentages das Institut für Länderkunde aus Leipzig einen Pilotband und eine Demo-CD-ROM für einen Deutschland-Atlas herausbrachte, um damit der Fachöffentlichkeit ein Beispiel dafür zu bieten, was ein Nationalatlas ist, wen man damit anspricht und was man damit aussagen kann, da war noch nicht sicher, ob das Projekt eines zwölfbändigen Atlaswerkes wirklich zu realisieren sei. Inzwischen sind zwei arbeitsreiche Jahre verstrichen, in denen zahlreiche Zusammenkünfte von Beratungsgremien sowie Aktivitäten im Hintergrund zur Finanzierung des Projektes stattfanden. In dieser Zeit hat das Vorhaben viele Freunde gewonnen. Nach dem prominenten Schirmherrn der alten Regierung, dem damaligen Bundeskanzler Dr. Helmut Kohl, hat sich als prominenter Repräsentant der neuen Legislaturperiode Bundestagspräsident Wolfgang Thierse als Schirmherr für das Vorhaben gewinnen lassen.

Die Fachwelt hat das Projekt wohlwollend begrüßt. Die zahlreichen Zuschriften und Anregungen, die das Institut für Länderkunde aufgrund des Pilotbandes und der elektronischen Ausgabe auf CD-ROM erhalten hat, bezeugen das große Interesse, auf das das Projekt Nationalatlas gestoßen ist. Es gab auch kritische Stellungnahmen, die wir als konstruktive Hinweise zu einem Werk verstehen, das die Wissenschaften der Geographie und der Kartographie in der Öffentlichkeit darstellt. Als Erfolg sind auch die zahlreichen Meldungen von vornehmlich jungen Wissenschaftlern und Lehrern zu sehen, die ein Interesse äußerten, an den Bänden mitzuarbeiten. Der Atlas entsteht in Zusammenarbeit mit vielen unentgeltlich arbeitenden Autoren, denen auf diesem Weg gedankt sei.

Was ist und was will ein Nationalatlas?

Was ist eigentlich ein Nationalatlas? Die Alltagserfahrung konfrontiert die meisten Menschen mit Schulatlanten und Straßenatlanten, die jeweils ihrem spezifischen Zweck entsprechend über die Länder der Welt oder über Straßen und Orte einer Region informieren. Ein Nationalatlas dagegen macht es sich zur Aufgabe, ein Land in allen seinen Dimensionen darzustellen. Dazu zählen die natürlichen Grundlagen, die Bevölkerungsstruktur, die Verteilung von Ressourcen und Wirtschaftskraft sowie andere wesentliche Elemente der Landesausstattung und Landesentwicklung. Ein Nationalatlas dient der räumlich differenzierten Information über das gesamte Land sowie der Repräsentation eines Landes nach außen. Für diesen ersten gesamtdeutschen Nationalatlas ist es darüber hinaus ein wichtiges Ziel der Herausgabe zu dokumentieren, wie die über 40 Jahre getrennten zwei deutschen Teilstaaten zusammenwachsen.

Das Besondere eines Atlas ist es, die vielfältigen Inhalte in thematischen Karten darzustellen. Karten sind die ideale Form, von pauschalen zu räumlich differenzierten Aussagen zu gelangen. Eine Karte differenziert im Raum, zeigt anschaulich regionale Unterschiede und vermag auch Zusammenhänge und Hintergründe aufzuzeigen. Durch die notwendige Zeichenerklärung, durch ergänzende Grafiken und erläuternde Texte wird das Lesen und Verstehen der Karten als Abbildung der räumlichen Strukturen und Prozesse leichter gemacht.

Wie kam es zum Projekt Nationalatlas?

Fast alle europäischen und auch die meisten außereuropäischen Länder besitzen einen Nationalatlas. Seit im Jahr 1899 Finnland den ersten Nationalatlas herausgegeben hat, um damit sein Streben nach Unabhängigkeit von Russland zu dokumentieren, gehören Nationalatlanten zu den Insignien souveräner Staaten. Aufgrund der ständig wechselnden Grenzen Deutschlands und der territorialen Ansprüche der verschiedenen deutschen Staatsführungen hat es nie einen Nationalatlas für Deutschland gegeben. In der DDR erschien in den Jahren 1976-81 ein sehr komplexes und anspruchsvolles Werk, der"Atlas Deutsche Demokratische Republik". In der Bundesrepublik Deutschland gab es zwei thematische Atlaswerke: "Die Bundesrepublik Deutschland in Karten" (Statistisches Bundesamt und Institut für Landeskunde 1965-70) sowie den "Atlas zur Raumentwicklung" (Bundesforschungsanstalt für Landeskunde und Raumordnung 1976-87). Beide erreichten jedoch nicht den Status eines Nationalatlas.

Die Wende von 1989 und die Wiedervereinigung der deutschen Teilstaaten im Jahr 1990 schienen deshalb als geeigneter Zeitpunkt, über die Erstellung eines gesamtdeutschen Atlaswerkes nachzudenken. Der Versuch, nach ersten Planungen eine staatliche Finanzierung des Projektes zu erzielen, schlug fehl. Im Jahr 1995 beschlossen die Dachverbände der deutschen Geographen und Kartographen[1] sowie die Deutsche Akademie für Landeskunde, das Projekt zusammen mit dem Institut für Länderkunde in Leipzig auch ohne staatlichen Auftrag zu realisieren.

Nationalatlanten anderer Länder aus den letzten Jahrzehnten dokumentieren eindeutig einen Trend, die Atlanten nicht mehr ausschließlich aus analytischen und komplexen Karten zu gestalten, sondern sie multimedial anzureichern und mit Text zu versehen. Interessante Beispiele dieses neuen Typs sind die Atlanten der Niederlande, Schwedens und Spaniens. Außerdem sind bereits die ersten elektronischen Nationalatlanten erschienen. Besondere Aufmerksamkeit erregte der Prototyp des neuen Schweizer Nationalatlas, der mit hohem Forschungseinsatz und Aufwand entwickelt wurde. Der neueste kanadische Nationalatlas steht im Internet und wird nicht mehr als Druckausgabe erscheinen. Seine Karten kann der Nutzer bei Bedarf selbst ausdrucken.

Der deutsche Nationalatlas erscheint in einer gedruckten wie auch in einer elektronischen Ausgabe. Seine Konzeption greift Anregungen bekannter Werke anderer Länder auf. Das Konzept für die elektronische Ausgabe beruht darauf, die Inhalte der Druckausgabe in elektronischer Form vollständig wiederzugeben. Darüber hinaus wird das Medium mit seinen zusätzlichen funktionalen Möglichkeiten genutzt, insbesondere die interaktiven Elemente, die es dem Nutzer ermöglichen, mit den im Atlas verarbeiteten Daten selbst Karten zu generieren und zu gestalten.

Wer wirkt am Nationalatlas mit?

Das Institut für Länderkunde als Forschungsinstitut der Wissenschaftsgemeinschaft Gottfried Wilhelm Leibniz sieht in der Erstellung des Nationalatlas Bundesrepublik Deutschland eine anspruchsvolle und reizvolle Forschungsaufgabe. Es konzipiert das Gesamtwerk und koordiniert die Mitarbeit einer Vielzahl von Wissenschaftlern, die als Koordinatoren für einzelne Bände wirken und als Autoren die Inhalte und Entwürfe der Karten sowie die Textbeiträge erarbeiten. Bei seinen Bemühungen wird das Institut für Länderkunde von mehreren Gremien begleitet (vgl. Organigramm).

Die Deutsche Gesellschaft für Geographie, die Deutsche Gesellschaft für Kartographie und die Deutsche Akademie für Landeskunde unterstützen das Projekt als Trägerverbände. Das Institut für Länderkunde hat aus diesen Verbänden Vertreter in eine Konzeptkommission gewählt, die das Vorhaben besonders in der Initialphase konzeptionell unterstützt hat und auch bei der Ausarbeitung von Inhalt und Aufbau der einzelnen Bände zu Rate gezogen wird.

Zahlreiche Bundesbehörden und deutschlandweit tätige, gesellschaftlich relevante Institutionen begleiten das Projekt darüber hinaus in einem Beirat, der beratende und unterstützende Funktion hat. In diesem Beirat sind besonders diejenigen Einrichtungen vertreten, deren Aufgaben das Gesamtwerk betreffen, während andere Bundesämter und Institutionen themenspezifisch für Einzelbände eingebunden sind.

Auf Anraten der Deutschen Gesellschaft für Kartographie wurde für die konkrete Erarbeitung der Atlaskarten eine kartographische Beratergruppe gebildet, die dem Institut für Länderkunde in Fragen der graphischen Darstellung zur Seite steht. In ihr sind Repräsentanten wichtiger kartographischer Ausbildungsstandorte und des Arbeitskreises „Kartennutzung“ vertreten.

Schließlich ist das Atlasteam im Institut für Länderkunde zu nennen, das sich für einige Jahre ausschließlich auf dieses Vorhaben konzentriert. Bei ihm wird sich neben der vielen organisatorischen und technischen Arbeit auch ein inhaltliches Potenzial zu Themen und Studien über Deutschland sammeln, das für weitere Forschungen fruchtbar gemacht werden kann. Die Gestaltung, Redaktion und computergrafische Bearbeitung der Karten, Abbildungen und Texte bis hin zum Layout und den Druckvorlagen erfolgt im Institut für Länderkunde.

Wie ist das Gesamtwerk aufgebaut?

Schon im Vorfeld hat die Konzeptkommission die Vielfalt der Themen, die zusammen das komplexe Gefüge eines Deutschlandbildes ergeben, in zehn Bereiche eingeteilt, die in zwölf Einzelbänden abgehandelt werden. Dabei wurde auf innere Zusammenhänge von Themenkomplexen geachtet, doch mussten auch pragmatische Gesichtspunkte berücksichtigt werden. Die Einzelbände können in keinem Fall als unabhängige Einheiten gesehen werden. Die Vernetzung der verschiedenen Natur- und Lebensbereiche wird – so weit es geht – berücksichtigt. Dabei kommt es bei Einzelthemen unweigerlich auch zu Doppelungen. Das Zusammenspiel von Natur und Gesellschaft, von Siedlungsentwicklung und Bevölkerung, von Landwirtschaft und Ökologie – um nur einige Beispiele herauszugreifen – kann immer von mehreren Seiten aus betrachtet werden, so dass viele Themen mit unterschiedlicher Schwerpunktsetzung und Blickrichtung in mehreren Bänden aufgegriffen werden. Durch die Vielzahl der Einzelthemen komplettiert sich das Gesamtbild Deutschlands in zwölf thematischen Bänden, die in etwa halbjährigem Turnus innerhalb von sechs Jahren (1999 - 2005) erscheinen werden.

Bände des Nationalatlas

- Gesellschaft und Staat
- Relief, Boden und Wasser
- Klima, Pflanzen- und Tierwelt
- Bevölkerung
- Dörfer und Städte
- Bildung und Kultur

- Arbeit und Lebensstandard
- Unternehmen und Märkte
- Verkehr und Kommunikation
- Freizeit und Tourismus
- Deutschland in der Welt
- Deutschland im Überblick
- Register

Gesellschaft und Staat

Der erste Band stellt die historischen und organisatorischen Hintergründe des Staatswesens dar, geht auf die wichtigsten Elemente der Gesellschaft der Bundesrepublik ein, thematisiert die verschiedenen Ebenen der administrativen Einteilung, die Deutschland in Länder, Kreise und Gemeinden untergliedert, sowie von anderen Instanzen definierte Regionen, wie z.B. Wahlbezirke, Bistümer und Landeskirchen oder Kammern.

Natur und Umwelt

Die naturräumlichen Grundlagen des Landes werden in zwei Bänden dargestellt, deren Leitthema das Zusammenwirken von Mensch und Natur ist. In dem einen Band wird auf die naturräumliche Gliederung und Landschaftsnamen eingegangen, auf Veränderungen in Relief und Bodenbeschaffenheit und auf Qualität und Verteilung von Wasser und Gewässern. Der zweite Band beschäftigt sich mit klimatischen Unterschieden in den verschiedenen Landesteilen und über längere Beobachtungszeiträume. Ferner werden die Verbreitung von Tier- und Pflanzenarten sowie ihre Bedrohung und Aspekte des Naturschutzes und der Landschaftspflege behandelt.

Bevölkerung

Die Bevölkerung in ihrer vielfältigen Zusammensetzung ist Thema für einen gesamten Band. Darin werden nicht nur Veränderungen der Bevölkerungszahlen in den einzelnen Regionen und ihre Zusammensetzung nach Merkmalsgruppen behandelt, sondern auch die Faktoren, die zu dieser Gesamtentwicklung führen: die Geburten und Sterbefälle, Zu- und Wegzüge, Einwanderungen aus dem Ausland und Auswanderungen in andere Länder, das Gesundheitswesen und die verschiedenen gesellschaftlich bedingten Einflüsse wie Kinderzahlen oder Zuwanderungspolitik.

Dörfer und Städte

Das Siedlungssystem Deutschlands ist ein Kontinuum zwischen Stadt und Land, in dem städtische Lebensformen dominieren und ländliche Lebensformen auch in Städten in angepasster Form aufgegriffen werden. Die große Vielfalt von Groß-, Mittel- und Kleinstädten mit ihren historischen Ortskernen ist typisch für die deutsche Kulturlandschaft. Sie verändert sich ständig im Zusammenhang mit den Prozessen in Gesellschaft und Wirtschaft. Dies wird in Überblicksbeiträgen sowie durch zahlreiche Einzelbeispiele dokumentiert.

Bildung und Kultur

Schule und Hochschule, Wissenschaft und Forschung, Berufsausbildung und Fortbildung sowie Kulturangebot und -förderung von der Hochkultur bis zur Sozio- und Jugendkultur – das sind Komponenten des weltweiten Wettbewerbs, wenn es darum geht, Vor- und Nachteile von Wirtschaftsstandorten gegeneinander aufzuwiegen. Die regionale Differenzierung von Ausstattung und Nutzung stellt zugleich eine Dimension von Lebensqualität in den Teilräumen Deutschlands dar, die nicht zuletzt auch zur Identifikation der Bevölkerung mit ihrer Region beiträgt.

Arbeit und Lebensstandard

Die Welt der Arbeit, besonders der differenzierte Arbeitsmarkt, zu dem heutzutage auch die Arbeitslosigkeit mit dem speziellen Problem der Langzeitarbeitslosigkeit gehört, bilden einen wichtigen Aspekt des Lebensstandards der Menschen in Deutschland. Arbeit integriert oder schließt aus; sie ist der Schlüssel zur Teilhabe am Konsum, an Wohn- und Freizeitangeboten sowie zur Ausstattung mit Statussymbolen, die immer größere Bedeutung zu erlangen scheinen. Die Beteiligung am Erwerbsleben weist innerhalb des Landes deutliche Unterschiede auf; sie kann in den neuen Ländern auf eine ganz andere Tradition zurückblicken als in den alten.

Unternehmen und Märkte

Die Volkswirtschaft eines Landes bildet das Rückgrat seines Wohlstands. Zu ihr gehören die großen und die multinationalen Unternehmen sowie die unzähligen Klein- und Mittelbetriebe, die im ganzen Land Investitionen tätigen und Arbeitsplätze bieten. Immer mehr hat sich auch die Landwirtschaft vom traditionellen Bild des familiären Subsistenzbetriebes gelöst und in das Spektrum von Unternehmen eingereiht, deren wirtschaftlichen Verflechtungen zur Regional- und zur Volkswirtschaft beitragen. Einen weiteren wichtigen Sektor bilden der Außen- und der Binnenhandel.

Verkehr und Kommunikation

Der reibungslose Ablauf von Verkehr, Arbeits- oder Schulweg, Warentransport, Nachrichtenübermittlung und Energieübertragung sind Grundlage für das Funktionieren von Wirtschaft und Alltagsleben. Die moderne Gesellschaft ist undenkbar ohne Internet und Online-Banking, den Flugverkehr für Fernreisen und die täglichen, oft stündlichen Geschäftsverbindungen zwischen den großen deutschen und europäischen Städten durch Flüge und Hochgeschwindigkeitszüge. Das, was als reiner Servicebereich im Hintergrund zu stehen scheint, ist ein umfangreicher Wirtschaftssektor, der mit allen Lebensbereichen und allen Teilräumen des Landes verbunden ist.

Freizeit und Tourismus

Kein anderes Volk reist so viel wie die Deutschen. Deutschland ist aber auch in jedem Jahr ein Reiseziel für Millionen von Touristen aus aller Welt. Für die vielen Freizeit- und Feriengebiete in Deutschland ist jedoch das inländische

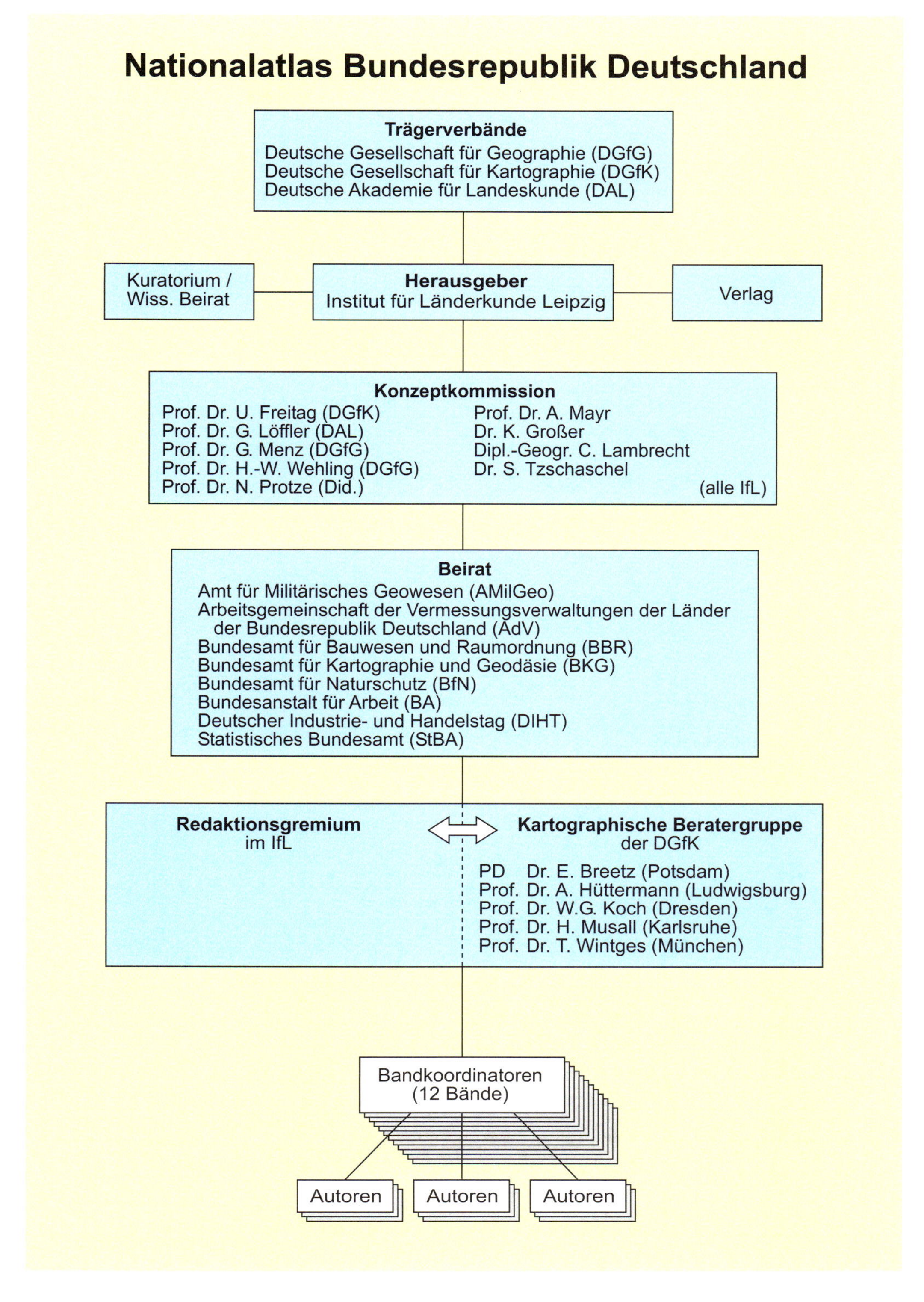

Reiseverhalten von noch größerer Bedeutung. In Ferien, Kurzurlauben und Wochenendaufenthalten erhalten zahlreiche Landschaften und Städte Besucher aus allen Landesteilen. Die Gestaltung von Tages- und Wochenend-Freizeit wirkt sich auch kleinräumig auf Städte und Naherholungsgebiete aus. Und schließlich prägt auch die ständig wachsende Zahl von alten Menschen im Ruhestand – die sogenannte Lebensfreizeit – die Anforderungen an Einrichtungen in Städten und Orten und verändert sogar das Siedlungsmuster.

Deutschland in der Welt

Deutschland muss auch unter dem Blickwinkel der Globalisierung gesehen werden: die internationale Vernetzung und die Vereinheitlichung von Märkten, Werten und Lebensformen sowie die Verkürzung von Distanzen durch den Fortschritt der Verkehrstechnik und der Kommunikationsmedien machen sich im Leben jedes Einzelnen bemerkbar. Das Resultat ist eine enge internationale Verknüpfung fast aller Lebensbereiche. Ein Moment davon ist das Zusammenwachsen Europas, das für ein Land wie Deutschland mit neun Nachbarländern eine besondere Bedeutung hat.

Deutschland im Überblick

Der Abschlussband will die wichtigsten Themen aller vorangegangenen Bände zu einem Überblick zusammenfassen und in aktualisierter Form darstellen.

Die elektronische Ausgabe

Der Atlas erscheint gleichzeitig mit der gedruckten Ausgabe auch als elektronische Ausgabe. Sie ist für einen großen Nutzer- und Interessentenkreis konzipiert und besteht aus einer Kombination von zwei Komponenten, einer illustrativen und einer interaktiven. Die Atlasthemen sind für das Medium entsprechend aufbereitet und mit einem breiten Spektrum an multimedialen Karten und Abbildungen illustriert. Zusätzlich hat der Nutzer die Möglichkeit, die thematischen Informationen der Atlasthemen auch in einer interaktiv veränderbaren Karte aufzurufen, selbst zu gestalten und auszudrucken. Hier wird eine Möglichkeit zur regelmäßigen Aktualisierung von Daten gegeben sein.

Wie sind die Bände konzipiert?

Die wichtigsten Grundsätze für das Atlaswerk, die im Pilotband vorgestellt wurden, sind beibehalten worden:

Bandkoordination

Die Koordination der einzelnen Bände wurde an Fachleute übertragen, die über Erfahrung und Vernetzung in der Wissenschaft verfügen. Nur so kann gewährleistet sein, dass das jeweilige Bandthema in einer dem neuesten wissenschaftlichen Stand entsprechenden Form aufgearbeitet wird und die Spezialisten für einzelne Teilthemen zu Wort kommen. Die Verankerung in Arbeitskreisen der Geographie ist dafür ein weiterer Garant.

Autoren

Alle Bände bestehen aus kurzen Beiträgen von einer oder zwei Doppelseiten, deren Autoren jeweils benannt sind. Auf diese Weise ist die Verantwortlichkeit für wissenschaftliche Arbeiten eindeutig gekennzeichnet. Es ist erklärtes Ziel des Herausgebers, besonders junge Wissenschaftler und Fachleute auch von außerhalb der wissenschaftlichen Institutionen zur Mitarbeit zu ermutigen. Ausdrücklich erwünscht ist, dass neben Geographen und Kartographen auch Repräsentanten anderer Raumwissenschaften sowie anderer Disziplinen zu Wort kommen.

Inhaltsauswahl

Das ausschlaggebende Kriterium für die Auswahl von einzelnen Themen der Atlasbände besteht in der Ausgewogenheit zwischen Aktualität und Zeitlosigkeit, zwischen der oft von kurzlebigen Einzelereignissen geweckten Aufmerksamkeit der Öffentlichkeit und langlebigen wissenschaftlichen Forschungsinteressen, zwischen Alltagsfragen und Grundlagenforschung. Für das Gesamtwerk ist eine gewisse konzeptionelle Vollständigkeit der Themen im Sinn einer umfassenden Landeskunde angestrebt. Aber kein noch so umfangreiches Werk kann für sich beanspruchen, einen Themenbereich vollständig zu behandeln und zu dokumentieren, auch die Verfügbarkeit von Daten und Autoren sowie die bewusste Entscheidung der Herausgeber und Koordinatoren fliessen in den Auswahlprozess ein.

Darstellungsformen

Das Wesen eines Atlas ist die Darstellung durch Karten auf der Grundlage einer fachwissenschaftlich fundierten Kartographie. Die abstrakte Darstellungsform von Karten sollte in ihrer Aussage jedoch anschaulich durch Bild und Grafik unterstützt werden. Hintergrundinformationen und Interpretationshinweise können zusätzlich durch Text vermittelt werden. Der Nationalatlas will von all diesen Ausdrucksformen in dem Maß Gebrauch machen, wie sie zur Verdeutlichung von Inhalten notwendig sind und helfen, dem Leser ein Thema interessant und verständlich vorzustellen.

Zielgruppen

Der Atlas will an Deutschland Interessierte in In- und Ausland ansprechen. Er will Diskussionsstoff für Schulen und Universitäten bieten und als Nachschlagewerk in Familien und Bibliotheken dienen. Er will durch die räumliche Perspektive Staunen erwecken und neue Fragen aufwerfen. Er will wissenschaftliche Solidität vermitteln und gleichzeitig allgemeinverständlich sein. Dementsprechend wird angestrebt, auch komplexe wissenschaftliche Texte für Laien zu erläutern, Begriffe zu definieren und die Themen anschaulich in Bild, Grafik und Karte darzustellen (ca. 50% Karten, 25% Abbildungen, 25% Text). Für interessierte Laien und Fachleute sollen weiterführende Literaturangaben im Anhang eine Vertiefung der Themen ermöglichen.

Wie sieht die Zukunft des Nationalatlas aus?

Viele Daten und Informationen, die in Karten, Text und Grafiken dargestellt und interpretiert werden, sind schon in kurzer Zeit veraltet. Die Schnelllebigkeit unserer Zeit verändert nicht nur soziale Verhältnisse, Einwohnerzahlen oder den Grad der Luftverschmutzung innerhalb kürzester Fristen. Selbst die für zeitlos gehaltenen naturräumlichen Bedingungen ändern sich schneller, als man glaubt. Innerhalb von wenigen Jahren entstehen Seenplatten, wo früher riesige Braunkohlegruben waren, Landstriche werden aufgeforstet oder Moore trocknen aus. Aktualisierungen des Atlas werden zu ihrer Zeit bedacht werden müssen, doch erfasst ein Nationalatlas einen Status quo, der in der Zukunft als Messlatte dienen kann, an dem Veränderungen erkannt und ihr Ausmaß erfasst werden können. Aus dieser Sicht hat auch das Gestrige Zukunft.

Die ursprünglich geplante englischsprachige Ausgabe läßt sich aus finanziellen Gründen derzeit nicht realisieren, wird aber möglicherweise als Beilage mit der Übersetzung von Legenden und Kurzfassungen der Texte verwirklicht werden.

Es ist schwer abzuschätzen, wie sich gesellschaftliche Anforderungen und Technik innerhalb der nächsten Jahre verändern werden. Über die weitere Zukunft des Atlas, über das Erscheinungsjahr des letzten Bandes hinaus, soll hier nicht spekuliert werden. Vielleicht werden wir dann schon den Visionen der Niederländer folgen und einen virtuellen Nationalatlas im Internet präsentieren.

Heute jedoch möchten beide Ausgaben des Nationalatlas ein breites Spektrum an Lesern ansprechen. Das Werk möchte als Schnittstelle zwischen Wissenschaft und Öffentlichkeit das Verständnis für die räumliche Differenzierung sozialer, wirtschaftlicher und naturräumlicher Strukturen und Prozesse schärfen, ein Interesse für Kartographie und Geographie wecken und als fundierte Informationsquelle für breite Bevölkerungskreise dienen.

Leipzig, im September 1999

U. Freitag (Berlin)
K. Großer (Leipzig)
C. Lambrecht (Leipzig)
G. Löffler (Würzburg)
A. Mayr (Leipzig)
G. Menz (Bonn)
N. Protze (Halle)
S. Tzschaschel (Leipzig)
H.-W. Wehling (Essen)

[1] DGfG – Deutsche Gesellschaft für Geographie – und DGfK – Deutsche Gesellschaft für Kartographie

Abkürzungen für Kreise, kreisfreie Städte und Länder

Länder der Bundesrepublik Deutschland

- BB Brandenburg
- BE Berlin
- BW Baden-Württemberg
- BY Bayern
- HB Bremen
- HE Hessen
- HH Hamburg
- MV Mecklenburg-Vorpommern
- NI Niedersachsen
- NW Nordrhein-Westfalen
- RP Rheinland-Pfalz
- SH Schleswig-Holstein
- SL Saarland
- SN Sachsen
- ST Sachsen-Anhalt
- TH Thüringen

kreisfreie Stadt/ Landkreis

- A Augsburg
- AB Aschaffenburg
- AC Aachen
- AIC Aichach-Friedberg
- AN Ansbach
- AS Amberg
- ASL Aschersleben-Staßfurt
- BA Bamberg
- BAD Baden-Baden
- BGL Berchtesgadener Land
- BI Bielefeld
- BLK Burgenlandkreis
- BN Bonn
- BO Bochum
- BOT Bottrop
- BRA Wesermarsch (Brake)
- BRB Brandenburg
- BS Braunschweig
- BT Bayreuth
- C Chemnitz
- CB Cottbus
- CO Coburg
- D Düsseldorf
- DD Dresden
- DE Dessau
- DEL Delmenhorst
- DO Dortmund
- DU Duisburg
- E Essen
- EMD Emden
- EN Ennepe-Ruhr-Kreis
- ER Erlangen
- ERH Erlangen-Höchstadt
- F Frankfurt/M.
- FF Frankfurt/O.
- FFB Fürstenfeldbruck
- FL Flensburg
- FR Freiburg i.Br.
- FT Frankenthal
- FÜ Fürth
- G Gera
- GE Gelsenkirchen
- GER Germersheim
- GG Groß-Gerau
- GL Rheinisch-Bergischer Kreis
- GR Görlitz
- H Hannover
- HA Hagen
- HAL Halle
- HB Bremen/Bremerhaven
- HD Heidelberg
- HER Herne
- HGW Greifswald
- HL Lübeck
- HN Heilbronn
- HO Hof
- HRO Rostock
- HST Stralsund
- HWI Wismar
- HY Hoyerswerda
- IN Ingolstadt
- J Jena
- KA Karlsruhe
- KC Kronach
- KE Kempten
- KF Kaufbeuren
- KI Kiel
- KL Kaiserslautern
- KO Koblenz
- KR Krefeld
- KS Kassel
- L Leipzig
- LA Landshut
- LD Landau i.d.Pfalz
- LEV Leverkusen
- LU Ludwigshafen
- MA Mannheim
- MD Magdeburg
- ME Mettmann
- MG Mönchengladbach
- MH Mülheim (Ruhr)
- MM Memmingen
- MS Münster
- MTK Main-Taunus.Kreis
- MZ Mainz
- MZG Merzig-Wadern
- N Nürnberg
- NB Neubrandenburg
- ND Neuburg-Schrobenhausen
- NK Neunkirchen
- NMS Neumünster
- NW Neustadt a.d. Weinstraße
- OB Oberhausen
- OF Offenbach
- OL Oldenburg
- OS Osnabrück
- P Potsdam
- PA Passau
- PF Pforzheim
- PL Plauen
- PS Pirmasens
- R Regensburg
- RA Rastatt
- RO Rosenheim
- RS Remscheid
- S Stuttgart
- SB Saarbrücken
- SBK Schönebeck
- SC Schwabach
- SG Solingen
- SHL Suhl
- SN Schwerin
- SP Speyer
- SR Straubing
- SW Schweinfurt
- SZ Salzgitter
- TR Trier
- UL Ulm
- W Wuppertal
- WE Weimar
- WEN Weiden i.d. Oberpfalz
- WHV Wilhelmshaven
- WI Wiesbaden
- WO Worms
- WOB Wolfsburg
- WSF Weißenfels
- WÜ Würzburg
- WUN Wunsiedel i. Fichtelgebirge
- Z Zwickau
- ZW Zweibrücken

Länder

- A Österreich
- AL Albanien
- AND Andorra
- ARM Armenien
- AZ Aserbaidschan
- B Belgien
- BF Burkina Faso
- BG Bulgarien
- BH Belize
- BIH Bosnien-Herzegowina
- BRN Bahrein
- BU Burundi
- BY Weißrußland
- CH Schweiz
- CI Côte d'Ivoire
- CR Costa Rica
- CZ Tschechische Republik
- D Deutschland
- DK Dänemark
- DOM Dominikanische Republik
- DY Benin
- E Spanien
- ES El Salvador
- EST Estland
- F Frankreich
- FIN Finnland
- FL Liechtenstein
- GB Großbritannien, Vereinigtes Königreich
- GCA Guatemala
- GH Ghana
- GR Griechenland
- GUY Guyana
- H Ungarn
- HN Honduras
- HR Kroatien
- I Italien
- IL Israel
- IRL Irland
- IS Island
- J Japan
- JA Jamaika
- JOR Jordanien
- KN St. Kitts und Nevis
- KS Kirgisistan
- KWT Kuwait
- L Luxemburg
- LS Lesotho
- LT Litauen
- LV Lettland
- MC Monaco
- MD Moldau
- MK Makedonien
- MW Malawi
- N Norwegen
- NIC Nicaragua
- NL Niederlande
- P Portugal
- PA Panama
- PL Polen
- Q Katar
- RG Guinea
- RH Haiti
- RL Libanon
- RO Rumänien
- RSM San Marino
- RT Togo
- RUS Russische Föderation
- RWA Ruanda
- S Schweden
- SK Slowakische Republik
- SLO Slowenien
- SME Suriname
- SYR Syrien
- TJ Tadschikistan
- TM Turkmenistan
- TR Türkei
- UA Ukraine
- UAE Vereinigte Arabische Emirate
- USA Vereinigte Staaten von Amerika
- UZB Usbekistan
- WL St. Lucia
- WV St. Vincent und die Grenadinen
- YU Jugoslawien

Thematische Karten – ihre Gestaltung und Benutzung

Konrad Großer und Birgit Hantzsch

Die Karte

ist ein *abstrahierendes* und zugleich *anschauliches graphisches Zeichenmodell* von Teilen des oberflächennahen Bereichs der Erde (Georaum) oder anderer Himmelskörper bzw. von Konstruktionen (Ideen, Planungen), die sich auf deren Oberflächen beziehen. Wie jedes Modell vereinfacht und verallgemeinert die Karte die Wirklichkeit *zweckbezogen*. Im Rahmen ihrer Zweckbestimmung dient sie der *Speicherung* und der *Vermittlung von Informationen* und *Wissen* sowie dem *Erkenntnisgewinn* über diese Räume.

Das graphische Modell Karte lässt sich digital beschreiben. Es kann aber erst dann als Karte i.e.S. bezeichnet werden, wenn das digitale Modell visualisiert wird.

Merkmale der Karte sind
a) die mathematisch definierte, nie verzerrungsfreie Verebnung (Kartennetzentwürfe) und Verkleinerung (Maßstab) der Quasi-Kugeloberfläche der Erde auf einen Zeichnungs-/ Druckträger oder Bildschirm;
b) die hohe Anschaulichkeit infolge der geometrischen Ähnlichkeit (Homologie) zur Erdoberfläche und der damit verbundenen Wahrung von Lagebeziehungen;
c) die Verwendung graphischer Zeichen (Kartenzeichen) entsprechend den Regeln der Graphiklehre, d.h. unter Ausnutzung der Eigenschaften der graphischen Variablen, sowie die Erklärung der Bedeutung der Kartenzeichen in einer Legende;
d) die Verwendung spezifischer Methoden der graphischen Abstraktion, mit der eine begriffliche Abstraktion einhergeht (kartographische Generalisierung und kartographischen Darstellungsmethoden). Diese resultieren aus der maßstäblichen Verkleinerung und der strukturellen Verschiedenheit der darzustellenden Objekte und Erscheinungen des Georaums (ihrer diskreten Verteilung oder kontinuierlichen Verbreitung sowie ihrer – bezogen auf den Maßstab – flächen-, linien- oder punkthaften Natur);
e) die Verwendung von benennender und erklärender Schrift (geographische Namen, Bezeichnungen, Zahlen).

Gemäß dem Modellcharakter beschränkt bzw. konzentriert sich die Darstellung auf den der Zweckbestimmung entsprechenden Teil des Gesamtgegenstandes, d.h. auf
- einen horizontalen (räumlichen) Ausschnitt des Georaumes (Ausnahme: Gesamtdarstellungen der Erde);
- einen als *Kartengegenstand* oder *-thema* bezeichneten vertikalen (sachlichen) Ausschnitt des Georaumes (der Litho-, Pedo-, Hydro-, Atmo-, Bio- oder Soziosphäre);
- einen bestimmten *Zustand* oder *Zeitabschnitt* bzw. auf
- vornehmlich der *Orts- und Lagebeschreibung* dienende Objekte (topographische oder geographische Karte);
- einem *speziellen Sachbereich* zugeordnete Objekte und Erscheinungen (thematische Karte).

Thematische Karten

Im Unterschied zu den meisten Hand- und Hausatlanten dominieren in Nationalatlanten *thematische Karten*. Ihr Inhalt geht stets über die reine Orts- und Lagebeschreibung zum Zwecke der Orientierung oder der allgemeinen Information hinaus. Thematische Karten vermitteln vornehmlich Vorstellungen, Einsichten und Zusammenhänge über die Verbreitung und Verteilung der zur Darstellung ausgewählten Erscheinungen, Sachverhalte und Entwicklungen im geographischen Raum.

Die thematische Darstellung kann hierbei *qualitativen* oder *quantitativen* (*absolut* oder *relativ*) Charakter haben, aber auch *Veränderungen* in einem gegebenen Zeitraum zeigen.

Für einen solchen Zweck reichen einfache orts- und lagebeschreibende Kartenzeichen nicht aus. Daher hat die Kartographie im Verlaufe ihrer Herausbildung zur eigenständigen Wissenschaft Methoden entwickelt, die eine dem Charakter jedes Gegenstandes angemessene graphische Wiedergabe erlauben (s.u. sowie ❸).

Karten als Modelle

Bedingt durch den Fortschritt von Wissenschaft und Technik stellt sich stets aufs neue die Frage: *Was überhaupt ist eine Karte?* Die Karte wird heute als *Mittel der Information und Kommunikation* oder als eine besondere Art von *Informationsspeicher* angesehen. Andere theoretische Ansätze heben Aspekte der *Semiotik* (der Theorie der Zeichen) hervor und gehen davon aus, dass eine besondere Zeichensprache, die sog. *Kartensprache*, existiert.

Weithin anerkannt und praxisbezogen ist es, Karten als ➜ *grafische Modelle* des Georaums zu betrachten. In Fachkreisen wird die Bearbeitung von Karten daher häufig als *kartographische Modellierung* bezeichnet. Einige ihrer wichtigsten theoretischen Grundlagen werden nachfolgend skizziert.

Graphische Grundelemente und graphische Variablen

Punkte, *Linien* und *Flächen* sind die Bausteine jeglichen graphischen Ausdrucks (❶ links). Ihre visuelle Wahrnehmung beruht auf den Unterschieden ihrer Helligkeit bzw. Farbe zum Hintergrund, z.B. dem Weiß des Papiers.

Eine theoretisch gestaltlose Fläche von bestimmter *Helligkeit* und *Farbe* lässt sich in ihrer *Form* sowie in *Muster*, *Orientierung* und *Größe* verändern ❷. Diese Möglichkeiten der graphischen Abwandlung bezeichnete der französische Kartograph J. Bertin 1967 als *graphische bzw. visuelle Variablen*. Er zeigte, dass die graphischen Variablen unterschiedliche Wahrnehmungseigenschaften aufweisen. Sie wirken *trennend*, *ordnend* oder *quantitativ*. In diesem Sinne sind sie bei der Gestaltung von Graphiken und Karten zu nutzen, um *qualitative* oder *quantitative* Unterschiede oder den *geordneten* Charakter der Sachmerkmale auszudrücken. Dabei ist die Zahl der praktisch verwendbaren Abwandlungen von Variable zu Variable verschieden.

Außerdem ist für den graphischen Ausdruck die Anordnung der Zeichen in den beiden Richtungen der Darstellungsebene von Bedeutung. In Diagrammen wird diese von den dargestellten Daten definiert; in Karten hingegen entspricht sie dem verkleinerten, grundrisslich bestimmten und abstrahierenden Abbild der Objekte an der Erdoberfläche.

Karten und Computer

Die Bearbeitung und Herstellung von Karten ist heute kaum mehr vorstellbar ohne die Verwendung von Computern. Auch für die Kartennutzung steht der Bildschirm zur Verfügung. Beides erfordert eine digitale Beschreibung der graphischen Grundelemente. Diese erfolgt überwiegend nach zwei Prinzipien, denen Datenformate entsprechen:
1. durch Punkte und Linien im *xy-Koordinatensystem*, wobei Linien auf Geraden oder Kurven zwischen zwei Punkten (Stützpunkten) und Flächen auf den geschlossenen Linienzug ihres Umrisses zurückgeführt werden (*Vektorprinzip bzw. -format*, ❶ *Mitte*);
2. durch Zerlegung der als Bild im allgemeinen Sinne aufzufassenden Graphik in matrix- bzw. rasterartig angeordnete Bildpunkte, sog. *Pixel* (Abk. für *picture element*). Pixel mit je zwei gleichartigen Nachbarpixeln in horizontaler, vertikaler oder diagonaler Richtung ergeben Linien, während die Pixel innerhalb von Flächen bis zu den Randpixeln gleiche Eigenschaften aufweisen (*Rasterprinzip bzw. -format*, ❶ *rechts*).

Das Vektorformat wird derzeit vor allem für die *Bearbeitung und Speicherung* der Karten genutzt, während das Rasterformat für die *Digitalisierung* von Vorlagen (*Scannen*) und die *Visualisierung*, d.h. die Ausgabe auf den Bildschirm, direkt auf Papier und die Herstellung der Druckvorlagen, Bedeutung hat.

Kartographische Darstellungsmethoden ❸

Bei der Abbildung von georäumlichen Strukturen und Prozessen oder darauf bezogener Sachverhalte sind kartographiespezifische Grundsätze und Regeln einzuhalten. Man bezeichnet diese als *kartographische Darstellungsmethoden* und *-prinzipien* oder – mit Blick auf das Ergebnis der kartographischen Modellierung – als *kartographisches Gefüge*.

Über die anzuwendende *Darstellungsmethode* wird unter Beachtung des *Maßstabs* und des *Verwendungszwecks* der Karte sowie einer Reihe weiterer Aspekte entschieden. Diese Aspekte sind unten als „Checkliste" zusammengestellt, die auch für das Verständnis thematischer Karten hilfreich sein kann. Es ist zu fragen:
- Sind die Objekte, Erscheinungen oder Sachverhalte

❶ Graphische Grundelemente und ihre mathematische Beschreibung

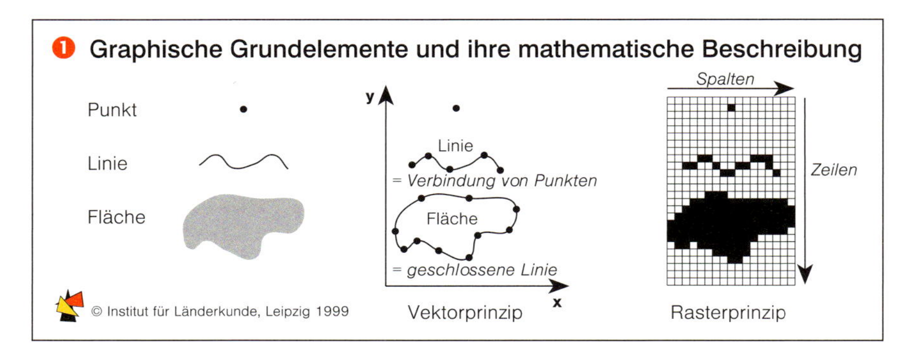

❷ Graphische Variablen (nach BERTIN 1967)

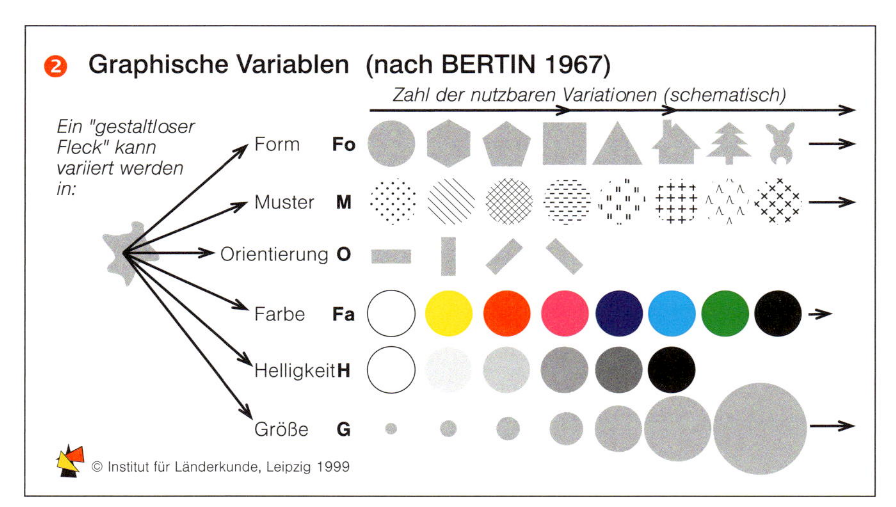

- im Georaum als sog. *Diskreta* eindeutig abgrenzbar, gestreut verteilt *(dispers)* oder als *Kontinua* stetig verbreitet?
- *konkret* oder abstrakt als *Raumgliederung* dargestellt?
- in ihrem *Zustand*, ihrer *Entwicklung* oder als *Ortsveränderung* abgebildet?
- *qualitativ* oder durch statistische Werte, d.h. *quantitativ*, dargestellt?
- als *absolute* oder *relative* Werte wiedergegeben?
- Beziehen sich die Kartenzeichen auf Objekte, die in der extremen Verkleinerung der Karte zu *Punkten* oder *Linien* werden, oder auf solche, die als *Flächen* erhalten bleiben?
- Handelt es sich um eine *lagetreue*, eine weitgehend *lagewahrende* oder eine *raumwahrende* Darstellung ?

Alle Methodensysteme der Kartographie bauen auf den genannten Aspekten auf. Jedoch existieren *keine einheitlichen Bezeichnungen* für die kartographischen Darstellungsmethoden. In dieser Übersicht werden deshalb für jede Methode mehrere gleichbedeutende Begriffe angeführt. Dabei bezeichnet der Begriff *Signatur* vornehmlich Kartenzeichen in lagetreuer Darstellung, während die Verbindung mit *Kartogramm* die raumwahrende Wiedergabe kennzeichnet.

Zwischen einer Reihe von kartographischen Darstellungsmethoden gibt es keine starren Grenzen. Auf entsprechende Übergänge und Ähnlichkeiten wird hingewiesen. Auch lassen sich manche Methoden miteinander kombinieren, was in den Atlaskarten überwiegend praktiziert wird.

Verwendbarkeit der graphischen Variablen im Rahmen der kartographischen Darstellungsmethoden (Abkürzungen)

Variable	uneingeschränkt	eingeschränkt
Form	Fo	fo
Muster	M	m
Orientierung	O	o
Farbe	Fa	fa
Helligkeit	H	h
Größe	G	g

❸ [a] ***Positionssignaturen,*** *Standortsignaturen, lokale Gattungssignaturen:* kleine, kompakte und daher lagetreue Kartenzeichen, die sich auf ein im Kartenmaßstab punkthaftes Objekt oder eine sehr kleine Fläche beziehen; vielgestaltige Signaturformen (Fo): geometrisch, symbol- bis bildhaft; signatureigener Bezugspunkt im Mittelpunkt oder Fußpunkt; variierbar in fa, h, O und zwei bis drei Größenstufen (g); Charakter der Darstellung qualitativ.

❸ [b] ***Mengensignaturen***, *Wertsignaturen:* größenvariable Kartenzeichen einfacher geometrischer Form (fo): Kreis, Quadrat, Dreieck; geometrischer Bezug wie [a], i.d.R. deutlich größere Flächen einnehmend als [a] (lagewahrend); variierbar in Fa, o, M (Qualitäten ausdrückend) sowie H (für Relativwerte); quantitative, absolute Darstellung; Größenvariation (G) entsprechend einem kontinuierlichen oder gestuften, flächenproportionalen oder vermittelnden Signaturmaßstab (Wertmaßstab); methodisch zwischen [a] und [c].

❸ [c] ***Positionsdiagramme***, *Ortsdiagramme, lokalisierte Diagramme, Diagrammsignaturen:* Diagramme unterschiedlichster Arten (Kreissektoren-, Säulen-, Balken-, Kurven-, Richtungsdiagramme u.a.) oder von *bildstatistischem* Charakter; wesentliches Merkmal: diagrammeigenes Koordinatensystem (xy oder polar) bzw. Zusammensetzung aus mehreren Elementen; geometrischer Bezug wie [a]; diagrammeigener Bezugspunkt zentrisch oder im Fußpunkt (Säulen); quantitative, absolute und/oder relative Darstellung; Wertmaßstab (G) linear (Säulen) oder wie [b]; zu unterscheiden von Kartodiagrammen ! [n].

❸ [d] ***Punktmethode***, *Wertpunkte:* kleine kreisförmige Punkte (0,5-10 mm^2), selten anderer fo (Quadrat, Dreieck, Strichel), in großer Anzahl, die jeweils einen nicht eindeutig lokalisierbaren Wert repräsentieren; u.U. in 2-3 Größen (g) oder Farben (fa) für Qualitäten verwendet; lagewahrende, absolute Darstellung von Verteilungen und *Dichten*; quantitativer Charakter der Darstellung; bei regelhafter Anordnung in Bezugsflächen Übergang zur Dichtedarstellung mittels [k].

❸ [e] ***Liniensignaturen***, *lineare Signaturen, Objektlinien, Netze linearer Elemente:* topographisch lagerichtige Linien, meist Bestandteil netz- oder baumartiger Strukturen (Straßen-, Flussnetz); Darstellung qualitativ; variierbar sind fa, Breite (g) sowie im Linienverlauf fo und M, z.B. doppel- oder dreilinig, gerissen, punktiert oder anders strukturiert; als breitere Linien (> 1 mm) in [f] übergehend; als *Grenzlinie* (Umriss von Flächen) vermittelnd zu [i].

Bändern,

1. *Objektbänder, Bandsignaturen* [f]: auf lineare topographische Objekte bezogen; Breite (G) variabel (1-20 mm), häufig logarithmischer *Signaturmaßstab*; ggf. in sich 2-3mal gegliedert (z.B. für Niedrig-, Mittel- und Hochwasser); lagewahrend, u.U. breite Streifen entlang des Bezugsobjekts überdeckend; oft Darstellung der Intensität gegenläufiger Bewegung (Pendler); auch qualitativ (Gewässerqualität); in Fa, H und m abwandelbar;
2. *Bandkartogramme* [g], *Banddiagramme:* schematische Darstellung durch geradlinige Verbindung von Punkten im Sinne georaumbezogener Graphen (raumwahrend); bei Angabe von Ausgangs- und Zielpunkt bzw. der Richtung Analogie zu [h].

❸ [h] ***Pfeile, Vektoren***, *Bewegungslinien, Bewegungssignaturen:* vielgestaltige Mittel zur Darstellung von Richtung und Ortsveränderung; Bezug auf punkthaftes Einzelobjekt (Reiseroute), verstreute Objekte, linienhafte Objekte (längs: Flüsse, Verkehrswege; quer: Fronten) oder Kontinua (Strömungen, z.B. Wind, Meeresströmungen); Ausdruck der Geschwindigkeit oder Intensität durch Breite und/oder Länge (G) des Pfeilschaftes oder Scharung kleiner Pfeile; variierbar in Fo (vielfältige Pfeilformen), auch in fa und h.

❸ [i] ***Flächenmethode***, *Arealmethode, Gattungsmosaik:* durch den Umriss (Kontur) und/oder eine Füllung ausgewiesene Flächen; Variation der Kontur ähnlich [e]; als Flächenfüllung Farben (Fa, h), Flächenmuster (M, O, h), Schrift oder Symbole; qualitative Darstellung; zu unterscheiden ist die Wiedergabe von

1. *konkreten* Flächen [i] (z.B. Bebauung, Wald, Gesteine),
2. *abstrakten raumgliedernden* Flächen [i] (Verwaltungseinheiten, Landschaften, Wirtschaftsregionen),
3. von sog. *Pseudoarealen* [j] *(Pseudoflächen, Flächenmittelwertmethode, qualitative Flächenfüllung)*, d.h. Verbreitungsgebieten gestreuter Einzelobjekte bzw. nicht eindeutig abgrenzbarer Erscheinungen und Sachverhalte (z.B. Pflanzenarten, Sprachen); unscharfe Abgrenzung ausgedrückt durch Wegfall der Kontur oder als Flächenmuster (m).

❸ [k] ***Flächenkartogramm***, *Choroplethendarstellung:* auf reale oder abstrakte Flächen (vgl. [i]) bezogene quantitative Darstellung von *Relativwerten* durch Flächenfüllung; zu unterscheiden:

1. echte *Dichtedarstellung (Dichtemosaik):* Bezug statistischer Werte auf die *Flächengröße* (z.B. Bevölkerungsdichte in Ew./km^2),
2. *statistische Mosaike anderer Relativwerte* (z.B. Anteil der Kinder an der Gesamtbevölkerung); wegen extremer Größenunterschiede der Bezugs*flächen* ist bei nicht dargestellter Bezugs*größe* *Fehlinterpretation* möglich; anders bei einheitlichen *geometrischen* Bezugsflächen der *Felder- oder Quadratrastermethode* [l]; nutzbare Variable vor allem H, ggf. unterstützt durch fa, o und m.

[m,n] ***Kartodiagramm,*** *Gebietsdiagramm:* gleicher *flächenhafter (!) Bezug* wie [k], jedoch absolute quantitative Darstellung durch größenvariable (G) Figuren oder Diagramme, die zusätzlich Relativwerte ausweisen können; diagrammeigener Bezugspunkt wie [c], fiktiver Hilfspunkt für Raumbezug im visuellen Schwerpunkt der Bezugsfläche; *Verwechslungsmöglichkeit* mit [b] und [c].

❸ [o] ***Isolinien*** *(Linien gleicher Werte):* traditionelle Methode zur Darstellung der *Wertefelder* georäumlicher *Kontinua* (Temperatur, Höhen, Potentiale, flächige Bewegungen); Linienkonstruktion durch Interpolation der Daten von Messpunkten oder mathematische Modellierung; Linienbreite (g) geringfügig variierbar; besonders anschaulich bei Füllung der Flächen zwischen den Isolinien [p] mit Farben (Fa, H) als *Höhenschichten* oder *thematische Schichtstufen*.

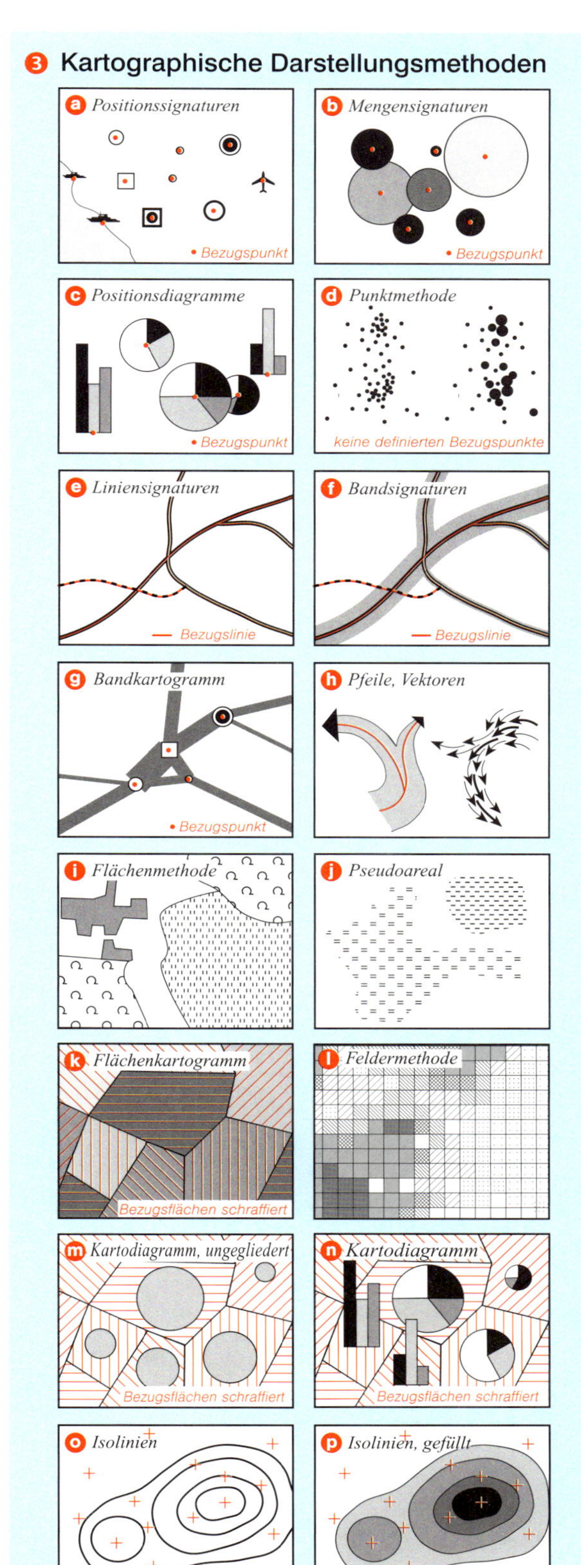

Grundlagenkarten

Aufgaben der topographischen Grundlage von thematischen Karten

Topographische bzw. allgemeingeographische Kartenelemente sind sowohl bei der Herstellung als auch bei der Nutzung einer thematischen Karte unverzichtbar. Während des Entwurfs einer Karte durch den Autor und bei der Bearbeitung durch den Kartographen dienen sie als Gerüst, in das der thematische Inhalt eingebunden wird.

Dem Kartennutzer liefert die Kartengrundlage den notwendigen räumlichen Hintergrund, an dem er sich in der Karte orientieren kann. Des Weiteren haben die Grundlagenelemente eine erklärende Funktion. Das Erkennen und Verstehen der Lage und der räumlichen Muster der Objekte und Erscheinungen wird durch das Wechselspiel zwischen Topographie und Thema unterstützt.

Für den vorliegenden Nationalatlas wurden die Grundlagen für die Deutschland-, Europa- und Weltkarten neu erarbeitet.

Konzeption und kartographische Bearbeitung der Grundlagenkarten

Auf der Basis des Spaltenlayouts von 4 Spalten plus Randspalte benutzt der Atlas ein System von fünf Grundlagenkarten bzw. Maßstäben. Das ursprüngliche Konzept (vgl. Pilotband, IfL 1997) wurde dahingehend erweitert, dass die Grundlagenelemente Gewässer und Verkehr nunmehr auch über die Staatsgrenzen hinaus bis zum Bearbeitungsrahmen zur Verfügung stehen. Dadurch wird bei Bedarf die Darstellung von Themen mit grenzüberschreitendem Charakter in einer Rahmenkarte möglich.

4 Maßstabsübersicht

1 cm =		
27,5 km	1 : 2 750 000	50 km
37,5 km	1 : 3 750 000	50 km
50 km	1 : 5 000 000	100 km
60 km	1 : 6 000 000	100 km
85 km	1 : 8 500 000	100 km

Ausgangsmaterial

Die Wahl des Ausgangsmaterials für die Herstellung der Grundlagenkarten des Atlas war an bestimmte Voraussetzungen gebunden. Es sollte

- dem Hauptmaßstab möglichst nahekommen,
- in digitaler Form vorliegen und damit die automatische Konstruktion thematischer Inhaltselemente am Computer unterstützen,
- vollständig, aktuell und schnell verfügbar sein.

Unter den verschiedenen digitalen Datenbasen von Deutschland erfüllt das DLM 1000 (Digitales Landschaftsmodell im Maßstab 1 : 1.000.000) des Bundesamtes für Kartographie und Geodäsie (BKG) die genannten Forderungen am besten; ausgenommen die Vorgabe hinsichtlich des Maßstabs. Eine maßstabsgerechte Generalisierung war erforderlich (s.u.). Das Modell und die daraus abgeleiteten Grundlagen für den Atlas basieren auf Lamberts winkeltreuer Kegelabbildung (2 längentreue Bezugsbreitenkreise 48°40' und 52°40').

Da der Blattschnitt des DLM 1000 nicht dem Blattschnitt des Hauptmaßstabs 1 : 2.750.000 entspricht, wurden die Grundlagenelemente für die Rahmenkarte am äußeren Rand aus anderen, meist analogen Vorlagen ergänzt. Auch die Grundlagen der Europa- und Weltkarten in vermittelnden Kartennetzentwürfen wurden nach analogem Material zusammengestellt.

Auswahl und Klassifizierung der Grundlagenelemente

Die Grundlagenkarte für Deutschland enthält die Elemente Gewässer (einschließlich Küstenlinie), Grenzen, Verkehr, Wald und Relief.

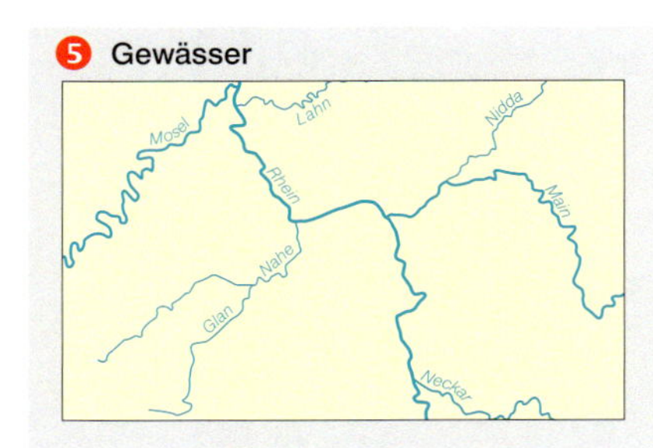

5 Gewässer

6 Kreise

Das Gewässernetz 5 wurde in 5 Klassen unterteilt und durch Ergänzung weiterer Gewässer verdichtet. Seine Klassifizierung berücksichtigt im wesentlichen die Länge der Flussläufe. Flüsse, deren Verlauf identisch mit einer Staats- oder Ländergrenze ist, sind höheren Klassen zugeordnet worden.

Die Flächen der Verwaltungsgliederung mit den dazugehörigen Grenzen sind die wichtigsten Bezugseinheiten für die Darstellung der Themen. 6

Dazu gehören in den Deutschlandkarten (Stand 1997):

- Länder,
- Regierungsbezirke,
- Landkreise und kreisfreie Städte;
- Raumordnungsregionen,
- Wahlkreise und
- siedlungsstrukturelle Kreistypen;

in regionalen Darstellungen:

- Gemeinden;

in den Europakarten:

- Staaten und
- NUTS-Regionen (*nomenclature des unités territoriales statistiques – Erfassungseinheiten der Territorialstatistik der EU*);

in den Weltkarten:

- Staaten.

Das Element Siedlung umfasst die Signaturen und Namen der Verwaltungssitze der Länder und Kreise sowie einer Auswahl von Städten, geordnet nach ihrer Bevölkerungszahl. Städte mit mehr als 100.000 Einwohnern sind ggf. zusätzlich durch ihre Siedlungsfläche dargestellt. 7

7 Siedlung und Verkehr

Der Verkehr enthält die Elemente Autobahnen, Europastraßen und Eisenbahnen. Das Eisenbahnnetz ist nach dem aktuellen Kursbuch der DB in ICE-, EC- und IC-Strecken bzw. IR-Linien untergliedert. Flughäfen sind nach ihrer Bedeutung für den internationalen und überregionalen Flugverkehr, See- und Binnenhäfen nach der Menge der umgeschlagenen Güter unterschieden.

Als Element der Bodenbedeckung wird der Wald ab einer Fläche von 10 km² wiedergegeben. 8

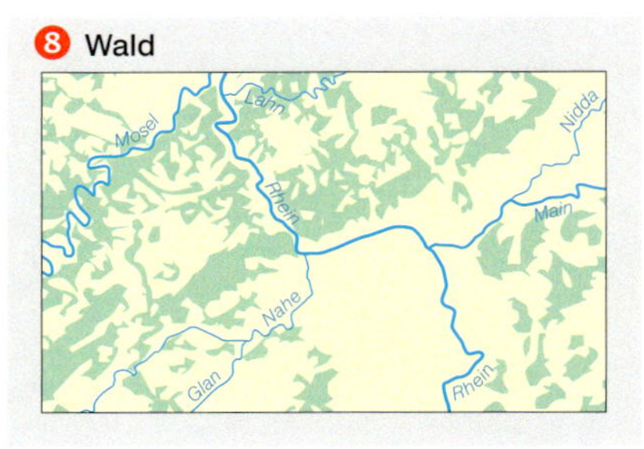

8 Wald

Das Relief wird in der Übersichtskarte durch eine Höhenschichtenfärbung 9

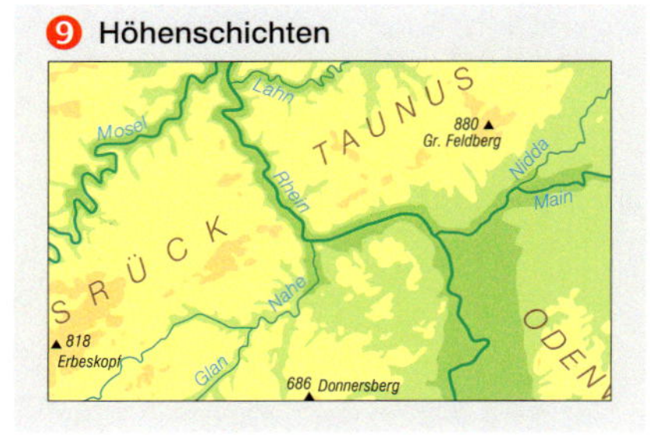

9 Höhenschichten

und/oder durch eine schattenplastische Reliefschummerung 10 dargestellt. Die Klassifizierung der Höhenschichten und ihre Farbgebung lehnen sich an die gängigen Schulatlanten an.

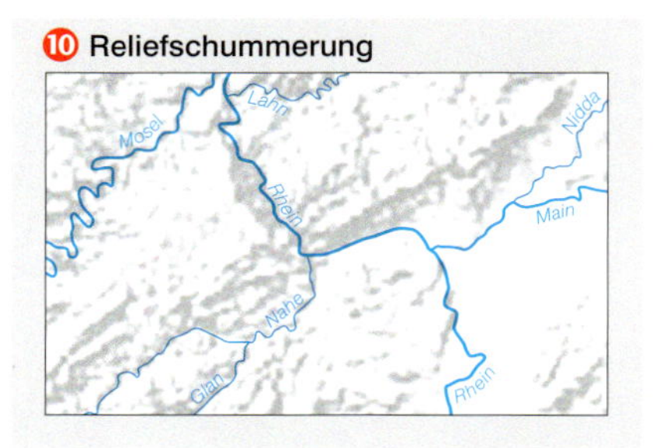

10 Reliefschummerung

Grundzüge der Bearbeitung

Die genannten Elemente wurden dem DLM 1000 einzeln entnommen, verkleinert und über mehrere Zwischenschritte in das Graphikprogramm FreeHand 8.0 importiert.

Dort dienten sie als Hintergrund für die Digitalisierung bzw. Plazierung von Linien und Signaturen. Während des Nachzeichnens wurde eine Generalisierung (Vereinfachung) und die Abstimmung auf bereits bearbeitete Kartenelemente vorgenommen.

Daran schloss sich die Ergänzung der Elemente Gewässer und Verkehr bis zum Kartenrahmen an.

Die Grundlagen für Folgemaßstäbe, d.h. die kleinermaßstäbigen Karten, entstanden durch Verkleinerung des Hauptmaßstabs mit anschließender Generalisierung der Elemente.

Ebenenkonzept

Inhalt und Anordnung der 90 Ebenen der digitalen Karte wurden so konzipiert, dass die Grundlagenelemente

- vollständig wiedergegeben,
- inhaltlich an die Thematik angepasst und
- flexibel kombiniert

werden können.

Dies erlaubt die notwendige Abstimmung der Inhaltsdichte der Grundlage auf die Thematik.

Für Elemente außerhalb der Staatsgrenze bis zum Kartenrahmen stehen gesonderte Ebenen zur Verfügung, wodurch die Wahl zwischen Insel- und Rahmenkarte gewährleistet wird.

Beschriftung

Um eine gute Lesbarkeit der Karten zu sichern, beschränkt sich die Beschriftung in den thematischen Karten auf ein Minimum. Beschriftet sind i.d.R. die Gewässer, Länder und Landeshauptstädte; andere Verwaltungseinheiten und Verwaltungssitze, die thematischen Signaturen und Diagramme aber nur dann, wenn im Text darauf verwiesen wird. Entsprechende Verweise betreffen meist Extremwerte oder in anderer Weise typische Regionen.

Für die Entnahme von Einzelinformationen sind dem Atlas Folienkarten unterschiedlicher Maßstäbe beigelegt, die die Kreisnamen enthalten.

Layout und Legende

Die Karten sind vorrangig Inselkarten; d.h. die kartographische Darstellung beschränkt sich auf das Staatsgebiet der Bundesrepublik Deutschland. Sie wird nur in Ausnahmefällen bis zum Blattrand geführt, da die Beschaffung und Abgleichung von Material und Daten für das angrenzende Ausland sehr hohen Aufwand bedeuten würde.

Kartenlayout

Mit dem Ziel der möglichst einfachen Handhabung des Atlas wurde das Kartenlayout weitgehend vereinheitlicht. Sein Grundschema geht aus ⓫ hervor.

Die Abbildungsnummer steht in allen Karten, Diagrammen und Grafiken in der linken oberen Ecke.

Der Kartentitel (oben rechts oder links) gibt kurz und prägnant das Thema der Karte und – soweit erforderlich – das Bezugsjahr oder den Bezugszeitraum an. Gleiches trifft für die Diagramme zu. Der Titel kann durch einen Untertitel ergänzt sein, der die verwendete Bezugseinheit ausweist (z.B. „nach Kreisen") oder aber erläuternden Charakter hat. Die Bezugseinheiten gehen u.U. auch aus den Zwischentiteln der Legende hervor.

Die in Einzelkarten zum Kartentitel gehörende Angabe des dargestellten Raumes erübrigt sich im Nationalatlas für alle Deutschlandkarten. In Karten, die eine ausgewählte Region Deutschlands wiedergeben, ist die Gebietsangabe Bestandteil des Titels.

In der ***Legende*** am *rechten* und/oder am *unteren Blattrand* werden die verwendeten Kartenzeichen erklärt. Sind sehr viele Kartenzeichen zu erklären, stehen Teile der Legende ggf. *links* von der Karte.

Die Aufteilung der Legende in Blöcke und die Verwendung verschiedener Schriftgrößen und Schriftschnitte (halbfett, kursiv) spiegeln die *Gliederung des Karteninhalts* wider. Halbfett überschriebene Legendenblöcke entsprechen zugleich weitgehend den *thematischen Schichten* im Kartenbild. Meist wird eine Zwei-, seltener eine Dreigliederung vorgenommen.

Für *Maßeinheiten* und *ergänzende Erläuterungen* (z.B. Fußnoten) wird *kursive Schrift* verwendet. Blaue Pfeile (➔) kennzeichnen *Verweise* auf die *blau unterlegten Glossarkästen* oder *Grafiken* im Text, die für das Verständnis des Karteninhalts wichtig sind.

Der ***Maßstab*** *(rechts unten)* wird sowohl *grafisch* (Maßstabsleiste) als auch in *Zahlenform* angegeben; letzteres, um einen schnellen Vergleich innerhalb des Atlas und ggf. mit anderen Karten zu ermöglichen.

Der oder die ***Kartenautoren*** werden *links unten* über dem ***Copyrightvermerk*** genannt. Nicht immer sind die Autoren der Textbeiträge mit den Kartenautoren identisch. Die an der Gestaltung, Redaktion und Bearbeitung der Karten beteiligten Kartographen sind im Anhang aufgeführt.

Farben und Flächenmuster ⓬

Liegende Rechtecke in der Legende erklären ***flächenhaft dargestellte Karteninhalte*** (Flächenfarben, Flächenmuster, Schraffuren) [a]. Diese Kästchen sind unmittelbar *aneinandergereiht*, wenn es sich um *Flächenkartogramme / Choroplethen* handelt, welche Klassen relativer Zahlenwerte wiedergeben. *Lücken* in der betreffenden Werteskala werden durch *voneinander abgerückte Legendenkästchen* ausgedrückt. Auch bei der Erklärung *qualitativer Merkmale (Flächenmethode)* werden entsprechende *Abstände* eingehalten (vgl. Abschnitt „Darstellungsmethoden").

Die Erklärung der ***Farbfüllungen*** von *Mengensignaturen* und *Positions-* und *Kartodiagrammen* (s. ebd.) wiederholt die in der Karte auftretende *Grundform des Kartenzeichens* bzw. von Diagrammteilen (z.B. Kreissektoren). [b]

Die ***Farbgebung*** der Kartenzeichen folgt dem Grundsatz: *Dunkle, intensive* Farben stehen für *hohe Werte*, unabhängig davon, ob sie positiv oder negativ sind; *helle Farben* drücken *geringe Werte* aus. Zeitbezogenen Darstellungen (Altersangaben) liegt das Prinzip zugrunde, *je älter umso dunkler* [c].

Sind in einer Karte sowohl positive als auch negative Werte dargestellt, wird eine ***zweipolige Farbskala*** [d] verwendet, die der *Thermometerskala* entspricht: *warme* Farben (Rot, Orange) für *positive* und *kalte* Farben (Blau, Blaugrün) für *negative Werte*.

Des Weiteren werden für die ***kombinierte Darstellung*** [e] zweier quantitativer Merkmale *Mischfarben* benutzt. Hierbei ist jedem Merkmal eine *Farbreihe* zugeordnet, z.B. von Gelb nach Rot und von Gelb nach Grün. Diese Art der Farbanwendung wird in *Matrixform* erklärt.

Flächenmuster und ***Schraffuren*** [f] werden *getrennt* erklärt, wenn sie eine *selbständige Darstellungsschicht* bilden. Auch für sie gilt die Regel, je dichter das Muster, umso höher der Wert. Drücken die Flächenmuster jedoch in Verbindung mit der darunter liegenden Flächenfarbe einen bestimmten *Typ* aus, wird dieser als *eine* Legendeneinheit aufgefasst und erklärt.

Signaturgrößen ⓭

Der Erklärung der *Signaturgrößen* dient die grafische Darstellung des *Signaturmaßstabs (Wertmaßstabs)*. Aus Platzgründen sind die Vergleichsfiguren ineinander gestellt und nur die Größen für runde Werte sowie für den größten und den kleinsten auftretenden Wert angegeben. In der Regel werden *kontinuierliche flächenproportionale Wertmaßstäbe* benutzt, bei denen eine Einheitsfläche (z.B. 1 mm²) einer bestimmten Werteinheit (z.B. 1000 Einwohnern) entspricht. Dieses Verhältnis ist zusätzlich in Zahlen ausgewiesen (z.B. 1 mm² = 1000 Einwohner). Die Verwendung *anderer Wertmaßstäbe* ist durch einen entsprechenden *Hinweis* vermerkt.

Diagramme

Es werden vorwiegend folgende ***Diagrammtypen*** verwendet: Kreissektoren-, Säulen- (gegliedert oder gruppiert), Balken- und Kurvendiagramme.

Die Diagrammelemente (Linien, Flächen) sind weitgehend im Diagramm selbst beschriftet. Kann auf eine Erklärung in Legendenform nicht verzichtet werden, ist diese der Richtung und Abfolge der zu erklärenden Flächen, Linien und dgl. angepasst. Vertikal gegliederte Säulen werden z.B. in vertikaler Anordnung erklärt.

Die ***Beschriftung der Diagrammachsen*** ist differenziert nach:

- den *Achsenbezeichnungen (kursiv)*; das sind *Merkmale* bzw. *Maßeinheiten*,
- den *Zahlenwerten (normal)* an den Teilstrichen.

Vielstellige Zahlen werden durch die Angabe entsprechender Einheiten vermieden, z.B. *in Tsd.* oder *in Mio.* (s.a. Verzeichnis der Abkürzungen).

Zeitachsen sind *gleichabständig* unterteilt, auch wenn die zugehörigen Daten nur für ungleichabständige Perioden zur Verfügung standen. Die mit Daten belegten Zeitpunkte sind i.d.R. graphisch gekennzeichnet (z.B. durch Punkte auf den Kurven).

In Einzelfällen liegen die dargestellten Achsen nicht im **Nullpunkt** des diagrammeigenen Koordinatensystems (*abgeschnittene Diagramme*).

In vergleichenden Darstellungen von ***alten und neuen Ländern*** wird wie folgt unterschieden:

- alte Länder:
  linke Säule,
  dunkel,
  blau,
- neue Länder:
  rechte Säule,
  hell,
  rot.◆

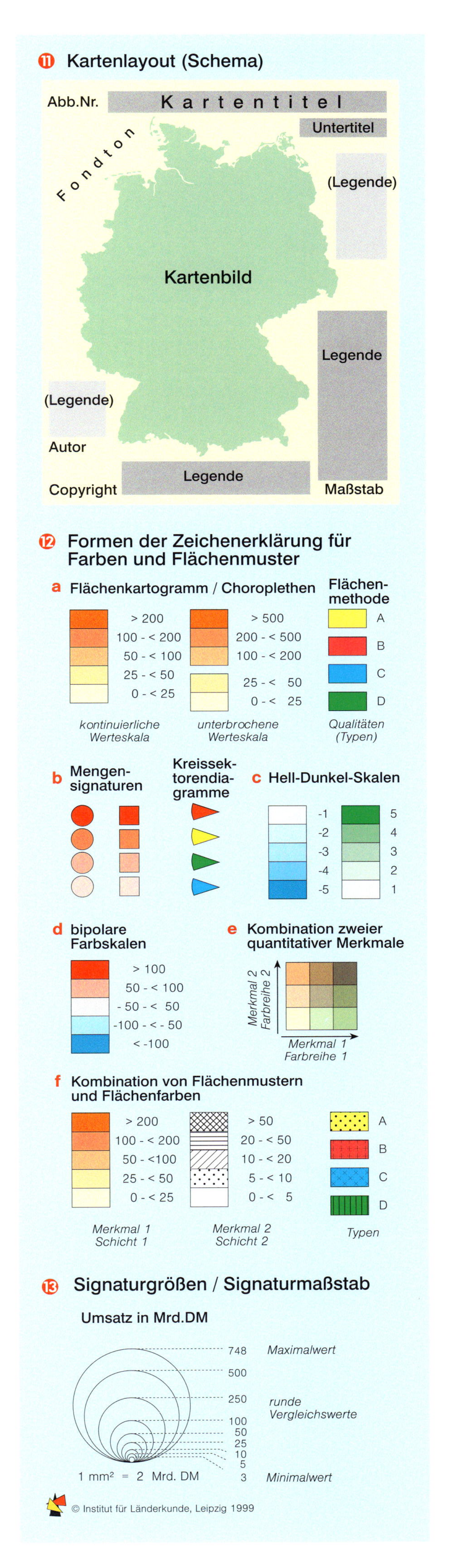

Quellenverzeichnis

Verwendete Abkürzungen

ARL	Akademie für Raumforschung und Landesplanung
BAT	British American Tobacco (Germany)
BBR	Bundesamt für Bauwesen und Raumordnung
BfLR	Publikationen des BBR vor 1998, Bundesforschungsanstalt für Landeskunde und Raumordnung
BDZV	Bundesverband Deutscher Zeitungsverleger
BA	Bundesanstalt für Arbeit
BKG	Bundesamt für Kartographie und Geodäsie (ehem. IfAG)
BMBau	Bundesministerium für Raumordnung, Bauwesen und Städtebau
BMV	Bundesministerium für Verkehr
BPA	Presse- und Informationsamt der Bundesregierung
CEntw.	Computerentwurf
Difu	Deutsches Institut für Urbanistik
DIW	Deutsches Institut für Wirtschaftsforschung
DZT	Deutsche Zentrale für Tourismus
IfL	Institut für Länderkunde
Kart.	Kartographie
LRB	Laufende Raumbeobachtung (des BBR)
Red.	kartographische Redaktion
StBA	Statistisches Bundesamt, Wiesbaden
StÄdBL	Statistische Ämter des Bundes und der Länder

Nationalatlas Bundesrepublik Deutschland

Herausgeber: Institut für Länderkunde, Schongauerstr. 9, 04329 Leipzig
Projektleitung: Prof. Dr. A. Mayr, Dr. S. Tzschaschel
Verantwortliche
für Redaktion: Dr. S. Tzschaschel
für Kartenredaktion: K. Großer
für elektronische Ausgabe: Dipl.-Geogr. C. Lambrecht
Mitarbeiter
Redaktion: Dipl.-Geogr. V. Bode, F. Gränitz (M. A.) unter Mitarbeit von: G. Mayr, F. Pester u.a.
Kartenredaktion: Dipl.-Ing. f. Kart. B. Hantzsch, Dipl.-Ing. (FH) W. Kraus, Dipl.-Geogr. C. Lambrecht, Dipl.-Ing. (FH) A. Müller, Dipl.-Soz. A. Droth
Kartographie: Kart. R. Bräuer, Dipl.-Ing. (FH) S. Dutzmann, Dipl.-Ing. f. Kart. B. Hantzsch, Dipl.-Geogr. U. Hein, Dipl.-Ing. (FH) W. Kraus, R. Richter, Kart. M. Zimmermann; Fa. Borleis & Weis,
unter Mitarbeit von: Dipl.-Ing. (FH) A. Müller, Stud. Ing. S. Specht
Elektr. Ausgabe: Dipl.-Geogr. C. Lambrecht, Dipl.-Geogr. E. Losang, Stud. Geogr. C. Lorenz
Satz, Gesamtgestaltung und Technik: Dipl.-Ing. J. Rohland
Bildauswahl: Dipl.-Geogr. V. Bode
Repro.-Fotografie: K. Ronniger

S. 10-13: Gesellschaft und Staat – eine Einführung

Autoren: Prof. Dr. Günter Heinritz, Geographisches Institut der TU München, Arcisstr. 21, 80290 München
Dr. Sabine Tzschaschel, Institut für Länderkunde, Schongauerstr. 9, 04329 Leipzig
Prof. Dr. Klaus Wolf, Institut für Kulturgeographie, Stadt- und Regionalforschung der Johann Wolfgang Goethe-Universität Frankfurt/M., Senckenberganlage 36, 60325 Frankfurt/M.

Kartographische Bearbeiter
Abb. 1: Red.: B. Hantzsch; Kart.: B. Hantzsch, R. Bräuer
Abb. 2: CEntw. u. Red.: V. Bode; Kart.: S. Dutzmann

Quellen von Karten und Abbildungen
Abb. 1: Geographische Übersicht: DLM 1000 des BKG
Abb. 2: Das System der Raumplanung in Deutschland ALR (1995): Handwörterbuch der Raumordnung. Hannover

Bildnachweis
S. 10: Berliner Mauer am 27.11.1989: copyright Bundesbildstelle
S. 13: Satellitenbild von Europa: copyright DRA/Still Pictures/OKAPIA München

S. 14-17: Das Land im Überblick

Autor: Prof. Dr. Klaus Wolf, Institut für Kulturgeographie, Stadt- und Regionalforschung der Johann Wolfgang Goethe-Universität Frankfurt/M., Senckenberganlage 36, 60325 Frankfurt/M.

Kartographische Bearbeiter
Abb. 1: CEntw., Red. u. Kart.: U. Hein
Abb. 2: CEntw. u. Red.: Dr. W. D. Rase, Bonn; Kart.: C. Lambrecht
Abb. 3: CEntw.: C. Lambrecht; Red. u. Kart.: E. Losang
Abb. 4: Red.: Prof. Dr. H. Liedtke, Bochum; Kart.: R. Bräuer, S. Steinert, R. Wieland

Quellen von Karten und Abbildungen
Abb. 1: Bevölkerungsdichte: StBA
Abb. 2: Bevölkerungsveränderung: LRB des BBR; StÄdBL
Abb. 3: Wirtschaftskraft: StÄdBL
Abb. 4: Landschaften: BKG: Bundesrepublik Deutschland 1:1 Mio. – Landschaften, Namen, Abgrenzungen. 2. Aufl. Frankfurt/M.

Bildnachweis
S. 15: An der Weser: copyright Bremer Touristik Zentrale
S. 16: Leipziger Neue Messe: copyright Leipziger Messe GmbH/B. Kober

S. 18-20: Staats- und Verwaltungsaufbau

Autoren: Dr.-Ing. Dietmar Scholich u. Dr. Gerd Tönnies, ARL, Hohenzollernstr. 11, 30161 Hannover

Kartographische Bearbeiter
Abb. 2: Die Verfassungsorgane: Kart.: Borleis & Weis, Leipzig
Abb. 4: Die Organisation des deutschen Bundestages: Kart.: Borleis & Weis
Abb. 6: Der Bundesrat: Kart.: Borleis & Weis

Literatur

ARL (Hrsg.) (1993): Materialien zur Fortentwicklung des Föderalismus in Deutschland. In: Arbeitsmaterialien Nr. 200. ARL (Hrsg.). Hannover.
H. Pötzsch: Die deutsche Demokratie. Bundeszentrale für politische Bildung, Bonn 1995
Reissert, B. (1995): Föderalismus. In: Handwörterbuch der Raumordnung. ARL (Hrsg.). Hannover, S. 310-315.

Quellen von Karten und Abbildungen
Abb. 1: Gemeinden und Kreise in den Ländern: StBA
Abb. 2, 4, 6: Nach Pötzsch
Abb. 3: Verwaltungsgliederung 1997: DLM 1 000 vom BKG
Abb. 5: Die deutschen Länder 1997: StBA

Bildnachweis
S. 18: Reichtagsgebäude, Berlin: copyright Deutscher Bundestag

S. 21: Die Hauptstadtfrage

Autor: Dipl.-Geogr. Volker Bode, Institut für Länderkunde, Schongauerstr. 9, 04329 Leipzig

Kartographische Bearbeiter
Abb. 1: CEntw.: U. Hein, Red. u. Kart.: V. Bode
Abb. 2: CEntw. u. Red.: V. Bode; Kart.: S. Dutzmann

Quellen von Karten und Abbildungen
Abb. 1: Hauptstadtfrage 1991 – Bonn oder Berlin: Nach Laux, H.-D. (1991): Berlin oder Bonn? In: Geographische Rundschau 43, Heft 12, S. 740-743; StÄdBL.
Abb. 2: Abstimmung der Bundestagsabgeordneten über den Sitz von Parlament und Regierung am 20.6.1991: Nach Laux, H.-D. (1991): Berlin oder Bonn? In: Geographische Rundschau 43. Heft 12, S. 740-743.

Bildnachweis
S. 21: Plenarsaal im Reichstagsgebäude: copyright Bundesbildstelle

S. 22-27: Wohin entwickelt sich die Bundesrepublik Deutschland?

Autoren: Prof. Dr. Wolfgang Glatzer, Institut für Gesellschafts- u. Politanalyse der Johann Wolfgang Goethe-Universität Frankfurt/M., Robert-Mayer-Str. 5/105, 60054 Frankfurt/M.
Prof. Dr. Wolfgang Zapf, Wissenschaftszentrum Berlin für Sozialforschung (WZB), Reichpietschufer 50, 10785 Berlin; Freie Universität Berlin

Kartographische Bearbeiter
Abb. 1, 4, 5, 7, 8, 9: CEntw.: A. Droth; Red.: A. Droth, K. Großer; Kart.: S. Dutzmann
Abb. 10: Red.: K. Großer; Kart.: M. Zimmermann

Literatur

Beck, U. (Hrsg.) (1998): Perspektiven der Weltgesellschaft. Frankfurt/M.
Bertram, H., H. Bayer u. R. Bauereiss (1993): Familien-Atlas: Lebenslagen und Regionen in Deutschland. Opladen.
Engstler, H. (1998): Die Familie im Spiegel der amtlichen Statistik.
Bundesministerium für Familie, Senioren, Frauen und Jugend (Hrsg.). Bonn.
Evers, A. u. T. Olk (Hrsg.) (1996): Wohlfahrtspluralismus. Opladen.
Glatzer, W. (1998): Langfristige gesellschaftliche Entwicklungstendenzen. In: Noll, H.-H., S. 245-266.
Glatzer, W., K. O. Hondrich, H.-H. Noll, K. Stiehr u. B. Wörndl (1992): Recent Social Trends in West Germany 1960-1990. Frankfurt/M., Montreal.
Glatzer, W., G. Fleischmann, T. Heimer, D. M. Hartmann, R. H. Rauschenberg, S. Schmenau u. H. Stuhler (1998): Revolution in der Haushaltstechnologie. Frankfurt/M., New York.
Glatzer, W. u. I. Ostner (Hrsg.) (1999): Deutschland im Wandel. Sozialstrukturelle Analysen. Opladen.
Habermas, J. (1998): Die postnationale Konstellation und die Zukunft der Demokratie. In: Blätter für deutsche und internationale Politik. Heft 7, S. 804-817.
Hauser, R. (1999): Die Entwicklung der Einkommensverteilung und der Einkommensarmut in den alten und neuen Bundesländern. In: Aus Politik und Zeitgeschichte. Beilage zur Wochenzeitung “Das Parlament” (B18/1999).
Hauser, R. u. W. Glatzer (1999): Zukunftserwartungen und tatsächliche Entwicklungen im deutschen Vereinigungsprozess. In: Bertram, H. u. R. Kollmorgen: Die Transformation Ostdeutschlands. Opladen.
Hondrich, K. O. (1999): Zukunftsvorstellungen. In: Schäfers, B. u. W. Zapf (Hrsg.), S. 742-754.
Höhn, C. (Hrsg.) (1998): Demographische Trends, Bevölkerungswissenschaft und Politikberatung. Opladen.
Hradil, S. u. S. Immerfall (Hrsg.) (1997): Die westeuropäischen Gesellschaften im Vergleich. Opladen.
Kaufmann, F.-X. (1997): Herausforderungen des Sozialstaates. Frankfurt/M.
Korczak, D. (1995): Lebensqualität-Atlas. Opladen.
Lüscher, K. u. F. Schultheiss (Hrsg.) (1993): Generationenbeziehungen in “postmodernen” Gesellschaften. Konstanz.
Mayer, K. U. (1998): Lebensverlauf. In: Schäfers, B. u. W. Zapf, S. 438-451.
Noll, H.-H. (Hrsg.) (1997): Sozialberichterstattung in Deutschland. Weinheim, München.
Schäfers, B. (1997): Politischer Atlas Deutschland. Bonn.
Schäfers, B. u. W. Zapf (Hrsg.) (1998): Handwörterbuch zur Gesellschaft Deutschlands. Opladen.
Schimank, U. (1996): Theorien gesellschaftlicher Differenzierung. Opladen.
Schneider, N. F., D. Rosenkranz u. R. Limmer

(1998): Nichtkonventionelle Lebensformen. Opladen.
Weymann, A. (1998): Sozialer Wandel. Weinheim, München.
Zapf, W. (1992): Entwicklung und Zukunft moderner Gesellschaften seit den 70er Jahren. In: Korte, H. u. B. Schäfers (Hrsg.): Einführung in Hauptbegriffe der Soziologie. Opladen, S.195-210.
Zapf, W. (1994): Modernisierung, Wohlfahrtsentwicklung und Transformation. Berlin.
Zapf, W. u. R. Habich (Hrsg.) (1996): Wohlfahrtsentwicklung im vereinten Deutschland. Berlin.
Zapf, W. u. R. Habich (1999): Die Wohlfahrtsentwicklung in der Bundesrepublik Deutschland 1949-1999. In: Kaase, M. u. G. Schmid (Hrsg.): Eine lernende Demokratie. Berlin.

Quellen von Karten und Abbildungen

Abb. 1: Bruttoinlandsprodukt und Bruttoinlandseinkommen 1950-1998. Wirtschaftswachstum 1950 bis 1998, Bericht über die menschliche Entwicklung 1999, veröffentlicht für das Entwicklungsprogramm der Vereinten Nationen (UNDP). StÄdBL.
Abb. 2: Tab: The Human Development Index
Abb. 3: Tab: Einkommensverteilung in Deutschland: Hauser, R. (1999), S. 4. und: Glatzer, W. u. W. Zapf 1999, nach: Strengmann 1999
Abb. 4: Anteil der Bevölkerung unterhalb der Armutsgrenze: Hauser, R. (1999) S. 7; Becker 1997; Strengmann 1999
Abb. 5: Privathaushalte nach Haushaltsgrößen: nach: Glatzer, W. (1998), S. 255. StBA
Abb. 6: Natürliche Bevölkerungsentwicklung bis 1939, 1950, 1961 und 1970 Ergebnisse der Volkszählung; Ergebnis des Mikrozensus (1975 aus der EG-Arbeitskräftestichprobe). 1950 Wohnbevölkerung, 1957 bis 1969 und 1971 wohnberechtigte Bevölkerung, 1970 und ab 1972 Bevölkerung in Privathaushalten. Für 1975 bis 1895 geschätzt.
Abb. 7: Ausstattung der Haushalte mit langlebigen Gebrauchsgütern, Statistische Jahrbücher der DDR 1964-1990. Berlin. und StBA (Hrsg.): FS M, R 18: Preise, Löhne, Wirtschaftsrechnungen, Einkommens- und Verbrauchsstichprobe. Jeweils Heft 1. Ausstattung privater Haushalte mit ausgewählten langlebigen Gebrauchsgütern 1962, 1969, 1973. Wiesbaden. StBA (Hrsg.): FS 15: Wirtschaftsberechnungen, Einkommens- und Verbrauchsstichprobe. Jeweils Heft 1: Ausstattung privater Haushalte mit ausgewählten langlebigen Gebrauchsgütern 1978, 1983, 1988, 1993, 1998. Wiesbaden. StBA (Hrsg.): Statistische Jahrbücher der BRD 1964-1998. .
Abb. 8: Subjektives Wohlbefinden: Zapf, W. u. R. Habich (1999)
Abb. 9: Langfristige Entwicklung der Sozialleistungsquote 1965-1998; nach: Glatzer, W. (1998), und: Alber 1989, S. 51.
Abb. 10: Europa mit Ländern der EU sowie den osteuropäischen Anwärtern: Stat. Bundesbundesamt, Statistisches Jahrbuch 1998
Abb. 11: Tab. Verteilung des Welt-Bruttosozialproduktes: International Monetary Fund 1998: World Economic Outlook. Washington.

Bildnachweis

S. 22: Produktion im VW-Werk Wolfsburg: copyright vario-press
S. 24: Familie mit 4 Söhnen: copyright S. Below; W. Glatzer

S. 28-31: Deutscher Bund und Kaiserreich

Autor: Prof. Dr. Peter Steinbach, Institut für Grundlagen der Politik, Ihnenstr. 21, 14195 Berlin

Kartographische Bearbeiter

Abb. 1, 2, 3, 5: Red.: A. Müller
Kart.: A. Müller

Literatur

Berding, H. u. H.-P. Ullmann (Hrsg.) (1981): Deutschland zwischen Revolution und Restauration. Königstein.
Böhme, H. (1966): Deutschlands Weg zur Großmacht. Studien zum Verhältnis von Wirtschaft und Staat während der Reichsgründungszeit 1848-1881. Köln, Berlin.
Born, K. E. (Hrsg.) (1968) Probleme der Reichsgründungszeit 1848-1879. Köln, Berlin.
Born, K. E. (1985): Wirtschafts- und Sozialgeschichte des Deutschen Kaiserreichs (1867/71-1914). Stuttgart.
Botzenhart, M. (1985): Reform, Restauration, Krise. Deutschland 1789-1847. Frankfurt/M.
Fehrenbach, E. (1986): Vom Ancien Régime zum Wiener Kongress. München (= Oldenbourg Grundriss der Geschichte. Band 12).
Fischer, F. (1962): Griff nach der Weltmacht. Die Kriegszielpolitik des kaiserlichen Deutschland 1914/18. Düsseldorf.
Gall, L. (1984): Europa auf dem Weg in die Moderne 1850-1890. München, Wien.
Hardtwig, W. (1985): Vormärz. Der monarchische Staat und das Bürgertum. München.
Henning, F.-W. (1989): Die Industrialisierung in Deutschland 1800-1914. Paderborn u.a. (= Wirtschafts- und Sozialgeschichte. Band 2).
Henning, F.-W. (1991): Das industrialisierte Deutschland 1914-1990. Paderborn u.a. (= Wirtschafts- und Sozialgeschichte. Band 3).
Kocka, J. (1978): Klassengesellschaft im Krieg. Deutsche Sozialgeschichte 1914-1918. Göttingen.
Langewiesche, D. (1985): Europa zwischen Restauration und Revolution 1815-1849. München.
Mommsen, W. J. (1990): Der autoritäre Nationalstaat. Verfassung, Gesellschaft und Kultur des deutschen Kaiserreichs. Frankfurt/M.
Nipperdey, T. (1983): Deutsche Geschichte 1800-1866. München.
Nipperdey, T. (1990/92): Deutsche Geschichte 1866-1918. 2 Bände. München.
Pflanze, O. (Hrsg.) (1983): Innenpolitische Probleme des Bismarck-Reiches. München, Wien.
Ritter, G. A. (Hrsg.) (1973): Deutsche Parteien vor 1918. Köln.
Rürup, R., H.-U. Wehler u. G. Schulz (1985): Deutsche Geschichte, 19. und 20. Jahrhundert 1815-1945. Band 3. Göttingen.
Schieder, T. u. E. Deuerlein (Hrsg.) (1970): Reichsgründung 1870/71. Tatsachen, Kontroversen, Interpretationen. Stuttgart.
Schöllgen, G. (1986): Das Zeitalter des Imperialismus. München.
Siemann, W. (1985): Die deutsche Revolution von 1848/49. Frankfurt/M.
Siemann, W. (1990): Gesellschaft im Aufbruch. Deutschland 1849-1871. Frankfurt/M.
Stürmer, M. (1984): Die Reichsgründung. Deutscher Nationalstaat und europäisches Gleichgewicht im Zeitalter Bismarcks. München.
Wehler, H.-U. (1969): Bismarck und der Imperialismus. Köln, Berlin.
Wehler, H.-U. (1979): Krisenherde des Kaiserreichs 1871-1918. Göttingen.

Quellen von Karten und Abbildungen

Abb. 1: Das Napoleonische Deutschland 1812-1814: dtv-Atlas zur Weltgeschichte (1995): Der Rheinbund 1812, S. 306. Putzger Historischer Weltatlas (1991): Europa im Zeitalter Napoleons. 101. Auflage, S. 94f.
Abb. 2: Verfassungen im Deutschen Bund dtv-Atlas zur Weltgeschichte (1995): Der Deutsche Bund 1848, S. 334. Putzger Historischer Weltatlas (1991): Verfassungen im Deutschen Bund, S. 98. Westermanns Atlas zur Weltgeschichte (1967): Verfassungen im Deutschen Bund 1814-1847, S. 128.
Abb. 3: Deutscher Bund: dtv-Atlas zur Weltgeschichte (1995): Die Neuordnung Europas durch den Wiener Kongreß 1815, S. 316, Die Entstehung Belgiens 1831-1839, S. 328f. Großer Historischer Weltatlas (1967): Der Deutsche Bund 1815-1866, S. 154. Deutschland 1864-1867, S. 160. Putzger Historischer Weltatlas (1991): Mitteleuropa 1815-1866. 101. Auflage, S. 96. Westermanns Atlas zur Weltgeschichte (1967): Deutschlands Einigung im 19. Jahrhundert, S. 129.
Abb. 5: Deutschland zur Zeit des Kaiserreichs: dtv-Atlas zur Weltgeschichte (1995): Das Deutsche Reich 1871-1914, S. 354. Großer Historischer Weltatlas (1967): Das Deutsche Reich 1871-1918, S. 162. Putzger Historischer Weltatlas (1991): Mitteleuropa 1866-1914. 101. Auflage, S. 97. Westermanns Atlas zur Weltgeschichte (1967): Deutschlands Einigung im 19. Jahrhundert, S. 129. Sydow – Wagners Methodischer Schulatlas (1942): 21. Auflage. Karte Nr. 17.
Bildnachweis:
Abb. 4: aus Schul-Atlas v. Thomas v. Lichtenstein u. H. Lange. Braunschweig 1857

S. 32-35: Weimarer Republik und NS-Staat

Autor: Prof. Dr. Peter Steinbach, Institut für Grundlagen der Politik, Ihnenstr. 21, 14195 Berlin

Kartographische Bearbeiter

Abb. 1, 2, 3: Red. u. Kart.: A. Müller

Literatur

Aleff, E. (1985): Das Dritte Reich. Hannover.
Apelt, W. (1964): Geschichte der Weimarer Verfassung. München.
Bracher, K. D. (1976): Die deutsche Diktatur: Entstehung, Struktur, Folgen des Nationalsozialismus. Köln.
Bracher, K. D. (1978): Die Auflösung der Weimarer Republik. Eine Studie zum Problem des Machtverfalls in der Demokratie. Düsseldorf, Kronberg/Ts.
Bracher, K. D., M. Funke u. H. A. Jacobsen (Hrsg.) (1987): Die Weimarer Republik 1918-1933. Politik, Wirtschaft, Gesellschaft. Düsseldorf.
Bracher, K. D., G. Schulz u. W. Sauer (Hrsg.) (1974): Die nationalsozialistische Machtergreifung. Studien zur Errichtung des totalitären Herrschaftssystems in Deutschland 1933/34. 3 Bände. Frankfurt/M., Berlin, Wien.
Broszat, M. (1984): Die Machtergreifung. Der Aufstieg der NSDAP und die Zerstörung der Weimarer Republik. München.
Broszat, M. (1986): Der Staat Hitlers. Grundlegung und Entwicklung seiner inneren Verfassung. München.
Broszat, M. u. N. Frei (Hrsg.) (1989): Das Dritte Reich im Überblick: Chronik, Ereignisse, Zusammenhänge. München.
Buchheim, H. u.a. (Hrsg.) (1994): Anatomie des NS-Staates. 2 Bände. München.
Erdmann, K. D. (1980): Deutschland unter der Herrschaft des Nationalsozialismus 1933-1939. München.
Erdmann, K. D. (1980): Der Zweite Weltkrieg. München.
Erdmann, K. D. u. H. Schulze (Hrsg.) (1984): Weimar: Selbstpreisgabe einer Demokratie. Düsseldorf.
Falter, J. u.a. (1986): Wahlen und Abstimmungen in der Weimarer Republik: Materialien zum Wahlverhalten. München.
Frei, N. (1993): Der Führerstaat. Nationalsozialistische Herrschaft 1933-1945. München.
Graml, H. (Hrsg.) (1984): Widerstand im Dritten Reich. Probleme, Ereignisse, Gestalten. Frankfurt/M.
Hilberg, R. (1990): Die Vernichtung der europäischen Juden. 3 Bände. Frankfurt/M.
Hildebrand, K. (1979): Das Dritte Reich. München.
Huber, E. R. (1981): Deutsche Verfassungsgeschichte seit 1789. Band 6. Die Weimarer Reichsverfassung. Stuttgart.
Huber, E. R. (1984): Deutsche Verfassungsgeschichte seit 1789. Band 7. Ausbau, Schutz und Untergang der Weimarer Republik. Stuttgart.
Jäckel, E. u. J. Rohwer (Hrsg.) (1987): Der Mord an den Juden im Zweiten Weltkrieg. Entschlussbildung und Verwirklichung. Frankfurt/M.
Jäckel, E. (1988): Hitlers Herrschaft: Vollzug einer Weltanschauung. Stuttgart.
Jasper, G. (Hrsg.) (1968): Von Weimar zu Hitler 1930-1933. Köln, Berlin.
Jasper, G. (1986): Die gescheiterte Zähmung: Wege zur Machtergreifung Hitlers 1930-1934. Frankfurt/M.
Kershaw, I. (1988): Der NS-Staat. Geschichtsinterpretationen und Kontroversen im Überblick. Hamburg.
Kluge, U. (1985): Die deutsche Revolution, 1918-1919. Staat, Politik und Gesellschaft zwischen Weltkrieg und Kapp-Putsch. Frankfurt/M.
Kolb, E. (1962): Die Arbeiterräte in der deutschen Innenpolitik 1918 bis 1919. Düsseldorf.
Kolb, E. (Hrsg.) (1972): Vom Kaiserreich zur Weimarer Republik. Köln.
Kolb, E. (1988): Die Weimarer Republik. München.
Löwenthal, R. u. P. v. zur Mühlen (Hrsg.) (1982): Widerstand und Verweigerung in Deutschland 1933-1945. Berlin, Bonn.
Longerich, P. (1995): Deutschland 1918-1933: Die Weimarer Republik. Hannover.
Matthias, E. u. R. Morsey (Hrsg.) (1960): Das Ende der Parteien 1933. Düsseldorf.
Michalka, W. (Hrsg.) (1989): Der Zweite Weltkrieg. Analysen, Grundzüge, Forschungsbilanz. München.
Möller, H. (1985): Weimar: Die unvollendete Demokratie. München.
Mommsen, H. (1989): Die verspielte Freiheit: der Weg der Weimarer Republik in den Untergang 1918-1933. Berlin.
Peukert, D. J. K. (1987): Die Weimarer Republik. Krisenjahre der klassischen Moderne. Frankfurt/M.
Rosenberg, A. (1988) (Org. 1928): Entstehung und Geschichte der Weimarer Republik. Frankfurt/M.
Schulz, G. (1987-1992): Zwischen Demokratie und Diktatur. Verfassungspolitik und Reichsreform in der Weimarer Republik. 3 Bände. Berlin, New York.
Schulze, H. (1994): Weimar: Deutschland 1918-1933. Berlin.
Steinbach, P. (1994): Widerstand im Widerstreit. Der Widerstand gegen den Nationalsozialismus in der Erinnerung der Deutschen. Paderborn u.a.
Steinbach, P. u. J. Tuchel (Hrsg.) (1994): Widerstand gegen den Nationalsozialismus. Bonn.
Thamer, H.-U. (1985): Verführung und Gewalt: Deutschland 1933-1945. Berlin.
Wendt, B.-J. (1984-1987): Deutschland 1933-1945: Das Dritte Reich. Hannover.
Winkler, H. A. (1984-1987): Arbeiter und Arbeiterbewegung in der Weimarer Republik 1918 bis 1933. 3 Bände. Berlin, Bonn.
Winkler, H. A. (Hrsg.) (1992): Die deutsche Staatskrise 1930-1933. München.
Winkler, H. A. (1993): Weimar 1918-1933. Die Geschichte der ersten deutschen Demokratie. München.

Quellen von Karten und Abbildungen

Abb. 1: Das Deutsche Reich zur Zeit der Weimarer Republik: Diercke, Weltatlas für höhere Lehranstalten (1940), S. 143f und S. 153f. dtv-Atlas zur Weltgeschichte (1995): Das Deutsche Reich nach dem Frieden von Versailles, S. 410. Großer Historischer Weltatlas (1967): Mitteleuropa nach dem I. Weltkrieg, S. 176. Putzger Historischer Weltatlas (1991): Mitteleuropa nach dem Ersten Weltkrieg. 101. Auflage, S. 120.

Westermanns Atlas zur Weltgeschichte (1967): Das Deutsche Reich z.Z. der Weimarer Republik (1918-1933), S. 152.

Abb. 2: Europa zur Zeit des Zweiten Weltkriegs: dtv-Atlas zur Weltgeschichte (1995): Zweiter Weltkrieg, S. 476ff. Großer Historischer Weltatlas (1967): Der Zweite Weltkrieg in Europa 1939-1942, S. 188, Der Zweite Weltkrieg in Europa 1942-1945, S. 189, Europa 1939, Europa 1942, S. 190. Putzger Historischer Weltatlas (1991): Der Zweite Weltkrieg 1941-Nov. 1942. 101. Auflage, S. 128, Europa im Zweiten Weltkrieg (1942-1945), S. 129. Westermanns Atlas zur Weltgeschichte (1967): Der Zweite Weltkrieg in Europa , S. 156.

Abb. 3: Das Nationalsozialistische Deutschland 1933-1945: Diercke, Weltatlas für höhere Lehranstalten (1940), S. 143f. und S. 153f., Die Gaue der NSDAP, Buchdeckel vorn. Westermanns Atlas zur Weltgeschichte (1967): Das "Großdeutsche Reich" und die Organisation der NSDAP 1933-1944, S. 155.

Bildnachweis

S. 32: Nationalversammlung in Weimar: copyright Gedenkstätte Deutscher Widerstand. Berlin.

S. 36-39: Deutschland 1945-1949

Autor: Prof. Dr. Peter Steinbach, Institut für Grundlagen der Politik, Ihnenstr. 21, 14195 Berlin

Kartographische Bearbeiter

Abb. 2, 3, 4: Red. u. Kart.: A. Müller

Literatur

Badstübner, R. (Hrsg.) (1989): Die antifaschistisch-demokratische Umwälzung.

Der Kampf gegen die Spaltung Deutschlands und die Entstehung der DDR von 1945 bis 1949. Berlin (Ost).

Becker, J., T. Stammen u. P. Waldmann (Hrsg.) (1979): Vorgeschichte der Bundesrepublik Deutschland. Zwischen Kapitulation und Grundgesetz. München.

Benz, W. (1994): Potsdam 1945: Besatzungsherrschaft und Neuaufbau im Vier-Zonen-Deutschland. München.

Benz, W. (1999): Die Gründung der Bundesrepublik. Von der Bizone zum souveränen Staat. München.

Broszat, M., K.-D. Henke u. H. Woller (Hrsg.) 1988): Von Stalingrad zur Währungsreform. Zur Sozialgeschichte des Umbruchs in Deutschland. München.

Broszat, M. u. H. Weber (Hrsg.): SBZ-Handbuch: Staatliche Verwaltungen, Parteien, gesellschaftliche Organisationen und ihre Führungskräfte in der Sowjetischen Besatzungszone Deutschland 1945-1949. München.

Escheburg, T. (1983): Jahre der Besatzung 1945-1949. Stuttgart, Wiesbaden.

Foitzik, J. (1999): Sowjetische Militäradministration in Deutschland (SMAD) 1945-1949. Struktur und Funktion. Berlin.

Graml, H. (1985): Die Alliierten und die Teilung Deutschlands: Konflikte und Entscheidungen 1941-1948. Frankfurt/M.

Hardach, G. (1994): Der Marshall-Plan. Auslandshilfe und Wiederaufbau in Westdeutschland 1948-1952. München.

Henke, K.-D. (1995), Die amerikanische Besetzung Deutschlands. München.

Klessmann, C. (1991): Die doppelte Staatsgründung. Deutsche Geschichte 1945-1955. Bonn.

Loth, W. (1980): Die Teilung der Welt. München.

Schwarz, H.-P. (1980): Vom Reich zur Bundesrepublik. Stuttgart.

Staritz, D. (1984): Die Gründung der DDR. Von der sowjetischen Besatzungsherrschaft zum sozialistischen Staat. München.

Winkler, H. A. (Hrsg.) (1979): Politische Weichenstellungen im Nachkriegsdeutschland 1945-1953. Göttingen.

Quellen von Karten und Abbildungen

Abb. 1: Karte "A": Bundeszentrale für politische Bildung, Bonn (Abdruckgenehm.)

Abb. 2: Stark zerstörte Innenstädte deutscher Großstädte

Beseler, H. u. N. Gutschow (1988): Kriegsschicksale Deutscher Architektur. Verluste, Schäden, Wiederaufbau. Neumünster.

Bode, V. (1995): Kriegszerstörungen 1939-1945 in Städten der Bundesrepublik Deutschland. In: Europa regional 3/1995, S. 9-20.

Durth, W. u. N. Gutschow (1993): Träume in Trümmern. Stadtplanung 1940-1950. München (= dtv wissenschaft 4604).

Hohn, U. (1991): Die Zerstörung deutscher Städte im Zweiten Weltkrieg. Regionale Unterschiede in der Bilanz der Wohnungstotalschäden und Folgen des Luftkrieges unter bevölkerungsgeographischem Aspekt.. Dortmund (= Duisburger Geographische Arbeiten. Band 8, = Dissertation).

Schicksale Deutscher Baudenkmale im Zweiten Weltkrieg (1978): Eine Dokumentation der Schäden und Totalverluste auf dem Gebiet der DDR. Berlin (Ost).

Eisenberg, W. (1985): Zur Entwicklung der Wohnverhältnisse in der DDR seit der Zerschlagung des Faschismus. Berlin (Ost) (= Sitzungsbericht für den 4. Soziologiekongress der DDR).

Statistisches Reichsamt (Hrsg.) (1944): Amtliches Gemeindeverzeichnis für das Großdeutsche Reich auf Grund der Volkszählung 1939. Statistik des Deutsches Reichs. Band 550. 2. Auflage. Berlin.

Abb. 3: Das geteilte Berlin 1945: Grosser Historischer Weltatlas (1967): Berlin 1949, S. 197. Putzger Historischer Weltatlas (1991): Berlin nach dem Zweiten Weltkrieg. 101. Auflage, S. 140.Westermanns Atlas zur Weltgeschichte (1967): Die "geteilte" Stadt Berlin, S. 161.

Abb. 4: Besatzungszonen in Deutschland 1945-1949: Putzger Historischer Weltatlas (1991). 101. Auflage.

Bildnachweis

S. 37: Kriegszerstörungen in Berlin: copyright Gedenkstätte Deutscher Widerstand, Berlin

S. 38: Kriegszerstörungen in Berlin: copyright Gedenkstätte Deutscher Widerstand, Berlin

S. 40-43: Die DDR von 1949-1989

Autor: Prof. Dr. Peter Steinbach, Institut für Grundlagen der Politik, Ihnenstr. 21, 14195 Berlin

Kartographische Bearbeiter

Abb. 1-9: Red.: K. Großer; Kart.: R. Richter

Literatur

Badstübner, R. (Hrsg.) (1981): Geschichte der DDR. Berlin (Ost).

Buchheim, C. (Hrsg.) (1995): Wirtschaftliche Folgelasten des Krieges in der SBZ/DDR. Baden-Baden.

Bundesministerium für innerdeutsche Beziehungen (Hrsg.), Zimmermann, H. (Bearbeiter) (1985): DDR-Handbuch. 2 Bände. Köln.

Fischer, A. (Hrsg.) (1988): Ploetz: Die Deutsche Demokratische Republik. Würzburg.

Glaessner, G. (Hrsg.) (1988): Die DDR in der Ära Honecker: Politik, Kultur, Gesellschaft. Opladen.

Glaser, H. (1985): Kulturgeschichte der Bundesrepublik Deutschland 1945-1948: Zwischen Kapitulation und Währungsreform. München.

Gohl, D. (1986): Die Deutsche Demokratische Republik: Eine aktuelle Landeskunde. Frankfurt/M.

Hertle, H. H. (1999): Der Fall der Mauer: Die unbeabsichtigte Selbstauflösung des SED-Staates. 2. Auflage. Opladen.

Kaelble, H., J. Kocka u. H. Zwahr (Hrsg.) (1994): Sozialgeschichte der DDR. Stuttgart.

Karlsch, R. (1993): Allein bezahlt? Die Reparationsleistungen der SBZ/DDR 1945-1953. Berlin.

Lehmann, H.-G. (Hrsg.) (1987): Chronik der DDR 1945/49 bis heute. München.

Mitter, A. u. S. Wolle (1993): Untergang auf Raten. Unbekannte Kapitel der DDR-Geschichte. München.

Spittmann, I. (Hrsg.) (1987): Die SED in Geschichte und Gegenwart. Köln.

Weber, H. (1999): Geschichte der DDR. München.

Weber, H. (1999): Die DDR 1945-1990. München.

Quellen von Karten und Abbildungen

Abb. 1: Bevölkerungsdichte und Zentren in den 80er Jahren:

Lüdemann, H., F. Grimm, R. Krönert u. H. Neumann (1979): Stadt und Umland in der Deutschen Demokratischen Republik. Gotha, Leipzig.

Mohs, H., F. Grimm F. Hönsch, H. Neumann u. R. Schmidt: (1983): Struktur und Entwicklung von Regionen in der DDR – Regionale Differenzierung und wirtschaftliche Wachstumsfaktoren, unveröffentlichter Forschungsbericht des Institut für Geographie und Geoökologie der AdW, Bereich Ökonomische Geographie. Leipzig.

Abb. 2: Anteil der Wohnungen in volkseigenen Gebäuden 1989:

Ostwald, W. (Hrsg.) (1990): Raumordnungsreport '90: Daten und Fakten zur Lage in den ostdeutschen Ländern. Berlin.

Abb. 3: Wohnungsanträge 1989: Statistisches Amt der DDR. Berlin.

Abb. 4: Industrielle Produktionsstätten 1987 und Industriebeschäftigtenanteil: Statistisches Jahrbuch der DDR (1990). Berlin.

Abb. 5: Handel und Verkehr, Post und Fernmeldewesen 1989: Statistisches Jahrbuch der DDR (1990). Berlin.

Abb. 6: Land- und Forstwirtschaft 1989: Statistisches Jahrbuch der DDR (1990). Berlin.

Abb. 7: Nichtproduzierende Bereiche 1989: Statistisches Jahrbuch der DDR (1990). Berlin.

Abb. 8: Außenwanderungsverluste 1986-1988: Statistisches Jahrbuch der DDR. Berlin.

Abb. 9: Außenwanderungsverluste 1989: Statistisches Jahrbuch der DDR. Berlin.

Bildnachweis

S. 41: Mauerbau 1961: copyright Gedenkstätte Deutscher Widerstand, Berlin

S. 43: Montagsdemonstration in Leipzig: copyright L.T.S.- Arnim Kühne

S. 44-45: Bundesrepublik Deutschland seit 1949

Autor: Prof. Dr. Peter Steinbach, Institut für Grundlagen der Politik, Ihnenstr. 21, 14195 Berlin

Kartographische Bearbeiter

Red.: A. Müller; Kart.: B. Hantzsch, A. Müller

Literatur

Abelshauser, W. (1987): Die Langen Fünfziger Jahre: Wirtschaft und Gesellschaft der Bundesrepublik Deutschland 1949-1966. Düsseldorf.

Benz, W. (Hrsg.) (1989): Geschichte der Bundesrepublik Deutschland. 4 Bände. Frankfurt/M.

Birke, A. (1996): Die Bundesrepublik Deutschland. Verfassung, Parlament und Parteien. München.

Bracher, K. D., W. Jäger u. W. Link (1986): Republik im Wandel 1969-1974. Die Ära Brandt. Stuttgart, Wiesbaden.

Conze, W. u. R. M. Lepsius (Hrsg.) (1983): Sozialgeschichte der Bundesrepublik Deutschland: Beiträge zum Kontinuitätsproblem. Stuttgart.

Doering-Manteuffel, A. (1983): Die Bundesrepublik Deutschland in der Ära Adenauer: Außenpolitik und innere Entwicklung 1943-1963. Darmstadt.

Glaser, H. (1986): Kulturgeschichte der Bundesrepublik Deutschland 1949-1967: Zwischen Grundgesetz und Großer Koalition. München.

Glaser, H. (1989). Kulturgeschichte der Bundesrepublik Deutschland 1968-1989: zwischen Protest und Anpassung. München.

Görtemaker, M. (1999): Geschichte der Bundesrepublik Deutschland. Von der Gründung bis zur Gegenwart. München.

Grosser, A. (1981): Geschichte Deutschlands seit 1945. München.

Hildebrand, K. (1984): Von Erhard zur Großen Koalition 1963-1969. Stuttgart, Mannheim.

Jäger, W. u. W. Link (1987): Republik im Wandel 1874-1982. Die Ära Schmidt. Stuttgart, Mannheim.

Klessmann, C. (1997): Zwei Staaten – eine Nation: deutsche Geschichte 1955-1970. Bonn.

Löwenthal, R. u. H.-P. Schwarz (Hrsg.) (1974): Die zweite Republik. 25 Jahre Bundesrepublik Deutschland. Eine Bilanz. Stuttgart.

Morsey, R. (1995): Die Bundesrepublik Deutschland. Entstehung und Entwicklung bis 1969. München.

Ritter, G. A. (1999): Über Deutschland. Die Bundesrepublik in der deutschen Geschichte. München.

Schildt, A. u.a. (Hrsg.) (1993): Modernisierung im Wiederaufbau: Die westdeutsche Gesellschaft der fünfziger Jahre. Bonn.

Schwarz, H.-P. (1981): Die Ära Adenauer. Band 1. Gründerjahre der Republik 1949 bis 1957. Stuttgart, Wiesbaden.

Schwarz, H.-P. (1983): Die Ära Adenauer. Band. 2. Epochenwechsel 1957 bis 1963. Stuttgart, Wiesbaden.

Sontheimer, K. (1991): Die Adenauer-Ära: Grundlegung der Bundesrepublik. München.

Quellen von Karten und Abbildungen

Abb. 1: Volksentscheide zur staatlichen Neugliederung der Bundesrepublik Deutschland: StÄdBL. Evers, H.-U. 1975: Oldenburg und Schaumburg-Lippe nach den Volksentscheiden auf Wiederherstellung als Länder vom 19.1.1975. Hildesheim.

Hartmann, J. (Hrsg.) 1997: Handbuch der deutschen Bundesländer. 3. Aufl. Frankfurt; New York.

Kerkhoff, J. 1973: Entstehung des Landes Baden-Württemberg. In: Historischer Atlas von Baden-Württemberg. VII,3.

Schöller, P. 1987: Die Spannung zwischen Zentralismus, Föderalismus und Regionalismus als Grundzug der politisch-geographischen Entwicklung Deutschlands bis zur Gegenwart. In: Erdkunde Bd. 41, H. 2, S. 77-106.

Abb. 2: Die Auslandshilfe des Marshall-Plans 1948-1952

Abb. 3: Übersiedler aus der DDR in die Bundesrepublik 1949 bis Juni 1990:

Werndt, Hartmut (1991): Die deutsch-deutschen Wanderungen – Bilanz einer 40-jährigen Geschichte von Flucht und Ausreise. In: Deutschlandarchiv 24, H. 4, S. 386-395 - nach Bundesausgleichsamt.

Abb. 4: Länder der beiden deutschen Staaten 1952

S. 46-49: Die 12. Bundestagswahl 1990

Autoren: Prof. Dr. Wilhelm Steingrube und Dipl.-Geogr. Antje Hilbig, Institut für Geographie der Ernst-Moritz-Arndt-Universität Greifswald, Ludwig-Jahn-Str. 16, 17487 Greifswald

Kartographische Bearbeiter

Abb. 1: CEntw. u. Red.: K. Großer; Kart.: R. Richter

Abb. 2: CEntw.: A. Hilbig; Red.: K. Großer; Kart.: R. Bräuer, M. Zimmermann

Abb. 3, 4, 5: CEntw.: A. Hilbig; Red.: K. Großer; Kart.: R. Richter

Abb. 6, 7: CEntw.: A. Hilbig Red.: K. Großer; Kart.: R. Bräuer

Quellen von Karten und Abbildungen
Abb. 2: Bundestagswahl 1990 – Wahlbeteiligung: StBA.
Abb. 3: Amtliches Endergebnis der Wahl zum 12. Deutschen Bundestag 1990: StBA.
Abb. 4: Ergebnisse der Bundestagswahl 1990: StBA.
Abb. 5: Bundestagswahl 1990: StBA.
Abb. 6: Sitzverteilung im 12. Deutschen Bundestag: StBA.
Abb. 7: Bundestagswahl 1990 – Zweitstimmen der Parteien: StBA.
Bildnachweis
S. 48: Wahlplakate: copyright Bundesbildstelle

S. 50/51: Die 14. Bundestagswahl 1998

Autoren: Prof. Dr. Wilhelm Steingrube und Dipl.-Geogr. Antje Hilbig, Institut für Geographie der Ernst-Moritz-Arndt-Universität Greifswald, Ludwig-Jahn-Str. 16, 17487 Greifswald
Kartographische Bearbeiter
Abb. 1: CEntw.: A. Hilbig; Kart.: R. Richter
Abb. 2, 3, 4: CEntw.: A. Hilbig; Red.: K. Großer; Kart.: S. Specht
Quellen von Karten und Abbildungen
Abb. 1: Sitzverteilung im 14. Deutschen Bundestag: StÄdBL.
Abb. 2: Bundestagswahlen 1994 und 1998: StÄdBL.
Abb. 3: Amtlliches Wahlergebnis der Bundestagswahlen 1998: StÄdBL.
Abb. 4: Ergebnisse der Bundestagswahl 1998: StÄdBL

S. 52/53: Wahlhochburgen in den alten Ländern 1976-1998

Autoren: Prof. Dr. Wilhelm Steingrube und Dipl.-Geogr. Antje Hilbig, Institut für Geographie der Ernst-Moritz-Arndt-Universität Greifswald, Ludwig-Jahn-Str. 16, 17487 Greifswald
Kartographische Bearbeiter
Abb. 1: CEntw.: A. Hilbig; Red.: K. Großer; Kart.: K. Großer
Abb. 2: CEntw.: A. Hilbig; Red.: K. Großer; Kart.: R. Bräuer, M. Zimmermann
Quellen von Karten und Abbildungen
Abb. 1: Bundestagswahlen nach Zweitstimmen 1949-1998: StBA.
Abb. 2: Wahlhochburgen 1976-1998: StBA.

S. 54/55: Staatliche Einrichtungen von Bund und Ländern

Autoren: Dr. Dietmar Scholich u. Dr. Gerd Tönnies, ARL, Hohenzollernstr. 11, 30161 Hannover
Kartographische Bearbeiter
Abb. 1, 2: CEntw., Red., Kart.: A. Müller
Literatur
ARL (Hrsg.) (1993): Materialien zur Fortentwicklung des Föderalismus in Deutschland. In: Arbeitsmaterial Nr. 200. Hannover.
Buchner, W. u. U. Höhnberg (1995): Verwaltung und Raumordnung. In: Handwörterbuch der Raumordnung. ARL (Hrsg.). Hannover.
Ernst, W. (1995): Länderneugliederung. In: Handwörterbuch der Raumordnung. ARL (Hrsg.). Hannover, S. 570-576.
Heide, H. J. von der (1995): Verwaltungsaufbau und -organisation. In: Handwörterbuch der Raumordnung. ARL (Hrsg.). Hannover, S. 562-569.
Reissert, B. (1995): Föderalismus. In: Handwörterbuch der Raumordnung. ARL (Hrsg.). Hannover, S. 310-315.
Scholich, D. u. G. Turowskie (1997): Bundesrepublik Deutschland. In: Deutsch-Slowakisch-Tschechisches Handbuch der Planungsbegriffe. ARL (Hrsg.). Bratislava, Brno, Hannover, S. 1-19.
Quellen von Karten und Abbildungen
Abb. 1: Bundeshauptstadt Berlin und *Abb. 2*: Bundeseinrichtungen und Landesregierungen 1999: Verzeichnis des Bundesministeriums des Inneren, Stand 1.6.1999.

S. 56/57: Der Staat als Unternehmer: Öffentlicher Dienst und Gemeindefinanzen

Autoren: Prof. Dr. Rolf-Dieter Postlep, DIW, Königin-Luise-Straße 5, 14195 Berlin
Dipl.-Volksw. Kurt Geppert, DIW, Königin-Luise-Str. 5, 14195 Berlin
Kartographische Bearbeiter
Abb. 1-4: CEntw.: C. Lambrecht; Red.: K. Großer, C. Lambrecht; Kart.: M. Zimmermann
Literatur
Vesper, D. (1997): Finanzielle Auswirkungen einer Verbeamtung von Lehrern in Brandenburg. Gutachten des DIW im Auftrag des Ministeriums für Bildung, Jugend und Sport des Landes Brandenburg.
Vesper, D. (1998): Öffentlicher Dienst: Starker Personalabbau trotz moderater Tarifanhebungen. In: Wochenbericht des DIW, Nr. 5/98.
Quellen von Karten und Abbildungen
Abb. 1: Beschäftigte im öffentlichen Dienst: StÄdBL.
Abb. 2: Beschäftigte im öffentlichen Dienst 1997: StÄdBL.
Abb. 3: Anteil der Beschäftigten im öffentlichen Dienst 1997: StÄdBL.
Abb. 4: Sachinvestitionen und Einnahmen der Kommunen 1997: StÄdBL

S. 58/59: Das Justizsystem in Deutschland

Autor: Prof. Dr. Peter Gilles, Fachbereich Rechtswissenschaft der Johann Wolfgang Goethe-Universität Frankfurt/M.
Kartographische Bearbeiter
Abb. 1: Kart.: K. Ronniger
Abb. 2 u. 3: CEntw.: U. Hein, Red.: K. Großer; Kart.: R. Bräuer
Literatur
Gilles, P. (1991): Rechtsstaat und Justizstaat in der Krise. In: Neue Justiz 1998, S. 225 ff.
Gilles, P. (1991): Der Prozess als Mittel zur rechtlichen Konfliktlösung. Staatliche Justiz – gerichtliches Verfahren – richterliche Entscheidung. In: Grimm (Hrsg.) (1991): Einführung in das Recht. 2. Auflage, S. 244 f.
Quellen von Karten und Abbildungen
Abb. 1: Gerichtsgliederung
Laubinger, Reichert (August 1997): Gerichtsorganisation in der Bundesrepublik (Übersicht).
Abb. 2: Ordentliche Gerichte und *Abb. 3*: Gerichte 1997: Das Orts- und Gerichtsverzeichnis, Ordentliche Gerichtsbarkeit und Finanzämter mit Ortsverzeichnis, Fachgerichtsbarkeit, Anwaltsgerichte ... weitere Adressgruppen für die anwaltliche Praxis (1997): 2. Auflage. Köln.
Oeckl, A. (Hrsg.): Taschenbuch des Öffentlichen Lebens 1998/1999. Bonn.
StBA (Hrsg.) (1998): Statistisches Jahrbuch 1998. Wiesbaden.
StBA (Hrsg.) (1999): FS 10, R 1: Ausgewählte Zahlen für die Rechtspflege 1997. Wiesbaden.

S. 60/61: Die räumliche Struktur der Bundeswehr

Autoren: Autorengemeinschaft Amt für Militärisches Geowesen, Frauenberger Str. 250, 53879 Euskirchen
Kartographische Bearbeiter
Abb. 2, 3, 4: CEntw.: Amt für Militärisches Geowesen; Red.: K. Großer, W. Kraus; Kart.: W. Kraus
Quellen von Karten und Abbildungen
Abb. 2: Beschäftigung durch die Bundeswehr 1997: StBA.
Abb. 3: Bundeshaushalt und Verteidigungshaushalt 1998: Bundesministerium der Verteidigung 1998.
Abb. 4: Territoriale Gliederung, Hauptstandorte der Bundeswehr und Truppenübungsplätze 1999: Amt für Militärisches Geowesen (Hrsg.) (1998): Atlas der Militärlandeskunde – Bundesrepublik Deutschland.
Bildnachweis
S. 60: Fregatte: copyright IMZBw ZA 3 Bildarchiv IMZBw, St. Augustin

S. 62-65: Das Bildungssystem: Schulen und Hochschulen

Autor: Dr. Manfred Nutz, Geographisches Institut der Universität zu Köln, Albertus-Magnus-Platz, 50923 Köln
Kartographische Bearbeiter
Abb. 1, 2, 4, 6, 9: CEntw.: M. Nutz; Red.: K. Großer, W. Kraus; Kart.: W. Kraus
Abb. 3: CEntw.: M. Nutz; Red.: K. Großer; Kart.: R. Richter
Abb. 5: CEntw.: U. Hein, M. Nutz; Red.: K. Großer; Kart.: W. Kraus
Abb. 7: CEntw.: M. Nutz; Red.: K. Großer; Kart.: M. Zimmermann
Abb. 8: CEntw.: U. Hein; Red.: K. Großer; Kart.: R. Richter
Quellen von Karten und Abbildungen
Abb. 1: Schulentlassene nach der Art des Abschlusses 1996/97: StBA (Hrsg.) (1998): FS 11, R 1: Allgemeinbildende Schulen Schuljahr 1997/98. Wiesbaden.
Abb. 2: Schüler an allgemeinbildenden Schulen 1997/1998: StBA (Hrsg.) (1998): FS 11, R 1: Allgemeinbildende Schulen Schuljahr 1997/98. Wiesbaden.
Abb. 3: Relative Entwicklung der Schülerzahlen bis 2015: Statistische Veröffentlichungen der Kultusministerkonferenz (1997): Vorausberechnung der Schüler- und Absolventenzahlen 1995-2015. Dok. 141. Bonn.
Abb. 4: Bildungsbeteiligung an Gymnasien 1996: Statistik regional. Daten und Informationen der Statistischen Ämter des Bundes und der Länder.
Abb. 5: Anteil der Gymnasiasten an den Schülern der 7. Klasse nach siedlungsstrukturellen Kreistypen: BBR (Hrsg.) (1998): Aktuelle Daten zur Entwicklung der Städte und Gemeinden. Ausgabe 1998. Berichte BBR. Band 1.
Abb. 6: Durchschnittliche Jahreseinschreibungen an deutschen Hochschulen bis 1540 und 1700 bis 1790: Eulenberg, F. (1904): Die Frequenz der deutschen Universitäten von ihrer Gründung bis zur Gegenwart. Leipzig.
Abb. 7: Standorte der Fachhochschulen 1999: Bund-Länder-Kommission für Bildungsplanung und Forschungsförderung und der BA (Hrsg.): Studien- und Berufswahl 1998/99.
Abb. 8: Hochschullandschaft 1998: Bund-Länder-Kommission für Bildungsplanung und Forschungsförderung und der BA (Hrsg.): Studien- und Berufswahl 1998/99. StBA (Hrsg.) (1998): FS 11, R 4.1: Studierende an Hochschulen. Wiesbaden.
Abb. 9: Studienanfänger und Studierende 1990 bis 2015: Kultusministerkonferenz (1998): Prognose der Studienanfänger, Studierenden und Hochschulabsolventen bis 2015. Dokumentation 146.

S. 66/67: Bundesraumordnung

Autor: Dr. Axel Priebs, FB Planung und Naherholung beim Kommunalverband Großraum Hannover, Arnswaldstr. 19, 30159 Hannover, Honorarprofessor am Geographischen Institut der Christian-Albrechts-Universität Kiel, Ludewig-Meyn-Str. 14, 24098 Kiel
Kartographische Bearbeiter
Abb. 1: CEntw.: A. Priebs; Red.: K. Großer, B. Hantzsch; Kart.: R. Bräuer
Abb. 2: Red.: K. Großer; Kart.: R. Bräuer
Literatur
ARL (Hrsg.) (1999): Grundriss der Landes- und Regionalplanung. Hannover.
ARL (Hrsg.) (1998): Methoden und Instrumente räumlicher Planung. Hannover.
ARL (Hrsg.) (1995): Handwörterbuch der Raumordnung. Hannover.
Jenkis, H. W. (Hrsg.) (1996): Raumordnung und Raumordnungspolitik. München, Wien.
Spitzer, H. (1995): Einführung in die räumliche Planung. Stuttgart.
Quellen von Karten und Abbildungen
Abb. 1: nach Vorlagen des BBR
Abb. 2: nachVorlagen der LRB des BBR

S. 68/69: Planungsregionen und kommunale Verbände

Autor: Dr. Axel Priebs, FB Planung und Naherholung beim Kommunalverband Großraum Hannover, Arnswaldstr. 19, 30159 Hannover, Honorarprofessor am Geographischen Institut der Christian-Albrechts-Universität Kiel, Ludewig-Meyn-Str. 14, 24098 Kiel
Kartographische Bearbeiter
Abb. 1: Red.: K. Großer; Kart.: R. Bräuer
Abb. 2: Red. und Kart.: Borleis & Weis
Abb. 3: Red.: K. Großer; Kart.. S. Dutzmann
Literatur
ARL (Hrsg.) (1999): Grundriss der Landes- und Regionalplanung. Hannover.
ARL (Hrsg.) (1998): Methoden und Instrumente räumlicher Planung. Hannover.
ARL (Hrsg.) (1995): Handwörterbuch der Raumordnung. Hannover.
Jenkis, H. W. (Hrsg.) (1996): Raumordnung und Raumordnungspolitik. München, Wien.
Spitzer, H. (1995): Einführung in die räumliche Planung. Stuttgart.
Quellen von Karten und Abbildungen
Abb 1: Raumordnungsverband Rhein-Neckar: Raumordnungsverband Rhein-Neckar.
Abb. 2: Organigramm des Kommunalverbandes Großraum Hannover: Kommunalverband Großraum Hannover.
Abb. 3: Planungsregionen der Länder 1997. Eigene Recherchen nach ARL (Hrsg): Grundriss der Landes- und Regionalplanung; und nach LRB des BBR.

S. 70/71: Städtenetze – ein neues Instrument der Raumordnung

Autoren
Prof. Dr. Peter Jurczek und Dipl.-Geogr. Marion Wildenauer, TU Chemnitz, Reichenhainer Str. 39, 09107 Chemnitz
Kartographische Bearbeiter
Abb. 1, 2: Entwurf: M. Wildenauer; Red.: K. Großer; Kart.: S. Dutzmann
Literatur
Adam, B. (1994): Städtenetze – ein neues Forschungsfeld des Experimentellen Wohnungs- und Städtebaus. In: Informationen zur Raumentwicklung. Heft 7/8, S. 513-520.
Baumheier, R. (1994): Städtenetze – Raumordnungspolitische Ziele und Anforderungen an den weiteren Ausbau städtischer und regionaler Vernetzungen. In: Raumforschung und Raumordnung. Heft 6, S. 383-391.
Brake, K. (1997): Städtenetze – ein neuer Ansatz interkommunaler Kooperation. In: Archiv für Kommunalwissenschaften. Heft 1, S. 98-115.
BBR (Hrsg.) (1999): Modellvorhaben "Städtenetze" – neue Konzeptionen der interkommunalen Kooperation: Endbericht der Begleitforschung. Bonn (= Werkstatt: Praxis Nr. 3).
BfLR (Hrsg.) (1996): Städtenetze – Vernetzungspotenziale und Vernetzungskonzepte. Bonn (= Materialien zur Raumentwicklung. Heft 76).
BMBau (Hrsg.) (1993): Raumordnungspolitischer Orientierungsrahmen. Bonn.
BMBau (Hrsg.) (1995): Raumordnungspolitischer Handlungsrahmen. Bonn.
Danielzyk, R. u.a. Priebs, A. (Hrsg.) (1996): Städtenetze – Raumordnungspolitisches Handlungsinstrument mit Zukunft? Bonn (= Material zur Angewandten Geographie. Band 32).
Difu (Hrsg.) (1995): Europäische Städte-

netzwerke Ausgewählte Beispiele. Berlin.
Geyer, T. (1994): Städtenetze – ein neues Instrument der Regional- und Landesplanung? In: Domhardt, H.-J. u. C. Jacoby (Hrsg.): Raum- und Umweltplanung im Wandel. Festschrift für H. Kistenmacher. Kaiserslautern, S. 73-84.
Gleisenstein, J., S. Klug u.a. (1997): Städtenetze als neues "Instrument" der Regionalentwicklung? In: Raumforschung und Raumordnung. Heft 1, S. 38-47.
Goppel, K. (1994): Vernetzung und Kooperation – das neue Leitziel der Landesplanung. In: Raumforschung und Raumordnung. Heft 2, S. 101-104.
Huebner, M. (1994): Die Rolle der Kommunen im Regionalisierungsprozess. In: Archiv für Kommunalwissenschaften. Band 2, S. 215-233.
Jurczek, P., S. Völker u. B. Vogel (1999): Sächsisch-Bayerisches Städtenetz – ExWoSt-Modellvorhaben zur Kooperation der Städte Bayreuth, Chemnitz, Hof, Plauen und Zwickau. Kronach, München, Bonn (= Kommunal- und Regionalstudien. Heft 29).
Mehwald, L. (1997): Städtenetze – vom Raumordnungspolitischen Orientierungsrahmen zur Umsetzung. In: Informationen zur Raumentwicklung. Heft 7, S. 473-480.
Melzer, M. (1997): Schlüsselfragen einer zukunftsfähigen Standortpolitik mit Städtenetzen. In: Informationen zur Raumentwicklung. Heft 7, S. 495-508.
Melzer, M. u. J. Wittekind (1999): Städtenetze – Modell freiwilliger interkommunaler Kooperation; Bilanz des ExWoSt-Forschungsfeldes. Frankfurt/M. (= Rhein-Mainische Forschungen, Heft 116), S. 67-90.
Priebs, A. (1996): Zentrale Orte und Städtenetze – konkurrierende oder komplementäre Instrumente der Raumordnung? In: Informationen zur Raumentwicklung. Heft 10, S. 675-690.
Spangenberger, V. (1996): Städtenetze – der neue interkommunale und raumordnerische Ansatz. In: Raumforschung und Raumordnung. Heft 5, S. 313-320.
Ritter, E.-H. (1995): Raumpolitik mit "Städtenetzen" oder: Regionale Politik der verschiedenen Ebenen. In: Die Öffentliche Verwaltung. Heft 10, S. 393-403.
Tödtling-Schönhofer, H. (1995): Europäische Netzwerke für die Regionalentwicklung; Herbsttagung des Österreichischen Instituts für Raumplanung (ÖIR) 1994. Wien.

Quellen von Karten und Abbildungen

Abb. 1: Ausgewählte Handlungsfelder der Modellprojekte des ExWoSt-Forschungsfeldes "Städtenetze": Eigene Erhebungen, Stand 1999.
Abb. 2: Städtenetze 1999: Eigene Erhebungen, Stand April 1999.

Bildnachweis

S. 70: Göltzschtalbrücke: copyright AG Sächsisch-Bayerisches Städtenetz, Fotograf: Lothar Kuhli

S. 72/73: Verkehrsprojekte fördern die deutsche Einheit

Autor: Prof. Dr. Andreas Kagermeier, Universität-Gesamthochschule Paderborn, Warburger Str. 100, 33098 Paderborn

Kartographische Bearbeiter

Abb. 1, 2, 3: CEntw.: K. Großer; Red.: K. Großer; Kart.: R. Richter
Abb. 4: Entwurf: A. Kagermeier; Red.: B. Hantzsch; Kart.: R. Bräuer

Literatur

ARL (Hrsg.) (1995): Handwörterbuch der Raumordnung. Hannover.
BfLR (Hrsg.) (1992): Raumordnerische Einschätzung der Verkehrsprojekte Deutsche Einheit (VPDE) aufgrund von Erreichbarkeitsrechnungen. Bonn.
BMV (Hrsg.) (1992): Bundesverkehrswegeplan. Bonn.
BMV (Hrsg.) (1992): Verkehrsprojekte Deutsche Einheit. Bonn.
BMV (Hrsg.) (1995): Verkehrsprojekte Deutsche Einheit Aktuell. Bonn.
BMV (Hrsg.) (1995): Strassen in Deutschland. Bonn.
BMV (Hrsg.) (1997): Fünfjahresplan für den Ausbau der Schienenwege des Bundes in den Jahren 1998 bis 2002. Bonn.
BMV (Hrsg.) (1997): Verkehrsprojekte Deutsche Einheit Aktuell. Bonn.
Kieslich, W., V. Kleinschmidt u. W. Löbach (1992): Verkehrsprojekte "Deutsche Einheit". Umweltauswirkungen der geplanten Verkehrsstrassen im Osten Deutschlands. Dortmund.

Quellen von Karten und Abbildungen

Abb. 1: Investitionsansätze in den Bundesverkehrswegeplänen 1975-1992: BMV (Hrsg.) (1992): Bundesverkehrswegeplan. Bonn.
Abb. 2: Kosten der Verkehrsprojekte: BMV (Hrsg.) (1992): Verkehrsprojekte Deutsche Einheit. Bonn. BMV (Hrsg.) (1995): Verkehrsprojekte Deutsche Einheit Aktuell. Bonn.
Abb. 3: Reisezeitentwicklung für Fahrten nach Berlin seit 1939: Deutsche Bundesbahn.
Abb. 4: Bundesverkehrsplanung 1992: BMV (Hrsg.) (1992): Bundesverkehrswegeplan. Bonn.
BMV (Hrsg.) (1992): Verkehrsprojekte Deutsche Einheit. Bonn.
BMV (Hrsg.) (1995): Verkehrsprojekte Deutsche Einheit Aktuell. Bonn.
BMV (Hrsg.) (1997): Fünfjahresplan für den Ausbau der Schienenwege des Bundes in den Jahren 1998 bis 2002. Bonn.
BMV (Hrsg.) (1997): Verkehrsprojekte Deutsche Einheit Aktuell. Bonn.

S. 74/75: Struktur und Organisation der Tagespresse

Autor: Dipl.-Geogr. Volker Bode, Institut für Länderkunde, Schongauerstr. 9, 04329 Leipzig

Kartographische Bearbeiter

Abb. 1, 2: CEntw.: K. Großer; Red.: K. Großer; Kart.: K. Ronniger
Abb. 3: CEntw.: C. Lambrecht; Red.: K. Großer; Kart.: W. Kraus
Abb. 4: CEntw.: C. Lambrecht; Red.: V. Bode, W. Kraus, C. Lambrecht; Kart.: W. Kraus

Literatur

Ameln, R. v. (1989): Zeitung schafft Identität – die Bedeutung der Lokalpresse für kleine Städte und Gemeinden. In: BDZV (Hrsg.): Täglich von den Zeitungen: Information für Stadt und Land (= Dokumentation des Zeitungskongresses ´88 in Bremen am 10./11. Oktober 1988), S. 19-22.
Arbeitsgemeinschaft Westermann Schulbuchverlag/Verlagsbüro Krimmer/ADSOF DATA (Hrsg.) (1997): Regionale Abo-Tageszeitungen in Deutschland: Karte im Maßstab 1 : 800 000.
Blotevogel, H. H. (1984): Zeitungsregionen in der Bundesrepublik Deutschland. Zur räumlichen Organisation der Tagespresse und ihren Zusammenhängen mit dem Siedlungssystem. In: Erdkunde 38, S. 79-93.
BDZV (Hrsg.) (1998): Zeitungen ´98. Bonn.
Füth, B. (Hrsg.) (1995): Lokale Berichterstattung: Herzstück der Tageszeitung. Bonn.
Koschnick, W. J. (1995): Standard-Lexikon für Mediaplanung und Mediaforschung in Deutschland (2 Bände. 2. Auflage). München, New Providence, London, Paris.
Kringe, B. (1996): Tageszeitungen und Rundfunk in Westfalen-Lippe (Begleittext zum Doppelblatt Tageszeitungen und Rundfunk aus dem Themenbereich V Kultur und Bildung des Geographisch-landeskundlichen Atlas von Westfalen).
BPA (Hrsg.) (1997): Zeitungen in Berlin (O), Brandenburg, Mecklenburg-Vorpommern, Sachsen, Sachsen-Anhalt, Thüringen (Manuskript, Autor: Schütz, W. J.). Bonn.
BPA (Hrsg.) (1998): Bericht der Bundesregierung über die Lage der Medien in der Bundesrepublik Deutschland 1998. Medienbericht ´98. Bonn.
Schütz, W. J. (1969): Die Zeitungsdichte in der Bundesrepublik Deutschland 1967/69 und die Zunahme der Ein-Zeitungs-Kreise seit 1954. In: Publizistik 14, S. 311-323.
Schütz, W. J. (1991): Zeitungsatlas der Bundesrepublik Deutschland – Teil West. Bonn.
Schütz, W. J. (1997a): Deutsche Tagespresse 1997. In: Media Perspektiven 12/97, S. 663-684.
Schütz, W. J. (1997b): Red.elle und verlegerische Struktur der deutschen Tagespresse. In: Media Perspektiven 12/97, S. 685-694.
Stuiber, H.-W. (1975a): Kommunikationsräume der lokal informierenden Tagespresse: pressestatistische Typenbildung u. raumstrukturelle Analyse (= Nürnberger Forschungsberichte 1).
Stuiber, H.-W. (1975b): Die lokal informierende Tagespresse in der Bundesrepublik Deutschland: eine Bestandsaufnahme (= Nürnberger Forschungsberichte 4).
Zimpel, D. (Hrsg.) (1998): Zimpel 1: Zeitungen. Losebl.-Ausgabe. München.
ZMG Zeitungs Marketing Gesellschaft (Hrsg.) (1998): Verbreitungsanalyse 1998/99. Frankfurt/M.

Quellen von Karten und Abbildungen

Abb. 1: Entwicklung der deutschen Tagespresse 1954-1998: BDZV (Hrsg.) (1998): Zeitungen ´98. Bonn.; Schütz, W.J. (1997a)
Abb. 2: Nutzung regionaler Abonnementzeitungen von 1988-1998 nach Altersgruppen in %: Arbeitsgemeinschaft Media-Analyse Berichtsbände 1988-1998 (1998): In: BDZV (Hrsg.): Zeitungen´98. Bonn.
Abb. 3: Zeitungsdichte 1998 (Regionale Abo-Tageszeitungen): ZMG (1998)
Abb. 4: Zeitungsregionen 1998: Eigene Recherche und:
BPA (Hrsg.) (1997): Zeitungen in Berlin (O), Brandenburg, Mecklenburg-Vorpommern, Sachsen, Sachsen-Anhalt, Thüringen. (Manuskript, Autor: Schütz, W. J.). Bonn.
Schütz, W. J. (1997b); Zimpel, D. (Hrsg.) (1998); ZMG (1998)

S. 76/77: Fremdenverkehr

Autor: PD Dr. Paul Reuber, Geographisches Institut der Universität Heidelberg, Im Neuenheimer Feld 348, 69120 Heidelberg

Kartographische Bearbeiter

Abb. 1, 2: Red.: B. Hantzsch; Kart.: R. Richter
Abb. 3: Red.: K. Großer; Kart.: S. Dutzmann
Abb. 4: CEntw.: U. Hein, C. Lambrecht, P. Reuber; Red.: K. Großer
Kart.: S. Dutzmann

Quellen von Karten und Abbildungen

Abb. 1: Touristisches Beherbergungsangebot: StBA.
Abb. 2: Anzahl und durchschnittliche Auslastung der angebotenen Gästebetten:StBA.
Abb. 3: Entwicklung der Übernachtungszahlen 1987-1997:StBA.
Abb. 4: Fremdenverkehr 1997: StBA. Statistischen Landesämter (1996-1998): Fremdenverkehrsstatistik.

Bildnachweis

S. 76: An der Ostsee: copyright vario-press

S. 78-81: Bevölkerung

Autoren: Prof. Dr. Paul Gans, Geographisches Institut der Universität Mannheim, Schloss, 68131 Mannheim; Prof. Dr. Franz-Josef Kemper, Geographisches Institut der Humboldt-Universität, Chausseestr. 86, Unter den Linden 6, 10099 Berlin

Kartographische Bearbeiter

Abb. 1, 2, 5, 6, 7: CEntw.: P. Gans, F.-J. Kemper; Red.: K. Großer; Kart.: S. Dutzmann
Abb. 3: CEntw.: P. Gans, F.-J. Kemper; Red.: K. Großer; Kart.: W. Kraus
Abb. 4, 8: CEntw.: C. Zemann; Red.: K. Großer, W. Kraus; Kart.: W. Kraus
Gis-Kart.: C. Zemann

Literatur

Bucher, H., M. Siedhoff u. G. Stiens (1994): Die künftige Bevölkerungsentwicklung in den Regionen Deutschlands bis 2010. Annahmen und Ergebnisse einer BfLR-Bevölkerungsprognose. In: Informationen zur Raumentwicklung 11/12, S. 815-852.
Chruscz, D. (1992): Zur Entwicklung der Sterblichkeit im geeinten Deutschland: die kurze Dauer des Ost-West-Gefälles. In: Informationen zur Raumentwicklung 9/10, S. 691-699.
Dangschat, J. u. G. Herfert (1997): Wohnsuburbanisierung im Umland von Oberzentren 1993-1995. In: IfL Leipzig (Hrsg.): Atlas Bundesrepublik Deutschland – Pilotband. Leipzig, S. 58-61.
Dorbritz, J. (1993/94): Bericht 1994 über die demographische Lage in Deutschland. In: Zeitschrift für Bevölkerungswissenschaft 19, S. 393-473.
Gans, P. (1996): Demographische Entwicklung seit 1980. In: Strubelt, W. u.a. (Hrsg.): Städte und Regionen. Räumliche Folgen des Transformationsprozesses, Berichte der KSPW 5. Opladen, S. 143-181.
Gans, P. (1997): Regionale Unterschiede in der Lebenserwartung in Deutschland. In: IfL (Hrsg.): Atlas Bundesrepublik Deutschland. Pilotband. Leipzig, S. 42-43.
Grünheid, E. u. U. Mammey (1997): Bericht 1997 über die demographische Lage in Deutschland. In: Zeitschrift für Bevölkerungswissenschaft 22, S. 377-480.
Höhn, C., U. Mammey u. H. Wendt (1990): Bericht 1990 zur demographischen Lage: Trends in beiden Teilen Deutschlands und Ausländer in der Bundesrepublik Deutschland. In: Zeitschrift für Bevölkerungswissenschaft 16, S. 135-205.
Kemper, F.-J. (1997): Regionaler Wandel und bevölkerungsgeographische Disparitäten in Deutschland. Binnenwanderungen und interregionale Dekonzentration der Bevölkerung in den alten Ländern. In: ARL (Hrsg.): Räumliche Disparitäten und Bevölkerungswanderungen in Europa, Forschungs- und Sitzungsberichte 202. Hannover, S. 91-101.
Kemper, F.-J. u. G. Thieme (1992): Zur Entwicklung der Sterblichkeit in den alten Bundesländern. In: Informationen zur Raumentwicklung 9/10, S. 701-708.
Kontuly, T. u. R. Vogelsang (1988): Explanations for the intensification of counterurbanization in the Federal Republic of Germany. In: The Professional Geographer 40, S. 42-54.
Münz, R. u. R. Ulrich (1993/94): Demographische Entwicklung in Ostdeutschland und in ausgewählten Regionen. Analyse und Prognose bis 2010. In: Zeitschrift für Bevölkerungswissenschaft 19, S. 475-515.
Sailer-Fliege, U. (1998): Die Suburbanisierung der Bevölkerung als Element raumstruktureller Dynamik in Mittelthüringen. Das Beispiel Erfurt. In: Zeitschrift für Wirtschaftsgeographie 42, S. 97-116.
Schmidt, E. u. G. Tittel (1990): Hauptendenzen der Migration in der DDR. In: Raumforschung und Raumordnung 48, S. 244-250.

Quellen von Karten und Abbildungen

Abb. 1: Deutschland Index der Bevölkerungsentwicklung: StBA und eigene Berechnungen.
Abb. 2: Natürliche Bevölkerungsentwicklung und Wanderungsbilanzen 1980-1997: Dorbritz, J. (1993/94), S. 412, 430, 434, 443 und eigene Berechnungen.
Höhn, C., U. Mammey u. H. Wendt (1990), S. 161. und StBA.

Abb. 3: Bevölkerungsentwicklung und natürlicher Saldo in den 90ern: StBA.
Abb. 4: Altersstruktur und Bevölkerungsdichte 1996: LRB des BBR und StÄdBL
Abb. 5: Zusammengefasste Geburtenziffern im Gebiet der alten und neuen Länder 1980-1997: Dorbritz 1993/94, S. 415. Mitteilungen des Statistischen Bundesamtes 1999.
Abb. 6: Mittlere Lebenserwartung eines Neugeborenen in Jahren (1952-1994): Bucher, H., M. Siedhoff u. G. Stiens (1994), S. 815-852, ergänzt.
Abb. 7: Altersstruktur der Bevölkerung in den alten und neuen Ländern 1996: StBA (Hrsg.) (1998): Statistisches Jahrbuch 1998 für die Bundesrepublik Deutschland. Wiesbaden, S. 61.
Abb. 8: Außen- und Binnenwanderungssalden 1995: LRB des BBR und StÄdBL

Bildnachweis

S. 81: Senioren: copyright vario-press

S. 82-85: Die Sozialstruktur Deutschlands – Entstrukturierung und Pluralisierung

Autor: Prof. Dr. Wolfgang Glatzer, Institut für Gesellschafts- und Politanalyse der Johann Wolfgang Goethe-Universität Frankfurt/M., Robert-Meyer-Str. 5/105, 60054 Frankfurt/M.

Kartographische Bearbeiter

Abb. 1, 2, 3, 6, 7, 8, 9: Red.: K. Großer; Kart.: S. Dutzmann
Abb. 4, 5, 10: CEntw.: C. Lambrecht; Red.: K. Großer, C. Lambrecht; Kart.: R. Richter

Literatur

Bertram, H., H. Bayer u. R. Bauerreiss (1993): Familien-Atlas: Lebenslagen und Regionen in Deutschland – Karten und Zahlen. Opladen.
Borchers, A. (1997): Die Sandwich-Generation. Ihre zeitlichen und finanziellen Leistungen und Belastungen. New York.
Bretz, M. u. F. Niemeyer (1992): Private Haushalte gestern und Heute – ein Rückblick auf die vergangenen 150 Jahre. In: Wirtschaft und Statistik. Heft 2, S. 73-81.
Bundesministerium für Familie, Senioren, Frauen und Jugend (1994): Familien, Familienpolitik im geeinten Deutschland, Fünfter Familienbericht. Bonn.
Dahrendorf, R. (1965): Gesellschaft und Demokratie in Deutschland. München.
Engstler, H. (1998): Die Familie im Spiegel der amtlichen Statistik. Bundesministerium für Familie, Senioren, Frauen und Jugend. Bonn.
Geissler, R. (1996): Die Sozialstruktur Deutschlands. Zur gesellschaftlichen Entwicklung mit einer Zwischenbilanz zur Vereinigung. 2. Auflage. Opladen.
Glatzer, W. u. I. Ostner (Hrsg.) (1999): Sozialstrukturelle Analysen, Gegenwartskunde – Sonderband 11. Opladen.
Hradil, S. (1999): Soziale Ungleichheit in Deutschland. Opladen.
Lüscher, K. u. F. Schultheiss (Hrsg.) (1993): Generationsbeziehungen in "postmodernen" Gesellschaften, Analysen zum Verhältnis von Individuen, Familie, Staat und Gesellschaft. Konstanz (= Konstanzer Beiträge zur sozialwissenschaftlichen Forschung, Band 7).
Noll, H.-H. (1998): Wahrnehmung und Rechtfertigung sozialer Ungleichhheit 1991-1996. In: Meulemann, H. (Hrsg.): Werte und nationale Identität im vereinten Deutschland. Erklärungsansätze der Umfrageforschung. Opladen, S. 61-84.
Pongs, A. (1999): In welcher Gesellschaft leben wir eigentlich? Gesellschaftskonzepte im Vergleich. Band 1. München.
Schneider, N. u.a. (1999): Lebensstile, Wohnbedürfnisse und räumliche Mobilität. Opladen.
Vester, M. (1995): Soziale Milieus in Ostdeutschland: Gesellschaftliche Strukturen zwischen Zerfall und Neubildung. Köln.

Quellen von Karten und Abbildungen

Abb. 1: Private Haushalte nach der Zahl der Haushaltsmitglieder in Deutschland 1871-1998: nach Bretz u. Niemeyer 1992, S.75. StBA, Gruppe VIII B.
Abb. 2: Bevölkerung nach Altersgruppen und Familienstand: StBA.
Abb. 3: Haushaltsübergreifende Familienkonstellationen 1988: Engstler, H. (1998), S.28.
Abb. 4: Einpersonenhaushalte 1996, Gesellschaft für Konsumforschung
Abb. 5: Haushalte mit Kindern; Gesellschaft für Konsumforschung
Abb. 6: Subjektive Schichteinstufung in West- und Ostdeutschland: nach: Noll, H.-H. (1998) in: Meulemann, H. (Hrsg.), S. 65.
Abb. 7: Soziale Schichtung der westdeutschen Bevölkerung: nach Dahrendorf, R. (1965), S. 105. und: Geissler, R. (1996), S. 86.
Abb. 8: Lebensstile in West- und Ostdeutschland 1996: Schneider (1999), S.106, S. 113.
Abb. 9: Erbrachte Leistungen von Haushalten der mittleren Generation nach Leistungsart
Abb. 10: Ausländerhaushalte 1996: Gesellschaft für Konsumforschung

Bildnachweis

S. 32: Familie mit 4 Töchtern: copyright Dr. A. Hülsbömer, Frankfurt

S. 86/87: Frauen zwischen Beruf und Familie

Autorin: Prof. Dr. Verena Meier, Geographisches Institut der TU München, Arcisstr. 21, 80290 München

Kartographische Bearbeiter

Abb. 1-5: Computerentwürfe: M. Dörrbecker; Red.: K. Großer; Kart.: S. Dutzmann

Literatur

Helfrich, H. u. J. Gügel (Hrsg.) (1996): Frauenleben im Wohlfahrtsstaat. Münster.
Ostner, I. (1993): Slow Motion: Women, Work and the Family in Germany. In: Lewis, J. (Hrsg.) (1993): Women and Social Policies in Europe. Aldershot, S. 92-115.
Schaefers, B. (Hrsg.) (1986): Grundbegriffe der Soziologie. Opladen.
Schmude, J. (1996): The Postwar Development of Female Workforce Participation in the German Federal Republic. In: Garcia-Ramon, M.-D. u. J. Monk (Hrsg.): Women of the European Union. London, S. 156-185.
Schulze Buschoff, K., I. Weller u. J. Rückert (1998): Das Erwerbsverhalten von Frauen im europäischen Vergleich. Wissenschaftszentrum Berlin FS III, S. 98-405.

Quellen von Karten und Abbildungen

Abb. 1: Schulabgänger mit Hochschul- oder Fachschulreife 1995/96: StBA (Hrsg.) (1998): Statistisches Jahrbuch 1998. Wiesbaden, S. 376. StÄdBL
Abb. 2: Erwerbstätige Frauen 1996: StÄdBL
Abb. 3: Geschlechtsspezifische Erwerbsquoten der EU-Länder: E.U. (1999) Employment Rates Report 1998 - Employment Performance in the European Union.
Abb. 4: Frauenarbeitslosigkeit 1996: StBA.
Abb. 5: Altersspezifische Erwerbsquoten 1972-1997: StBA (Hrsg.) (1974-1988) Statistisches Jahrbuch für die Bundesrepublik Deutschland.

Bildnachweis:

S. 86: Verwaltungskraft: copyright vario-press

S. 88-91: Lebensbedingungen von Kindern in einer individualisierten Gesellschaft

Autorin: Dr. Karin Wiest, Institut für Länderkunde, Schongauerstr. 9, 04329 Leipzig

Kartographische Bearbeiter

Abb. 1, 2, 7, 8: CEntw.: K. Großer; Red.: K. Großer; Kart.: S. Dutzmann
Abb. 3, 6: CEntw.: K. Wiest; Red.: K. Großer; Kart.: S. Dutzmann
Abb. 4: CEntw.: U. Hein, C. Lambrecht; Red.: K. Großer; Kart.: S. Specht
Abb. 5: CEntw.: C. Lambrecht; Red.: K. Großer, W. Kraus, C. Lambrecht; Kart.: W. Kraus
Abb. 9: CEntw.: C. Lambrecht, K. Großer; Red.: K. Großer; Kart.: R. Bräuer, M. Zimmermann

Literatur

Bayer, H., R. Bauerreiss u. W. Bien: (1993 u. 1997): Familienatlas I u. II.
Deutsches Jugendinstitut (Hrsg.) (1998): Tageseinrichtungen für Kinder. Pluralisierung von Angeboten. Zahlenspiegel. München.
Nauck, B. u. H. Bertram (Hrsg.) (1995): Kinder in Deutschland. Lebensverhältnisse von Kindern im Regionalvergleich. Opladen (= Survey des DJI. Band 5).
Nauck, B. (1995): Sozialräumliche Differenzierung der Lebensverhältnisse von Kindern in Deutschland. In: Glatzer, W. u. H. H. Noll (Hrsg.): Getrennt vereint. Lebensverhältnisse in Deutschland seit der Wiedervereinigung, S. 164-202.
Nauck, B. u. C. Onnen-Isemann (Hrsg.) (1995): Familie im Brennpunkt von Wissenschaft und Forschung.
Otto, U. (Hrsg.) (1997): Aufwachsen in Armut. Erfahrungswelten und soziale Lage von Kindern armer Familien. Opladen.
Seewald, H. (1999): Ergebnisse der Sozialhilfe- und Asylbewerberleistungsstatistik 1997. In: Wirtschaft und Statistik 2/1999.
StBA (1998): Ausgaben und Einnahmen der öffentlichen Jugendhilfe 1996. FS 13, R. 6.4. Wiesbaden.
StBA (1996): Einrichtungen und tätige Personen der Jugendhilfe 1994. Wiesbaden.
StBA (1996) (Hrsg.): FS 13, R. 6.3.1.: Statistik der Jugendhilfe. Wiesbaden.

Quellen von Karten und Abbildungen

Abb. 1: Anteil der Kinder unter 15 Jahre 1970-1996: Eurostat. StBA. Statistisches Jahrbuch der DDR. Berlin.
Abb. 2: Anteil der Kinder unter 15 Jahre in der EU 1996: Eurostat.
Abb. 3: Entwicklung der Familienstrukturen 1957-1997: StBA (Hrsg.) (November 1998): FS 1, R 3: Bevölkerung und Erwerbstätigkeit. Wiesbaden.
Abb. 4: Verhältnis von Kindern zu Jugendlichen 1997: Regionaldatenbank Deutsches Jugendinstitut auf der Grundlage der Statistischen Ämter der Länder.
Abb. 5: Kinder bis 5 Jahre 1997: Deutsches Jugendinstitut 1998 auf der Grundlage des Ausländerzentralregisters.
Abb. 6: Ausländische Kinder nach Nationalitäten: Deutsches Jugendinstitut 1998 auf der Grundlage des Ausländerzentralregisters.
Abb. 7: Tageseinrichtungen für Kinder – Ausgaben 1996: StBA (Hrsg.): FS 13, R 6.4: Ausgaben und Einnahmen der öffentlichen Jugendhilfe. Wiesbaden.
Abb. 8: Kindergartenplätze und Betreuungszeiten 1994: StÄdBL.
Abb. 9: Versorgungsgrad mit Kindertageseinrichtungen 1994/1997: Regionaldatenbank des deutschen Jugendinstituts auf der Grundlage der StÄdBL.
StBA (Hrsg.) (1996): FS 13, R 6.3.1.: Einrichtungen und tätige Personen der Jugendhilfe 1994. Wiesbaden. Umfrage des deutschen Jugendinstituts bei den zuständigen Ministerien der Bundesländer, die teilweise einer Schätzung entspricht.

Bildnachweis

S. 90: Familienfreizeit: copyright vario-press

S. 92/93: Deutschland – eine alternde Gesellschaft

Autoren: Dipl.-Geogr. Christian Lambrecht und Dr. Sabine Tzschaschel, Institut für Länderkunde, Schongauerstr. 9, 04329 Leipzig

Kartographische Bearbeiter

Abb. 1, 3: CEntw.: C. Lambrecht; Red.: K. Großer, C. Lambrecht; Kart.: R. Richter
Abb. 2: Red.: K. Großer; Kart.: S. Dutzmann

Literatur

Billeter E. P. (1954): Eine Maßzahl zur Beurteilung der Altersverteilung einer Bevölkerung. In: Schweizerische Zeitschrift für Volkswirtschaft und Statistik 90, S. 496-505.
Bucher, H. (1996): Regionales Altern in Deutschland. In: Zeitschrift für Gerontologie und Geriatrie 29. Heft 1, S. 3-10.
Grünheid, E. u. U. Mammey (1997): Bericht 1997 über die demographische Lage in Deutschland. In: Zeitschrift für Bevölkerungswissenschaft 22. Heft 4, S. 377-480.
Heigl, A. (1998): Determinanten regionaler Altersstrukturdifferenzen in Bayern. Eine sozio-demographische Analyse. Frankfurt/M. (= Europäische Hochschulschriften. Reihe XXII. Band 310).
Heigl, A. u. R. Mai (1998): Demographische Alterung in den Regionen der EU. In: Zeitschrift für Bevölkerungswissenschaft 23. Heft 3, S. 293-317.
Kempe, W. (1998): Veränderungen in der Bevölkerungsstruktur Deutschlands bis 2040: Abnehmende Bevölkerungszahl bei wachsender Überalterung. In: Wirtschaft im Wandel. Heft 5, S. 3-8.
Lutz, W. u. S. Scherbov (1998): Probabilistische Bevölkerungsprognosen für Deutschland. In: Zeitschrift für Bevölkerungswissenschaft 23. Heft 2, S. 83-101.

Quellen von Karten und Abbildungen

Abb. 1: Alterung der Bevölkerung 1997: StBA.
Abb. 2: Prognose der Bevölkerungsentwicklung für 2010 und 2020: Institut für Wirtschafts- und Sozialforschung Halle, Dr. H. Bärwald. Ausgangsdaten Stat. Landesamt Sachsen.
Abb. 3: Prognose der Alterung der Bevölkerung für 2015: Berechnung der Indizes durch BBR – H. Bucher und C. Schlömer.

Bildnachweis

S. 92: Familie: copyright vario-press

S. 94-97: Ausländer – ein Teil der deutschen Gesellschaft

Autor: Frank Swiaczny, Geographisches Institut der Universität Mannheim, Schloss, 68131 Mannheim

Kartographische Bearbeiter

Abb. 1-11: CEntw.: U. Hein, F. Swiaczny; Red.: K. Großer; Kart.: R. Bräuer

Anmerkungen

Alle Daten im Text beziehen sich auf die entsprechenden Tabellen, Abbildungen und Karten sowie die dort nachgewiesenen Quellen.
Methodischer Hinweis: In der amtlichen Statistik werden alle Personen als Ausländer geführt, die nicht Deutsche im Sinne des Artikels 116 Absatz 1 des Grundgesetzes sind. Hierunter fallen jedoch nicht die Mitglieder der Stationierungsstreitkräfte sowie des diplomatischen und konsularischen Dienstes mit ihren Angehörigen.
Grundlage der Ausländerstatistik sind die Volkszählungen, die amtlichen Fortschreibungen des Bevölkerungsstandes und die Auswertungen des beim Bundesverwaltungsamt geführten Ausländerzentralregisters.
Als Folge der unterschiedlichen Erhebungsgrundlagen kann es zwischen diesen Quellen zu Abweichungen kommen. Wegen methodischer Probleme sind zahlreiche Informationen zur ausländischen Bevölkerung derzeit nicht oder nur unvollständig bzw. nicht auf Gemeinde- bzw. Kreisebene verfügbar. Die Vergleichbarkeit der statistischen Daten für das Gebiet der neuen Länder wird durch die nach der Vereinigung einsetzenden Territorial- und Gebietsstandsreformen stark beeinträchtigt (siehe Abb. 3).
Neben der amtlichen Statistik werden statistische Daten zur ausländischen Bevölkerung auch vom BBR für die

Raumordnungsregionen und vom Deutschen Städtetag für die kreisfreien Städte mit mehr als 20.000 Einwohnern veröffentlicht.

Ausländerrecht: Gesetz zur Reform des Staatsangehörigkeitsrechts vom 15.7.1999, veröffentlicht im Bundesgesetzblatt Teil I Nr. 38 vom 23.7.1999, S. 1618-1623; Datum des Inkrafttretens: 1.1.2000. Das Gesetz lässt in Zukunft zahlreiche Ausnahmen bei der Handhabung des Ausländerrechtes zu.

Literatur

Bade, K. J. (1994): Ausländer, Aussiedler, Asyl in der Bundesrepublik Deutschland. Aktuell Kontrovers 1994. 3. Auflage. Hannover.

Bade, K. J. (Hrsg.)(1993): Deutsche im Ausland – Fremde in Deutschland. Migration in Geschichte und Gegenwart. München (= Sonderauflage Bundes- und Landeszentralen für politische Bildung).

Bähr, J., C. Jentsch u. W. Kuls (1992): Bevölkerungsgeographie. Lehrbuch der allgemeinen Geographie. Band 9. Berlin, New York.

BBBA – Beauftragte der Bundesregierung für die Belange der Ausländer (Hrsg.) (1996): Die ausländischen Vertragsarbeitnehmer in der ehemaligen DDR. Darstellung und Dokumentation. Mitteilungen der Beauftragten der Bundesregierung für die Belange der Ausländer. Berlin.

Bundeszentrale für politische Bildung (Hrsg.) (1992): Ausländer. Bonn (= Informationen zur politischen Bildung. Heft 237).

Geographische Rundschau (1997): Themenheft Ausländer. Heft 7/8.

Schmalz-Jacobsen, C. u. G. Hansen (Hrsg.) (1997): Kleines Lexikon der ethnischen Minderheiten in Deutschland. Bonn.

StBA (Hrsg.) (1997a): Bevölkerung und Erwerbstätigkeit. Ausländische Bevölkerung. FS 1, R 2. Wiesbaden.

StBA (Hrsg.) (1997b): Strukturdaten über die ausländische Bevölkerung 1997. Wiesbaden.

Swiaczny, F. (1997): Ausländer in der Bundesrepublik Deutschland. In: IfL (Hrsg.) (1997): Atlas Bundesrepublik Deutschland. Pilotband. Leipzig, S. 44-45.

Zentrum für Türkeistudien (Hrsg.) (1994): Ausländer in der Bundesrepublik Deutschland. Ein Handbuch. Opladen.

Quellen von Karten und Abbildungen

Abb. 1: Ausländische Bevölkerung 1925 (Nationalitäten über 1% Bevölkerungsanteil): Eigene Bearbeitung nach StBA.

Abb. 2: Anwerbeverträge: Eigene Bearbeitung nach StBA.

Abb. 3: Ausländische Bevölkerung 1972-1997: Eigene Bearbeitung nach StBA.

Abb. 4: Ausländische Bevölkerung 1971-1997: Eigene Bearbeitung nach StBA.

Abb. 5: Anteil der Ausländer an den sozialversicherungspflichtig Beschäftigten 1960-1997: Eigene Bearbeitung nach BA. Nürnberg.

Abb. 6: Arbeitslose Ausländer 1968-1997: Eigene Bearbeitung nach BA. Nürnberg.

Abb. 7: Deutsche und Ausländer nach Altersgruppen 1997: Eigene Bearbeitung nach StBA.

Abb. 8: Aufenthaltsdauer der Ausländer 1993 und 1996: Eigene Bearbeitung nach StBA.

Abb. 9: Einbürgerungen 1991-1996: Eigene Bearbeitung nach StBA.

Abb. 10: Zuwanderung von Asylbewerbern 1980-1997: Eigene Bearbeitung nach StBA.

Abb. 11: Ausländische Bevölkerung in den Bundesländern 1971-1997: Eigene Bearbeitung nach StBA.

Bildnachweis

S. 94: Geschäfte in Mannheim: copyright F. Swiaczny,

S. 98-101: Armut und soziale Sicherung

Autorin: Dipl.-Geogr. Judith Miggelbrink, Institut für Länderkunde, Schongauerstr. 9, 04329 Leipzig

Kartographische Bearbeiter

Abb. 1, 2, 4, 5, 7: Red.: S. Dutzmann; Kart.: S. Dutzmann

Abb. 3: CEntw.: U. Hein; Red.: B. Hantzsch; Kart.: R. Bräuer

Abb. 6: Red.: B. Hantzsch; Kart.: M. Zimmermann

Abb. 8: Red.: B. Hantzsch; Kart.: S. Dutzmann

Literatur

Alisch, M. u. J. S. Dangschat (1998): Armut und soziale Integration. Strategien sozialer Stadtentwicklung und lokaler Nachhaltigkeit. Opladen.

Häussermann, H. (1998): Armut und städtische Gesellschaft. In: Geographische Rundschau 50. Heft 3, S. 136-138.

Hanesch, W. (1994): Armut in Deutschland. Der Armutsbericht des DGB und des Paritätischen Wohlfahrtsverbandes. Reinbek bei Hamburg.

Hübinger, W. (1996): Prekärer Wohlstand. Neue Befunde zu Armut und sozialer Ungleichheit. Freiburg i. Br.

Klagge, B. (1998): Armut in westdeutschen Städten. Ursachen und Hintergründe für die Disparitäten städtischer Armutsraten. In: Geographische Rundschau 50. Heft 3, S. 139-145.

Lutz, R. u. M. Zeng (Hrsg.) (1998): Armutsforschung und Sozialberichterstattung in den neuen Bundesländern. Opladen.

Neuhäuser, J. (1997): Sozialhilfe und Leistungen an Asylbewerber 1995. In: Wirtschaft und Statistik. Heft 5, S. 331-341.

Schmals, K. (1994): Wohnungsnot und Armut – Stadtpolitik in der Modernisierungsfalle. In: Brecker, I. u. I. Kerscher (Hrsg.): Armut und Wohnungsnot. Münster, S. 27-48.

Seewald, H. (1999): Ergebnisse der Sozialhilfe- und Asylbewerberleistungsstatistik 1997. In: Wirtschaft und Statistik. Heft 2, S. 96-110.

Zimmermann, G. E. (1998): Armut. In: Schäfers, B. u. W. Zapf (Hrsg.): Handwörterbuch der Gesellschaft Deutschlands. Bonn, S. 34-49.

Quellen von Karten und Abbildungen

Abb. 1: Ausgabenentwicklung der Sozialhilfe 1964-1997:

Neuhäuser, J. (1997); StBA (Hrsg.) (1998): Statistisches Jahrbuch der BRD 1998. Wiesbaden. und Seewald, H. (1999)

Abb. 2: Hauptursachen der Hilfegewährung 1997: Seewald, H. (1999)

Abb. 3: Öffentliche Sozialleistungen 1997: StÄdBL

Abb. 4: Sozialhilfequoten nach Altersgruppen: Seewald, H. (1999)

Abb. 5: Sozialhilfeempfänger nach Haushaltstypen: Seewald, H. (1999)

Abb. 6: Sozialhilfe nach Bundesländern 1997: Seewald, H. (1999)

Abb. 7: Empfänger von Sozialhilfe und Wohngeld in Berlin 1997: Statistisches Landesamt Berlin (Hrsg.) (1998): Statistisches Jahrbuch 1998. Berlin.

Abb. 8: Sozialleistungen 1995: StBA (Hrsg.): Statistisches Jahrbuch des Auslands 1997 und 1998. Wiesbaden.

S. 102-105: Kirche und Glaubensgemeinschaften

Autor: Prof. Dr. Reinhard Henkel, Geographisches Institut der Ruprecht-Karls-Universität Heidelberg, Im Neuenheimer Feld 348, 69120 Heidelberg

Kartographische Bearbeiter

Abb. 1: CEntw.: K. Großer; Red.: K. Großer; Kart., R. Richter, S. Specht

Abb. 2: CEntw: D. Becker, C. Brückner, Red.: K. Großer, S. Specht; Kart.: S. Specht

Abb. 3-7: CEntw.: D. Becker, C. Brückner; Red.: K. Großer; Kart.: S. Specht

Bildnachweis

S. 102: Moschee in Mannheim: copyright F. Swiaczny

Literatur

Boyer, J.-C. (1996): La frontière entre protestantisme et catholicisme en Europe. Annales de Géographie. n 588, pp.119-140.

Henkel, R. (1988): Zur räumlichen Konfessionsverteilung und zu den regionalen Unterschieden der Kirchlichkeit in der Bundesrepublik Deutschland. In: Kreisel, W.: Geisteshaltung und Umwelt. Aachen: Alano/edition herodot (= Abhandlungen zur Geschichte der Geowissenschaften und Religion/Umwelt-Forschung. Band 1), S. 285 -306.

Henkel, R. (Monographie in Vorbereitung): Die religiöse Landschaft in Deutschland. Eine Religionsgeographie der Bundesrepublik Deutschland.

Jordan, T. (1995): A Geography of Secularization in Modern Europe. Geography of Religions u. Belief Systems (GORABS) (Newsletter of the GORABS Specialty Group of the Assoc. of American Geographers 17/1).

Klöcker, M. u. U. Tworuschka (Hrsg.) (1997 f.): Handbuch der Religionen: Kirchen und andere Glaubensgemeinschaften in Deutschland. Landsberg am Lech.

Leiser, W. (1979): Die Regionalgliederung der evangelischen Landeskirchen in der Bundesrepublik Deutschland. Hannover (= ARL Beiträge. Band 24).

Schmidtchen, G. (1973): Protestanten und Katholiken. Bern, München.

Schöller, P. (1986): Konfessionen und Territorialentwicklung. In: Westfälische Geographische Studien 42, S. 61-86.

Quellen von Karten und Abbildungen

Abb.1: Mitgliederentwicklung der Kirchen und Religionsgemeinschaften 1980-1995: Volkszählungen des Deutschen Reiches 1880, 1890, 1910, 1925 und 1933. Volkszählungen der Bundesrepublik Deutschland 1950, 1961, 1970 und 1987. Volkszählungen der DDR 1950 und 1964.

Abb. 2: Großkonfessionen und religiöse Minderheiten 1987: Für die alten Länder und Westberlin: Volkszählung 1987. Für die neuen Länder: Volkszählung 1964, da hier zum letzten Mal die Religionszugehörigkeit erfragt wurde. Die Daten wurden aufgrund des allgemeinen Trends der Entkirchlichung in der DDR (vgl. Pollack 1994) und unter Berücksichtigung der von den Kirchen angegebenen Daten für die Landeskirchen bzw. Diözesen (Statistisches Jahrbuch der DDR 1990, S. 451) hochgerechnet auf 1987.

Abb. 3: Die religiösen Minderheiten in Deutschland: StBA.

Abb. 4: Evangelische Kirche in Deutschland: EKD Hannover (Hrsg). Karte der evangelischen Landeskirchen 1995. StBA (Hrsg.) (1998): Statistisches Jahrbuch der Bundesrepublik Deutschland 1998. Wiesbaden, S. 96.

Abb. 5: Römisch-katholische Kirche in Deutschland: Sekretariat der Deutschen Bischofskonferenz (Hrsg.): Bistumskarte der Katholischen Kirche in Deutschland 1995. StBA (Hrsg.) (1998): Statistisches Jahrbuch der Bundesrepublik Deutschland 1998. Wiesbaden, S. 97.

Abb. 6: Moslems 1987: Eigene Berechnung nach: Angaben der Kirchenkanzlei der Evangelisch-methodistischen Kirche, Frankfurt/M. und des StBA.

Abb. 7: Religionszugehörigkeiten in Europa: Brittanica Book of the Year 1998 (1998): Encyclopedia Britannica. Chicago. pp. 775-777. Eigene Schätzungen.

S. 106/107: Freizeitland Deutschland

Autoren: Dipl.-Geogr. Christian Langhagen-Rohrbach Prof. Dr. Klaus Wolf, Institut für Kulturgeographie, Stadt- und Regionalforschung der Johann Wolfgang Goethe-Universität Frankfurt/M., Senckenberganlage 36, 60325 Frankfurt/M.

Kartographische Bearbeiter

Abb. 1-4: Red.: K. Großer; Kart.: E. Alban, Frankfurt

Literatur

Agricola, S. (1997): Freizeit professionell. Handbuch für Freizeitmanagement und Freizeitplanung. Erkrath.

BAT Freizeit-Forschungsinstitut (1999): Freizeitaktivitäten 1998. Eine Repräsentativbefragung vom Freizeit-Forschungsinstitut der British American Tobacco. Mit einem Kommentar von Prof. Dr. H. W. Opaschowski. Hamburg.

BAT Freizeit-Forschungsinstitut (1990): Herausforderung Freizeit. Perspektiven für die 90er Jahre. Hamburg (= Schriftenreihe des BAT Freizeit-Forschungsinstituts. Band 10).

Bundesministerium für Familie und Soziales (1993): Vereinswesen in Deutschland. Bonn (= Schriftenreihe des Bundesministeriums für Familie und Soziales. Band 18).

Deutsche Gesellschaft für Freizeit (1998): Freizeit in Deutschland 98. Aktuelle Daten und Grundinformationen, DGF-Jahrbuch. Erkrath.

FAZ (1999): Schon 20% aller Deutschen nutzen das Internet. Frauen holen auf – Online-Dienste AOL und Compuserve fallen zurück – Yahoo baut Stellung als Suchhilfe aus. – 19.08.1999. Nr. 191, S. 25.

Heinze, G. W. u. H. H. Kill (1997): Freizeit und Mobilität. Neue Lösungen im Freizeitverkehr. Hannover.

Klug, S. (1995): Mehr als nur freie Zeit. Basteln, Tüfteln und Kreativität. Geschichte und Geschichten. Stuttgart.

Köck, C. (1990): Sehnsucht Abenteuer. Berlin.

Opaschowskie, H. (1974): Freizeitpädagogik in der Industriegesellschaft. In: Arbeitsmedizin, Sozialmedizin, Präventivmedizin. 9. Jahrgang. Heft 2. München.

Opaschowskie, H. (1990): Herausforderung Freizeit. Perspektiven für die 90er Jahre. Hamburg (= Schriftenreihe der Freizeitforschung. Band 10).

Opaschowskie, H. (1995): Freizeitökonomie – Marketing von Erlebniswelten. Opladen (= Freizeit- und Tourismusstudien. Band 5).

Opaschowskie, H. (1997): Deutschland 2010. Wie wir morgen leben – Voraussagen der Wissenschaft zur Zukunft unserer Gesellschaft. Hamburg.

Werner, A. (1975): Freizeit in der Bundesrepublik Deutschland. Freizeitverhalten, Freizeitplanung, Freizeittheorien. Wiesbaden (= Schriftenreihe der Hessischen Landeszentrale für politische Bildung Nr. 15).

Wolf, K. u. C. Scholz (1999): Neue Zeitverwendungsstrukturen und ihre Konsequenzen für die Raumordnung. Hannover (= Forschungs- und Sitzungsberichte ARL. Band 209).

Quellen von Karten und Abbildungen

Abb. 1: Lebenserwartung und Zeitverwendung: Eigene Zusammenstellung.

Abb. 2: Anteil regelmäßiger Freizeitaktivitäten: BAT 1999.

Abb. 3: Entwicklung der Wochenfreizeit seit 1850: Agricola, S. (1997): Freizeit professionell. Handbuch für Freizeitmanagement und Freizeitplanung. Erkrath, S. 5.

Opaschowskie, H. (1997), S.34. Werner, A. (1975), S. 134.

Abb. 4: Ausgewählte Freizeiteinrichtungen: European Waterpark Association. Verband Deutscher Freizeitunternehmen (Hrsg.) (1998): Freizeit und Erlebnisparks.

Bildnachweis

S. 106: Fahrradausflug: copyright vario-press

S. 108-111: Politische Parteien in der Bundesrepublik Deutschland

Autoren: Dipl.-Geogr. Dirk Ducar u. Prof. Dr. Günter Heinritz, Geographisches Institut der TU München, Arcisstr. 21, 80290 München

Kartographische Bearbeiter

Abb. 1: CEntw.: D. Ducar; Red.: K. Großer;

Kart.: S. Dutzmann
Abb. 2: CEntw.: C. Lambrecht; Red.: K. Großer, W. Kraus; Kart.: W. Kraus
Abb. 3: CEntw.: C. Lambrecht; Red.: W. Kraus; Kart.: W. Kraus
Abb. 4-8: CEntw.: D. Ducar, C. Lambrecht; Red.: W. Kraus; Kart.: W. Kraus

Literatur

Oberndörfer, D. u. K. Schmitt (Hrsg.) (1991): Parteien und regionale politische Traditionen in der BRD. Berlin (= Ordo Politicus. Band 28).
Niedermayer, O. u. R. Stöss (Hrsg.) (1994): Parteien und Wähler im Umbruch. Opladen.
Neugebauer u. R. Stöss (1996): Die PDS. Opladen, S. 146-155.
Gabriel, O. W., O. Niedermayer u. R. Stöss (Hrsg.): Parteiendemokratie in Deutschland. Bundeszentrale für politische Bildung. Schriftenreihe. Band 338.

Quellen von Karten und Abbildungen

Abb. 1: Parteimitglieder je 1000 Ew. seit 1968: Auskünfte der Parteien.
Abb. 2: Mitgliederhochburgen der Parteien 1998:Auskünfte der Parteien.
Abb. 3: Parteimitglieder 1998: Auskünfte der Parteien.
Abb. 4: CDU/CSU 1998: Auskünfte der CDU/CSU.
Abb. 5: SPD 1998: Auskünfte der SPD.
Abb. 6: PDS 1998: Auskünfte der PDS.
Abb. 7: Grüne 1998: Auskünfte der Grünen.
Abb. 8: FDP 1998: Auskünfte der FDP.

S. 112/113: Erwerbsarbeit – ein Kennzeichen moderner Gesellschaften

Autor: Prof. Dr. Heinz Faßmann, Geographisches Institut der TU München, Arcisstr. 21, 80290 München

Kartographische Bearbeiter

Abb. 1: Red.: K. Großer; Kart.: S. Dutzmann
Abb. 2: CEntw.: C. Lambrecht; Red.: C. Lambrecht; Kart.: E. Losang

Quellen von Karten und Abbildungen

Abb. 1: Entwicklung der Arbeitslosen und Erwerbstätigen: StBA (Hrsg.) (1998): Statistisches Jahrbuch für die Bundesrepublik Deutschland 1998. Wiesbaden.
Abb. 2: Beschäftigte 1998: BBR (Hrsg.): Aktuelle Daten zur Entwicklung der Städte, Kreise und Gemeinden 1998.

Bildnachweis

S. 112: Büroarbeit: copyright vario-press

S. 114/115: Arbeitslosigkeit – eine gesellschaftliche Herausforderung

Autoren: Dipl.-Verw.-Wiss. Andreas Schulz u. Prof. Alfons Schmid, Institut für Polytechnik/Arbeitslehre der Johann Wolfgang Goethe-Universität Frankfurt/Main, Robert-Mayer-Str. 1, 60325 Frankfurt/M.

Kartographische Bearbeiter

Abb. 1-3: Red.: K. Großer; Kart.: R. Bräuer
Abb. 4: CEntw.: C. Lambrecht, Kart.: R. Bräuer

Literatur

Franz, W. (1996): Arbeitsmarktökonomik. 3. überarbeitete Auflage. Berlin u.a.
Friedrich, H. u. M. Wiedemeyer (1998): Arbeitslosigkeit – ein Dauerproblem. Dimensionen, Ursachen, Strategien. Ein problemorientierter Lehrtext. 3. überarbeitete Auflage. Opladen.
Fuchs, J. u.a. (1998): Arbeitsmarkperspektiven bis 2010. Trübe Aussichten signalisieren hohen Handlungsbedarf. Erste Modellrechnungen des IAB mit Schwerpunkt Ostdeutschland. In: IAB-Werkstatt, Nr. 12, 29.10.1998. Nürnberg.
Gass, G. u.a. (1997): Strategien gegen Langzeitarbeitslosigkeit. Strukturen, Ursachen, Maßnahmen. Berlin.
Sachverständigenrat zur Begutachtung der gesamtwirtschaftlichen Entwicklung 1998: Jahresgutachten 1998/99.

Quellen von Karten und Abbildungen

Abb. 1: Arbeitslosigkeit 1953-1999: BA. Nürnberg.
1953-1993: Friedrich u. Wiedemeyer 1998, S. 26f.
1994-1999: Sachverständigenrat zur Begutachtung der gesamtwirtschaftlichen Entwicklung 1998. Jahresgutachten 1998/99 vorl.
Abb. 2: Entlastungswirkung aktiver Arbeitsmarktpolitik: Friedrich u. Wiedemeyer 1998, S. 317.
Abb. 3: Langzeitarbeitslosigkeit 1980-1998: Gass, G. u.a. (1997): Strategien gegen Langzeitarbeitslosigkeit. Strukturen, Ursachen, Maßnahmen. Berlin, S. 19. BA. Nürnberg.
Abb. 4: Arbeitslosigkeit 1998 und Veränderung der Langzeitarbeitslosigkeit 1996-98: BA. Nürnberg.

Bildnachweis

S. 114: Im Arbeitsamt: copyright vario-press

S. 116/117: Gewerkschaften – Organisation der Arbeitswelt

Autoren: Dipl.-Verw.-Wiss. Andreas Schulz u. Prof. Alfons Schmid, Institut für Polytechnik/Arbeitslehre der Johann Wolfgang Goethe-Universität Frankfurt/M., Robert-Mayer-Str. 1, 60325 Frankfurt/M.

Kartographische Bearbeiter

Abb. 1-5: CEntw.: U. Hein; Red.: K. Großer; Kart.: R. Bräuer

Anmerkungen

Die Aussagen zur Mitgliederentwicklung der IG-Metall beziehen sich nur auf 6 Tarifbezirke, da uns für den Tarifbezirk Brandenburg-Sachsen keine Daten vorliegen. Aufgrund der massiven Mitgliederverluste zwischen 1995 und 1997 kann man aber auch einen dramatischen Einbruch in dem gewerkschaftlichen Organisationsgrad in den ostdeutschen Regionen der IG-Metall vermuten.

Literatur

Himmelmann, G. (1995): Tarifautonomie. In: Andersen, U. u. W. Woyke (Hrsg.): Handwörterbuch des politischen Systems der Bundesrepublik Deutschland. 2. Auflage. Opladen, S. 573-575.
Keller, B. (1997): Einführung in die Arbeitsmethodik. Arbeitsbeziehungen und Arbeitsmarkt in sozialwissenschaftlicher Perspektive. 5. Auflage. München, Wien.
Wiesenthal, H. (1998): Interessenorganisation. In: Schäfers, B. u. W. Zapf (Hrsg.): Handwörterbuch der Gesellschaft Deutschlands. Opladen, S. 325-339.

Quellen von Karten und Abbildungen

Abb. 1: Organisationsgrad der Gewerkschaften in ausgewählten Ländern 1989: Keller, B. (1997): Einführung in die Arbeitsmethodik. Arbeitsbeziehungen und Arbeitsmarkt in sozialwissenschaftlicher Perspektive. 5. Auflage. München, Wien, S. 40.
Abb. 2: Mitglieder in den einzelnen Gewerkschaften des DGB 1995-1998: DGB.
Abb. 3: Mitliederzahl und –entwicklung des DGB 1995-1998: DGB.
Abb. 4: Mitgliederzahl und –entwicklung der ÖTV 1995-1998: ÖTV.
Abb. 5: Mitgliederzahl und Entwicklung der IG Metall 1995-1997: Eigene Berechnungen. IG Metall.

S. 118-121: Die deutsche Energiewirtschaft

Autoren: Prof. Dr. Hans-Dieter Haas u. Dipl.-Geogr. Jochen Scharrer, Institut für Wirtschaftsgeographie der Ludwig-Maximilians-Universität München, Ludwigstr. 28, 80539 München

Kartographische Bearbeiter

Abb. 2, 8, 9: CEntw.: J. Scharrer; Kart.: F. Eder u. B. Hantzsch
Abb. 4 u. 5: CEntw.: H.-D. Haas, J. Scharrer; Kart.: H. Sladkowskie u. B. Hantzsch
Abb. 6: CEntw.: J. Scharrer; Kart.: H. Sladkowskie u. B. Hantzsch

Literatur

Bundesanstalt für Geowissenschaften und Rohstoffe (Hrsg.) (1995): Reserven, Ressourcen und Verfügbarkeit von Energierohstoffen 1995. Hannover.
Bundesministerium für Wirtschaft (Hrsg.) (1998): Energiedaten 97/98. Nationale und internationale Entwicklung. Bonn.
Deutsche Verbundgesellschaft (Hrsg.) (1998): Verbundwirtschaft in Deutschland. Heidelberg.
Haas, H.-D. u. J. Scharrer (1998): Bergbau, Bodenschätze und Energie. In: E. Kulke (Hrsg.): Wirtschaftsgeographie Deutschlands. Gotha, Stuttgart, S. 65-86.
Heinloth, K. (1997): Die Energiefrage: Bedarf und Potenziale, Nutzung, Risiken und Kosten. Braunschweig, Wiesbaden.
Jochem, E. u. E. Tönsing (1998): Die Auswirkungen der Liberalisierung der Strom- und Gasversorgung auf die rationelle Energieverwendung in Deutschland. In: UmweltWirtschaftsForum. Heft 3, S. 8-11.
Jochem, E. u. E. Tönsing (1998): Die Deutsche Steinkohle geht an den Start. Süddeutsche Zeitung vom 28. September 1998, S. 24.
PreussenElektra (Hrsg.) (1997): Erneuerbare Energien – Status und Perspektiven. Strom Fachbericht 11. Hannover.
Schiffer, H.-W. (1998): Deutscher Energiemarkt '97. Energiewirtschaftliche Tagesfragen. Heft 3, S. 179-193.
Verlags- und Wirtschaftsgesellschaft der Elektrizitätswerke (Hrsg.) (1998): Die Elektrizitätswirtschaft in der Bundesrepublik Deutschland im Jahre 1996. Statistischer Bericht des Referates Elektrizitätswirtschaft im Bundesministerium für Wirtschaft 48. Bericht. Frankfurt/M.

Quellen von Karten und Abbildungen

Abb. 1: Tab. Primärenergieverbrauch in Deutschland nach Energieträgern 1989-1997. Nach Schiffer, H.-W. (1998): Deutscher Energiemarkt '97. Energiewirtschaftliche Tagesfragen. Heft 3, S. 179-193
Abb. 2: Energie-Rohstofflieferanten für Deutschland 1997: nach Schiffer.
Abb. 4: Kohlenreviere und Kraftwerkstypen.
Abb. 5: Verbundunternehmen und Verbundnetz 1998: Deutsche Verbundgesellschaft e.V. 1998.
Abb. 6: Entwicklung der CO_2-Emissionen: BMWi 1998.
Abb. 8: Entwicklung der Energiepreise: nach Schiffer, H.-W. (1998)
Abb. 9: Stromerzeugung und -verbrauch 1996: Verlags- und Wirtschaftsgesellschaft der Elektrizitätswerke 1998.

Bildnachweis

S. 119: Braunkohlekraftwerk: copyright VEAG AG Berlin
S. 120: Photovoltaikanlage, neue Messe München: copyright Bayernwerk AG München

S. 122/123: Der Immobilienmarkt als Wirtschaftsfaktor

Autor: Dipl.-Ing. Hans-Wolfgang Schaar, Gutachterausschuss für Grundstückswerte in der Stadt Essen, Lindenallee 10, 45127 Essen, Vorsitzender des Arbeitskreises Wertermittlung im Deutschen Städtetag.

Kartographische Bearbeiter

Abb. 1-4: Red.: B. Hantzsch; Kart.: S. Dutzmann
Abb. 5: CEntw.: U. Hein; Red.: B. Hantzsch; Kart.: S. Dutzmann

Literatur

Bartholmai, B. u. S. Bach (1998): Immobilienvermögen privater Haushalte in Deutschland 1995. Gutachten im Auftrag des Statistischen Bundesamts.
Bundesministerium für Raumordnung, Bauwesen und Städtebau (Hrsg.): Baulandbericht 1993.
Schaar, H.-W. (1993): Die Grundstücksmarktentwicklung in Essen 1980 bis 1991 sowie Marktuntersuchungen im Auftrag des Deutschen Städtetags. Regionalexpertise zum Baulandbericht 1993 (unveröffentlicht).

Quellen von Karten und Abbildungen

Abb. 1: Preisentwicklung von Wohnbaugrundstücken1963-1997 in den alten Ländern: Mitteilungen der Gutachterausschüsse für Grundstückswerte in den angegebenen Städten sowie eigene Auswertungen. In wenigen Fällen wurden die dargestellten Daten vom Autor aus Spannenangaben ermittelt bzw. sachverständig geschätzt.
Abb. 2: Preisentwicklung von Wohnbaugrundstücken 1993-1997 in den neuen Ländern: wie Abb. 1
Abb. 3: Grundstücksmarkt nach Teilmärkten: Mitteilungen der Gutachterausschüsse für Grundstückswerte in den angegebenen Städten sowie eigene Auswertungen.
Abb. 4: Preisentwicklung bebauter Immobilien in westdeutschen Großstädten 1985-1997: wie Abb. 1
Abb. 5: Immobilien- und Bodenpreise ausgewählter Städte 1997: Mitteilungen der Gutachterausschüsse für Grundstückswerte in den angegebenen Städten sowie eigene Auswertungen.

Bildnachweis

S. 122: Neubauten: copyright H.-W. Schaar

S. 124-127: Regionale Differenzierung der Wirtschaftskraft

Autoren: Dr. Martin Heß u. Dipl.-Geogr. Jochen Scharrer, Institut für Wirtschaftsgeographie der Ludwig-Maximilians-Universität München, Ludwigstr. 28, 80539 München

Kartographische Bearbeiter

Abb. 1: CEntw.: U. Hein; Red.: B. Hantzsch; Kart.: R. Richter
Abb. 2-4: CEntw.: M. Heß, J. Scharrer; Red.: B. Hantzsch; Kart.: R. Richter
Abb. 5: Red.: B. Hantzsch; Kart.: B. Hantzsch, R. Richter

Literatur

Brockfeld, H. u. M. Hess (1994): Die Wirtschaftsstruktur Bayerns – eine multivariate Typisierung. In: Mitteilungen der Geographischen Gesellschaft in München. Band 79, S. 211-230.
Ellger, C. (1995): Hauptverwaltungsstandorte der Großunternehmen . In: Institut für Länderkunde (Hrsg.): Nationalatlas der Bundesrepublik Deutschland. Pilotband. Leipzig, S. 74-75.
Gans, P. (1992): Regionale Disparitäten in der EG. In: Geographische Rundschau. 44. Jahrgang. Heft 12, S. 691-698.
Nolte, D., R. Sitte u.a. (Hrsg.) (1995): Wirtschaftliche und soziale Einheit Deutschlands: eine Bilanz. Köln.
Schätzl, L. u. I. Liefner (1998): Regionale Disparitäten und Raumgestaltung. In: Kulke, E. (Hrsg.): Wirtschaftsgeographie Deutschlands. Gotha, Stuttgart, S. 267-306.

Quellen von Karten und Abbildungen

Abb. 1: Hauptsitze der 500 größten Unternehmen 1997: Schmacke, E. (1998): Die großen 500 im Überblick. Berlin. Entwurf nach: Ellger, C. u. F. Spiekermann (1995): Hauptverwaltungsstandorte der Großunternehmen. In: IfL (Hrsg.): Nationalatlas der Bundesrepublik Deutschland. Pilotband. Leipzig, S. 74-75.
Abb. 2: Zentrum-Peripherie-Muster der Wirtschaftskraft: StÄdBL.
Abb. 3: Kaufkraft in Deutschland 1998: Macrom Marketingforschung & Consult GmbH, München.
Abb. 4: Staatliche Leistungen für Ostdeutschland: StÄdBL.
Abb. 5: Bruttoinlandsprodukt 1996: Eurostat.

Bildnachweis

S. 125: München, Maximilianstraße: copyright B. Geiges/Fremdenverkehrsamt der Landeshauptstadt München
S. 127: Frankfurt: copyright Presseamt Frankfurt/M.

S. 128/129: Ein Netzwerk der Wirtschaft für die Wirtschaft

Autorin: Dr. Irmgard Stippler, Deutscher Industrie- und Handelstag, Breite Straße 29, 10178 Berlin; www.diht.de

Kartographische Bearbeiter

Abb. 1: Borleis&Weis, Leipzig

Abb. 2-3: Red.: K. Großer, W. Kraus; Kart.: W. Kraus

Quellen von Karten und Abbildungen

Abb. 1: Entwicklung der Arbeitslosen und Erwerbstätigen: Deutscher Industrie- und Handelstag, Bonn

Abb. 2: IHK-Mitglieder nach Branchen: Deutscher Industrie- und Handelstag, Bonn.

Abb. 3: Industrie- und Handelskammer-Bezirke 1995: Deutscher Industrie- und Handelstag, Bonn.

S. 130/131: Institutionen der deutschen Außenpolitik

Autoren: Prof. Dr. Günter Heinritz, Geographisches Institut der TU München, Arcisstr. 21, 80290 München; Dr. Karin Wiest, Institut für Länderkunde, Schongauerstr. 9, 04329 Leipzig

Kartographische Bearbeiter

Abb. 1-3: Red.: K. Großer, S. Specht; Kart.: A. Specht

Literatur

Auswärtiges Amt, Abteilung für auswärtige Kulturpolitik (1997): Auswärtige Kulturpolitik 1993-1996.

Bundesanzeiger: Vertretungen der Bundesrepublik Deutschland im Ausland. Stand: Dezember 1998.

Bundesanzeiger: Konsularische Vertretungen in der Bundesrepublik Deutschland. Ausgabe 1998, Stand Oktober 1998.

Das auswärtige Amt stellt sich vor: Dienst am Bürger. Weltweit.

Fischer Weltalmanach 1999 (1999). Frankfurt/M.

Fischer Chronik Deutschland 1949-1999 (1999). Frankfurt/M.

Goetheinstitut e. V. (1998): Jahrbuch 1997/1998.

Hoffmann, H. (1998): Von den neuen Schwierigkeiten für die deutsche Kulturpolitik im Ausland. In: Sauberzweig, D., B. Wagner u. T. Röbke (Hrsg.): Kultur als intellektuelle Praxis. Texte zur Kulturpolitik 13. Bonn.

Hoffmann, H. (1996): Kulturdialog für das 21. Jahrhundert. Die Arbeit der Goetheinstitute im Ausland: Erfahrungen und Herausforderungen. In: ApuZ, 4. Oktober 1996, B 41, S. 20-27.

Satorius, J. (1996) (Hrsg.): In dieser Armut – welche Fülle! Reflexionen über 25 Jahre auswärtige Kulturarbeit des Goethe-Instituts. Göttingen.

Quellen von Karten und Abbildungen

Abb. 1: Deutsche Auslandsvertretungen und Kulturinstitute in Europa 1998/1999: Auswärtiges Amt (1997); Bundesanzeiger Oktober 1998.

Abb. 2: Deutsche Auslandsvertretungen in der Welt: Bundesanzeiger Dezember 1998.

Abb. 3: Deutsche Auslandsvertretungen und Kulturinstitute außerhalb Europas 1998: Auswärtiges Amt (1997); Bundesanzeiger Oktober 1998.

Abb. 4: Deutsche Auslansvertretungen in der Welt nach dem Zeitraum ihrer Eröffnung: Bundesanzeiger Oktober 1998.

S. 132/133: Grenzüberschreitende Kooperationsräume und EU-Fördergebiete

Autor: Oberstudiendirektor Dr. Klaus Kremb M. A., Wilhelm-Erb-Gymnasium, Gymnasiumstr.15, 67722 Winnweiler

Kartographische Bearbeiter

Abb. 1, 3: Red.: B. Hantzsch; Kart.: B. Hantzsch

Abb. 2: Red.: B. Hantzsch; Kart.: S. Dutzmann

Abb. 4: Red.: B. Hantzsch; Kart.: M. Zimmermann

Literatur

Eltgers, M. (1998): Agenda 2000, Was bedeuten die strukturpolitischen Vorschläge für die Bundesrepublik Deutschland. In: Informationen zur Raumentwicklung 9, S.567-578.

Europäische Kommission (Hrsg.) (1997): Agenda 2000, Eine stärkere und erweiterte Union (= Bulletin der Europäischen Union. Beilage 5/97).

Europäische Kommission (Hrsg.) (1998): Vorschläge zur Verordnung der Strukturfonds 2000-2006. Eine vergleichende Analyse. Luxembourg.

Flückiger, V. (Hrsg.) (1998): Euregio kontrovers. Der Bodenseeraum. Ein Standort im Spannungsfeld der Interessen. St. Gallen (= FWR-Publikationen 32).

Grimm, F.-D. (1996): Diskrepanzen und Verbundenheiten zwischen den deutschen, polnischen und tschechischen Grenzregionen an der Lausitzer Neiße (Euroregion Neiße). In: Europa Regional 4. Heft 1, S. 1-14.

Grosser, K. u.a. (1996): Eine Kartenserie zur Euro-Neiße-Region. In: Europa regional 4. Heft 1, S.15-23.

Institut für Wirtschafts- und Sozialgeographie der Universität Frankfurt/M. (Hrsg.) (1995): Neue grenzüberschreitende Regionen im östlichen Mitteleuropa. Frankfurt/M. (= Frankfurter Wirtschafts- und Sozialgeographische Schriften 67).

Miosga, M. (1999): Europäische Regionalpolitik in Grenzregionen. Die Umsetzung der INTERREG-Initiative am Beispiel des nordrhein-westfälisch-niederländischen Grenzraumes. München (= Münchener Geographische Hefte 79).

Schulz, C. (1997): Saar-Lor-Lux, Die Bedeutung der lokalen grenzüberschreitenden Kooperation für den europäischen Integrationsprozess. In: Europa Regional 5. Heft 2, S.35-43.

Student, T. (1998): Regionale Zusammenarbeit zwischen Ems und Dollart. Die Euroregion EDR. In: Europa Regional 6. Heft 4, S.12-22.

Quellen von Karten und Abbildungen

Abb. 1: Grenzüberschreitende Kooperationsräume: ARL. Hannover. Geschäfts- bzw. Koordinationsstellen der einzelnen Kooperationsräume. LRB des BBR.

Abb. 2: Bevölkerung und Fläche der Kooperationsräume: Geschäfts- bzw. Koordinationsstellen der einzelnen Kooperationsräume.

Abb. 3: Förderprogramme der Europäischen Union 1998: Europäische Kommission, Vertretung in der Bundesrepublik Deutschland, Bonn. LRB des BBR.

Abb. 4: Deutsche Fördergebiete der Europäischen Union 1998: ARL. Hannover. LRB des BBR.

Bildnachweis

S. 132: Verlassene Grenzstation in Lauterbach: copyright K. Kremb, Winnweiler

S. 134-137: Struktur und Entwicklung der deutschen Außenwirtschaft

Autoren: Prof. Dr. Hans-Dieter Haas u. Dr. Martin Heß, Institut für Wirtschaftsgeographie der Ludwig-Maximilians-Universität München, Ludwigstr. 28, 80539 München

Kartographische Bearbeiter

Abb. 1: Red.: B. Hantzsch; Kart.: R. Richter

Abb. 2: Red.: B. Hantzsch; Kart.: M. Zimmermann

Abb. 3: Red.: B. Hantzsch; Kart.: R. Bräuer

Abb. 4: CEntw.: M. Heß; Red.: K. Großer, B. Hantzsch; Kart.: F. Eder, B. Hantzsch, M. Zimmermann

Abb. 6: CEntw.: T. Werneck; Red.: K. Großer B. Hantzsch; Kart.: F. Eder, M. Zimmermann

Literatur

Bode, V. u. J. Burdack (1997): Messen und ihre regionalwirtschaftliche Bedeutung. In: IfL (Hrsg.): Atlas Bundesrepublik Deutschland. Pilotband. Leipzig, S. 70-73.

Derks, G. u.a. (1996): Direktinvestitionen weltweit auf Rekordhöhe: Sind Arbeitsplätze in Deutschland bedroht, gewinnt die Dritte Welt? In: ifo-Schnelldienst Nr. 30/1996, S. 24-31.

Haas, H.-D., M. Hess u. T. Werneck (1995): Die Bedeutung der Direktinvestitionstätigkeit für den Wirtschaftsraum Bayern. München (= Wirtschaftsraum – Ressourcen – Umwelt.. Heft 5).

Haas, H.-D., M. Hess u. T. Werneck (1997): Die Internationalisierung der bayerischen Wirtschaft im Spiegel der Direktinvestitionen. In: Akademie für Landeskunde und Raumordnung (Hrsg.): Sicherung des Wirtschaftsstandortes Bayern durch Landesentwicklung. Hannover (= ARL Arbeitsmaterial Nr. 237), S. 80-89.

Haas, H.-D. u. T. Werneck (Hrsg.) (1998): Ausgewählte Beiträge zur Direktinvestitionsforschung. München (= Wirtschaftsraum – Ressourcen – Umwelt, Heft 13).

Haas, H.-D. u. T. Werneck (1998b): Internationalisierung der bayerischen Wirtschaft.. In: Geographische Rundschau. Heft 9, S. 515-521.

Hess, M. (1998): Globalisierung, industrieller Wandel und Standortstruktur. Das Beispiel der EU- Schienenfahrzeugindustrie. München (= Wirtschaft und Raum. Band 2).

Kuhn, A. (1998): Deutscher Außenhandel 1997 mit Rekordergebnis. In: Wirtschaft und Statistik. Heft 5, S. 398-406.

Ziegler, R. (1987): Entwicklung des Messewesens. Internationales Messewesen, Entwicklung des Messewesens in der Bundesrepublik Deutschland und in München. München.

Quellen von Karten und Abbildungen

Abb. 1: Entwicklung des Außenhandelsentwicklung der Direktinvestitionen: StBA. Weltbank.

Abb. 2: Export und Import 1996. StBA.

Abb. 3: Bilanz des Direktinvestitionsbestandes 1996: Deutsche Bundesbank.

Abb. 4: Die Siemens AG als Global Player 1998: Siemens AG.

Abb. 5: Salden des Dienstleistungsverkehrs mit dem Ausland: Weltbank.

Abb. 6: Zielländer deutscher Direktinvestitionen 1996: Deutsche Bundesbank. StBA.

Bildnachweis

S. 135: Eingang zur neuen Messe, München: copyright Loske/Messe München GmbH

S. 137: Containerhafen Hamburg: copyright VISUM/Hafen Hamburg

S. 138/139: Deutschland ein Reiseland

Autoren: Dipl.-Geogr. Christian Langhagen-Rohrbach u. Prof. Dr. Klaus Wolf, Institut für Kulturgeographie, Stadt- und Regionalforschung der Johann Wolfgang Goethe-Universität Frankfurt/M., Senckenberganlage 36, 60325 Frankfurt/M.

Dr. Peter Roth u. Dipl.-Geogr. Joachim Scholz, Deutsche Zentrale für Tourismus e.V., Marktforschung, Beethovenstraße 59, 60325 Frankfurt/M.

Kartographische Bearbeiter

Abb. 2-5: CEntw.: C. Langhagen-Rohrbach; Red.: E. Alban, Frankfurt, u. K. Großer, S. Specht; Kart.: E. Alban, Frankfurt, u. S. Specht

Anmerkungen

Alle Daten in diesem Artikel ohne Quellenangaben stammen aus eigenen Erhebungen der Deutschen Zentrale für Tourismus, DZT, Frankfurt.

Literatur

Deutsche Zentrale für Tourismus (1998): Geschäftsbericht. Frankfurt/M. Freyer, W. (1998): Tourismus. Einführung in die Fremdenverkehrsökonomie. 6. Auflage. München, Wien.

IPK International (1996): European Travel Monitor 1995. München. Opaschowskie, H. (1989): Tourismusforschung. Opladen.

Schlinke, K. (1996): Die Reichstagsverhüllung in Berlin. Trier (= Materialien zur Fremdenverkehrsgeographie. Band 34).

StBA (1998): Tourismus in Zahlen 1998. Wiesbaden.

Weber, C.-H. (1996): Städtereisen. In: Dreyer, A. (Hrsg.) (1996): Kulturtourismus. München, Wien, S. 51-70.

Weishäupl, G. (1996): Stadtfeste. In: Dreyer, A. (Hrsg.) (1996): Kulturtourismus. München, Wien, S. 287-298.

Wolf, K. u. P. Jurczek (1986): Geographie der Freizeit und des Tourismus. Stuttgart.

Quellen von Karten und Abbildungen

Abb. 1: Tab. Einnahmen aus dem Tourismus: StBA 1998.

Abb. 2: Reisen der Deutschen ins Ausland: DZT 1998

Abb. 3: Rangliste der Städte mit den meisten Übernachtungen: StBA 1998.

Abb. 4: Übernachtungen von ausländischen Gästen 1997 mit Veränderungen zum Vorjahr: StBA 1996.

Abb. 5: Reiseziel Deutschland. StBA.

Bildnachweis

S. 138: Dresdner Semperoper: copyright vario-Press

S. 140/141: Deutschlandbilder

Autor: Dr. Matthias Middell, Universität Leipzig, Zentrum für Höhere Studien, Brühl 34-50, 04109 Leipzig

Kartographische Bearbeiter

Abb. 1 u. 2: CEntw.: U. Hein, Red.: B. Hantzsch; Kart.: B. Hantzsch

Recherche/Hilfskräfte

Ulrike Petzold, Anja Möhring

Literatur

Ammer, R. (1988): Das Deutschlandbild in den Lehrwerken für Deutsch als Fremdsprache: die Gestaltung des landeskundlichen Inhalts in den Deutschlehrwerken der Bundesrepublik Deutschland von 1955-1985 mit vergleichenden Betrachtungen zum Landesbild in den Lehrwerken der DDR. München.

Aulbach, M. (1998): Das Deutschlandbild in der französischen Literatur und Publizistik von 1970 bis 1994. Berlin.

Bastasin, C. (1998): Deutschland von außen: zur Lage einer Nation. Frankfurt/ M.

Byram, M. (Hrsg.) (1993): Germany : its representation in textbooks for teaching German in Great Britain. Frankfurt/M. (= Studien zur internationalen Schulbuchforschung 74).

Deutsche Marketinginitiative Teisendorf (Hrsg.) (1998): Marketing für Deutschland: So sehen uns die anderen! Stuttgart.

Jacobmeyer, W. (1986): Deutschlandbild und Deutsche Frage in den historischen, geographischen und sozialwissenschaftlichen Unterrichtswerken der Bundesrepublik Deutschland und der Deutschen Demokratischen Republik von 1949 bis in die 80er Jahre. Braunschweig (= Studien zur internationalen Schulbuchforschung 43).

Kappler, A. u.a. Grevel (Hrsg.) (1995): Tatsachen über Deutschland. Erweiterte und aktualisierte Neuausgabe. Frankfurt/M.

Kirsch, F.-M. (1998): Stille aber ist Mangelware : Deutschland und die Deutschen in schwedischen Schulbüchern für das Fach Deutsch 1970-1995. Stockholm (= Stockholms Universitet: Acta Universitatis Stockholmiensis, Stockholmer germanistische Forschungen 54).

Sprenger, R. (Hrsg.) (1977): Das Deutschlandbild in internationalen Geschichtsbüchern (= Pädagogische Informationen, provokative Impulse 8).

Zacharasiewicz, W. (1998): Das Deutschlandbild in der amerikanischen Literatur. Darmstadt.

Quellen von Karten und Abbildungen

Abb. 1: Die am häufigsten abgebildeten

Motive von Berlin und München
Abb. 2: Deutschlandbilder der 90er Jahre
Eigene Auswertung der in der Deutschen Bücherei Leipzig verfügbaren 583 Lehrbücher für Deutsche Sprache und Landeskunde von Deutschland, die im Ausland verlegt wurden und nach 1990 erschienen sind. Es handelt sich um 320 Bücher aus Ländern des ehemaligen Ostblocks und 263 Bücher aus Westeuropa.

Bildnachweis
S. 141: Berlin: copyright vario-press; Leipzig: copyright Fischer/ Waren/Müritz; Dresden: copyright Eckstein/OKAPIA München; Weimar: copyright Dreßler; Alpen: copyright Kehrer/OKAPIA München; München: copyright Janf./Naturbild/ OKAPIA München; Rheintal: copyright B. Svensson/OKAPIA München; Heidelberg: copyright O. Eckstein/Okapia München: Frankfurt: copyright L.T. & C.GmbH Frankfurt; Bonn: copyright vario-press; Köln: copyright I. Decker; Bremen: copyright Bremer touristik Zentrale; Hamburg: copyright M. Bässler.

Danksagungen
Der Autor dankt der Projektgruppe "Deutsch-Französischer Kulturtransfer" des Frankreichzentrums der Universität Leipzig für ihre Anregungen durch die Konzeptionsdiskussion für den vorliegenden Beitrag (Falk Bretschneider, Uta Marquardt, Katharina Middell, Hans-Martin Moderow, Ulrike Petzold, Steffen Sammler).

S. 148-151: Thematische Karten – ihre Gestaltung und Benutzung

Autoren: Dr. Konrad Großer u. Dipl.-Ing. für Kart. Birgit Hantzsch, Institut für Länderkunde, Schongauerstr. 9, 04329 Leipzig

Kartographische Bearbeiter
Red.: K. Großer, B. Hantzsch; Kart.: K. Großer, B. Hantzsch

Literaturhinweise zur Vertiefung
Arnberger, E. (1966): Handbuch der Thematischen Kartographie. Wien.
Bertin, J. (1974): Graphische Semiologie. Berlin, New York. Übersetzung der Originalausgabe "Sémiologie graphique" (1967). Paris.
Board, C. (1967): Maps as models. In: Chorley, R. L. u. P. Haggett (eds.): Models in Geography. London, S.671-725.
Grosser, K. (1982): Zur Konzeption thematischer Grundlagenkarten. In: Geographische Berichte 104. Heft 3, S.171-183.
Grosser, K. (1997): Topographische Grundlage und kartographische Bearbeitung des Pilotbandes. In: IfL (Hrsg.): Atlas Bundesrepublik Deutschland. Pilotband, S. 19-25.
Louis, H. (1960): Die thematische Karte und ihre Beziehungsgrundlage. In: Petermanns Geographische Mitteilungen 104. Heft 1, S. 54-63.
Hake, G. u. D. Grünreich (1994): Kartographie, Walter de Gruyter. Berlin, New York.
Imhof, E. (1972): Thematische Kartographie, Walter de Gruyter. Berlin, New York.
Ogrissek, R. (1983): ABC Kartenkunde. Leipzig.
Salistschew, K. (1967): Einführung in die Kartographie. Gotha, Leipzig.
Spiess, E. (1971): Wirksame Basiskarten für thematische Karten. In: Internationales Jahrbuch für Kartographie 11, S. 224-238.

Sachregister

A

Abgeordnete 20, 46f, 50f
Abiturienten/innen 87
absolute Mehrheit 52
Abstimmungsgebiete 44
Abwanderungsregionen 88
Agenda 2000 133
Agglomerationsräume 63, 67, 71
Alleinerziehende 25, 90, 99, 100
Alliierte 43
Alltagsleben 85
alternde Gesellschaft 23, 92f
Altersgruppen 13, 92
Alterslastquote 92
Alterssicherung 23
Alterssterblichkeit 79
Altersstruktur 78f, 92
Alterung 92f
Ältestenrat 20
altindustrialisierte Regionen 92
Amtsgerichte 58
Angestellte 10
Ankünfte und Übernachtungen 138
Antifaschismus 37, 40
Antisemetismus 34
Anwälte/innen 58
Arbeit 86, 87
Arbeiteranteil 108
Arbeiteraufstand 41
Arbeitsbedingungen 79
Arbeitsförderung 25
Arbeitsgerichte 58
Arbeitsgesellschaft 85, 112
Arbeitskräftepotential 24
Arbeitslose 112, 114f
Arbeitslosenquote 24, 94, 114
Arbeitslosigkeit 23, 27, 86, 87, 94, 111, 112, 114f, 125, 137
Arbeitsmarkt 24, 86, 88, 98, 101, 112, 114f
Arbeitsmarktpolitik 114
Arbeitsmarktsituation 125
Arbeitsmigranten 78, 80, 90, 102
Arbeitsmigration 94, 96
Arbeitsplätze 113, 119
Arbeitsteilung 41
Arbeitswelt 13
Arbeitsmärkte 112
Armut 22, 23, 98f
Armutsgrenze 22, 100
Armutskonzepte 100
Armutsrisiko 90
Asylanten/innen 78, 90
Asylbewerber/innen 80, 94, 96, 100
Asylrecht 80
Atomenergie 118, 119, 121
Aufbau Ost 11, 126, 127
Ausflugstourismus 76
Ausfuhren 134
Ausländer/innen 80, 94f
Ausländeranteil 62, 94, 96
Ausländergesetz 94
Ausländerhaushalte 85
Ausländerkinder 94
ausländische Arbeitskräfte 94, 102
ausländische Bevölkerung 94, 96
ausländische Haushalte 100
ausländische Kinder 90
ausländische Vertragsarbeiter 94
Auslandshandelskammern 128, 130
Auslandshilfe 44, 45
Auslandsinvestitionen 135
Auslandsschulen 131
Auslandstourismus 76
Auslandsvertretungen 130f
Auspendler/innen 112f
Ausreise 43
Außenhandel 13, 134f
Außenhandelsüberschuss 134
Außenhandelsumsatz 135
Außenhandelsverflechtungen 119, 134f
Außenpolitik 20, 31, 41, 45, 130f
Außensichten 140
Außenwanderung 43, 78, 80, 81
Außenwirtschaft 128, 130, 134f
Aussiedler/innen 78, 80
auswärtige Kulturpolitik 131
Autobahnnetz 72

B

Bauleitplanung 12
Bauplanungsrecht 54
Baupreise 122
Baurecht 123
Beamte/innen 10, 56
Bebauungsplan 12, 68
Beherbergungsangebot 76
Behördenstandortpolitik 54, 66
Berufsausbildung 112
Berufspendler/innen 112f
Besatzungszonen 36f
Beschäftigte 42, 43, 60, 94, 112f
Beschäftigtendichte 10, 112
Beschäftigungseffekte 125
Bevölkerung 20, 78f
Bevölkerungsdichte 14, 20, 40, 79, 80
Bevölkerungsentwicklung 78f
Bevölkerungspolitik 78
Bevölkerungsprognose 92f
Bevölkerungspyramide 83, 92, 96
Bevölkerungsstruktur 78, 80
Bevölkerungsveränderung 15
Bevölkerungsverteilung 14, 15
Bevölkerungswachstum 78
Bezirksregierung 54
Bezirkszentrum 40
Bildung 62f
Bildungs- und Hochschulpolitik 28, 64
Bildungsangebot 62f
Bildungsbeteiligung 63f
Bildungsexpansion 30, 44, 45
Bildungssystem 62f
Bildungswesen 10, 62f
Billeter-Maß 92
Binnentourismus 76
Binnenwanderung 29, 78, 80, 81
Blockparteien 40, 108
Bodenpreise 123
Bodenreform 37, 40
Bodenrichtwert 123
Botschaften 43, 130f
Braunkohle 118, 119, 121
Bruttoinlandsprodukt 101, 127
Bruttosozialprodukt 23, 41, 139
Bruttowertschöpfung 16
Bundesarbeitsgericht 58
Bundesbahn 10
Bundesbank 10
Bundesbehörden 54f
bundeseigene Verwaltung 54
Bundeseinrichtungen 54f
Bundesgerichte 18
Bundesgerichtsbarkeit 58
Bundesgerichtshof 58
Bundesgesetzgebung 54
Bundeshauptstadt 21, 54
Bundeshaushalt 60
Bundeskanzler 18, 20
Bundesminister/innen 18, 20
Bundesorgane 18, 20
Bundesparlament 46f
Bundespräsident 18, 20, 45
Bundesrat 18, 20, 54
Bundesraumordnung 12, 66f
Bundesregierung 18, 20
Bundessozialgericht 58
Bundessozialhilfegesetz 98, 100
Bundesstaat 33
bundesstaatliches Prinzip 18
Bundestag 18, 20, 21, 46f
Bundestagspräsident/in 20
Bundestagsverwaltung 20
Bundestagwahl 46f, 50f
Bundesverfassungsgericht 18, 58
Bundesverkehrswegeplan 66, 72
Bundesversammlung 18, 20
Bundesverwaltung 20, 54
Bundesverwaltungsgericht 58
Bundeswasserstraße 73
Bundeswehr 45, 60f
Bündnis 90/GRÜNE 47f, 50f, 52f, 108f
Bürgerbewegungen 108
Bürgerinitiativen 110
Bürgerrechte 45
Bürgertum 32

C

CDU/CSU 46f, 50f, 52f, 108f
Chancengleichheit 45
Christentum 102
christliche Konfessionen 102
Club of Rome 120
CO_2-Emissionen 120
Counterurbanisation 80

D

DAAD-Deutscher Akademischer Austauschdienst 131
Daseinsvorsorge 10
DDR 40f
Deindustrialisierung 101, 126
demographische Alterung 93
demographische Selektivität 81
demographischer Übergang 24
demographisches Verhalten 78
Demokratie 44, 45
demokratisches Prinzip 18
Demokratisierung 30
Demontage 41
Deurbanisierung 80, 81
deutsch-deutsche Verträge 42
Deutsche Einheit 29, 45
deutsche Einigungskriege 31
deutsche Nation 42
deutsche Teilung 36f, 40
deutsche Verfassung 44
Deutscher Bund 28f
Deutscher Gewerkschaftsbund (DGB) 116f
Deutscher Industrie- und Handelstag (DIHT) 128
Deutscher Städtetag 122
Deutsches Reich 28f, 32f
deutsch-französischer Krieg 30
deutsch-französisches Verhältnis 45
deutsch-israelisches Verhältnis 45
Deutschlandbilder 13, 140f
Deutschlandwahrnehmung 140
dezentrale Konzentration 70
dezentrale Raumstruktur 18f
Dienstleistungsgesellschaft 117
Dienstleistungssektor 137
Diktatur 40, 45
Direktinvestionen 134, 135
Direktmandate 47f
Displaced Persons 94
Dolchstoßlegende 32
Dreiklassenwahlrecht 31
Dreiparteien-System 52
Drittes Reich 34f, 44

E

Eigentumswohnungen 122
Einbürgerung 94, 96
Einfamilienhäuser 122
Einheit Deutschlands 40
Einheitslistenwahl 41
Einheitsstaat 28
Einkommensarmut 100, 101
Einkommensdisparitäten 16, 125
Einkommenssteuer 10
Einkommensverteilung 23, 27
Einpendler/innen 112f
Einpersonenhaushalte 24, 82, 83
Einwohner/innen 78
Einwohnerentwicklung 78
Eisenbahnstrecken 73
Elektrizitätswirtschaft 119f
Eliten 84
endogene Potenziale 70
Energiepolitik 120
Energiepreise 120
Energieverbrauch 118
Energieversorgung 118f
Energiewirtschaft 13, 118f
Enquete-Kommissionen 20
Enteignung 40, 41
Entspannungspolitik 45, 130
Entwicklungsachsen 127
Entwicklungstendenzen 22f
Erdöl 118, 119, 121
Erholungsgebiete 77
Erlebnisbäder 107
Erlebnisgesellschaft 85
erneuerbare Energiequellen 120f
Erreichbarkeit 124, 125
Erster Weltkrieg 31f
Erststimmen 47f
Erwerbsarbeit 112f
Erwerbsbeteiligung 23
Erwerbsfähige 93, 112
Erwerbslose 87, 112, 114f
Erwerbspersonen 24, 112
Erwerbsquote 112
Erwerbstätige 10, 11, 93, 112
erwerbstätige Frauen 86f
Erwerbstätigkeit 13, 24, 86, 87, 112f
Erwerbsverläufe 24
ethnische Quartiere 90
EU-Bürger/innen 90
EU-Fördergebiete 133
EU-Gemeinschaftsinitiativen 133
EU-Integration 94
EUREK 66, 132
Europa der Regionen 70
europäische Friedensordnung 45
europäische Großmächte 31
europäische Integration 26, 44, 45, 132
Europäischer Binnenmarkt 137
Europäisierung 26, 27
Europapolitik 130
Euroregion/Euregio 132
evangelische Kirche 102, 104
Exekutive 20
Existenzminimum 100
Experimenteller Wohnungs- und Städtebau (ExWoSt) 70
Exportnation 134
Exportquote 134
Exportüberschuss 134
Exportvolumen 134

F

F.D.P 46f, 50f, 52f, 108f
Fachhochschulen 64
Fachmessen 137
Fachoberschule 63
Familie 86f
Familienarbeit 86, 87
Familienförderung 23
Familienformen 25
Familienkonstellation 83
Familienpolitik 86
Familienstruktur 82f, 87, 90, 100
Ferienregionen 139
Fernstraßennetz 72
Fertilität 79, 80, 93
Finanzgerichte 58
Finanzordnung 54
Finanzpolitik 66
Finanzverwaltung 12
Flächennutzungsplanung 68
Flucht 41f
Flüchtlinge 41, 45, 78, 80, 94, 96
föderale Grundordung 68
Föderalismus 30, 34, 44, 66
föderalistisches Prinzip 18, 20
föderative Demokratie 12
föderatives System 54
Förderprogramme 133
Förderregionen 133
Forum Städtenetze 70
fossile Rohstoffe 118f
Frauenarbeitslosigkeit 87
Frauenbeschäftigung 86f
Frauenerwerbsquote 86
Frauenerwerbstätigkeit 86f, 112
Frauenwahlrecht 32, 33
Freizeit 13, 106f, 139
Freizeitaktivitäten 106
Freizeiteinrichtungen 107
Freizeitgesellschaft 106
Freizeitparks 107
Fremdenverkehr 76f, 138f
Fremdenverkehrsfunktion 126
Fremdenverkehrsregionen 12, 77
Fremdimage 140
Friedensbewegung 42
friedliche Revolution 10
Fusionen 124

G

Gastarbeiter/innen 90, 90, 94
Gastarbeitermigration 80, 94
Gästeübernachtungen 76, 77
Gastgewerbe 76
GATT - General Agreement on Tariffs and Trade 134
Gebietskörperschaften 10, 12, 78
Gebietszentrum 40
Gebrauchsgüter 25
Geburtenrate 24, 78, 80, 88, 90, 93
Geburtenrückgang 24
geburtenstarke Jahrgänge 64
Geburtenüberschuss 78
Geburtenzahlen 14, 87f, 88
Gegenstromprinzip 12
Gemeindefinanzen 10f
Gemeinschaftsaufgaben 10, 12, 66
Generalkonsulate 130f
Generationenverhältnis 27
Generationenvertrag 23, 92, 93
generatives Verhalten 78f
Genossenschaften 40
Geographische Übersichtskarte 11
Gerichtsbarkeit 58
Gesamthochschulen 64f
Gesamtschule 62
Geschoßwohnungsbau 122, 123
gesellschaftliche Gegensätze 30
gesellschaftliche Randgruppen 88
gesellschaftliche Veränderungen 108
gesellschaftliche Wertvorstellungen 88
Gesellschaftspolitik 22f
Gesellschaftsstruktur 82f
Gesellschaftssystem 22f
Gesetzgebung 18, 20
Gestaltungsplanung 72
Gesundheitsvorsorge 98
Gesundheitswesen 10, 24, 76, 79
Gewerbeertragssteuer 10
Gewerkschaften 13, 34, 116f
Gewerkschaftsmitglieder 116f
Glaubensgemeinschaften 13, 102f
Gleichberechtigung 45
Gleichheitskultur 23
Gleichwertige Lebensbedingungen 12, 45, 68
Global Player 135, 136
Globalisierung 13, 26, 27, 128, 131, 134f
Goetheinstitute 131

Grenzraum ... 132
Grenzregionen ... 13, 132
grenzüberschreitende Kooperationsräume ... 132f
grenzüberschreitende Zusammenarbeit ... 70, 132f
Großkonfessionen ... 103
Großunternehmen ... 124f
Großzentrum ... 40
Grundbesitz ... 122
Grundgesetz ... 18, 21, 22, 44, 45, 68
Grundlagenvertrag ... 10, 42
Grundrechte ... 33, 34, 44, 45
Grundsteuer ... 10
Grundstoffindustrie ... 41
Grundstücksmarkt ... 122f
GRÜNE ... 46f, 50f, 52f, 108f
Gutachterausschuss ... 123
Gymnasiastenanteil ... 63
Gymnasien ... 62f

H

Handelspolitik ... 28
Hauptschule ... 62
Hauptstadtfrage ... 21
Hauptstadtfunktionen ... 125
Hauptverwaltungen ... 124f
Hausbesitz ... 122
Haushalte ... 75
Haushaltseinkommen ... 23
Haushaltsarbeit ... 86
Haushaltsformen ... 24, 27
Haushaltsgröße ... 78, 82f
Haushaltsleistungen ... 83, 85
Haushaltsstruktur ... 100
Haushaltstypen ... 99, 100
headquarter economies ... 124, 125
Heer ... 60
Heiliges Römisches Reich Deutscher Nation ... 10, 28
Herkunftsländer ... 97
hierarchisches Siedlungssystem ... 112
Hilfe in besonderen Lebenslagen ... 98f
Hitlerbewegung ... 32
Hitlerputsch ... 34
Hochburgen, Parteimitglieder ... 108, 110
Hochgeschwindigkeitsnetz ... 72
Hochschulreform ... 64
Hochschulreife ... 63
Hochschulstandorte ... 64f
Hoheitsgewalt ... 18
Honorarkonsulate ... 130f
Human Development Index (HDI) ... 23
Humankapital ... 23
Hypothekenzins ... 122

I

ICE-Strecken ... 72
Identität ... 44
IG Metall ... 116f
Image ... 140
Immigranten/innen ... 26
Immobilienmarkt ... 13, 122f
Importe ... 134
Individualisierung ... 82, 110
Individualisierungsthese ... 27
Industrie- und Handelskammer (IHK) ... 128f
Industrialisierung ... 23, 25, 29, 107
Industriebeschäftigte ... 42
Industriebetriebe ... 41
Industriegebiete ... 133
Industriegesellschaft ... 23
industrielle Produktionsstätten ... 42
Industriestädte ... 111
Inflation ... 32, 34
Informationsgesellschaft ... 23
Infrastrukturmaßnahmen ... 68
Infrastrukturplanung ... 93
Innenpolitik ... 45
innere Sicherheit ... 12
innovative Entwicklungen ... 22
institutionelle Kinderbetreuung ... 91
Interessensvertretung ... 110, 116
intermediäre Organisationen ... 25
internationale Beziehungen ... 13, 70, 130f, 132f
internationale Organisationen ... 130
internationale Vereinbarungen ... 132
Internationalisierung ... 24
interregionale Disparitäten ... 54
Investitionen ... 123, 126
Investitionsgüterindustrie ... 137
Islam ... 102

J

Juden ... 30, 34
jüdische Glaubensgemeinschaft ... 102, 104
Jugendarbeitslosigkeit ... 24
Jugendhilfe ... 91
Jugendliche ... 88
Justizeinrichtungen ... 58
Justizsystem ... 58f

K

Kabinett ... 20
Kaiserreich ... 28f
Katholiken ... 102f
Kaufkraft ... 16, 126, 127
Kaufpreissammlung ... 122, 123
Kernstadt ... 67
Kinder ... 82, 83, 88f
Kinder- und Jugendhilfegesetz ... 91
Kinderanteil ... 80
Kinderarmut ... 23, 90, 99, 100
Kinderbetreuung ... 63, 87, 88, 91, 98
Kindergärten ... 90f
Kindergeld ... 25
Kinderreichtum ... 92
Kindpolitik ... 87
Kirche ... 41, 42
Kirchen ... 102f
Klassengesellschaft ... 30
Klischeevorstellungen ... 140
Kohle ... 118f
Kollektivierung ... 41, 42
Kolonien ... 31
Kombinate ... 41
kommunale Einnahmen ... 11
kommunale Handlungsfelder ... 70
kommunale Investitionstätigkeit ... 11
kommunale Kooperation ... 70
kommunale Planungsverbände ... 68f
kommunale Selbstverwaltung ... 54, 68
kommunale Steuern ... 10, 56
kommunale Wirtschaftsförderung ... 70
Kommunalverbände ... 68f
Kommunikationsmittel ... 74
Konfessionslose ... 102f
Konfessionszugehörigkeit ... 110
Konsulate ... 130f
Konsumgüterindustrie ... 137
Konsumgüterversorgung ... 42
Konzentrationslager ... 34, 35
Konzerne ... 124f
Kraftwerke ... 119
Kreisstädte ... 69
Kreiszentrum ... 40
Kulturausgaben ... 131
Kulturdenkmal ... 140
Kulturhoheit ... 62
Kulturlandschaft/en ... 10, 16
Kulturleben ... 44
Kulturnation ... 140
Kulturrevolution ... 29
Kunst- und Musikhochschulen ... 65
Kur- und Bädertourismus ... 76
Kurorte ... 77
Kurzzeittourismus ... 77
Küstenfremdenverkehr ... 76

L

Länderfinanzausgleich ... 10, 66
Ländergliederung ... 12
Ländergrenzen ... 45
Länderkompetenz ... 68
Landeseinrichtungen ... 54f
Landesgerichtsbarkeit ... 58
Landesparlamente ... 18, 54
Landesplanung ... 12, 54, 66, 68, 70
Landesregierungen ... 18, 54
Landesverwaltung ... 20, 54
Landeszuweisungen ... 11
Landgerichte ... 58
ländlicher Raum ... 22, 52, 63, 67, 71, 88, 112, 125, 133
Landschaften ... 17
Landwirtschaft ... 41
Langzeitarbeitslosigkeit ... 114
Langzeittourismus ... 77
laufende Hilfe zum Lebensunterhalt ... 98f
laufende Raumbeobachtung ... 66, 122
Lebensarbeitszeit ... 24
Lebensbedingungen ... 25, 88f
Lebenserwartung ... 79f, 92, 106
Lebensformen ... 82f, 88, 96
Lebenshaltungskosten ... 17, 126
Lebenslagen ... 82f
Lebensphasen ... 82
Lebensqualität ... 23, 25, 27, 91
Lebensstandard ... 41, 42, 98, 118
Lebensstile ... 13, 25, 52, 79, 81, 82f
Lebensumstände ... 13
Lebensverhältnisse ... 22, 41
Leistungen von Haushalten ... 83, 85
Leitbilder der Raumentwicklung ... 66
Liberalismus ... 30, 34
Löhne ... 42
Lohnfortzahlung ... 25
Lohnkosten ... 136
lokale Verwurzelung ... 108
Londoner Protokoll ... 36
Luftwaffe ... 60

M

Marine ... 60
Marktwirtschaft ... 23
Marshall-Plan ... 45
Marxismus ... 34
Massenflucht ... 41f
Massenorganisationen ... 108, 110
Maßstabsebenen ... 10
materielle Infrastruktur ... 11
Mauerbau ... 41f
Mauerfall ... 43
Medien ... 13, 74
Mehrgenerationenvertrag ... 45
Mehrpersonenhaushalte ... 24
Meinungsfreiheit ... 44
Menschenrechte ... 42, 44, 45
Mentalitäten ... 84, 140
Messetourismus ... 77
Messewesen ... 137
Methodisten ... 105
Migranten/innen ... 112
Migration ... 26, 78, 80
Milieus ... 52
Militär ... 30
Ministerium für Staatsicherheit 42, 43
Ministerkonferenz für Raumordnung (MKRO) ... 12, 66
Misstrauensvotum ... 45
Mitgliederhochburgen ... 108
Mittelstand ... 41, 84
Mobilität ... 27, 30
Monopolgebiete ... 74, 120, 121
monostrukturierte Regionen ... 114
Mortalität ... 79, 80
Moslems ... 102, 105
multikulturelle Gesellschaft ... 85, 134
Multiplexkinos ... 107
Multiplikatoreffekte ... 137
Mutterpolitik ... 87

N

nationale Märkte ... 136
nachhaltige Entwicklung ... 23, 81
nachhaltige Nutzung ... 70
Nachkriegszeit ... 36f
Nachrüstung ... 44
napoleonisches Deutschland ... 28
Nation ... 44
Nationalbewusstsein ... 29, 30
Nationale Volksarmee ... 42
Nationalitäten ... 95
Nationalkultur ... 30
Nationalsozialismus ... 10
Nationalsozialistische Deutsche Arbeiterpartei (NSDAP) ... 34
Nationalstaat ... 10, 26, 30, 38
Nationalversammlung ... 32, 33
NATO - North Atlantik Treaty Organization ... 45, 60
natürliche Bevölkerungsentwicklung ... 24, 120
natürliche Ressourcen ... 120
naturräumliche Einheiten ... 15
Nettoeinkommen ... 125, 126
neue Technologie ... 64, 120, 121
Neugliederung des Bundesgebiets ... 54
Neuordnung ... 37
nichteheliche Lebensgemeinschaften ... 82
Norddeutscher Bund ... 30
North American Free Trade Area (NAFTA) ... 136
Notverordnung ... 33, 34
NS-Staat ... 34f, 44

O

Oberlandesgerichte ... 58
Oberste Bundesbehörden ... 54
Oberzentren ... 67, 68, 125
öffentliche Finanzen ... 11, 56f
öffentliche Sozialleistungen ... 98f
öffentlicher Dienst ... 12, 56f
öffentlicher Haushalt ... 56f
ökonomische Disparitäten ... 16
ÖPNV ... 68
Oppositionelle ... 40, 42
Oppositionsbewegungen ... 45
ordentliche Gerichte ... 58
Ostpolitik ... 44, 130
Outsourcing ... 137

P

Pädagogische Hochschulen ... 65
Pariser Verträge ... 44
Parlamentssitz ... 21
Parteidiktatur ... 40
Parteien ... 30, 41, 44, 46f, 50f, 108f
Parteienstaat ... 45
Parteiensystem ... 34, 108, 110
Parteimitgliedschaft ... 108f
Partizipation ... 110
PDS ... 46f, 50f, 108
Pendler/innen ... 112f
Planungsebenen ... 12
Planungsgemeinschaften ... 68
Planungsinstrumente ... 12
Planungsrecht ... 123
Planungsregionen ... 68f
Planungsverfahren ... 72
Planwirtschaft ... 41, 128
Pluralisierung der Lebensformen ... 13, 24, 90
pluralistische Gesellschaft ... 44
Politikberatung ... 128
politische Kultur ... 108
politische Parteien ... 45f, 50f, 108f
politisches System ... 12
Polizei ... 54
polyzentrische Siedlungsstruktur ... 70
postindustrielle Gesellschaft ... 23, 85
Potsdamer Konferenz ... 38
Prager Frühling ... 42
prekärer Wohlstand ... 101
Presse ... 30, 40, 74f
Pressefreiheit ... 44
Primärenergieverbrauch ... 118
private Haushalte ... 82f
Privateigentum ... 30
Produktionsgenossenschaften ... 42
Produktionsniveau ... 16
Produktivität ... 23
produzierender Sektor ... 30
Prognosen ... 63, 65, 81, 120, 121, 122, 139
Publizistische Einheiten ... 74

Q

Qualifikation ... 62
qualitatives Wachstum ... 23

R

Raumbildungsprozesse ... 10
Raumentwicklungspolitik ... 54
Raumgliederung ... 12
Raumordnung ... 12, 66f, 68, 132, 133
Raumordnungsgesetz ... 12, 66, 70, 72
Raumordnungskonferenz ... 66
Raumordnungspolitischer Handlungsrahmen ... 66, 70
Raumordnungspolitischer Orientierungsrahmen ... 66, 70
Raumordnungsregionen ... 12, 78
Raumordnungsverbände ... 68f
Raumplanung ... 12, 70
raumwirksame Tätigkeit des Staates ... 10
Realschule ... 62
Realsteuern ... 10
Recht auf Arbeit ... 24
rechtsextreme Parteien ... 51
Rechtsextremismus ... 43
Rechtsstaat ... 22
rechtsstaatliches Prinzip ... 18
Reformation ... 102
Reformationszeit ... 28
Reformen ... 43
Regierungsbildung ... 48, 51
Regierungskoalition ... 48, 51
Regierungssitz ... 21
regionale Disparitäten ... 70, 112, 124f
regionale Identität ... 40, 70, 74, 132
Regionalentwicklung ... 81
Regionalisierungen ... 12, 75, 129
Regionalismus ... 28
Regionalmanagement ... 70
Regionalplanung ... 12, 66, 68f, 70
Reichsbildung ... 30
Reichsgründung ... 29
Reichstag ... 32
Reiseverkehr ... 138f
Reisezeitentwicklung ... 72
Reiseziele ... 138
Religionszugehörigkeit ... 102f, 105
religiöse Minderheiten ... 102f
Renten ... 42
Rentenreform ... 25
Rentenversicherung ... 24, 92, 126
Reparationen ... 32f
repräsentative Demokratie ... 22
Reproduktion ... 93
Residenzstädte ... 32
Restauration ... 37
Restitutionsansprüche ... 81
Revolution ... 10, 29f
Richter/innen ... 58
Risikogesellschaft ... 85
römisch-katholische Kirche .. 102, 104
Rote Armee Fraktion (RAF) ... 44
Rundfunkanstalten ... 44

S

Sachinvestitionen ... 11
Säkularisierung ... 30, 102
Satellitenkarte ... 13
Schienenverkehr ... 72
Schlüsselzuweisungen ... 10
Schulabschluss ... 62f
Schulbildung ... 112
Schulen, allgemeinbildende ... 62f
Schülerzahlen ... 63
Schulpflicht ... 62
Schulsystem ... 62
Schwerindustrie ... 41
SED ... 41, 46, 47, 111
Segregation ... 88, 96
Sekundarbereich ... 63
Selbstständige ... 108
Selbstverwaltung ... 44
Sicherheitspolitik ... 45, 60
sichtbare Armut ... 100
siedlungsstrukturelle Kreistypen ... 63, 67, 71
Siegermächte ... 45
Singles ... 25, 82, 83
Sinti und Roma ... 34
Sitzverteilung im Bundestag ... 48f
Sockelarbeitslosigkeit ... 114
Solarenergie ... 121
Sonderausschüsse ... 20
Sonderschule ... 63
Sozialabgaben ... 25
Sozialdemokraten ... 32, 33, 46f, 50f, 52f, 108f
soziale Differenzierung ... 27
soziale Gleichheit ... 45
soziale Infrastruktur ... 98
soziale Lage ... 85
soziale Marktwirtschaft ... 128
soziale Milieus ... 83, 84, 110
soziale Netzwerke ... 25, 82, 83
soziale Polarisierung ... 23
soziale Schichtung ... 82f
soziale Sicherung ... 45, 98f
sozialer Wandel ... 22f
soziales Leben ... 13

soziales Netz 13, 98f
Sozialgerichte 58
Sozialgesetzgebung 25
Sozialhilfe 25, 98f
Sozialhilfeempfänger/-innen 23, 90, 98f
Sozialismus 41f
sozialistische Gesellschaft 42
sozialistische Städte 41
sozialistischer Staat 42
Sozialleistungen 91, 98f, 126
Sozialleistungsquote 25
sozialliberale Koalition 44
Sozialpolitik 42, 45, 98f
Sozialstaat 23, 98f
sozialstaatliches Prinzip 18
Sozialstruktur 27, 45, 82f
Sozialsystem 12
Sozialversicherung 10, 92, 126
sozialversicherungspflichtig Beschäftigte 94, 112f
Sozialwesen 102
sozioökonomische Entwicklung 22
SPD 32, 33, 46f, 50f, 52f, 108f
Sperrklausel, 5%-Klausel 45, 47
Spiegel-Affäre 44
Staat, als Arbeitgeber 56f
staatliche Leistungen 126
staatliche Neugliederung 44
Staatsaufbau 18f
Staatsausgaben 25, 108
Staatsbildung 10
Staatsbürgerschaft 94
Staatsordnung 18
Staatstätigkeit 12
Städtebau 66, 70
städtebauliche Entwicklung 68
Städtenetze 66, 70f
Städtepartnerschaften 131
Städtetourismus 77, 139
städtische Selbstverwaltung 28
Stadt-Land-Gefälle 62, 86, 110
Stadtregionen 68
Stadt-Umland-Gefälle 93
Stahlindustrie 118
Stalinismus 41
Ständige Ausschüsse 20
Ständige Vertretungen 130
Standort Deutschland 136, 137
Standortfaktoren 70
Standortqualität 70
Steinkohlebergbau 119
Sterbefälle 78
Sterberaten 24
Steuern 11, 25
Steuerpolitik 28
Steuervorteile 123
Stille Reserve 112
Straßenbauprojekte 72
Stromerzeugung 118f
Struktureffekte 54
Strukturförderung 114
Strukturkonferenzen 68
strukturpolitische Maßnahmen 127
Strukturwandel 126
Studentenunruhen 44, 45
Studierende 65
Stunde Null 37
subjektive Landkarte 140
Suburbanisierung 80, 81, 127
Subventionen 119, 126
Symbole 140
Synergieeffekte 70

T

Tagespresse 74f
Tarifabschlüsse 117
Tarifautonomie 117
Tarifbezirke 116f
Tarifpartner 45, 117
Technische Hochschulen 65
Technisierung 25, 27
Teilstreitkräfte 60
Teilung Deutschlands 36f, 40
Teilzeitarbeit 87, 112
territoriale Organisation 10
territoriale Veränderungen 33, 35
Terrorismus 44
tertiärer Sektor 30
Tertiärisierung 87, 101
Todesursachen 79
Tourismus 76f, 138f
Transferzahlungen 127
Transformationsprozess 94, 126
Trendsportarten 107
Triadenhandel 134, 135
Truppenübungsplätze 61

U

Überalterung 24, 79, 108, 92f
Überhangmandate 47
Übernachtungszahlen 76
überregionale Tageszeitungen 74
Übersiedler 45
Umsatzentwicklung 122
Umweltbelastung 120
Umweltbewusstsein 23
Umweltpolitik 66
Umweltqualität 23
Umweltschutz 54
umweltverträgliche Energieversorgung 121
Universitäten 40, 60, 64f
Universitätsstädte 52
UNO - United Nations Organization 36, 42, 130
Unternehmen 128
unternehmensbezogene Dienstleistungen 127
Unternehmenshauptsitze 124
Unternehmerverbände 116
Untersuchungsausschüsse 20
Urbanisierung 30
Urlaubsgäste 76, 77
Urlaubsverkehr 107

V

verarbeitendes Gewerbe 134
Verbände 30
verdeckte Armut 100
Verdichtungsräume 67, 125, 126
Vereinigungsprozeß 43
Vereinswesen 107
Vereinte Nationen 36, 42, 130
Verfassung 18, 20, 21, 22, 33
Verfassung der DDR 40, 42
Verfassungsgerichte 58
Verfassungsordnung 44
Verfassungsorgane 18, 20
Verfassungsstaat 44
Verflechtungsbereiche der Oberzentren 68
Vergangenheitsbewältigung 45
Verhältniswahlsystem 47
Verkehrsbelastung 16
Verkehrsbeziehungen 72
Verkehrserschließung 72
Verkehrsinfrastruktur 72f
Verkehrsleitlinien 16
Verkehrspolitik 66
Verkehrsprojekte deutsche Einheit 12, 72f
Verkehrswege 41
Vermittlungsausschuß 20
Verschuldung 25
Versorgung 41, 42
verstädterte Räume 63, 67, 71
Verstädterung 29
Verstädterungszonen 14
Verteidigungshaushalt 60
Verteidigungspolitik 41
Verteidigungssystem 60
vertikale Gewaltenteilung 18
Vertriebene 102
Verwaltungsaufbau 18f
Verwaltungsgerichte 58
Verwaltungsgliederung 12, 18f
Vielstaatensystem 28
Viermächteabkommen 42
Vier-Parteien-System 46
Völkerbund 34
Volksabstimmung, Volksbegehren 44
volkseigene Betriebe 41
volkseigene Wohnungen 41
Volkshochschulen 32
Volkskammer 40
Volkspolizei 42
Volksvertretung 18, 20, 54, 134f
Vollbeschäftigung 24
Vollredaktionen 74f
Vorstellungsbilder 140

W

Wahlbeteiligung 46f, 50f
Wahlbezirke 12
Wahlen 12, 18, 49, 41, 46f, 50f
Wahlhochburgen 52, 53
Wahlkreise 18, 21, 46f, 50f
Wahlkreisinhaber/innen 21, 46
Wahlrecht 29, 45, 46
Wahlverhalten 46f, 50f
Wahrnehmung 140
Währungsrefom 32, 34
Währungsunion 43, 134
Wallfahrtsorte 103
Wanderungenen 78f, 92
Wanderungsbilanz 78
Wanderungsprozesse 92
Wanderungssaldo 81
Warschauer Pakt 42
Wasserkraft 119, 120
Wehrbereiche 61
Wehrmacht 34
weibliche Arbeitskräfte 86
Weimarer Republik 25, 32f, 44
Weiterbildung 24
Welthandel 134
Weltkonzerne 135, 136
Weltproduktion 134
Weltwirtschaft 124, 134
weltwirtschaftliche Verflechtungen 23
Weltwirtschaftskrise 34
Wertewandel 79
Widerstand 35, 41
Windenergie 121
Wirtschaftsentwicklung 23
Wirtschaftsförderung 68
Wirtschaftskraft 13, 124f
Wirtschaftspolitik 42, 128
Wirtschaftsstandort Deutschland 136, 137
Wirtschaftsstruktur 112f
Wirtschaftssystem 41
Wirtschaftswachstum 124f
Wirtschaftswunder 94, 124
Wirtschaftszentren 125
Wirtschaftszweige 124
Wissenschaft 64
Wohlbefinden 25
Wohlfahrt 23, 25
Wohlfahrtsstaat 25, 26f, 83, 98f
Wohlstand 13, 26, 85, 98, 112, 125
Wohlstandsniveau 22
Wohngeld 25, 98f
Wohngemeinschaften 25, 82
Wohnsuburbanisierung 81
Wohnumfeldsituation 127
Wohnungen 42
Wohnungsanträge 42
Wohnungspolitik 66
World Trade Organisation (WTO) 134

Z

Zeitungen 74f
Zeitungsregionen 12, 74f
Zentrale Orte 40, 70, 74
Zentrum-Peripherie-Muster 125
Ziviljustiz 58
Zölle 134
Zollverein 28
Zonenrandförderung 114
Zukunftserwartungen 25
Zuwanderung 94
Zweidrittelgesellschaft 23
Zweistaatlichkeit 140
Zweiter Weltkrieg 34f
Zweitstimmen 47